秦巴山区野生植物资源调查

大巴山地区高等植物名录

贾 渝 马欣堂 班 勤 李 敏 杨改河 主编

中国科学院植物研究所系统与进化植物学国家重点实验室
西北农林科技大学

科 学 出 版 社

北 京

内 容 简 介

《大巴山地区高等植物名录》根据新近采集、鉴定的标本及相关标本收藏机构的馆藏标本收录了大巴山地区高等植物共计 252 科 1157 属 3828 种。每一种包括中文名、拉丁学名、海拔、大巴山地区分布（以县为单位）和引证标本等内容。

本书可供植物学、农林学、地理学及环境和资源等相关学科的工作者参考，也可作为大专院校相关专业师生在研究、教学、生产、应用等方面的参考书。

图书在版编目(CIP)数据

大巴山地区高等植物名录/贾渝等主编.—北京：科学出版社，2014 年 1 月

ISBN 978-7-03-039228-2

I. 大… II. 贾… III. 高等植物-重庆市-名录 IV. Q949.4-62

中国版本图书馆 CIP 数据核字(2013)第 284288 号

责任编辑：马 俊 侯彩霞 王 静 / 责任校对：张小霞

责任印制：赵德敬 / 封面设计：每文，耕者设计工作室

科学出版社 出版

北京东黄城根北街 16 号

邮政编码：100717

http://www.sciencep.com

北京凌奇印刷有限责任公司 印刷

科学出版社发行 各地新华书店经销

*

2014 年 1 月第 一 版 开本：787×1092 1/16

2014 年 1 月第一次印刷 印张：26 1/4

字数：653 000

POD定价： 138.00元

（如有印装质量问题，我社负责调换）

Investigation of Wild Plant Resources in the Qinling-Daba Mountains

Higher Plants of the Dabashan Mountains

Jia Yu, Ma Xintang, Ban Qin, Li Min &
Yang Gaihe (Editors in Chief)

State Key Laboratory of Systematic and Evolutionary
Botany (LSEB), Institute of Botany, Chinese Academy of Scienses
Northwest Agriculture and Forestry University

Science press

Beijing

《大巴山地区高等植物名录》编辑委员会

主　　编　贾　渝　马欣堂　班　勤　李　敏　杨改河

编　　委（按姓氏汉语拼音排序）

班　勤　陈文俐　陈又生　高天刚　贾　渝
金效华　李　敏　李良千　李振宇　林　祁
刘全儒　马欣堂　覃海宁　王　强　王锦绣
王利松　向巧萍　杨　永　杨福生　杨改河
张树仁　张宪春　朱相云

前　言

大巴山位于中国西部，简称巴山，是嘉陵江和汉江的分水岭，四川盆地和汉中盆地的地理界线。广义的大巴山系指绵延四川省、陕西省、甘肃省和湖北省边境山地的总称；长 1000 km，为四川盆地、汉中盆地的界山，属褶皱山。东端与神农架、巫山相连；西与摩天岭相接；北以汉江谷地为界；西北—东南走向。山峰大部分海拔 2000 m 以上，因石灰岩分布广泛，喀斯特地貌发育，有峰丛、地下河、槽谷等，还有古冰川遗迹。河谷深切，山谷高差 800～1200 m，只有城口县、万源市等少数小型山间盆地。狭义大巴山仅指四川省、陕西省、湖北省 3 省接壤地带的米仓山和大巴山，东西绵延约 500 km，故称千里巴山。

大巴山介于北部的秦岭地槽和南部的四川台向斜之间，由于南北两大构造线的控制，山体呈一系列规则的背斜和向斜组成的平行褶皱带，但东西两部略偏北，中部稍偏南，故或称大巴山弧形褶皱带。地层古老，以石灰岩、白云岩、变质岩、砂岩为主，局部有花岗岩分布。该地区多峰丛、溶洞、暗河等喀斯特地貌，如广元龙洞、旺苍黄洋洞、通江中峰洞等。山脊由坚硬的结晶灰岩组成，经上升剥蚀后浑厚雄伟，海拔约 2000 m，巫溪县太平山海拔 2797 m，最高的湖北神农架海拔 3105 m。

大巴山多古老的特有植物，如连香树、水青树、珙桐、香果树、银杏、领春木等，为中国亚热带、温带多种古老植物发源地之一及中国腊梅的原产地；巴山松、巴山冷杉为特有树种；有红桦、红杉、冷杉、栓皮栎等形成的茂密原始林。大巴山南坡的南江县焦家河是中国常绿阔叶林中水青冈原始林保存最好的地区。该地区的珍稀动物有金丝猴、云豹、苏门羚、猕猴等。现于湖北的神农架和陕西的南郑、镇巴县建立了自然保护区。南江县境内辟有森林公园，面积达 2.26 余万公顷。大巴山是四川盆地北部的天然屏障，阻滞或削弱了冬半年北方冷空气的南侵，对四川冬暖春早气候的形成影响重大。大巴山南面的四川盆地为中亚热带，而北面的汉中盆地则属于北亚热带。

大巴山有丰富的林业和矿藏资源，经济林木以油桐、白蜡树、茶树、竹类为主。木耳生产在中国有名。通江县的银耳、城口县的大木漆，以产量大、质量优著称全国。另有大量草山、草坡，可用以牧养黄牛和山羊。

本书中大巴山地区的范围为广义的，包括陕西省的镇巴县、镇坪县、平利县、西乡县、南郑县、宁强县；四川省的万源市、通江县、南江县、旺苍县、广元市；重庆市的开县、城口县、万州区、奉节县、巫溪县、巫山县、云阳县；湖北省的房县、竹山县、竹溪县。参加野外工作的有中国科学院植物研究所的李良千、王忠涛、朱相云、贾渝、卫然、张彩飞、叶建飞、杨拓、周海浪、赖阳均、苏俊霞、李殊婧、赵芳芳、张国进、马欣堂、班勤、杜玉芬、何强、于宁宁、赵丽嘉、李敏、何丽娟；西南大学的刘元平、李先源、王壮、江广渝、贾潇洒、于杰；四川大学的马祥光、高云东；四川都江堰虹口国家自然保护区管理局的朱大海；旺苍县林业局的陈健；通江县林业局的周家志等。

标本鉴定由以下专家完成：贾渝、于宁宁、李粉霞、王庆华、何强、汪楣芝、吴鹏程（苔藓植物）；张宪春、王丽、卫然、何丽娟（蕨类植物）；杨永、向巧萍（裸子植物）；林祁（木兰科、五味子科）；王文采、李良千（毛茛科）；陈艺林、高天刚、付志玺、张国进（菊科）；朱相云（豆科）；陆玲娣、谷粹芝（蔷薇科）；陈艺林（鼠李科）；陈艺林、于胜祥（凤仙花科）；洪德元、杨福生（玄参科、桔梗科）；李安仁（蓼科、藜科、苋科、石竹科）；杨永、刘冰（樟科）；张树仁（莎草科），王锦绣、梁松筠（百合科）；陈文俐（禾本科）；金效华、赖阳均（兰科）；李振宇（苦苣苔科）；王强（唇形科）；路安民、张志耘（葫芦科）；张志耘（金缕梅科）；耿玉英（杜鹃花科）；孙苗（胡颓子科）；向秋云（山茱萸科）；刘全儒（卫矛科）；李建强（猕猴桃科）；曹子余（桑科、大戟科、景天科、芸香科、罂粟科）；赖阳均（忍冬科）；西南大学的李先源鉴定部分标本。

本书苔藓植物部分所使用的系统排列是 2009 年出版，由 Frey 主编的“*Syllabus of Plant Families*” (Part 3 Bryophytes and seedless Vascular Plants)。科按上述系统排列，属和种则按字母顺序排列；所使用的拉丁名称和中文名称则是根据贾渝、何思著的《中国苔藓植物名录》。蕨类植物部分所使用的系统及拉丁名称和中文名称则是根据张宪春著的《中国石松类和蕨类植物》，同样，属和种则按字母顺序。裸子植物和被子植物根据”*Flora of China*”的系统排列，属和种按字母顺序排列。

本书所列的标本主要源自两方面：2008～2012 年由中国科学院植物研究所标本馆组织的野外采集和中国科学院植物研究所标本馆（PE）馆藏。另外，部分引证标本来自四川大学标本馆（SZ）、西北农林科技大学标本馆（WUK）、中国科学院成都山地研究所植物标本馆（CDBI）、中国科学院武汉植物园（HIB）、成都中医学院标本馆（CDCM）、复旦大学植物标本馆（FUS）、浙江林学院植物标本馆（ZJFC）、西北大学植物标本馆（WNU）。在文中没有标明馆藏地点的标本均保存于中国科学院植物研究所标本馆（PE）。对于上述标本馆提供的相关标本信息，在此表示感谢。

本书只列出接受名，未列其下的异名。每个名称下列引证标本，有些标本上所鉴定的名称已经是异名，本书就直接将其归属于其接受名下。

本书包括大巴山地区高等植物 252 科、1157 属、3828 种。苔藓植物有 68 科、177 属、445 种，其中苔类植物有 22 科、34 属、93 种；角苔类植物有 1 科、2 属、2 种；藓类植物有 45 科、141 属、350 种。石松植物有 2 科、3 属、17 种。蕨类植物有 20 科、67 属、256 种。裸子植物有 7 科、17 属、32 种。被子植物有 155 科、893 属、3078 种，其中双子叶植物有 136 科、739 属、2618 种；单子叶植物 19 科、154 属、460 种。

物种信息资料以 *Flora of China* 为依据，并参考 CVH 共享平台种的物种信息，部分标本采集和鉴定信息也来自 CVH。本书的野外采集、室内鉴定工作及出版经费均由国家科技基础性工作专项重点项目“秦巴山区生态群落与生物种质资源调查（2007FY110800）”资助，在此，一并表示感谢。

目　录

一、苔藓植物*

1.绒苔科 Trichocoleaceae

绒苔属 **Trichocolea** Dum.

绒苔 **Trichocolea tomentella** (Ehrb.) Dum.

海拔：1700～1879 m

分布：万源市、旺苍县、巫溪县

引证标本：何强 4857 4893、贾渝 12015、李粉霞 1513 1524

2.指叶苔科 Lepidoziaceae

指叶苔属 **Lepidozia** (Dumort.) Dumort.

瓦氏指叶苔 **Lepidozia wallichiana** Gott.

海拔：1520～1570 m

分布：南江县、巫山县

引证标本：贾渝 12166、赵丽嘉 Z930

3.护蒴苔科 Calypogeiaceae

护蒴苔属 **Calypogeia** Raddi

三角护蒴苔 **Calypogeia azurea** Stotler & Crotz

海拔：2245 m

分布：南江县

引证标本：李姝婧 423

护蒴苔 **Calypogeia fissa** (L.) Raddi.

海拔：1300～1310 m

分布：通江县

引证标本：贾渝 12188 12192

双齿护蒴苔 **Calypogeia tosana** (Steph.) Steph.

海拔：1330 m

分布：开县

引证标本：贾渝 10450

4.大萼苔科 Cephaloziaceae Mig.

大萼苔属 **Cephalozia** (Dumort) Dumort

毛口大萼苔 **Cephalozia lacinulata** (J. B. Jack) Spruce

海拔：1680 m

分布：旺苍县

引证标本：赵芳芳 147

5.合叶苔科 Scapaniaceae

合叶苔属 **Scapania** (Dum.) Dum.

刺边合叶苔 **Scapania ciliata** S. Lac.

海拔：1297～1500 m

分布：开县、巫溪县

引证标本：贾渝 10447 10452、王庆华 136、李粉霞 1314 1322

毛刺合叶苔 **Scapania ciliatospinosa** Horik.

海拔：1330 m

分布：开县

引证标本：贾渝 10454

东亚合叶苔 **Scapania orientalis** Steph. ex K. Müll.

海拔：1330～1570 m

---

* 此部分由贾渝、何强、于宁宁、王庆华、汪楣芝、吴鹏程编写。

分布：巫山县

引证标本：赵丽嘉 Z927

细齿合叶苔 **Scapania parvitexta** Steph.

海拔：1330 m

分布：城口县

引证标本：贾渝 10325

6.叶苔科 Jungermanniaceae

圆叶苔属 **Jamesoniella** (Spruce) Carrington

圆叶苔 **Jamesoniella autumnalis** (DC.) Steph.

海拔：1330～1570 m

分布：巫山县

引证标本：赵丽嘉 Z887

叶苔属 **Jungermannia** L.

深绿叶苔 **Jungermannia atrovirens** Dum.

海拔：1297～1570 m

分布：巫山县、巫溪县

引证标本：赵丽嘉 Z879、李粉霞 1321

细茎叶苔 **Jungermannia bengalensis** Amak.

海拔：1940 m

分布：开县

引证标本：贾渝 10373

褐绿管口苔 **Solenostoma infuscum** (Mitt.) Hentschel

海拔：1300 m

分布：通江县

引证标本：贾渝 12190

7.齿萼苔科 Geocalycaceae

裂萼苔属 **Chiloscyphus** Corda

尖叶裂萼苔 **Chiloscyphus cuspidatus** (Nees) Engel & Schust.

海拔：1297～2456 m

分布：巫溪县、巫山县

引证标本：李粉霞 1472、王庆华 292 890、赵丽嘉 Z671

全缘裂萼苔 **Chiloscyphus integristipulus** (Steph.) J. J. Engel & R. M. Schust.

海拔：1220 m

分布：通江县

引证标本：贾渝 12139

芽胞裂萼苔 **Chiloscyphus minor** (Nees) Engel. & Schust.

海拔：1450～1850 m

分布：城口县、巫溪县

引证标本：贾渝 10329、李粉霞 1550

裂萼苔 **Chiloscyphus polyanthus** (L.) Cord.

海拔：1310 m

分布：通江县

引证标本：贾渝 12182

中华裂萼苔 **Chiloscyphus sinensis** J. J. Engel & R. M. Schust.

海拔：1297～1879 m

分布：万源市、巫溪县

引证标本：何强 4835、李粉霞 1304

异萼苔属 **Heteroscyphus** Schiffn.

四齿异萼苔 **Heteroscyphus argutus** (Reinw. et al.) Schiffn.

海拔：1460 m

分布：开县

引证标本：贾渝 10462

双齿异萼苔 **Heteroscyphus coalitus** (Hook.) Schiffn.

海拔：630 m

分布：万源市

引证标本：何强 4699

南亚异萼苔 **Heteroscyphus zollingeri** (Gott.) Schiffn.

海拔：630 m

分布：万源市

引证标本：何强 4690

8.羽苔科 Plagiochilaceae

羽苔属 **Plagiochila** (Dum.) Dum.

中华羽苔 **Plagiochila chinensis** Steph.

海拔：1470 m

分布：南江县

引证标本：贾渝 12117

尖头羽苔 **Plagiochila cuspidate** Steph.

海拔：1420 m

分布：城口县

引证标本：贾渝 10330

明叶羽苔 **Plagiochila nitens** Inoue

海拔：1692 m

分布：万源市

引证标本：何强 4764

卵叶羽苔 **Plagiochila ovalifolia** Mitt.

海拔：850～2100 m

分布：城口县、开县、万源市、南江县、巫山县

引证标本：贾渝 10088 10136 10222 10420 12132、何强 4849

尖齿羽苔 **Plagiochila pseudorenitens** Schiffn.

海拔：1297～1928 m

分布：巫溪县、巫山县

引证标本：李粉霞 1266、王庆华 911

刺叶羽苔 **Plagiochila sciophila** Nees

海拔：1297～1500 m

分布：巫溪县

引证标本：李粉霞 1255 1315

短齿羽苔 **Plagiochila vexans** Schiffn. ex Steph.

海拔：2290 m

分布：南江县

引证标本：赵芳芳 385

9.扁萼苔科 Radulaceae

扁萼苔属 **Radula** Dum.

尖叶扁萼苔 **Radula apiculata** S. Lac. ex Steph.

海拔：848～1692 m

分布：万源市、巫溪县、通江县

引证标本：何强 4156 4793、李粉霞 1311、贾渝 12207

扁萼苔 **Radula complanata** (L.) Dumort.

海拔：1490～1780 m

分布：南江县、旺苍县

引证标本：贾渝 12026a 12107

日本扁萼苔 **Radula japonica** Gott. ex Steph.

海拔：1695～1850 m

分布：巫山县、旺苍县

引证标本：王庆华 889、李姝婧 207

芽胞扁萼苔 **Radula lindenbergiana** Gott. ex Hartm. f.

海拔：11297～2000 m

分布：巫山县、巫溪县、城口县

引证标本：贾渝 10099 10134 10140、王庆华 919、李粉霞 1295

10.光萼苔科 Porellaceae

多瓣苔属 **Macvicaria** Nichols.

多瓣苔 **Macvicaria ulophylla** (Steph.) Hatt.

海拔：600～2160 m

分布：巫溪县、南江县

引证标本：王庆华 220、李姝婧 429

光萼苔属 **Porella** L.

尖叶光萼苔 **Porella acutifolia** (Lehm. & Lindb.) Trev. subsp. **acutifolia**

海拔：1200～1420 m

分布：城口县、巫溪县

引证标本：贾渝 10338、王庆华 284

丛生光萼苔原变种 **Porella caespitans** (Steph.) Hatt. var. **caespitans**

海拔：1297～1500 m

分布：巫溪县

引证标本：王庆华 282

丛生光萼苔心叶变种 Porella caespitans (Steph.) Hatt. var. **cordifolia** (Steph.) Hatt.

海拔：1520 m

分布：南江县

引证标本：贾渝 12158

丛生光萼苔日本变种 Porella caespitans (Steph.) Hatt. var. **nipponica** Hatt.

海拔：810 m

分布：万源市

引证标本：何强 4449 4550

中华光萼苔 Porella chinensis (Steph.) Hatt.

海拔：1087～2173 m

分布：巫溪县、巫山县、云阳县、开县、万源市、旺苍县、通江县

引证标本：何强 4892 5014、贾渝 10029 10058 10059 12014 12097 12199 12200 12203、王庆华 268 866、李粉霞 1461

多齿光萼苔 Porella campylophylla (Lehm. & Lindenb.) Trev.

海拔：850 m

分布：巫山县

引证标本：王庆华 939

密叶光萼苔附体变种（新拟）Porella densifolia (Steph.) Hatt. var. **appendiculata** (Steph.) Hatt.

海拔：810～1740 m

分布：巫山县、巫溪县、万源市、旺苍县、镇巴县

引证标本：何强 4339 4514 4541、贾渝 12003 12056 12070、李粉霞 1293 1409、王庆华 286 913

密叶光萼苔原变种 Porella densifolia (Steph.) Hatt. var. **densifolia**

海拔：810 m

分布：巫溪县、万源市

引证标本：何强 4596、王庆华 31 44 138 189

密叶光萼苔变种 Porella densifolia (Steph.) Hatt. var. **fallax** (Massal.) Hatt.

海拔：820～920 m

分布：巫溪县、巫山县、城口县、万源市

引证标本：贾渝 10067 10247 12098、王庆华 283 917、李粉霞 1220

密叶光萼苔细尖变种 Porella densifolia var. **paraphyllina** (Chen.) Pócs

海拔：1400～1850 m

分布：巫溪县

引证标本：李粉霞 1487

细光萼苔 Porella gracillima Mitt.

海拔：1297～2200 m

分布：巫溪县、巫山县、万源市、旺苍县、南江县、通江县

引证标本：何强 4997 5002 5023 5026、贾渝 10092 12143 12184、王庆华 155 904、李粉霞 1359 1424 1467 1473

马达加斯加光萼苔*（新拟）Porella madagascariensis (Nees & Mont.) Trev.

海拔：1690 m

分布：旺苍县

引证标本：贾渝 12010

新几内亚光萼苔*（新拟）Porella novoguinensis Hatt.

海拔：820 m

分布：城口县

引证标本：贾渝 10251

钝叶光萼苔鳞叶变种 Porella obtusata var. **macroloba** (Steph.) Hatt. & Zhang

海拔：630～1330 m

分布：开县、万源市、旺苍县

引证标本：贾渝 10471 12035、何强 4718 4733

钝瓣光萼苔 Porella obtusiloba S. Hatt.

海拔：1300 m

分布：通江县

引证标本：贾渝 12209

毛边光萼苔齿叶变种 Porella perrottetiana (Mont.) Trev. var. **ciliatodentata** (Chen & Wu) Hatt.

海拔：1440 m

* 为中国新记录。

分布：城口县

引证标本：贾渝 10335

毛边光萼苔原变种 Porella perrottetiana (Mont.) Trev. var. **perrottetiana**

海拔：810～1850 m

分布：巫溪县、万源市、城口县、镇巴县

引证标本：贾渝 10171 10218、何强 4372 4521、李粉霞 1554、王庆华 270

卷叶光萼苔原变种 Porella revoluta (Lehm.) Trev. var. **revoluta**

海拔：960～1700 m

分布：城口县、镇巴县

引证标本：贾渝 10127、何强 4361

卷叶光萼苔陕西变种 Porella revoluta (Lehm.) Trev. var. **propinque** (Mass.)

海拔：941～1510 m

分布：万源市、南江县

引证标本：贾渝 12109、何强 4198

毛缘光萼苔 Porella vernicosa Lindb.

海拔：820～1850 m

分布：巫溪县、旺苍县、城口县、镇巴县

引证标本：贾渝 10235 10315 12037 12063、何强 4274 4334 4342、李粉霞 1282 1506

11.耳叶苔科 Frullaniaceae

耳叶苔属 Frullania Raddi

细茎耳叶苔 Frullania bolanderi Aust.

海拔：1740 m

分布：旺苍县

引证标本：贾渝 12042

达乌里耳叶苔原亚种 Frullania davurica Hampe subsp. **davurica**

海拔：1640～2173 m

分布：城口县、万源市

引证标本：贾渝 10123、何强 4991

皱叶耳叶苔平叶变种 Frullania ericoides (Nees) var. **planescens** (Verd.) Hatt.

海拔：1200 m

分布：旺苍县

引证标本：贾渝 12087

圆叶耳叶苔 Frullania inouei Hatt.

海拔：1420～1500 m

分布：城口县、巫山县、巫溪县

引证标本：贾渝 10266 10321、王庆华 967 973、李粉霞 1296

列胞耳叶苔 Frullania moniliata (Reinw. et al.) Mont.

海拔：1430 m

分布：开县

引证标本：贾渝 10453

盔瓣耳叶苔 Frullania musciola Steph.

海拔：1980～2173 m

分布：万源市、旺苍县

引证标本：贾渝 12051a、何强 4986 4993

尼泊尔耳叶苔 Frullania nepalensis (Spreng.) Lehm. & Lindenb.

海拔：1430～1879 m

分布：开县、万源市

引证标本：贾渝 10449、何强 4813

粗萼耳叶苔 Frullania rhystocolea Herz. ex Verd.

海拔：1879 m

分布：万源市

引证标本：何强 4812

齿耳叶苔 Frullania rhytidantha Hatt.

海拔：562 m

分布：云阳县

引证标本：王庆华 829

中华耳叶苔 Frullania sinensis Steph.

海拔：496～2350 m

分布：巫山县、城口县、开县、万源市、镇巴县

引证标本：贾渝 10078 10148 10381、何强 4408 4371 4989、王庆华 954

列胞耳叶苔 Frullania tamarisci (L.) Dum.

海拔：1020 m

分布：旺苍县

引证标本：贾渝 12085

云南耳叶苔密叶变种 **Frullania yunnanensis** Steph. var. **siamensis** (Kitag. et al.) Hatt.

海拔：1700～2032 m

分布：巫溪县

引证标本：李粉霞 1463

12.细鳞苔科 Lejeuneaceae

唇鳞苔属 **Cheilolejeunea** (Spruce) Schiffner

卡西唇鳞苔 **Cheilolejuenea khasiana** (Mitt.) Kitag.

海拔：1420～1450 m

分布：城口县

引证标本：贾渝 10319 10354

疣鳞苔属 **Cololejeunea** (Spruc.) Schiffn.

刺边疣鳞苔 **Cololejeunea albodentata** Chen & Wu

海拔：1460 m

分布：开县

引证标本：贾渝 10480

密刺疣鳞苔 **Cololejeunea hispidissima** (Steph.) Pandé

海拔：880 m

分布：城口县

引证标本：贾渝 10199

细鳞苔属 **Lejeunea** Libert

中华细鳞苔 **Lejeunea chinenesis** (Herz.) Zhu & So

海拔：820～1850 m

分布：城口县、巫溪县

引证标本：贾渝 10252 10352 10357、李粉霞 1490

东亚细鳞苔 **Lejeunea japonica** Mitt.

海拔：262 m

分布：巫山县、南郑县

引证标本：赵丽嘉 Z994、贾渝 12223

尖叶细鳞苔 **Lejeunea neelgherriana** Gott.

海拔：1400～1850 m

分布：城口县、巫溪县

引证标本：贾渝 10328、李粉霞 1490

小叶细鳞苔 **Lejeunea parva** (Hatt.) Mizut.

海拔：1740 m

分布：旺苍县

引证标本：贾渝 12011

斑叶细鳞苔 **Lejeunea punctiformis** Taylor.

海拔：1330～1570 m

分布：巫山县

引证标本：赵丽嘉 Z851

Lejeunea sordida (Nees) Nees

海拔：810 m

分布：万源市

引证标本：何强 4452

魏氏细鳞苔 **Lejeunea wightii** Lindenb.

海拔：850～1700 m

分布：城口县、云阳县、巫山县

引证标本：贾渝 10212 10219、于宁宁 02404、王庆华 922

冠鳞苔属 **Lopholejeunea** (Spruce) Schiffn.

黑冠鳞苔 **Lopholejeunea nigricans** (Lindenb.) Schiffn.

海拔：1900 m

分布：旺苍县

引证标本：赵芳芳 093

皱萼苔属 **Ptychanthus** Nees

皱萼苔 **Ptychanthus striatus** (Lehm. & Lindenb.) Nees

海拔：880 m

分布：城口县

引证标本：贾渝 10197

瓦鳞苔属 **Trocholejeunea** Schiffn.

浅棕瓦鳞苔 Trocholejeunea infuscata (Mitt.) Verd.

海拔：820～1230 m

分布：巫山县、镇巴县

引证标本：何强 4348、王庆华 936

南亚瓦鳞苔 Trocholejeunea sandvicensis (Gott.) Mizt.

海拔：185～1230 m

分布：巫山县、开县、万源市

引证标本：贾渝 10442、何强 4732、赵丽嘉 Z809

异鳞苔属 **Tuzibeanthus** S. Hatt.

异鳞苔 Tuzibeanthus chinensis (Steph.) Mizt.

海拔：910～1420 m

分布：城口县、旺苍县

引证标本：贾渝 10323 12068

13.溪苔科 Pelliaceae

溪苔属 **Pellia** Raddi

花叶溪苔 Pellia endiviifolia (Dicks.) Dum.

海拔：262～1850 m

分布：巫溪县、巫山县、镇巴县

引证标本：何强 4302、李粉霞 1305 1306 1309 1313 1526、赵丽嘉 Z999

溪苔 Pellia epiphylla (L.) Corda.

海拔：1000 m

分布：旺苍县

引证标本：贾渝 12075

波绿溪苔 Pellia neesiana (Gott.) Limpr.

海拔：1560～1700 m

分布：云阳县

引证标本：于宁宁 02397

14.南溪苔科 Makinoaceae

南溪苔属 **Makinoa** Miyake

南溪苔 Makinoa crispata (Steph.) Miyake

海拔：860～1156 m

分布：城口县、万源市

引证标本：贾渝 10202、何强 4222

15.带叶苔科 Pallaviciniaceae

带叶苔属 **Pallavicinia** Gray

长刺带叶苔 Pallavicinia subciliata (Aust.) Steph.

海拔：850 m

分布：城口县

引证标本：贾渝 10225

多形带叶苔 Pallavicinia ambigua (Mitt.) Steph.

海拔：878 m

分布：云阳县

引证标本：贾渝 09990

16.绿片苔科 Aneuraceae

绿片苔属 **Aneura** Dum.

绿片苔 Aneura pinguis (L.) Dum.

海拔：830～2100 m

分布：巫山县

引证标本：贾渝 10084 10111

17.叉苔科 Metzgeriaceae

毛叉苔属 **Apometzgeria** Kuwah.

毛叉苔 Apometzgeria pubscens (Schrank.) Kuwah.

海拔：1400～2130 m

分布：城口县、开县、巫山县、巫溪县

引证标本：贾渝 10090 10153 10391、李粉霞 1545

叉苔属 **Metzgeria** Raddi

平叉苔 **Metzgeria conjugata** Lindb.

海拔：1700～2032 m

分布：巫溪县

引证标本：李粉霞 1464

细枝叉苔 **Metegeria consanguinea** Schiffn.

海拔：1460～2173 m

分布：城口县、开县、万源市、旺苍县、南江县

引证标本：贾渝 10176 10438 10451 12011 12159、何强 4992

疏毛叉苔 **Metzgeria decipiens** (Mass.) Schiffn.

海拔：1840 m

分布：巫山县

引证标本：贾渝 10044

钩毛叉苔 **Metzgeria leptoneura** Spr.

海拔：1460 m

分布：开县

引证标本：贾渝 10461

背胞叉苔 **Metzgeria novicrassipilis** Kuwah.

海拔：1900 m

分布：巫山县

引证标本：王庆华 901

18.魏氏苔科 Wiesnerellaceae

毛地钱属 **Dumortiera** Nees

毛地钱 **Dumortiera hirsuta** (Sw.) Nees

海拔：810～1740 m

分布：云阳县、巫溪县、开县、万源市、通江县、镇巴县、南郑县

引证标本：贾渝 10394 10406 10429 12189 12222、何强 4466 5143、李粉霞 1383、王庆华 836

19.蛇苔科 Conocephalaceae

蛇苔属 **Conocephalum** Hill

蛇苔 **Conocephalum conicum** (L.) Dum.

海拔：800～2180 m

分布：云阳县、巫山县、巫溪县、城口县、开县、万源市、南江县、岚皋县、镇巴县、南郑县

引证标本：贾渝 10162 10215 10478 10397 10372 10288 12211 12217 12221、何强 4121 4278 4296 5045 5061 5063、王庆华 40 853 944、李粉霞 1234 1348、李姝婧 422

小蛇苔 **Conocephalum japonicum** (Thunb.) Grolle

海拔：262～1570 m

分布：巫山县、巫溪县、城口县、开县、万源市、通江县

引证标本：贾渝 10195 12236、何强 4147、赵丽嘉 Z856 Z889 Z925 Z932 Z958 Z964、李粉霞 1308

20.疣冠苔科 Aytoniaceae

花萼苔属 **Asterella** P. Beauv.

东亚花萼苔 **Asterella yoshinagana** (Horik.) Horik.

海拔：950 m

分布：通江县、南郑县

引证标本：贾渝 12177 12195 12215 12219 12240

紫背苔属 **Plagiochasma** Lehm. & L.

小孔紫背苔 **Plagiochasma rupestre** (Forst.) Steph.

海拔：884 m

分布：万源市

引证标本：何强 4153

石地钱属 **Reboulia** Raddi

石地钱 **Reboulia hemisphaerica** (L.) Raddi

海拔：262～1640 m

分布：巫溪县、巫山县、城口县、万源市、通江县、镇巴县

引证标本：贾渝 10237 10184 12187 12194、何强 4128 4417 4423 4441 4676 4737 5130、李粉霞 1258 1260、赵丽嘉 Z965

21.地钱科 Marchantiaceae

地钱属 **Marchantia** L.

粗裂地钱 **Marchantia paleacea** Bertol. subsp. **paleacea**

海拔：920～1227 m

分布：城口县、旺苍县、镇巴县

引证标本：贾渝 10244、何强 5043、李姝婧 205

地钱 **Marchantia polymorpha** L.

海拔：630～1500 m

分布：巫溪县、万源市、旺苍县、通江县、镇巴县

引证标本：贾渝 12077 12237 12239、何强 4312 4634、李粉霞 1272

22.单月苔科 Monosoleniaceae

单月苔属 **Monosolenium** Griff.

单月苔 **Monosolenium tenerum** Griff.

海拔：630 m

分布：万源市

引证标本：何强 4722

23.角苔科 Anthocerotaceae

角苔属 **Anthoceros** L.

角苔 **Anthoceros punctatus** L.

海拔：1330～1570 m

分布：巫山县

引证标本：赵丽嘉 Z885

大角苔属 **Megaceros** Campb.

东亚大角苔 **Megaceros falgellaris** (Mitt.) Steph.

海拔：821 m

分布：巫山县

引证标本：王庆华 942

24.虾藓科 Bryoxiphiaceae

虾藓属 **Bryoxiphium** Mitt.

虾藓东亚亚种 **Bryoxiphium norvegicum** (Brid.) Mitt. subsp. **japonicum** (Berggr.) Loevev

海拔：850 m

分布：城口县

引证标本：贾渝 10230

25.细叶藓科 Seligeriaceae

小穗藓属 **Blindia** Bruch & Schimp.

东亚小穗藓 **Blindia japonica** Broth.

海拔：1530 m

分布：南江县

引证标本：贾渝 12138

26.牛毛藓科 Ditrichaceae

牛毛藓属 **Ditrichum** Timm.

卷叶牛毛藓 **Ditrichum crispatissimum** (Müll. Hal.) Par.

海拔：1500 m

分布：城口县

引证标本：贾渝 10280

黄牛毛藓 **Ditrichum pallidum** (Hedw.) Hamp.

海拔：1400～1850 m

分布：巫溪县、旺苍县

引证标本：李粉霞 1517 1542、贾渝 12001

27.小曲尾藓科 Dicranellaceae M. Stech

小曲尾藓属 **Dicranella** Schimp.

疏叶小曲尾藓 **Dicranella divaricatula** Besch.

海拔：1297～1850 m

分布：巫溪县

引证标本：李粉霞 1534、王庆华 130

多形小曲尾藓 **Dicranella heteromalla** (Hedw.) Schimp.

海拔：1330～1570 m

分布：巫山县

引证标本：赵丽嘉 Z826 Z870 Z898

陕西小曲尾藓 **Dicranella liliputana** (Müll. Hal.) Paris

海拔：980 m

分布：旺苍县

引证标本：贾渝 12099

纤毛藓属 **Leptotrichella** (Müll. Hal.) Lindb.

梨蒴纤毛藓 **Leptotrichella brasiliensis** (Duby) Ochyra

海拔：1330～1570 m

分布：巫山县

引证标本：赵丽嘉 Z815

28.曲尾藓科 Dicranaceae

白氏藓属 **Brothera** Müll. Hal.

白氏藓 **Brothera leana** (Sull.) Müll. Hal.

海拔：1400～1850 m

分布：巫溪县

引证标本：李粉霞 1521

曲柄藓属 **Campylopus** Brid.

东亚曲尾藓 **Campylopus coreensis** Card.

海拔：585 m

分布：云阳县

引证标本：杜玉芬 849

毛叶曲柄藓 **Campylopus ericoides** (Griff.) Jaeg.

海拔：1700～2032 m

分布：巫溪县

引证标本：李粉霞 1457

疏网曲柄藓 **Campylopus laxitextus** Lac.

海拔：1560～1700 m

分布：云阳县

引证标本：于宁宁 02406

南亚曲柄藓 **Campylopus umbellatus** (Arnoth.) Par.

海拔：1230 m

分布：开县

引证标本：贾渝 10445

青毛藓属 **Dicranodontium** Bruch & Schimp.

青毛藓 **Dicranodontium denudatum** (Brid.) Britt.

海拔：850～1456 m

分布：巫溪县、城口县

引证标本：贾渝 10198、王庆华 128

曲尾藓属 **Dicranum** Hedw.

绒叶曲尾藓 **Dicranum fulvum** Hook.

海拔：1760 m

分布：旺苍县、巫溪县、城口县

引证标本：贾渝 10198 12002、王庆华 128

日本曲尾藓 **Dicranum japonicum** Mitt.

海拔：1330～2180 m

分布：巫山县、城口县、旺苍县、岚皋县

引证标本：贾渝 10161 10306 12013、赵丽嘉 Z947

东亚曲尾藓 **Dicranum nipponense** Besch.

海拔：1400～2180 m

分布：巫溪县、巫山县、岚皋县

引证标本：贾渝 10113 10305、李粉霞 1563 1564

直毛藓属 **Orthodcranum** Loesk.

鞭枝直毛藓 **Orthodicranum fragellare** (Hedw.) Loesk.

海拔：1400～1850 m

分布：巫溪县

引证标本：李粉霞 1540

合睫藓属 **Symblepharis** Mont.

合睫藓 **Symblepharis vaginata** (Hook.) Wijk & Marg.

海拔：820 m

分布：城口县

引证标本：贾渝 10245

29.白发藓科 Leucobryaceae

白发藓属 **Leucobryum** Brid.

包氏白发藓 **Leucobryum bowringii** Mitt.

海拔：1330～1850 m

分布：巫溪县、巫山县、旺苍县

引证标本：李粉霞 1528、赵丽嘉 Z910、赵芳芳 087

白发藓 **Leucobryum glaucum** (Hedw.) Aongstr.

海拔：1230 m

分布：开县

引证标本：贾渝 10477

30.凤尾藓科 Fissidentaceae

凤尾藓属 **Fissidens** Hedw.

异形凤尾藓 **Fissidens anomalus** Mont.

海拔：2180 m

分布：岚皋县

引证标本：贾渝 10310

网孔凤尾藓 **Fissidens areolatus** Griff.

海拔：860～1850 m

分布：巫溪县、城口县

引证标本：贾渝 10231、李粉霞 1491 1537

卷叶凤尾藓 **Fissidens dubius** P. Beauv.

海拔：925～2100 m

分布：开县、城口县、巫溪县、巫山县、云阳县、旺苍县、通江县

引证标本：李粉霞 1235 1357 1515、贾渝 09998 10011 10039 10118 10430 10457 10362 10384 12205、李姝婧 001、王庆华 907

二形凤尾藓 **Fissidens geminiflorus** Dozy & Molk.

海拔：810 m

分布：万源市

引证标本：何强 4388

大叶凤尾藓 **Fissidens grandifrons** Brid.

海拔：496～860 m

分布：城口县、万源市

引证标本：贾渝 10210 10230、何强 4388、王庆华 941

鳞叶凤尾藓 **Fissidens taxifolius** Hedw.

海拔：810～1740 m

分布：开县、城口县、万源市

引证标本：贾渝 10437 10208、何强 4551

31.丛藓科 Pottiaceae

丛本藓属 **Anoectangium** (Hedw.) Bryol.

丛本藓 **Anoectangium aestivum** (Hedw.) Mitt.

海拔：860 m

分布：城口县

引证标本：贾渝 10232

扭叶丛本藓 **Anoectangium stracheyanum** Mitt.

海拔：1510 m

分布：巫山县、南江县

引证标本：赵芳芳 365、贾渝 10081、赵丽嘉 Z804

红叶藓属 **Bryoerythrophyllum** Chen

深色红叶藓 **Bryoerythrophyllum atrorubens** (Besch.) Chen

海拔：820 m

分布：城口县

引证标本：贾渝 10264

对齿藓属 **Didymodon** Hedw.

红对齿藓 **Didymodon asperifolus** (Mitt.) H. Crum, Steere & L. E. Anderson

海拔：844～2115 m

分布：巫溪县、巫山县、城口县、万源市、镇巴县

引证标本：贾渝 10040 10154、何强 4118 4127 4213 4215 5127 5140、王庆华 141、李粉霞 1253 1264 1403 1411 1432

长尖对齿藓 **Didymodon ditrichoides** (Broth.) X. J. Li & S. He.

海拔：965～1640 m

分布：巫溪县、巫山县、城口县、镇巴县、万源市、旺苍县

引证标本：贾渝 10355、何强 4248 4633 5055、李粉霞 1270 1276、赵丽嘉 Z665 Z854、赵芳芳 279

芽胞对齿藓 **Didymodon gaochienii** Tan & Jia

海拔：2173 m

分布：万源市

引证标本：何强 5005

反叶对齿藓 **Didymodon ferrugineus** (Schimp. ex Besch.) Hill.

海拔：1227～1724 m

分布：旺苍县、镇巴县

引证标本：李姝婧 204、何强 5147

硬叶对齿藓 **Didymodon rigidulus** Hedw.

海拔：1297～1500 m

分布：巫溪县、万源市

引证标本：何强 4474、李粉霞 1263 1278

链齿藓属 **Desmatodon** Brid.

芽胞链齿藓原变种 **Desmatodon gemmacens** Chen var. **gemmacens**

海拔：1297～1456 m

分布：巫溪县

引证标本：王庆华 121

净口藓属 **Gymnostomum** Nees. & Hornsch.

拟净口藓 **Gymnostomum anoectangioides** (Müll. Hal.) Li

海拔：262 m

分布：巫山县

引证标本：赵丽嘉 Z982

橙色净口藓 **Gymnostomum aurantiacum** (Mitt.) Jaeg.

海拔：800 m

分布：巫山县

引证标本：王庆华 935

净口藓 **Gymnostomum calcareum** Nees. & Hornsch.

海拔：262～1500 m

分布：旺苍县、巫山县、巫溪县

引证标本：赵丽嘉 Z981、李粉霞 1281、李姝婧 032

硬叶净口藓 **Gymnostomum subrigidulum** (Broth.) Chen

海拔：1700～2032 m

分布：巫溪县

引证标本：李粉霞 1443

湿地藓属 **Hyophila** Brid.

卷叶湿地藓 **Hyophila involuta** (Hook.) Jaeg.

海拔：1227 m

分布：镇巴县

引证标本：何强 5083

芽胞湿地藓 **Hyophila propagulifera** Broth.

海拔：262～2030 m

分布：巫山县、巫溪县、万源市

引证标本：何强 4223、李粉霞 1442、赵丽嘉 Z984 Z988

薄齿藓属 **Leptodontium** (Müll. Hal.) Hamp. ex Lindb.

韩氏薄齿藓 **Leptodontium handelii** Ther.

海拔：1692 m

分布：万源市

引证标本：何强 4741

薄齿藓短蒴变种 **Leptodontium viticulosoides** (P. Beauv.) Wijk & Marg. var. **abbreviatum** (Dix.) Wijk & Marg.

海拔：810 m

分布：万源市

引证标本：何强 4491

剑叶藓属 **Merceya** Schimp.

剑叶藓 **Merceya ligulata** (Spruc.) Schimp.

海拔：1330～1570 m

分布：巫山县

引证标本：赵丽嘉 Z811

拟合捷藓属 **Pseudosymblepharis** Broth.

细拟合捷藓 **Pseudosymblepharis duriuscula** (Wils.) Chen

海拔：810～1456 m

分布：巫山县、巫溪县、城口县、万源市

引证标本：贾渝 10070 10368、何强 4495、王庆华 39

拟合捷藓 **Pseudosymblepharis papillosula** (Card. & Ther.) Broth.

海拔：810～1450 m

分布：城口县、万源市、旺苍县

引证标本：贾渝 10363 12078 12065a、何强 4502

仰叶藓属 **Reimersia** Chen

仰叶藓 **Reimersia inconspicua** (Griff.) Chen

海拔：820 m

分布：城口县

引证标本：贾渝 10262

粗石藓属 **Rhabdoweisia** Bruch & Schimp.

中华粗石藓 **Rhabdoweisia sinensis** Chen

海拔：1740 m

分布：南江县

引证标本：贾渝 12127

小扭口藓属 **Semibarbula** Herz. ex Hilp.

小扭口藓 **Semibarbula orientalis** (Web.) Wijk & Marg.

海拔：1297～1500 m

分布：巫溪县

引证标本：李粉霞 1240

反纽藓属 **Timmiella** (De Not.)

反纽藓 **Timmiella anomala** (Bryol. Eur.) Limpr.

海拔：810～920 m

分布：万源市、旺苍县

引证标本：何强 4467、贾渝 12057

纽叶藓属 **Tortella** (Müll. Hal.) Limpr.

折叶纽叶藓 **Tortella fragilis** (Hook. & Wils.) Limpr.

海拔：850～1456 m

分布：巫溪县、城口县

引证标本：贾渝 10227、王庆华 107

纽藓 **Tortella tortuosa** (Hedw.) Limpr.

海拔：1297～1620 m

分布：巫溪县、旺苍县

引证标本：李粉霞 1206 1252 1344、李姝婧 311

毛口藓属 **Trichostomum** Bruch

波边毛口藓 **Trichostomum tenuirostre** (Hook. f. & Taylor) Lindb.

海拔：1297～1990 m

分布：巫溪县、开县

引证标本：贾渝 10377 10422、李粉霞 1522、王庆华 115

小石藓属 **Weisia** Hedw.

阔叶小石藓 **Weisia planifolia** Dix.

海拔：1158 m

分布：云阳县

引证标本：王庆华 858

拟阔叶小石藓 **Weisia platyphylloides** Card.

海拔：1330～1570 m

分布：巫山县

引证标本：赵丽嘉 Z935

小石藓 **Weisia viridula** (L.) Hedw.

海拔：810 m

分布：万源市

引证标本：何强 4482

小墙藓属 **Weisiopsis** Broth.

小墙藓 **Weisiopsis plicata** (Mitt.) Broth.

海拔：1460 m

分布：城口县

引证标本：贾渝 10350

32.木衣藓科 Drummondiaceae

木衣藓属 **Drummondia** Hook. in Drumm.

中华木衣藓 **Drummondia sinensis** Müll. Hal.

海拔：600～1464 m

分布：巫溪县

引证标本：王庆华 183 847

33.缩叶藓科 Ptychomitriaceae

缩叶藓属 **Ptychomitrium** Fürnr

台湾缩叶藓 **Ptychomitrium formosicum** Broth. & Yas.

海拔：1297～1500 m

分布：巫溪县

引证标本：李粉霞 1271

狭叶缩叶藓 **Ptychomitrium gardneri** Lesq.

海拔：844～1692 m

分布：城口县、万源市

引证标本：贾渝 10168 10277、何强 4130 4797

狭叶缩叶藓 **Ptychomitrium linearifolium** Reim.

海拔：844～1456 m

分布：巫溪县、万源市

引证标本：何强 4151、王庆华 13 22 37 50 85 125

多枝缩叶藓 **Ptychomitrium polyphylloides** (Müll. Hal.) Par.

海拔：885～2032 m

分布：巫山县、巫溪县、云阳县、万源市

引证标本：何强 4181、李粉霞 1209 1241 1454、王庆华 12 856 886、贾渝 10056 10061

34.紫萼藓科 Grimmiaceae

无尖藓属 **Codriophorus** P. Beauv.

黄无尖藓 **Codriophorus anomodontoides** (Card.) Bednarek-Ochyra & Ochyra

海拔：1470 m

分布：城口县

引证标本：贾渝 10346

紫萼藓属 **Grimmia** Ehrh.

直叶紫萼藓 **Grimmia elatior** Bruch ex Bals. & De Not.

海拔：610 m

分布：南郑县

引证标本：贾渝 12225

毛尖紫萼藓 **Grimmia pilifera** P. Beauv.

海拔：1297～1879 m

分布：巫溪县、万源市

引证标本：何强 4925、王庆华 18 92

南欧紫萼藓 **Grimmia tergestina** Tomm. ex Bruch & Schimp.

海拔：1300～2173 m

分布：巫溪县、万源市

引证标本：何强 4656 5000、李粉霞 1446、王庆华 163

长齿藓属 **Niphotrichum** (Bednarek-Ochyra) Bednarek-Ochyra & Ochyra

长枝长齿藓 **Niphotrichum ericoides** (Brid.) Bednarek-Ochyra & Ochyra

海拔：1470～1729 m

分布：巫山县、南江县

引证标本：贾渝 12119、王庆华 970

东亚长齿藓 **Niphotrichum japonicum** (Dozy & Molk.) Bednarek-Ochyra & Ochyra

海拔：1227～1700 m

分布：云阳县、镇巴县

引证标本：何强 5071、于宁宁 02403

35.真藓科 Bryaceae

银藓属 **Anomobryum** Schimp.

银藓 **Anomobryum filiforme** (Dicks) Solms in Rabenh.

海拔：262 m

分布：巫山县

引证标本：赵丽嘉 Z979

芽胞银藓 **Anomobryum gemmigerum** Broth.

海拔：1297～1500 m

分布：巫溪县、南江县

引证标本：李粉霞 1275、李姝婧 319

短月藓属 **Brachymenium** Schwägr.

多枝短月藓 **Brachymenium leptophyllum** (Müll. Hal.) Jaeg.

海拔：600～1464 m

分布：巫溪县

引证标本：王庆华 176

短月藓 **Brachymenium nepalense** Hook.

海拔：1300 m

分布：万源市、旺苍县

引证标本：何强 4645、李姝婧 061

丛生短月藓 **Brachymenium pendulum** Meut.

海拔：1600～1930 m

分布：巫山县、城口县

引证标本：贾渝 10185、王庆华 883

真藓属 **Bryum** Hedw.

毛状真藓 **Bryum apiculatum** Schwägr.

海拔：262～2032 m

分布：巫山县、巫溪县

引证标本：李粉霞 1409 1444、赵丽嘉 Z961

银叶真藓 **Bryum argenteum** Hedw.

海拔：885 m

分布：巫山县、巫溪县、万源市

引证标本：何强 4182、王庆华 10、赵丽嘉 Z819

比拉真藓 **Bryum billarderi** Schwägr.

海拔：300～1230 m

分布：巫山县、镇巴县

引证标本：何强 4333、于宁宁 02223

韩氏真藓 **Bryum blandum** ssp. **handelii** (Broth.) Ochi

海拔：860～2032 m

分布：巫溪县、城口县、开县、万源市、通江县

引证标本：贾渝 10206 10414 10331 12191、何强 4942 4977、王庆华 68、李粉霞 1410 1416

丛生真藓 **Bryum caespiticium** Hedw.

海拔：793～1940 m

分布：巫溪县、巫山县、开县、城口县、万源市

引证标本：贾渝 10389 10344、何强 4102、李粉霞 1236 1254 1353 1452、王庆华 893

细叶真藓 **Bryum capillare** Hedw.

海拔：1600 m

分布：巫溪县、城口县

引证标本：贾渝 10187、王庆华 93

双色真藓 **Bryum dichotomum** Hedw.

海拔：540～1464 m

分布：云阳县、巫溪县

引证标本：王庆华 158 184 864、阳文静 851

喀什真藓 **Bryum kashmirense** Broth.

海拔：262 m

分布：巫山县

引证标本：赵丽嘉 Z987

近高山真藓 **Bryum paradoxum** Schwägr.

海拔：1297～1456 m

分布：巫溪县

引证标本：王庆华 89 112 114

拟三列真藓 **Bryum pseudotriquetrum** (Hedw.) Gaerth.

海拔：1600 m

分布：城口县

引证标本：贾渝 10191

拟大叶真藓 **Bryum salakense** Card.

海拔：1297～1456

分布：巫溪县

引证标本：王庆华 109

大叶藓属 Rhodobryum (Schimp.) Hamp.

暖地大叶藓 Rhodobryum giganteum (Schwägr.) Par.

海拔：1340～2180 m

分布：巫山县、巫溪县、城口县、开县、万源市、岚皋县

引证标本：贾渝 10109 10115 10133 10307 10378 10482 10486、何强 4883、王庆华 34 151 153、李粉霞 1256 1525

狭边大叶藓 Rhodobryum ontariense (Kindb.) Kindb.

海拔：1450 m

分布：旺苍县、巫山县、巫溪县、城口县

引证标本：贾渝 10049 10345、王庆华 146 149、李姝婧 312

36.提灯藓科 Mniaceae

小叶藓属 Epipterygium Lindb.

小叶藓 Epipterygium tozeri (Grev.) Lindb.

海拔：2209 m

分布：南江县

引证标本：李姝婧 428

提灯藓属 Mnium Hedw.

异叶提灯藓 Mnium heterophyllum (Hook.) Schwägr.

海拔：1840 m

分布：通江县、巫山县

引证标本：贾渝 10030 12197

平肋提灯藓 Mnium laevinerve Card.

海拔：1297～2180 m

分布：巫山县、巫溪县、云阳县、岚皋县

引证标本：贾渝 10010 10119 10312、李粉霞 1247 1274

长肋提灯藓 Mnium lycopodioides Schwägr.

海拔：820～2180 m

分布：巫山县、岚皋县、旺苍县

引证标本：贾渝 10314 12030、王庆华 946

具缘提灯藓 Mnium marginatum (With.) P. Beauv.

海拔：820～1900 m

分布：巫山县、旺苍县

引证标本：贾渝 12049、王庆华 946、李殊婧 111

刺叶提灯藓 Mnium spinosum (Voit.) Schwägr.

海拔：2180 m

分布：岚皋县

引证标本：贾渝 10294 10299

立灯藓属 Orthomnium Wils.

云南立灯藓 Orthomnion yunnanense T. Kop., Li & Zang

海拔：2180 m

分布：岚皋县

引证标本：贾渝 10311

匐灯藓属 Plagiomnium T. Kop.

尖叶匐灯藓 Plagiomnium acutum (Lindb.) T. Kop.

海拔：810 m

分布：万源市

引证标本：何强 4583

皱叶匐灯藓 Plagiomnium arbusculum (Müll. Hal.) T. Kop.

海拔：1460～2180 m

分布：城口县、开县、岚皋县、南江县

引证标本：贾渝 10156 10160 10470 10286 10297 10293 10382 12106

密集匐灯藓 Plagiomnium confertidens (Lindb. & H. Arn.) T. Kop.

海拔：613～2173 m

分布：巫山县、巫溪县、云阳县、开县、万源市、旺苍县、镇巴县

引证标本：贾渝 10053 10396 12062、何强 4982

5070、王庆华 828 915、李粉霞 1343

匍灯藓 Plagiomnium cuspidatum (Hedw.) T. Kop.

海拔：630～1650 m

分布：城口县、万源市、南江县、镇巴县

引证标本：贾渝 10166 10144、何强 4162 4683 5073、赵芳芳 406

阔边匍灯藓 Plagiomnium ellipticum (Brid.) T. Kop.

海拔：630～2180 m

分布：巫溪县、云阳县、镇巴县、南郑县、岚皋县、开县、城口县、万源市、通江县

引证标本：贾渝 10304 10416 10190 12178 12231、何强 4364 5028 5091 4682、王庆华 101 852、赵芳芳 092

日本匍灯藓 Plagiomnium japonicum (Lindb.) T. Kop.

海拔：1340～1460 m

分布：开县、城口县、旺苍县

引证标本：贾渝 10474 10348、赵芳芳 086

侧枝匍灯藓 Plagiomnium maximoviczii (Lindb.) T. Kop.

海拔：727～2180 m

分布：巫山县、巫溪县、云阳县、岚皋县、万源市、南江县、通江县

引证标本：贾渝 10000 10089 10301 12202、何强 4510 4564、赵芳芳 389、李粉霞 1267、王庆华 43 148 947

长尖匍灯藓 Plagiomnium medium (Bruch & Schimp.) T. Kop.

海拔：1400～1850 m

分布：巫溪县

引证标本：李粉霞 1562

钝叶匍灯藓 Plagiomnium rostratum (Schrad.) T. Kop.

海拔：1684～1980 m

分布：开县、旺苍县

引证标本：贾渝 10376、赵芳芳 145

圆叶匍灯藓 Plagiomnium vesicatum (Besch.) T. Kop.

海拔：820～1760 m

分布：旺苍县、巫溪县、镇巴县、开县、城口县

引证标本：贾渝 10342 10258 10417 10398、何强 4328、王庆华 108、李姝婧 042

丝瓜藓属 Pohlia Hedw.

长蒴丝瓜藓 Pohlia elongata Hedw.

海拔：1330～1570 m

分布：巫山县

引证标本：赵丽嘉 Z919

卵蒴丝瓜藓 Pohlia proligera (Kindb.) Lindb. ex Arn.

海拔：1087 m

分布：巫山县

引证标本：贾渝 10047

大坪丝瓜藓 Pohlia tapintzense (Besch.) Redf. & Tan.

海拔：262 m

分布：巫山县

引证标本：赵丽嘉 Z985

毛灯藓属 Rhizomnium T. Kop.

扇叶毛灯藓 Rhizomnium hattori T. Kop.

海拔：1740 m

分布：城口县、旺苍县

引证标本：贾渝 10146 12005

毛灯藓 Rhizomnium punctatum (Hedw.) T. Kop.

海拔：1680 m

分布：城口县、旺苍县

引证标本：贾渝 10146 12005、李姝婧 105

疣灯藓属 Trachycystis Lindb.

鞭枝疣灯藓 Trachycystis flagellaris (Sull. & Lesq.) Lindb.

海拔：810 m

分布：万源市

引证标本：何强 4509 4511

疣灯藓 Trachycystis microphylla (Dozy & Molk.) Lindb.

海拔： 1227～1600 m

分布： 巫山县、巫溪县、云阳县、镇巴县、旺苍县

引证标本： 何强 5084、贾渝 12044、李粉霞 1239、王庆华 835 837、赵丽嘉 Z899

树形疣灯藓 Trachycystis ussuriensis (Maack & Regel) T. Kop.

海拔： 960～2180 m

分布： 巫溪县、岚皋县、镇巴县、南江县

引证标本： 贾渝 10313 12147 12152、何强 4374、赵芳芳 388、王庆华 73、李粉霞 1340

37.皱蒴藓科 Aulacomniaceae

皱蒴藓属 Aulacomnium Schwägr.

异枝皱蒴藓 Aulacomnium heterosticum (Hedw.) Bruch & Schimp.

海拔： 1942 m

分布： 巫山县

引证标本： 王庆华 876

38.珠藓科 Bartramiaceae

珠藓属 Bartramia Hedw.

梨蒴珠藓 Bartramia pomiformis Hedw.

海拔： 1330～1970 m

分布： 巫山县、开县、南江县

引证标本： 贾渝 10387 10444 12118 12162 12165、赵芳芳 351、王庆华 881 949 951 971

珠藓 Bartramia halleriana Hedw.

海拔： 1700～2100 m

分布： 巫溪县、巫山县

引证标本： 李粉霞 1441、贾渝 10101 10104

直叶珠藓 Bartramia ithyphylla Brid.

海拔： 1470 m

分布： 南江县

引证标本： 贾渝 12120

泽藓属 Philonotis Brid.

偏叶泽藓 Philonotis falcata (Hook.) Mitt.

海拔： 1297～1456 m

分布： 巫溪县

引证标本： 王庆华 82

泽藓 Philonotis fontana (Hedw.) Brid.

海拔： 262～1460 m

分布： 巫山县、城口县

引证标本： 贾渝 10343、赵丽嘉 Z1000

柔叶泽藓 Philonotis mollis (Dozy & Molk.) Mitt.

海拔： 262～1500 m

分布： 巫山县、巫溪县、城口县、万源市

引证标本： 贾渝 10207、何强 4554、赵丽嘉 Z995、李粉霞 1290

卷叶泽藓 Philonotis revolute Bosch & Lac.

海拔： 496～540 m

分布： 万源市

引证标本： 何强 4421

倒齿泽藓 Philonotis runcinata Müll. Hal. ex Aongstr.

海拔： 262～1460 m

分布： 巫山县、城口县

引证标本： 贾渝 10366、赵丽嘉 Z970

斜叶泽藓 Philonotis secunda (Dozy & Molk.) Bosch & Sande Lac.

海拔： 1297～1500 m

分布： 巫溪县

引证标本： 李粉霞 1277

细叶泽藓 Philonotis thwaitessii Mitt.

海拔： 810～1483 m

分布： 巫山县、万源市

引证标本： 何强 4532、王庆华 950

东亚泽藓 Philonotis turneriana (Schwägr.) Mitt.

海拔： 1928 m

分布： 巫山县

引证标本： 王庆华 908

平珠藓属 **Plagiopus** Brid.

平珠藓 **Plagiopus oederi** (Brid.) Limpr.

海拔：2100 m

分布：巫山县

引证标本：贾渝 10120

39.美姿藓科 Timmiaceae

美姿藓属 **Timmia** Hedw.

美姿藓北方变种 **Timmia megapolitana** Hedw. var. **bavarica** (Hessl.) Brid.

海拔：1500～1620 m

分布：巫溪县

引证标本：李粉霞 1333

40.虎尾藓科 Hedwigiaceae

虎尾藓属 **Hedwigia** P. Beauv.

虎尾藓 **Hedwigia ciliata** (Hedw.) Ehrh. ex P. Beauv.

海拔：1227～1600 m

分布：云阳县、巫溪县、城口县、镇巴县

引证标本：贾渝 10173 10274 10314 10476、何强 5081、王庆华 168 174 846 850

41.卷柏藓科 Racopilaceae

卷柏藓属 **Racopilum** P. Beauv.

薄壁卷柏藓 **Racopilum cuspidigerum** (Schwägr.) Aongstr

海拔：810 m

分布：巫山县、万源市

引证标本：何强 4553 4559 4607、王庆华 930 943

42.隐蒴藓科 Cryphaeaceae

球蒴藓属 **Sphaerotheciella** M. Fleisch.

球蒴藓 **Sphaerotheciella sphaerocarpa** (Hook.) M. Fleisch.

海拔：1297～1456 m

分布：巫溪县

引证标本：王庆华 135、李粉霞 1299

43.木灵藓科 Orthotrichaceae

直叶藓属 **Macrocoma** (Müll. Hal.) Grout

直叶藓 **Macroma sullivantii** (Müll. Hal.) Grout

海拔：1200～1456 m

分布：城口县、巫溪县、旺苍县

引证标本：贾渝 10333 12091、王庆华 137

蓑藓属 **Macromitrium** Brid.

福氏蓑藓 **Macromitrium ferriei** Card. & Thér.

海拔：1740 m

分布：巫山县、旺苍县

引证标本：贾渝 10064 12019

钝叶蓑藓 **Macromitrium japonicum** Dozy & Molk.

海拔：562 m

分布：云阳县

引证标本：王庆华 845

木灵藓属 **Orthotrichum** Hedw.

拟木灵藓 **Orthotrchium affine** Brid.

海拔：1450 m

分布：城口县

引证标本：贾渝 10326

红叶木灵藓 **Orthotrichum erubescens** Müll. Hal.

海拔：1700 m

分布：巫山县

引证标本：王庆华 968

小木灵藓 **Orthotrichum exiguum** Sull.

海拔：1700 m

分布：巫山县

引证标本：王庆华 965

矮丛木灵藓 Orthotrichum pumilum Sw.

海拔：1700 m

分布：巫山县

引证标本：王庆华 962

黄木灵藓 Orthotrichum speciosum Nees

海拔：1440～1980 m

分布：旺苍县、城口县

引证标本：贾渝 10327 12051b

暗色木灵藓 Orthotrchium sordidum Sull. & Lesq.

海拔：1200～1820 m

分布：巫山县、旺苍县

引证标本：贾渝 12104、王庆华 909 952 955 958 963

火藓属 Schlotheimia Brid.

南亚火藓 Schlotheimia grevilleana Mitt.

海拔：780 m

分布：云阳县

引证标本：贾渝 09999

卷叶藓属 Ulota Mohr.

卷叶藓 Ulota crispa (Hedw.) Brid.

海拔：1700～1879 m

分布：巫山县、旺苍县、万源市、城口县

引证标本：贾渝 10042 10129 12023、李姝婧 107 116 212、何强 4817、王庆华 910 953 960、赵丽嘉 Z948

44.白齿藓科 Leucodontaceae

白齿藓属 Leucodon Schwägr.

朝鲜白齿藓 Leucodon coreensis Card.

海拔：1297～1500 m

分布：巫溪县

引证标本：李粉霞 1318

陕西白齿藓 Leucodon exaltatus Müll. Hal.

海拔：1450～2110 m

分布：城口县

引证标本：贾渝 10157 10336

白齿藓 Leucodon sciuroides (Hedw.) Schwägr.

海拔：1700～1850 m

分布：巫山县

引证标本：王庆华 895 956 961

偏叶白齿藓 Leucodon secundus (Harv.) Mitt.

海拔：1466～2180 m

分布：城口县、岚皋县、旺苍县、南江县

引证标本：贾渝 10178 10290 12114、李姝婧 211 114

长叶白齿藓 Leucodon subulatus Broth.

海拔：1700～2040 m

分布：巫溪县、旺苍县

引证标本：李粉霞 1470、赵芳芳 089

45.蔓藓科 Meteoriaceae

毛扭藓属 Aerobryidium M. Fleisch.

波叶毛扭藓 Aerobryidium crispifolium (Broth. & Geh.) M. Fleisch.

海拔：980 m

分布：旺苍县

引证标本：贾渝 12079 12080

灰气藓属 Aerobryopsis M. Fleisch.

大灰气藓 Aerobryopsis subdivergnes (Broth.) Broth.

海拔：810～1050 m

分布：万源市、旺苍县

引证标本：何强 4455 4534 4538、贾渝 12084、李殊婧 302

悬藓属 Barbella M. Fleisch.

鞭枝悬藓 Barbella flagellifera (Card.) Nog.

海拔：1330～1720 m

分布：巫山县、开县

引证标本：贾渝 10415、赵丽嘉 Z951

垂藓属 **Chrysocladium** M. Fleisch.

垂藓 **Chrysocladium retrorsum** (Mitt.) M. Fleisch.

海拔：810～1456 m

分布：巫溪县、云阳县、万源市

引证标本：何强 4536、王庆华 24 33 143 870

绿锯藓属 **Duthiella** Müll. Hal.

美绿锯藓 **Duthiella speciosissima** Broth. & Card.

海拔：810～1879 m

分布：巫溪县、开县、万源市、南江县

引证标本：何强 4623 4807 4864 4865 4903 4936、贾渝 12139、李粉霞 1302 1334 1364 1379

台湾绿锯藓 **Duthiella formosana** Nog.

海拔：1330 m,

分布：开县

引证标本：贾渝 10468

软枝绿锯藓 **Duthiella flaccida** (Card.) Broth.

海拔：262～1750 m

分布：巫溪县、巫山县、开县、万源市

引证标本：何强 4566、贾渝 10413、赵丽嘉 Z968 Z974、李粉霞 1336

绿锯藓 **Duthiella wallichii** (Mitt.) Broth.

海拔：262 m

分布：巫山县

引证标本：赵丽嘉 Z998

丝带藓属 **Floribundaria** M. Fleisch.

四川丝带藓 **Floribundaria setschwanica** Broth.

海拔：810～2180 m

分布：岚皋县、万源市

引证标本：何强 4457、贾渝 10283

粗蔓藓属 **Meteoriopsis** M. Fleisch. ex Broth.

反叶粗蔓藓 **Meteoriopsis reclinata** (Müll. Hal.) M. Fleisch. ex Broth.

海拔：600～1500 m

分布：巫溪县、巫山县、万源市、旺苍县

引证标本：何强 4498、王庆华 42 187 923 934、李粉霞 1225、李姝婧 313

仰叶粗蔓藓 **Meteoriopsis squarrosa** (Hook.) M. Fleisch. ex Broth.

海拔：1420 m

分布：城口县

引证标本：贾渝 10317

蔓藓属 **Meteorium** (Brid.) Dozy & Molk.

东亚蔓藓 **Meteorium atrovariegatum** Card. & Thér.

海拔：940～1034 m

分布：巫山县、旺苍县

引证标本：贾渝 12093、王庆华 920

川滇蔓藓 **Meteorium bunchananii** (Brid.) Broth.

海拔：1420～1740 m

分布：城口县、旺苍县、南江县

引证标本：贾渝 10332 12012 12155、李姝婧 406

蔓藓 **Meteorium polytrichum** Dozy & Molk.

海拔：920～1600 m

分布：城口县、旺苍县

引证标本：贾渝 10177 12058

粗枝蔓藓 **Meteorium subpolytrichum** (Besch.) Broth.

海拔：1420～1720 m

分布：巫溪县、城口县、旺苍县

引证标本：贾渝 10131 10360 12034、王庆华 139、李姝婧 081

新丝藓属 **Neodicladiella** (Nog.) Buck

鞭枝新丝藓 **Neodicladiella flagellifera** (Card.) Huttunen & D. Quandt.

海拔：1753 m

分布：旺苍县

引证标本：李殊婧 113

新丝藓 Neodicladiella pendula (Sull.) Buck

海拔：1730～1879 m

分布：开县、万源市、南江县

引证标本：何强 4802、贾渝 10428 12150

假悬藓属 Pseudobarbella Nog.

假悬藓 Pseudobarbella levieri (Ren. & Card.) Nog.

海拔：1520 m

分布：南江县

引证标本：贾渝 12128

拟毛扭藓属（新拟）Pseudotrachypus P. de la Varde & Thér.

长枝拟毛扭藓*（新拟）Pseudotrachypus elongates (Williams) Buck

海拔：1720 m

分布：开县

引证标本：贾渝 10432

多疣藓属 Sinskea Buck

小多疣藓 Sinskea flammea (Mitt.) Buck

海拔：880～2100 m

分布：巫山县、城口县、开县

引证标本：贾渝 10086 10193 10456

细带藓属 Trachycladiella (M. Fleisch.) Menzel & Schultze-Molose

细带藓 Trachycladiella aurea (Mitt.) Menzel

海拔：1635 m

分布：旺苍县

引证标本：李姝婧 202

散生细带藓 Trachycladiella sparsa (Mitt.) Menzel

海拔：1640 m

分布：城口县

引证标本：贾渝 10165

* 为中国新分布。

拟扭叶藓属 Trachypodopsis M. Fleisch.

拟扭叶藓 Trachypodopsis serrulata (P. Beauv.) M. Fleisch. var. **crispatula** (Hook.) Zant.

海拔：860～1710 m

分布：巫溪县、城口县、开县

引证标本：贾渝 10194 10424、李粉霞 1347

台湾扭叶藓 Trachypodopsis formosana Nog.

海拔：820 m

分布：城口县

引证标本：贾渝 10263

扭叶藓属 Trachypus Reinw. & Hornsch

扭叶藓 Trachypus bicolor Reinw. & Hornsch.

海拔：840～1760 m

分布：巫山县、城口县、开县、南江县

引证标本：贾渝 10035 10041 10106 10124 10126 10122 10200 10224 10196 10467 10473 10349 10407、赵芳芳 363

小扭叶藓 Trachypus humilis Lindb.

海拔：880～1120 m

分布：巫溪县、巫山县、城口县、旺苍县

引证标本：贾渝 10076 10196 12082 12055、李粉霞 1350 1360 1498

46.蕨藓科 Pterobryaceae

耳平藓属 Calyptothecium Mitt.

急尖耳尖藓 Calyptothecium hookeri (Mitt.) Broth.

海拔：820～1200 m

分布：巫山县、旺苍县

引证标本：王庆华 928、李姝婧 309

滇蕨藓属 **Pseudopterobryum** Broth.

滇蕨藓 Pseudopterobryum tenuicuspis Broth.

海拔：1500～1900 m

分布：巫溪县、旺苍县

引证标本：李粉霞 1384、赵芳芳 084

拟蕨藓属 **Pterobryopsis** M. Fleisch.

尖叶拟蕨藓 Pterobryopsis acuminate (Hook.) M. Fleisch.

海拔：910 m

分布：旺苍县

引证标本：贾渝 12064

南亚拟蕨藓 Pterobryopsis orientalis (Müll. Hal.) M. Fleisch.

海拔：920 m

分布：旺苍县

引证标本：贾渝 12072

47.平藓科 Neckeraceae

拟扁枝藓属 **Homaliadelphus** Dix. & Varde

拟扁枝藓原变种 Homaliadelphus targionianus (Mitt.) Dix. & P. Vard. var. **targionianus**

海拔：820～1910 m

分布：巫山县、城口县

引证标本：贾渝 10068 10340、王庆华 903 929

树平藓属 **Homaliodendron** M. Fleisch.

粗肋树平藓 Homaliodendron crassinervium Ther.

海拔：1500～1620 m

分布：巫溪县

引证标本：李粉霞 1335

小树平藓 Homaliodendron exiguum (Bosch & Lac.) M. Fleisch.

海拔：1760～1820 m

分布：巫山县、开县

引证标本：贾渝 10117 10427

疣树平藓 Homaliodendron papillosum Broth.

海拔：880～1640 m

分布：城口县、开县

引证标本：贾渝 10175 10211 10472

刀叶树平藓 Homaliodendron scalpellifolium (Mitt.) M. Fleisch.

海拔：1520 m

分布：南江县

引证标本：贾渝 12164

平藓属 **Neckera** Hedw.

阔叶平藓 Neckera borealis Nog.

海拔：960～1740 m

分布：巫山县、城口县、镇巴县

引证标本：何强 4353、贾渝 10125、王庆华 927

东亚平藓 Neckera fauriei Card.

海拔：850 m

分布：城口县

引证标本：贾渝 10223

曲枝平藓 Neckera flexiramea Card.

海拔：825 m

分布：巫山县

引证标本：王庆华 921

八列平藓 Neckera konoi Broth. in Card.

海拔：1500～1620 m

分布：巫溪县

引证标本：李粉霞 1390

平齿平藓 Neckera laevidens Broth. ex Wu & Jia

海拔：1700～1780 m

分布：旺苍县

引证标本：贾渝 12026b、赵芳芳 104

短齿平藓 Neckera yezoana Besch.

海拔：1200～2180 m

分布：巫溪县、巫山县、岚皋县、旺苍县、南江县、万源市引证标本：何强 4806 4815 4826、贾渝 10295 12103 12000 12018 12171 12133、李粉霞 1462、王庆华 898、赵芳芳 098

拟平藓属 **Neckeropsis** Reichardt

东亚拟平藓 Neckeriopsis calcicola Nog.

海拔：800～1850 m

分布：巫溪县、巫山县、城口县、旺苍县、万源市

引证标本：何强 4483、贾渝 10074 10167 10238 10217 10347 10241 12060、王庆华 179 288 924、李粉霞 1505 1546

截叶拟平藓 Neckeriopsis lepineana (Mont.) M. Fleisch.

海拔：1200 m

分布：巫山县、旺苍县

引证标本：贾渝 10079 12096

台湾藓属 **Taiwanobryum** Nog.

台湾藓 Taiwanobryum speciosum Nog.

海拔：820 m

分布：巫山县

引证标本：贾渝 10080

48.木藓科 Thamnobryaceae

弯枝藓属 **Curvicladium** Enroth

弯枝藓 Curvicladium kurzii (Kindb.) Enroth.

海拔：1692 m

分布：万源市

引证标本：何强 4789

木藓属 **Thamnobryum** Nieuwl.

粗茎木藓 Thamnobryum coreanum (Card.) Nog. & Iwats.

海拔：1600 m

分布：城口县

引证标本：贾渝 10170

匙叶木藓 Thanmnobryum subseriatum (Mitt. ex S. Lac.) Tan

海拔：810～2173 m

分布：巫溪县、巫山县、城口县、开县、镇巴县、旺苍县、万源市、南江县、通江县

引证标本：何强 4570 4999 5013 5079 5141、贾渝 10071 10072 10234 10439 10400 10385 10260 12101 12028 12121 12146 12238、赵芳芳 082 137 415、李粉霞 1507 1538

羽枝藓属 **Pinnatella** M. Fleisch.

卵叶羽枝藓 Pinnatella anacamptolepis (Müll. Hal.) Broth.

海拔：600～1464 m

分布：巫溪县

引证标本：王庆华 170

东亚羽枝藓 Pinnatella makinoi (Broth.) Broth.

海拔：810～1850 m

分布：巫溪县、万源市

引证标本：何强 4537 4573、李粉霞 1496

49.船叶藓科 Lembophyllaceae

船叶藓属 **Dolichomitra** (Lindb.) Broth.

船叶藓 Dolichomitra cymbifolia (Lindb.) Broth.

海拔：1760 m

分布：南江县

引证标本：贾渝 12122

50.万年藓科 Climaciaceae

万年藓属 **Climacium** Web. & Mohr

万年藓 Climacium dendroides (Hedw.) Web. & Mohr.

海拔：1700～1879 m

分布：城口县、万源市

引证标本：何强 4897、贾渝 10145

东亚万年藓 Climacium japonicum Lindb.

海拔：1520～2200 m

分布：巫溪县、巫山县、城口县、开县、旺苍县、南江县、万源市

引证标本：何强 4746 4755 4800 4899、贾渝 10112 10174 10399 12016 12157、李粉霞 1435

51.孔雀藓科 Hypopterygiaceae

雉尾藓属 **Cyathophorum** P. Beauv.

短肋雉尾藓 **Cyathophorum hookerianum** (Griff.) Mitt.

海拔：810 m

分布：万源市

引证标本：何强 4448

树雉尾藓属 **Dendrocyathophorum** Dixon

树雉尾藓 **Dendrocyathophorum decolyi** (Broth. ex M. Fleisch.) Kruijer.

海拔：870 m

分布：城口县

引证标本：贾渝 10221 10235

孔雀藓属 **Hypopterygium** Brid.

黄孔雀藓 **Hypopterygium flavolimbatum** Müll. Hal.

海拔：262～2180 m

分布：巫溪县、巫山县、云阳县、城口县、岚皋县、旺苍县、万源市、通江县

引证标本：何强 4588 4598、贾渝 10055 10220 10257 12059 10296 12196 12198、王庆华 64 312 323 827、李粉霞 1289、赵丽嘉 Z960

孔雀藓 **Hypopterygium tamarisci** (Sw.) Brid. ex Müll. Hal.

海拔：810 m

分布：万源市

引证标本：何强 4584

52.油藓科 Hookeriaceae

油藓属 **Hookeria** Sm.

尖叶油藓 **Hookeria acutifolia** Hook. & Grev.

海拔：1310 m

分布：通江县

引证标本：贾渝 12185

53.薄罗藓科 Leskeaceae

薄罗藓属 **Leskea** Hedw.

粗肋薄罗藓 **Leskea scabrinervis** Broth. & Par.

海拔：820 m

分布：旺苍县

引证标本：赵芳芳 340

细枝藓属 **Lindbergia** Kindb.

齿边细枝藓 **Lindbergia serrulatus** C. Gao, T. Cao & W. H. Wang

海拔：1850 m

分布：巫山县

引证标本：王庆华 894

中华细枝藓 **Lindbergia sinensis** (Müll. Hal.) Broth.

海拔：1200 m

分布：旺苍县

引证标本：贾渝 12089

54.假细罗藓科 Pseudoleskeellaceae

假细罗藓属 **Pseudoleskeella** Kindb.

假细罗藓 **Pseudoleskeella catenulate** (Brid. ex Schrad.) Kindb.

海拔：1620 m

分布：城口县

引证标本：贾渝 10164

瓦叶假细罗藓 Pseudoleskeella tectorum (Brid.) Kindb.

海拔：2173～2180 m

分布：岚皋县、万源市

引证标本：何强 4984、贾渝 10309

55.牛舌藓科 Anomodontaceae

牛舌藓属 **Anomodon** Hook. & Taylor

单疣牛舌藓 Anomodon abbreviatus Mitt.

海拔：1635 m

分布：城口县

引证标本：贾渝 10137

尖叶牛舌藓 Anomodon giraldii Müll. Hal.

海拔：1450～2032 m

分布：巫溪县、城口县、旺苍县、通江县

引证标本：贾渝 10361 10169 10435 10405、李粉霞 1436、李姝婧 114 115 203 210

小牛舌藓 Anomodon minor (Hedw.) Lind.

海拔：800～1230 m

分布：巫山县、城口县、万源市、镇巴县

引证标本：贾渝 10048 10239、何强 4167 4237 4497 4378 5056、王庆华 926

带叶牛舌藓 Anomodon perlingulatus Broth. ex Wu & Jia

海拔：910～1600 m

分布：旺苍县、城口县

引证标本：贾渝 12073 10181

钝叶牛舌藓 Anomodon rotundatus Par. & Broth.

海拔：1227 m

分布：镇巴县

引证标本：何强 5062

皱叶牛舌藓 Anomodon rugelii (Müll. Hal.) Keissl.

海拔：960～2032 m

分布：巫溪县、巫山县、镇巴县、城口县、万源市

引证标本：何强 4288 5067 4208、贾渝 10356、李粉霞 1434、王庆华 912

东亚牛舌藓 Anomodon solovjovii Laz.

海拔：1297～1500 m

分布：巫溪县

引证标本：李粉霞 1297

麻羽藓属 **Claopodium** (Lesq. & Jam.) Ren. & Card.

细麻羽藓 Claopodium gracillimum (Card. & Ther.) Nog.

海拔：1227 m

分布：镇巴县

引证标本：何强 5148

细羽藓属 **Cyrto-hypnum** Hampe & Lorentz

多毛细羽藓 Cyrto-hypnum vestitissimum (Besch.) Buck & Crum

海拔：1297～1500 m

分布：巫溪县

引证标本：李粉霞 1265

小羽藓属 **Haplocladium** (Müll. Hal.) Müll. Hal.

狭叶小羽藓 Haplocladium angustifolium (Hampe & Müll. Hal.) Broth.

海拔：885～1570 m

分布：巫山县、云阳县、万源市、南郑县

引证标本：何强 4185 4234 4238、王庆华 865 868、赵丽嘉 Z860、贾渝 12224

多枝藓属 **Haplohymenium** Dozy & Molk.

台湾多枝藓 Haplohymenium formosanum Nog.

海拔：500～1900 m

分布：巫山县、巫溪县、云阳县、城口县、万源市、通江县

引证标本：贾渝 10046 10091 10353 10143 12201 12208、王庆华 844 867 896 900、李粉霞 1560

拟多枝藓 **Haplohymenium pseudo-triste** (Müll. Hal.) Broth.

海拔：1650～1850 m

分布：巫山县、南江县

引证标本：贾渝 12130、王庆华 897

羊角藓属 **Herpetineuron** (Müll. Hal.) Card.

羊角藓 **Herpetineuron toccoae** (Sull. & Lesq.) Card.

海拔：630～1230 m

分布：万源市、通江县、镇巴县、南郑县

引证标本：何强 4702 4724 4726 5090、贾渝 12226 12235

56.羽藓科 Thuidiaceae

羽藓属 **Thuidium** Bruch & Schimp.

大羽藓 **Thuidium cymbifolium** (Dozy & Molk.) Dozy & Molk.

海拔：860～2032 m

分布：巫山县、巫溪县、城口县、镇巴县

引证标本：贾渝 10054 10172 10201、何强 5052 5078、李粉霞 1216 1286 1345 1366 1433 1488 1489 1493 1508、赵丽嘉 Z623

短肋羽藓 **Thuidium kanedae** Sak.

海拔：885～1945 m

分布：巫山县、巫溪县、开县、万源市、旺苍县

引证标本：贾渝 10403 10395、何强 4187、赵丽嘉 Z924 Z933、李粉霞 1342、王庆华 882、赵芳芳 134

57.柳叶藓科 Amblystegiaceae

柳叶藓属 **Amblystegium** Schimp.

柳叶藓 **Amblystegium serpens** (Hedw.) Bruch & Schimp.

海拔：1227～2032 m

分布：巫溪县、城口县、镇巴县

引证标本：贾渝 10359、何强 5126、李粉霞 1437

多姿柳叶藓 **Amblystegium varium** (Hedw.) Lindb.

海拔：1700～2032 m

分布：巫溪县

引证标本：李粉霞 1465

拟细湿藓属 **Campyliadelphus** (Kindb.) R. S. Chopra.

拟细湿藓 **Campyliadelphus chrysophyilus** (Brid.) R. S. Chopin

海拔：1400～1640 m

分布：巫山县

引证标本：赵丽嘉 Z656 Z666 Z668、赵芳芳 148

牛角藓属 **Cratoneuron** (Sull.) Spruce

牛角藓 **Cratoneuron filicinum** (Hedw.) Spruce var. **filicinum**

海拔：885～2032 m

分布：巫山县、巫溪县、云阳县、万源市、城口县、镇巴县

引证标本：何强 4837 5150 4190 4191 4203 4938 4920 4289 5085 5131、贾渝 10365 10135、李粉霞 1223 1377 1415 1460、王庆华 873 892

水灰藓属 **Hygrohypnum** Lindb.

水灰藓 **Hygrohypnum luridum** (Hedw.) Jenn.

海拔：600～1464 m

分布：巫溪县

引证标本：王庆华 177

58.湿原藓科 Calliergonaceae

湿原藓属 **Calliergon** (Sull.) Kindb.

草黄湿原藓 **Calliergon stromneum** (Brid.) Kindb.

海拔：1740 m

分布：巫山县

引证标本：贾渝 10032

59.蝎尾藓科 Scorpidiaceae

三洋藓属 **Sanionia** Loeske

三洋藓 **Sanionia uncinata** (Hedw.) Loeske

海拔：1500～1620 m

分布：巫溪县

引证标本：李粉霞 1375

60.青藓科 Brachytheciaceae

气藓属 **Aerobryum** Dozy & Molk.

灰气藓 **Aerobryum speciosum** Dozy & Molk.

海拔：496～1530 m

分布：巫山县、万源市、南江县

引证标本：何强 4531、贾渝 12142、王庆华 932

青藓属 **Brachythecium** Bruch & Schimp.

灰白青藓 **Brachythecium albicans** (Hedw.) Bruch & Schimp.

海拔：262～1879 m

分布：巫山县、万源市

引证标本：何强 4801、王庆华 53

勃氏青鲜 **Brachythecium brotheri** Par.

海拔：1780 m

分布：旺苍县

引证标本：贾渝 12053

褶叶青鲜 **Brachythecium buchananii** (Hook.) Jaeg.

海拔：1420～2173 m

分布：城口县、万源市

引证标本：贾渝 10267、何强 5018

斜枝青藓 **Brachythecium campylothallum** Müll. Hal.

海拔：1430～1760 m

分布：开县、城口县、南江县

引证标本：贾渝 10392 10281 12168

斜枝尖叶青藓 **Brachythecium coreanum** Card.

海拔：1297～2032 m

分布：巫溪县

引证标本：王庆华 57、李粉霞 1425

宽叶青藓 **Brachythecium curtum** (Lindb.) Limpr.

海拔：827 m

分布：城口县

引证标本：贾渝 10233

赤根青藓 **Brachythecium erythrorrhizon** Bruch & Schimp.

海拔：1500～1600 m

分布：巫溪县、城口县

引证标本：贾渝 10270、李粉霞 1346

多枝青藓 **Brachythecium fasciculirameum** Müll. Hal.

海拔：618 m

分布：云阳县

引证标本：王庆华 838

台湾青藓 **Brachythecium formosanum** Taka.

海拔：496～540 m

分布：万源市

引证标本：何强 4651

冰川青藓 **Brachythecium glaciale** Bruch & Schimp.

海拔：827～1800 m

分布：巫山县、巫溪县、城口县

引证标本：贾渝 10110 10236、王庆华 103 798 801

石地青藓 **Brachythecium glareosum** (Spruce) Bruch & Schimp.

海拔：1297～1980 m

分布：通江县、巫溪县、开县、南郑县

引证标本：贾渝 10386 12180 12213 12234、王庆华 317

平枝青藓 **Brachythecium helminthocladum** Broth. & Paris

海拔：2296 m

分布：南江县

引证标本：李姝婧 413

同枝青藓 Brachythecium homocladum Müll. Hal.

海拔：262～1640 m

分布：巫山县

引证标本：赵丽嘉 Z653 Z962 Z963 Z969

皱叶青藓 Brachythecium kuroishicum Besch.

海拔：1206 m

分布：巫山县

引证标本：贾渝 10057

柔叶青藓 Brachythecium moriense Besch.

海拔：496～1650 m

分布：万源市、南江县

引证标本：贾渝 12148、何强 4404 4232、赵芳芳 390

野口青藓 Brachythecium noguchii Takaki

海拔：1044 m

分布：万源市

引证标本：何强 4233

尖叶青藓 Brachythecium piligerum Card.

海拔：1044～2173 m

分布：云阳县、旺苍县、万源市、通江县、开县

引证标本：何强 5020 4228、贾渝 10418 12206、赵芳芳 149、王庆华 857

扁枝青藓 Brachythecium planiusculum Müll. Hal.

海拔：1600 m

分布：城口县

引证标本：贾渝 10182

羽枝青藓 Brachythecium plumosum (Hedw.) Bruch & Schimp.

海拔：830～1500 m

分布：巫山县、巫溪县、万源市

引证标本：何强 4654、贾渝 10052、李粉霞 1222、王庆华 931

长肋青藓 Brachythecium populeum (Hedw.) Bruch & Schimp.

海拔：1297～2032 m

分布：巫溪县、城口县

引证标本：贾渝 10180、王庆华 46、李粉霞 1273 1471

羽状青藓 Brachythecium propinnatum Redf. Tan & He

海拔：844 m

分布：万源市

引证标本：何强 4120

青藓 Brachythecium pulchellum Broth. & Par.

海拔：1520 m

分布：巫山县、南江县

引证标本：赵芳芳 400

溪边青藓 Brachythecium rivulare Bruch & Schimp.

海拔：1530～1720 m

分布：开县、南江县

引证标本：贾渝 10393 12125

长叶青藓 Brachythecium rotaeanum De Not.

海拔：1210 m

分布：云阳县

引证标本：王庆华 855 871

卵叶青藓 Brachythecium rutabulum (Hedw.) Bruch & Schimp.

海拔：562 m

分布：云阳县

引证标本：王庆华 842

亚白青藓 Brachythecium subalbicans Broth.

海拔：810～2180 m

分布：巫溪县、岚皋县、南郑县、万源市、南江县

引证标本：贾渝 10285 12220、何强 4587、赵芳芳 414、李粉霞 1268、李姝婧 409

脆枝青藓 Brachythecium thraustum Müll. Hal.

海拔：1227 m

分布：镇巴县

引证标本：何强 5080

钩叶青藓 Brachythecium uncinifolium Broth. & Par.

海拔：496～1500 m

分布：巫溪县、万源市

引证标本：何强 4429、王庆华 62、李粉霞 1218 1257

绿叶青藓 Brachythecium viridefactum Müll. Hal.

海拔：1297～1640 m

分布：巫溪县

引证标本：王庆华 111、李粉霞 1244 1245、赵丽嘉 Z629

燕尾藓属 **Bryhnia** Kaurin

燕尾藓 Bryhnia novae-angliae (Sull. & Lesq.) Grout

海拔：1980～2173 m

分布：开县、万源市

引证标本：贾渝 10383、何强 5008

短尖燕尾藓 Bryhnia hultenii Bartr.

海拔：2125～2130 m

分布：城口县

引证标本：贾渝 10151 10152

尖叶燕尾藓 Bryhnia trichomitria Dix. & Ther.

海拔：830～1570 m

分布：巫山县、城口县

引证标本：贾渝 10261、赵丽嘉 Z918

密枝燕尾藓 Bryhnia serricuspis (Müll. Hal.) Y. F. Wang & R. L. Hu

海拔：1980 m

分布：开县

引证标本：贾渝 10375

斜蒴藓属 **Camptothecium** Bruch & Schimp.

斜蒴藓 Camptothecium lutescens (Hedw.) Bruch & Schimp.

海拔：810～1810 m

分布：巫山县、巫溪县、万源市、旺苍县、南江县、城口县、镇巴县

引证标本：何强 4580 4331、贾渝 10242 10339 12027 12067 12151、李粉霞 1221、赵丽嘉 Z628、李姝婧 300

美喙藓属 **Eurhynchium** Bruch & Schimp.

短尖美喙藓 Eurhynchium angustirete (Broth.) T. Kop.

海拔：1760～2180 m

分布：旺苍县、城口县、岚皋县

引证标本：贾渝 12020 10155 10289

树状美喙藓 Eurhynchium arbuscula Broth.

海拔：1840～1910 m

分布：巫溪县、旺苍县

引证标本：贾渝 12038、赵芳芳 077、李粉霞 1269

狭叶美喙藓 Eurhynchium coarctum Müll. Hal.

海拔：2180 m

分布：巫山县、岚皋县

引证标本：贾渝 10302、王庆华 906

小叶美喙藓 Eurhynchium filiforme (Müll. Hal.) Y. F. Wang & R. L. Hu

海拔：1297～2032 m

分布：巫溪县、巫山县

引证标本：王庆华 51 875、李粉霞 1320 1404

宽叶美喙藓 Eurhynchium hians (Hedw.) Lac.

海拔：830 m

分布：旺苍县

引证标本：赵芳芳 349

扭叶美喙藓 Eurhynchium kirishimense Tak.

海拔：262～1520 m

分布：巫山县、万源市、南江县

引证标本：何强 4201、赵芳芳 362、赵丽嘉 Z986

疏网美喙藓 Eurhynchium laxirete Broth. In Card.

海拔：1460 m

分布：巫溪县、城口县

引证标本：贾渝 10334、李粉霞 1391

羽枝美喙藓 Eurhynchium longirameum (Müll. Hal.) Y. F. Wang & R. L. Hu

海拔：810 m

分布：巫山县、巫溪县、万源市

引证标本：何强 4447、贾渝 10107、王庆华 124

糙叶美喙藓 Eurhynchium squarrifolium Broth. ex Ihs.

海拔：1740～2180 m

分布：城口县、旺苍县、岚皋县

引证标本：贾渝 10130 10159 12033 10300、赵芳芳 105

同蒴藓属 Homalothecium Bruch & Schimp.

无疣同蒴藓 Homalothecium laevisetum Lac.

海拔：820～1230 m

分布：镇巴县

引证标本：何强 4358

白色同蒴藓 Homlothecium leucodonticaule (Müll. Hal.) Broth.

海拔：1400～1640 m

分布：巫山县

引证标本：赵丽嘉 Z654

鼠尾藓属 Myuroclada Besch.

鼠尾藓 Myuroclada maximowiczii (Borszcz.) Steere & Schof.

海拔：610～1760 m

分布：城口县、万源市、旺苍县、通江县、镇巴县、南郑县

引证标本：贾渝 10141 10163 12041 12204 12229、何强 4680 5047

细喙藓属 Rhynchostegiella (Bruch & Schimp.) Limpr.

日本细喙藓 Rhynchostegiella japonica Dix. & Ther.

海拔：1297～1500 m

分布：巫溪县

引证标本：李粉霞 1300

光柄细喙藓 Rhynchostegiella laeviseta Broth.

海拔：1330～1980 m

分布：巫山县、旺苍县、开县

引证标本：贾渝 10390 10412、赵芳芳 117、赵丽嘉 Z829

卵叶细喙藓 Rhynchostegiella ovalifolium Okam.

海拔：262 m

分布：巫山县

引证标本：赵丽嘉 Z959

长喙藓属 Rhynchostegium Bruch & Schimp.

狭叶长喙藓 Rhynchostegium fauriei Card.

海拔：844～1692 m

分布：巫山县、万源市、南江县

引证标本：何强 4135 4788、王庆华 948、李姝婧 400

斜枝长喙藓 Rhynchostegium inclinatum (Mitt.) Jaeg.

海拔：1440～1538 m

分布：巫山县、旺苍县

引证标本：赵丽嘉 Z651、贾渝 12032

卵叶长喙藓 Rhynchostegium ovalifolium Okam.

海拔：1297～2180 m

分布：巫溪县、岚皋县

引证标本：贾渝 10303、王庆华 74 77

水生长喙藓 Rhynchostegium riparioides (Hedw.) Card.

海拔：840～1760 m

分布：巫山县、巫溪县、云阳县、旺苍县

引证标本：赵芳芳 348、贾渝 12050、王庆华 862 938、李粉霞 1287 1291 1292

匍枝长喙藓 Rhynchostegium serpenticaule (Müll. Hal.) Broth.

海拔：885～1950 m

分布：巫溪县、开县、万源市、通江县

引证标本：贾渝 10371 12232、何强 4186、李粉霞 1259

美丽长喙藓 Rhynchostegium subspeciosum (Müll. Hal.) Müll. Hal.

海拔：940 m

分布：通江县、南郑县。

引证标本：贾渝 12179 12228

61.棉藓科 Plagiotheciaceae

长灰藓属 **Herzogiella** Broth.

齿边长灰藓 Herzogiella perrobusta (Broth. ex Card.) Iwats.

海拔：1297～1620 m

分布：巫溪县

引证标本：李粉霞 1243 1386

棉藓属 **Plagiothecium** Bruch & Schimp.

圆条棉藓原变种 Plagiothecium cavifolium (Brid.) Iwats. var. **cavifolium**

海拔：1700 m

分布：旺苍县

引证标本：赵芳芳 125

圆条棉藓阔叶变种 Plagiothecium cavifolium (Brid.) Iwats. var. **fallax** (Card. & Ther.) Iwats.

海拔：1980 m

分布：开县

引证标本：贾渝 10380

弯叶棉藓 Plagiothecium curvifolium Schlieph. ex Limpr.

海拔：1740～1980 m

分布：开县、旺苍县

引证标本：贾渝 10374 12022

直叶棉藓 Plagiothecium euryphyllum (Card. & Thér.) Z. Iwats.

海拔：1760 m

分布：旺苍县

引证标本：李殊婧 085

小叶棉藓 Plagiothecium latebricola (Wils.) Bruch & Schimp.

海拔：1520 m

分布：南江县

引证标本：贾渝 12163

光泽棉藓 Plagiothecium laetum Bruch & Schimp.

海拔：2173 m

分布：万源市

引证标本：何强 4995

垂蒴棉藓 Plagiothecium nemorale (Mitt.) Jaeg.

海拔：1730 m

分布：巫山县、开县

引证标本：贾渝 10425、王庆华 972

扁平棉藓原变种 Plagiothecium neckeroideum Bruch & Schimp. var. **neckeroideum**

海拔：1730 m

分布：开县、巫山县、旺苍县

引证标本：贾渝 10436 12175、李姝婧 091

阔叶棉藓 Plagiothecium platyphyllum Moenk.

海拔：1330～1570 m

分布：巫山县

引证标本：赵丽嘉 Z813 Z900 Z916

波叶棉藓 Plagiothecium undulatum (Hedw.) Bruch & Schimp.

海拔：1297～1500 m

分布：巫溪县

引证标本：李粉霞 1298

牛尾藓属 **Struckia** Müll. Hal.

牛尾藓 Struckia argentata (Mitt.) Müll. Hal.

海拔：1780 m

分布：旺苍县

引证标本：李姝婧 201

62.绢藓科 Entodontaceae

绢藓属 **Entodon** Müll. Hal.

亮叶绢藓 Entodon aeruginosus Müll. Hal.

海拔：1297～1500 m

分布：巫溪县

引证标本：李粉霞 1226

厚角绢藓 Entodon concinnus (De Not.) Par.

海拔：1300～1930 m

分布：巫山县、巫溪县、云阳县、开县、旺苍县、万源市

引证标本：贾渝 10012 10475 10419、何强 4803 4841 4935 4658、赵丽嘉 Z837 Z864、王庆华 880、李粉霞 1307 1310 1430、赵芳芳 085 120

长帽绢藓 Entodon dolichocucullatus S. Okam.

海拔：262～1300 m

分布：巫山县、万源市、镇巴县

引证标本：何强 4381 4643 4701 4245、赵丽嘉 Z980

广叶绢藓 Entodon flavescens (Hook.) Jaeg.

海拔：1700 m

分布：巫山县

引证标本：王庆华 969

细绢藓 Entodon giraldii Müll. Hal.

海拔：800 m

分布：旺苍县

引证标本：李姝婧 215

短柄绢藓 Entodon macropodus (Hedw.) Müll. Hal.

海拔：850～1227 m

分布：巫山县、镇巴县

引证标本：何强 5123、王庆华 945

玉山绢藓 Entodon morrisonensis Nog.

海拔：1230 m

分布：开县、南郑县

引证标本：贾渝 10443 12210

横生绢藓 Entodon prorepens (Mitt.) Jaeg.

海拔：820～1227 m

分布：巫山县、镇巴县

引证标本：何强 5102、贾渝 10065

亚美绢藓 Entodon sullivantii (Müll. Hal.) Lindb.

海拔：820～1710 m

分布：巫山县、城口县

引证标本：贾渝 10147、王庆华 937

绿色绢藓 Entodon viridulus Card.

海拔：262～562 m

分布：巫山县、云阳县

引证标本：王庆华 833、赵丽嘉 Z993

63.刺果藓科 Symphyodontaceae

刺果藓属 **Symphyodon** Mont.

长刺刺果藓 Symphyodon ecinaceus (Mitt.) Jaeg.

海拔：870 m

分布：城口县

引证标本：贾渝 10209

64.毛锦藓科 Pylaisiadelphaceae

毛锦藓属 **Pylaisiadelpha** Cardot

弯叶毛锦藓 Pylaisiadelpha tenuirostris (Bruch & Schimp. ex Sull.) Buck

海拔：1330～2032 m

分布：巫山县、巫溪县、城口县、旺苍县

引证标本：贾渝 10337 12039、李粉霞 1395 1438、赵丽嘉 Z942 Z943 Z945 Z949 Z952、赵芳芳 110 146、李姝婧 112

短叶毛锦藓 Pylaisiadelpha yokohamae (Broth.) Buck

海拔：1330～1570 m

分布：巫山县

引证标本：赵丽嘉 Z931

65.灰藓科 Hypnaceae

偏蒴藓属 **Ectropothecium** Mitt.

平叶偏蒴藓 Ectropothecium zollingeri (Müll. Hal.) Jaeg.

海拔：1600 m

分布：云阳县

引证标本：贾渝 10024

粗枝藓属 **Gollania** Broth.

长蒴粗枝藓 Gollania cylindricarpa (Mitt.) Broth.

海拔：1227 m

分布：镇巴县

引证标本：何强 5117

粗枝藓 Gollania neckerella (Müll. Hal.) Broth.

海拔：810～1692 m

分布：巫山县、巫溪县、云阳县、城口县、万源市、镇巴县

引证标本：贾渝 10240 10214、何强 4774 4792 4492 5151、李粉霞 1212、王庆华 860、赵丽嘉 Z855 Z862 Z863

大粗枝藓 Gollania robusta Broth.

海拔：1297～2180 m

分布：巫溪县、云阳县、城口县、开县、岚皋县、南江县、旺苍县

引证标本：贾渝 10183 10370 10298 12134、何强 4898 4943、于宁宁 02409、王庆华 83、李粉霞 1238 1349、赵芳芳 151

皱叶粗枝藓 Gollania ruginosa (Mitt.) Broth.

海拔：496～1940 m

分布：巫山县、巫溪县、云阳县、城口县、万源市、旺苍县、通江县

引证标本：贾渝 10021 10132 12065b 12183、何强 4207 4922 4941 4950 4387 4477 4500、李粉霞 1249 1280 1284 1341 1396 1448、王庆华 167 887 888、李姝婧 301

陕西粗枝藓 Gollania schensiana Dix. ex Higuchi

海拔：400 m

分布：巫溪县

引证标本：李振宇 11753 11754A 11754B

中华粗枝藓 Gollania sinensis Broth. & Par.

海拔：1460～1875 m

分布：巫山县、城口县

引证标本：贾渝 10278、王庆华 878

圆枝粗枝藓 Gollania tereticaulis Broth.

海拔：600～1464 m

分布：巫溪县、镇巴县

引证标本：何强 4260、王庆华 172

粗枝藓 Gollania varians (Mitt.) Broth.

海拔：1879 m

分布：万源市

引证标本：何强 4877

灰藓属 **Hypnum** Hedw.

密枝灰藓 Hypnum densirameum Ando

海拔：1297～1500 m

分布：巫溪县

引证标本：王庆华 117、李粉霞 1279

长喙灰藓 Hypnum fujiyamae (Broth.) Par.

海拔：1560～1700 m

分布：云阳县

引证标本：于宁宁 02408

美灰藓 Hypum leptothallum (Müll. Hal.) Paris

海拔：262～1940 m

分布：巫山县、巫溪县、云阳县、城口县、旺苍县、通江县、万源市、镇巴县

引证标本：贾渝 10063 10316 12071 12176 12186、何强 4210 4212 4435 4556 4558 4579 4585 4600 4616 4632 4646 4709 4735 4822 4273 4332 4336 4351 5032 5059 5087 5128、王庆华 175 181 859 861 891 918 933、赵丽嘉 Z821 Z966

大灰藓 Hypnum plumaeforrme Wils.

海拔：496～1530 m

分布：巫山县、巫溪县、云阳县、城口县、万源市、南江县、南郑县

引证标本：贾渝 10358 12214；何强 4440 4673 4691 4712、赵芳芳 370、李粉霞 1466、王庆华 830 843、赵丽嘉 Z852 Z922 Z928

湿地灰藓 **Hypnum sakuraii** (Sak.) Ando

海拔：1939 m

分布：巫山县

引证标本：王庆华 879

暗绿灰藓 **Hypnum tristo-viride** (Broth.) Par.

海拔：1450 m

分布：巫溪县、巫山县、城口县

引证标本：贾渝 10367 12174、李粉霞 1219 1303 1316

拟鳞叶藓属 **Pseudotaxiphyllium** Iwats

密叶拟鳞叶藓 **Pseudotaxiphyllium densum** (Card.) Iwats.

海拔：1580 m

分布：云阳县

引证标本：贾渝 10008

鳞叶藓属 **Taxiphyllum** M. Fleisch.

互生叶鳞叶藓 **Taxiphyllum alternans** (Cardot) Z. Iwats.

海拔：610 m

分布：南郑县

引证标本：贾渝 12218

细尖鳞叶藓 **Taxiphyllum aomoriense** (Besch.) Iwats.

海拔：800～1850 m

分布：巫溪县、巫山县

引证标本：李粉霞 1553、贾渝 10085

陕西鳞叶藓 **Taxiphyllum giralddii** (Müll. Hal.) M. Fleisch.

海拔：793～827 m

分布：城口县、万源市

引证标本：贾渝 10204；何强 4104

鳞叶藓 **Taxiphyllum taxirameum** (Mitt.) M. Fleisch.

海拔：630～965 m

分布：万源市、镇巴县

引证标本：何强 4666 4241

毛青藓属 **Tomentypnum** Loeske

毛青藓 **Tomentypnum nitens** (Hedw.) Loeske

海拔：1297～1456 m

分布：巫溪县

引证标本：王庆华 119

66.金灰藓科 Pylaisiaceae

毛灰藓属 **Homomallium** (Schimp.) Loeske

东亚毛灰藓 **Homomallium connexum** (Card.) Broth.

海拔：1190 m

分布：巫山县

引证标本：贾渝 10050

贴生毛灰藓 **Homomallium japonica-adnatum** (Broth.) Broth.

海拔：496～540 m

分布：云阳县、万源市

引证标本：何强 4444、贾渝 09995

毛灰藓 **Homomallium incurvatum** (Brid.) Loeske

海拔：1400～1850 m

分布：巫溪县

引证标本：李粉霞 1555

金灰藓属 **Pylaisia** Schimp.

金灰藓 **Pylaisia brotheri** Besch.

海拔：810 m

分布：巫溪县、万源市

引证标本：何强 4606、李粉霞 1261

丝金灰藓 **Pylaisia levieri** (Müll. Hal.) T. Arikawa

海拔：1620～1980 m

分布：城口县、万源市、旺苍县

引证标本：贾渝 10179 12048、何强 4814 4819 4829

金灰藓 Pylaisia polyantha (Hedw.) Schimp.

海拔：1297～1456 m

分布：巫溪县

引证标本：王庆华 45 144

明叶藓属 Vesicularia (Müll. Hal.) Müll. Hal.

明叶藓 Vesicularia montagnei (Bel.) Broth.

海拔：1750 m

分布：开县

引证标本：贾渝 10409

67.塔藓科 Hylocomiaceae

梳藓属 Ctenidium (Schimp.) Mitt.

延叶梳藓*（新拟）Ctenidium malacodes Mitt.

海拔：1230 m

分布：开县

引证标本：贾渝 10440

毛叶梳藓 Ctenidium capillifolium (Mitt.) Broth.

海拔：850～1750 m

分布：巫山县、云阳县、城口县、开县

引证标本：贾渝 10186 10203 10205 10216 10411、王庆华 854、赵丽嘉 Z955

小蔓藓属 Meteoriella Okam.

小蔓藓 Meteoriella soluta (Mitt.) Okam.

海拔：1330 m

分布：开县

引证标本：贾渝 10479

* 为中国新分布。

新船叶藓属 Neodolichomitra Nog.

新船叶藓 Neodolichomitra yunanensis (Besch.) T. Kop.

海拔：810～2130 m

分布：城口县、开县、万源市

引证标本：贾渝 10149 10441、何强 4856 4863 4872 4887 4909 4998 4514

拟垂枝藓属 Rhytidiadelphus (Lindb. ex Limpr.) Warnst.

拟垂枝藓 Rhytidielphus triquetrus (Hedw.) Warnst.

海拔：2180 m

分布：岚皋县

引证标本：贾渝 10308

仰叶拟垂枝藓 Rhytidielphus japonicus (Reim.) Kop.

海拔：1470 m

分布：城口县

引证标本：贾渝 10364

塔藓属 Hylocomium Bruch & Schimp.

塔藓 Hylocomium splendens (Hedw.) Bruch & Schimp.

海拔：2200 m

分布：巫山县

引证标本：贾渝 10116

68.金发藓科 Polytrichaceae

仙鹤藓属 Atrichum P. Beauv.

狭叶仙鹤藓 Atrichum angustatum (Brid.) Bruch & Schimp.

海拔：1227～1820 m

分布：巫山县、开县、镇巴县

引证标本：贾渝 10465 10102、何强 5051

卷叶仙鹤藓 Atrichum crispulum Schimp. ex Besch.

海拔：1400～1942 m

分布：巫溪县、巫山县、旺苍县

引证标本：李粉霞 1533、王庆华 877、李姝婧 070

小胞仙鹤藓 *Atrichum rhystophyllum* (Müll. Hal.) Par.

海拔：1230～1940 m

分布：巫山县、云阳县、开县、万源市、旺苍县、南江县

引证标本：贾渝 10094 10459 10379 12154、何强 4853、于宁宁 02407、赵丽嘉 Z684、赵芳芳 101

小金发藓属 *Pogonatum* P. Beauv.

东亚小金发藓 *Pogonatum inflexum* (Lindb.) Lac.

海拔：496～1820 m

分布：巫山县、云阳县、万源市

引证标本：何强 4413、贾渝 10014, 10105、赵丽嘉 Z869

硬叶小金发藓 *Pogonatum neesii* (Müll Hal.) Dozy

海拔：1190 m

分布：镇巴县

引证标本：何强 4268

苞叶小金发藓 *Pogonatum spinulosum* Mitt.

海拔：1400～1850 m

分布：巫溪县、云阳县

引证标本：李粉霞 1527、贾渝 10020

疣小金发藓 *Pogonatum urnigerum* (Hedw.) P. Beauv.

海拔：1392～1700 m

分布：巫山县、云阳县、城口县

引证标本：贾渝 10272、于宁宁 02405、赵丽嘉 Z678

拟金发藓属 *Polytrichastrum* G. Sm.

拟金发藓 *Polytrichastrum alpinum* (Hedw.) G. Sm.

海拔：1460 m

分布：城口县

引证标本：贾渝 10318

黄尖拟金发藓 *Polytrichastrum xanthopilum* (Wils. ex Mitt.) G. Sm.

海拔：496～540 m

分布：万源市

引证标本：何强 4382

金发藓属 *Polytrichum* Hedw.

金发藓 *Polytrichum commune* Hedw.

海拔：1560～2100 m

分布：巫溪县、巫山县、云阳县

引证标本：李粉霞 1458、贾渝 10023 10093、于宁宁 02401 02402

二、石松植物*

1.石松科 Lycopodiaceae

石杉属 **Huperzia** Bernh.

峨嵋石杉 Huperzia emeiensis (Ching & H. S. Kung) Ching & H. S. Kung

海拔：1600 m

分布：巫溪县

引证标本：杨光辉 65342

蛇足石杉 Huperzia serrata (Thunb.) Trev.

海拔：1143 m

分布：巫山县、通江县

引证标本：植物所三峡考察队 0823、重师、西农调查队 0154(CDBI)

四川石杉 Huperzia sutchueniana (Herter) Ching

海拔：2600 m

分布：巫溪县

引证标本：杨光辉 58770

石松属 **Lycopodium** L.

多穗石松 Lycopodium annotinum L.

海拔：3200 m

分布：巫溪县

引证标本：杨光辉 58942

藤石松 Lycopodium casuarinoides (Spring) Holub

海拔：1169 m

分布：巫山县

引证标本：植物所三峡考察队 0649

石松 Lycopodium japonicum Thunb.

海拔：750～2400 m

分布：城口县、开县、奉节县、巫溪县

引证标本：巴山采集队 0788 2260 2580 2710、戴天伦 102574 105484、106986、李先源 KQ135、张泽荣 25591 25702、周洪富 26802、周洪富、粟和毅 109365、陈耀东等 2074

玉柏 Lycopodium obscurum L.

海拔：960～2400 m

分布：奉节县、南江县、巫溪县、镇坪县

引证标本：佚名 2817、周洪富、粟和毅 111054、左宝玉、川经达 2811、陈耀东等 2071、陕西省林业研究所植物标本室 528(WUK)

2.卷柏科 Selaginellaceae

卷柏属 **Selaginella** P. Beauv.

大叶卷柏 Selaginella bodinieri Hieron. ex Christ

海拔：695～1527 m

分布：城口县、开县、通江县、巫溪县

引证标本：戴天伦 103439、倪炳炽 00055、王金鳌 0035、巴山采集队 2769A、张百誉 83-1746

布朗卷柏 Selaginella braunii Baker

海拔：1000 m

分布：巫溪县

引证标本：杨光辉 65244、张百誉 83-1754

蔓出卷柏 Selaginella davidii Franch.

海拔：658～1527 m

分布：城口县、开县、平利县

引证标本：巴山采集队 1069 2769B、于海平 30023

异穗卷柏 Selaginella heterostachys Baker

海拔：1220～1320 m

分布：通江县

引证标本：巴山采集队 6078

兖州卷柏 Selaginella involvens (Sw.) Spring

---

* 此部分由张宪春、卫然、魏雪苹编写。

海拔：554～2000 m

分布：城口县、开县、万源市、通江县、奉节县、镇巴县、镇坪县、竹溪县、房县

引证标本：巴山采集队 0824 0858 0924 1786 2385 2740 6253、川经植 2244、戴天伦 1006721 104298 104535、张泽荣 25839、周洪富、粟和毅 24841、方明渊 24841、佚名 0154、陈彦生等 4169(WUK)、黄仁煌 2979(HIB) 3071(HIB)

贵州卷柏 **Selaginella kouycheensis** Lév.

海拔：1201 m

分布：城口县

引证标本：巴山采集队 0858

细叶卷柏 **Selaginella labordei** Hieron. ex Christ

海拔：658～2200 m

分布：城口县、万源市、巫溪县、镇坪县

引证标本：巴山采集队 1068 1791 3790、戴天伦 104706 106066、张百誉 83-1711、陈耀东、马欣堂、傅连中 2542、应俊生 0111(WUK)

江南卷柏 **Selaginella moellendorffii** Hieron.

海拔：770～1320 m

分布：城口县、巫溪县、镇巴县、平利县、西乡县、镇坪县、房县

引证标本：巴山采集队 0606 0741 0854 6071、戴天伦 102787 103124、杨光辉 65232、赵蕊 0134、应俊生等 0237(WUK)、K. M. Liou 9247(HIB)

卷柏 **Selaginella tamariscina** (Beauv.) Spring

分布：广元市

引证标本：四川经济植物考察队、川经绵 4235

翠云草 **Selaginella uncinata** (Desv.) Spring

海拔：500～850 m

分布：城口县、奉节县、平利县、镇巴县、房县

引证标本：白光宇 031、戴天伦 103529、周洪富 26642、赵蕊 0135、王金敖 0036(CDBI)、黄仁煌 3055(HIB)

三、蕨类植物*

1.木贼科 Equisetaceae

木贼属 **Equisetum** L.

问荆 **Equisetum arvense** L.

海拔：300～1860 m

分布：城口县、南江县、巫山县、巫溪县、平利县、竹山县

引证标本：大巴山工作组 00392、左宝玉、川经达 2801、陈之端等 960871、陈耀东等 89001、戴天伦 100071、乔英林 01067、赵子恩 5338(HIB)

披散木贼 **Equisetum diffusum** D. Don

海拔：550～1800 m

分布：城口县、奉节县、广元市、南江县

引证标本：戴天伦 103585、方明渊 24804、陵春芳、川经绵 4159、张泽荣 25836

木贼 **Equisetum hyemale** L.

海拔：800～1700 m

分布：旺苍县、平利县

引证标本：巴山采集队 5299、徐光远 4280(WUK)

犬问荆 **Equisetum palustre** L.

海拔：800～1800 m

分布：城口县、巫溪县

引证标本：戴天伦 103585、陈耀东等 2143

节节草 **Equisetum ramosissimum** (Desf.) Boerner

海拔：450～1464 m

分布：城口县、奉节县、广元市、巫溪县、平利县、万源市、通江县

引证标本：戴天伦 102271、方明渊 23938、乔英林 00439、植物所三峡考察队 0341、李培元 5905、张泽荣 25699 25836、周洪富、粟和毅 109424、巴山采集队 5970

笔管草 **Equisetum ramosissimum** (Desf.) Boerner subsp. **debile** (Roxb. ex Vauch.) Hauke

海拔：615～1300 m

分布：城口县、奉节县、广元市、万源市、巫山县、巫溪县、平利县

引证标本：戴天伦 101664 103083 103372 103562 107169、李本良 2168、陵春芳、川经绵 4165、粟和毅等 109860 111492、杨光辉 65259、张泽荣 25699、周洪富 26771、周洪富、粟和毅 109860 111492、方明渊 24804、李培元 950 4955 5538

2.瓶尔小草科 Ophioglossaceae

阴地蕨属 **Botrychium** Sw.

阴地蕨 **Botrychium ternatum** (Thunb.) Sw.

海拔：1150 m

分布：城口县

引证标本：戴天伦 103938

蕨萁 **Botrychium virginianum** (L.) Sw.

海拔：1200～1755 m

分布：南江县、旺苍县、通江县、巫溪县

引证标本：巴山采集队 4955 5921、李本良 0803、万绍滨 2616

瓶尔小草属 **Ophioglossum** L.

心脏叶瓶尔小草 **Ophioglossum reticulatum** L.

分布：万源市

引证标本：王子光 2363

* 此部分由张宪春、卫然、魏雪苹编写。

3.松叶蕨科 Psilotaceae

松叶蕨属 **Psilotum** Sw.

松叶蕨 **Psilotum nudum** (L.) P. Beauv.

海拔：100～110 m

分布：巫山县(叶其刚等, 2001)

4.紫萁科 Osmundaceae

紫萁属 **Osmunda** L.

绒紫萁 **Osmunda pilosa** Wall. ex Grev. & Hook.

海拔：1800 m

分布：平利县

引证标本：陈彦生等 4426(WUK)

紫萁 **Osmunda japonica** Thunb.

海拔：610～2050 m

分布：城口县、奉节县、广元市、南江县、通江县、巫溪县、宁强县、南郑县、平利县、房县

引证标本：川经万 0417、戴天伦 100268、李本良 0833、凌春芳 4224、倪炳炽 00003、四川经济植物考察队 0040(CDBI) 0159、T. N. Liou 11805、四川大学川东植物调查队 108221、巴山采集队 6143、陈彦生等 3123(WUK)、邢吉庆 16359(HIB)

桂皮紫萁属 **Osmundastrum** C. Presl

亚洲桂皮紫萁 **Osmundastrum asiaticum** (Fernald) X. C. Zhang

分布：巫溪县

引证标本：张百誉 83-1713

5.里白科 Gleicheniaceae

芒萁属 **Dicranopteris** Bernh.

芒萁 **Dicranopteris pedata** (Houtt.) Nakaike

海拔：750～1000 m

分布：奉节县、通江县、镇巴县

引证标本：王金敖 00014 0140、张泽荣 25582、周洪富、粟和毅 109366

里白属 **Diplopterygium** (Diels) Nakai

中华里白 **Diplopterygium chinense** (Rosenst.) De Vol

海拔：800 m

分布：开县

引证标本：唐中伟 2269

里白 **Diplopterygium glaucum** (Thunb. ex Houtt.) Nakai

海拔：850 m

分布：通江县

引证标本：王金敖 00020(CDBI)

6.海金沙科 Lygodiaceae

海金沙属 Lygodium Sw.

海金沙 **Lygodium japonicum** (Thunb.) Sw.

海拔：695～1000 m

分布：城口县、开县、奉节县、南江县、通江县、平利县、西乡县

引证标本：巴山采集队 0602、戴天伦 103506 103546、王金敖 0062、佚名 0199、周洪富 26621；唐伟中 2277、T. N. Liou & P. C. Tsoong 3967、张泽荣 25702、白光宇 035

7.蘋科 Marsileaceae

蘋属 **Marsilea** L.

蘋 **Marsilea quadrifolia** L.

海拔：1200 m

分布：通江县

引证标本：巴山采集队 5916

8.鳞始蕨科 Lindsaeaceae

乌蕨属 **Odontosoria** Fée

乌蕨 **Odontosoria chinensis** (L.) J. Sm.

海拔：534～1620 m

分布：城口县、奉节县、巫溪县、万源市、通江县、

镇巴县、平利县、南郑县

引证标本：巴山采集队 0470 3368 3548 6141、白光宇 033、戴天伦 103463 103670、张泽荣 25573、周洪富 26585、张百誉 83-1752、王金敖 00015(CDBI)

9.碗蕨科 Dennstaedtiaceae

碗蕨属 **Dennstaedtia** Bernh.

细毛碗蕨 **Dennstaedtia hirsuta** (Sw.) Mett. ex Miq.

海拔：485～1600 m

分布：城口县、平利县

引证标本：巴山采集队 2234、戴天伦 105600 107457

溪洞碗蕨 **Dennstaedtia wilfordii** (T. Moore) Christ

海拔：1250～2200 m

分布：城口县、开县、南江县、巫溪县、平利县、镇坪县

引证标本：戴天伦 103953 104686 104704 104708 104874 104879 106452 106533 106680 107425、谭 81293、植物所三峡考察队 0509 0584、陈耀东等 2101、2215、2252、2544、巴山采集队 2371、张百誉 83-1764、应俊生等 0321(WUK)

姬蕨属 **Hypolepis** Bernh

姬蕨 **Hypolepis punctata** (Thunb.) Mett. ex Kuhn

海拔：1810 m

分布：巫溪县

引证标本：植物所三峡考察队 0112

鳞盖蕨属 **Microlepia** C. Presl

边缘鳞盖蕨 **Microlepia marginata** (Panz.) C. Chr.

海拔：550～890 m

分布：城口县、万源市、平利县

引证标本：巴山采集队 1428 3643、刘元平等 3100、陈彦生等 2191(WUK)

粗毛鳞盖蕨 **Microlepia strigosa** (Thunb.) C. Presl

海拔：620 m

分布：城口县

引证标本：戴天伦 103697

亚粗毛鳞盖蕨 **Microlepia substrigosa** Tagawa

海拔：610～616 m

分布：万源市、镇巴县

引证标本：巴山采集队 3311 3614

蕨属 **Pteridium** Gled. ex Scop.

蕨 **Pteridium aquilinum** (L.) Kuhn subsp. **japonicum** (Nakai) A. Löve ex D. Löve

海拔：550～2500 m

分布：城口县、巫溪县、宁强县、平利县

引证标本：T. N. Liou & C. Wang 84、戴天伦 103731 103884 103983 104758 106148 106427 106435 107308、植物所三峡考察队 0598；陈耀东等 2581、陈彦生等 2197(WUK)

毛轴蕨 **Pteridium aquuilinum** (L.) Kuhn subsp. **revolutum** (Blume) X. Q. Chen & X. C. Zhang

海拔：1092～1950 m

分布：城口县、奉节县、竹溪县、房县

引证标本：巴山采集队 1116、戴天伦 106148 106231 106427、张泽荣 25056、K. M. Liou 8589(HIB) 9157(HIB)

10.凤尾蕨科 Pteridaceae

铁线蕨属 **Adiantum** L.

团羽铁线蕨 **Adiantum capillus-junonis** Rupr.

海拔：650 m

分布：广元市

引证标本：魏志平 3780

铁线蕨 **Adiantum capillus-veneris** L.

海拔：300～800 m

分布：城口县、万源市、云阳县、平利县、竹山县、房县

引证标本：巴山采集队 3573、戴天伦 103435、金常元、川经万 0642、045(条形码号：00577587)(PE)、赵子恩 5339(HIB)、黄仁煌 3121(HIB)

条裂铁线蕨 Adiantum capillus-veneris L. var. **dissectum** (Mart. & Galeot.) Ching

海拔：595 m

分布：城口县、西乡县

引证标本：戴天伦 103008 103604、T. N. Liou & P. C. Tsoong 4067

白背铁线蕨 Adiantum davidii Franch.

海拔：1150～1630 m

分布：城口县

引证标本：巴山采集队 0906 1336B、戴天伦 101210 104717 104747 104917 105616、刘红梅 GQ311

月芽铁线蕨 Adiantum edentulum Christ

海拔：900～2100 m

分布：城口县、南江县、旺苍县、巫溪县、平利县

引证标本：巴山采集队 0841 1391 2101 4853 5522、戴天伦 101875 104712 104762 106109 106456 106705 107473、倪炳炽 00061、植物所三峡考察队 0513、白光宇 002、刘正宇 180719

蜀铁线蕨 Adiantum edentulum Christ f. **refractum** (Christ) Y. X. Lin

海拔：650～1950 m

分布：城口县、奉节县

引证标本：巴山采集队 1783、戴天伦 101875 1060456 106705 107071 107473

普通铁线蕨 Adiantum edgeworthii Hook.

海拔：610～9530 m

分布：南郑县

引证标本：巴山采集队 6152

肾盖铁线蕨 Adiantum erythrochlamys Diels

海拔：1550～2040 m

分布：城口县、巫溪县

引证标本：巴山采集队 1336A、戴天伦 104792、植物所三峡考察队 0522

假鞭叶铁线蕨 Adiantum malesianum Ghatak

海拔：140～760 m

分布：城口县、云阳县、巫山县

引证标本：戴天伦 103790、陈之端等 960429、T. P. Wang 10387

灰背铁线蕨 Adiantum myriosorum Baker

海拔：750～2100 m

分布：城口县、开县、奉节县、巫溪县、平利县、镇坪县、竹溪县、房县

引证标本：巴山采集队 0691 0898 1021 1381 2673、戴天伦 101247 101873 102678 104198 104347 104556 106103 106454 106464 106707、胡秀英 104658、倪炳炽 00517、兴隆工作组 1726、植物所三峡考察队 0141 0227、陈之端等 960617、白光宇 048、陈之端等 960617、易同培 75469、张泽荣 25373 52120、应俊生等 296(WUK)、郑重 957(HIB)、刘克荣 246(HIB)

掌叶铁线蕨 Adiantum pedatum L.

海拔：1430～1900 m

分布：城口县、南江县、旺苍县、巫溪县、平利县

引证标本：巴山采集队 4942 4983 5520、戴天伦 104077 78474、倪炳炽 00327、陈耀东等 2153 2566、刘红梅 GQ310、陕西林研所植物标本室 223(WUK)

陇南铁线蕨 Adiantum roborowskii Maxim.

海拔：895～1620 m

分布：城口县、巫山县、巫溪县

引证标本：巴山采集队 1320 1359、T. P. Wang 10065、杨光辉 58579

峨眉铁线蕨 Adiantum roborowskii Maxim. f. **faberi** (Baker) Y. X. Lin

海拔：1250～1527 m

分布：城口县、开县

引证标本：戴天伦 102978 106814、巴山采集队 2766

粉背蕨属 Aleuritopteris Fee

银粉背蕨 Aleuritopteris argentea (Gmel.) Fée

海拔：765～1100 m

分布：城口县、镇巴县、镇坪县、平利县

引证标本：巴山采集队 4253、戴天伦 103789、应俊生 4(WUK)、陈彦生等 3906(WUK)

陕西粉背蕨 Aleuritopteris argentea (Gmel.) Fée var. **obscura** (Christ) Ching

海拔：850 m

分布：通江县、城口县、平利县

引证标本：林业部林业科学研究所 213、邢秀芳 1-0168、巴山采集队 5922

薄叶粉背蕨 Aleuritopteris dalhousiae (Hook.) Ching

海拔：1755 m

分布：旺苍县

引证标本：巴山采集队 4948

中间粉背蕨 Aleuritopteris dubia (C. Hope) Ching

海拔：1201 m

分布：城口县

引证标本：巴山采集队 0857

裸叶粉背蕨 Aleuritopteris duclouxii (Christ) Ching

海拔：1100 m

分布：南江县、旺苍县

引证标本：巴山采集队 5452、四川经济植物考察队 0206

阔盖粉背蕨 Aleuritopteris grisea (Blanford) Panigrahi

海拔：1100 m

分布：镇坪县

引证标本：应俊生等 375(WUK)

雪白粉背蕨 Aleuritopteris niphobola (C. Chr.) Ching

海拔：917 m

分布：万源市

引证标本：巴山采集队 3017

碎米蕨属 Cheilosoria Trev.

毛轴碎米蕨 Cheilosoria chusana (Hook.) Ching & K. H. Shing

海拔：160～1000 m

分布：城口县、万源市、通江县、云阳县、巫溪县、镇巴县、平利县、宁强县

引证标本：巴山采集队 2893 3657 5969 6214 6250、戴天伦 103715、王金敖 0075、杨光辉 59613、陈之端等 960434、李培元 5618、张宪春等 2707、214(条形码号：00539732)(PE)、T. N. Liou 11881、白光宇 039

凤了蕨属 Coniogramme Fée

尾尖凤了蕨 Coniogramme caudiformis Ching & K. H. Shing

分布：城口县

引证标本：戴天伦 106807

普通凤了蕨 Coniogramme intermedia Hieron.

海拔：591～2180 m

分布：城口县、开县、万源市、巫溪县、岚皋县、镇坪县、平利县、房县

引证标本：巴山采集队 0511 0929 1559 2367 2653 3603、戴天伦 102893 104639 106205 106691、倪炳炽 00425、植物所三峡考察队 0324、陈耀东等 2103、应俊生等 292(WUK)、陈彦生等 3841(WUK)、黄仁煌 3086(HIB)

凤了蕨 Coniogramme japonica (Thunb.) Diels

海拔：950～1600 m

分布：城口县、竹溪县

引证标本：戴天伦 102912、K. M. Liou 8645(HIB)

峨眉凤了蕨 Coniogramme emeiensis Ching & K. H. Shing

海拔：892～975 m

分布：城口县

引证标本：巴山采集队 0708 1095 1384

黑轴凤了蕨 Coniogramme robusta (Christ) Christ

海拔：695 m

分布：万源市

引证标本：刘元平、王壮 3134

乳头凤了蕨 Coniogramme rosthornii Hieron.

海拔：1000～1700 m

分布：南江县、旺苍县、平利县

引证标本：巴山采集队 5053 5191、陆鄂鸣 2847、白光宇 008、戴天伦 101546 103816 104475 106138 107475、戴天伦、熊济华 94029

疏网凤了蕨 Coniogramme wilsonii Hieron.

海拔：500 m

分布：城口县、平利县

引证标本：戴天伦 102912、陈彦生等 3808(WUK)

隐囊蕨属 Notholaena R. Br.

中华隐囊蕨 Notholaena chinensis Baker

海拔：1000 m

分布：巫溪县

引证标本：张百誉 83-1749

金粉蕨属 Onychium Kaulf.

黑足金粉蕨 Onychium contiguum C. Hope

海拔：585～1700 m

分布：城口县、镇巴县

引证标本：巴山采集队 3307、戴天伦 102177 102695 103424

野雉尾金粉蕨 Onychium japonicum (Thunb.) Kunze

海拔：610～953 m

分布：城口县、奉节县、南江县、万源市、通江县、巫溪县、云阳县、镇巴县、宁强县、平利县、南郑县、镇坪县、竹溪县

引证标本：巴山采集队 0211 0394 0610 3505 4212 6067 6147 6148、戴天伦 102177 103721 104019 107347、方明渊 24858、何兴金等 170434、倪炳炽 00038、杨光辉 65334、佚名 26255 552、张泽荣 25578、植物所三峡考察队 1041、周洪富 26038 26222 26255 26580、周洪富、粟和毅 25578 26038 26852 109203 109396、215(PE-00576379)、T. N. Liou 11932、应俊生等 225(WUK)、K. M. Liou 8651(HIB)

栗柄金粉蕨 Onychium japonicum (Thunb.) Kunze var. **lucidum** (D. Don) Christ

海拔：494～1800 m

分布：城口县、开县、奉节县、巫溪县、万源市、镇巴县、平利县

引证标本：戴天伦 102695 103209、杨光辉 65334 102177、巴山采集队 2726 3307 3505 4212、方明渊 24858 24986、杨光辉、张泽荣 25578、周洪富 26255 26852、陈彦生等 3857(WUK)

木坪金粉蕨 Onychium moupinense Ching

海拔：635～1850 m

分布：城口县、奉节县、万源市、平利县

引证标本：巴山采集队 2938 3035、戴天伦 103028 103424 103436 103772 103936 106569 107347、周洪富 24986 26222、白光宇 025

蚀盖金粉蕨 Onychium tenuifrons Ching

海拔：615 m

分布：城口县

引证标本：戴天伦 103210

金毛裸蕨属 Paragymnopteris K. H. Shing

耳羽金毛裸蕨 Paragymnopteris bipinnata (Christ) K. H. Shing var. **auriculata** (Franch.) K. H. Shing

分布：平利县

引证标本：林业部林业科学研究所 216

欧洲金毛裸蕨 Paragymnopteris marantae (L.) K. H. Shing

海拔：578 m

分布：万源市

引证标本：巴山采集队 3646

金毛裸蕨 Paragymnopteris vestita (Wall. ex C. Presl) K. H. Shing

海拔：995～1420 m

分布：镇巴县、城口县

引证标本：巴山采集队 0215 4249

旱蕨属 **Pellaea** Link

旱蕨 Pellaea nitidula (Hook.) Baker

海拔：554～1000 m

分布：城口县、巫溪县、南江县、通江县、南郑县

引证标本：戴天伦 103712、四川经济植物考察队 0184、张百誉 83-1771、巴山采集队 6145 6212 6279

宜昌旱蕨 Pellaea patula (Baker) Ching

海拔：933～970 m

分布：万源市、镇巴县

引证标本：巴山采集队 2984 3026

凤尾蕨属 **Pteris** L.

猪鬣凤尾蕨 Pteris actiniopteroides Christ

海拔：600～1500 m

分布：城口县、奉节县、南江县、巫溪县、西乡县、房县

引证标本：巴山采集队 0623 0751、戴天伦 103175 103232 103332 103773 103934 107200 107348、李先源 37271、四川经济植物考察队 0185、周洪富、粟和毅 109047 111124、T. N. Liou & P. C. Tsoong 3983、杨光辉 65254、K. M. Liou 9095(HIB)

欧洲凤尾蕨 Pteris cretica L.

海拔：615～3000 m

分布：城口县、巫山县、万源市、镇巴县、巫溪县、旺苍县、平利县、竹溪县、房县

引证标本：巴山采集队 0218 0393 0569 0842 3630 4227 4999 5197、戴天伦 101635 102719 103717 103719 103847 103925 104222 104552 104602 106348 106568 106678 106887 107280 156348、周洪富、粟和毅 110265、杨光辉 58626、植物所三峡考察队 0299、陈彦生等 3798(WUK)、K. M. Liou 8667(HIB) 9191(HIB)

岩凤尾蕨 Pteris deltodon Baker

海拔：1000 m

分布：城口县

引证标本：张宪春等 2705

溪边凤尾蕨 Pteris excelsa Gaud.

海拔：591～850 m

分布：城口县、奉节县、巫山县、万源市

引证标本：巴山采集队 1085 3601、戴天伦 103148 103716、刘元平、王壮 3103、T. P. Wang 10304、周洪富 26627

狭叶凤尾蕨 Pteris henryi Christ

海拔：450～1800 m

分布：城口县、万源市、通江县、巫溪县、平利县

引证标本：巴山采集队 2895 5967 6213、戴天伦 78305、杨光辉 65254、040(条形码号:00507536)(PE)、张宪春等 3244

井栏凤尾蕨 Pteris multifida Poir.

海拔：578～1200 m

分布：通江县、城口县、奉节县、万源市、镇坪县、平利县、竹溪县

引证标本：巴山采集队 3635 5918、戴天伦 101671 103596、周洪富 26861、应俊生等 337(WUK)、陈彦生等 2134(WUK)、王映明 3014(HIB)

蜈蚣草 Pteris vittata L.

海拔：230～1810 m

分布：城口县、开县、奉节县、南江县、通江县、云阳县、巫山县、巫溪县、平利县、房县

引证标本：巴山采集队 0576 1148 2759 5923 5968、戴天伦 1015630 101667 102494 102774 102873 103125 103735 103780 104602、方明渊 24948、何兴金等 167575、四川经济植物考察队 178、佚名 103544、张泽荣 25877、植物所三峡考察队 0170、周洪富 26812、周洪富、粟和毅 109466 109526 109560 110308；陈之端等 960480、T. P. Wang 10768、周鹤昌 2999、陈彦生等 3758(WUK)、K. M. Liou 9107(HIB)

11.冷蕨科 Cystopteridaceae

亮毛蕨属 **Acystopteris** Nakai

亮毛蕨 Acystopteris japonica (Luerss.) Nakai

海拔：2040 m

分布：巫溪县

引证标本：植物所三峡考察队 0512

冷蕨属 **Cystopteris** Bernh.

膜叶冷蕨 Cystopteris pellucida (Franch.) Ching ex C. Chr.

海拔：1300～1340 m

分布：平利县、镇坪县

引证标本：陕西队 92、徐光远 5502(WUK)

羽节蕨属 **Gymnocarpium** Newman

东亚羽节蕨 Gymnocarpium oyamense (Baker) Ching

海拔：1200～1730 m

分布：城口县、南江县、镇坪县平利县

引证标本：巴山采集队 1323 5712、应俊生等 0276(WUK)、陈彦生 1112(WUK)

12.铁角蕨科 Aspleniaceae

铁角蕨属 **Asplenium** L.

线柄钱角蕨 Asplenium capillipes Makino

海拔：2040～2500 m

分布：城口县、巫溪县

引证标本：植物所三峡考察队 0483、张宪春等 2726

城口铁角蕨 Asplenium chengkouense Ching ex H. S. Kung

海拔：1400～1800 m

分布：城口县

引证标本：戴天伦 104453 104656 106098

肾羽铁角蕨 Asplenium humistratum Ching ex H. S. Kung

海拔：1600～2500 m

分布：城口县

引证标本：戴天伦 104927 104946、张宪春等 2728

虎尾铁角蕨 Asplenium incisum Thunb.

海拔：578～1320 m

分布：城口县、万源市、通江县、平利县、竹溪县

引证标本：巴山采集队 3656 6030 6034、白光宇 030、戴天伦 106633、K. M. Liou 8636(HIB)

宝兴铁角蕨 Asplenium moupinense Franch.

海拔：912～2000 m

分布：城口县、万源市、镇巴县

引证标本：巴山采集队 2936 4225、戴天伦 101254 101294 106565 106633

西北铁角蕨 Asplenium nesii Christ.

海拔：1400 m

分布：镇坪县

引证标本：应俊生等 0768(WUK)

北京铁角蕨 Asplenium pekinense Hance

海拔：780～2000 m

分布：城口县、巫溪县、镇坪县、平利县

引证标本：巴山采集队 1333 1775、T. P. Wang 10263、戴天伦 101262 101665 103932 106861、四川大学生物系 103510、杨光辉 59618、张百誉 83-1747、应俊生 0012(WUK)、陈彦生等 2123(WUK)

长叶铁角蕨 Asplenium prolongatum Hook.

海拔：591～1150 m

分布：城口县、巫溪县、万源市

引证标本：巴山采集队 1103 3590、戴天伦 102806 103032、倪炳炽 00053

华中铁角蕨 Asplenium sarelii Hook.

海拔：500～2000 m

分布：城口县、万源市、通江县、巫溪县、镇巴县、平利县、竹山县、房县

引证标本：巴山采集队 0214 0561 2994 3016 5919 6033 6035 6074、戴天伦 103510 103932 10665 106861 107343、杨光辉 59618、植物所三峡考察队 0076 0145 0318、刘红梅 CQ312、陈彦生等 2208(WUK)、赵子恩 5312(HIB)、刘克荣 0612(HIB)

细茎铁角蕨 Asplenium tenuicaule Hayata

海拔：610～1800 m

分布：城口县、南郑县

引证标本：巴山采集队 1903 6073 6153

钝齿铁角蕨 Asplenium tenuicaule Hayata var. **subvarians** (Ching) Viane

分布：城口县

引证标本：戴天伦 104704

细裂铁角蕨 Asplenium tenuifolium D. Don

海拔：912 m

分布：万源市

引证标本：巴山采集队 2935

铁角蕨 Asplenium trichomanes L.

海拔：650～2177 m

分布：通江县、城口县、开县、奉节县、巫山县、巫溪县、平利县、镇巴县、竹溪县

引证标本：巴山采集队 0437 1332 2345 4221 4331 6031、戴天伦 101460 102304 102680 103376 103921 103988 104132 105618 106635、李培元 9295、杨光辉 58408 59638、张泽荣 25529、周洪富 26839、K. L. Chu 2081、戴天伦、赖晨光 207、四川大学生物系 106871

三翅铁角蕨 Asplenium tripteropus Nakai

海拔：900～1810 m

分布：城口县、巫山县、巫溪县、奉节县、镇巴县、镇坪县、万源市、通江县、平利县、房县、竹溪县

引证标本：巴山采集队 0498 1378 1776 6070、戴天伦 103376 103921 103974、王金鳌 0069、镇巴组 0216、植物所三峡考察队 0123 1387、白光宇 022、赖晨光 220、李培元 4206、刘克荣 260、张泽荣 25529、周洪富 26839、应俊生等 0727(WUK)、K. M. Liou 8654(HIB)

变异铁角蕨 Asplenium varians Wall. ex Hook. & Grev.

海拔：1786 m

分布：旺苍县

引证标本：巴山采集队 5072

胎生铁角蕨 Asplenium yoshinagae var. **indicum** (Sledge) Ching & S. K. Wu

海拔：1000 m

分布：镇坪县

引证标本：应俊生等 0723(WUK)

云南铁角蕨 Asplenium yunnanense Franch.

海拔：910～1201 m

分布：城口县、旺苍县

引证标本：巴山采集队 0855 5156、戴天伦 103803、张宪春等 2708

闽浙铁角蕨 Asplenium wilfordii Mett. ex Kuhn

海拔：1300 m

分布：巫溪县

引证标本：张百誉 83-1696

膜叶铁角蕨属 Hymenasplenium Hayata

切边铁角蕨 Hymenasplenium excisum (C. Presl) Hatusima ex Sugimoto

海拔：890 m

分布：城口县

引证标本：巴山采集队 1425

半边铁角蕨 Asplenium unilaterale (Lam.) Hayata

海拔：591～695 m

分布：万源市、巫溪县

引证标本：巴山采集队 3582、刘元平、王壮 3112、倪炳炽 00056

13.金星蕨科 Thelypteridaceae

钩毛蕨属 Cyclogramma Tagawa

小叶钩毛蕨 Cyclogramma flexilis (Christ) Tagawa

海拔：900～1400 m

分布：城口县

引证标本：巴山采集队 1380 1392、戴天伦 104665

峨眉钩毛蕨 Cyclogramma omeiensis (Baker) Tagawa

海拔：625 m

分布：城口县

引证标本：戴天伦 103102

毛蕨属 Cyclosorus Link

渐尖毛蕨 Cyclosorus acuminatus (Houtt.) Nakai

海拔：125～1400 m

分布：城口县、云阳县、奉节县、南江县、万源市、宁强县、平利县、镇巴县、竹山县

引证标本：巴山采集队 0786 0794 2896 3363 3571、戴天伦 102183 102693 103120 103206 103475 103643 103746 103927 104564、方明渊 24988 24952、江广渝等 3229、刘元平等 3077、佚名 0181、陈之端等 960471、白光宇 036、周洪富、粟和毅 109468 110574 111280 111356 111566、杨光辉 65515、周洪富 26992、赵子恩 5294(HIB)

方秆蕨 Cyclosorus erubescens (Wall. ex Hook.) C. M. Kuo

海拔：1150 m

分布：城口县

引证标本：巴山采集队 0911

西南假毛蕨 Cyclosorus esquirolii (Christ) C. M. Kuo

海拔：1000 m

分布：奉节县

引证标本：张泽荣 25574

披针新月蕨 Cyclosorus penangianus (Hook.) Copel.

海拔：616～1527 m

分布：城口县、开县、奉节县、巫山县、万源市、镇巴县

引证标本：巴山采集队 1099 2752 2757 2956 3330、戴天伦 102773 103230、T. P. Wang 10587、D611(条形码号：00848839)(PE)

方秆蕨属 Glaphyropteridopsis Ching

粉红方秆蕨 Glaphyropteridopsis rufostraminea (Christ) Ching

海拔：1250 m

分布：巫山县

引证标本：杨光辉 59930

大叶方秆蕨 Glaphyropteridopsis splendens Ching

海拔：980 m

分布：旺苍县

引证标本：巴山采集队 5192

针毛蕨属 Macrothelypteris (H. Itô) Ching

针毛蕨 Macrothelypteris oligophlebia (Baker) Ching

海拔：610～953 m

分布：南郑县

引证标本：巴山采集队 6149

刚鳞针毛蕨 Macrothelypteris setigera (Blume) Ching

海拔：850 m

分布：奉节县

引证标本：周洪富 26671

翠绿针毛蕨 Macrothelypteris viridifrons (Tagawa) Ching

海拔：1427 m

分布：城口县

引证标本：巴山采集队 0999

凸轴蕨属 Metathelypteris (H. Itô) Ching

凸轴蕨 Metathelypteris gracilescens (Bl.) Ching

海拔：915 m

分布：镇巴县

引证标本：巴山采集队 3401

金星蕨属 Parathelypteris (H. Itô) Ching

长根金星蕨 Parathelypteris beddomei (Baker) Ching

海拔：995～1740 m

分布：城口县、镇巴县

引证标本：巴山采集队 0140 4220

金星蕨 Parathelypteris glanduligera (Kunze) Ching

海拔：1320 m

分布：通江县

引证标本：巴山采集队 6032

中日金星蕨 Parathelypteris nipponica (Franch. & Sav.) Ching

海拔：700～2090 m

分布：城口县、开县、万源市、巫溪县、平利县、镇坪县、镇巴县、房县

引证标本：巴山采集队 0971 2715 3626 4344、戴天伦 101592 101731 102411 102693、林业部林业科学研究所 203 226 227、周鹤昌 2931、周洪富、粟和毅 109538、植物所三峡考察队 0465、陈耀东等 2251 2451 2583、应俊生等 0239(WUK)、邢吉庆 16810(HIB)

狭脚金星蕨 Parathelypteris borealis (Hara) Shing

海拔：125～1450 m

分布：城口县

引证标本：103746(条形码号：00848196)(PE)、戴天伦 101541

卵果蕨属 Phegopteris (C. Presl) Fée

卵果蕨 Phegopteris connectilis (Michx.) Watt

海拔：1800～2200 m

分布：巫溪县、平利县

引证标本：张百誉 83-1763、陈彦生等 4352(WUK)

延羽卵果蕨 Phegopteris decursive-pinnata (van Hall) Fée

海拔：554～2000 m

分布：通江县、城口县、开县、奉节县、巫山县、巫溪县、平利县、镇巴县、南郑县、镇坪县、房县

引证标本：巴山采集队 0488 0793 0885 2755 3292 4214 6076 6146 6150 6273、白光宇 009、戴天伦 102865 102871 103991 105895 107329、方明渊 24741 24988、杨光辉 59936 65092、张泽荣 25572、周洪富 26673、周洪富、粟和毅 109464、应俊生等 0236(WUK)、邢吉庆 17966(HIB)

紫柄蕨属 Pseudophegopteris Ching

星毛紫柄蕨 Pseudophegopteris levingei (C. B. Clarke) Ching

海拔：2040 m

分布：巫溪县

引证标本：植物所三峡考察队 0452

紫柄蕨 Pseudophegopteris pyrrhorachis (Kunze) Ching

海拔：1423 m

分布：城口县

引证标本：巴山采集队 1020

14.岩蕨科 Woodsiaceae

岩蕨属 Woodsia R. Br.

耳羽岩蕨 Woodsia polystichoides A. A. Eaton

海拔：1100～2200 m

分布：城口县、南江县、旺苍县、平利县、镇坪县

引证标本：巴山采集队 0069 0438 5073 5491 5647、戴天伦 101962 102313 102645、佚名 0237、林业部林业科学研究所 222、四川大学生物系 101962、应俊生等 0404(WUK)

15.蹄盖蕨科 Athyriaceae

安蕨属 Anisocampium C. Presl

日本安蕨 Anisocampium niponicum (Mett.) Y. C. Liu, W. L. Chiou & M. Kato

海拔：610～1550 m

分布：城口县、巫溪县、平利县、镇坪县、竹溪县、房县、南郑县

引证标本：巴山采集队 0214 0767 6151、植物所三峡考察队 0586 0592、白光宇 003 010、戴天伦 102181 102982 107432 107461、赖晨光 230、李培元 5045 5077、周鹤昌 3143、陕西队 91、应俊生等、0924(WUK)、邢吉庆 17616(HIB)

华东安蕨 Anisocampium sheareri (Baker) Ching ex Y. T. Hsieh

海拔：578 m

分布：城口县、万源市

引证标本：巴山采集队 3644、戴天伦 103204

蹄盖蕨属 **Athyrium** Roth

大叶假冷蕨 Athyrium atkinsonii Bedd.

海拔：1929～2040 m

分布：城口县、巫溪县、镇坪县

引证标本：巴山采集队 1691、植物所三峡考察队 0430、陈耀东等 2185、戴天伦 10170 101736、应俊生等 0631(WUK)

剑叶蹄盖蕨 Athyrium attenuatum (Wall. ex C. B. Clarke) Tagawa

海拔：1680～2376m

分布：城口县、开县

引证标本：巴山采集队 0068 2614

坡生蹄盖蕨 Athyrium clivicola Tagawa

海拔：1755 m

分布：旺苍县

引证标本：巴山采集队 4936

希陶蹄盖蕨 Athyrium dentigerum (Wall. ex Clarke) Mehra & Bir

海拔：2600 m

分布：巫溪县

引证标本：杨光辉 58805

黑足蹄盖蕨 Athyrium nigripes (Blume) T. Moore

海拔：1300 m

分布：城口县

引证标本：戴天伦 103978

峨眉蹄盖蕨 Athyrium omeiense Ching

海拔：916～2040 m

分布：岚皋县、南江县、万源市、巫溪县

引证标本：巴山采集队 1528 3013 5624、江广渝 4088、贾潇洒等 3943、倪炳炽 00365、四川经济植物考察队 003 4～19、植物所三峡考察队 0520

光蹄盖蕨 Athyrium otophorum (Miq.) Koidz.

海拔：1000～1400 m

分布：城口县、奉节县

引证标本：戴天伦 102512、张泽荣 25569

三角叶假冷蕨 Athyrium subtriangulare (Hook.) Bedd.

海拔：2000 m

分布：城口县

引证标本：四川植物普查队 3833

尖头蹄盖蕨 Athyrium vidalii (Franch. & Sav.) Nakai

海拔：1104～2040 m

分布：城口县、巫溪县、奉节县、平利县、镇坪县

引证标本：巴山采集队 0141、植物所三峡考察队 0449 0515、赖晨光 204、张泽荣 25569、233(条形码号：00764332)(PE)、陈彦生等 2770(WUK)

华中蹄盖蕨 Athyrium wardii (Hook.) Makino

海拔：1000～1900 m

分布：奉节县、通江县、平利县

引证标本：王金敖 0238、周洪富 26008、巴山采集队 6026、陈彦生等 932(WUK)

对囊蕨属 **Deparia** Hook. & Grev.

陕西蛾眉蕨 Deparia giraldii (Christ) X. C. Zhang

海拔：1763～2298 m

分布：城口县、开县、万源市、巫溪县

引证标本：巴山采集队 2063 2648 2674、江广渝 4076、贾潇洒等 3897、植物所三峡考察队 0521

鄂西介蕨 Deparia henryi (Baker) M. Kato

海拔：630～2000 m

分布：城口县、开县、平利县、镇坪县

引证标本：巴山采集队 1800 2645、白光宇 012 017、戴天伦 102599 102915 103151 104360 104422 106519 106768 107435 107481、应俊生等 0421(WUK)

单叶对囊蕨 Deparia lancea (Thunb.) Fraser-Jenk.

海拔：960 m

分布：云阳县

引证标本：植物所三峡考察队 1043

华中介蕨 Deparia okuboana (Makino) M. Kato

海拔：610～1700 m

分布：城口县、万源市、旺苍县、平利县

引证标本：巴山采集队 1147 1225 3613 5170、235(条形码号：00751217)(PE)

毛轴假蹄盖蕨 Deparia petersenii (Kunze) M. Kato

分布：城口县

引证标本：戴天伦 104864

东北蛾眉蕨 Deparia pycnosora (Christ) M. Kato

海拔：710～2000 m

分布：城口县、奉节县、平利县

引证标本：戴天伦 106659 107305、周洪富、粟和毅 111280、陈彦生等 3875(WUK)

华中蛾眉蕨 Deparia shennongensis (Ching, Boufford & K. H. Shing) X. C. Zhang

海拔：1900 m

分布：南江县

引证标本：巴山采集队 5689

四川蛾眉蕨 Deparia sichuanensis (Z. R. Wang) Z. R. Wang

海拔：2400 m

分布：巫溪县

引证标本：张百誉 83-1728

峨眉介蕨 Deparia unifurcata (Baker) M. Kato

海拔：1078～2100 m

分布：城口县、巫溪县

引证标本：巴山采集队 0395 0902 0915、戴天伦 101263 102684 106702 106856、植物所三峡考察队 0379、陈耀东等 2572

河北蛾眉蕨 Deparia vegetius (Kitag.) X. C. Zhang

海拔：1480 m

分布：城口县

引证标本：戴天伦 102439

峨山蛾眉蕨 Deparia wilsonii (Christ) X. C. Zhang

海拔：2040 m

分布：巫溪县

引证标本：植物所三峡考察队 0374

双盖蕨属 Diplazium Sw.

毛柄短肠蕨 Diplazium dilatata Blume

海拔：229 m

分布：城口县

引证标本：李峰 025、徐杰 023

薄盖短肠蕨 Diplazium hachijoense Nakai

海拔：1700 m

分布：城口县

引证标本：戴天伦 104167

鳞柄短肠蕨 Diplazium squamigerum (Mett.) Christ

海拔：1630～2040 m

分布：城口县、南江县、旺苍县、巫溪县、平利县

引证标本：巴山采集队 1337 5203、四川经济植物考察队 0239、植物所三峡考察队 0403、戴天伦 104452 104688 104867 1048862、陕西队 299、张百誉 83-1709

耳羽短肠蕨 Diplazium wichurae (Mett.) Diels

海拔：640 m

分布：城口县

引证标本：戴天伦 103145

介蕨属 Dryoathyrium Ching

川东介蕨 Dryoathyrium stenopteron (Christ) Ching

海拔：695～1390 m

分布：城口县

引证标本：戴天伦 102684 103151

16.球子蕨科 Onocleaceae

荚果蕨属 **Matteuccia** Tod.

荚果蕨 Matteuccia struthiopteris (L.) Tadaro

海拔：1200～2040 m

分布：城口县、南江县、巫溪县、平利县、镇坪县、竹溪县

引证标本：戴天伦 103897、植物所三峡考察队 0487、林业部林业科学研究所 232、陈彦生等 2701(WUK)、黄仁煌 3437(HIB)

东方荚果蕨属 **Pentarhizidium** Hayata

中华东方荚果蕨 Pentarhizidium intermedium (C. Chr.) Hayata

海拔：1150～2230 m

分布：城口县、平利县、万源市、巫溪县

引证标本：巴山采集队 0912 3748、白光宇 018、陈之端等 960764、戴天伦 104799 106079 106683 106814 107403

东方荚果蕨 Pentarhizidium orientale (Hook.) Hayata

海拔：1200～1800 m

分布：城口县、巫溪县、平利县、镇坪县

引证标本：戴天伦 103732、陈耀东等 2001、陕西队 293 s.n.、赖晨光 237、应俊生等 0298(WUK)

17.乌毛蕨科 Blechnaceae

乌毛蕨属 **Blechnum** L.

荚囊蕨 Blechnum eburneum Christ

海拔：640～1800 m

分布：城口县

引证标本：巴山采集队 1071、戴天伦 102483 103030 103318

狗脊属 **Woodwardia** Sm.

狗脊蕨 Woodwardia japonica (L. f.) Sm.

海拔：850～1000 m

分布：奉节县

引证标本：川经万 0402、张泽荣 25709、周洪富、粟和毅 25708 26906 110412

顶芽狗脊蕨 Woodwardia unigemmata (Makino) Nakai

海拔：500～2100 m

分布：城口县、奉节县、开县、巫山县、万源市、旺苍县、通江县、平利县、竹溪县

引证标本：巴山采集队 0489 0892 5412、唐伟中 2275、T. P. Wang 10608、川经植 2181、戴天伦 102884 103894 104442 104568 104605 106693 106796、江广渝等 3212、李本良 2181、林业部林业学科研究所 228、周洪富 26048、王金敖 0046(CDBI)、郑重 954(HIB)

18.肿足蕨科 Hypodematiaceae

肿足蕨属 **Hypodematium** Kunze

肿足蕨 Hypodematium crenatum (Forssk.) Kunze

海拔：785 m

分布：城口县、平利县

引证标本：白光宇 034、戴天伦 103641

光轴肿足蕨 Hypodematium hirsutum (D. Don) Ching

分布：广元市

引证标本：李培元 14735

19.鳞毛蕨科 Dryopteridaceae

复叶耳蕨属 **Arachniodes** Blume

尾叶复叶耳蕨 Arachniodes caudata Ching

海拔：494 m

分布：万源市

引证标本：巴山采集队 3504

异羽复叶耳蕨 Arachniodes simplicior (Makino) Ohwi

海拔：602～1810 m

分布：城口县、巫溪县、平利县、镇巴县、镇坪县

引证标本：巴山采集队 3364、戴天伦 102771

103213、植物所三峡考察队 0081、白光宇 046、应俊生等 0331(WUK)

华西复叶耳蕨 Arachniodes simulans (Ching) Ching

海拔：1150～1450 m

分布：城口县、平利县

引证标本：巴山采集队 0918、戴天伦 102679、陕西队 260(WUK)

肋毛蕨属 Ctenitis (C. Chr.) C. Chr.

膜叶肋毛蕨 Ctenitis membranifolia Ching & C. H. Wang

海拔：890 m

分布：城口县

引证标本：巴山采集队 1423

亮鳞肋毛蕨 Ctenitis subglandulosa (Hance) Ching

海拔：693～1300 m

分布：城口县、巫山县、万源市

引证标本：巴山采集队 2917、刘元平等 3078、戴天伦 103941、T. P. Wang 10595

贯众属 Cyrtomium C. Presl

镰羽贯众 Cyrtomium balansae (Christ) C. Chr.

海拔：910～1201 m

分布：城口县、旺苍县

引证标本：巴山采集队 0809 0861 1110 5157

刺齿贯众 Cyrtomium caryotideum (Wall. ex Hook. & Grev.) C. Presl

海拔：800～1427 m

分布：通江县、城口县、房县

引证标本：巴山采集队 0697 1003 5933、刘克荣 252(HIB)

贯众 Cyrtomium fortunei J. Sm.

海拔：645～2000 m

分布：城口县、开县、奉节县、南江县、通江县、万源市、旺苍县、巫山县、巫溪县、云阳县、宁强县、平利县、镇坪县、竹溪县、房县

引证标本：巴山采集队 0521 1013 1330 1376 1787 1917 2651 2945 4939 5083 6027 6042 6058、戴天伦 100508 102524 103531 103637 103915 103939 104319 104357 104400 104561 104566 104762 105234 105498 106517 106582 106868、方明渊 24075 24594 24954、方文培 100508、倪炳炽 00030、四川经济植物考察队 0186、王金敖 0037、王清泉 0371、张泽荣 25101、植被组 05312、植物所三峡考察队 0072 0079 0158 0162 0320 0321、周洪富 26067、周洪富、粟和毅 107795 109108 109213 110066、陈之端等 960559、陈耀东等 2187 2298、T. N. Liou & C. Wamg 149、白光宇 023、赖晨光 210、李培元 5984、刘红梅 CQ309 CQ315 CQ316、四川大学生物系 106868 107392、魏彦平 1-0132、张泽荣 25101、应俊生等 0921(WUK)、8740(HIB)、K. M. Liou 9097(HIB)

大叶贯众 Cyrtomium macrophyllum (Makino) Tagawa

海拔：1100～2100 m

分布：城口县、房县、奉节县、南江县、巫山县、巫溪县、平利县、竹溪县

引证标本：巴山采集队 0903 5607、戴天伦 101864 102683 103906 104144 104450 104528 104822 104957 106002 106081 106395 106708 106954 107039、倪炳炽 00374、植物所三峡考察队 0472 0494、周洪富、粟和毅 108527、陈之端等 960640 960726、陈耀东等 2286、刘克荣 0252、白光宇 001、郑重 944(HIB)

峨眉贯众 Cyrtomium omeiense Ching & K. H. Shing

海拔：658～1201 m

分布：城口县

引证标本：巴山采集队 0863 1078

阔羽贯众 Cyrtomium yamamotoi Tagawa

海拔：1200～2200 m

分布：城口县、奉节县、南江县、平利县、镇坪县

引证标本：巴山采集队 5519、戴天伦 100928 101261 101902 102248 104528 106081 106517

106794 107392、方明渊 24556、Dai Tianlun 102683 106530、李培元 01611、应俊生等 0781(WUK)

红腺蕨属 **Diacalpe** Blume

小叶红腺蕨 **Diacalpe adscendens** Ching ex S. H. Wu

海拔：1280 m

分布：城口县

引证标本：巴山采集队 0969

鳞毛蕨属 **Dryopteris** Adanson

暗鳞鳞毛蕨 **Dryopteris atrata** (Wall. ex Kunze) Ching

海拔：1698～1730 m

分布：旺苍县、平利县

引证标本：巴山采集队 4869、陈彦生等 1117(WUK)

两色鳞毛蕨 **Dryopteris bissetiana** (Baker) C. Chr.

海拔：494～1560 m

分布：城口县、奉节县、南江县、通江县、万源市、平利县、镇坪县、竹溪县

引证标本：巴山采集队 3499 6025 6252、戴天伦 102913、王金鳌 00023、佚名 0255、林科所 340、周洪富 26671、应俊生等 0411(WUK)、陈彦生等 2129(WUK)、王映明 3028(HIB)

阔鳞鳞毛蕨 **Dryopteris championii** (Benth.) C. Chr.

海拔：560～800 m

分布：城口县、开县、平利县

引证标本：戴天伦 103486、周洪富 103426、唐伟中 2275、野经西大安康区采集工作队镇 580

桫椤鳞毛蕨 **Dryopteris cycadina** (Franch. & Sav.) C. Chr.

海拔：1427～1705 m

分布：城口县、云阳县

引证标本：巴山采集队 1000、植物所三峡考察队 1060

远轴鳞毛蕨 **Dryopteris dickinsii** (Franch. & Sav.) C. Chr.

海拔：820～2040 m

分布：城口县、奉节县、旺苍县、巫溪县

引证标本：巴山采集队 4986、兴隆小组 01729、植物所三峡考察队 0424、戴天伦 100668 103972

硬果鳞毛蕨 **Dryopteris fructuosa** (Christ) C. Chr.

海拔：1420 m

分布：城口县

引证标本：巴山采集队 0213

黑足鳞毛蕨 **Dryopteris fuscipes** C. Chr.

海拔：602～900 m

分布：镇巴县、竹溪县

引证标本：巴山采集队 3365、K. M. Liou 8650(HIB)

裸叶鳞毛蕨 **Dryopteris gymnophylla** (Baker) C. Chr.

海拔：860 m

分布：城口县

引证标本：刘正宇 201048

假异鳞毛蕨 **Dryopteris immixta** Ching

海拔：900～1200 m

分布：城口县、平利县

引证标本：戴天伦 103380 103749、陈彦生等 3898(WUK)

粗齿鳞毛蕨 **Dryopteris juxtaposita** Christ

海拔：710 m

分布：平利县

引证标本：陈彦生等 3825(WUK)

狭顶鳞毛蕨 **Dryopteris lacera** (Thunb.) Kuntze

海拔：554～2040 m

分布：通江县、巫溪县、竹溪县

引证标本：巴山采集队 6254、植物所三峡考察队 0519、K. M. Liou 8666(HIB)

半岛鳞毛蕨 **Dryopteris peninsulae** Kitag.

海拔：1150～1660 m

分布：通江县、城口县、镇坪县、平利县、竹溪县

引证标本：佚名 107396 107412、四川大学生物系 101964 107396、戴天伦 102711 107412 107463、乔英林 1282、巴山采集队 5917、陈彦生等

4268(WUK)、K. M. Liou 8606(HIB)

微孔鳞毛蕨 Dryopteris porosa Ching

海拔：1500～1650 m

分布：城口县

引证标本：戴天伦 102870 102966

豫陕鳞毛蕨 Dryopteris pulcherrima Ching

海拔：1460～2040 m

分布：城口县、万源市、巫溪县

引证标本：巴山采集队 1621 2225 3198 3749 3754、植物所三峡考察队 0395

川西鳞毛蕨 Dryopteris rosthornii (Diels) C. Chr.

海拔：1700～1800 m

分布：城口县、平利县

引证标本：戴天伦 106114、陈彦生等 4355(WUK)

无盖鳞毛蕨 Dryopteris scottii (Bedd.) Ching ex C. Chr.

海拔：892～2040 m

分布：城口县、巫溪县

引证标本：巴山采集队 1096、植物所三峡考察队 0517

腺毛鳞毛蕨 Dryopteris sericea C. Chr.

海拔：578～1810 m

分布：万源市、巫溪县

引证标本：巴山采集队 3637、植物所三峡考察队 0108 0121

纤维鳞毛蕨 Dryopteris sinofibrillosa Ching

海拔：1755～2040 m

分布：旺苍县、巫溪县

引证标本：巴山采集队 4940、植物所三峡考察队 0457

稀羽鳞毛蕨 Dryopteris sparsa (Buch.-Ham. ex D. Don) Kuntze

海拔：710～960 m

分布：云阳县、平利县

引证标本：植物所三峡考察队 1045、陈彦生等 2262(WUK)

无柄鳞毛蕨 Dryopteris sublacera Christ

海拔：1137～1420 m

分布：城口县

引证标本：巴山采集队 0212 0816

近密鳞鳞毛蕨 Dryopteris submarginata Rosenst.

分布：城口县、通江县

引证标本：戴天伦 102711、王金鳌 0034

陇蜀鳞毛蕨 Dryopteris thibetica (Franch.) C. Chr.

海拔：1800 m

分布：城口县

引证标本：戴天伦 106044

变异鳞毛蕨 Dryopteris varia (L.) Kuntze

海拔：665～1450 m

分布：城口县、奉节县、平利县

引证标本：戴天伦 103559 103749 103813 104648、佚名 103559 110413、陈彦生等 3853(WUK)

耳蕨属 Polystichum Roth

尖齿耳蕨 Polystichum acutidens Christ

海拔：693～2100 m

分布：城口县、巫溪县、万源市

引证标本：巴山采集队 0396 0917 1082、戴天伦 103100 104463 104557 104662 104679 106696 106832 106890、刘元平等 3084、倪炳炽 00062、植物所三峡考察队 0102

小狭叶芽胞耳蕨 Polystichum atkinsonii Bedd.

海拔：1630～1755 m

分布：南江县、旺苍县

引证标本：巴山采集队 4935 5635

宝兴耳蕨 Polystichum baoxingense Ching & H. S. Kung

海拔：1250～1570 m

分布：城口县、巫溪县、平利县、镇坪县

引证标本：植物所三峡考察队 0180、白光宇 019、戴天伦 103964、徐光远 5506(WUK)

喜马拉雅耳蕨 Polystichum brachypterum (Kuntze) Ching

海拔：1500～1730 m

分布：巫溪县、平利县

引证标本：植物所三峡考察队 0603、陈彦生等 1108(WUK)

布朗耳蕨 Polystichum braunii (Spenn.) Fée

海拔：1630～1890 m

分布：南江县、万源市、平利县

引证标本：巴山采集队 5634、贾潇洒等 3912、陈彦生等 4270(WUK)

基芽耳蕨 Polystichum capillipes (Baker) Diels

分布：房县

引证标本：Wilson 2657

鞭叶耳蕨 Polystichum craspedosorum (Maxim.) Diels

海拔：591～2040 m

分布：城口县、奉节县、万源市、旺苍县、巫溪县、平利县、镇坪县、竹溪县

引证标本：巴山采集队 0859 1334 1777 2905 3608 5253、戴天伦 101245 102264 104376 104652 104859 106122、倪炳炽 00376、植物所三峡考察队 0219 0410、陈之端等 960578、白光宇 110、张百誉 83-1693、张泽荣 25360、应俊生等 0926(WUK)、郑重 841(HIB)

对生耳蕨 Polystichum deltodon (Baker) Diels

海拔：650～1150 m

分布：城口县

引证标本：巴山采集队 0690 0935 1081 1093 1357 1377、戴天伦 102264

蚀盖耳蕨 Polystichum erosum Ching & K. H. Shing

海拔：1150～1900 m

分布：城口县、开县、巫溪县、南江县、镇坪县、平利县

引证标本：巴山采集队 0936 1335 2695 5521、陈耀东等 2250 2574、杨光辉 59412、陈彦生等 1116(WUK) 4167(WUK)

草叶耳蕨 Polystichum herbaceum Ching & Z. Y. Liu

海拔：680 m

分布：城口县、房县、万源市

引证标本：巴山采集队 3054、戴天伦 106913、周鹤昌 3086

川西耳蕨 Polystichum huae H. S. Kung & L. B. Zhang

海拔：1700～2000 m

分布：城口县

引证标本：戴天伦 104142 106522

宜昌耳蕨 Polystichum ichangense Christ

海拔：930 m

分布：城口县

引证标本：巴山采集队 0689、大巴山工作组 00555、戴天伦 104825

亮叶耳蕨 Polystichum lanceolatum (Baker) Diels

海拔：591～2040 m

分布：万源市、巫溪县

引证标本：巴山采集队 3604、植物所三峡考察队 0476

浪穹耳蕨 Polystichum langchungense Ching ex H. S. Kung

海拔：1500～1810 m

分布：城口县、巫溪县

引证标本：戴天伦 106837、植物所三峡考察队 0084 0399

长芒耳蕨 Polystichum longiaristatum Ching, Boufford & K. H. Shing

海拔：1350 m

分布：镇坪县

引证标本：陈彦生等 2768(WUK)

黑鳞耳蕨 Polystichum makinoi (Tagawa) Tagawa

海拔：1763～2040 m

分布：城口县、开县、巫溪县、平利县

引证标本：巴山采集队 1622 2646、植物所三峡考察队 0388 0418 0442、陈彦生等 1115(WUK)

前原耳蕨 Polystichum mayebarae Tagawa
海拔：500～1450 m
分布：城口县、巫溪县、竹山县
引证标本：戴天伦 102336 104521、植物所三峡考察队 0126、赵子恩 5298(HIB)

新正宇耳蕨 Polystichum neoliuii D. S. Jiang
海拔：1150 m
分布：城口县
引证标本：巴山采集队 0934

革叶耳蕨 Polystichum neolobatum Nakai
海拔：1000～2177 m
分布：城口县、开县、旺苍县、巫溪县、平利县、竹溪县
引证标本：巴山采集队 1918 2214 2343 2675 4855 5214、戴天伦 100123 101892 104973 105613 106118 106323 106486 106617 106798 106866 107040 107389 107398 107443、杨光辉 65306、陈耀东等 2208、陈彦生等 4353(WUK)、郑重 894(HIB)

高山耳蕨 Polystichum otophorum (Franch.) Bedd.
海拔：712～1340 m
分布：通江县、城口县
引证标本：巴山采集队 1087 5934

乌鳞耳蕨 Polystichum piceo-paleaceum Tagawa
海拔：1350 m
分布：平利县
引证标本：205(条形码号：01151918)(PE)、陕西队 296

洪雅耳蕨 Polystichum pseudo-xiphophyllum Ching ex H. S. Kung
海拔：1400～1500 m
分布：城口县
引证标本：戴天伦 102867 104206

倒鳞耳蕨 Polystichum retrosopaleaceum (Kodama) Tagawa
海拔：1150～1680 m
分布：城口县
引证标本：巴山采集队 0070 0916 0985

阔鳞耳蕨 Polystichum rigens Tagawa
海拔：1500～1800 m
分布：城口县、通江县
引证标本：戴天伦 100991 104675 106486(A)、王金鳌 0234

陕西耳蕨 Polystichum shensiense Christ
海拔：2700 m
分布：平利县
引证标本：陕西省林业研究所 310(WUK)

中华对马耳蕨 Polystichum sinotsus-simense Ching & Z. Y. Liu
海拔：1200 m
分布：城口县
引证标本：戴天伦 107356

密鳞耳蕨 Polystichum squarrosum (D. Don) Fée
海拔：1810～2298 m
分布：万源市、巫溪县
引证标本：巴山采集队 3750、江广渝 4067、贾潇洒等 3914、植物所三峡考察队 0157

猫儿刺耳蕨 Polystichum stimulans (Kunze ex Mett.) Bedd.
海拔：1500 m
分布：巫溪县
引证标本：植物所三峡考察队 0597

秦岭耳蕨 Polystichum submite (Christ) Diels
海拔：1700 m
分布：平利县
引证标本：陈彦生等 4351(WUK)

尾叶耳蕨 Polystichum thomsoni (Hook. f.) Bedd.
海拔：1800～2500 m
分布：城口县、巫溪县
引证标本：陈耀东等 2254、张宪春等 2727

戟叶耳蕨 Polystichum tripteron (Kunze) C. Presl
海拔：1400～2040 m
分布：城口县、开县、奉节县、巫溪县、平利县、

镇坪县

引证标本：巴山采集队 0067 1018 2690、植物所三峡考察队 0500、白光宇 014、戴天伦 102671 106129 106390、张泽荣 25364、应俊生等 0770(WUK)

对马耳蕨 Polystichum tsus-simense (Hook.) J. Sm.

海拔：494～2040 m

分布：城口县、通江县、万源市、旺苍县、巫溪县、镇巴县、镇坪县、宁强县、平利县、竹溪县、房县

引证标本：巴山采集队 0398 1088 1358 1382 1385 1389 1414 1782 3036 3343 3359 3421 3460 3502 3576 4217 5413 5920 6029 6041 6051 6072 6075 6210 6211 6223、戴天伦 102867 102892 103098 103944 104297 106686 106779 106837、刘元平等 3108 3121、倪炳炽 00207、王金敖 00033 0235、植物所三峡考察队 0073 0091 0100 0138 0148 0153 0281 0421 0595 0596 0601 0605 0610、K. Tsoong 4532、P. Wang 10479、方明渊 24568、李馨 106837、刘慎谔 11942、钟观光 527、周洪富 26264、白光宇 024、应俊生等 0990(WUK)、K. M. Liou 8815(HIB)、刘克荣 247(HIB)

20.水龙骨科 Polypodiaceae

节肢蕨属 Arthromeris (T. Moore) J. Sm.

多羽节肢蕨 Arthromeris mairei (Brause) Ching

海拔：1500 m

分布：城口县、奉节县

引证标本：戴天伦 102845、方明渊 23941、四川大学生物系 102748 102845

线蕨属 Colysis C. Presl

线蕨 Colysis elliptica (Thunb.) Ching

海拔：578～600 m

分布：城口县、万源市

引证标本：巴山采集队 3602 3640、戴天伦 103178

矩圆线蕨 Colysis henryi (Baker) Ching

海拔：578 m

分布：城口县、万源市、巫溪县、平利县

引证标本：巴山采集队 3638、戴天伦 102799 103165、倪炳炽 00068、白光宇 044

槲蕨属 Drynaria (Bory) J. Sm.

槲蕨 Drynaria roosii Nakaike

海拔：450～831 m

分布：通江县、巫山县、云阳县

引证标本：植物所三峡考察队 0919、杨光辉 65650、巴山采集队 5966

棱脉蕨属 Goniophlebium (Blume) C. Presl

友水龙骨 Goniophlebium amoenum (Wall. ex Mett.) Bedd.

海拔：1331～1890 m

分布：城口县、万源市、巫溪县、平利县、房县

引证标本：巴山采集队 0975、戴天伦 102305 102704、贾潇洒等 3895、倪炳炽 00375 倪炳炽 00461、陈耀东等 2359、陕西省中草药普查队 1310(WUK)

中华水龙骨 Goniophlebium chinense (Ching) X. C. Zhang

海拔：1227～2040 m

分布：城口县、开县、南江县、旺苍县、巫溪县、镇巴县、平利县

引证标本：巴山采集队 1249 2643 5071 5601、贾潇洒等 3986、植物所三峡考察队 0437、白光宇 015、张百誉 83-1683、戴天伦 101560 101594 102212 102305 102704 103955

伏石蕨属 Lemmaphyllum C. Presl

披针骨牌蕨 Lemmaphyllum diversum (Rosenst.) Tagawa

海拔：1420～1527 m

分布：城口县、开县

引证标本：巴山采集队 0210 2742

抱石莲 Lemmaphyllum drymoglossoides (Baker) Ching

海拔：600～1950 m

分布：城口县、奉节县、通江县、旺苍县、巫溪县、云阳县、平利县、竹溪县、房县

引证标本：巴山采集队 0860 5442 5935、戴天伦 103202 103462 103505 103919 104790、金常源 0640、倪炳炽 00035、王金敖 0040、杨光辉 65200、四川大学生物系 107155、周洪富、粟和毅 108726 111001 111080、张宪春等 2719、陈彦生等 1042(WUK)、郑重 1007(HIB)、黄仁煌 3037(HIB)

梨叶骨牌蕨 Lemmaphyllum pyriforme (Ching) Ching

海拔：1650～2040 m

分布：巫溪县

引证标本：植物所三峡考察队 0506、刘正宇 180275

骨牌蕨属 Lepidogrammitis Ching

长叶骨牌蕨 Lepidogrammitis elongate Ching

海拔：850～1950 m

分布：城口县、万源市

引证标本：巴山采集队 2940、戴天伦 101253 102648 103229 106045 106392 107476

中间骨牌蕨 Lepidogrammitis intermedia Ching

海拔：790～1730 m

分布：旺苍县、巫山县、巫溪县、平利县

引证标本：巴山采集队 5000 5160、植物所三峡考察队 1350 1423、刘正宇 180774、杨光辉 65200、戴天伦 103229、陈彦生等 1105(WUK)

鳞果星蕨属 Lepidomicrosorium Ching & K. H. Shing

表面星蕨 Lepidomicrosorium superficiale (Blume) Li Wang

海拔：1000～1810 m

分布：巫溪县、城口县、奉节县

引证标本：方明渊 24579、张宪春等 2711、植物所三峡考察队 0088

瓦韦属 Lepisorus (J. Sm.) Ching.

狭叶瓦韦 Lepisorus angustus Ching

海拔：1800～2000 m

分布：巫溪县

引证标本：陈耀东等 2249 2460 2573

黄瓦韦 Lepisorus asterolepis (Baker) Ching

海拔：1520～2200 m

分布：开县、奉节县、巫溪县

引证标本：R. C. Ching 106645、陈之端等 960620 960655、巴山采集队 2772、戴天伦 103880 105277 106075 106948、四川大学生物系 107395 25220、张百誉 83-1712、周洪富 26390、周洪富、粟和毅 107997 108488

网眼瓦韦 Lepisorus clathratus (C. B. Clarke) Ching

海拔：2100 m

分布：南江县、巫溪县

引证标本：巴山采集队 5674、杨光辉 58818

扭瓦韦 Lepisorus contortus (Christ) Ching

海拔：1700～2500 m

分布：岚皋县、平利县、南江县、旺苍县、巫山县、巫溪县

引证标本：巴山采集队 1885 4984 5118 5581、杨光辉 57927 59472、植物所三峡考察队 0502、戴天伦 100798 1023117 106643、张宪春等 2695、周洪富、粟和毅 111109、陈彦生等 4354(WUK)

粗柄瓦韦 Lepisorus crassipes Ching & Y. X. Lin

海拔：2350 m

分布：巫溪县

引证标本：张百誉 83-1730

丽江瓦韦 Lepisorus likiangensis Ching & S. K. Wu

海拔：2600 m

分布：巫溪县

引证标本：杨光辉 58818

大瓦韦 **Lepisorus macrosphaerus** (Baker) Ching

海拔：1950 m

分布：城口县、平利县、巫山县

引证标本：T. P. Wang 10619、白光宇 016、戴天伦 104183 1061143、刘红梅 CQ313

有边瓦韦 **Lepisorus marginatus** Ching

海拔：1200～2177 m

分布：城口县、开县、房县、奉节县、巫山县、巫溪县、平利县、镇坪县

引证标本：秦仁昌 102708 103880、巴山采集队 1904 2344 2384 2567、植物所三峡考察队 0095 0169 0313 0323 0400 1538、陈耀东等 2247、戴天伦 101212 101559 101590 102211 102708 104296 104403 104534 104614 104872 104936 104958 106386 106443 106598 106645、赖晨光 238、李馨 76840、四川大学生物系 101959 104183 59146、杨光辉 58407 59349 59636、周鹤昌 2671、周洪富、粟和毅 108739 109842 109889 110165 111133、应俊生等 0327(WUK)

丝带蕨 **Lepisorus miyoshianus** (Makino) Fraser-Jenk. & Subh. Chandra

海拔：850～1800 m

分布：城口县、南江县、旺苍县、巫溪县

引证标本：巴山采集队 5040、刘长成 DB-06104、张百誉 83-1677、张宪春，刘振宇 2724

白边瓦韦 **Lepisorus morrisonensis** (Hayata) H. Itô

海拔：1250 m

分布：巫溪县

引证标本：周洪富、粟和毅 110016

鳞瓦韦 **Lepisorus oligolepidus** (Baker) Ching

海拔：950～1400 m

分布：通江县、奉节县、巫山县、巫溪县、镇坪县、平利县、竹溪县

引证标本：杨光辉 65590、张百誉 83-1680、周洪富 26543、周洪富、粟和毅 107890、巴山采集队 6028、陈彦生等 3014(WUK) 4170(WUK)、Liou K. M 6838(HIB)

瓦韦 **Lepisorus thunbergianus** (Kaulf.) Ching

海拔：800～2040 m

分布：巫溪县、房县

引证标本：倪炳炽 00380、植物所三峡考察队 0371、刘克荣 259(HIB)

乌苏里瓦韦 **Lepisorus ussuriensis** (Regel & Maack) Ching

海拔：1500 m

分布：城口县

引证标本：戴天伦 102868

剑蕨属 **Loxogramme** (Blume) C. Presl

西藏剑蕨 **Loxogramme cuspidate** (Zenker) M. G. Price

海拔：1060 m

分布：镇坪县

引证标本：应俊生等 0428(WUK)

褐柄剑蕨 **Loxogramme duclouxii** Chirst

海拔：892～2000 m

分布：城口县、奉节县、巫山县、巫溪县、房县、镇坪县

引证标本：巴山采集队 0977 1347、植物所三峡考察队 0129、戴天伦 101572 102428 102654 106542 106647、杨光辉 65598、张泽荣 25185、周鹤昌 3132、陈彦生等 2792(WUK)

匙叶剑蕨 **Loxogramme grammitoides** (Baker) C. Chr.

海拔：1700 m

分布：平利县

引证标本：陈彦生等 4349(WUK)

盾蕨属 **Neolepisorus** Ching

世纬盾蕨 **Neolepisorus dengii** Ching & P. S. Wang

海拔：1100 m

分布：城口县、平利县

引证标本：白光宇 043、戴天伦 10285

剑叶盾蕨 Neolepisorus ensatus (Thunb.) Ching

海拔：695～1078 m

分布：城口县、万源市、旺苍县

引证标本：巴山采集队 0397 5333、刘元平等 3113

江南星蕨 Neolepisorus fortunei (T. Moore) Li Wang

海拔：598～1450 m

分布：万源市、奉节县、旺苍县、通江县、开县、巫山县、巫溪县、云阳县、平利县、西乡县、南郑县、镇坪县

引证标本：巴山采集队 2744 5155 5264 5332 6142、刘元平等 3102、植物所三峡考察队 0938 1324、白光宇 021、戴天伦 102775 102797 103069 103479 103717 104546 107362、T. P. Wang 10609、方明渊 24829 24900、李培元 6695、刘慎谔等 4000 4061 4064、杨光辉 59934 65095 65129、张宪春等 2704、张泽荣 25537、周洪富 26841 26929、周洪富、粟和毅 107645 108725 111375、应俊生等 0988(WUK)、王金敖 0032(CDBI)

盾蕨 Neolepisorus ovatus (Bedd.) Ching

海拔：1000～1527 m

分布：城口县、开县、巫溪县、通江县

引证标本：巴山采集队 2753、戴天伦 102805 103091 107331、王金鳌 00031 0031、杨光辉 65106

假瘤蕨属 Phymatopteris Pic. Serm.

交连假瘤蕨 Phymatopteris conjuncta (Ching) Pic. Serm.

海拔：2700 m

分布：巫溪县

引证标本：杨光辉 58859

指叶假瘤蕨 Phymatopteris dactylina (Christ) Pic. Serm.

海拔：1400 m

分布：城口县

引证标本：戴天伦 107030

金鸡脚假瘤蕨 Phymatopteris hastata (Thunb.) Pic. Serm.

海拔：494～1730 m

分布：城口县、奉节县、南江县、通江县、万源市、镇巴县、平利县

引证标本：巴山采集队 3369 3506 6144 6251、川植被队 0253、四川经济植物考察队 0180 194、王金敖 00018 0018 0019、戴天伦 102891 103557、周洪富 26556 26581 26694 26866、周洪富、粟和毅 110748、陈彦生等 1106(WUK)

宽底假瘤蕨 Phymatopteris majoensis (C. Chr.) Pic. Serm.

海拔：1450～1700 m

分布：城口县、平利县

引证标本：戴天伦 102424、陈彦生等 4350(WUK)

陕西假瘤蕨 Phymatopteris shensiensis (Christ) Pic. Serm.

海拔：1904 m

分布：旺苍县

引证标本：巴山采集队 4883

斜下假瘤蕨 Phymatopteris stachyeyi (Ching) Pic. Serm.

海拔：2200 m

分布：南江县

引证标本：巴山采集队 5669

睫毛蕨属 Pleurosoriopsis Fomin

睫毛蕨 Pleurosoriopsis makinoi (Maxim. ex Makino) Fomin

海拔：1900 m

分布：城口县

引证标本：戴天伦 106382

石韦属 Pyrrosia Mirbel

石蕨 Pyrrosia angustissima (Giesenh. ex Diels) Tagawa & K. Iwats.

海拔：1100～2000 m

分布：城口县、房县、平利县、镇坪县、巫山县、巫溪县、竹溪县、南江县

引证标本：大巴山工作组 00875、K. M. Liou 8902、白光宇 004、戴天伦 100211 101596 102988 103857 104537 104788 105406 106296 106510 107232、罗达尚 2600、倪炳炽 00237、刘红梅 CQ308、杨光

辉 58424 59708、张百誉 83-1679、周鹤昌 2925、周洪富、粟和毅 109523、赵良能 2752、植物所三峡考察队 0317 0361 0558、张宪春等 2722、应俊生等 0371(WUK)

相近石韦 Pyrrosia assimilis (Baker) Ching

海拔： 1500 m

分布： 巫溪县、房县

引证标本： 植物所三峡考察队 0582、刘克荣 359(HIB)

光石韦 Pyrrosia calvata (Baker) Ching

海拔： 800～1750 m

分布： 城口县、开县、万源市、巫溪县、平利县、房县

引证标本： 巴山采集队 2746 3025、植物所三峡考察队 0340、白光宇 020、戴天伦 100121 102488 102796 103806 104543 104544 104590 107167、李培元 5239 5258、杨光辉 65132 65619、张百誉 83-1675、张宪春等 2694、刘克荣 0610(HIB)

华北石韦 Pyrrosia davidii (Baker) Ching

海拔： 700～1600 m

分布： 通江县、城口县、巫山县、巫溪县、镇巴县、平利县、镇坪县、竹溪县、房县

引证标本： 6 队 714、巴山采集队 4264 4300 6053、植物所三峡考察队 0322、白光宇 005、戴天伦 100250 103906 107165、杨光辉 65615、209(条形码号：01247511)(PE)、234(条形码号：01247512)(PE)、应俊生等 0424(WUK)、郑重 1050(HIB)、K. M. Liou 9208(HIB)

毡毛石韦 Pyrrosia drakeana (Franch.) Ching

海拔： 1100～2040 m

分布： 城口县、广元市、南江县、旺苍县、巫溪县、镇巴县、镇坪县、平利县

引证标本： 巴山采集队 4919 5065、戴天伦 101568、绵阳野生植物普查队 4065、万绍斌 2612、万县专区野生植物普查队 0877、西大安康区采集工作队 0128、杨光辉 59124、佚名 1648、植物所三峡考察队 0134 0504、戴天伦 101568 102213 103881 105407 106664 107441、四川大学生物系 103755、杨光辉 59124 59414 65378、应俊生等 0368(WUK)、陈彦生等 4407(WUK)

西南石韦 Pyrrosia gralla (Giesenh.) Ching

海拔： 933～1755 m

分布： 城口县、奉节县、广元市、万源市、旺苍县、房县、竹溪县

引证标本： 巴山采集队 3024 4947 5137、戴天伦 106835、何业琪 1745、刘克荣 0359、周洪富、粟和毅 107644 109154 110932、竹溪 91-150(HIB)

石韦 Pyrrosia lingua (Thunb.) Farwell

海拔： 1420～1600 m

分布： 城口县、奉节县、镇巴县、平利县、镇坪县

引证标本： 白光宇 007、巴山采集队 0216、戴天伦 102943 105832、野经队 13029、戴天伦 102943 104538 104633 105832 105835、方明渊 23946、四川大学川东植物调查队 108311、周洪富 26908 26958、周洪富、粟和毅 110970、225(条形码号：01266456)(PE)、陕西省林业研究所 489(WUK)

有柄石韦 Pyrrosia petiolosa (Christ) Ching

海拔： 500～2100 m

分布： 城口县、开县、奉节县、旺苍县、通江县、巫山县、巫溪县、平利县、镇坪县、竹山县、竹溪县、房县

引证标本： 巴山采集队 2763 5195 6082、戴天伦 100184 101634 103427 103743 103893 104888 106639 106825 107172、四川医学院 4514、杨光辉 59563、植物所三峡考察队 0351 1321、方明渊 24849 24969、赖晨光 217、李培元 5259 5996 6739、乔英林 1258、赵子恩 5292(HIB)、郑重 881(HIB)、邢吉庆 16354(HIB)

庐山石韦 Pyrrosia sheareri (Baker) Ching

海拔： 950～2177 m

分布： 城口县、开县、奉节县、巫山县、巫溪县

引证标本： T. P. Wang 10346 10544、巴山采集队 0976 1504 2227 2359、戴天伦 102682、兴隆工作组 1717、陈之端等 960957、方明渊 24137、杨光辉 65600、张泽荣 25123、周洪富 26047、周洪富、粟和毅 107642 107996 107998 111031 111293 111571

四、裸子植物*

1.银杏科 Ginkgoaceae

银杏属 **Ginkgo** L.

银杏 Ginkgo biloba L.

海拔：800～840 m

分布：奉节县、广元市、岚皋县、房县

引证标本：粟和毅 108862、Hopkingsc 299、K. M. Liou 90115、何全华 1496

2.松科 Pinaceae

冷杉属 **Abies** Mill

秦岭冷杉 Abies chensiensis Tiegh.

海拔：1600～2500 m

分布：城口县、平利县

引证标本：杨钦周 206 68、李培元 1734(WUK)

巴山冷杉 Abies fargesii Franch.

海拔：2330～2900 m

分布：城口县、南江县、巫溪县、平利县、镇坪县、房县

引证标本：倪炳炽 00258、左宝玉 2870、陈之端等 960763、湖北农改所 24、杨光辉 58792、徐光远 4425(WUK)、陕西省植被区划小组 235(WUK)

油杉属 **Keteleeria** Carr.

铁坚油杉 Keteleeria davidiana (Bertrand) Beissn.

海拔：450～1000 m

分布：城口县、奉节县、万源市、巫山县、巫溪县、镇巴县、镇坪县、竹溪县

引证标本：戴天伦 102285 103665、李本良、川经达 2114、李全喜等 1044、倪炳炽 00557、王金敖 0096、王明昌 1044、杨光辉 59083 65633、张泽荣 25716、周洪富 26851、周洪富、粟和毅 110742、傅坤俊 11646(WUK)、徐光远 4671(WUK)、郑重 988(HIB)

云南油杉 Keteleeria evelyniana Mast.

分布：奉节县

引证标本：周邦楷 60-0128

落叶松属 **Larix** Mill

日本落叶松 Larix kaempferi (Lamb.) Carr.

海拔：1880 m

分布：巫山县

引证标本：陈之端等 960941

红杉 Larix potaninii var. **potaninii**

海拔：1900 m

分布：平利县

引证标本：陈彦生等 284(WUK)

云杉属 **Picea** A. Dietr.

麦吊云杉 Picea brachytyla (Franch.) E. Pritz.

海拔：1500～2000 m

分布：城口县、平利县

引证标本：戴天伦 105464、牛春山 3005、西北大学生物系 39

大果青扦 Picea neoveitchii Mast.

海拔：2000～2500 m

分布：城口县、平利县、镇坪县

引证标本：杨钦周 199 62、徐光远 4374(WUK) 4946(WUK)

青扦 Picea wilsonii Mast.

海拔：1000～2230 m

分布：城口县、巫溪县、平利县、镇坪县

---

* 此部分由杨永、向巧萍编写。

引证标本：戴天伦 101391、倪炳炽 00318 00344、陈之端等 960763、何全华 1704、四川大学生物系植物分类教研组 58449、徐光远 4771(WUK)

松属 **Pinus** L.

华山松 **Pinus armandii** Franch.

海拔：1250～3200 m

分布：城口县、开县、奉节县、广元市、南江县、通江县、万源市、旺苍县、巫溪县、平利县、镇坪县、竹溪县

引证标本：巴山采集队 0014 1258 2550 5820、陈炳麟、川经达 2528、戴天伦 100685 101443 102371 105101 105155 106593 107528、凌春芳川经绵 4029、绵阳野生植物普查队、川经绵 4595、兴隆工作组 1731、杨光辉 58365、张泽荣等 0173、植物普查队 00152、植物所三峡考察队 0383、周邦楷 2017、川经达 2017、邹家志、川经达 2048、陈之端等 960666、方明渊 24074、四川大学川东植物调查队 110374、西北大学生物系 0026、杨光辉 57270 58365、周洪富 107837 108000 26322、徐光远 4699(WUK)、郑重 970(HIB)

白皮松 **Pinus bungeana** Zucc. ex Endlicher

分布：房县

引证标本：鄂神农架植考队 34501(HIB)

高山松 **Pinus densata** Mast.

海拔：1800 m

分布：广元市

引证标本：凌春芳 4040

马尾松 **Pinus massoniana** Lamb.

海拔：500～2300 m

分布：城口县、奉节县、广元市、通江县、巫山县、巫溪县、镇巴县、平利县、西乡县、镇坪县、宁强县、竹溪县

引证标本：戴天伦 100025 100194 100254 100292 100511 100878 101600 102193 103503 103764、方明渊 24009 24050、罗上柱 1121 川经万 1121、倪炳炽 00479、王健秋 0477、王金敖 00056 00149 0145、西大生物系巴山木本小组 1200、杨光辉 39973 59550 59973 65159 65542、佚名 0477、张泽荣 25043 25692 25693、周洪富 26030 26712、周洪富、粟和毅 107601 107719 108604 108797 109155 109724 110459 110830、K. M. Liou 8454、方明渊 24009、方文培 0047、郭本兆 2101、何叶祺 1659、李培元 112(WUK) 6668、刘慎谔 4122、乔英林 1066、四川大学生物系 110459 25692、西北大学生物系 0181、巴山采集队 5899、邢吉庆 16(WUK)、镇坪中草药组 57(WUK)、唐昌林 1381(HIB)

长叶松 **Pinus palustris** Mill

海拔：1500 m

分布：巫山县

引证标本：杨光辉 57860

油松 **Pinus tabuliformis** Carr. var. **tabuliformis**

海拔：950～1939 m

分布：城口县、奉节县、平利县、镇坪县、巫山县、通江县、竹溪县

引证标本：巴山采集队 0209 1754、陈之端等 960931、方明渊 24157 24540、李培元 1349、四川大学生物系 105579 108020 25313、周洪富 109155、戴天伦 100381 100560 105579 106142 106381、四川省经济植物调查队 0253、陕西省植被区划小组 187(WUK)、郑重 1044(HIB)

巴山松 **Pinus tabuliformis** Carr. var. **henryi** (Mast.) C. T. Kuan

海拔：1280～1450 m

分布：城口县、奉节县、南江县、通江县、巫山县、巫溪县

引证标本：李先源等 050044、王金敖 0253、杨光辉 0029(3)、杨钦周 3118 638、张泽荣 250443

黄杉属 **Pseudotsuga** Carr.

黄杉 **Pseudotsuga sinensis** Dode

海拔：800～1350 m

分布：万源市、镇坪县、竹溪县

引证标本：四川省林学院 82103、徐光远 4838(WUK)、郑重 967(HIB)

铁杉属 **Tsuga** (Endlicher) Carr.

铁杉 **Tsuga chinensis** (Franch.) Pritz.

海拔：1300～2100 m

分布：城口县、巫山县、南江县、通江县、平利县、镇坪县、房县

引证标本：达县野生植物普查队、川经达 2960、戴天伦 101218 102347 104039 106317 106380、王金敖 0222、杨钦周 207 216 33、邹家志、川经达 3110、杨光辉 59840、徐光远 4292(WUK) 4688(WUK)、刘克荣 0618(HIB)

3.杉科 Taxodiaceae

杉木属 **Cunninghamia** R. Br.

杉木 **Cunninghamia lanceolata** (Lamb.) Hook.

海拔：685～2100 m

分布：城口县、奉节县、通江县、万源市、巫山县、巫溪县、房县、平利县、镇巴县、镇坪县、宁强县、竹溪县

引证标本：戴天伦 100952 102192 102721 103550 104703 106425 106564 106904、李培元 3667 5265 5663 6452 6616 6720、倪炳炽 00481、王金敖 0109 0254、杨光辉 59549 65338 65554、杨钦周 280、佚名 65338 65554、张泽荣 25314 25821、周洪富 24525 24734 26542、方明渊 24525、刘金鉴等 312、刘克荣 341、四川大学生物系 24734、周洪富、粟和毅 107567 107604 108084 108836 109722、徐光远 4845(WUK)、乔林英 246(WUK)、唐昌林 1380(HIB)

4.柏科 Cupressaceae

柏木属 **Cupressus** L.

干香柏 **Cupressus duclouxiana** B. Hickel

分布：万源市

引证标本：重师、西农调查队 6125

柏木 **Cupressus funebris** Endl.

海拔：250～1400 m

分布：城口县、奉节县、广元市、万源市、通江县、旺苍县、巫山县、巫溪县、云阳县、镇巴县、西乡县、宁强县

引证标本：巴山采集队 5303 5898、陈锋 YY004、戴天伦 102056 102785 103300 10352 103527、方明渊 24008 24279 24617 24976、李先源 KQ032、倪炳炽 00480、四川经济植物考察队 乔-1、王金敖 0058、吴全康 0189、西大生物系巴山木本小组 016、杨光辉 59508 59632 65553、佚名 24270、张泽荣 25042、周洪富 26069 26343 26768 109082、周洪富、粟和毅 25681 0108610 107602 108126 109673 110288 110649 110741 111419、陈之端等 960489、K. K. Tsoong 4498、K. L. Chu 1953、何叶琪 1643、李培元 1030 2270 3647 4106、5383 5609 6700、四川大学生物系 102050 103527 65553、郭本兆 2115(WUK)、山胡椒调查队 300(WUK)、乔林英 252(WUK)

刺柏属 **Juniperus** L.

圆柏 **Juniperus chinensis** L.

海拔：600～1350 m

分布：房县、城口县、奉节县、平利县、西乡县、宁强县、竹山县、竹溪县

引证标本：戴天伦 100045 105925、方明渊 124846 24846、王兴忠 0232、周洪富、粟和毅 107933 109226 110605 111516、612(条形码号：00017185)(PE)、C. W. E. Noore 2717、K. M. Liou 8455、K. T. Fu 2842、方明渊 24846、李培元 5046、刘金鉴等 314、刘克荣 376、平利队 0461、西北大学生物系 0142 640 89、周洪富、粟和毅 107933 109226、周洪富、粟和毅 10603、山胡椒调查队 197(WUK) 200(WUK)、乔林英 196(WUK)、唐昌林 1382(HIB)

刺柏 **Juniperus formosana** Hayata

海拔：950～2000 m

分布：城口县、奉节县、万源市、旺苍县、巫溪县、镇坪县

引证标本：川医 4586、戴天伦 05899 100221 100309 1007523 104070 104387 104839 105142 105174

105598 105899 106245 106491 106587 1065876 106742 106919 106964、方明渊 24298、四川大学生物系 102392、李本良 2011、杨光辉 59127、杨钦周 264、张泽荣 0148、赵良能 2708、周洪富 26024 26029 26553、周洪富、粟和毅 107603 107803 108273 111502 11305、周根生 1305、徐光远 4773(WUK)

香柏 Juniperus pingii W. C. Cheng ex Ferré var. **wilsonii** (Rehder) Silba

海拔：1850 m

分布：城口县

引证标本：戴天伦 106272

高山柏 Juniperus squamata Buch.～Ham. ex D. Don

海拔：1800～2600 m

分布：城口县、巫山县、竹溪县

引证标本：戴天伦 106272、杨光辉 58810 59839、郑重 972(HIB)

侧柏属 Platycladus Spach

侧柏 Platycladus orientalis (L.) Franco

海拔：340～1200 m

分布：城口县、奉节县、通江县、平利县、镇坪县、西乡县、竹溪县

引证标本：康朝英 0108、赖书坤 3046、周洪富、粟和毅 110571、邹家志、川经达 3133、西北大学生物系 0313、邢吉庆 15、傅坤俊 11772(WUK)、徐光远 4772(WUK)、竹溪 91-447(HIB)

崖柏属 Thuja L.

崖柏 Thuja sutchuenensis Franch.

分布：城口县

引证标本：李振宇等 11304

5.三尖杉科 Cephalotaxaceae

三尖杉属 Cephalotaxus Siebold & Zucc.

三尖杉 Cephalotaxus fortunei Hook.

海拔：780～1650 m

分布：城口县、奉节县、南江县、巫溪县、平利县、镇巴县、镇坪县

引证标本：637(PE-0002820)、巴山采集队 0039、戴天伦 100044、何伯安、川经达 2650、刘永年 0020、王洪业 2717、王金敖 0113、杨光辉 58276、张泽荣 25838、植物所三峡考察队 0325、周洪富 26767、周洪富、粟和毅 109436、杨光辉 57636 59594、应俊生等 387(WUK)

粗榧 Cephalotaxus sinensis (Rehder & E. H. Wilson) H. L. Li

海拔：1200～2100 m

分布：城口县、奉节县、南江县、巫溪县、岚皋县、平利县、镇坪县、房县

引证标本：陈耀东 2100、戴天伦 101652 106924、谭 81336、杨光辉 593117 59317、张泽荣 25195、周洪富、粟和毅 108244、何全华 1732、李培元 1260、陕西省植被区划小组 224(WUK)、周鹤昌 2726(HIB)

宽叶粗榧 Cephalotaxus latifolia W. C. Cheng & L. K. Fu ex L. K. Fu & R. R. Mill

海拔：1800 m

分布：巫溪县

引证标本：陈耀东等 2100

6.红豆杉科 Taxaceae

红豆杉属 Taxus L.

喜马拉雅红豆杉 Taxus wallichiana Zucc.

海拔：800～2040 m

分布：城口县、巫山县、巫溪县、岚皋县、房县

引证标本：植物所三峡考察队 0368、何全华 1612、刘克荣 0455

红豆杉 Taxus wallichiana Zucc. var. **chinensis** (Pilg.) Florin

海拔：1250～2200 m

分布：城口县、奉节县、巫山县、巫溪县、平利县、镇坪县、竹溪县

引证标本：大巴山工作组 00595、戴天伦 101306

102875 104363 106471 106478 106547 106784 106802 106926、李先源等 050058、四川植被队 106478、杨光辉 59123 59685、周洪富 26321、傅坤俊 12099(WUK)、陕西省植被区划小组 262(WUK)、竹溪 91-101(HIB)

南方红豆杉 Taxus wallichiana Zucc. var. **mairei** (Lemée & H. Lév.) L. K. Fu & Nan Li

分布：巫溪县

引证标本：佚名 12 203 62

榧树属 Torreya Arn.

巴山榧树 Torreya fargesii Franch.

海拔：800～1950 m

分布：城口县、广元市、南江县、万源市、岚皋县、镇巴县、平利县、镇坪县、竹溪县、房县

引证标本：戴天伦 100153 100706 100708 101172 101282 104852 105047 105858、李本良、川经达 2023、李振宇 11745、四川经济植物考察队、川经绵 4182、王春喜等 2881、王级秋、川经达 2881、王明昌 1009、王纫秋 2881、方文培 10048、何全华 1373、傅坤俊 12006(WUK)、徐光远 4914(WUK)、陶光复 377(HIB)

7.木麻黄科 Casuarinaceae

木麻黄属 Casuarina Adans.

木麻黄 Casuarina equisetifolia L.

分布：城口县

引证标本：谭 81381

五、被子植物

1.胡桃科 Juglandaceae

青钱柳属 **Cyclocarya** Iljinsk.

青钱柳 Cyclocarya paliurus (Batalin) Iljinsk.

海拔：800～1500 m

分布：城口县、奉节县、巫溪县、镇坪县

引证标本：方明渊 23909、周洪富 26735、应俊生等 0790(WUK)

胡桃属 **Juglans** L.

胡桃楸 Juglans mandshurica Maxim.

海拔：750～1800 m

分布：城口县、奉节县、南江县、通江县、巫山县、巫溪县、通江县、房县、平利县、镇坪县、竹溪县

引证标本：巴山采集队 0131 0879 5867 6083、方明渊 24726、冯永华 2706、李世大 0923、王纫秋 2574、植物所三峡考察队 0309 1268 1354 1477 1512、邹家志 3149、K. M. Liou 8477 8632 8685 8745 9149 9210、陈之端等 960661、戴天伦 105228、齐英林 1175、植物所三峡考察队 0309 1268 1354 1477 1512、陈耀东、傅连中、马欣堂 2597、应俊生等 0030(WUK)

胡桃 Juglans regia L.

海拔：820～1420 m

分布：城口县、奉节县、广元市、南江县、旺苍县、平利县

引证标本：巴山采集队 5140 5330、戴天伦 100416、四川经济植物考察队 2770 4126、乔英林 1102、周洪富、粟和毅 107600 108264 109201

化香树属 **Platycarya** Siebold & Zucc.

化香树 Platycarya strobilacea Siebold & Zucc.

海拔：610～1720 m

分布：城口县、奉节县、广元市、通江县、万源市、旺苍县、巫山县、巫溪县、云阳县、竹溪县、房县、宁强县、平利县、南郑县、镇坪县

引证标本：巴山采集队 5306 5806 5981、戴天伦 101036 101403 101623 102111 104114 104398 105056 105328 105454 105746 107193、方明渊 24281 24616 24963、李本良、川经达 2036、李培元 1001、李先源 160、三峡考察队 3180、四川经济植物考察队 0017、王健秋 0205、川经万 0205、王金傲 0057、杨光辉 58194 58208 59188 59538 59541 65524、佚名 24963 26229、植物所三峡考察队 0251 0350 1146、周洪富 26158 26138 26229 26541 26604、周洪富、粟和毅 25480 108594 108811 109057 109597 110093 110601、K. L. Chu 1980、K. M. Liou 8561 9082、K. T. Fu 2380、T. N. Liou 等 100、T. P. Wang 10756、何业琪 1670、姜恕等 00113、刘克荣 322、乔英林 253、张泽荣 25077 25480 25663、陕西省林业研究所植物标本室 741(WUK)

枫杨属 **Pterocarya** Kunth.

湖北枫杨 Pterocarya hupehensis Skan

海拔：950～2000 m

分布：城口县、奉节县、南江县、巫山县、竹溪县

引证标本：K. M. Liou 8737、戴天伦 101650 104058、冯永华 2686、李培元 2891、杨光辉 59097、四川大学川东植物调查队 108294

甘肃枫杨 Pterocarya macroptera Batalin var. **macroptera**

海拔：820 m

分布：旺苍县

引证标本：巴山采集队 5319

云南枫杨 Pterocarya macroptera var. **delavayi** (Franch.) W. E. Manning

海拔：1640 m

分布：竹溪县

引证标本：李培元 2891

华西枫杨 Pterocarya macroptera Batalin var. **insignis** (Rehder & E. H. Wilson) W. E. Manning

海拔：1720～1800 m

分布：城口县、巫溪县、镇坪县

引证标本：戴天伦 105154 105457 105672、杨光辉 59147、应俊生 0110(WUK)

枫杨 Pterocarya stenoptera C. DC.

海拔：370～1000 m

分布：城口县、奉节县、万源市、旺苍县、通江县、巫山县、云阳县、平利县、竹溪县

引证标本：川经绵 4734、戴天伦 100377、蒋维学 2399、王清泉 0373、佚名 2427 3324、张泽荣 25077 25765、周洪富 26677、周洪富、粟和毅 108792 109626、K. M. Liou 8531、T. P. Wang 10411、李培元 5216 6460 6684、西北大学生物系 0189、巴山采集队 6201

2.杨柳科 Salicaceae

杨属 Populus L.

响叶杨 Populus adenopoda Maxim.

海拔：750～1500 m

分布：宁强县、平利县、巫山县、西乡县、镇巴县

引证标本：T. N. Liou 11878、T. P. Wang 10653、乔英林 1114、邢吉庆 18、佚名 1119

青杨 Populus cathayana Rehd.

海拔：2560 m

分布：平利县

引证标本：任毅 721

山杨 Populus davidiana Dode

海拔：1200～1400 m

分布：城口县、镇巴县

引证标本：戴天伦 100108 100286、王明昌 1002

大叶杨 Populus lasiocarpa Oliv.

海拔：1200～2200 m

分布：城口县、奉节县、巫溪县、巫山县

引证标本：巴山采集队 1665、戴天伦 105046、李先源 142、上海肿瘤协作 220、张泽荣 25292、周洪富、粟和毅 108281 108355、陈之端等 960935、川经植 108281 108355 58497

黑杨 Populus nigra L.

海拔：1500 m

分布：镇巴县

引证标本：巴山木本小组 180

清溪杨 Populus rotundifolia Griff. var. **duclouxiana** (Dode) Gomb.

海拔：1300～1400 m

分布：城口县

引证标本：戴天伦 100108 100286、杨光辉 57627

椅杨 Populus wilsonii C. K. Schneid.

海拔：1850 m

分布：城口县

引证标本：赵良能 2671

柳属 Salix L.

秦岭柳 Salix alfredii Goerz ex Rehd. & Kobuski

海拔：1500 m

分布：镇巴县

引证标本：佚名 0335(SZ)

垂柳 Salix babylonica L.

海拔：750～1250 m

分布：城口县、宁强县

引证标本：戴天伦 120051、T. N. Liou & C. Wang 95(条形码号：00704937)(PE)

黄花柳 Salix caprea L.

海拔：750～1380 m

分布：镇巴县、竹山县

引证标本：西大生物系巴山木本小组 255、旬阳队 0921

中华柳 Salix cathayana Diels

海拔：1100～1800 m

分布：奉节具、巫山县

引证标本：T. P. Wang 10632、周洪富 26524、周洪富、粟和毅 108390

腺柳 Salix chaenomeloides Kimura

海拔：500～1000 m

分布：奉节县、宁强县、平利县

引证标本：周洪富、粟和毅 109261、T. N. Liou & C. Wang 67、乔英林 01130

异型柳 Salix dissa C. K. Schneid.

海拔：1300 m

分布：城口县

引证标本：戴天伦 100102

绵毛柳 Salix erioclada H. Lév. & Vaniot

海拔：1850～2100 m

分布：巫山县

引证标本：杨光辉 57943 57970 57972

巴柳 Salix etosia C. K. Schneid.

海拔：1000～2200 m

分布：奉节县、巫山县

引证标本：杨光辉 57631 57872、张泽荣等 25284、周洪富、粟和毅 107608 107614 107920 108166 108242 108390

川鄂柳 Salix fargesii Burkill

海拔：1000～2370 m

分布：城口县、奉节县、南江县、万源市、旺苍县、巫山县、巫溪县、平利县

引证标本：巴山采集队 0091 1732 4803、大巴山工作组 00661、戴天伦 100354、李先源 090、母顺静 2052、唐贤能 00315、万绍滨 2636、杨光辉 57912、周洪富、粟和毅 24139 25058 25255 107606 107831 107968 108195 108451 707610、左宝玉 2874、陈之端等 960784、张泽荣 25058、陈彦生等 3139(WUK)

甘肃柳 Salix fargesii Burkill var. **kansuensis** (K. S. Hao ex C. F. Fang & A. K. Skvortsov) G. H. Zhu

海拔：1000～2200 m

分布：城口县、奉节县、巫溪县、通江县

引证标本：川经植 58530、戴天伦 100634、方明渊 24139、杨光辉 58530、张泽荣 25255、周洪富、粟和毅 107606 108451、重师西农调查组 155

黑水柳 Salix heishuiensis N. Chao

海拔：3200 m

分布：奉节县

引证标本：川经阿 0152

柴枝柳 Salix heterochroma Seemen

海拔：1100～1700 m

分布：城口县、奉节县、巫山县、巫溪县、通江县、镇巴县、镇坪县

引证标本：川经万 0392 0752、戴天伦 100062、四川经济植物考察队 0039(CDBI) 0392 0752、王兴忠 1028、西大生物系巴山木本小组 166、杨光辉 57583 57585 57606 57609 57688 57726 57732 57842 57861、佚名 57696、周洪富、粟和毅 24096 107652 107960 108117 108280、陈之端等 960516、K. L. Chu 2148、川经植 108280、陈彦生等 242(WUK)

小叶柳 Salix hypoleuca Seemen ex Diels

海拔：1300～2100 m

分布：城口县、南江县、巫山县、巫溪县

引证标本：戴天伦 100098 100127 100304 10098、杨光辉 58022 58093 58094、佚名 58470、左宝玉 2861

宽叶翻白柳 Salix hypoleuca Seemen ex Diels var. **platyphylla** C. K. Schneid.

海拔：1000 m

分布：城口县、巫溪县

引证标本：戴天伦 100127 100157 100228 100304 100699 105143、四川大学生物系 58470

拉马山柳 Salix lamashanensis K. S. Hao ex Fang & A. K. Skvortsov

海拔：2370 m

分布：巫溪县

引证标本：陈之端等 960786

丝毛柳 Salix luctuosa H. Lév.

海拔：1750 m

分布：城口县、巫溪县

引证标本：戴天伦 100165、倪炳炽 00271、方文培 10382

灌西柳 Salix macroblasta C. K. Schneid.

海拔：1100 m

分布：奉节县

引证标本：周洪富 26524

兴山柳 Salix mictotricha C. K. Schneid.

海拔：1300～1600 m

分布：城口县、奉节县

引证标本：戴天伦 100098、周洪富、粟和毅 108166

坡柳 Salix myrtillacea Anderss.

海拔：1500 m

分布：城口县

引证标本：戴天伦 100074

峨眉柳 Salix omeiensis C. K. Schneid.

海拔：1250 m

分布：巫溪县、镇巴县

引证标本：倪炳炽 00096、王明昌 990

平利柳 Salix pingliensis Y. L. Chou

海拔：550 m

分布：平利县

引证标本：乔英林 1040

多枝柳 Salix polyclona C. K. Schneid.

海拔：1700～2050 m

分布：奉节县、平利县

引证标本：108242、陈彦生等 3127(WUK)

草地柳 Salix praticola Hand.-Mazz. ex Enander

海拔：1350 m

分布：奉节县

引证标本：周洪富、粟和毅 107920

川滇柳 Salix rehderiana C. K. Schneid.

海拔：750～2000 m

分布：城口县、巫山县、宁强县

引证标本：T. N. Liou & C. Wang 80、戴天伦 100059、杨光辉 57933

房县柳 Salix rhoophila C. K. Schneid.

海拔：1345 m

分布：镇坪县

引证标本：陈彦生等 376(WUK)

南川柳 Salix rosthornii Seemen

海拔：380～1500 m

分布：通江县、奉节县、巫山县

引证标本：T. P. Wang 10443、方明渊 24096、周洪富、粟和毅 109261、巴山采集队 5963

中国黄花柳 Salix sinica (K. S. Hao ex C. F. Fang & A. K. Skvortsov) G. H. Zhu

海拔：1080 m

分布：巫山县

引证标本：杨光辉 57657

秋华柳 Salix variegata Franch.

海拔：570～1700 m

分布：城口县、巫山县、广元市

引证标本：戴天伦 100064、魏志平 3538、佚名 21229、4373(条形码号：00743592)(PE)

皂柳 Salix wallichiana Anderss.

海拔：1000～2200 m

分布：城口县、奉节县、巫山县、巫溪县、宁强县、平利县

引证标本：大巴山工作组 00304 00820、戴天伦 100007 100027 100072 100076 100074 100115 100284 100287 120027、吴至康 1060、夏承芳 0119、杨光辉 57589 57640 57662 57672 57690 57693 57702 57741 57869 57873 57878 58019、佚名 107612、姜恕等 00153、李培元 1350 2029、张泽荣 25107 25284、周洪富、粟和毅 107612 107750、四川经济植物考察队 00212

线叶柳 Salix wilhelmsiana Bieb.

海拔：1330 m

分布：奉节县

引证标本：周洪富、方明渊、张泽荣 25107

紫柳 Salix wilsonii Seemen ex Diels

海拔：750 m

分布：城口县、巫山县

引证标本：大巴山工作组 00830、杨光辉 57703

3.桦木科 Betulaceae*

桤木属 **Alnus** Mill

桤木 Alnus cremastogyne Burkill

海拔：554～820 m

分布：广元市、旺苍县、通江县

引证标本：巴山采集队 5327 6238、魏志平 03649、何业琪 1650

桦木属 **Betula** L.

西桦 Betula alnoides Buch.-Ham. ex D. Don

海拔：2120 m

分布：镇巴县

引证标本：西大生物系巴山木本小组 134

坚桦 Betula chinensis Maxim.

海拔：2300 m

分布：城口县、巫山县、巫溪县

引证标本：M. Iabbe Farges 1012、戴天伦 105690、倪炳炽 00333、杨光辉 59063

狭翅桦 Betula fargesii Franch.

海拔：1700～2300 m

分布：城口县、巫山县、巫溪县

引证标本：戴天伦 100701 105690、四川大学生物系 58468 58473、杨光辉 58027 58060 65409

香桦 Betula insignis Franch.

海拔：1850 m

分布：城口县

引证标本：戴天伦 106246

亮叶桦 Betula luminifera H. J. P. Winkl.

海拔：850～2600 m

分布：城口县、奉节县、南江县、通江县、万源市、巫山县、巫溪县、云阳县、镇巴县、西乡县、竹溪县、房县

引证标本：K. L. Chu 2157、K. M. Liou 8550 8588、T. N. Liou 等 4058、巴山采集队 0290 1187 5813、曹亚玲 0038、大巴山工作组 00811、戴天伦 100005 100053 100097 100143 100160 100188 100274 100345 100465 100587 104053 104505 105192 106111、方明渊 24071 24145、黄茂云 0288、金常元、川经万 0694、倪炳炽 00462、四川经济植物考察队第二～1 乔、苏茂云 0288、万绍滨 2638 川经达 2638、王金敖 0191、王伦秋、川经达 2435、王纫秋 2573、川经达 2573、西大生物系巴山木本小组 174 287、杨光辉 57613 57921 58130 59061 5936 59917、张定成 0137 537、张泽荣 25144 25289 25681、赵良能 2677 2739、植物所三峡考察队 1054 1116 1483 1530、重师、西农调查队 0306、周洪富、粟和毅 107581 107650 107654 108009 108139 108233 108452 24071 24145 25685、陈之端等 960500、R. P. Farges 1010、邢吉庆 17748(HIB)

白桦 Betula platyphylla Sukaczev

海拔：1200 m

分布：巫溪县、竹山县

引证标本：杨亚滨 65409、王翔 12(HIB)

糙皮桦 Betula utilis D. Don

海拔：1500～2600 m

分布：巫山县、巫溪县

引证标本：杨光辉 57897 58373 58754 58936 59061 65073

鹅耳枥属 **Carpinus** L.

千斤榆 Carpinus cordata Blume var. **cordata**

海拔：1050～2200 m

分布：城口县、奉节县、南江县、通江县、旺苍县、巫溪县、镇巴县、平利县、镇坪县

引证标本：巴山采集队 4971 5379 5506、川经达 2771、方明渊 24265、李先源等 050154、史淑兰 2601、谭红钢 81279、西大生物系巴山木本小组 141、西师生物系 74 级 0044、杨光辉 59793、左宝玉 2701、赵良能 2689、植物所三峡考察队 0422、平利队 0506、应俊生 0561(WUK)

* 此部分由陈之端编写。

华千金榆 Carpinus cordata var. **chinensis** Franch.

海拔：1250～2000 m

分布：城口县、南江县、旺苍县、通江县、巫山县、巫溪县、竹溪县

引证标本：T. P. Wang et al. 960627、戴天伦 101279 105609 106475 107148、杨光辉 59151 59388、左宝玉 2771、陈之端等 960917、陈耀东等 2594、方明渊 24265、巴山采集队 4971、西师生物系 74 级 0044(CDBI)、郑重 1037(HIB)

毛叶千金榆 Carpinus cordata var. **mollis** (Rehder) W. C. Cheng ex Chun in Y. Chen

海拔：1520 m

分布：南江县

引证标本：巴山采集队 5379 5506

川黔千斤榆 Carpinus fangiana Hu

海拔：1400～1500 m

分布：奉节县、巫山县

引证标本：方明渊 24181、周洪富、粟和毅 107972 110367

川陕鹅耳枥 Carpinus fargesiana H. J. P. Winkl.

海拔：1100～2000 m

分布：城口县、奉节县、南江县、通江县、巫溪县、镇巴县、平利县

引证标本：K. L. Chu 1746、巴山采集队 5690、戴天伦 101398 102108 105226 105356 105626 106339 106379 106602、四川经济植物队乔 I-6、王金鳌 0071、西等 0332、杨光辉 59556 65207、赵良能 2737、方明渊等 24181、西大安康区采集工作队 1-00259 2-0237

川鄂鹅耳枥 Carpinus henryana (H. J. P. Winkl.) H. J. P. Winkl.

海拔：1200 m

分布：奉节县

引证标本：方明渊 24125

软毛鹅耳枥 Carpinus mollicoma Hu

海拔：1500 m

分布：城口县

引证标本：戴天伦 104606

云南鹅耳枥 Carpinus monbeigiana Hand.-Mazz.

海拔：1232～1400 m

分布：奉节县

引证标本：佚名 24181、周洪富 26317

多脉鹅耳枥 Carpinus polyneura Franch.

海拔：950～1800 m

分布：城口县、奉节县、广元市、南江县、巫山县、巫溪县、镇巴县、镇坪县

引证标本：巴山采集队 5354、戴天伦 103269 104054 104405 104469 104606 104783、方明渊 23898、西大生物系巴山木本小组 277、杨光辉 58658 59826 65523、张泽荣等 25054 26317 26421、周洪富、粟和毅 110088、陈之端等 960836、何业琪 2048、应俊生等 0217(WUK)、陈彦生等 2840(WUK)

小叶鹅耳枥 Carpinus stipulata H. J. P. Winkl.

海拔：1800 m

分布：巫溪县

引证标本：植物所三峡考察队 0562

昌代鹅耳枥 Carpinus tschonoskii Maxim.

分布：巫溪县

引证标本：倪炳炽 00413

鹅耳枥 Carpinus turczaninowii Hance

海拔：1000～1550 m

分布：巫山县、巫溪县、镇坪县

引证标本：倪炳炽 00293、西师调查队 0019、方明渊 23898、杨光辉 57892 65397、应俊生等 0936(WUK)

雷公鹅耳枥 Carpinus viminea Lindl. var. **viminea**

海拔：1700～2000 m

分布：城口县、通江县、巫溪县

引证标本：西等 0030、佚名 12、植物所三峡考察队 0006、戴天伦 104146 106372

榛属 **Corylus** L.

华榛 Corylus chinensis Franch.

海拔：1300～2120 m

分布：通江县、巫山县、镇巴县

引证标本：王金敖 0245、西大生物系巴山木本小组巴 135、周洪富、粟和毅 110183

刺榛 Corylus ferox Wall. var. **ferox**

海拔：1520～2400 m

分布：城口县、开县、奉节县、南江县、通江县、万源市、旺苍县、巫山县、巫溪县、岚皋县

引证标本：巴山采集队 1232 1606 2484 4897 5048 5720、高成芝 1089、李先源等 050057、马榨祥 1668 2210、倪炳炽 00467、溥发鼎等 0151、唐贤能 00317、万绍滨 2622、西等 050 055、西农调查队 3067、杨亚滨 00317、佚名 4-1、植物所三峡考察队 0475、周洪富、粟和毅 109913、左宝玉 02840

藏刺榛 Corylus ferox var. **thibetica** (Batalin) Franch.

海拔：1200～2000 m

分布：城口县、奉节县、巫山县、岚皋县、镇坪县、竹溪县

引证标本：戴天伦 101833 105433、杨光辉 58989 59189 59285 59882 65302、张泽荣 25352、李培元 4456、何全华 1539、应俊生 0161(WUK)、郑重 981(HIB)

榛 Corylus heterophylla Fisch. ex Trautv. var. **heterophylla**

海拔：1200～1900 m

分布：城口县、奉节县、南江县、巫山县、巫溪县、镇巴县、镇坪县

引证标本：巴山采集队 0040 0043 5700、李先源 137、王金敖 0085、0100(ZJFC)、谭红钢 81287(SWCTU)、应俊生等 0514(WUK)

川榛 Corylus heterophylla Fisch. ex Trautv. var. **sutchuenensis** Franch.

海拔：850～2000 m

分布：城口县、旺苍县、巫溪县、万源市、房县

引证标本：巴山采集队 0040 0043 5121、赵良能 2729、陈耀东等 2084 2225 2449 2586、戴天伦 101310 101454 105304 105531 105703、李培元 6204、刘克荣 446、杨光辉 59066 59193

毛榛 Corylus mandshurica Maxim.

海拔：1800～2000 m

分布：巫溪县

引证标本：杨光辉 59331、陈耀东等 2593

维西榛 Corylus wangii Hu

海拔：1850 m

分布：巫溪县

引证标本：陈耀东等 2221

铁木属 **Ostrya** Scop.

铁木 Ostrya japonica Sarg.

海拔：1350 m

分布：岚皋县

引证标本：西大安康区采集工作队 I-0409

4.壳斗科 Fagaceae

栗属 **Castanea** Mill

锥栗 Castanea henryi (Skan) Rehder & E. H. Wilson

海拔：550～1400 m

分布：奉节县、广元市、平利县、镇坪县、竹溪县

引证标本：方明渊 24072 24168、李培元 1693 9515、张泽荣 25084、周洪富 26369 26746、何全华 1811、刘金鉴等 291、牛春山 2984、K. S. Hao 324

栗 Castanea mollissima Blume

海拔：520～1700 m

分布：城口县、奉节县、南江县、通江县、万源市、巫山县、巫溪县、岚皋县、宁强县、平利县、镇坪县、竹溪县、房县

引证标本：巴山采集队 0005 0984 4205 5699、川经达 2910 2916、大巴山工作组 00966、戴天伦 101404 101508 101571 102091 102752 104441 104454 105248 105349 105566 105707、方明渊 24288 24532 24658 24800、方文培 19304、李本良、

川经达 2129、李先源 161、倪炳炽 00391、四川经济植物考察队 0010 00965 05318、灌-4、谭红钢 81222、王金敖 0223、王纫秋 2916、张泽荣 0109 0182 25737、周洪富 26046 26191 26540 26663 109288、周洪富、粟和毅 24457 24658 26121 108694 108961 109079 110046 110370 110651、0169(条形码号：01358764)(PE)、K. M. Liou 9130、T. N. Liou 11899、何全华 1810、李培元 1489 2225 5040 5466 5677 6629、牛春山 2987、乔英林 01295、西大安康区采集工作队 I0155、杨光辉 59600 65190 65541、张泽荣 25737

茅栗 Castanea seguinii Dode

海拔：1180～1900 m

分布：城口县、奉节县、巫山县、巫溪县

引证标本：戴天伦 107141、方明渊 24042、李先源 134、王清泉 0385、杨光辉 65454、张泽荣 25228、周洪富、粟和毅 107983 108485 109034 111036、方明渊 24042 24288

锥栗属 Castanopsis (D. Don) Spach

锥 Castanopsis chinensis (Spreng.) Hance

海拔：1050 m

分布：城口县

引证标本：戴天伦 102191

高山锥 Castanopsis delavayi Franch.

海拔：1300 m

分布：城口县

引证标本：戴天伦 105381、佚名 101997

钩栲 Castanopsis tibetana Hance

海拔：1400～1700 m

分布：城口县、巫山县

引证标本：戴天伦 104920、杨光辉 59856

青冈属 Cyclobalanopsis Oersted

毛曼青冈 Cyclobalanopsis gambleana (A. Camus) Y. C. Hsu & H. W. Jen

海拔：1810 m

分布：巫溪县

引证标本：植物所三峡考察队 00042

青冈 Cyclobalanopsis glauca (Thunb.) Oersted

海拔：520～2350 m

分布：城口县、奉节县、南江县、万源市、平利县、巫山县、巫溪县、镇坪县、镇巴县

引证标本：105766 105769、何金华 1747、刘金鉴等 226、牛春山 2887、周洪富、粟和毅 108921、T. N. Liou 11451 11565、戴天伦 103016 105766 105769 105849 10769、李本良 2037、倪炳炽 00204 00412 00554、王金敖 0067、杨光辉 59377 59972 61321 65444 59902 65262、佚名 24380、张泽荣 25671、赵良能 2669 2704 2706 2741、重等 6048、周洪富 26568 26665、左宝玉 2845

细叶青冈 Cyclobalanopsis gracilis (Rehder & E. H. Wilson) W. C. Cheng & T. Hong

海拔：600～1300 m

分布：城口县、平利县、巫山县、镇坪县

引证标本：何全华 1816、杨光辉 59972、戴天伦 105217、陈彦生等 2892(WUK)

滇青冈 Cyclobalanopsis glaucoides Schottky

分布：通江县

引证标本：王金鳌 0188

雷公青冈 Cyclobalanopsis hui (Chun) Chun ex Y. C. Hsu & H. W. Jen

海拔：600～1000 m

分布：奉节县、广元市

引证标本：何业琪 1758、苏茂云 0291

多脉青冈 Cyclobalanopsis multinervis W. C. Cheng & T. Hong

海拔：1400 m

分布：镇坪县

引证标本：应俊生等 0764(WUK)

小叶青冈 Cyclobalanopsis myrsinifolia (Blume) Oersted

海拔：1950 m

分布：城口县、广元市、巫溪县、西乡县

引证标本：戴天伦 103016、郭本兆 2120、何业琪 1864、杨光辉 59377 65209

多脉青冈 **Cyclobalanopsis multinervis** W. C. Cheng & T. Hong

海拔：1200～1300 m

分布：南江县

引证标本：谭明初 81178 81284

曼青冈 **Cyclobalanopsis oxyodon** (Miq.) Oerst.

海拔：1000～2350 m

分布：城口县、奉节县、通江县、巫山县、巫溪县、镇巴县、平利县

引证标本：58440、戴天伦 100620 101944 101997 104801 105217 105381 105766 105769 106250 107519、倪炳炽 00416、王金敖 0189、王明昌 968、杨光辉 59163 59182 59856 59946 65321 65451、张泽荣 25086、植物所三峡考察队 0195 0556、周洪富、粟和毅 24380 25086 110234、刘金鉴等 278

水青冈属 **Fagus** L.

米心水青冈 **Fagus engleriana** Seemen

海拔：1400～2350 m

分布：城口县、奉节县、南江县、通江县、万源市、巫山县、巫溪县、平利县、镇坪县

引证标本：巴山采集队 5543、戴天伦 101065 101066 105771 105971、刘玉成 89005 89009、四川经济植物考察队 0227、杨光辉 59045 59234 61322 65075 65410、张泽荣 25358、植物所三峡考察队 0454、周洪富、粟和毅 108453、T. L. Tai 101065、刘金鉴等 283、西大生物系巴 634、应俊生等 0534(WUK)、重师、西农调查队 0042(CDBI)

台湾水青冈 **Fagus hayatae** Palib. ex Hayata

分布：南江县、通江县

引证标本：西师、西农调查队 033 3099、杨钦周 75011

水青冈 **Fagus longipetiolata** Seemen

海拔：1350～2060 m

分布：城口县、巫山县、平利县、镇坪县

引证标本：戴天伦 104008、杨光辉 57793 57907 57963、佚名 84210、方文培 10099、何全华 1698、应俊生等 0358(WUK)

光叶水青冈 **Fagus lucida** Rehd. & Wils.

海拔：2600 m

分布：房县

引证标本：A. Henry 6793

柯属 **Lithocarpus** Blume

包槲柯 **Lithocarpus cleistocarpus** (Seemen) Rehder & E. H. Wilson

海拔：1100～1900 m

分布：城口县、奉节县、广元市、通江县、巫山县、巫溪县、岚皋县、镇坪县

引证标本：戴天伦 102112 107059、王金敖 0220、魏志平 3743、张泽荣 25457、何全华 1374 1381、何业琪 1718、杨光辉 59862 59971 65456、陈彦生等 2786(WUK)

硬壳柯 **Lithocarpus hancei** (Benth.) Rehder

分布：巫溪县

引证标本：倪炳炽 00429

绵柯 **Lithocarpus henryi** (Seemen) Rehder & E. H. Wilson

海拔：1800～2100 m

分布：巫山县、巫溪县

引证标本：杨光辉 57899 59190 59231

木姜叶柯 **Lithocarpus litseifolius** (Hance) Chun

海拔：200～1200 m

分布：奉节县、巫溪县、镇巴县

引证标本：方明渊 24764、王金敖 0077、夏承芳 0116、杨光辉 59197 59206、张泽荣 25540 25894、周洪富 26576 26807 26947、周洪富、粟和毅 108777 109435、巴山采集队 5879

栎属 **Quercus** L.

岩栎 **Quercus acrodonta** Seemen

海拔：1000 m 分布：广元市、万源市

引证标本：李本良、川经达 2152、何业琪 1750

麻栎 **Quercus acutissima** Carr.

海拔：1600 m

分布：奉节县、广元市、通江县、巫溪县、宁强县

引证标本：何业琪 1976、杨光辉 59560、钟补求 6197、周洪富、粟和毅 107983、李培元 873(SZ)

槲栎 Quercus aliena Blume

海拔：360～1700 m

分布：城口县、万源市、旺苍县、巫溪县、岚皋县

引证标本：巴山采集队 4976、戴天伦 101440、杨光辉 59561、张泽荣 0254、何全华 1362

锐齿槲栎 Quercus aliena Bl. var. **acuteserrata** Maxim.

海拔：800～1700 m

分布：旺苍县、城口县、奉节县

引证标本：戴天伦 101612 102110、方明渊 24802、四川大学川东植物调查队 108226、巴山采集队 4976

北京槲栎 Quercus aliena Bl. var. **pekingensis** Schottky

分布：宁强县

引证标本：T. N. Liou 11875

橿子栎 Quercus baronii Skan

海拔：920～1900 m

分布：巫山县、巫溪县

引证标本：杨光辉 05468 65468、植物所三峡考察队 1389、3540(条形码号：00296604)(PE)、K. L. Chu 1747、杨光辉 65468、植物所三峡考察队 1389

铁橡栎 Quercus cocciferoides Hand.-Mazz.

海拔：1000～1600 m

分布：城口县、镇坪县

引证标本：戴天伦 102928、应俊生等 0705(WUK)

槲树 Quercus dentata Thunb.

海拔：850～2000 m

分布：奉节县、巫山县、巫溪县、宁强县

引证标本：李先源、王海洋 050022、杨光辉 58193 59558、佚名 58491、周洪富 26984、T. N. Liou 11901、姜恕等 00141

匙叶栎 Quercus dolicholepis A. Camus

海拔：1000～1810 m

分布：城口县、奉节县、巫山县、巫溪县、万源市、岚皋县

引证标本：戴天伦 100289、苏茂荣 0742、杨光辉 5358 58358、张泽荣 25076 25149、植物所三峡考察队 0122、周洪富、粟和毅 107833、何全华 1372、何业琪 1944、四川任务组 1138

巴东栎 Quercus engleriana Seemen

海拔：1180～1500 m

分布：城口县、奉节县、巫山县、巫溪县、镇巴县、镇坪县

引证标本：戴天伦 105503、方明渊 24593、罗安国 0293、王明昌 978、杨光辉 59966、杨钦周 243、周洪富、粟和毅 107928 107930、应俊生等 54(WUK)

白栎 Quercus fabri Hance

海拔：800～1650 m

分布：城口县、奉节县、南江县、巫山县、巫溪县

引证标本：巴山采集队 0173 1475、方明渊 24802、复查组 0058、谭 81202、张泽荣 25110 25570、周洪富、粟和毅 109525、戴天伦 101440、杨光辉 59561、周洪富 26984

锥连栎 Quercus franchetii Skan

海拔：1700 m

分布：城口县

引证标本：戴天伦 101134 101402 105479

川西栎 Quercus gilliana Rehd. & Wils.

海拔：960 m

分布：奉节县

引证标本：万绍滨 0303

大叶栎 Quercus griffithii Hook. f. & Thomson ex Miq.

海拔：1650 m

分布：城口县

引证标本：戴天伦 101610 101440

长叶枹栎 Quercus monnula Y. C. Hsu & H. W. Jen

海拔：1950 m

分布：巫溪县

引证标本：杨光辉 59374

尖叶栎 Quercus oxyphylla (E. H. Wilson) Hand.-Mazz.

海拔：550~900 m

分布：城口县、西乡县、镇巴县、平利县、镇坪县

引证标本：赵良能 2809、郭本兆 2082、西大生物系巴山木本小组 206(WUK) 483(WUK)、应俊生等 0318(WUK)

乌岗栎 Quercus phillyraeoides A. Gray

分布：岚皋县

引证标本：何全华 1482

枹栎 Quercus serrata Murray.

海拔：554～2000 m

分布：城口县、奉节县、广元市、南江县、通江县、万源市、巫山县、巫溪县、云阳县、镇巴县、岚皋县、房县、宁强县、平利县、南郑县、镇坪县

引证标本：巴山采集队 0296 0598 0746 0797 4258 6039 6120 6217 6255、戴天伦 100006 100179 100267 101134 101402 101550 101610 102110 102282 102691 102947 103638 103741 104003 104005 104121 104216 104256 104413 104490 104692 1046923 104882 104895 105130 105362 105479 105702 106302 107192 107339 107464、方明渊 24163 24214 24292 24497 24578 24603 24634 24737、李培元 3763 4155 5271 5449 5605 5899 5951 6035 6530、李先源等 050002、罗上柱 1114、倪炳炽 00213 00460 00463、钱邦辅 0436、王金鳌 00028 0068 0084 0136 0162、王明昌 1133、王纫秋 2925、王绍秋、杨光辉 59059 59108 593177 59484 59908 65206 65278 65283 65535 65575、杨钦周 166 293、张泽荣等 0105 0183 0256 0261、植物所三峡考察队 0355 0958、周洪富 26051 26570 26631 26651、陈耀东等 2175、张泽荣 25110 25570、T. P. Wang 10360 9328、杨光辉 59059 59108、102065(条形码号：00335833)(PE)、515(条形码号：01359862)(PE)、T. N. Liou 11886 11910 11914、何全华 1488、姜恕等 00156、刘克荣 0321、乔英林 1116、杨光辉 59479 59908 65206 65278 65283 65535 65575、周洪富、粟和毅 107680 107686 107688 107690 107802 107850 107955 108169 108226 108270 108500 108611 108864 108866 109094 109180 109407 109473 109525 109603 109716 109805 109852 110368 110421 110566 110568 110856 110976 111044 111197 111304 111436 111438、应俊生等 0149(WUK)

刺叶高山栎 Quercus spinosa David ex Franch.

海拔：1020～2350 m

分布：城口县、南江县、万源市、巫溪县

引证标本：巴山采集队 5571、戴天伦 101318 101624 102368 105689 105773 105981、李本良 2071、杨光辉 59432 65414、佚名 2725、赵良能 2695 2707

栓皮栎 Quercus variabilis Blume

海拔：340～2000 m

分布：城口县、奉节县、通江县、巫山县、巫溪县、镇巴县、镇坪县、房县

引证标本：戴天伦 100330 101609 102191 103299 103640 104038、方明渊 24625 24635 24860、方文培 103299、各机关联合采集 26453、梁恒 0307、罗安国、罗上柱 1115、倪炳炽 00238、王金鳌 0093、杨光辉 58254 58447 59605 59905 65286 65538 65631、张泽荣 25634、周洪富、粟和毅 107585 109225 109854 111441、邹家志 3100、刘克荣 0430、四川大学生物系植物分类教研组 58447、周洪富 26453 26746、应俊生 0036(WUK)

5.榆科 Ulmaceae

糙叶树属 Aphananthe Planch.

糙叶树 Aphananthe aspera (Thunb.) Planch.

海拔：1520 m

分布：巫溪县

引证标本：陈之端等 960611

朴属 **Celtis** L.

紫弹树 **Celtis biondii** Pamp.

海拔：500～3000 m

分布：通江县、城口县、奉节县、巫山县、巫溪县、岚皋县、平利县、西乡县、镇巴县、镇坪县、竹溪县

引证标本：巴山采集队 6175、大巴山工作组 00837、戴天伦 100469 100935 102293 102499 102804 102878 103446 104599 104612 104902 105071 106305 106875、方明渊 24790、何铸 102804 103446、三峡考察队 EX262 EX3069、杨光辉 65571、张泽荣 25103、周洪富、粟和毅 107910 109452 109522 111084、K. M. Lion 8863、K. M. Liou 8447、T. P. Wang 10267 10287、郭本兆 2129、李培元 01539 4150 5359、平利队平 0266、06875(PE-00674642)、平 0266、巴山木本小组巴 261 巴 481 巴 494、西大安康区采集工作队 I0353 锬 0013、应俊生等 0259(WUK)

黑弹树 **Celtis bungeana** Blume

海拔：235～700 m

分布：奉节县、巫溪县、镇坪县、平利县、竹溪县

引证标本：李先源 022、K. L. Chu 1839、陈之端等 960991 960997、陈彦生等 2145(WUK) 2788(WUK)、郑重 1008(HIB)

小果朴 **Celtis cerasifera** C. K. Schneid.

海拔：1100 m

分布：巫山县

引证标本：T. P. Wang 10553

珊瑚朴 **Celtis julianae** C. K. Schneid.

海拔：2040 m

分布：巫溪县

引证标本：植物所三峡考察队 0438

朴树 **Celtis sinensis** Persoon

海拔：1600～1810 m

分布：奉节县、巫溪县、广元市、宁强县、西乡县

引证标本：植物所三峡考察队 0146、108227(PE-00676283)、T. N. Liou & P. C. Tsoong 4042、T. N. Liou & C. Wang 168、T. N. Liou & C. Wang 138

青檀属 **Pteroceltis** Maxim.

青檀 **Pteroceltis tatarinowii** Maxim.

海拔：700～1010 m

分布：城口县、万源市、旺苍县、通江县、巫溪县、平利县、西乡县、镇坪县、竹溪县

引证标本：巴山采集队 5249 6165、倪炳炽 00041、四川经济植物考察队、川经达 2455、赵良能 2780、巴 783、郭本兆 2102、陈彦生等 2924(WUK)、叶之池 773(HIB)

山黄麻属 **Trema** Lour.

光叶山黄麻 **Trema cannabina** Lour.

海拔：1029 m

分布：奉节县

引证标本：三峡考察队 EX3266

山油麻 **Trema cannabina** Lour. var. **dielsiana** (Hand.-Mazz.) C. J. Chen

海拔：750 m

分布：奉节县

引证标本：周洪富、粟和毅 109395

羽脉山黄麻 **Trema levigata** Hand.-Mazz.

海拔：150～1150 m

分布：奉节县、巫山县

引证标本：604(PE-00677481)、K. L. Chu 1708、杨光辉 59995 59999 65556

榆属 **Ulmus** L.

兴山榆 **Ulmus bergmanniana** C. K. Schneid.

海拔：790～1500 m

分布：巫山县、镇巴县

引证标本：西大生物系巴山木本小组 046、T. P. Wang 10627

榆树 **Ulmus pumila** L.

海拔：1450 m

分布：奉节县

引证标本：周洪富、粟和毅 108048

榉属 **Zelkova** Spach

大叶榉树 Zelkova schneideriana Hand.-Mazz.

海拔：700～950 m

分布：平利县、竹溪县

引证标本：甘啓良 2328、巴 512

榉树 Zelkova serrata (Thunb.) Makino

海拔：700～750 m

分布：平利县、竹溪县

引证标本：甘啓良 2338、平利队 0292

大果榉 Zelkova sinica C. K. Schneid.

海拔：1020 m

分布：房县、平利县

引证标本：巴 455、巴 766、镇 586、刘克荣 418、西大安康区采集工作队平 0176

6.桑科 Moraceae

构属 **Broussonetia** L'Hert. ex Vent.

楮 Broussonetia kazinoki Siebold & Zucc.

海拔：700～1820 m

分布：城口县、奉节县、通江县、巫山县、云阳县、巫溪县、宁强县、平利县、竹溪县

引证标本：巴山采集队 0933 5886 6004、川经达 0753、戴天伦 100410 100423、郭家志 3510、植物所三峡考察队 0967 1223 1277 1540、周洪富、粟和毅 107711 107868、邹家志 0548、陈之端等 960742 960831、K. M. Liou 8386 8474 8614 8723 8727、T. N. Liou & C. Wang 102、T. P. Wang 10482、方文培 9988、姜恕、金存礼 00173、张泽荣 25001 25154 25439、周洪富 26134 26258 26338

构树 Broussonetia papyrifera (L.) L'Hér. ex Vent.

海拔：610～1810 m

分布：城口县、奉节县、万源市、旺苍县、通江县、巫山县、巫溪县、镇巴县、南郑县、房县、平利县、竹溪县

引证标本：巴山采集队 0252 0678 1162 2864 5131 5839 5997、川医 4503、戴天伦 100519 100652 100703 100936 101400 101565 101895 102292 102664 105120 106188、方明渊 24031 24160 24702 24970、龚伦瑜 272、三峡考察队 2765 3044、西大生物系巴山木本小组 0028 028、张泽荣 25048 25866、植被队 0272、植物所三峡考察队 0115 0255 1295 1297 1496、周洪富 26050 26180 26917、周洪富、粟和毅 107584 107713 107852 108113 108631 109120 110170、陈之端等 960517、K. M. Liou 8615 9072 T. P. Wang 10515、李培元 3746 4147 5219 5737、刘克荣 225、乔英林 01117、四川大学川东植物调查队 107852

大麻属 **Cannabis** L.

大麻 Cannabis sativa L.

海拔：695～2560 m

分布：城口县、广元市、南江县、巫山县、巫溪县

引证标本：C. Y. Wang 7400、陈炳麟 2511、戴天伦 102539 102541 102836 103308 106508、杨光辉 65158、赵清盛等 7413、周洪富、粟和毅 110052

水蛇麻属 **Fatoua** Gaud.

水蛇麻 Fatoua villosa (Thunb.) Nakai

海拔：650～1320 m

分布：城口县、奉节县

引证标本：戴天伦 103325、周洪富、粟和毅 110701 110831、四川大学川东植物调查队 110701 110831

榕属 **Ficus** L.

无花果 Ficus carica L.

海拔：800 m

分布：城口县、奉节县、竹溪县

引证标本：戴天伦 101684、周洪富 26808、高运学 78177(HIB)

矮小天仙果 Ficus erecta Thunb.

海拔：1000 m

分布：竹溪县

引证标本：K. M. Liou 8682

冠毛榕 Ficus gasparriniana Miq. var. **gasparriniana**

分布：万源市、镇巴县

引证标本：王金敖 0158、张泽荣 0097

菱叶冠毛榕 Ficus gasparriniana Miq. var. **laceratifolia** (H. Lév. & Vaniot) Corner

海拔：500～800 m

分布：广元市、通江县、宁强县

引证标本：T. N. Liou & C. Wang 231、T. P. Wang 8040、巴山采集队 6306

尖叶榕 Ficus henryi Warb.

海拔：200～1500 m

分布：城口县、奉节县、广元市、万源市、巫溪县

引证标本：巴山采集队 3567 3812、戴天伦 103344 103613、李先源 052、刘元平等 3123、倪炳炽 00045、张泽荣 25959 25961、周洪富、粟和毅 08922 108922 108930、何业琪 1851、四川大学生物系 25959 25961

异叶榕 Ficus heteromorpha Hemsl.

海拔：620～2040 m

分布：城口县、奉节县、南江县、万源市、旺苍县、通江县、巫山县、巫溪县、云阳县、镇巴县、房县、平利县、镇平县、竹溪县

引证标本：巴山采集队 0253 0331 0568 0711 0872 1349 1773 2867 3427 3813 5266 5831 6038、大巴山工作组 00667、戴天伦 100152 100979 101484 102669 102921 103265 104385 104460 104851 105828 106273、江广渝 4141、贾潇洒等 3962、李本良 2048、陆鄂鸣 2758、罗安国 0244、三峡考察队 2893 3359、王健秋 2876、王明昌 1139、王纫秋 2876、向定蜀 2972、佚名 2876、植被队 2460 876、植物所三峡考察队 0373 0530 1007 1115 1303 1345 1516、周洪富、粟和毅 24572 24905 25102 25412 25575 26184 107596 107598 107766 107892 108235 108266 108652 108772 108774 109253 109310 109672 109770 110031、K. L. Chu 1886、K. M. Liou 8425 8697 9076 9259、范光复 30153、方明渊 24572 24905、李培元 4536 5636、刘金鉴等 289、四川大学川东植物调查队 108235、杨光辉 58209、张泽荣 25412 25575、周洪富 26320 26955、陈之端等 960608、陈彦生等 2834(WUK)

山榕 Ficus heterophylla L. f.

海拔：1520 m

分布：巫溪县

引证标本：陈之端等 960608

榕树 Ficus microcarpa L. f.

海拔：210～280 m

分布：奉节县、云阳县

引证标本：596(条形码号：00641263)(PE)、陈之端等 960424 960994

匍茎榕 Ficus sarmentosa Buch.-Ham. ex Sm.

海拔：325～2100 m

分布：城口县、奉节县、南江县、万源市、旺苍县、巫山县、巫溪县、镇巴县

引证标本：巴山采集队 0109 5432、大巴山工作组 00692 00799、戴天伦 100418 100873 101646 102812 102951 103101 103254 103825 103916 104217 104438 104618 104886 105847 106750 106949 107225 107335、倪炳炽 00013、三峡考察队 3104 3766、西大生物系巴山木本小组 270、药源队 2402、赵良能 2785、植被组 2935、植物所三峡考察队 1357、周洪富、粟和毅 25963 108765 108902 109272

珍珠莲 Ficus sarmentosa Buch.-Ham. ex Sm. var. **henryi** (King ex Oliv.) Corner

海拔：850～950 m

分布：奉节县、房县、广元市、岚皋县、宁强县、平利县、巫山县、巫溪县

引证标本：萧永贤 24683、周洪富、粟和毅 26969 109272、261、F. T. Wang 22558、K. M. Liou 9181、K. T. Fu 2387、李培元 1247、杨光辉 65563

爬藤榕 Ficus sarmentosa Buch.-Ham. ex Sm. var. **impressa** (Champ. ex Benth.) Corner

海拔：1000～2100 m

分布：城口县、奉节县、旺苍县、宁强县、平利县、镇坪县、巫山县、巫溪县、竹溪县

引证标本：巴山采集队 0109 1166 5432、戴天伦 100417 103298 103823 106470 100873 101646 106949 107335、111110、K. L. Chu 1952、T. N. Liou 11837、P. Wang 10641、巴山木本小组巴 730、李培元 5106、周洪富、粟和毅 108794 110146 111110、陈彦生等 2812(WUK)

长柄爬藤榕 Ficus sarmentosa Buch.-Ham. ex Sm. var. **luducca** Corner

海拔：700～2000 m

分布：城口县、房县、奉节县、万源市、奉节县、开县、巫山县、旺苍县、平利县、竹溪县

引证标本：巴山采集队 2743 5284 0620、K. M. Liou 8657 8917、巴山木本小组巴 516、植物所三峡考察队 1357、周洪富、粟和毅 108765、24683、戴天伦 100418 103297 106750、李培元 4496、刘克荣 0251、周洪富 26969

少脉爬藤榕 Ficus sarmentosa Buch.-Ham. ex Sm. var. **thunbergii** (Maxim.) Corner

海拔：860 m

分布：南江县

引证标本：周善滋 2935

尾尖爬藤榕 Ficus sarmentosa Buch.-Ham. ex J. E. Sm. var. **lacrymans** (H. Lév.) Corner

海拔：500～1300 m

分布：奉节县、万源市、巫溪县

引证标本：K. L. Chu 1855 2220、四川大学生物系 25963、杨光辉 65070、周洪富、粟和毅 108668 108767 108902

白背爬藤榕珍珠莲 Ficus sarmentosa Buch.-Ham. ex J. E. Sm. var. **nipponica** (Franch & Sav.) Corner

海拔：1200 m

分布：奉节县

引证标本：周洪富 26418

竹叶榕 Ficus stenophylla Hemsl.

海拔：300 m

分布：巫溪县

引证标本：李先源 37266

地果 Ficus tikoua Bureau

海拔：650～1000 m

分布：奉节县、巫山县、镇巴县、宁强县

引证标本：王明昌 1102、周洪富、粟和毅 109647、T. N. Liou & C. Wang 85 97、方明渊 24932

黄葛树 Ficus virens Aiton

海拔：150 m

分布：巫山县、云阳县

引证标本：1485(PE-00567852)、陈之端等 960425

柘属 Maclura Nutt.

柘 Maclura tricuspidata Carrière

海拔：120～1230 m

分布：城口县、奉节县、广元市、巫山县、巫溪县、云阳县、镇巴县、房县、竹溪县

引证标本：巴山采集队 0868、戴天伦 102013 100419、李先源 159(SWCTU)、唐贤能等 00019(SZ)、王金敖 0080(CDBI)、王宇清，陈光义 1614(SZ)、赵良能 2788(SZ)、周洪富 26217(SZ)、周洪富、粟和毅 109391(SZ) 109575(SZ)、方明渊 24275(SZ) 24716(SZ) 24894(SZ) 24928(SZ)、T. P. Wang 10775、K. L. Chu 1824、K. M. Liou 8536 8564 9122、F. T. Wang 22567

桑属 Morus L.

桑 Morus alba L.

海拔：900～1800 m

分布：城口县、奉节县、广元市、旺苍县、平利县、镇坪县、竹溪县

引证标本：川医 4507、大巴山工作组 00835、戴天伦 100343 100427、李培元 4010、乔英林 00409 01148、王德兴 20232、周洪富 26131、周洪富、粟和毅 107704 107826、周洪富等 107876、陈彦生等 2738(WUK)、郑重 1020(HIB)

鸡桑 Morus australis Poir.

海拔：700～2200 m

分布：城口县、开县、奉节县、广元市、南江县、通江县、旺苍县、巫山县、巫溪县、云阳县、竹溪

县、平利县、镇坪县

引证标本：巴山采集队 0056 1019 1965 2516 4837 4933 5623、川经绵 4619、戴天伦 100043 100200 100613 105039 105119 105138 105293、方明渊 24065 24116 24130、费政琴 2697、李培元 2031 2821、凌春芳 4004(SZ)、倪炳炽 00298 00512、四川经济植物考察队 0064、王纫秋 2879、西南师院生物系 02434、张泽荣 25162 25194 25269、植被组 2879、植物所三峡考察队 1472、周洪富、粟和毅 107647 107820 107876 107958 108005 108095 108189 108197 108216 108368 108462 107979 108533、陈之端等 960664、四川大学川东植物调查队 108216、四川大学生物系 108368、杨光辉 58026、陈彦生等 2759(WUK)

华桑 Morus cathayana Hemsl.

海拔：1020～1500 m

分布：城口县、奉节县、镇巴县、竹溪县

引证标本：戴天伦 100332、西大生物系巴山木本小组 089、K. M. Liou 8877、张泽荣 25053

蒙桑 Morus mongolica (Bureau) C. K. Schneid.

海拔：800～1300 m

分布：城口县、奉节县、广元市、万源市

引证标本：戴天伦 100536 100564 100715、李世大 2088、魏志平 04073、周洪富、粟和毅 25162、何业琪 02061

7.荨麻科 Urticaceae*

苎麻属 Boehmeria Jacq.

白面苎麻 Boehmeria clidemioides Miq.

海拔：272～2800 m

分布：城口县、奉节县、万源市、巫山县

引证标本：巴山采集队 2962 3007、方明渊 24763、何等 105324 107324、三峡考察队 2801 2847 3007 3097 3232 3493 3718、杨光辉 59694、张泽荣 25870

序叶苎麻 Boehmeria clidemioides Miq. var. **diffusa** (Wedd.) Hand.-Mazz.

海拔：500～2200 m

分布：城口县、开县、奉节县、通江县、巫山县、万源市、镇巴县、平利县、房县

引证标本：巴山采集队 0174 0234 0238 0486 0490 0810 0838 1029 1115 1191 1411 1772 1806 1898 2318 2526 2824 3299 6227、戴天伦 102021 103060 107271 107274 107324 107354 101674 103520 103549 103831 106604、张泽荣 25560、周洪富 26618 26881 26989、周洪富、粟和毅 109561 109683 109691 109865 109990 110003 110057 110498 110543 110694 110769 111050 111313 111479 111550、103520(PE-00471832)、K. M. Liou 9241、T. P. Wang 8832、川经植 102021、方明渊 24763、李培元 4240 5217 5420 5930 6000 6643、四川大学川东植物调查队 110488、杨光辉 59694、陈彦生等 3809(WUK)

野线麻 Boehmeria japonica (L. f.) Miq.

海拔：700～1381 m

分布：城口县、奉节县、巫山县、竹溪县

引证标本：巴山采集队 1762、张泽荣 25863、周洪富、粟和毅 109645、竹溪 91-176(HIB)

水苎麻 Boehmeria macrophylla Hornem.

海拔：1500 m

分布：城口县

引证标本：毛品一 3416

苎麻 Boehmeria nivea (L.) Gaudich.

海拔：640～1600 m

分布：城口县、奉节县、巫山县、巫溪县、宁强县、镇巴县、平利县、房县

引证标本：巴山采集队 4255、戴天伦 102628 103208 103541 105555 107238 107332 106004、三峡考察队 2998 3089 3240 3363、杨光辉 59165 59576 59898 65139、周洪富、粟和毅 110194 110552 111104、102052(PE-00494751)、103541(PE-00494732)、59165(PE-00494755)、K. L. Chu 1848、K. M. Liou

* 此部分由林祁、段林东编写。

9113、T. N. Liou 等 81、方明渊等 23963、李培元 4966 6662、周洪富 26949

青叶苎麻 Boehmeria nivea (L.) Gaudich. var. **tenacissima** (Gaudich.) Miq.

海拔：625～1700 m

分布：城口县、奉节县

引证标本：戴天伦 102052 106729、周洪富、粟和毅 110502 111289

赤麻 Boehmeria silvestrii (Pamp.) W. T. Wang

海拔：912～1890 m

分布：城口县、南江县、万源市、巫山县、镇巴县、镇坪县、平利县

引证标本：巴山采集队 0419 3473 5497、戴天伦 101582 102442、贾潇洒等 3898 3963、陈彦生等 1134(WUK) 4186(WUK)

小赤麻 Boehmeria spicata (Thunb.) Thunb.

海拔：122～2000 m

分布：城口县、奉节县、南江县、巫山县、巫溪县、云阳县、万源市、岚皋县、镇坪县

引证标本：巴山采集队 0001 5376、戴天伦 101149 101876 104340 104727 105278 105914 106186 106446 107387、李先源 060、三峡考察队 2702 2874、植物所三峡考察队 0191 0237 0290、周洪富、粟和毅 109229 109728 110943、10364(PE-00527919)、李培元 4570 6115、陈彦生等 2860(WUK)

八角麻 Boehmeria tricuspis (Hance) Makino

海拔：882～1400 m

分布：城口县、奉节县、万源市、巫山县、巫溪县、镇巴县、平利县

引证标本：戴天伦 105781、贾潇洒等 3957、江广渝等 3211、三峡考察队 3301、李培元 5344、西大安康区采集工作队 0103、周洪富、粟和毅 108800(SZ) 109511 109986

微柱麻属 Chamabainia Wight

微柱麻 Chamabainia cuspidata Wight

海拔：750～1763 m

分布：城口县、开县、奉节县、巫山县

引证标本：巴山采集队 0996 2696

水麻属 Debregeasia Gaudich.

水麻 Debregeasia orientalis C. J. Chen

海拔：658～1350 m

分布：城口县、奉节县、巫山县、云阳县、广元市、通江县、镇巴县、西乡县

引证标本：巴山采集队 0230 0388 0505 1056 1402 2996 6179、植物所三峡考察队 0917 1397、T. N. Liou & P. C. Tsoong 3959、川经植 0290、戴天伦 100019 100105 100227 100439、郭本兆 2125、何业琪 1860、李培元 5301 6737、周洪富 26062、周洪富、粟和毅 107666 107632 108614 109299

楼梯草属 Elatostema J. R. & G. Forst.

短齿楼梯草 Elatostema brachyodontum (Hand.-Mazz.) W. T. Wang

海拔：578～1630 m

分布：城口县、奉节县、万源市、巫山县、镇巴县

引证标本：巴山采集队 0349 0692 1080 3339 3639、戴天伦 100958 101601 102766 103118 105330 107700、杨光辉 59926、周洪富、粟和毅 109292

骤尖楼梯草 Elatostema cuspidatum W. T. Wang

海拔：1000 m

分布：万源市

引证标本：李朝利等 0195

锐齿楼梯草 Elatostema cyrtandrifolium (Zoll. & Moritzi) Miq.

海拔：600～920 m

分布：奉节县、广元市、通江县、房县

引证标本：周洪富、粟和毅 110703 111477、何业琪 1888、刘克荣 0155、巴山采集队 6186

宜昌楼梯草 Elatostema ichangense H. Schroet.

海拔：272 m

分布：巫山县

引证标本：三峡考察队 3699

楼梯草 Elatostema involucratum Franch. & Sav.

海拔：640～2040 m

分布：城口县、开县、奉节县、南江县、万源市、旺苍县、巫山县、巫溪县、平利县、镇坪县、竹溪县

引证标本：巴山采集队 0123 0367 1957 2681 2693 4808 4861 5278 5400、戴天伦 100958 101907 102445 102592 103062 104871 105330 107103 107106、贾濂洒等 3881、三峡考察队 3586、张泽荣 25189、植物所三峡考察队 0209 0405、周洪富、粟和毅 110064、陈之端等 960524、陈耀东、马欣堂、傅连中 2104、西大队 070、杨光辉 59926、陈彦生等 1171(WUK)、郑重 955(HIB)

长圆楼梯草 Elatostema oblongifolium Fu ex W. T. Wang

海拔：700～1200 m

分布：奉节县、巫溪县

引证标本：倪炳炽 00063、周洪富 26170、周洪富、粟和毅 107663 108736

钝叶楼梯草 Elatostema obtusum Wedd.

海拔：1350～1940 m

分布：旺苍县、镇坪县、平利县

引证标本：巴山采集队 4962 5215、陈彦生等 838(WUK) 2782(WUK)

多脉楼梯草 Elatostema pseudoficoides W. T. Wang

海拔：1200 m

分布：巫山县

引证标本：周洪富、粟和毅 110111

对叶楼梯草 Elatostema sinense H. Schroet.

海拔：1250～1650 m

分布：城口县、奉节县

引证标本：戴天伦 101601、三峡考察队 2851 2898 2931 2978

庐山楼梯草 Elatostema stewardii Merr.

海拔：550～1800 m

分布：城口县、奉节县、万源市、南江县、通江县、巫溪县、镇巴县、岚皋县、平利县、竹溪县

引证标本：戴天伦 10471、巴山采集队 0353 0500 0696 1412 2201 4308 5932、戴天伦 102481 102594 102629 103063 103223 104032 104163 104185 104444 104719 105807 105987 106137 106685 107181、冯永华 2702、三峡考察队 2786、王金敖 0248、植物所三峡考察队 0184、李培元 5821、陈彦生等 2159(WUK)、黄仁煌 2968(HIB)

疣果楼梯草 Elatostema trichocarpum Hand.-Mazz.

海拔：800～2300 m

分布：城口县、奉节县

引证标本：巴山采集队 1004、戴天伦 106990、周洪富 26148、周洪富、粟和毅 110860 111445

蝎子草属 Girardinia Gaudich.

大蝎子草 Girardinia diversifolia (Link) Friis

海拔：2700 m

分布：城口县

引证标本：川经植 3955

蝎子草 Girardinia diversifolia subsp. **suborbiculata** (C. J. Chen) C. J. Chen & Friis

海拔：700 m

分布：城口县、平利县

引证标本：戴天伦 103304、陈彦生等 2155(WUK)

红火麻 Girardinia diversifolia (Link) Friis subsp. **triloba** (C. J. Chen) C. J. Chen & Friis

海拔：750 m

分布：奉节县

引证标本：周洪富、粟和毅 110892

糯米团属 Gonostegia Turcz.

糯米团 Gonostegia hirta (Blume) Miq.

海拔：494～1780 m

分布：城口县、开县、奉节县、万源市、旺苍县、通江县、巫山县、巫溪县、镇巴县、平利县、南郑县、竹溪县、房县

引证标本：巴山采集队 0235 0609 0973 2553 2777

3380 3511 5301 6016 6085 6188、戴天伦 101446 102039 102198 103710 101676 102834 103057 105818、三峡考察队 2814 3306、杨光辉 59573、张泽荣 25701、周洪富、粟和毅 108737 109227 109475 110001 110306 110490 110744 110834、102039(PE-00550799)、K. M. Liou 8742 8797、曹婉明 0231、李培元 5488 5825 6666、西大安康区采集工作队 0161、周洪富 26362 26670、黄仁煌 3008(HIB)

艾麻属 **Laportea** Gaudich.

珠芽艾麻 **Laportea bulbifera** (Siebold & Zucc.) Wedd.

海拔：625～2100 m

分布：城口县、开县、奉节县、巫山县、巫溪县、岚皋县、平利县、镇坪县

引证标本：巴山采集队 0051 0926 1406 2496 2699、戴天伦 101714 102940 103140 104088 104823 105931 106047 106049 106389 107112 109140 102247、李先源等 050114、三峡考察队 2915、上海肿瘤协作组 148、周洪富、粟和毅 109008、李胜成 010、平利队平 0504、陈彦生等 4088(WUK)

螫麻 **Laportea bulbifera** (Siebold & Zucc.) Wedd. subsp. **dielsii** (Pamp.) C. J. Chen

海拔：800～1450 m

分布：城口县、房县、奉节县

引证标本：戴天伦 102451 104470 106616 107096、刘克荣 276、周洪富、粟和毅 110985

艾麻 **Laportea cuspidata** (Wedd.) Friis

海拔：750～1950 m

分布：城口县、奉节县、巫山县、巫溪县、镇坪县、房县

引证标本：巴山采集队 0543 1008 1036、戴天伦 102651 104126 105403 106206 106352 102441 102446 102622 102647、三峡考察队 2755、上海肿瘤协作组 50 58、张泽荣 25446、植物所三峡考察队 0213、周洪富 26155、陈耀东、马欣堂、傅连中 2226、周洪富、粟和毅 109008 109901 108513 110198、陈彦生等 2845(WUK)、刘克荣 250(HIB)

假楼梯草属 **Lecanthus** Wedd.

假楼梯草 **Lecanthus peduncularis** (Wall. ex Royle) Wedd.

海拔：625～1500 m

分布：城口县、奉节县、岚皋县

引证标本：戴天伦 103162、三峡考察队 2914 3027、40302(PE-00564326)

花点草属 **Nanocnide** Blume

花点草 **Nanocnide japonica** Blume

海拔：1345 m

分布：镇坪县

引证标本：陈彦生等 373(WUK)

毛花点草 **Nanocnide lobata** Wedd.

海拔：125 m

分布：巫山县

引证标本：T. P. Wang 10373

紫麻属 **Oreocnide** Miq.

紫麻 **Oreocnide frutescens** (Thunb.) Miq.

海拔：520～1700 m

分布：城口县、奉节县、万源市、巫山县、平利县、西乡县

引证标本：T. N. Liou 11311、巴山采集队 0242 3566、戴天伦 100425 107277、方明渊 24723 24793、三峡考察队 3251、张泽荣 25541、植物所三峡考察队 1417、周洪富 26652、周洪富、粟和毅 107583 107672 108893 108895 109304 109713 110519 110773 111475、K. M. Liou 8436、T. N. Liou 等 3981 4062、郭本兆 2097、李培元 5356、乔英林 01108

墙草属 **Parietaria** Ledeb.

墙草 **Parietaria micrantha** Ledeb.

海拔：2000 m

分布：城口县

引证标本：戴天伦 106627

赤车属 **Pellionia** Gaudich.

赤车 **Pellionia radicans** (Siebold & Zucc.) Wedd.

海拔：920 m

分布：奉节县、巫溪县

引证标本：植物所三峡考察队 1366、周洪富、粟和毅 110746

冷水花属 **Pilea** Lindl.

圆瓣冷水花 **Pilea angulata** (Blume) Blume

海拔：1080～2175 m

分布：城口县、奉节县

引证标本：巴山采集队 0481 1735、三峡考察队 2895

华中冷水花 **Pilea angulata** (Bl.) Bl. subsp. **latiuscula** C. J. Chen

海拔：1280 m

分布：奉节县

引证标本：张泽荣 25188

石油菜 **Pilea cavaleriei** H. Lév.

海拔：1250 m

分布：奉节县

引证标本：三峡考察队 3043、周洪富、粟和毅 110981

山冷水花 **Pilea japonica** (Maxim.) Hand.-Mazz.

海拔：500～1980 m

分布：城口县、万源市、巫溪县、平利县

引证标本：戴天伦 102756 103107 104667 103059 103388 105311 106618 110620、江广渝 4087、植物所三峡考察队 0306、陈彦生等 3813(WUK)

大叶冷水花 **Pilea martini** (Lév.) Hand.-Mazz.

海拔：1400～1800 m

分布：城口县、巫溪县

引证标本：陈耀东、傅连中、马欣堂 2229、戴天伦 107104 106136 103222

念珠冷水花 **Pilea monilifera** Hand.-Mazz.

海拔：1250～1538 m

分布：奉节县

引证标本：三峡考察队 2980 3165

冷水花 **Pilea notata** C. H. Wright

海拔：272～1250 m

分布：城口县、奉节县、广元市、万源市、巫山县、巫溪县、房县、西乡县、平利县

引证标本：巴山采集队 0392 0925 3005 3649、戴天伦 101424 103023、三峡考察队 2993 3003 3705 3709、魏志平 3579、杨光辉 65163、周洪富、粟和毅 109742 109744 110486 111472 111483 111546 111623、于等 3389、K. M. Liou 9275、T. N. Liou 等 3998、周洪富、粟和毅 110486 111472 111483 111623、陈彦生等 3818(WUK)

石筋草 **Pilea plataniflora** C. H. Wright

海拔：280～910 m

分布：奉节县、旺苍县、通江县、巫山县、竹山县

引证标本：巴山采集队 5165 5246 6187、钱士心 08004、三峡考察队 3529、张泽荣 25944、周洪富、粟和毅 108916

透茎冷水花 **Pilea pumila** (L.) A. Gray

海拔：550～1950 m

分布：城口县、奉节县、广元市、万源市、旺苍县、巫山县、巫溪县、平利县、竹溪县

引证标本：巴山采集队 3769 4845、戴天伦 103109 103861 106679 107318 104493 106771 104992、三峡考察队 3343 3401、魏志平 3564、杨光辉 59693、植物所三峡考察队 0178、周洪富、粟和毅 110134 110482 110833 110978、陈耀东、马欣堂、傅连中 2255 2579、陈彦生等 2192(WUK)、竹溪 91-296(HIB)

序托冷水花 **Pilea receptacularis** C. J. Chen

海拔：1300～1650 m

分布：城口县

引证标本：戴天伦 102229 101156

粗齿冷水花 **Pilea sinofasciata** C. J. Chen

海拔：710～2040 m

分布：城口县、奉节县、南江县、旺苍县、巫山县、巫溪县、平利县

引证标本：方明渊 24552、植物所三峡考察队 0055 0142 0192 0245 0292 0408、巴山采集队 0942 4879 5024 5342 5424 5425、戴天伦 100746 100802 101912 104728 106139、周洪富、粟和毅 110131、陈彦生等 2249(WUK)

疣果冷水花（原变种）Pilea verrucosa Hand.-Mazz. var. **verrucosa**

海拔：1300 m

分布：通江县

引证标本：王金敖 0215(CDBI)

荨麻属 Urtica L.

荨麻 Urtica fissa E. Pritz.

海拔：710～1250 m

分布：奉节县、广元市、镇坪县、平利县

引证标本：周洪富、粟和毅 110678 110901、何业琪 1602、徐养鹏 2051、陈彦生等 3851(WUK)

宽叶荨麻 Urtica laetevirens Maxim.

海拔：1085～1800 m

分布：城口县、巫溪县、镇坪县、平利县

引证标本：巴山采集队 0538、戴天伦 100932 100937、陈耀东、傅连中、马欣堂 2246、陈彦生等 1017(WUK) 2860(WUK)

8.铁青树科 Olacaceae

青皮木属 Schoepfia Schreb.

华南青皮木 Schoepfia chinensis Gardner & Champ.

海拔：1100 m

分布：城口县、南江县

引证标本：巴山采集队 0400、王洪业 2715

青皮木 Schoepfia jasminodora Siebold & Zucc.

海拔：700～1420 m

分布：城口县、奉节县、广元市、南江县、巫溪县、竹溪县

引证标本：杜英 2715、何兴金等 11146 20308 26368、倪炳炽 00235、K. M. Liou 8852、郝景盛 307、余志忠 207、周洪富 26368、周洪富、粟和毅 107752 108259

9.檀香科 Santalaceae

米面蓊属 Buckleya Torr.

米面蓊 Buckleya henryi Diels

海拔：890 m

分布：镇巴县、房县

引证标本：巴山木本小组巴 054、K. M. Liou 9171

檀梨属 Pyrularia Michx.

檀梨 Pyrularia edulis (Wall.) A. DC.

海拔：600 m

分布：城口县

引证标本：22(条形码号：00075164)(SZ)

百蕊草属 Thesium L.

百蕊草 Thesium chinense Turcz.

海拔：500～1300 m

分布：巫山县、广元市、平利县

引证标本：植物所三峡考察队 1251、M. Liou 8452、郝景盛 260、T. P. Wang 10523

10.桑寄生科 Loranthaceae

桑寄生属 Loranthus Jacq.

周树桑寄生 Loranthus delavayi Tiegh.

海拔：1100～1200 m

分布：奉节县

引证标本：张泽荣 25996(SZ)、周洪富 26532(SZ)、周洪富、粟和毅 109286(SZ) 11140(SZ)

钝果寄生属 Taxillus Van Tiegh.

显脉钝果寄生 Taxillus caloreas (Diels) Danser var. **fargesii** (Lecomte) H. S. Kiu

海拔：980 m

分布：城口县

引证标本：戴天伦 103660

毛叶钝果寄生 Taxillus nigrans (Hance) Danser

海拔：900～1500 m

分布：城口县、奉节县

引证标本：戴天伦 102849 105247(SZ)、李馨 110683(SZ)、周洪富、粟和毅 109284 (SZ)

桑寄生 Taxillus sutchuenensis (Lecomte) Danser

海拔：1000～1600 m

分布：城口县、奉节县、南江县、巫山县

引证标本：巴山采集队 0399 0800、戴天伦 104003 101597(SZ) 101931(SZ) 101936(SZ) 102339(SZ) 102662(SZ) 105359(SZ) 105361(SZ) 105365(SZ) 105467 105490 105681 105926 105949 107116 107517、三峡考察队 3544、史等 99009、万绍滨 2646(SZ)、张泽荣 25486(SZ)、周洪富、粟和毅 109187 (SZ)109400(SZ) 110032 111134(SZ)

灰毛桑寄生 Taxillus sutchuenensis (Lecomte) Danser var. **duclouxii** (Lecomte) H. S. Kiu

海拔：1200～1645 m

分布：城口县、奉节县、巫山县

引证标本：戴天伦 101938(SZ)、周洪富 26247(SZ)、周洪富、粟和毅 110361(SZ)

滇藏钝果寄生 Taxillus thibetensis (Lecomte) Danser

海拔：1600 m

分布：南江县

引证标本：万绍滨 2646(SZ)

11.槲寄生科 Viscaceae

槲寄生属 **Viscum** L.

枫寄生 Viscum liquidambaricolum Hayata

海拔：550～2000 m

分布：奉节县、巫溪县

引证标本：K. L. Chu 1908、周洪富、粟和毅 109162

12.蛇菰科 Balanophoraceae

蛇菰属 **Balanophora** Forst. & Forst. f.

葛菌 Balanophora harlandii Hook. f.

海拔：1700 m

分布：旺苍县、平利县

引证标本：巴山采集队 5001、陈彦生等 3935(WUK)

疏花蛇菰 Balanophora laxiflora Hemsl.

海拔：1810 m

分布：巫溪县

引证标本：植物所三峡考察队 0067 0176、陈耀东、傅连中、马欣堂 2356

13.藜科 Chenopodiaceae

千针苋属 **Acroglochin** Schrad.

千针苋 Acroglochin persicarioides (Poir.) Moq.

海拔：1200～2100 m

分布：城口县

引证标本：巴山采集队 0563、戴天伦 102200 102301 102885 104140 104744 107456 106828 107301、赵清盛 107456(SZ)

藜属 **Chenopodium** L.

藜 Chenopodium album L.

海拔：340～1850 m

分布：城口县、奉节县、巫山县、巫溪县、房县、南郑县

引证标本：戴天伦 102542 103434 103482 107317 103723 106152 106833 107454、杨光辉 59396、植物所三峡考察队 0016、周洪富、粟和毅 110237(SZ) 110337 110389(SZ) 110576(SZ) 110909 111344、T. P. Wang 10748、刘克荣 380、巴山采集队 5998

杖藜 Chenopodium giganteum D. Don

海拔：685～1600 m

分布：城口县、奉节县

引证标本：戴天伦 102910 103119 103438 106650

107372、周洪富、粟和毅 110681 111121 111330(SZ)、李振宇 11310

细穗藜 Chenopodium gracilispicum H. W. Kung

海拔：850 m

分布：城口县

引证标本：李培元 5992

杂配藜 Chenopodium hybridum L.

海拔：2200 m

分布：南江县

引证标本：巴山采集队 5662

地肤属 **Kochia** Roth

地肤 Kochia scoparia (L.) Schrad.

海拔：1250 m

分布：镇巴县

引证标本：杨金祥 1769

14.蓼科 Polygonaceae

金线草属 **Antenoron** Raf.

金线草 Antenoron filiforme (Thunb.) Roberty & Vautier var. **filiforme**

海拔：710～1763 m

分布：奉节县、万源市、巫山县、巫溪县、平利县、竹溪县、房县

引证标本：K. L. Chu 2156、李培元 5119、杨光辉 59551、陈彦生等 3844(WUK)、黄仁煌 3049(HIB)

短毛金线草 Antenoron filiforme (Thunb.) Roberty & Vautier var. **neofiliforme** (Nakai) A. J. Li

海拔：155～1763 m

分布：城口县、开县、奉节县、巫溪县、万源市、南江县、平利县、房县、竹溪县

引证标本：巴山采集队 0201 0484 0549 0775 1097 2688 2787 2888、戴天伦 101886 102447 102626 102792 103200 104043 104151 104779 105809、周洪富、粟和毅 108880、左宝玉 2804(SZ)、刘克荣 0296、杨光辉 65160、周洪富 110891、三峡考察队 2790 3579、植物所三峡考察队 0270、陈彦生等 4233(WUK)、竹溪 91-20(HIB)

荞麦属 **Fagopyrum** Mill

金荞 Fagopyrum dibotrys (D. Don) Hara

海拔：530～2300 m

分布：城口县、奉节县、平利县

引证标本：戴天伦 103058 103054 103303 103416 103581 106286 106996、周洪富、粟和毅 110675、陈彦生等 4076(WUK)

荞麦 Fagopyrum esculentum Moench

海拔：600～2150 m

分布：城口县、奉节县、万源市、平利县、房县

引证标本：戴天伦 106655、方明渊 24215、周洪富 26237(SZ)、K. M. Liou 8406 9037、李培元 5545 5880 6209、周洪富、粟和毅 111088

细柄野荞麦 Fagopyrum gracilipes (Hemsl.) Dammer ex Diels

海拔：534～2600 m

分布：城口县、奉节县、通江县、万源市、巫山县、镇巴县

引证标本：巴山采集队 0151 0404 0806 1346 3541 4257 6287、戴天伦 101411 101522 102148 103708 104429 105386 106844 107458 107708(SZ)、贾潇洒等 3964 3993、三峡考察队 3349、1266(PE-00167307)、李培元 5290 5670 5888 6627、四川植被调查队 3572、周洪富、粟和毅 10192 108719 109743 110302 110904 111172 111346 111520

疏穗小野荞麦 Fagopyrum leptopodum (Diels) Hedberg var. **grossii** (H. Lév.) Lauener & D. K. Ferguson

海拔：1500 m

分布：南江县

引证标本：81199(条形码号：00077165)(SZ)

长柄野荞麦 Fagopyrum statice (H. Lév.) H. Gross

海拔：1000～1280 m

分布：奉节县、巫山县

引证标本：周洪富、粟和毅 10942(SZ)

苦荞麦 Fagopyrum tataricum (L.) Gaertn.

海拔：700～2380 m

分布：城口县、奉节县、万源市、巫山县、巫溪县

引证标本：戴天伦 106344 106945、经济植物调查队 2418(SZ)、杨光辉 65387(SZ)、周洪富 26727、李培元 5254、周洪富、粟和毅 109978

首乌属 Fallopia Adanson

木藤首乌 Fallopia aubertii (L. Henry) Holub

海拔：780～1400 m

分布：镇坪县、平利县

引证标本：陈彦生等 2061(WUK) 4092(WUK)

齿翅首乌 Fallopia dentatoalata (F. Schmidt) Holub

海拔：1400 m

分布：城口县

引证标本：戴天伦 102467 103784

何首乌 Fallopia multiflora (Thunb.) Haraldson var. **multiflora**

海拔：1200～2000 m

分布：城口县、房县、奉节县、广元市、开县、平利县、万源市、巫山县、巫溪县、西乡县、竹溪县

引证标本：103534(PE-00512781)、K. M. Liou 9031 9266 9287、T. N. Liou 11780、T. N. Liou & P. C. Tsoong 3954、巴山采集队 0267 1500 2735 3523、李培元 4385 4988 5037 5445、杨光辉 59493 59821 59977 65083 65214 65467 65642、周洪富、粟和毅 108561 109237 109316 109692 109965 110203 110301 110404 110510 110839 111025 111161 111286 111557

毛脉首乌 Fallopia multiflora var. **ciliinervis** (Nakai) Yonekura & H. Ohashi

海拔：1400 m

分布：城口县

引证标本：戴天伦 105351

蓼属 Polygonum L.

包茎拳参 Polygonum amplexicaule D. Don var. **amplexicaule**

海拔：1350～2040 m

分布：城口县、开县、南江县、巫溪县、镇巴县

引证标本：巴山采集队 0127 0988 2138 4271、谭红钢 81229(SZ)、植物所三峡考察队 0406 0439、左宝玉 2851(SZ)

萹蓄 Polygonum aviculare L. var. **aviculare**

海拔：300～2800 m

分布：城口县、奉节县、万源市、巫山县、巫溪县、镇坪县、房县、竹溪县

引证标本：巴山采集队 0884 2977、戴天伦 102674 103355 103656 104877、三峡考察队 3096 3634、赵会礼 00006 00008、赵会等 00003、植物所三峡考察队 0033、周洪富 26357 26752、K. L. Chu 2092、K. M. Liou 8490、陈耀东、马欣堂、傅连中 2231、李培元 4247 5452 5655 5815 5859 6021 6054 6211、刘克荣 426、乔英林 1248、四川植物标本 1471(SZ)、杨光辉 59294 59398、周洪富、粟和毅 109482 109607 110723 110930 111083 111184

中华抱茎拳参 Polygonum amplexicaule var. **sinense** Forbes & Hemsl. ex Steward

海拔：1000～1500 m

分布：城口县、巫山县、巫溪县、竹溪县

引证标本：陈耀东、马欣堂、傅连中 2545、戴天伦 101706 101974 102146 103882 104085 104668 106364、杨光辉 58959 59410、黄仁煌 2973(HIB) 3075(HIB)

毛蓼 Polygonum barbatum L.

分布：奉节县

引证标本：叶德闲 1535(SZ)

火炭母 Polygonum chinense L.

海拔：1000 m

分布：奉节县

引证标本：戴天伦 102821、周洪富、粟和毅 109230

大箭叶蓼 Polygonum darrisii H. Lév.

海拔：1100～1570 m

分布：奉节县、巫山县

引证标本：三峡考察队 3582、周洪富、粟和毅 109822 11082

稀花蓼 Polygonum dissitiflorum Hemsl.

海拔：520～1800 m

分布：南江县、竹溪县、巫溪县、平利县

引证标本：刘继孟 8866、谭红钢 81338(SZ)、陈耀东、傅连中、马欣堂 2242、李培元 5051 5122、陈彦生等 2143(WUK)

细茎蓼 Polygonum filicaule Wall. ex Meisn.

海拔：1900～1980 m

分布：万源市

引证标本：巴山采集队 3766、江广渝 4080

洼点蓼 Polygonum glaciale (Meisn.) Hook. f. var. **przewalskii** (Skvorts. & Borod.) A. J. Li

海拔：1250～1730 m

分布：奉节县

引证标本：周洪富、粟和毅 110903 111211

辣蓼 Polygonum hydropiper L.

海拔：545～2000 m

分布：城口县、奉节县、广元市、通江县、巫山县、巫溪县、房县、西乡县

引证标本：戴天伦 102142 103478 103674 103677、三峡考察队 3614、王金敖 0197、魏志平 04141、周洪富、粟和毅 109582(SZ) 1100680(SZ) 110939、陈耀东、傅连中、马欣堂 2146 2297 2431、H. W. Kung K. 3441、K. L. Chu 1992、刘克荣 394、刘玉红 88、杨光辉 59311 65639

蚕茧草 Polygonum japonicum Meisn.

海拔：800～2700 m

分布：城口县、奉节县、巫山县、巫溪县、宁强县、万源市、西乡县

引证标本：H. W. Kung 3415、T. P. Wang 8636、乔英林 256、周洪富、粟和毅 110950、三峡考察队 3255、K. L. Chu 2011 2139、戴天伦 102609、杨光辉 59310 65267、周洪富、粟和毅 109763 110027 110214 110244 110250 110950 111059

柔茎蓼 Polygonum kawagoeanum Makino

海拔：1243 m

分布：镇巴县

引证标本：巴山采集队 3480

马蓼 Polygonum lapathifolium L. var. **lapathifolium**

海拔：400～1820 m

分布：城口县、奉节县、巫山县、西乡县、宁强县、镇巴县、平利县

引证标本：巴山采集队 4297、戴天伦 102002 103284 103406 103564 104582、周洪富、粟和毅 110591、103564(PE-00425124)、H. W. Kung 3425、T. N. Liou & C. Wang 43、杨光辉 65133、杨金祥 1597(WUK)、陈彦生等 3765(WUK)

绵毛马蓼 Polygonum lapathifolium var. **salicifolium** Sibthorp

海拔：700 m

分布：通江县

引证标本：巴山采集队 6203

长鬃蓼 Polygonum longisetum Bruijn var. **longisetum**

海拔：610～2100 m

分布：城口县、房县、奉节县、巫山县、南郑县

引证标本：三峡考察队 3054 3187 3609、107321(PE-00556317)、65557(PE-00556351)、K. M. Liou 9261、戴天伦 103111 103554 103885 104684 106940 107294 107321、杨光辉 59878 65588、周洪富、粟和毅 109494 110004 110494 110540 110937 111276、巴山采集队 6091、周洪富 26723

圆基长鬃蓼 Polygonum longisetum De Br. var. **rotundatum** A. J. Li

海拔：340 m

分布：房县

引证标本：刘克荣 390

圆穗拳参 Polygonum macrophyllum D. Don

海拔：1150～2200 m

分布：城口县、奉节县、南江县、巫溪县

引证标本：巴山采集队 0938、陈炳麟 2560(SZ)、周洪富、粟和毅 11121(SZ)、杨光辉 65382

小头蓼 Polygonum microcephalum D. Don var. **microcephalum**

海拔：740～2000 m

分布：开县、万源市、旺苍县、巫山县

引证标本：巴山采集队 2411 3068 4906、植物所三峡考察队 1316 1522、T. P. Wang 10697、戴天伦 100831 101929

腺梗小头蓼 Polygonum microcephalum D. Don var. **sphaerocephalum** (Wall. ex Meisn.) H. Hara

海拔：740～2040 m

分布：城口县、万源市、巫山县

引证标本：巴山采集队 0625 1012 1720 3068 4906、植物所三峡考察队 1522

小蓼花 Polygonum muricatum Meisn.

海拔：950 m

分布：奉节县

引证标本：周洪富、粟和毅 110720

尼泊尔蓼 Polygonum nepalense Meisn.

海拔：1330～2383 m

分布：城口县、开县、奉节县、广元市、万源市、旺苍县、通江县、巫山县、巫溪县、云阳县、宁强县、镇巴县、平利县

引证标本：巴山采集队 0552 1638 2181 2407 3382 3488 5281 5874、戴天伦 101518 102201 102640 102644 103326 103492 103713 103872 104670 107021 107209 107344 107453 111269(SZ) 111348 111576、方明渊 23932、江广渝 4010 4133 4192、贾潇洒等 3890、三峡考察队 2837 3299 3643、佚名 24175、张泽荣 25684(SZ) 25685、植物所三峡考察队 0546 0984、周洪富 26611 26860、周洪富、粟和毅 108629 108974 109148 110053 110300(SZ) 110496(SZ) 110538 110763 111222 111348 111576 111580 109344 110309 111269、陈耀东、傅连中、马欣堂 2139 2412、58(PE-00496779)、T. N. Liou 11958、何业琪 2018、贾潇洒等 3890、李培元 4998 6480、杨光辉 58912 59324

红蓼 Polygonum orientale L.

海拔：800～1900 m

分布：城口县、奉节县、通江县、巫山县、巫溪县、房县

引证标本：戴天伦 102508 102889 103740 106720、三峡考察队 3594、叶德闲 1531(SZ)、周洪富、粟和毅 109794 110588 110460 110974、K. L. Chu 2154、杨光辉 59536 65219、巴山采集队 0549、K. M. Liou 9007

草血竭 Polygonum paleaceum Wall. ex Hook. f.

海拔：900～2400 m

分布：城口县、奉节县、岚皋县、万源市、巫溪县

引证标本：江广渝 4107、贾潇洒等 3936、陈之端等 2402、K. L. Chu 2067、巴山采集队 0938 1413 1596 1675 1832、陈耀东、马欣堂、傅连中 2402、刘玉红 89074、杨光辉 59438 59489、周洪富、粟和毅 111221

杠板归 Polygonum perfoliatum L.

海拔：150～1800 m

分布：城口县、奉节县、广元市、南江县、通江县、万源市、巫山县、镇坪县、平利县、房县、竹溪县

引证标本：巴山采集队 0752 3162、戴天伦 101654 102196 102543、三峡考察队 2967 3476、植被组 0150 0199、周洪富、粟和毅 109825(SZ) 109971 110880 110929 111082(SZ) 111243、K. L. Chu 2235、何业琪 2085、李培元 5065、刘克荣 423、F. T. Wang 22598、陈彦生等 2905(WUK) 3774(WUK)

蓼 Polygonum persicaria L.

海拔：915～2000 m

分布：城口县、奉节县、巫山县、万源市、镇巴县、平利县、竹溪县

引证标本：陈耀东、马欣堂、傅连中 2088 2590、108582(PE-00475999)、K. L. Chu 1988、巴山采集队 0161 0752 3418 3479 3701、戴天伦 101672 101957 102549 106023 104497、李培元 5002 5073 5337 5895、刘玉红 111、杨光辉 59308、袁开来 1-0032、周洪富 26977、周洪富、粟和毅 109005 109536 111220 111229

松林神血宁 Polygonum pinetorum Hemsl.

海拔：1500～2203 m

分布：城口县、岚皋县、平利县

引证标本：巴山采集队 1527 2035、200(PE-00496043)、228(PE-00496044)

铁马鞭 Polygonum plebeium R. Br. Prodr.

海拔：125～700 m

分布：广元市、巫山县

引证标本：T. P. Wang 10278 9332

多穗神血宁 Polygonum polystachyum Wall. ex Meisn.

海拔：1730～1800 m

分布：奉节县

引证标本：周洪富、粟和毅 108338 111220

丛枝蓼 Polygonum posumbu Buch.-Ham. ex D. Don

海拔：450～1850 m

分布：城口县、奉节县、万源市、通江县、巫山县、巫溪县、镇巴县、房县

引证标本：巴山采集队 0072 0403 3136 3358 3376 3659 5955、戴天伦 102514 102763 103920 104409 107273、三峡考察队 2872 3310 3411、植物所三峡考察队 0013、K. L. Chu 1984、李培元 5826、刘克荣 257、杨光辉 59409 65290、周洪富、粟和毅 110764 111273 111548

羽叶蓼 Polygonum runcinatum Buch.-Ham. ex D. Don var. **runcinatum**

海拔：800～2238 m

分布：城口县、开县、奉节县、广元市、通江县、万源市、巫山县、巫溪县

引证标本：巴山采集队 2196 2889 3775、胡文光 26(SZ)、李本良 2174(SZ)、李国凤 61556(SZ) 62101(SZ)、植物所三峡考察队 0391 1120 1288、周洪富 26035(SZ) 26154(SZ)、周洪富、粟和毅 26237(SZ) 109105(SZ)、陈耀东、傅连中、马欣堂 2061

赤胫散 Polygonum runcinatum Buch.-Ham. ex D. Don var. **sinense** Hemsl.

海拔：1550～2200 m

分布：城口县、奉节县、平利县、巫山县、巫溪县、镇巴县

引证标本：戴天伦 100404 100752 100861 101140 101265 101420 105426 105753 106015 106640 106854 107001、108251(PE-00475060)、巴山采集队 0464 0780 0850 1720 1924、方明渊 24119 24175、李强 1-0066、杨光辉 58922、杨金祥 1766、张泽荣 25009、植物所三峡考察队 1120、周洪富 26035、周洪富、粟和毅 108043 108063 108303 109020

箭叶蓼 Polygonum sieboldii Meisn.

海拔：1300～1830 m

分布：城口县、奉节县、巫山县

引证标本：戴天伦 102199、周洪富、粟和毅 111235 110942、陈耀东、马欣堂、傅连中 2486

翅柄拳参 Polygonum sinomontanum Sam.

海拔：3600 m

分布：城口县

引证标本：四川植物标本 1277

支柱拳参 Polygonum suffultum Maxim.

海拔：1345～2176 m

分布：城口县、奉节县、旺苍县、巫山县、云阳县、平利县、镇坪县

引证标本：巴山采集队 5039、戴天伦 100686、植物所三峡考察队 1102 1211 1436、周洪富、粟和毅 108436、陈之端等 960923、100686、李宝珍 30123、陈彦生等 344(WUK)

戟叶蓼 Polygonum thunbergii Siebold & Zucc.

海拔：800～2298 m

分布：奉节县、万源市、巫溪县、房县

引证标本：巴山采集队 3777、江广渝 4075、三峡考察队 2877、周洪富、粟和毅 109900、陈耀东、傅连中、马欣堂 2155、陈耀东、马欣堂、傅连中 2522、115(PE-00425913)、刘克荣 0447、杨光辉 59304

粘蓼 Polygonum viscoferum Mak.

海拔：1810 m

分布：巫溪县

引证标本：111(PE-00442133)、戴天伦 102545、周洪

富、粟和毅 109584

香蓼 Polygonum viscosum Buch.-Ham. ex D. Don, Prodr.

海拔：1100 m

分布：城口县

引证标本：李振宇 11311

珠芽蓼 Polygonum viviparum L. var. **viviparum**

海拔：1500～2312 m

分布：城口县、开县、奉节县、万源市、巫溪县、平利县

引证标本：巴山采集队 1992 2149 2165、戴天伦 100394 100693 100804 105199 105421 106265、贾潇洒等 3871、张泽荣 25322、周洪富、粟和毅 108410 111185、陈耀东 89020、陈彦生等 3107(WUK)

红药子属 Pteroxygonum Damm. & Diels

红药子 Pteroxygonum giraldii Dammer & Diels

海拔：995 m

分布：镇巴县

引证标本：江广渝 4187

虎杖属 Reynoutria Houtt.

虎杖 Reynoutria japonica Houtt.

海拔：645～1900 m

分布：城口县、奉节县、巫山县、巫溪县、房县

引证标本：戴天伦 102063 102215 102609 102803 103366 104271 104542 104615 104905、三峡考察队 3353 EX3139、杨光辉 59310 65267、周洪富、粟和毅 109763 110027 110214 110244、邢吉庆 16857(HIB)

大黄属 Rheum L.

药用大黄 Rheum officinale Baill.

海拔：1400～2700 m

分布：城口县、奉节县、巫山县、巫溪县、南江县、万源市、云阳县

引证标本：方明渊 24221、万绍滨 2605(SZ)、万源野生植物调查队 0696(SZ)、周洪富、粟和毅 108271、戴天伦 105200 106997、方明渊 24221、杨光辉 58826 59050

掌叶大黄 Rheum palmatum L.

分布：城口县

引证标本：何铸 105209(SZ)

波叶大黄 Rheum rhabarbarum L.

海拔：1500 m

分布：宁强县

引证标本：宁强小组 0074

酸模属 Rumex L.

酸模 Rumex acetosa L.

海拔：1320～2350 m

分布：城口县、开县、岚皋县、万源市、通江县、巫溪县

引证标本：巴山采集队 1269 1668 1851 1992 2149 2002 6012、戴天伦 101730 101082 101087、江广渝 4049 4130、李先源 37231(SZ)

皱叶酸模 Rumex crispus L.

海拔：1830 m

分布：巫溪县

引证标本：陈耀东、傅连中、马欣堂 2491

齿果酸模 Rumex dentatus L.

海拔：570～695 m

分布：城口县、万源市、平利县

引证标本：巴山采集队 3041、戴天伦 105038(SZ)、乔英林 01195

长叶酸模 Rumex longifolius DC.

海拔：1890～2050 m

分布：万源市

引证标本：巴山采集队 3779 3854

尼泊尔酸模 Rumex nepalensis Spreng.

海拔：600～2300 m

分布：城口县、奉节县、万源市、巫山县、云阳县、平利县

引证标本：巴山采集队 0071 0467、戴天伦 100896 105274 106974(SZ)、江广渝 4122、贾潇洒等 3927、张泽荣 25242、植物所三峡考察队 1019 1258 1391 1488、周洪富 26152(SZ)、108441(PE-00408520)、T. P. Wang 10717、四川大学川东植物调查队 108305 109126、陈彦生等 803(WUK)

钝叶酸模 Rumex obtusifolius L.

海拔：1450 m

分布：平利县

引证标本：陈彦生等 3032(WUK)

15.商陆科 Phytolaccaceae

商陆属 Phytolacca L.

商陆 Phytolacca acinosa Roxb.

海拔：610～2680 m

分布：城口县、奉节县、南江县、通江县、万源市、巫山县、巫溪县、房县、平利县、南郑县

引证标本：巴山采集队 0281 0510 1006 5838 6136、戴天伦 101103 101192 105090 105252 105859、邓德之 1555、方明渊 24076 24537 24585、何兴金等 161592(SZ)、李培元 2319(SZ) 6547、李先源 088 37204(SZ)、王于兴 2410、四川大学生物系 105513、张泽荣 25850、植物所三峡考察队 1332、周洪富 26064 26139 26744、周洪富、粟和毅 107842 108070 108073 109109、左宝玉 2776、陈之端等 960724、K. L. Chu 1993、K. M. Liou 8445 8979 9168、杨光辉 59681

垂序商陆 Phytolacca americana L.

海拔：554～1300 m

分布：开县、南江县、通江县

引证标本：巴山采集队 2375 6189 6237、何兴金、赵清盛 166609 166689(SZ)

16.紫茉莉科 Nyctaginaceae

紫茉莉属 Mirabilis L.

紫茉莉 Mirabilis jalapa L.

海拔：615～950 m

分布：城口县、奉节县、巫山县

引证标本：戴天伦 102261 103006、张泽荣 25749、周洪富 26811、周洪富、粟和毅 108826 109826(SZ)、李培元 5322、四川大学生物系 103765

17.粟米草科 Molluginaceae

粟米草属 Mollugo L.

粟米草 Mollugo stricta L.

海拔：520～800 m

分布：奉节县

引证标本：周洪富、粟和毅 108941 110843

18.马齿苋科 Portulacaceae

马齿苋属 Portulaca L.

大花马齿苋 Portulaca grandiflora Hook.

海拔：645 m

分布：城口县

引证标本：戴天伦 103352

马齿苋 Portulaca oleracea L.

海拔：610～953 m

分布：城口县、南郑县

引证标本：李培元 6517、巴山采集队 5978

土人参属 Talinum Adans.

土人参 Talinum paniculatum (Jacq.) Gaertn.

海拔：700～800 m

分布：奉节县

引证标本：方明渊 23989、张泽荣 25747

19.石竹科 Caryophyllaceae

无心菜属 Arenaria L.

四齿无心菜 Arenaria quadridentata (Maxim.) Williams

海拔：2700 m

分布：巫溪县

引证标本：杨光辉 58816

无心菜 Arenaria serpyllifolia L.

海拔：610～1940 m

分布：通江县、城口县、奉节县、巫山县、云阳县、南郑县、平利县

引证标本：巴山采集队 5875 6097、戴天伦 100135、周洪富、粟和毅 108032(SZ)、植物所三峡考察队 1014 1373 1457、张泽荣 25015 25234、陈彦生等 815(WUK)

卷耳属 Cerastium L.

喜泉卷耳 Cerastium fontanum Baumg. subsp. **fontanum**

海拔：960 m

分布：云阳县

引证标本：植物所三峡考察队 0931

簇生泉卷耳 Cerastium fontanum subsp. **vulgare** (Hartman) Greuter & Burdet

海拔：1400～1700 m

分布：城口县、奉节县

引证标本：戴天伦 100169 100170、方明渊 24061

缘毛卷耳 Cerastium furcatum Cham. & Schltdl.

海拔：1800 m

分布：巫山县

引证标本：杨光辉 57988

球序卷耳 Cerastium glomeratum Thuill.

海拔：1200～1705 m

分布：云阳县、竹溪县

引证标本：植物所三峡考察队 1089、甘启良 1259

卵叶卷耳 Cerastium wilsonii Takeda

海拔：1100～2176 m

分布：城口县、奉节县、巫山县、竹溪县

引证标本：植物所三峡考察队 1181 1182 1432 1473、周洪富、粟和毅 108407、戴天伦 100522 105131 105420、甘启良 1250

石竹属 Dianthus L.

头石竹 Dianthus barbatus Nakai var. **asiaticus** Nakai

海拔：1050 m

分布：奉节县

引证标本：周洪富 26125 26127

瞿麦 Dianthus superbus L.

海拔：750～2200 m

分布：城口县、巫溪县、竹山县

引证标本：巴山采集队 1653、旬阳分队 0922(SZ)、陈耀东、马欣堂、傅连中 2346、杨光辉 59475

剪秋罗属 Lychnis L.

剪红纱花 Lychnis senno Siebold & Zucc.

海拔：500～1200 m

分布：竹山县、房县

引证标本：王映明 3059(HIB)、黄仁煌 3042(HIB)

种阜草属 Moehringia L.

三脉种阜草 Moehringia trinervia (L.) Clairv.

海拔：1600～2200 m

分布：奉节县、巫山县

引证标本：周洪富、粟和毅 108224、四川大学川东植物调查队 108224、杨光辉 58084

鹅肠菜属 Myosoton Moench

鹅肠菜 Myosoton aquaticum (L.) Moench

海拔：615～1900 m

分布：城口县、奉节县、广元市、旺苍县、巫山县、巫溪县、云阳县、镇坪县、平利县

引证标本：巴山采集队 4843、戴天伦 100321 100489 102817 103687 103859 106505、植物所三峡考察队 0555 1220 1243 1266、周洪富 26206(SZ)、李培元 949(WUK) 5314 6533 6595、乔英林 1267、周洪富、粟和毅 108002 109732 110696 111422、陈彦生等 283(WUK)

漆姑草属 Sagina L.

漆姑草 Sagina japonica (Sw.) Ohwi

海拔：850～2000 m

分布：通江县、城口县、奉节县、巫山县、巫溪县、镇坪县、竹溪县、房县

引证标本：巴山采集队 0792 5842、戴天伦 100350 106637、何永华 0128(CDBI)、植物所三峡考察队 1278 1489、周洪富 26205(SZ)、周洪富、粟和毅 107697 107810 108060(SZ) 108397 108731(SZ) 109137 110325(SZ)、陈耀东、傅连中、马欣堂 2243 2262、冯永华 328(SZ)、黄仁煌 2972、陈彦生等 2847(WUK)、程传联 52(HIB).

蝇子草属 Silene L.

狗筋蔓 Silene baccifera (L.) Roth

海拔：1200～2600 m

分布：城口县、奉节县、万源市、南江县、通江县、旺苍县、巫山县、巫溪县、西乡县、镇坪县、平利县

引证标本：巴山采集队 0085 1715 5022 5529、戴天伦 101106 101356 101513 102237 102582 104041 104401 104911 105652 105893 107015 107507、三峡考察队 3142 3462、谭明初 81165 81174(SZ)、王金敖 0186(CDBI)、杨光辉 58903 65057、张泽荣 25233 25856、植物所三峡考察队 0166、重师、西农调查队 3108(CDBI)、K. L. Chu 2074、T. N. Liou & P. C. Tsoong 4014、李培元 4614、闵天禄 107015、周洪富、粟和毅 108718 109007 109730 110238、陈彦生等 1159(WUK) 4427(WUK)

心瓣蝇子草 Silene cardiopetala Franch.

海拔：1200 m

分布：奉节县

引证标本：周洪富、粟和毅 110619

疏毛女娄菜 Silene firma Siebold & Zucc.

海拔：1190～1800 m

分布：城口县、巫溪县、竹山县

引证标本：戴天伦 102206 102717、陈耀东、马欣堂、傅连中 2369、王映明 3058(HIB)

鹤草 Silene fortunei Vis.

海拔：765～1500 m

分布：城口县、巫溪县、平利县、房县

引证标本：戴天伦 101661 101969 103783 103840 107397 107452、杨光辉 65135 65330、101969(PE-00559424)、107397(PE-00559415)、陈彦生等 3933(WUK)、黄仁煌 3104(HIB)

湖北蝇子草 Silene hupehensis C. L. Tang

海拔：2200 m

分布：南江县

引证标本：巴山采集队 5611

齿瓣蝇子草 Silene incisa C. L. Tang

海拔：1500 m

分布：南江县

引证标本：谭明初 81195(SZ)

红齿蝇子草 Silene phoenicodonta Franch.

海拔：1620～2600 m

分布：城口县、奉节县、旺苍县、巫溪县

引证标本：巴山采集队 5019、戴天伦 101136、杨光辉 58748、张泽荣 25276

团伞蝇子草 Silene pseudofortunei Y. W. Tsui & C. L. Tang

海拔：620～1100 m

分布：城口县、平利县

引证标本：李培元 4156 4974 4990

石生蝇子草 Silene tatarinowii Regel

海拔：800～2000 m

分布：城口县、奉节县、旺苍县、巫山县、巫溪县、平利县、竹溪县

引证标本：巴山采集队 5262、戴天伦 101104 101188 101517 102376 104040 104682 105641 105860 106178 106584 107381、方明渊 23998、植物所三峡考察队 0161、周洪富、粟和毅 108968 109210 110104、T. P. Wang 11763、曲桂龄 2079、杨光辉 58650、张泽荣 25825、陈彦生等 3092(WUK)

繁缕属 Stellaria L.

雀舌草 Stellaria alsine Grimm

海拔：550～1800 m

分布：巫溪县、奉节县、云阳县、平利县、竹溪县

引证标本：植物所三峡考察队 0939 1086、陈耀东等 89018、K. M. Liou 8502、乔英林 1120、周洪富、粟和毅 107626

中国繁缕 Stellaria chinensis Regel

海拔：1651 m

分布：旺苍县

引证标本：巴山采集队 4841

禾叶繁缕 Stellaria graminea var. **graminea**

海拔：1730 m

分布：平利县

引证标本：陈彦生等 1086(WUK)

繁缕 Stellaria media (L.) Villars

海拔：280～1950 m

分布：通江县、城口县、奉节县、南郑县、平利县、巫山县、云阳县、巫溪县、竹溪县

引证标本：戴天伦 104666 100154、三峡考察队 3067 3488、植物所三峡考察队 0962 1167 1248 1467、周洪富 26204(SZ)、周洪富、粟和毅 107568、陈耀东等 89004、K. M. Liou 8500、乔英林 1074 1095、巴山采集队 5849 6198 5992

湖北繁缕 Stellaria henryi Will.

海拔：1810～2200 m

分布：南江县、旺苍县

引证标本：巴山采集队 5046 5668

鸡肠繁缕 Stellaria neglecta Weihe ex Bluff & Fingerh.

海拔：440 m

分布：竹溪县

引证标本：甘启良 1264

森林繁缕 Stellaria nemorum L.

海拔：1345～2000 m

分布：巫溪县、镇坪县

引证标本：杨光辉 58565、陈彦生等 365(WUK)

峨眉繁缕 Stellaria omeiensis C. Y. Wu & Y. W. Cui ex P. Ke

海拔：1705～1760 m

分布：巫山县、云阳县

引证标本：植物所三峡考察队 1088 1498

沼生繁缕 Stellaria palustris Ehrh.

海拔：1600～2600 m

分布：巫山县、巫溪县

引证标本：T. P. Wang 10725、杨光辉 58822

柳叶繁缕 Stellaria salicifolia Y. W. Cui ex P. Ke

海拔：1500 m

分布：巫山县

引证标本：三峡考察队 3447

箐姑草 Stellaria vestita Kurz

海拔：610～2000 m

分布：南江县、旺苍县、通江县、城口县、奉节县、万源市、巫山县、巫溪县、南郑县、镇坪县、平利县、竹溪县

引证标本：巴山采集队 0420 0807 5239 5545 5860 5985、周洪富、粟和毅 109898 111102、陈炳麟 2526(SZ)、戴天伦 101122(SZ) 101459 101557 103345 103826 107063、三峡考察队 3478、杨光辉 59853、张泽荣 25007、周洪富 26856、李培元 4088(WUK) 5074 5559 5681 5908 5976 6602、曲桂龄 2132 2193、陈彦生等 2173(WUK) 4120(WUK)

巫山繁缕 Stellaria wushanensis F. N. Williams

海拔：960 m

分布：云阳县

引证标本：植物所三峡考察队 1051

麦蓝菜属 Vaccaria Wolf

麦蓝菜 Vaccaria hispanica (Mill) Rauschert

海拔：900 m

分布：平利县、巫山县、竹溪县

引证标本：519(PE-00636011)、西大实习队 7、杨本成 96

20.大麻科 Cannabaceae

葎草属 **Humulus** L.

葎草 **Humulus scandens** (Lour.) Merr.

海拔：635～1500 m

分布：城口县、房县、平利县、万源市、竹溪县

引证标本：戴天伦 102764 102794 103001、K. L. Chu 2234 2236、K. M. Liou 9262、李培元 4571 4996 5092、刘克荣 0454

21.苋科 Amaranthaceae

牛膝属 **Achyranthes** L.

牛膝 **Achyranthes bidentata** Blume

海拔：560～2300 m

分布：城口县、开县、奉节县、广元市、万源市、旺苍县、巫山县、巫溪县、镇巴县、平利县、房县

引证标本：巴山采集队 0176 0518 2375 3143 3367 3615、戴天伦 10132(SZ) 101328(SZ) 101889 102120 102525 103021 103144 103474 103679 104138 104330 105810 105864 106003 106979 106994(SZ) 111888(SZ)、方明渊 24890 24891、江广渝 4184、李培元 940(WUK) 4386 4547、四川医学院、川经绵 4659(SZ)、张泽荣 25871(SZ)、植物所三峡考察队 0147、周洪富、粟和毅 109694 109830 109984 110336 110518 110598 110767(SZ) 110913 110944 111351、K. L. Chu 1757、K. M. Liou 8990、四川大学川东植物调查队 110336 110518 209830、四川大学生物系 65546、杨光辉 59572 65066 65546、杨金祥 01767、陈彦生等 2109(WUK)

柳叶牛膝 **Achyranthes longifolia** (Makino) Makino

海拔：900～1600 m

分布：奉节县、巫山县、巫溪县、镇巴县

引证标本：杨光辉 59534 59981、杨金祥 1768、周洪富、粟和毅 111511

莲子草属 **Alternanthera** Forsk.

莲子草 **Alternanthera sessilis** (L.) R. Br. ex DC.

海拔：230 m

分布：云阳县

引证标本：陈锋 YY003(SZ)

苋属 **Amaranthus** L.

北美苋 **Amaranthus blitoides** S. Watson

分布：广元市

引证标本：李培元 1021(SZ)

凹头苋 **Amaranthus blitum** L.

海拔：494～1010 m

分布：万源市

引证标本：巴山采集队 3140 3491

老枪谷 **Amaranthus caudatus** L.

海拔：1950 m

分布：城口县

引证标本：戴天伦 106414

老鸦谷 **Amaranthus cruentus** L.

海拔：800～2000 m

分布：城口县、奉节县、万源市、巫山县、镇坪县

引证标本：戴天伦 104481 104685 104947 106350 106502 107101、方明渊 24893(SZ) 24937、李培元 5678 6562、徐养鹏 2050、周洪富、粟和毅 109750 109756 109758

刺苋 **Amaranthus spinosus** L.

海拔：550～700 m

分布：广元市

引证标本：魏志平 04002(SZ)、何业琪 1946

苋 **Amaranthus tricolor** L.

海拔：1100 m

分布：巫山县

引证标本：周洪富、粟和毅 109756 109758

皱果苋 **Amaranthus viridis** L.

海拔：400～1000 m

分布：城口县、房县

引证标本：李培元 5373、赵子恩 5393(HIB)

青葙属 **Celosia** L.

青葙 **Celosia argentea** L.

海拔：400～1000 m

分布：城口县、奉节县、广元市、万源市、巫山县、巫溪县、西乡县、平利县、房县

引证标本：巴山采集队 3160、戴天伦 102269 103339 103420 103718、胡文光 44(SZ)、乔英林 429(WUK)、宋之刚等 0011(LZU)、杨光辉 65636、张泽荣等 0203(SZ)、K. L. Chiu 1764、K. L. Chu 2135、郭本兆 2089、李培元 997(WUK) 5505 6685、刘克荣 387、周洪富、粟和毅 169893(SZ) 109681 109833、陈彦生等 3775(WUK)

鸡冠花 **Celosia cristata** L.

海拔：1000 m

分布：奉节县

引证标本：周洪富 26718

22.木兰科 Magnoliaceae

厚朴属 **Houpoëa** N. H. Xia & C. Y. Wu

厚朴 **Houpoëa officinalis** (Rehder & E. H. Wilson) N. H. Xia & C. Y. Wu

海拔：1100～1520 m

分布：奉节县、巫山县、南江县、通江县、宁强县

引证标本：植物所三峡考察队 1254、周洪富、粟和毅 107720、巴山采集队 5727、宁强小组 0125、邹家志、川经达 3140(CDBI)

鹅掌楸属 **Liriodendron** L.

鹅掌楸 **Liriodendron chinense** (Hemsl.) Sarg.

海拔：1500 m

分布：镇巴县

引证标本：巴山木本小组巴 291

23.五味子科 Schisandraceae

南五味子属 **Kadsura** Kaempf. ex Juss.

异形南五味子 **Kadsura heteroclita** (Roxb.) Craib

海拔：800～1320 m

分布：奉节县、旺苍县

引证标本：巴山采集队 5417、张泽荣 25455 25725 25918

日本南五味子 **Kadsura japonica** (L.) Dunal

海拔：1500 m

分布：城口县

引证标本：戴天伦 102833

五味子属 **Schisandra** Michx.

大花五味子 **Schisandra grandiflora** (Wall.) Hook. f. & Thoms.

海拔：1100～2600 m

分布：万源市、城口县、奉节县、巫溪县、平利县

引证标本：川大队 108236 108359 58478、戴天伦 100349 100608、方明渊 24594、龙等 73W-232、四川中药所 24594、杨光辉 58902 59219、江广渝 4060、周洪富、粟和毅 108236 108349(SZ) 107952、李培元 2022(WUK)

翼梗五味子 **Schisandra henryi** C. B. Clarke

海拔：640～2050 m

分布：城口县、奉节县、旺苍县、云阳县、巫溪县

引证标本：73～240、巴山采集队 4895 5133、戴天伦 100725、方明渊 24278、石宝玉 0467、张泽荣 25166 25464 25472 25597、周洪富、粟和毅 108829、李本良、川经万 0807、李先源 162、三峡考察队 3110

狭叶五味子 **Schisandra lancifolia** (Rehder & E. H. Wilson) A. C. Sm.

海拔：680～1770 m

分布：奉节县、旺苍县、巫山县

引证标本：巴山采集队 4980

合蕊五味子 **Schisandra propinqua** (Wall.) Baill. subsp. **propinqua**

海拔：450～2140 m

分布：城口县、开县、房县、奉节县、广元市、万源市、吐苍县、通江县、巫山县、巫溪县、镇巴县、西乡县、平利县、宁强县

引证标本：K. L. Chu 1736、K. M. Liou 8984 9021、巴山采集队 0302 2282 2425 2494 3332 5443 5407 6218 6261 6305、戴天伦 101163 101641 107363、方明渊 24609 24847 24879 27003、何业琪 1549、江广等 3207、李培元 353(WUK) 5370 6745、杨光辉 59091 65272、张泽荣 25624 25909、周洪富 26818、周洪富、粟和毅 108563 109051 109430 109641 110710、陕西省中草药科研组 156(WUK)、T. N. Liou、P. C. Tsoong 4074(WUK)、陕西省中草药普查队 1224(WUK)、王金敖 0045(CDBI)

铁箍散 Schisandra propinqua (Wall.) Baill. subsp. **sinensis** (Oliv.) R. M. K. Saunders

海拔：750～800 m

分布：城口县、旺苍县

引证标本：巴山采集队 0302 5312

球蕊五味子 Schisandra sphaerandra Stapf

海拔：900 m

分布：巫山县

引证标本：马云桐 85028(SZ)

华中五味子 Schisandra sphenanthera Rehd. & E. H. Wilson

海拔：1078～2185 m

分布：城口县、镇巴县、镇坪县

引证标本：巴山采集队 0076 0386 1738、野经队 080(SZ)、陈彦生等 1136(WUK)

24.八角科 Illiciaceae

八角属 **Illicium** L.

红花八角 Illicium dunnianum Tutcher

海拔：890 m

分布：城口县

引证标本：巴山采集队 1429

红茴香 Illicium henryi Diels

海拔：400～1810 m

分布：城口县、奉节县、南江县、旺苍县、巫山县、巫溪县、镇巴县、房县、平利县、西乡县、镇坪县、竹溪县

引证标本：巴山采集队 0820 0869 4237 4997 5183、戴天伦 10126(SZ) 100024 100192 100222 100458 100718 100900(SZ) 100960 101264 101899 101984 102501 104220 104306 104345 104390 104573 104847 105043 105337 105785 105929 100633、胡秀英 100112(SZ)、林祁 00053 00054、刘光华 0099、倪炳炽 00028 00563、王洪业 0289、王金敖 0079、王纫秋 2880、吴玉康 166、杨光辉 57659 59087 65096、佚名 107615 305 371、张泽荣 25610 25803 58285 25063、赵良能 2652 2720、植物所三峡考察队 0045 EX01343、周洪富 26215(SZ) 26937、周洪富、粟和毅 25803 26417 108100 108796 109250 109307 109387 109429 109851 109665 110279 107615、K. M. Liou 9267、T. P. Wang 10548、川经植 0295、方明渊 24592 24647 24652 24760 27004、方文培 10351、李培元 1330、林祁 54、刘金鉴等 258、刘克荣 0292、山胡椒调查队 172(WUK) 305(WUK)、邢吉庆 26(WUK)、徐光远 4801(WUK)、黄仁煌 3470(HIB)

红毒茴 Illicium lanceolatum A. C. Sm.

海拔：1300 m

分布：万源市

引证标本：236 四川任务组 1244

野八角 Illicium simonsii Maxim.

海拔：1180～2100 m

分布：巫溪县、镇坪县

引证标本：杨光辉 59235 65081、陈彦生等 2830(WUK)

25.蜡梅科 Calycanthaceae

蜡梅属 **Chimonanthus** Lindl.

蜡梅 Chimonanthus praecox (L.) Link

海拔：150～1350 m

分布：城口县、万源市、巫溪县、镇巴县、云阳县、西乡县、平利县、竹溪县

引证标本：巴山木本小组 268、大巴山工作组 00827、戴天伦 10088(SZ)、罗上柱 2199、张朝臣 1136、陈之端等 960426、K. L. Chu 1859、K. M. Liou 8537、郭本兆 2096、李培元 5525 2925(SZ)、王作宾 18339(WUK)

26.樟科 Lauraceae*

黄肉楠属 **Actinodaphne** Nees

红果黄肉楠 Actinodaphne cupularis (Hemsl.) Gamble

海拔：700～1200 m

分布：奉节县、万源市、旺苍县

引证标本：巴山采集队 5274、周洪富、粟和毅 107903、四川任务组 1190

隐脉黄肉楠 Actinodaphne obscurinervia Yen C. Yang & P. H. Huang

海拔：1200 m

分布：巫山县、巫溪县

引证标本：周洪富、粟和毅 110224、杨光辉 58647(Type)

樟属 **Cinnamomum** Trew

毛桂 Cinnamomum appelianum Schewe

海拔：750 m

分布：奉节县

引证标本：周洪富、粟和毅 111632

钝叶桂 Cinnamomum bejolghota (Buch.-Ham.) Sweet

海拔：800 m

分布：镇坪县

引证标本：何全华 1724

猴樟 Cinnamomum bodinieri H. Lév.

海拔：800～1400 m

分布：奉节县、巫山县、巫溪县

引证标本：张泽荣 25805、周洪富 26049 26249(SZ)、59187(PE-00189200)、杨光辉 58195 59201

阴香 Cinnamomum burmannii (Nees & T. Nees) Blume

海拔：90～120 m

分布：巫山县

引证标本：T. P. Wang 10785、杨光辉 65561

樟 Cinnamomum camphora (L.) J. Presl

海拔：500～2100 m

分布：通江县、平利县

引证标本：巴山采集队 6161、陈彦生等 2264(WUK)

云南樟 Cinnamomum glanduliferum (Wall.) Meisn.

分布：奉节县

引证标本：张泽荣 25805(SZ)

野黄桂 Cinnamomum jensenianum Hand.-Mazz.

海拔：1000 m

分布：竹溪县

引证标本：K. M. Liou 8612

油樟 Cinnamomum longepaniculatum (Gamble) N. Chao ex H. W. Li

海拔：1100～1280 m

分布：奉节县

引证标本：K. H. Yang 54704、张泽荣 25191

少花桂 Cinnamomum pauciflorum Nees

海拔：1280～1500 m

分布：奉节县、巫山县、巫溪县

引证标本：杨光辉 59662 59953、张泽荣 25073

黄樟 Cinnamomum parthenoxylon (Jack) Meisn.

海拔：1000 m

分布：巫山县

引证标本：58426(PE-00294043)

银木 Cinnamomum septentrionale Hand.-Mazz.

分布：平利县、西乡县、镇坪县

引证标本：牛春山 3004、山胡椒调查队 232(WUK)、

* 此部分由杨永、刘冰编写。

陕西省中草药科研组 1829(WUK)

柴桂 Cinnamomum tamala (Buch.-Ham.) T. Nees & Nees

海拔：400～520 m

分布：西乡县、平利县

引证标本：侯喜祥 1251(WUK)、唐昌林 1298(WUK)

川桂 Cinnamomum wilsonii Gamble

海拔：960～2000 m

分布：城口县、南江县、巫溪县、岚皋县、镇坪县、竹溪县

引证标本：戴天伦 100665、李馨 2882(SZ)、杨光辉 59139(SZ)、何金华 1399 1739、黄仁煌 2994(HIB)

山胡椒属 Lindera Thunb.

狭叶山胡椒 Lindera angustifolia W. C. Cheng

分布：宁强县

引证标本：张学忠 119(WUK)

香叶树 Lindera communis Hemsl.

海拔：200～1700 m

分布：城口县、奉节县、通江县、巫山县、巫溪县、西乡县、镇巴县、镇坪县、平利县、竹溪县、房县

引证标本：K. L. Chu 1832(SZ)、巴山采集队 08701424、川经万 0354(SZ)、川经万 0751(SZ)、大巴山工作组 01020(CDBI)、戴天伦 102784 103044 103149 103259 103450 105790、方明渊 23948 24648 24787、四川经济植物考察队 0375(SZ)、王金敖 0256(CDBI)、夏承芳 0111(SZ)、杨光辉 59909 65101 65268(SZ) 59102 59204 59513 59661 65224、张泽荣 25099 25531、周洪富 26159(SZ) 26265 26396 26745 26935 26953 26088、周洪富、粟和毅 108675 109258 109313 109329 109663 110092 110284 110535 110782、李培元 5251、刘慎谔等 3965 4046、曲桂龄 1929、王作宾 10306 10593、山胡椒调查队 159(WUK) 177(WUK) 191(WUK) 244(WUK) 237(WUK) 269(WUK) 317(WUK)、徐光远 4983(WUK)、唐昌林 1288(WUK)、郑重 1012(HIB)、蒋祖德、陶光复 367(HIB)

绒毛钓樟 Lindera floribunda (C. K. Allen) H. P. Tsui

海拔：1200 m

分布：巫溪县

引证标本：杨光辉 58660

香叶子 Lindera fragrans Oliv.

海拔：650～1820 m

分布：奉节县、广元市、通江县、巫山县、巫溪县、平利县、房县

引证标本：大巴山工作组 00317(CDBI)、方明渊 24085 24245 24524、四川经济植物考察队 0014(CDBI)、王金敖 0043(CDBI) 0187、魏志平 3778(WUK)、杨光辉 59093、周洪富、粟和毅 107656 107967 108093 108098 108277(SZ) 109037、刘克明 9053 9281、张泽荣 25081、巴山采集队 5836 5865、唐昌林 1285(WUK)

山胡椒 Lindera glauca (Siebold & Zucc.) Blume

海拔：450～2000 m

分布：城口县、奉节县、广元市、南江县、通江县、万源市、旺苍县、巫山县、巫溪县、镇巴县、竹溪县、房县、平利县、西乡县、镇坪县、宁强县

引证标本：102060(PE-00280320)、巴山采集队 0166 5323 5834、李本良、川经达 2572(SZ)、大巴山工作组 00825(CDBI)、戴天伦 103633 105244 100038 102060(SZ) 102832 105493 105561 105677 105844 105846、方明渊 24036 24129 24131 24295 24605、李本良、川经达 2110(CDBI)、李先源 38(SZ)、马榨祥、川经达 2225(CDBI)、倪炳炽 00393(CDBI)、彭淮渌 0911(SZ)、李本良 2097(SZ)、王金敖 0042(CDBI) 0064(CDBI) 0143(CDBI)、王明昌 1054(WNU)、王纫秋 2572(SZ)、魏志平 3578(WUK)、杨光辉 58125 58186 59828 65188 65341 65534、张泽荣 0106(SZ) 25143 26105 26111 26601 26635 26674 26862 29932 26214(SZ) 26164(SZ) 26375 26632(SZ)、周洪富、粟和毅

107702 107953 108007 108256 108539 109144 109223 110184 107609 107762(SZ) 107953 108007 108256 108603 108920 109093 109113 109223 109285 109334 109427 109781 109806 110090 110287 110532 110792 111111 111113 111341、邹家志 0550(SZ)、李培元 172(WUK) 4382 5102 5288、刘克明 8433、刘克荣 0212、王作宾 10355 10551、张淑贤 0135、山胡椒调查队 158(WUK) 310(WUK) 313(WUK)、陕西省中草药科研组 1854(WUK)

卵叶钓樟 Lindera limprichtii H. Winkler

海拔：1450～1700 m

分布：城口县

引证标本：F. T. Wang 22088、巴山采集队 2219

黑壳楠 Lindera megaphylla Hemsl.

海拔：700～1850 m

分布：城口县、房县、平利县、巫溪县、西乡县、镇巴县、镇坪县、宁强县

引证标本：59185(PE-00295061)、F. T. Wang 22122、K. L. Chü 1838 1845、巴山采集队 0617 0963 1133 2219、戴天伦 102115 104157 104830 106311、何全华 1829、刘克明 9058、刘慎谔等 4057、杨光辉 65276、山胡椒调查队 168(WUK) 268(WUK) 356(WUK)、徐光远 4799(WUK)、张学忠 114(WUK)

绿叶甘橿 Lindera neesiana (Wall. ex Nees) Kurz

海拔：800～1650 m

分布：城口县、奉节县、南江县、巫溪县、竹溪县

引证标本：巴山采集队 0978 5481、戴天伦 102635 102848 102925 105528 107848、杨光辉 59660、周洪富、粟和毅 108156、黄仁煌 2978(HIB)

三桠乌药 Lindera obtusiloba Blume

海拔：400～2300 m

分布：城口县、奉节县、南江县、通江县、万源市、旺苍县、巫山县、巫溪县、岚皋县、西乡县、镇坪县、平利县、竹溪县

引证标本：巴山采集队 1207 1612 1914 4825 5642、陈炳麟 2522(SZ)、戴天伦 100549 101002 105195 105343、方明渊 24149、李本良 2146(CI)、王兴忠 1024(CDBI)、赵良能 2672(SZ)、周洪富、粟和毅 107989 108460 109026、邹家志、川经达 3051(CDBI)、陈耀东、傅连中、马欣堂 2190、何金华 1582、杨光辉 59014 59028 59227 59358、山胡椒调查队 211(WUK)、陕西植被区划小组 220(WUK)、平利队 497(WUK)、叶子池 777(HIB)

滇藏钓樟 Lindera obtusiloba var. **heterophylla** (Meisn.) H. P. Tsui

海拔：1400～2000 m

分布：房县、奉节县、巫山县、平利县

引证标本：方明渊 24090 24259 24527、王作宾 10645、张泽荣 25357、郑万钧等 1108、陕西林研所 299(WUK)

西藏钓樟 Lindera pulcherrima (Nees) Hook.

海拔：1150～2700 m

分布：奉节县、旺苍县、巫溪县

引证标本：巴山采集队 5146、倪炳炽 00417(CDBI)、四川大学川东植物调查队 110229(SZ)

香粉叶 Lindera pulcherrima var. **attenuata** C. K. Allen

海拔：950～1550 m

分布：城口县、平利县

引证标本：戴天伦 100084 104841 100520 105086、李培元 6098、牛春山 2944、傅坤俊 11980(WUK)

川钓樟 Lindera pulcherrima var. **hemsleyana** (Diels) H. P. Tsui

海拔：1320～2000 m

分布：城口县、开县、奉节县、巫溪县、旺苍县、镇巴县、西乡县、镇坪县、平利县

引证标本：戴天伦 100084 100151 104156 104415 104443 101994 106743、杨光辉 65131 57584、巴山采集队 2781 5422、张泽荣 25451 25476 25602、24689(PE-00281211)、K. M. Liou 8478、T. N. Liou 等 4053、牛春山 2950、周洪富、粟和毅 108791 110182 110186、周洪富 26113、方明渊 24599、山胡椒调查队 227(WUK) 281(WUK) 303(WUK) 308(WUK)、徐光远 4712(WUK)、李培元

1751(WUK)

山橿 Lindera reflexa Hemsl.

分布：竹溪县

引证标本：K. M. Liou 8856

红脉钓樟 Lindera rubronervia Gamble

海拔：2000 m

分布：旺苍县

引证标本：巴山采集队 4903

菱叶钓樟 Lindera supracostata Lecomte

分布：通江县

引证标本：王金敖 0187(CDBI)

木姜子属 Litsea Lam.

高山木姜子 Litsea chunii W. C. Cheng

海拔：1750 m

分布：南江县

引证标本：冯永华 2684(SZ)

山鸡椒 Litsea cubeba (Lour.) Persoon

海拔：1220～2000 m

分布：通江县、奉节县、巫山县、云阳县

引证标本：巴山采集队 6046、方明渊 24049、万县野生植物普查队 0645(CDBI)、萧永贤 24049(SZ)、周洪富、粟和毅 108386(SZ) 111060

黄丹木姜子 Litsea elongata (Nees) Hook.

海拔：1050～1900 m

分布：城口县平利县

引证标本：戴天伦 100707(SZ) 101349(SZ)、傅坤俊 11940(WUK)

石木姜子 Litsea elongata var. **faberi** (Hemsl.) Y. C. Yang & P. H. Huang

海拔：600～1950 m

分布：城口县、通江县

引证标本：戴天伦 102387(SZ) 107116(SZ)、王金敖 0216(CDBI)

近轮叶木姜子 Litsea elongata var. **subverticillata** (Yen C. Yang) Yen C. Yang & P. H. Huang

海拔：800 m

分布：奉节县、巫溪县

引证标本：杨光辉 65270(SZ)、张泽荣 25936(SZ)

湖北木姜子 Litsea hupehana Hemsl.

海拔：1010～1500 m

分布：城口县、巫溪县、镇坪县

引证标本：59183(PE-00436967)、戴天伦 100994、陈彦生等 2933(WUK)

宜昌木姜子 Litsea ichangensis Gamble

海拔：1000～2400 m

分布：城口县、开县、奉节县、岚皋县、南江县、通江县、万源市、旺苍县、巫山县、巫溪县

引证标本：巴山采集队 1300 1532 1712 1868 2013 2251 2297 2736 5025、陈炳麟 2537(SZ)、戴天伦 100073(SZ) 100081(SZ) 100086(SZ) 100132(SZ) 100073(SZ) 100809 101308 101762 101829(SZ) 105150 105377 105377、李培元 3351(SZ)、倪炳炽 00073(CDBI)、四川经济植物考察队 33488(CDBI)、西师生物系 74 级 0118(CDBI)、向定蜀 2956(SZ)、杨光辉 58990 59281、陈耀东、马欣堂、傅连中 2401

大果木姜子 Litsea lancilimba Merr.

海拔：1200 m

分布：巫山县

引证标本：周洪富、粟和毅 110232

毛叶木姜子 Litsea mollis Hemsl.

海拔：750～1500 m

分布：奉节县、南江县、巫溪县

引证标本：巴山采集队 5362、周洪富 26742、张泽荣 25732 25938、周洪富、粟和毅 107586 108609 109353

宝兴木姜子 Litsea moupinensis Lecomte

海拔：780～1300 m

分布：奉节县、城口县、巫山县

引证标本：吴全康 0172、邓其祥 00110、杨光辉 59847

四川木姜子 Litsea moupinensis var. **szechuanica** (C. K. Allen) Yen C. Yang & P. H. Huang

海拔：892～1345 m

分布：城口县、平利县、镇坪县

引证标本：巴山采集队 1108、戴天伦 101649、袁开米 平 1-0461、陈彦生等 374(WUK)

杨叶木姜子 Litsea populifolia (Hemsl.) Gamble

海拔：1200 m

分布：城口县

引证标本：戴天伦 101469(SZ)

木姜子 Litsea pungens Hemsl.

海拔：720～2200 m

分布：城口县、奉节县、南江县、通江县、旺苍县、万源市、巫山县、巫溪县、竹溪县、平利县、镇巴县、镇坪县

引证标本：巴山采集队 0115 0480 1108 1161 1906 5200、戴天伦 100338 100707(SZ) 101937(SZ) 107044(SZ) 100203 110707、高成芝 1099(SZ)、李本良 0621(SZ) 0821(SZ) 2001(SZ)、李培元 3840(WUK)、李先源 95(SWCTU)、四川经济植物考察队 0045(CDBI)、王兴忠 1023(SZ) 1037(SZ)、周洪富、粟和毅 24198(SZ) 108143 109668、R. P. Farges 953、何金华 1708、曲式曾 2644、张志英、山胡椒调查队 141(WUK)、徐光远 4693(WUK)

红叶木姜子 Litsea rubescens Lecomte

海拔：950～2000 m

分布：城口县、奉节县、南江县、岚皋县、万源市、竹溪县

引证标本：川经万 0521(SZ)、戴天伦 100453 100733 104373 104593 104659 104889 100156、方文培 24009(SZ)、何荻平 106877(SZ)、李先源 96(SWCTU) 98(SWCTU)、四川经济植物考察队 0135(CDBI)、张泽荣 25059、周洪富、粟和毅 25051(SZ) 25059(SZ) 107576 107649 107849 107969 108008 108296(SZ) 111135 111467、邹家志 0501(SZ)、方明渊 24018 24069 24127 24596、何全华 1590、李培元 4633、张泽荣 25059、周洪富 26498 26548、郑重 899(HIB)

绢毛木姜子 Litsea sericea (Wall. ex Nees) Hook.

海拔：900～2060 m

分布：巫溪县、巫山县、西乡县、平利县

引证标本：郑远旗 1079(CDBI)、杨光辉 57948、山胡椒调查队 194(WUK) 215(WUK)、李培元 2832(WUK) 8756(WUK)

秦岭木姜子 Litsea tsinlingensis Yen C. Yang & P. H. Huang

海拔：1080～2135 m

分布：城口县、开县、南江县、镇巴县、平利县、镇坪县

引证标本：巴山采集队 0115 0480 1161 1712 1778 1906 2081 2524 5629、牛青山 2972、平利队 0122、徐光远 4784(WUK)

钝叶木姜子 Litsea veitchiana Gamble

海拔：1000～2260 m

分布：城口县、奉节县、巫山县、巫溪县、平利县、竹溪县

引证标本：大巴山工作组 001009(CDBI) 00665(CDBI) 01009(CDBI)、万绍滨 0266(CDBI)、姚仲吾 2418、101937(PE-00483763)、戴天伦 100311 101028 101430 101494 102418 105070 105224 105270 10744 100370(SZ) 104305 104491 104751 105270 106166、方明渊 23900 24198、杨光辉 58201 59048 59238 59363 59372 65055、张泽荣 25257、周洪富、粟和毅 107651 108115 108379 108783 109035 109301 111242、陈彦生等 4443(WUK)、叶之池 775(HIB)

绒叶木姜子 Litsea wilsonii Gamble

海拔：630 m

分布：城口县

引证标本：戴天伦 103088(WUK)

润楠属 Machilus Nees

宜昌润楠 Machilus ichangensis Rehder & E. H. Wilson

海拔：800～1100 m

分布：巫山县、西乡县、平利县

引证标本：T. P. Wang 10596、山胡椒 238(WUK)、

唐昌林 1287(WUK)

润楠 Machilus nanmu (Oliv.) Hemsl.

海拔：1000 m

分布：镇坪县

引证标本：何全华 1752

红楠 Machilus thunbergii Siebold & Zucc.

海拔：750 m

分布：平利县

引证标本：傅坤俊 12111(WUK)

新樟属 Neocinnamomum Liou

川鄂新樟 Neocinnamomum fargesii (Lecomte) Kosterm.

海拔：600～1527 m

分布：开县、奉节县

引证标本：巴山采集队 2732、方明渊 24650 24765、张泽荣 25669 25848、周洪富 26182(SZ)、周洪富、粟和毅 107589(SZ) 108619 108664 110718 111498、杨光辉 65222 65225

新木姜子属 Neolitsea Merr.

新木姜子 Neolitsea aurata (Hayata) Koidzumi

海拔：800～850 m

分布：奉节县

引证标本：张泽荣 25940(SZ)、周洪富 28968(SZ)

簇叶新木姜子 Neolitsea confertifolia (Hemsl.) Merr.

海拔：1100～2040 m

分布：城口县、开县、房县、平利县、镇坪县、宁强县、巫山县、巫溪县、竹溪县

引证标本：巴山采集队 0955 1794 2664、戴天伦 100977 101645 101863 101943 102459 102665 102970 104365 104478 104487 104527 104699 104786 105597 105855 105874 105902 106299 106859 107533 100653 105903、李先源、王海洋 050068(SWCTU)、植物所三峡考察队 0369、周洪富、粟和毅 109771 110124、刘克荣 0283、牛春山 2946、徐光远 4861(WUK)、西大 172(WUK)、郑重 947(HIB)

舟山新木姜子 Neolitsea sericea (Blume) Koidz.

海拔：530 m

分布：平利县

引证标本：陈彦生等 3804(WUK)

巫山新木姜子 Neolitsea wushanica (Chun) Merr.

海拔：930～1400 m

分布：城口县、奉节县、镇坪县

引证标本：戴天伦 107281、李培元 5227、周洪富 26107 26419、周洪富、粟和毅 108016、应俊生等 973(WUK)

楠属 Phoebe Nees

闽楠 Phoebe bournei (Hemsl.) Yen C. Yang

海拔：800 m

分布：房县

引证标本：蒋祖德、陶光复 381(HIB)

山楠 Phoebe chinensis Chun

海拔：800～1360 m

分布：平利县、镇坪县、旺苍县、竹溪县

引证标本：巴山采集队 5286、牛春山 2983、应俊生等 957(WUK)、郑重 1051(HIB)

竹叶楠 Phoebe faberi (Hemsl.) Chun

海拔：700～1100 m

分布：奉节县、岚皋县、镇坪县

引证标本：何全华 1480 1499、周洪富、粟和毅 107896、徐光远 4631(WUK)

细叶楠 Phoebe hui W. C. Cheng ex Yen C. Yang

海拔：500 m

分布：西乡县

引证标本：郭本兆 2116

湘楠 Phoebe hunanensis Hand.-Mazz.

海拔：710～1050 m

分布：镇坪县、平利县

引证标本：徐光远 4993(WUK)、陈彦生等

3863(WUK)

白楠 Phoebe neurantha (Hemsl.) Gamble

海拔：500～1800 m

分布：城口县、奉节县、平利县、巫山县、巫溪县、西乡县、镇坪县、竹溪县

引证标本：巴山采集队 0873、戴天伦 102916 103167 104570 104848 106124 100413、方明渊 24570(SZ)、张泽荣 25467、T. P. Wang 10729、平利队 0319、杨光辉 58687 65123、郭本兆 2116(WUK)、徐光远 4951(WUK)、王映明 3029(HIB)

光枝楠 Phoebe neuranthoides S. K. Lee & F. N. Wei

分布：平利县

引证标本：牛春山 2930

檫木属 Sassafras Trew

檫木 Sassafras tzumu (Hemsl.) Hemsl.

海拔：1200～1330 m

分布：开县、镇坪县

引证标本：巴山采集队 2392、徐光远 4860(WUK)

27.水青树科 Tetracentraceae

水青树属 Tetracentron Oliv.

水青树 Tetracentron sinense Oliv.

海拔：1200～2000 m

分布：房县、巫山县、巫溪县、南江县、旺苍县

引证标本：W. C. Cheng & C. T. Hwa 1067、杨光辉 59054 59154、巴山采集队 5224 5383

28.领春木科 Eupteleaceae

领春木属 Euptelea Siebold & Zucc.

领春木 Euptelea pleiosperma Hook. f. & Thomson

海拔：1180～2400 m

分布：城口县、开县、通江县、旺苍县、南江县、巫山县、巫溪县、镇坪县、平利县

引证标本：戴天伦 100845 101022 101567 104915 105347 105629 106030 106125 106559 106667 106799 100298 100523 100591 101022 101208 101917 102460 104764 105219 105764、李先源、王海洋 050033(SWCTU)、三峡考察队 0140 0250 0528 0574、杨光辉 58982 59138(SZ) 59288 59888 65402、重师调查队 0320 0328、陈之端等 960513、方文培 10157、四川大学生物系 105764 107400 59137、张泽荣 25286、周洪富、粟和毅 109932 110171、巴山采集队 0028 1299 1607 2523 5542 4965 5141、陈彦生等 2787(WUK) 3004(WUK)

29.连香树科 Cercidiphyllaceae

连香树属 Cercidiphyllum Siebold & Zucc.

连香树 Cercidiphyllum japonicum Siebold & Zucc.

海拔：220～1820 m

分布：巫山县、平利县、竹溪县

引证标本：杨光辉 59155、陈之端等 960729 960924、陈彦生等 1084(WUK)、黄仁煌 2998(HIB)

30.毛茛科 Ranunculaceae

乌头属 Aconitum L.

大麻叶乌头 Aconitum cannabifolium Franch. ex Finet & Gagnep.

海拔：1500 m

分布：巫山县

引证标本：杨光辉 59664

乌头 Aconitum carmichaelii Debx.

海拔：900～2000 m

分布：城口县、广元市、巫山县

引证标本：F. T. Wang 22588、戴天伦 106540、杨光辉 59990 65574

瓜叶乌头 Aconitum hemsleyanum E. Pritz. var. **hemsleyanum**

海拔：800～2040 m

分布：城口县、房县、奉节县、巫溪县

引证标本：李振宇 11314、刘克荣 305、植物所三峡考察队 0518 2894 2921 3157、周洪富、粟和毅 111186

展毛瓜叶乌头 Aconitum hemsleyanum E. Pritz. var. **atropurpureum** (Hand.-Mazz.) W. T. Wang

海拔：2300 m

分布：巫溪县

引证标本：杨光辉 65460

川鄂乌头 Aconitum henryi E. Pritz. var. **henryi**

海拔：2200 m

分布：城口县、南江县、万源市、旺苍县、巫溪县

引证标本：K. L. Chu 2022、巴山采集队 3853、陈耀东、马欣堂、傅连中 2027、陈耀东、傅连中、马欣堂 2207、戴天伦 101849 102092 102150 102449 102625 102677 104175 104990 106397 107502、江广渝 4041、李培元 6178、杨光辉 65416、三峡考察队 0380 0544、巴山采集队 3853

细裂川鄂乌头 Aconitum henryi E. Pritz. var. **compositum** Hand.-Mazz.

海拔：1400 m

分布：巫溪县

引证标本：植物所三峡考察队 0544

铁棒锤 Aconitum pendulum Busch

海拔：2000～2300 m

分布：岚皋县、巫溪县

引证标本：李振宇 11302、杨光辉 59453

花葶乌头 Aconitum scaposum Franch. var. **scaposum**

海拔：1100～2200 m

分布：城口县、奉节县、巫溪县

引证标本：K. L. Chu 2073、陈耀东、马欣堂、傅连中 2068 2348、戴天伦 101990 102383 102381 102618 102630 102963 104097 104630 104724 104776 104861 104914 106193 106524 107038、杨光辉 65300 65400、周洪富、粟和毅 108515、三峡考察队 0261 0533 2855

等叶花葶乌头 Aconitum scaposum Franch. var. **hupehanum** Rapsics

海拔：1330～2200 m

分布：城口县、奉节县、开县、巫溪县

引证标本：巴山采集队 2296 2413 2488、陈耀东等 2348、戴天伦 101744 107119、杨光辉 59079 59266、张泽荣 25452、K. L. Chu 2035

高乌头 Aconitum sinomontanum Nakai

海拔：2000～2200 m

分布：城口县、南江县

引证标本：102245(条形码号：00309580)(PE)、巴山采集队 5644

类叶升麻属 Actaea L.

类叶升麻 Actaea asiatica H. Hara

海拔：1500～2600 m

分布：城口县、南江县、旺苍县、通江县、巫溪县

引证标本：巴山采集队 2099 5010 5216 5361 5857、戴天伦 100998、杨光辉 57867 58884、三峡考察队 3565

银莲花属 Anemone L.

西南银莲花 Anemone davidii Franch.

海拔：1300～1800 m

分布：城口县、奉节县、云阳县、通江县、竹溪县

引证标本：戴天伦 105133、植物所三峡考察队 1091 2701 2841、甘啓良 2775、重师西师调查队 009(CDBI)

展毛银莲花 Anemone demissa Hook. f. & Thoms.

海拔：2300 m

分布：南江县

引证标本：巴山采集队 5685

鹅掌草 Anemone flaccida F. Schmidt

海拔：1200～1800 m

分布：奉节县、巫山县、镇坪县、竹山县

引证标本：刘正宇 2050001、杨光辉 57987、周洪富、粟和毅 110986、陈彦生等 347(WUK)、郑重 888(HIB)

河口银莲花 Anemone hokouensis C. Y. Wu ex W. T Wang

海拔：1800 m

分布：奉节县

引证标本：川东植物调查队 108347

打破碗花花 Anemone hupehensis (Lem.) Lem.

海拔：450～2175 m

分布：城口县、房县、奉节县、广元市、开县、平利县、万源市、通江县、巫溪县、镇巴县、竹溪县

引证标本：K. M. Liou 8476 8951 9084 9304、巴山采集队 0589 0630 1494 2050 2551 3672 4339、陈耀东、傅连中、马欣堂 2000、陈耀东、马欣堂、傅连中 2484、四川大学生物系 102050(PE-00013193)、戴天伦 103838 101532 102840 103244 103500 104323 104635 104819 104879 105854 105896 106872 107076 107467、关克俭等 3156 3157、贾潇洒等 3931 3991、李培元 4426 4639 5459 5806 6056、刘克荣 374、周洪富、粟和毅 110419 110638 110866、三峡考察队 0120 0236 2825、王金敖 0172(CDBI)、黄仁煌 2987(HIB)

草玉梅 Anemone rivularis Buch.-Ham. var. **rivularis**

海拔：1550～2600 m

分布：城口县、巫溪县、房县

引证标本：杨光辉 58848、戴天伦 101177、胡启明 790(HIB)

小花草玉梅 Anemone rivularis Buch.-Ham. var. **flore-minore** Maxim.

海拔：2300～2520 m

分布：城口县、岚皋县、旺苍县、巫溪县

引证标本：巴山采集队 1816 2015 5097、戴天伦 101091、陈耀东、傅连中、马欣堂 2220

巫溪银莲花 Anemone rockii Ulbr. var. **pilocarpa** W. T. Wang

海拔：2100～2400 m

分布：城口县、巫溪县

引证标本：戴天伦 100367 100797、陈耀东、傅连中、马欣堂 2070、陈耀东、马欣堂、傅连中 2343、K. L. Chu 2064

大火草 Anemone tomentosa (Maxim.) C. Pei

海拔：1450～1823 m

分布：城口县、开县、万源市、巫溪县

引证标本：巴山采集队 3725、戴天伦 101285 107025 101753 101911 104393

耧斗菜属 Aquilegia L.

无距耧斗菜 Aquilegia ecalcarata Maxim.

海拔：1400～2820 m

分布：城口县、南江县、巫溪县、镇坪县

引证标本：巴山采集队 5604、杨光辉 58817、李馨 77514、陈彦生等 4128(WUK)

甘肃楼斗菜 Aquilegia oxysepala Trautv. var. **kansuensis** Brühl

海拔：975～2383 m

分布：南江县、旺苍县、城口县、开县、奉节县、岚皋县、巫山县、巫溪县

引证标本：巴山采集队 0435 0719 0932 1193 1836 1989 2046 2179 4890 5032 5536 0006 0435 0932 3168 3833、戴天伦 100829 100925 101112 101287 101326 105104 105251 105395 105719 106987、方明渊 24246、杨光辉 58261 58584 58966、植物所三峡考察队 0501、刘玉红等 89033

星果草属 Asteropyrum Drumm. & Hutch.

星果草 Asteropyrum peltatum (Franch.) Drumm. & Hutch.

海拔：1400 m

分布：城口县

引证标本：R. P. Farges 1148

铁破锣属 Beesia Balf. & W. W. Sm.

铁破锣 Beesia calthifolia (Maxim.) Ulbr.

海拔：1280～2000 m

分布：南江县、旺苍县、城口县、开县、奉节县、巫溪县

引证标本：戴天伦 102623 104084 100630 105482、杨光辉 65305、张泽荣 25183、巴山采集队 2533 4871 5201 5360

驴蹄草属 Caltha L.

驴蹄草 Caltha palustris L.

海拔：2700 m

分布：巫溪县

引证标本：杨光辉 58855

升麻属 Cimicifuga L.

升麻 Cimicifuga foetida L. var. foetida

海拔：1100～2180 m

分布：城口县、岚皋县、巫溪县、房县

引证标本：102964(PE-00441628)、K. L. Chu 2050、巴山采集队 1569、戴天伦 102355 102617 102964 106156 106473 106619、杨光辉 59370、植物所三峡考察队 0514 0563、黄仁煌 3034(HIB)

多小叶升麻 Cimicifuga foetida L. var. foliolosa P. K. Hsiao

海拔：1450～1550 m

分布：城口县

引证标本：戴天伦 102450 104082

小升麻 Cimicifuga japonica (Thunb.) Sprengel

海拔：1600～2000 m

分布：城口县、竹溪县、房县

引证标本：戴天伦 106521、黄仁煌 2960(HIB)、刘克荣 639(HIB)

单穗升麻 Cimicifuga simplex (DC.) Wormsk. ex Turcz.

海拔：1450～2100 m

分布：城口县、巫溪县

引证标本：陈耀东、傅连中、马欣堂 2002、陈耀东、马欣堂、傅连中 2485、戴天伦 104650、杨光辉 59241 59469 65310

铁线莲属 Clematis L.

钝齿铁线莲 Clematis apiifolia DC. var. argentilucida (H. Lév. & Vaniot) W. T. Wang

海拔：600～1280 m

分布：奉节县、广元县、万源市、通江县

引证标本：方明渊 24673、李培元 5810、张泽荣 25402 25757、周洪富 26463、三峡考察队 3065、巴山采集队 6154

小木通 Clematis armandii Franch. var. armandii

海拔：700～1800 m

分布：城口县、奉节县、平利县、巫山县、云阳县、通江县、竹溪县

引证标本：戴天伦 100035 100244、方明渊 24030 24521、刘金鉴、段俊喜等 277、张泽荣 25083、植物所三峡考察队 0924 1358、周洪富 26101、周洪富、粟和毅 107558 107889 108110、杨光辉 57581 58181 57626 57674、巴山采集队 6157、黄仁煌 3434(HIB)

大花小木通 Clematis armandii var. farquhariana Rehder & E. H. Wilson) W. T. Wang

海拔：240 m

分布：竹溪县

引证标本：甘启良 1261

威灵仙 Clematis chinensis Osbeck

海拔：400～1180 m

分布：巫溪县、镇坪县

引证标本：甘启良 2459、陈彦生等 2825(WUK)

山木通 Clematis finetiana H. Lév. & Vaniot

海拔：1180～1400 m

分布：奉节县、镇坪县

引证标本：周洪富、粟和毅 107973、陈彦生等 2835(WUK)

小蓑衣藤 Clematis gouriana Roxb. ex DC.

海拔：595～950 m

分布：城口县、岚皋县、巫溪县

引证标本：戴天伦 103419 113419、魏志平 408、

杨光辉 65175

粗齿铁线莲 Clematis grandidentata (Rehder & E. H. Wilson) W. T. Wang

海拔：915～2000 m

分布：城口县、奉节县、岚皋县、平利县、万源市、通江县、巫山县、巫溪县

引证标本：陈之端等 960512 960840 960945、戴天伦 100466 100514 100786 101252 102414 104317(SZ) 105188 105283、李培元 1515 4490 4586 5733 5978、杨光辉 58122 58416 58455、周洪富 26309、巴山采集队 3446、邹家志、川经达 3029(CDBI)

金佛铁线莲 Clematis gratopsis W. T. Wang

海拔：500～1700 m

分布：城口县、奉节县、广元市、巫溪县、镇坪县、竹山县

引证标本：戴天伦 102289 103227 103404 103620 103794 103940 104598 104558 107168 107289 107330、李培元 00973、李振宇 11308、杨光辉 59496 59892 65216 65521、周洪富、粟和毅 110654 110886 111369 111547、K. L. Chu 2090、三峡考察队 0343 0357 2756 3172 325、陈彦生等 2862(WUK)、赵子恩 5295(HIB)

单叶铁线莲 Clematis henryi Oliv.

海拔：800～1600 m

分布：城口县、奉节县、巫山县、巫溪县

引证标本：陈之端等 960624、戴天伦 104826 140951、杨光辉 57737 59852、周洪富、粟和毅 110750、三峡考察队 0144 0303

贵州铁线莲 Clematis kweichowensis C. P'ei

海拔：800 m

分布：房县

引证标本：刘克荣 275(HIB)

毛蕊铁线莲 Clematis lasiandra Maxim.

海拔：300～2300 m

分布：城口县、房县、奉节县、万源市、巫山县、巫溪县、竹山县

引证标本：K. L. Chu 2048、巴山采集队 1752 3189、陈耀东、傅连中、马欣堂 2195 2200、戴天伦 102157 106847、刘克荣 0452、杨光辉 59490 59634 59873 65392 65457、周洪富、粟和毅 110623 111072 111318、赵子恩 5317(HIB)

糙毛铁线莲 Clematis laxistrigosa (W. T. Wang & M. C. Chang) W. T. Wang

海拔：1730 m

分布：奉节县

引证标本：周洪富、粟和毅 111265

绣球藤 Clematis montana Buch.-Ham. ex DC.

海拔：1150～2550 m

分布：城口县、开县、奉节县、广元市、南江县、万源市、旺苍县、巫山县、云阳县、镇巴县、巫溪县、平利县

引证标本：巴山采集队 1137 2060 2448 4911 5029 5346 5485 5614、达县野生植物普查队 2287(CDBI)、戴天伦 100806 107261、方明渊 24300、江广渝 4059、李先源 116(SWCTU)、凌春芳 2 组 4108(SZ)、王清泉 0388(CDBI)、植物所三峡考察队 1069 1078 1206、周洪富、粟和毅 107946 108229、邹家志 0509(SZ)、陈之端等 960765 960722 960962、陈彦生等 3077(WUK)

大花绣球藤 Clematis montana Buch.-Ham. ex DC. var. **longipes** W. T. Wang

海拔：1500 m

分布：城口县

引证标本：戴天伦 100300 105774、西南师院生物系 02551、105774(PE-00409719)

宽柄铁线莲 Clematis otophora Franch. ex Finet & Gagnep.

海拔：1500～2100 m

分布：城口县、巫山县、巫溪县

引证标本：巴山采集队 1229、杨光辉 59871 65391

巴山铁线莲 Clematis pashanensis (M. C. Chang) W. T. Wang

海拔：850 m

分布：奉节县、巫山县、巫溪县

引证标本：521(条形码号：00409634)(PE) 620(条形码号：00409635)(PE)、K. L. Chu 1735、T. P. Wang 10779、

陈之端等 960988

钝萼铁线莲 Clematis peterae Hand.-Mazz. var. **peterae**

海拔：272～1950 m

分布：城口县、巫山县、镇坪县

引证标本：巴山采集队 1028 3323、戴天伦 102029 102995 103191 103444 103726、三峡考察队 3036 3678 3700、李培元 6477、陈彦生等 2862(WUK)

毛果铁线莲 Clematis peterae Hand.-Mazz. var. **trichocarpa** W. T. Wang

海拔：750～1900 m

分布：城口县、奉节县、巫山县、巫溪县、房县

引证标本：59148(PE-00419759)、戴天伦 102126 106463、杨光辉 59924、三峡考察队 3036 3700 3678、刘克荣 453(HIB)

须蕊铁线莲 Clematis pogonandra Maxim.

海拔：1520～2200 m

分布：南江县、巫溪县

引证标本：巴山采集队 5587 5723、杨光辉 59406

扬子铁线莲 Clematis puberula Hook. f. & Thomson var. **ganpiniana** (H. Lév. & Vaniot) W. T. Wang

海拔：1250 m

分布：巫山县

引证标本：杨光辉 59960 65656、周洪富、粟和毅 109993

曲柄铁线莲 Clematis repens Finet & Gagnep.

海拔：1300 m

分布：万源市

引证标本：236 四川任务组 1257

柱果铁线莲 Clematis uncinata Champ. ex Benth. var. **uncinata**

海拔：700～2000 m

分布：奉节县、万源市、通江县、巫溪县、竹溪县

引证标本：方明渊 23949、李培元 5866 5922、张泽荣 25606、植物所三峡考察队 0534、周洪富 26959、邹家志、川经达 3093(CDBI)、李培元 3849(HIB)

皱叶铁线莲 Clematis uncinata Turcz. var. **coriacea** Pamp.

海拔：554～1092 m

分布：城口县、奉节县、广元市、万源市、巫山县、巫溪县、竹溪县

引证标本：W. C. Cheng 2619、巴山采集队 0220 1119 1400 2860 3441 6231、戴天伦 100757 100759 100782 100930 103245 104302 105112 105870 106230 106487 107222、方明渊 23982 24848 24854、方文培 10334、姜恕等 00108、李培元 4620、杨光辉 58405 65151 65518、张泽荣 25804 25883、周洪富 26058 26455、周洪富、粟和毅 109140 109623 110166、甘啓良 2820

尾叶铁线莲 Clematis urophylla Franch.

海拔：1250～2175 m

分布：城口县

引证标本：巴山采集队 2055、戴天伦 106499 106694 106905 106932 107490

黄连属 Coptis Salisb.

黄连 Coptis chinensis Franch.

海拔：1000～1780 m

分布：开县、镇坪县、竹山县、竹溪县、房县

引证标本：巴山采集队 2561、陈彦生等 2778(WUK)、王翔 31(HIB)、郑重 847(HIB)、李文杰、郑宏钧 13(HIB)

翠雀属 Delphinium L.

还亮草 Delphinium anthriscifolium Hance var. **anthriscifolium**

海拔：610～1280 m

分布：城口县、奉节县、平利县、南郑县、巫山县

引证标本：R. P. Farges 1146、于海 30054、植物所三峡考察队 1314、周洪富、粟和毅 107546、陈又生 4212、T. P. Wang 10324、戴天伦 100010 100488、张泽荣 25184、巴山采集队 6094

大花还亮草 Delphinium anthriscifolium Hance var. **majus** Pamp.

海拔：540～1273 m

分布：城口县、平利县、巫山县、巫溪县、云阳县、镇坪县、竹溪县

引证标本：巴山采集队 0167 0508 0851、乔英林 1194 1270、植物所三峡考察队 0980 1042、周洪富、粟和毅 109727 110255、马元俊 3135(HIB)

卵瓣还亮草 Delphinium anthriscifolium Hance var. **savatieri** (Franch.) Munz

海拔：700～1100 m

分布：奉节县

引证标本：周洪富、粟和毅 107821 107862 109204、乔英林 104

毛茎翠雀花 Delphinium hirticaule Franch. var. **hirticaule**

海拔：1350～2200 m

分布：城口县、巫山县、巫溪县

引证标本：戴天伦 101803、植物所三峡考察队 0505、陈耀东、傅连中、马欣堂 2021 2418、陈耀东、马欣堂、傅连中 2265

腺毛翠雀花 Delphinium hirticaule Franch. var. **mollipes** W. T. Wang

海拔：1200～1800 m

分布：巫山县、巫溪县

引证标本：杨光辉 58629 58862 58941、周洪富、粟和毅 108979 109948

黑水翠雀花 Delphinium potaninii Huth

海拔：1475～2300 m

分布：城口县、岚皋县、南江县、万源市、旺苍县、巫溪县

引证标本：巴山采集队 1547 1669 1863 2057 2078 4203 4968 5061 5084 5396 5470、戴天伦 101194 101290、江广渝 4026、倪炳炽 00546(CDBI)、西师生物系 0207(CDBI)、杨光辉 59246、李培元 4453、周洪富、粟和毅 101741

人字果属 **Dichocarpum** W. T. Wang & P. K. Hsiao

种脐人字果 Dichocarpum carinatum D. Z. Fu

海拔：1450 m

分布：城口县

引证标本：戴天伦 100957

蕨叶人字果 Dichocarpum dalzielii (J. R. Drumm. & Hutch.) W. T. Wang & P. K. Hsiao

海拔：1220～1340 m

分布：通江县

引证标本：巴山采集队 5931

纵肋人字果 Dichocarpum fargesii (Franch.) W. T. Wang & P. K. Hsiao

海拔：892～1651 m

分布：城口县、奉节县、南江县、旺苍县、竹溪县

引证标本：巴山采集队 0368 1091 1100 4821 5358、张泽荣 25181、周洪富、粟和毅 108511、郑重 856(HIB)

小花人字果 Dichocarpum franchetii (Finet & Gagnep.) W. T. Wang & P. K. Hsiao

海拔：1078～1780 m

分布：城口县、南江县

引证标本：巴山采集队 0113 0387、陈炳麟 2503

铁筷子属 **Helleborus** L.

铁筷子 Helleborus thibetanus Franch.

海拔：1400～1651 m

分布：城口县、通江县、旺苍县、房县

引证标本：巴山采集队 4849、陈梦玲 0076、大巴山工作组 01001、黄仁煌 3523(HIB)

獐耳细辛属 **Hepatica** Mill

川鄂獐耳细辛 Hepatica henryi (Oliv.) Steward

海拔：1860 m

分布：巫山县、竹溪县

引证标本：杨光辉 57701、郑重 976(HIB)

毛茛属 Ranunculus

禺毛茛 Ranunculus cantoniensis DC.

海拔：1259～1730 m

分布：城口县、奉节县、南江县

引证标本：巴山采集队 0441 0833 5524

茴茴蒜 Ranunculus chinensis Bunge

海拔：1007 m

分布：镇坪县

引证标本：陈彦生等 265(WUK)

西南毛茛 Ranunculus ficariifolius Lév. & Vant.

海拔：1800 m

分布：奉节县

引证标本：周洪富、粟和毅 108403

毛茛 Ranunculus japonicus Thunb.

海拔：554～2376 m

分布：城口县、开县、奉节县、广元市、南江县、通江县、平利县、南郑县、万源市、旺苍县、巫山县、巫溪县、云阳县

引证标本：巴山采集队 0636 1803 2322 2506 2613 3623 3691 4824 4926 4996 5166 5713 5826 6013 6098 6220、戴天伦 100013 100803 101727、方明渊 24092 24250、胡文光 80(SZ)、倪炳炽 00537、三峡考察队 3139、佚名 58513(PE-00458184)、张泽荣 25005 25923、植物所三峡考察队 0921 1011 1095 1132 1217 1355 1476、周洪富 26207(SZ) 26490、周洪富、粟和毅 107695 109147(SZ)、陈之端等 960866、陈耀东、马欣堂、傅连中 2442

伏毛毛茛 Ranunculus japonicus Thunb. var. **propinqnus** (C. A. Meyer) W. T. Wang

海拔：1651～2376 m

分布：开县、万源市、旺苍县

引证标本：四川大学川东植物调查队 108345、巴山采集队 2322 2506 2613 4824、江广渝 4126、张泽荣 25239

石龙芮 Ranunculus sceleratus L.

海拔：80～1710 m

分布：奉节县、万源、巫溪县

引证标本：巴山采集队 3534、陈之端等 960698、周洪富、粟和毅 108852(SZ)

扬子毛茛 Ranunculus sieboldii Miq.

海拔：500～1923 m

分布：通江县、城口县、奉节县、平利县、巫山县、云阳县、镇巴县

引证标本：K. M. Liou 8373、T. P. Wang 10521、巴山采集队 3456 5850、戴天伦 105317 105861、植物所三峡考察队 1143 1189、周洪富 26145 26501、周洪富、粟和毅 107625 107943 109100 111444

钩柱毛茛 Ranunculus silerifolius H. Lév.

海拔：534～1005 m

分布：万源市

引证标本：巴山采集队 3535 3687

天葵属 Semiaquilegia Makino

天葵 Semiaquilegia adoxoides (DC.) Makino

海拔：500～1300 m

分布：城口县、奉节县、平利县、巫山县

引证标本：巴山采集队 0908、乔英林 01111、植物所三峡考察队 1246、周洪富、粟和毅 107543

唐松草属 Thalictrum L.

尖叶唐松草 Thalictrum acutifolium (Hand.-Mazz.) Boivin

海拔：1345 m

分布：镇平县

引证标本：陈彦生等 369(WUK)

贝加尔唐松草 Thalictrum baicalense Turcz.

海拔：616 m

分布：城口县、镇巴县

引证标本：巴山采集队 3341

西南唐松草 Thalictrum fargesii Franch. ex Finet & Gagnep.

海拔：1200～1400 m

分布：城口县、竹溪县

引证标本：K. M. Liou 8876、戴天伦 100598 105332、大巴山工作组 00714(CDBI) 00717(CDBI)

盾叶唐松草 Thalictrum ichangense Lecoy. ex Oliv.

海拔：790～2000 m

分布：城口县、奉节县、旺苍县、万源市、巫山县、巫溪县、镇平县

引证标本：巴山采集队 0901 1051 4909 5112 5420、杨光辉 59402、植物所三峡考察队 1413、周洪富、粟和毅 108753(SZ)、李培元 6125、陈彦生等 2848(WUK)

爪哇唐松草 Thalictrum javanicum Blume

海拔：200～2457 m

分布：城口县、广元市、开县、岚皋县、万源市、巫溪县、云阳县

引证标本：巴山采集队 0477 1561 2113 2275 2330 2434 3846、陈耀东、傅连中、马欣堂 2275 2457、刘玉红 103、江广渝 4027、三峡考察队 2736

疏序唐松草 Thalictrum laxum Ulbr.

海拔：1100～1818 m

分布：旺苍县

引证标本：巴山采集队 5042 5139 5426

长喙唐松草 Thalictrum macrorhynchum Franch.

海拔：1280～2200 m

分布：城口县、奉节县、旺苍县、镇坪县

引证标本：巴山采集队 1245 1296 4967 5231、戴天伦 105442 105660、四川大学川东植物调查队 108341、张泽荣 25092 25275、周洪富、粟和毅 108341、陈彦生等 4164(WUK)

小果唐松草 Thalictrum microgynum Lecoy. ex Oliv.

海拔：1180～1923 m

分布：城口县、奉节县、南江县、巫山县、巫溪县、镇坪县

引证标本：巴山采集队 0901 5613、陈之端等 960575 960607 960914、戴天伦 101008(SZ) 105653、张泽荣 25182、植物所三峡考察队 1203、周洪富、粟和毅 108350 107806 108182、陈彦生等 2831(WUK)

亚欧唐松草 Thalictrum minus L.

海拔：1455 m

分布：城口县

引证标本：巴山采集队 0665

东亚唐松草 Thalictrum minus L. var. **hypoleucum** (Siebold & Zucc.) Miq.

海拔：650～2400 m

分布：城口县、房县、奉节县、万源市、巫山县、巫溪县、镇巴县

引证标本：102038(PE-00450755)、K. M. Liou 8941、巴山采集队 2920 3020 3404、戴天伦 102167 107478、方明渊 24855 24946、何伯安 0334、江广等 3250、李培元 4516 5861 6612、刘继孟 8941 9251、杨光辉 59273 59314 65369、张泽荣 25767、周洪富 26726、周洪富、粟和毅 108802 108981 109489 109648 110013 110545 111105

川鄂唐松草 Thalictrum osmundifolium Finet & Gagnep.

海拔：995～2300 m

分布：城口县、万源市、镇巴县

引证标本：巴山采集队 1950 2010 3676 4243、戴天伦 105268、贾潇洒等 3985

长柄唐松草 Thalictrum przewalskii Maxim.

海拔：2600 m

分布：巫溪县

引证标本：杨光辉 58947

多枝唐松草 Thalictrum ramosum B. Boivin

海拔：1570～2100 m

分布：南江县

引证标本：巴山采集队 5550 5625

粗壮唐松草 Thalictrum robustum Maxim.

海拔：658～2100 m

分布：城口县、巫山县

引证标本：巴山采集队 0135 0191 0326 0458 0716 1059 1251 1379 1941 1948、戴天伦 106512、杨光辉 59034、三峡考察队 2950 3115

弯柱唐松草 Thalictrum uncinulatum Franch.

海拔：912～2457 m

分布：城口县、开县、万源市

引证标本：巴山采集队 0095 2185 2445 2963、戴天伦 101295 101337 101361

31.小檗科 Berberidaceae

小檗属 **Berberis** L.

堆花小檗 **Berberis aggregata** C. K. Schneid.

海拔：1500～2177 m

分布：城口县、开县、旺苍县、巫溪县

引证标本：巴山采集队 2370 2713 5092、戴天伦 105201 106764、杨光辉 65443

黑果小檗 **Berberis atrocarpa** C. K. Schneid.

海拔：1460～1800 m

分布：城口县、南江县

引证标本：巴山采集队 1197 1224 2249、周善滋 2932(SZ)

德钦小檗 **Berberis contracta** T. S. Ying

海拔：1929 m

分布：城口县

引证标本：巴山采集队 1690

城口县小檗 **Berberis daiana** T. S. Ying

海拔：2000～2500 m

分布：城口县、巫溪县

引证标本：戴天伦 100826 101835 107268、杨光辉 58758 59474

直穗小檗 **Berberis dasystachya** Maxim.

海拔：1800～2500 m

分布：城口县、旺苍县、巫溪县、镇巴县、平利县

引证标本：巴山采集队 1628 5116、戴天伦 101096、倪炳炽 00326(CDBI) 00386(CDBI)、李培元 2628(WUK)

松潘小檗 **Berberis dictyoneura** C. K. Schneid.

海拔：1100～2000 m

分布：城口县、巫溪县、平利县

引证标本：戴天伦 100159 101827、杨光辉 59346、吴振海 1218(WUK)

首阳小檗 **Berberis dielsiana** Fedde

海拔：2000～2500 m

分布：镇坪县、平利县

引证标本：应俊生等 599(WUK)、徐光远 4460(WUK)

南川小檗 **Berberis fallaciosa** C. K. Schneid.

海拔：1650 m

分布：城口县、奉节县、巫山县

引证标本：戴天伦 100122 100220 105060 106718 107445、杨光辉 59679 65599、张泽荣 25087、周洪富、粟和毅 107566 107657 108375 109550 110101 110189

大黄檗 **Berberis francisci-ferdinandi** C. K. Schneid.

海拔：1650～2100 m

分布：奉节县、万源市、平利县

引证标本：李培元 4463、周洪富、粟和毅 108357(SZ)、徐光远 4092(WUK)

湖北小檗 **Berberis gagnepainii** C. K. Schneid.

海拔：800～1923 m

分布：城口县、奉节县、南江县、巫山县、巫溪县

引证标本：向定蜀 2962(SZ)、杨光辉 59863(SZ)、植物所三峡考察队 0258 1177

安宁小檗 **Berberis grodtmannia** C. K. Schneid.

分布：巫山县

引证标本：4280(PE-01031338)

川鄂小檗 **Berberis henryana** C. K. Schneid.

海拔：1500～2457 m

分布：城口县、开县、广元市、岚皋县、镇巴县、平利县、巫山县、巫溪县、云阳县

引证标本：巴山采集队 1531 1682 2059 2289 2446 2483、唐继贤小组 4059(SZ)、植物所三峡考察队 0473 1084、陈之端等 960963 960701(SZ)、傅坤俊 11572(WUK)、陈彦生等 3122(WUK)

豪猪刺 **Berberis julianae** C. K. Schneid.

海拔：790～1786 m

分布：城口县、奉节县、广元市、旺苍县、巫山县、巫溪县、镇巴县、镇坪县、平利县、竹溪县

引证标本：巴山采集队 4998 5068 5138 5440、大巴山工作组 00614(CDBI)、倪炳炽 00436(CDBI)、

四川经济植物考察队 00553(CDBI)、王明昌 908(WNU)、杨光辉 59992(SZ)、植物所三峡考察队 1415、周洪富、粟和毅 108427 108155 111203、方明渊 24026、24189、张泽荣 25294、徐光远 4724(WUK)、唐昌林 1366(WUK)、郑重 846(HIB)

刺黑珠 Berberis sargentiana C. K. Schneid.

海拔：800～2500 m

分布：城口县、奉节县、巫山县、房县

引证标本：方文培 8339(SZ)、周洪富 26300(SZ)、刘克荣 232(HIB)

陕西小檗 Berberis shensiana Ahrendt

海拔：2600 m

分布：平利县

引证标本：徐光远 5797(WUK)

华西小檗 Berberis silva-taroucana C. K. Schneid.

海拔：1300～2300 m

分布：城口县、奉节县、巫山县、巫溪县

引证标本：陈之端等 960586 960896、四川大学川东植物调查队 108357、杨光辉 100129 65441、戴天伦 100129(SZ) 105440

假豪猪刺 Berberis soulieana C. K. Schneid.

海拔：554～1850 m

分布：通江县、城口县、奉节县、万源市、巫山县、镇坪县、平利县、宁强县、竹溪县

引证标本：T. P. Wang 10401、戴天伦 100833 100877 101406 101625 102284 102396 104629 104630 105193 105505、方明渊 23918 24742、李培元 947(WUK) 2858 3233 5873、杨光辉 59913、张泽荣 25736 26000、周洪富 26835、周洪富、粟和毅 10875 108752 109097 109502 109605 110641、四川经济植物考察队 0073(CDBI) 0092(CDBI)、王兴忠 2273(SZ)、巴山采集队 5825 6259、唐昌林 1327(WUK)、乔林英 258(WUK)

芒齿小檗 Berberis triacanthophora Fedde

海拔：1150～2100 m

分布：城口县、奉节县、万源市、巫山县

引证标本：巴山采集队 0961、方明渊 24087、方文培 10305、李培元 4356、四川大学川东植物调查队 111086(SZ)、杨光辉 59713 65654、张泽荣 25041、周洪富 26251 26383、周洪富、粟和毅 107836 107974 108245 110289、戴天伦 100610 100636 105191(SZ) 105263 106928 106961 107451 107527 107827(SZ) 110289(SZ) 140610(SZ)

红毛七属 Caulophyllum Michx.

红毛七 Caulophyllum robustum Maxim.

海拔：1500～2176 m

分布：城口县、广元市、南江县、万源市、旺苍县、巫山县、巫溪县、镇巴县、镇坪县、平利县、宁强县

引证标本：巴山采集队 1960 5363 5576、李本良 2078(CDBI)、凌春芳 4133(CDBI)、普查队 2769(CDBI)、夏承芳 0894(SZ)、植物调查队 4702(CDBI)、植物所三峡考察队 1454、陈之端等 960733 960601、陕西省中草药科研组 90(WUK) 882(WUK)、吴振海 1245(WUK)、陕西省中药研究所中药及方剂研究室 1268(WUK)

山荷叶属 Diphylleia Michx.

南方山荷叶 Diphylleia sinensis H. L. Li

海拔：2400～2500 m

分布：城口县、巫溪县

引证标本：陈之端等 960855、戴天伦 101100

鬼臼属 Dysosma Woodson

八角莲 Dysosma versipellis (Hance) M. Cheng ex T. S. Ying

海拔：800～1850 m

分布：城口县、奉节县、巫溪县、镇巴县、镇坪县、平利县、竹溪县

引证标本：陈之端等 960583 960725 960731、戴天伦 101064 105741(SZ)、方明渊 24138、冯永华 2655(SZ)、高成芝 1059(SZ)、陕西省中草药科研组 81(WUK) 823(WUK) 1612(WUK)、李培元 1410(WUK)、郑重 966(HIB)

淫羊藿属 Epimedium L.

淫羊藿 **Epimedium brevicornu** Maxim.

海拔：2200 m

分布：宁强县

引证标本：邢吉庆 18080(WUK)

恩施淫羊藿 **Epimedium enshiense** B. L. Guo & P. K. Hsiao

分布：镇巴县

引证标本：陕西省中草药科研组 132(WUK)

川鄂淫羊藿 **Epimedium fargesii** Franch.

海拔：880～1700 m

分布：城口县、奉节县

引证标本：巴山采集队 1114、戴天伦 100117 100318 100486 100602、钟国跃、钟廷渝 1988-03、邹家志 0553(SZ)

木鱼坪淫羊藿 **Epimedium franchetii** Stearn

海拔：1050 m

分布：奉节县

引证标本：王桂兰 0339

镇坪淫羊藿 **Epimedium ilicifolium** Stearn

海拔：700～1300 m

分布：镇坪县、平利县

引证标本：徐光远 5582(WUK)、乔林英 1133(WUK)

黔岭淫羊藿 **Epimedium leptorrhizum** Stearn

海拔：1124～1320 m

分布：奉节县、巫山县

引证标本：张泽荣 25136(SZ)、植物所三峡考察队 1305

柔毛淫羊藿 **Epimedium pubescens** Maxim.

海拔：800～1180 m

分布：宁强县、镇坪县

引证标本：李培元 158(WUK)、陈彦生等 2783(WUK)

三枝九叶草 **Epimedium sagittatum** (Siebold & Zucc.) Maxim.

海拔：1700～1810 m

分布：旺苍县、平利县

引证标本：巴山采集队 5044、傅坤俊 12080(WUK)

星花淫羊藿 **Epimedium stellulatum** Stearn

海拔：800 m

分布：竹山县

引证标本：黄仁煌 3485(HIB)

四川淫羊藿 **Epimedium sutchuenense** Franch.

海拔：1080～1300 m

分布：巫山县、镇坪县、竹溪县

引证标本：杨光辉 57601、徐光远 4842(WUK)、黄仁煌 3435(HIB)

巫山淫羊藿 **Epimedium wushanense** T. S. Ying

海拔：920～1760 m

分布：巫山县、巫溪县

引证标本：王作宾 10345 10757(WUK)、陈之端等 960598、植物所三峡考察队 1368 1518

竹山淫羊藿 **Epimedium zhushanense** K. F. Wu & S. X. Qian

海拔：982 m

分布：竹山县、竹溪县

引证标本：张燕君、陈丽 119(HIB)、K. M. Liou 8587(HIB)

十大功劳属 Mahonia Nuttall

阔叶十大功劳 **Mahonia bealei** (Fortune) Carrière

海拔：1000～1600 m

分布：巫溪县、镇巴县、西乡县、平利县、宁强县

引证标本：陈之端等 960649、陕西省中草药科研组 201(WUK)、山胡椒调查队 198(WUK)、唐昌林 1295(WUK)、乔林英 238(WUK)

小果十大功劳 **Mahonia bodinieri** Gagnep.

海拔：554～610 m

分布：通江县

引证标本：巴山采集队 6222

宽苞十大功劳 **Mahonia eurybracteata** Fedde

海拔：695～1950 m

分布：城口县、奉节县、万源市

引证标本：周洪富、粟和毅 111303、戴天伦 102901 103295 103400 103614 104447 104526(SZ) 104580 104654 104695 104837 106782 107230 107369 107424、罗上柱、川经达 2461(SZ)

安坪十大功劳 **Mahonia eurybracteata** Fedde subsp. **ganpinensis** (H. Lév.) Ying & Boufford

海拔：550 m

分布：城口县

引证标本：赵良能 2810(SZ)

十大功劳 **Mahonia fortunei** (Lindl.) Fedde

海拔：1710 m

分布：巫溪县

引证标本：陈之端等 960681

镇坪淫羊藿 **Mahonia ilicifolium** Stearn

分布：西乡县

引证标本：苏陕民 439(WUK)

峨眉十大功劳 **Mahonia polydonta** Fedde

海拔：1750～1820 m

分布：巫溪县、西乡县

引证标本：陈之端等 960747、傅坤俊 11547(WUK)

南天竹属 **Nandina** Thunb.

南天竹 **Nandina domestica** Thunb.

海拔：500～1800 m

分布：奉节县、巫山县、巫溪县、云阳县、镇坪县、平利县

引证标本：方明渊 24772、倪炳炽 00004(CDBI)、王志敏 1609(SZ)、张朝成 1135(SZ)、张泽荣 25668、周洪富 26178、周洪富、粟和毅 108595 108911 109433 109708 110666 110717 111613、李培元 1835(WUK)、陕西省中草药普查队 622(WUK)

32.木通科 Lardizabalaceae*

木通属 **Akebia** Decna.

三叶木通 **Akebia trifoliata** (Thunb.) Koidz.

海拔：180～1810 m

分布：城口县、奉节县、南江县、通江县、旺苍县、巫山县、巫溪县、镇巴县、平利县、镇坪县、竹山县、竹溪县、房县

引证标本：植物所三峡考察队 0171 1230、巴山采集队 0311 0618 5296 5394 5404 5463 6003 6170、何铸、周之林等 902(SWCTU)、川经达 2892(WNU)、王兴忠 0680(SZ) 1012(SZ)、赵良能 2793(SZ)、周洪富 46192(SZ)、周洪富、粟和毅 107971(SZ) 108845(SZ)、陕西省中草药科研组 108(WUK) 1646(WUK)、李培元 1374(WUK)、黄仁煌 3490(HIB)、郑重 801(HIB)、黄仁煌 3505(HIB)

白木通 **Akebia trifoliata** (Thunb.) Koidz. subsp. **australis** (Diels) T. Shimizu

海拔：1400～1900 m

分布：城口县、房县、奉节县、万源市、通江县、巫山县、巫溪县、西乡县、平利县、镇坪县

引证标本：K. L. Chu 1875、K. M. Liou 9059、T. P. Wang 10483、戴天伦 100093 100204 100302 100032 101080、方明渊 24209 27010、李培元 5830、杨光辉 58303 58727、张泽荣 25516、周洪富 26623、周洪富、粟和毅 107542 108146 108421、陈之端等 960603、傅坤俊 11465(WUK)、乔林英 1139(WUK)、乔林英 01304(WUK)、王金敖 00029(CDBI)、倪炳炽 00074(CDBI)

猫儿屎属 **Decaisnea** Hook. f. & Thoms.

猫儿屎 **Decaisnea insignis** (Griff.) Hook. & Thomson

海拔：1000～2200 m

分布：城口县、奉节县、广元市、南江县、通江县、旺苍县、巫山县、巫溪县、云阳县、平利县、镇坪县、竹溪县、房县

* 此部分由覃海宁编写。

引证标本：巴山采集队 0981 5081 5382 5516、戴天伦 100480 100615 100853 101488 105166 105329、贾敏如、谭屹等 930451(CDCM)、贾敏如、吴宝慧 930869(CDCM)、李先源 133(SWCTU)、上海肿瘤协作组 229(FUS)、四川大学川东植物调查队 109805(SZ)、四川经济植物考察队 0061(CDBI)、万绍滨 2611(SZ)、西师生物系 74 级 0069(CDBI)、夏承芳 0858(SZ)、杨光辉 58981、张泽荣 25261、植物所三峡考察队 0294 1075 1464、周洪富、粟和毅 108050(SZ) 108164 108343(SZ) 109877 110145(SZ)、陈之端等 960510、陕西省中草药普查队 1341(WUK)、陕西省植被区划小组 226(WUK)、西植采集队 02339(WUK)、郑重 963(HIB)、刘克荣 334(HIB)

八月瓜属 Holboellia Wall.

五月瓜藤 Holboellia angustifolia Wall.

海拔：1200～1700 m

分布：城口县、奉节县、南江县、通江县、万源市、巫溪县、平利县、镇坪县、竹溪县

引证标本：巴山采集队 5368、戴天伦 100063 100205 100276 100063 105446 100609、高成芝 2417(SZ)、陆鄂鸣 2848(SZ)、四川经济植物考察队 0075(CDBI)、植物所三峡考察队 0230、周洪富、粟和毅 108240(SZ)、邹家志 3106(CDBI)、陈之端等 960637、李培元 2087(WUK)、陕西省植被区划小组 46(WUK)、K. M. Liou 8846(HIB)

鹰爪枫 Holboellia coriacea Deils

海拔：600～1300 m

分布：城口县、奉节县、巫山县、平利县、镇坪县、竹溪县

引证标本：巴山采集队 0575、戴天伦 101077、方明渊 24833、植物所三峡考察队 1250、周洪富、粟和毅 107556 107716 107718、植被组 424(WUK)、徐光远 4921(WUK)、郑重 1002(HIB)

牛姆瓜 Holboellia grandiflora Réaubourg

海拔：1100～1700 m

分布：平利县、镇坪县

引证标本：徐光远 4265(WUK) 4268(WUK) 4745(WUK)

大血藤属 Sargentodoxa Rehd. & Wils.

大血藤 Sargentodoxa cuneata (Oliv.) Rehd. & E. H. Wilson

海拔：1300～1600 m

分布：城口县、西乡县、平利县、镇坪县

引证标本：戴天伦 102941、苏陕民 438(WUK)、87(条形码号：0008138)(WUK)、陕西省植被区划小组 45(WUK)

串果藤属 Sinofranchetia Hemsl.

串果藤 Sinofranchetia chinensis (Franch.) Hemsl.

海拔：1300～2200 m

分布：城口县、南江县、巫山县、巫溪县、平利县、镇坪县

引证标本：戴天伦 100399 100556 101039 101299 101930(SZ) 102462 107036 107137、杨光辉 59156(SZ)、周善滋 2540(SZ)、吴振海 1165(WUK)、徐光远 5543(WUK)

野木瓜属 Stauntonia DC.

羊瓜藤 Stauntonia duclouxii Gagnep.

海拔：1100～1200 m

分布：镇坪县

引证标本：应俊生 0393(WUK) 应俊生等 305(WUK)

33.防已科 Menispermaceae*

木防己属 Cocculus DC.

木防己 Cocculus orbiculatus (L.) DC.

海拔：500～1750 m

分布：城口县、房县、奉节县、南江县、平利县、万源市、旺苍县、巫山县、巫溪县、西乡县、竹溪

* 此部分由覃海宁编写。

县、镇巴县、宁强县

引证标本：1244(PE-01658019) 24676(PE-01070672)、K. M. Liou 8384 8553 8831 8949 8968 9062 9181、巴山采集队 5182、方明渊 24666 24788 27002、李培元 5483 5907 6637、曲仲湘 1742、四川大学川东植物调查队 108608、西北大学生物系 1244、杨光辉 53289 58289 59577 65235、张泽荣 25492 25503 25512 25607 25705 25833、周洪富 24676 26448 26513 26598 26628 26758 26776 26940、周洪富、粟和毅 108633 108954 109049 109215 109690 110536 110676 110788 111573、戴天伦 105885、何兴金等 167578(SZ)、四川大学川东植物调查队 111649(SZ)、王金敖 0101(CDBI) 0116(CDBI)、西大生物系巴山木本小组 040(WNU)、赵清盛等 5890(SZ)、西大生物实习队 1339(WUK)、陕西省中草药普查队 1900(WUK)

轮环藤属 **Cyclea** Arnott ex Wight

毛叶轮环藤 **Cyclea barbata** Miers

海拔：1200 m

分布：奉节县

引证标本：周洪富、粟和毅 108745

轮环藤 **Cyclea racemosa** Oliv.

海拔：500～1320 m

分布：城口县、奉节县、旺苍县、巫山县

引证标本：巴山采集队 1440 5242、戴天伦 107535(SZ)、方明渊 24801(SZ)、熊济华等 90397(SWCTU)、张泽荣 25448(SZ) 25781(SZ)、周洪富 26974(SZ)、周洪富、粟和毅 109158(SZ) 109837(SZ)

四川轮环藤 **Cyclea sutchuenensis** Gagnep.

海拔：554～1320 m

分布：通江县、奉节县

引证标本：张泽荣 25445(SZ)、巴山采集队 5897 6221

秤钩风属 **Diploclisia** Miers

秤钩风 **Diploclisia affinis** (Oliv.) Diels

海拔：600～740 m

分布：奉节县

引证标本：张泽荣 25616、周洪富、粟和毅 108901(SZ) 109459

细圆藤属 **Pericampylus** Miers

细圆藤 **Pericampylus glaucus** (Lam.) Merr.

海拔：500～600 m

分布：奉节县

引证标本：周洪富、粟和毅 25953、张泽荣 25630

风龙属 **Sinomenium** Diels

风龙 **Sinomenium acutum** (Thunb.) Rehd. & Wils.

海拔：790～2100 m

分布：城口县、房县、万源市、巫山县、巫溪县、镇坪县、平利县、竹溪县

引证标本：K. M. Liou 8621、巴山采集队 0185、刘克荣 0297 0472、杨光辉 59667 59825 65627 69668(SZ)、植物所三峡考察队 1424、戴天伦 100907 101394 101524 102421 102637 102864 103247 104284 105491 105544 105717 106724 106917 106919 107240、李先源、王海洋 050178(SWCTU)、彭淮禄 2232(SZ)、熊济华 1047574(SWCTU)、陕西省中草药科研组 1925(WUK)、野经第三队 323(WUK)

千金藤属 **Stephania** Lour.

金线吊乌龟 **Stephania cepharantha** Hayata

海拔：1000～1700 m

分布：巫山县、镇坪县、平利县

引证标本：周洪富、粟和毅 109478 109788、陕西省中草药科研组 1927(WUK)、徐光远 4311(WUK)

汝兰 **Stephania sinica** Ciels

海拔：1350～1800 m

分布：城口县、房县、万源市

引证标本：刘克荣 0439、戴天伦 102661 106061、李本良、川经达 2185

青牛胆属 **Tinospora** Miers

青牛胆 Tinospora sagittata (Oliv.) Gagnep.

海拔：700～1400 m

分布：通江县、奉节县、巫山县、镇坪县、宁强县、竹溪县

引证标本：巴山采集队 6207、杨光辉 59676、周洪富、粟和毅 107707 107824、陕西省中草药科研组(WUK)、李培元 178(WUK)、黄仁煌 2981(HIB)

34.三白草科 Saururaceae

蕺菜属 **Houttuynia** Thunb.

蕺菜 Houttuynia cordata Thunb.

海拔：380～2100 m

分布：城口县、奉节县、南江县、旺苍县、通江县、巫山县、巫溪县、云阳县、镇坪县、平利县、房县

引证标本：T. P. Wang 10738、巴山采集队 0155 0512 0837 1760 5896、戴天伦 100773(SZ) 100924 101428(SZ) 101464 102990 105229(SZ) 105413(SZ) 105510(SZ) 106936(SZ)、方明渊 24551 24951、李培元 5222 5262 5398 5650、于海 30006、张泽荣 25157 25828、周洪富 26081、周洪富、粟和毅 108549 109045 109899 110163、应俊生 0982(WUK)、陈彦生等 2217(WUK)、刘克荣 286(HIB)

三白草属 **Saururus** L.

三白草 Saururus chinensis (Lour.) Baillon

海拔：100～1200 m

分布：奉节县

引证标本：方明渊 23981(SZ) 24881、张泽荣 25601、周洪富、粟和毅 108740 108938 109132 109346 110615

35.胡椒科 Piperaceae

草胡椒属 **Peperomia** Ruiz & Pavon

豆瓣绿 Peperomia tetraphylla (G. Forster) Hook. & Arn.

海拔：595～950 m

分布：城口县、巫山县

引证标本：戴天伦 103666(SZ)、杨光辉 59094

胡椒属 **Piper** L.

石南藤 Piper wallichii (Miq.) Hand.-Mazz.

海拔：745～1750 m

分布：城口县、南江县、云阳县

引证标本：戴天伦 103129(SZ) 103285(SZ)、万绍滨 2642(SZ)、02168(PE-00125448)

36.金粟兰科 Chloranthaceae

金粟兰属 **Chloranthus** Swartz

狭叶金粟兰 Chloranthus angustifolius Oliv.

海拔：650 m

分布：奉节县

引证标本：周洪富、粟和毅 107727

宽叶金粟兰 Chloranthus henryi Hemsl

海拔：1080～1900 m

分布：城口县、奉节县、南江县、通江县、巫山县、巫溪县、竹山县

引证标本：T. P. Wang 10728、巴山采集队 0054 0523 0862 1253 5858、陈之端等 960506 960847、戴天伦 100645 100989 101175 101857 105215 105342 105608 105644 106614、四川大学川东植物调查队 108210 109318、杨钦周 164、张泽荣 25091 25542、植物所三峡考察队 0223、周洪富、粟和毅 108514 109318 110261 、邹家志、川经达 3084(CDBI)

多穗金粟兰 Chloranthus multistachys Pei

海拔：1050～1430 m

分布：平利县、镇坪县、南江县、旺苍县

引证标本：范光复 30038、巴山采集队 5125 5343、陈彦生等 2811(WUK)

草珊瑚属 **Sarcandra** Gardn.

草珊瑚 Sarcandra glabra (Thunb.) Nakai

海拔：900 m

分布：奉节县

引证标本：周洪富 26263

37.马兜铃科 Aristolochiaceae

马兜铃属 **Aristolochia** L.

马兜铃 **Aristolochia debilis** Siebold & Zucc.

海拔：1300～1800 m

分布：广元市、旺苍县、万源市

引证标本：巴山采集队 5101、四川任务组 1338、贾敏如、吴宝慧 930868(CDCM)

异叶马兜铃 **Aristolochia kaempferi** Willd.

海拔：1250～1600 m

分布：城口县、巫溪县、镇坪县、平利县、竹溪县

引证标本：戴天伦 100679(SZ) 100891(SZ)、黄仁煌 2952(HIB)、105841(SZ) 100947 105617、四川经济植物考察队 45(CDBI)、巴山采集队 1340、陈彦生等 1018(WUK) 2774(WUK)

淮通 **Aristolochia moupinensis** Franch.

海拔：1250～2300 m

分布：城口县、南江县

引证标本：戴天伦 106982(SZ)、万绍滨 2596(SZ)

细辛属 **Asarum** L.

双叶细辛 **Asarum caulescens** Maxim.

海拔：1500～1800 m

分布：南江县、竹溪县

引证标本：冯永华 2688(SZ)、黄仁煌 3450(HIB)

铜钱细辛 **Asarum debile** Franch.

海拔：1400～1700 m

分布：南江县、巫山县、竹溪县

引证标本：陈炳麟 2559(SZ)、杨光辉 57995、郑重 890(HIB)

细辛 **Asarum heterotropoides** F. Schmidt

海拔：1700 m

分布：巫山县

引证标本：马云相 85027(CDCM)

苕叶细辛 **Asarum himalaicum** Hook. & Thomson ex Klotzsch

海拔：1200～2600 m

分布：巫溪县、平利县、竹溪县

引证标本：李振宇 11743、杨光辉 58847、陈彦生等 4223(WUK)

大叶细辛 **Asarum maximum** Hemsl.

海拔：1100 m

分布：奉节县

引证标本：苏茂荣 0326

汉城细辛 **Asarum sieboldii** Miq.

海拔：1200～2000 m

分布：平利县、广元市、南江县、通江县、万源市、巫溪县、竹山县、竹溪县

引证标本：川经绵 4095(SZ)、冯永华 2662(SZ) 2665(SZ)、王子光 2358(SZ)、吴至康、川经万 1091(CDBI)、向定蜀 2953(SZ)、徐昌义 2900(SZ)、4095(条形码号：00325970)(SZ)、邹家志、川经达 3117(CDBI)、黄仁煌 3449(HIB)

马蹄香属 **Saruma** Oliv.

马蹄香 **Saruma henryi** Oliv.

海拔：1280～1300 m

分布：巫溪县

引证标本：陈之端等 960508 960849

38.芍药科 Paeoniaceae

芍药属 **Paeonia** L.

芍药 **Paeonia lactiflora** Pallas

海拔：1000～1400 m

分布：奉节县

引证标本：周洪富、粟和毅 109244、方明渊 24067

草芍药 **Paeonia obovata** Maxim.

海拔：1000～1650 m

分布：城口县、南江县、通江县、巫溪县

引证标本：巴山采集队 1304、达县野生植物普查队 0118(CDBI)、李先源、王海洋 050181(SWCTU)、

向定蜀 2969(SZ)、左宝玉 2812(SZ)

拟草芍药 Paeonia obovata Maxim. subsp. **willmottiae** (Stapf) D. Y. Hong & K. Y. Pan

海拔：1500～1910 m

分布：旺苍县、城口县、巫溪县

引证标本：陈耀东、马欣堂、傅连中 2280、陈之端等 960723 960740、戴天伦 101441、刘正宇 H98039、杨光辉 57903、四川经济植物考察队 4626(CDBI)、四川农学院 4714(CDBI)

牡丹 Paeonia suffruticosa Andrews

海拔：1000～1400 m

分布：城口县、奉节县、广元市

引证标本：周洪富 26133、周洪富、粟和毅 107696(SZ) 108001(SZ)、戴天伦 101685

39.猕猴桃科 Actinidiaceae

猕猴桃属 Actinidia Lindl.

软枣猕猴桃 Actinidia arguta (Siebold & Zucc.) Planch. ex Miq.

海拔：1000～2200 m

分布：城口县、奉节县、巫溪县、平利县、竹溪县

引证标本：K. M. Liou 8600、陈耀东、马欣堂、傅连中 2018、戴天伦 101037 104052 105460、张泽荣 25270、陈彦生等 1001(WUK)

异色猕猴桃 Actinidia callosa var. **discolor** C. F. Liang

海拔：960 m

分布：旺苍县

引证标本：巴山采集队 5181

陕西猕猴桃 Actinidia arguta var. **giraldii** (Diels) Voroschilov

海拔：1450 m

分布：平利县

引证标本：陈彦生等 3011(WUK)

硬齿猕猴桃 Actinidia callosa Lindl.

海拔：120～2000 m

分布：城口县、房县、奉节县、平利县、旺苍县、万源市、通江县、巫山县、巫溪县

引证标本：K. L. Chu 1896 2140、K. M. Liou 8369 9243、戴天伦 100186 100234 100422 100468、李培元 5475、刘克荣 0284、乔英林 01136、杨光辉 59680 59911 65102、张泽荣 25127、周洪富 26420、周洪富、粟和毅 107888 109171 109297 109769 110141、巴山采集队 6176 6302

京梨猕猴桃 Actinidia callosa Lindl. var. **henryi** Maxim.

海拔：966～1200 m

分布：城口县、巫山县、巫溪县

引证标本：巴山采集队 0277、曲桂龄 1896

城口县猕猴桃 Actinidia chengkouensis C. Y. Chang

海拔：1650～2000 m

分布：城口县、巫山县、巫溪县

引证标本：巴山采集队 0102、戴天伦 105455 101228、杨光辉 58971 59128

中华猕猴桃 Actinidia chinensis Planch.

海拔：610～2000 m

分布：城口县、南江县、平利县、南郑县、镇坪县、旺苍县、通江县、巫溪县

引证标本：K. M. Liou 8423、巴山采集队 0294 0526 4900 5127 5715 6056 6122、杨光辉 59321、陈彦生等 4081(WUK)

美味猕猴桃 Actinidia chinensis Planch. var. **deliciosa** (A. Chev.) A Chev.

海拔：800～1936 m

分布：城口县、奉节县、南江县、房县

引证标本：巴山采集队 1753、陈炳麟 2502(SZ)、戴天伦 105291、李先源 KQ106(SWCTU)、刘克荣 0229(HIB)

刺毛猕猴桃 Actinidia chinensis Planch. var. **setosa** H. L. Li

海拔：1650～2200 m

分布：城口县、巫山县、巫溪县

引证标本：戴天伦 101428(SZ)

长叶猕猴桃 Actinidia hemsleyana Dunn

海拔：1750 m

分布：南江县

引证标本：左宝玉 2866(SZ)

狗枣猕猴桃 Actinidia kolomikta (Maxim. & Rupr.) Maxim.

海拔：1180～2200 m

分布：城口县、奉节县、通江县、旺苍县、镇坪县、平利县

引证标本：方明渊 24261、张泽荣 25215、周洪富、粟和毅 108010、巴山采集队 4894、重师、西农调查队 0080(CDBI)、陈彦生等 2174(WUK) 2877(WUK)

黑蕊猕猴桃 Actinidia melanandra Franch.

海拔：1300～1950 m

分布：城口县、巫山县、巫溪县

引证标本：戴天伦 101996 59364、杨光辉 58972、四川经济植物考察队 0002(CDBI)

葛枣猕猴桃 Actinidia polygama (Siebold & Zucc.) Maxim.

海拔：550～2000 m

分布：城口县、南江县、通江县、巫溪县、镇坪县、竹溪县

引证标本：K. L. Chu 1925、K. M. Liou 8754、陈耀东、傅连中、马欣堂 2245、巴山采集队 5373 5486、戴天伦 107386(SZ) 101570 105209 105526 106498、杨光辉 59172(SZ) 59174 59530、邹家志、川经达 3082(CDBI)、陈彦生等 4150(WUK)

革叶猕猴桃 Actinidia rubricaulis Dunn var. **coriacea** (Finet & Gagnep.) C. F. Liang

海拔：500～1050 m

分布：奉节县

引证标本：方明渊 23945 24771、张泽荣 25534 25620 25981、周洪富 26600 26765、周洪富、粟和毅 108693 109339 110451 110801

星毛猕猴桃 Actinidia stellatopilosa C. Y. Chang

海拔：1200 m

分布：城口县

引证标本：戴天伦 105066

四萼猕猴桃 Actinidia tetramera Maxim.

海拔：500～2600 m

分布：城口县、奉节县、南江县、巫溪县、平利县

引证标本：引证标本：戴天伦 100810 101759 101796、四川经济植物考察队 00952(CDBI)、杨光辉 58932 59286、周洪富、粟和毅 108393(SZ)、陈耀东、傅连中、马欣堂 2557、陈彦生等 3819(WUK)

毛蕊猕猴桃 Actinidia trichogyna Franch.

海拔：1020～1950 m

分布：城口县、万源市、巫山县、巫溪县

引证标本：戴天伦 100723 100849 100867 101033 102393 105054 105310 105525 105723 104212 105310 105574 107056、李培元 4481、四川大学生物系 105723、四川大学生物系植物分类教研组 59172、周洪富、粟和毅 110222 110313、巴山采集队 1122、杨光辉 59922

葡萄叶猕猴桃 Actinidia vitifolia C. Y. Wu

海拔：1100 m

分布：南江县

引证标本：向定蜀 2971(SZ)

藤山柳属 Clematoclethra Maxim.

猕猴桃藤山柳 Clematoclethra scandens subsp. **actinidioides** (Maxim.) Y. C. Tang & Q. Y. Xiang

海拔：1430～2200 m

分布：城口县、南江县、旺苍县、平利县

引证标本：巴山采集队 0087 4920 5336 5605、陈彦生等 884(WUK)

繁花藤山柳 Clematoclethra scandens subsp. **hemsleyi** (Baillon) Y. C. Tang & Q. Y. Xiang

海拔：1700～2600 m

分布：旺苍县、城口县、巫溪县

引证标本：巴山采集队 5015 5091、戴天伦 105636、杨光辉 58917 58938

藤山柳 Clematoclethra scandens (Franch.) Maxim. subsp. **scandens**

海拔：2000～2050 m

分布：旺苍县、城口县

引证标本：巴山采集队 4896

40.山茶科 Theaceae

山茶属 **Camellia** L.

贵州连蕊茶 **Camellia costei** Lév.

海拔：950 m

分布：奉节县

引证标本：周洪富、粟和毅 111499

连蕊茶 **Camellia cuspidata** (Kochs) H. J. Veitch

海拔：610～1200 m

分布：奉节县、平利县、巫山县、镇巴县、镇坪县、南郑县

引证标本：牛春山 2977、王明昌 1193 901、方明渊 23936、周洪富、粟和毅 107830 109361 109412 110098 111644、巴山采集队 6102、陈彦生等 2915(WUK)

长管连蕊茶 **Camellia elongata** (Rehder & E. H. Wilson) Rehder

海拔：1290 m

分布：巫山县

引证标本：周洪富、粟和毅 110397(SZ)

小叶短柱茶 **Camellia grijsii** var. **shensiensis** (Hung T. Chang) T. L. Ming

海拔：850 m

分布：平利县、巫溪县、竹溪县

引证标本：K. M. Liou 8543 8778、倪炳炽 00052、牛春山 2867、杨光辉 65347

油茶 **Camellia oleifera** C. Abel

海拔：320～1750 m

分布：城口县、奉节县、广元市、万源市、巫溪县、镇巴县、竹溪县

引证标本：巴山采集队 0611、戴天伦 101682 102505 103340 103342 103706 103728 106900、王明昌 1123、王金敖 0137(CDBI)、杨光辉 59544 65208、张泽荣 25806 25982、周洪富 26605 26708 26711、周洪富、粟和毅 108915 108960、中国西部科学院 2155

西南红山茶 **Camellia pitardii** Cohen-Stuart

海拔：450～850 m

分布：奉节县

引证标本：周洪富 26687

川鄂连蕊茶 **Camellia rosthorniana** Hand.-Mazz.

海拔：750～1400 m

分布：广元市、巫溪县

引证标本：何业琪 1880、杨光辉 65354

茶 **Camellia sinensis** (L.) Kuntze

海拔：340～1950 m

分布：城口县、奉节县、岚皋县、平利县、巫山县、巫溪县、镇巴县、竹溪县

引证标本：K. L. Chu 2110、K. M. Liou 8542、巴山采集队 0597、戴天伦 101168 102298 103293 103578 104131 107296、方明渊 23895 23928、何全华 1361、李培元 1266 5447 6445、倪炳炽 00556、王明昌 1069、杨光辉 65134 65281 65632、张泽荣 25536、周洪富 26562、周洪富、粟和毅 108962 109341 110427 110855

川滇连蕊茶 **Camellia tsaii** Sealy var. **synaptica** (Sealy) Chang

海拔：1000 m

分布：奉节县

引证标本：周洪富 26760

瘤国茶 **Camellia tuberculata** S. S. Chien

分布：广元市

引证标本：F. T. Wang 22660

红淡比属 **Cleyera** Thunb.

齿叶红淡比 **Cleyera lipingensis** (Hand.-Mazz.) T. L. Ming

海拔：750～850 m

分布：奉节县

引证标本：周洪富 26780、周洪富、粟和毅 109411 111643

柃木属 Eurya Thunb.

翅柃 **Eurya alata** Kobuski

海拔：1500 m

分布：城口县、奉节县、巫山县、巫溪县、竹溪县

引证标本：K. M. Liou 8775 8785、张泽荣 25400、戴天伦 105848、三峡考察队 3578、杨光辉 59900 59907 65491 65602 65604

短柱柃 **Eurya brevistyla** Kobuski

海拔：940～2200 m

分布：城口县、奉节县、南江县、通江县、万源市、巫山县、巫溪县、镇坪县、平利县、竹溪县

引证标本：巴山采集队 0291 0742 0761、大巴山工作组 00626(CDBI)、戴天伦 101119 101437 104997 105127 105129 105367(SZ) 105385 105462 105620 106121 107129 李培元 3536(SZ)、马柞祥 2229(SZ)、三峡考察队 2909、四川经济植物考察队 00615(CDBI)、王金敖 0218(CDBI)、杨光辉 65052、张泽荣 25172 25533(SZ)、周洪富、粟和毅 108019 109036 110366(SZ) 107565 111416、陈彦生等 2222(WUK) 2776(WUK)、郑重 839(HIB)

米碎花 **Eurya chinensis** R. Br.

海拔：1029 m

分布：奉节县

引证标本：三峡考察队 3272

细枝柃 **Eurya loquaiana** Dunn

海拔：500～1000 m

分布：奉节县

引证标本：张泽荣 25661 25975、周洪富 26566、周洪富、粟和毅 108833 108834 110428

细齿叶柃 **Eurya nitida** Korthals

海拔：520～1600 m

分布：通江县、城口县、奉节县、巫山县、巫溪县

引证标本：戴天伦 103379、方文培 10302(SZ)、三峡考察队 3239 3575、杨光辉 59597 65181、周洪富 26216(SZ) 26783 26334 26382、周洪富、粟和毅 107599 107692(SZ) 108825(SZ) 108919 109330 110798(SZ) 1111598(SZ) 111500 111598 111297 111300 111302、方明渊 24732 24753、巴山采集队 5924

钝叶柃 **Eurya obtusifolia** Hung T. Chang

海拔：554～1450 m

分布：奉节县、南江县、通江县、镇巴县

引证标本：川经植 00197、周洪富 26699、巴山木本小组 022(WNU)、方明渊 24165、王金敖 0048(CDBI) 0154(CDBI)、周洪富、粟和毅 108333(SZ) 111198 1113297(SZ)、巴山采集队 6247

金叶柃 **Eurya obtusifolia** Hung T. Chang var. **aurea** (H. Lév.) T. L. Ming

海拔：740～1750 m

分布：城口县、奉节县

引证标本：巴山采集队 0298、戴天伦 100470、方明渊 23961、张泽荣 25533 25637、周洪富 26574 26934、周洪富、粟和毅 108620 109364(SZ) 109406(SZ) 109408(SZ) 109410(SZ) 110740(SZ)、陈炳麟 0344

四角柃 **Eurya tetragonoclada** Merr. & Chun

海拔：1000 m

分布：奉节县、巫山县

引证标本：周洪富 26021

木荷属 Schima Reinw.

小花木荷 **Schima parviflora** W. C. Cheng & Hung T. Chang

海拔：1000 m

分布：巫溪县

引证标本：倪炳炽 133868(SYS)

紫茎属 Stewartia L.

紫茎 **Stewartia sinensis** Rehder & E. H. Wilson

分布：竹溪县

引证标本：马灵光(条形码号：0067748)(HIB)

厚皮香属 Ternstroemia Mutis ex L. f.

四川厚皮香 **Ternstroemia sichuanensis** L. K. Ling

海拔：650～1500 m

分布：奉节县

引证标本：方明渊 24000、张泽荣 25640、周洪富 26972

41.藤黄科 Clusiaceae

金丝桃属 **Hypericum** L.

黄海棠 Hypericum ascyron L.

海拔：900～2475 m

分布：城口县、开县、奉节县、岚皋县、平利县、旺苍县、巫山县、巫溪县

引证标本：四川大学生物系 24697、杨光辉 58710 59835、巴山采集队 1291 1670 1881 2033 2169 2452 5419、戴天伦 101584 102356 105964 106264、杨光辉 58710 59835、张泽荣 25987、周洪富 26753、周洪富、粟和毅 24697 109866 109885 110210、陈耀东等 2487、陈彦生等 4361(WUK)

赶山鞭 Hypericum attenuatum Fisch. ex Choisy

海拔：800～1520 m

分布：城口县、南江县、旺苍县、平利县、房县

引证标本：巴山采集队 5180 5310 5492、平利队平 0310、戴天伦 101289、邢吉庆 17925(HIB)

无柄金丝桃 Hypericum augustinii N. Robson

海拔：2600 m

分布：巫溪县

引证标本：杨光辉 58812

栽秧花 Hypericum beanii N. Robson

海拔：1510 m

分布：城口县

引证标本：巴山采集队 1515

小连翘 Hypericum erectum Thunb.

海拔：1430～1800 m

分布：城口县、奉节县、南江县、旺苍县、巫山县

引证标本：巴山采集队 5100 5347、戴天伦 101713 105879 106228 106846 106984、方明渊 24620、周洪富 26587 26773、周洪富、粟和毅 108972 109156 109507 109531 109862 109882 109946 110251 111118 111153

扬子小连翘 Hypericum faberi R. Keller

海拔：800～2300 m

分布：城口县、奉节县、通江县、巫山县

引证标本：戴天伦 101713 105879 106228 106846 106984、方明渊 24620、杨光辉 58962、周洪富 26587 26773、王金敖 0213、巴山采集队 5912

川滇金丝桃 Hypericum forrestii (Chittenden) N. Robson

海拔：1527 m

分布：开县

引证标本：巴山采集队 2767

短柱金丝桃 Hypericum hookerianum Wight & Arn.

分布：通江县

引证标本：王金敖 0053

地耳草 Hypericum japonicum Thunb.

海拔：250～2600 m

分布：通江县、奉节县、巫山县、巫溪县

引证标本：杨光辉 58939、张泽荣 25626 25926、周洪富 26614、周洪富、粟和毅 25926 109416 109418 109816 109818 110416 110946、巴山采集队 5885

圆果金丝桃 Hypericum longistylum Oliv. subsp. **giraldii** (R. Keller) N. Robson

海拔：500 m

分布：广元市

引证标本：姜恕等 00105

长柱金丝桃 Hypericum longistylum subsp. **longistylum**

海拔：570 m

分布：广元市

引证标本：T. L. Liou 等 183

金丝桃 Hypericum monogynum L.

海拔：200～1320 m

分布：房县、奉节县、巫山县、巫溪县、云阳县、

竹溪县、南郑县

引证标本：K. M. Liou 9117、T. P. Wang 10303、杨光辉 58342 58607、张泽荣 25230 25465 25873、李培元 9529、倪炳炽 00482 倪 00575、王清泉 0384、周洪富 26061 26091 26377 26560、周洪富、粟和毅 108714、巴山采集队 6106

金丝梅 Hypericum patulum Thunb.

海拔：610～1400 m

分布：城口县、奉节县、南江县、旺苍县、通江县、西乡县、云阳县、镇巴县、南郑县、竹山县

引证标本：T. N. Liou & C. Wang 69、T. N. Liou 等 3963、巴山采集队 5149 5302 5848 6115、陈之端等 960427、7 队 0041、达县野生植物普查队 2362、戴天伦 100745 100784 100888 101840 102054 104230 105411 105554 107274 107327、方明渊 24535 24575 24615 24736 24856 25155、万绍滨 2632、万绍滨、王金敖 0063、张泽荣 25155 25399 25561、周洪富 26250 26763、周洪富、粟和毅 108596 108784 109052 109169 110466 110600 111433、黄仁煌 3482(HIB)

贯叶连翘 Hypericum perforatum L.

海拔：110～2400 m

分布：城口县、开县、奉节县、广元市、旺苍县、通江县、巫山县、巫溪县、云阳县、岚皋县、镇巴县、镇坪县、平利县、房县

引证标本：巴山采集队 0165 0431 0604 0738 0814 1157 1266 1457 1594 1969 6184 6232、K. L. Chu 1728、K. M. Liou 9212、T. P. Wang 9322、姜恕等 00116、刘玉红 89057、四川大学生物系 101981、杨光辉 58591 59269 59421、张泽荣 25387 25617、戴天伦 100778 101189 101463 101660 101774 101981 102107 102649 105411 105554 105842 106159 106762 107113 107206 107477 121660、方明渊 24572 24573 24778、李先源 KQ064、凌春芳 4196、倪炳炽 00497、王金敖 0103、周洪富 26289 26697 26904、周洪富、粟和毅 108544 109102 109279 109347 109479 109836 109892 110059 110424 110551 110910 111016 111182 111392、陈耀东等 2042 2296 2409 2501、陈彦生等 870(WUK) 2700(WUK)

短柄小连翘 Hypericum petiolulatum Hook. & Thorns. ex Dyer

海拔：750～2286 m

分布：城口县、开县、巫山县、竹溪县

引证标本：巴山采集队 0897 1179 1972 1988 2042、甘啓良 21831、周洪富、粟和毅 110326

大叶金丝桃 Hypericum prattii Hemol.

海拔：400～1300 m

分布：巫山县、巫溪县

引证标本：T. P. Wang 10742、杨光辉 58206、58607

突脉金丝桃 Hypericum przewalskii Maxim.

海拔：1200～2600 m

分布：城口县、南江县、巫溪县、平利县

引证标本：戴天伦 101289、杨光辉 58812、陆鄂鸣 2770、陈彦生等 4189(WUK)

元宝草 Hypericum sampsonii Hance

海拔：520～1000 m

分布：城口县、奉节县、平利县、南郑县、巫溪县

引证标本：巴山采集队 0224 0681 1434 5940 6134、K. L. Chu 1858、方明渊 24844、于海平 30217、张泽荣 25524、周洪富、粟和毅 108705 108876 109156

星萼金丝桃 Hypericum stellatum N. Robson

海拔：800～1500 m

分布：城口县、奉节县

引证标本：戴天伦 100745 100784 100888 101840 107327、方明渊 24535 24575 24615 24736、四川大学生物系植物分类教研组 102054、张泽荣 25155 25399 25873、周洪富 26560 26624 26763

川鄂金丝桃 Hypericum wilsonii N. Robson

海拔：800～1200 m

分布：奉节县

引证标本：方明渊 24856、张泽荣 25561、周洪富 24615

42.罂粟科 Papaveraceae

白屈菜属 **Chelidonium** L.

白屈菜 **Chelidonium majus** L.

海拔：820～1100 m

分布：西乡县、镇坪县、平利县、竹溪县、房县

引证标本：傅坤俊 11471(WUK)、K. M. Liou 8893、徐光远 4826(WUK)、李培元 1591(WUK)、黄仁煌 3083(HIB)

紫堇属 **Corydalis** DC.

川东紫堇 **Corydalis acuminata** Franch.

海拔：1800～2530 m

分布：城口县、奉节县、巫山县、巫溪县

引证标本：陈之端等 960803、戴天伦 100799、四川大学川东植物调查队 108338、植物所三峡考察队 1176 1197 1434

地柏枝 **Corydalis cheilanthifolia** Hemsl.

海拔：1000～2000 m

分布：城口县、奉节县、南江县、巫山县、巫溪县、平利县、竹溪县

引证标本：陈耀东、马欣堂、傅连中 2217、陈之端等 960652、甘启良 1257、周洪富、粟和毅 107627、左宝玉 2774(SZ)、陕西省中草药普查队 1272(WUK)

南黄堇 **Corydalis davidii** Franch.

海拔：1870～2383 m

分布：城口县、开县、巫溪县

引证标本：巴山采集队 1659 2194 2539、陈耀东、马欣堂、傅连中 2241 2370

紫堇 **Corydalis edulis** Maxim.

海拔：720～1700 m

分布：城口县、奉节县、广元市、平利县、西乡县、镇坪县、旺苍县、竹溪县

引证标本：巴山采集队 4988、姜恕、金存礼 00097 00161、周洪富、粟和毅 107621、107787(SZ)、戴天伦 100258、乔英林 1151、邢吉庆 24(WUK)、徐光远 4665(WUK)、郑重 822(HIB)

北岭黄堇 **Corydalis fargesii** Franch.

海拔：1350～1660 m

分布：城口县、镇坪县、平利县

引证标本：戴天伦 104073、陈彦生等 2753(WUK) 4171(WUK)

巴东紫堇 **Corydalis hemsleyana** Franch. ex Prain

海拔：1600～2100 m

分布：巫山县、云阳县、镇巴县

引证标本：杨光辉 57940、植物所三峡考察队 1074 1187、陕西省中草药科研组 32(WUK)

刻叶紫堇 **Corydalis incisa** (Thunb.) Persoon

海拔：1007～1400 m

分布：平利县、镇坪县、竹溪县

引证标本：李培元 2040(WUK)、陈彦生等 266(WUK)、黄仁煌 3462(HIB)

蛇果黄堇 **Corydalis ophiocarpa** Hook. & Thomson

海拔：940～2457 m

分布：城口县、开县、南江县、平利县、镇坪县

引证标本：巴山采集队 0564 1985 2140 2435 5705、戴天伦 100323 100490 105079、K. M. Liou 8395、乔林英 1306(WUK)

黄堇 **Corydalis pallida** (Thunb.) Persoon

海拔：1050 m

分布：镇坪县

引证标本：徐光远 4829(WUK)

小花黄堇 **Corydalis racemosa** (Thunb.) Persoon

海拔：230～1670 m

分布：城口县、奉节县、南江县、平利县、镇坪县、宁强县、旺苍县、巫山县、云阳县、竹溪县

引证标本：K. M. Liou 8548 8665 8824、T. P. Wang 10499 10693、巴山采集队 0555 5076 5537、陈之端等 960463、乔英林 1087、植物所三峡考察队 0993 1047、周洪富 26121、周洪富、粟和毅 108756(SZ)、徐光远 4859(WUK)、李培元 917(WUK)

岩黄连 Corydalis saxicola Bunting

海拔：1520 m

分布：巫溪县

引证标本：陈之端等 960605

地锦苗 Corydalis sheareri S. Moore

海拔：736～950 m

分布：城口县、云阳县、奉节县

引证标本：方文培 10103(SZ)、植物所三峡考察队 0926、周洪富、粟和毅 107261(条形码号：00168615)(SZ)

大叶紫堇 Corydalis temulifolia Franch.

海拔：790～1800 m

分布：巫山县、巫溪县、镇坪县

引证标本：陈之端等 960548、植物所三峡考察队 1412、杨光辉 68996(SZ)、徐光远 4638(WUK)

神农架紫堇 Corydalis ternatifolia C. Y. Wu

海拔：1250 m

分布：城口县

引证标本：戴天伦 100523

糙果紫堇 Corydalis trachycarpa Maxim.

海拔：1250 m

分布：城口县

引证标本：戴天伦 100523(SZ)

秦岭紫堇 Corydalis trisecta Franch.

海拔：2600 m

分布：巫溪县

引证标本：杨光辉 58823

川鄂黄堇 Corydalis wilsonii N. E. Brown

海拔：1200 m

分布：竹溪县

引证标本：黄仁煌 3459(HIB)

血水草属 Eomecon Hance

血水草 Eomecon chionantha Hance

海拔：700 m

分布：镇巴县

引证标本：陕西省中草药科研组 230(WUK) 805(WUK)

荷青花属 Hylomecon Maxim.

荷青花(原变种)Hylomecon japonica (Thunb.) Prantl var. **japonica**

海拔：940～2000 m

分布：城口县、广元市、南江县、通江县、巫山县、巫溪县、镇坪县、竹溪县

引证标本：巴山采集队 1921、何获平 58510(SZ)、绵阳植被队 4188(CDBI)、夏永芳 888(FUS)、徐昌义 2902(CDBI)、杨光辉 58510 57815(SZ) 57854 57956、重师调查队 0020(CDBI)、陈之端等 960926、徐光远 4736(WUK)、黄仁煌 3447(HIB)

多裂荷青花 Hylomecon japonica var. **dissecta** (Franch. & Sav.) Fedde

海拔：1000 m

分布：竹溪县

引证标本：郑重 851(HIB)

博落回属 Macleaya R. Br.

博落回 Macleaya cordata (Willd.) R. Br.

海拔：600～1000 m

分布：城口县、旺苍县、房县

引证标本：巴山采集队 5263、戴天伦 102030(SZ)、刘克荣 311(HIB)

小果博落回 Macleaya microcarpa (Maxim.) Fedde

海拔：272～1300 m

分布：城口县、房县、万源市、巫山县、巫溪县、西乡县、镇坪县

引证标本：K. M. Liou 9055、李培元 2304(WUK) 4567、四川大学生物系 102030、杨光辉 58595 59606 59822、周洪富、粟和毅 109989、戴天伦 103608、植物所三峡考察队 0109、3711、傅坤俊 11756(WUK)、乔林英 1298(WUK)

绿绒蒿属 Meconopsis Vig.

柱果绿绒蒿 Meconopsis oliveriana Franch. & Prain

海拔：1700～2200 m

分布：城口县、南江县、旺苍县

引证标本：巴山采集队 4901 4961 4985 5107 5572、戴天伦 106755(SZ)

罂粟属 **Papaver** L.

野罂粟 Papaver nudicaule L.

海拔： 2040～2203 m

分布： 城口县、巫山县、巫溪县

引证标本： 植物所三峡考察队 0378 0470、巴山采集队 2036、杨光辉 58741、陈耀东、马欣堂、傅连中 2423

虞美人 Papaver rhoeas L.

海拔： 2520 m

分布： 城口县

引证标本： 戴天伦 101081(SZ)

金罂粟属 **Stylophorum** Nutt.

金罂粟 Stylophorum lasiocarpum (Oliv.) Fedde

海拔： 600～1450 m

分布： 城口县、巫溪县、镇坪县、平利县、竹溪县、房县

引证标本： 巴山采集队 1007、李本良 0875(SZ)、杨光辉 57781、陕西省中草药科研组 1632(WUK)、陕西省中草药普查队 1493(WUK)、郑重 991(HIB)、黄仁煌 3531(HIB)

43.十字花科 Brassicaceae

南芥属 **Arabis** L.

硬毛南芥 Arabis hirsuta (L.) Scop.

海拔： 1200 m

分布： 巫溪县、竹溪县

引证标本： 刘玉红 1-14、郑重 1024(HIB)

圆锥南芥 Arabis paniculata Franch.

海拔： 1000～2140 m

分布： 城口县、奉节县、巫山县、平利县

引证标本： 戴天伦 100031、张泽荣 25179、植物所三峡考察队 1179 1482、周洪富、粟和毅 107622 108157、陈彦生等 2952(WUK)

芸苔属 **Brassica** L.

芥菜 Brassica juncea (L.) Czern.

海拔： 700～2000 m

分布： 城口县、广元市、万源市

引证标本： 戴天伦 106269 106756、李培元 5623 6505、张兆清 87-035

芸苔 Brassica rapa var. **oleifera** DC.

海拔： 2000 m

分布： 城口县

引证标本： 戴天伦 106759

荠属 **Capsella** Medic.

荠 Capsella bursa-pastoris (L.) Medik.

海拔： 700～1923 m

分布： 城口县、奉节县、广元市、平利县、巫山县、巫溪县、云阳县

引证标本： 100264(条形码号：00817342)(PE)、陈耀东、傅连中、马欣堂 2232、陈耀东等 89014、方明渊 24105 24172、姜恕等 00166、刘玉红 051-9、乔英林 01086、张泽荣 25006、周洪富 26078、周洪富、粟和毅 107624 107978 109130 109734、戴天伦 100011(SZ) 100088 100264 100671 105210、李培元 1010、佚名 07624 107624、植物所三峡考察队 1003 1163

碎米荠属 **Cardamine** L.

安徽碎米荠 Cardamine anhuiensis D. C. Zhang & J. Z. Shao

海拔： 1250 m

分布： 竹溪县

引证标本： 甘启良 1251

光头山碎米荠 Cardamine engleriana O. E. Schulz.

海拔： 1200～1923 m

分布： 奉节县、巫山县、镇坪县、平利县

引证标本： 植物所三峡考察队 1194 1458 1528、周洪富、粟和毅 107817(SZ)、陈彦生等 361(WUK) 1058(WUK)

弯曲碎米荠 **Cardamine flexuosa** With.

海拔：550～600 m

分布：广元市、平利县、竹溪县

引证标本：乔英林 1046、甘啓良 2998 3167、张兆清 107 86 106 87 033

山荠碎米荠 **Cardamine griffithii** Hook. & Thomson

海拔：900～1280 m

分布：奉节县

引证标本：张泽荣 25190、周洪富、粟和毅 107682

碎米荠 **Cardamine hirsuta** L.

海拔：610～1345 m

分布：南郑县、镇坪县

引证标本：巴山采集队 6000、陈彦生等 356(WUK)

弹裂碎米荠 **Cardamine impatiens** L.

海拔：450～2200 m

分布：城口县、奉节县、南江县、通江县、平利县、巫山县、云阳县、竹溪县、房县

引证标本：戴天伦 100262 100322、乔英林 01172、张泽荣 25243、大巴山工作组 00710、李振宇 11730 11735、李宗秀、川经达 2963、向定蜀 2963、植物所三峡考察队 0976 1149 1338 1521、周洪富、粟和毅 107792 108183、邹家志、川经达 3069、陶光复 362(HIB)

白花碎米荠 **Cardamine leucantha** (Tausch) O. E. Schulz.

海拔：850 m

分布：房县

引证标本：黄仁煌 3507(HIB)

水田碎米荠 **Cardamine lyrata** Bunge

海拔：1200～1400 m

分布：城口县、竹溪县

引证标本：戴天伦 100260、黄仁煌 3456(HIB)

大叶碎米荠 **Cardamine macrophylla** Willd.

海拔：1100～2100 m

分布：城口县、奉节县、巫溪县、镇坪县、平利县

引证标本：植物所三峡考察队 0499 3158、巴山采集队 0905 1290 1293、大巴山工作组 00574、戴天伦 100623、何获平 58509、郑远旗 1077、周洪富、粟和毅 107804 108128 108354 108524 108525、陈彦生等 798(WUK) 2711(WUK)

浮水碎米荠 **Cardamine prorepens** Fisch. ex DC.

海拔：450～1100 m

分布：竹溪县

引证标本：李振宇 11736 11744

紫花碎米荠 **Cardamine purpurascens** (O. E. Schulz.) Al-Shehbaz et al.

海拔：1651 m

分布：旺苍县

引证标本：巴山采集队 4827

三小叶碎米荠 **Cardamine trifoliolata** Hook. & Thomson

海拔：1300 m

分布：奉节县

引证标本：四川大学川东植物调查队 108309、周洪富、粟和毅 108309

播娘蒿属 **Descurainia** Webb. & Berth.

播娘蒿 **Descurainia sophia** (L.) Webb ex Prantl

海拔：550 m

分布：广元市

引证标本：张兆清 87-031

葶苈属 **Draba** L.

毛葶苈 **Draba eriopoda** Turcz.

海拔：1345 m

分布：镇坪县

引证标本：陈彦生等 355(WUK)

毛叶葶苈 **Draba lasiophylla** Royle

海拔：2600 m

分布：巫溪县

引证标本：杨光辉 58774

葶苈 **Draba nemorosa** L.

海拔：2200 m

分布：南江县

引证标本：巴山采集队 5677

芝麻菜属 **Eruca** Mill

芝麻菜 **Eruca vesicaria** subsp. **sativa** (Mill) Thell.

海拔：440 m

分布：广元市

引证标本：K. S. HaoHo 246、张兆清 86-105

糖芥属 **Erysimum** L.

小花糖芥 **Erysimum cheiranthoides** L.

海拔：1500～1800 m

分布：广元市、南江县、旺苍县、巫山县

引证标本：巴山采集队 5093 5355、佚名 3、张兆清 86-110 86-111

波齿糖芥 **Erysimum macilentum** Bunge

海拔：125～550 m

分布：广元市、巫山县

引证标本：T. P. Wang 10331、四川农学院 4238、谭仲明 88-29、张兆清 87-029

具苞糖芥 **Erysimum wardii** Polatschek

海拔：2000 m

分布：巫山县

引证标本：谭仲明 91-9

独行菜属 **Lepidium** L.

独行菜 **Lepidium apetalum** Willd.

海拔：550～820 m

分布：城口县、广元市、万源市、巫溪县

引证标本：3550(条形码号：01055591)(PE)、李培元 4250 6431、戴天伦 100774、张兆清 87-027

楔叶独行菜 **Lepidium cuneiforme** C. Y. Wu

海拔：550～950 m

分布：平利县、镇坪县

引证标本：乔英林 1091 1262

诸葛菜属 **Orychophragmus** Bunge

诸葛菜 **Orychophragmus violaceus** (L.) O. E. Schulz.

海拔：600 m

分布：平利县

引证标本：乔英林 1045

萝卜属 **Raphanus** L.

萝卜 **Raphanus sativus** L.

分布：广元市

引证标本：张兆清 86-112(SZ)

蔊菜属 **Rorippa** Scop.

广州蔊菜 **Rorippa cantoniensis** (Lour.) Ohwi

海拔：125 m

分布：广元市、巫山县

引证标本：T. P. Wang 10289、张兆清 86-108 87-030

无瓣蔊菜 **Rorippa dubia** (Pers.) H. Hara

海拔：500～2050 m

分布：城口县、奉节县、广元市、巫山县、巫溪县

引证标本：陈耀东、傅连中、马欣堂 2520、方明渊 24943 24945、杨光辉 59305 65637、张泽荣 25860、张兆清 86-109 87-028 87-034、周洪富 26240、周洪富、粟和毅 108842 109910 110147 110916 110918

蔊菜 **Rorippa indica** (L.) Hiern

海拔：610～2089 m

分布：城口县、奉节县、广元市、通江县、巫山县、巫溪县、云阳县、竹溪县、南郑县、平利县

引证标本：巴山采集队 2110 5994 6140 6190、戴天伦 105389(条形码号：PE01160928) 106855 101110 101707、甘啓良 3233、张兆清 86-104、植物所三峡考察队 0952、周洪福 26240、方明渊 24943 24945、李培元 6492、杨光辉 59305、张泽荣 25860、周洪富、粟和毅 110147 110916、陈彦生等 866(WUK)

阴山荠属 **Yinshania** Y. C. Ma & Y. Z. Zhao

察隅阴山荠 **Yinshania zayuensis** Y. H. Zhang

海拔：790～1000 m

分布：巫山县、竹溪县

引证标本：甘啓良 2803、植物所三峡考察队 1414

44.杜仲科 Eucommiaceae*

杜仲属 **Eucommia** Oliv.

杜仲 **Eucommia ulmoides** Oliv.

海拔：610～2000 m

分布：城口县、奉节县、巫山县、巫溪县、镇巴县、南郑县、竹溪县、房县

引证标本：戴天伦 101278 101536 104649 106748、方明渊 24031 24103 24242 24600、方文培 10339、刘继孟 8899、三峡考察队 0345、王明昌 1093、赵良能 2763、周洪富、粟和毅 107636、外 497、K. L. Chu 2112、K. M. Liou 8899、刘克荣 0460、巴山采集队 6086

45.金缕梅科 Hamamelidaceae

蜡瓣花属 **Corylopsis** Siebold & Zucc.

蜡瓣花 **Corylopsis sinensis** Hemsl.

海拔：800～1850 m

分布：城口县、奉节县

引证标本：戴天伦 100505 100721 102348 102474 105487 102852 104504 104611 106295、张泽荣 25548、大巴山工作组 00619(CDBI) 680(CDBI)、方明渊 23955 24070 24117 24132 24284 24293 24641 24911、周洪富、粟和毅 108274(SZ) 110456 110572 116458(SZ)

秃蜡瓣花 **Corylopsis sinensis** Hemsl. var. **calvescens** Rehder & Wilson

海拔：800～1850 m

分布：城口县、奉节县、巫山县、巫溪县

引证标本：杨光辉 59202、张泽荣 25496、周洪富 26789、周洪富、粟和毅 107932 108698 109186 110175、戴天伦：105890、杨光辉 59202 65162、方明渊 24044(SZ)

红药蜡瓣花 **Corylopsis veitchiana** Bean

分布：房县

引证标本：K. Clausen 79-123(HIB)

四川蜡瓣花 **Corylopsis willmottiae** Rehder & E. H. Wilson

海拔：1800 m

分布：城口县、巫山县

引证标本：杨光辉 58102、戴天伦 109487(SZ)

蚊母树属 **Distylium** Siebold & Zucc.

小叶蚊母树 **Distylium buxifolium** (Hance) Merr.

海拔：200 m

分布：巫山县

引证标本：杨光辉 58231

中华蚊母树 **Distylium chinense** (Franch. ex Hemsl.) Diels

海拔：120～900 m

分布：奉节县、巫山县

引证标本：T. P. Wang 10783

牛鼻栓属 **Fortunearia** Rehd. & Wils.

牛鼻栓 **Fortunearia sinensis** Rehder & E. H. Wilson

海拔：1428 m

分布：城口县、平利县、西乡县

引证标本：K. M. Liou 8434、巴山采集队 0193、郭本兆 2084

枫香树属 **Liquidambar** L.

枫香树 **Liquidambar formosana** Hance

海拔：554～985 m

分布：通江县、城口县、奉节县、平利县、镇巴县、竹溪县

引证标本：巴山采集队 6282、K. M. Liou 8604、刘金鉴等 309、西大安康区采集工作队 0175 0223 20239、西大生物系巴山木本小组巴 009、周洪富

* 此部分由班勤编写。

26685(SZ)、周洪富、粟和毅 108908 110731、戴天伦 103616 103639、张泽荣 25820

檵木属 Loropetalum R. Br.

檵木 **Loropetalum chinense** (R. Br.) Oliv.

海拔：350～1200 m

分布：城口县、奉节县、巫山县、巫溪县

引证标本：杨光辉 65346 65629、张泽荣 25501、周洪富 26093 26551 26825、戴天伦 103490 103597、方明渊 23916 24005、周洪富、粟和毅 107564 107844 108671 108928 109338 110479 110787 111588

山白树属 Sinowilsonia Hemsl.

山白树 **Sinowilsonia henryi** Hemsl.

海拔：910～1180 m

分布：城口县、平利县、镇坪县、旺苍县、竹溪县

引证标本：巴山采集队 5150、戴天伦 103260、刘金鉴等 281、70298(PE-00803224)、陈彦生等 2795(WUK)、郑重 964(HIB)

水丝梨属 Sycopsis Oliv.

水丝梨 **Sycopsis sinensis** Oliv.

海拔：800～1410 m

分布：城口县、奉节县、巫山县、巫溪县、竹溪县

引证标本：T. P. Wang 10554、巴山采集队 0183 0866、戴天伦 105794、方明渊 23933、杨光辉 58661、周洪富 26832、大巴山工作组 00774(CDBI) 00973(CDBI)、周洪富、粟和毅 108124(SZ)、郑重 901(HIB)

46.蔷薇科 Rosaceae

龙芽草属 Agrimonia L.

龙芽草 **Agrimonia pilosa** Ledeb. var. **pilosa**

海拔：545～2312 m

分布：城口县、开县、奉节县、南江县、通江县、万源市、旺苍县、巫山县、巫溪县、镇巴县、平利县、南郑县、镇坪县、房县

引证标本：107389、巴山采集队 0157 1693 2168 2868 3318 3692 4950 5050 5086 5473 5982 6166、戴天伦 1010110 101070 101514 101632 101700 102235 102547 103468 104434、方明渊 24748、何明友 2447 2647、胡文等 10936、李培元 2798 4193 4210 5835 6127 6630 9633(WUK)、刘克荣 0295、三峡考察队 2802、四川经济植物考察队 0203、万绍滨 2606、杨光辉 59569、佚名 102547、张泽荣 25619、植物所三峡考察队 0160、周洪富 26590 26855、周洪富、粟和毅 108587 109012 109510 110007 110435 110503 110844 110941 111397、陈彦生等 4106(WUK) 4193(WUK)

黄龙尾 **Agrimonia pilosa** Ledeb. var. **nepalensis** Ledeb.

海拔：1124～2300 m

分布：城口县、房县、奉节县、广元市、开县、岚皋县、平利县、万源市、巫山县、巫溪县

引证标本：K. M. Liou 9083 9234、K. S. Hao 316、巴山采集队 0157 1693 1820 2321、陈耀东等 2131 2436、戴天伦 101070 101514 101632 101700 102235 107075、方明渊 24748、李培元 4522 4980 5572 6154 6435 6709、四川大学川东植物调查队 110844、杨光辉 65143、杨钦周 303、张泽荣 25619、周洪富 20855 26590、周洪富、粟和毅 108587 109418 109510 110435 110844 110941 111397

唐棣属 Amelanchier Medic.

东亚唐棣 **Amelanchier asiatica** (Siebold & Zucc.) Endl. ex Walp.

海拔：1000～1280 m

分布：奉节县、镇巴县

引证标本：方明渊 23973、西大生物系巴山木本小组巴 53

唐棣 **Amelanchier sinica** (C. K. Schneid.) Chun

海拔：1000～1464 m

分布：城口县、奉节县、平利县、巫溪县

引证标本：大巴山工作组 00643、戴天伦 100092 100196 100269、方明渊 23973、李培元 1478、罗

安国 0250、西师生物系 0038、植物所三峡考察队 0352、周洪富、粟和毅 107963

桃属 Amygdalus L.

山桃 Amygdalus davidiana (Carr.) C. de Vos ex Henry var. **davidiana**

海拔：816～1344 m

分布：城口县、奉节县、万源市、巫山县、云阳县

引证标本：巴山采集队 0162 1154 2831、大巴山工作组 00826、植物所三峡考察队 1129 1270 1383、周洪富、粟和毅 107807

陕甘山桃 Amygdalus davidiana (Carr.) C. de Vos ex Henry var. **potanini** (Batal.) T. T. Yu & L. T. Lu

海拔：900 m

分布：平利县

引证标本：何全华 1687

甘肃桃 Amygdalus kansuensis (Rehd.) Skeels

海拔：880～1180 m

分布：房县、平利县、镇坪县

引证标本：K. M. Liou 8410 9125、陈彦生等 2780(WUK)

蒙古扁桃 Amygdalus mongolica (Maxim.) Ricker

海拔：1200 m

分布：奉节县

引证标本：方明渊 24188

桃 Amygdalus persica L.

海拔：900～2177 m

分布：城口县、开县、奉节县、广元市、南江县、通江县、万源市、旺苍县、镇巴县

引证标本：K. M. Liou 9246、T. N. Liou 11775、T. P. Wang 10349 10719、巴山采集队 0162 1154 1474 2331 3809、川经绵 4081、川医 04502、戴天伦 100140 100054 100176 100333 10054、方明渊 24188、何兴金等 166656 167556、黄春芳 4081、李培元 5521、四川大学川东植物调查队 108237、西大生物系巴山木本小组巴 082、张泽荣 25079、周洪富 26185、周洪富、粟和毅 108237 107607、邹家志 3062

杏属 Armeniaca Mill

杏 Armeniaca vulgaris Lam.

海拔：1050～1100 m

分布：广元市、宁强县、南江县、通江县

引证标本：071、姜恕等 00168、四川经济植物考察队 0020、王纫秋 2918

假升麻属 Aruncus Adans.

假升麻 Aruncus sylvester Kostel. ex Maxim.

海拔：1100～2200 m

分布：城口县、奉节县、南江县、万源市、旺苍县、巫溪县、平利县

引证标本：巴山采集队 5033 5431 5660、戴天伦 100840 101011 102412 102907 105352、何兴金等 166673 166958、李培元 6167、李先源 37234、张泽荣 25351、25351、陈彦生等 3135(WUK)

樱属 Cerasus Mill

高盆樱桃 Cerasus cerasoides (Buch.-Ham. ex D. Don) S. Y. Sokolov

海拔：850 m

分布：奉节县

引证标本：周洪富 26988

微毛樱桃 Cerasus clarofolia (C. K. Schneid.) T. T. Yu & C. L. Li

海拔：1550～2250 m

分布：城口县、奉节县、南江县、万源市、巫山县、巫溪县、镇巴县、平利县

引证标本：58461、陈之端等 960673 960703、戴天伦 100051、倪炳炽 00280、万绍滨 2624 川经达 2624、王桂兰 0340、西大生物系巴山木本小组巴 37、张泽荣 25272、杨光辉 58088、杨钦周 475 760、周洪富、粟和毅 108173 108365、李培元 2730(WUK)

锥腺樱桃 Cerasus conadenia (Koehne) T. T. Yu & C. L. Li

海拔：1500～1700 m

分布：岚皋县、旺苍县

引证标本：巴山采集队 1535 4832 5049

华中樱桃 Cerasus conradinae (Koehne) T. T. Yu & C. L. Li

海拔：750～1500 m

分布：奉节县、平利县、巫山县、巫溪县、云阳县

引证标本：K. M. Liou 8417、T. P. Wang 10470 10483 10617、陈之端等 960854、方明渊 24144 24254、王桂兰 0340、杨光辉 58198、植物所三峡考察队 1035 1108 1318、周洪富、粟和毅 107580 108061

尾叶樱桃 Cerasus dielsiana (C. K. Schneid.) T. T. Yu & C. L. Li

海拔：1400 m

分布：奉节县、南江县、巫山县

引证标本：T. P. Wang 10628、何兴金、赵清盛 167943、周洪富、粟和毅 107560

迎春樱桃 Cerasus discoidea T. T. Yu & C. L. Li

海拔：1800～2500 m

分布：城口县、岚皋县、巫溪县

引证标本：戴天伦 100824、何全华 1599、杨光辉 58908、杨钦周 70、周洪富 20328

麦李 Cerasus glandulosa (Thunb.) Sokolovsk.

海拔：850～1300 m

分布：奉节县、巫山县

引证标本：T. P. Wang 10336、王兴忠 0237、周洪富、粟和毅 107712

黑樱桃 Cerasus maximowiczii (Rupr.) Kom.

海拔：1400 m

分布：奉节县

引证标本：周洪富、粟和毅 108061

多毛樱桃 Cerasus polytricha (Koehne) T. T. Yu & C. L. Li

海拔：1200～2200 m

分布：城口县、奉节县、平利县

引证标本：戴天伦 100128 100593、西大生物系巴山木本小组 279、张泽荣 25272、李培元 2638(WUK)

樱桃 Cerasus pseudocerasus (Lindl.) Loudon

海拔：1345～2500 m

分布：城口县、广元市、平利县、镇坪县、旺苍县、巫山县

引证标本：巴山采集队 5026 5219、戴天伦 100094 100189、何业琪 1964、牛春山 2902、植物所三峡考察队 1158 1185、乔林英 1070(WUK)、陈彦生等 359(WUK)

山樱花 Cerasus serrulata (Lindl.) Loudon

海拔：1300 m

分布：奉节县

引证标本：周洪富、粟和毅 107653

刺毛樱桃 Cerasus setulosa (Batalin) T. T. Yu & C. L. Li

海拔：1350～1800 m

分布：岚皋县、镇坪县、广元市

引证标本：川经绵 4103、何全华 1561、陈彦生等 2723(WUK)

托叶樱桃 Cerasus stipulacea (Maxim.) T. T. Yu & C. L. Li

海拔：1840～2600 m

分布：巫山县、巫溪县

引证标本：陈之端等 960788 960904、杨光辉 58750

四川樱桃 Cerasus szechuanica (Batalin) T. T. Yu & C. L. Li

海拔：1700～1940 m

分布：南江县、巫溪县、平利县

引证标本：何兴金、赵清盛 167432、杨光辉 58908、重等 3019、陈彦生等 863(WUK)

康定樱桃 Cerasus tatsienensis (Batalin) T. T. Yu & C. L. Li

海拔：1500～2100 m

分布：城口县、巫山县

引证标本：大巴山工作组 00586、戴天伦 100057 100303、杨光辉 57935

毛樱桃 Cerasus tomentosa (Thunb.) Wall.

海拔：900～1800 m

分布：城口县、奉节县、镇坪县

引证标本：戴天伦 105168、周洪富 26413、周洪富、粟和毅 107765、陈彦生等 2781(WUK)

川西樱桃 Cerasus trichostoma (Koehne) T. T. Yu & C. L. Li

海拔：1000～2450 m

分布：城口县、奉节县

引证标本：戴天伦 100189、四川大学川东植物调查队 108365、杨钦周 5 60

云南樱桃 Cerasus yunnanensis (Franch.) T. T. Yu & C. L. Li

海拔：1290～1300 m

分布：城口县、奉节县

引证标本：戴天伦 100094、佚名 0340

木瓜属 Chaenomeles Lindl.

毛叶木瓜 Chaenomeles cathayensis (Hemsl.) C. K. Schneid.

海拔：900～1400 m

分布：奉节县、岚皋县

引证标本：何全华 1427、周洪富、粟和毅 108123

木瓜 Chaenomeles sinensis (Thouin) Koehne

海拔：1050～2400 m

分布：岚皋县、平利县

引证标本：何全华 1468、李培元 1636、刘金鉴、段俊喜 184

皱皮木瓜 Chaenomeles speciosa (Sweet) Nakai

海拔：900～1400 m

分布：奉节县、镇坪县、平利县

引证标本：刘金鉴、段俊喜 200、何全华 1776、周洪富、粟和毅 108123

无尾果属 Coluria R. Br.

大头叶无尾果 Coluria henryi Batal.

海拔：2000 m

分布：南江县

引证标本：陈炳麟 2568

栒子属 Cotoneaster B. Ehrhart

尖叶栒子 Cotoneaster acuminatus Lindl.

海拔：1450～2175 m

分布：城口县、通江县、万源市、旺苍县、巫溪县

引证标本：巴山采集队 0122 1315 1940 2064、陈梦玲 0090、戴天伦 100339 102408、倪炳炽 00406、四川经济植物考察队 10、唐贤能等 00310

灰栒子 Cotoneaster acutifolius Turcz.

海拔：1700～2680 m

分布：城口县、岚皋县、镇坪县、南江县、万源市、巫山县

引证标本：巴山采集队 1580 1608、戴天伦 100395 106331 10813、李培元 6117、万绍滨 2626、植物所三峡考察队 1490 1514、陕西植被区划调查小组 236(WUK)

密毛灰栒子 Cotoneaster acutifolius Turcz. var. **villosulus** Rehd. & Wils.

海拔：1400～1500 m

分布：岚皋县、镇坪县、平利县

引证标本：何全华 1531、陈彦生等 1172(WUK) 3145(WUK)

匍匐栒子 Cotoneaster adpressus Bois

海拔：1000～2000 m

分布：城口县、奉节县、通江县、巫山县、巫溪县

引证标本：巴山采集队 1916 5905、戴天伦 106034 106670、倪炳炽 00288 00437、四川经济植物考察队 0042、杨光辉 59644 59846 65098、张泽荣 25312、周洪富 26747、陈耀东等 2004 2176

匍匐栒子 Cotoneaster adpressus Bois

海拔：1300～1800 m

分布：城口县、万源市、通江县

引证标本：巴山采集队 1916、李培元 4607、四川经济植物考察队 0042(CDBI)

川康栒子 Cotoneaster ambiguus Rehd. & Wils.

海拔：1400～2370 m

分布：城口县、平利县、巫溪县

引证标本：陈之端等 960700 960783、戴天伦

101009、何全华 1699

细尖栒子 Cotoneaster apiculatus Rehder & E. H. Wilson

海拔：1610～2200 m

分布：城口县、巫溪县

引证标本：戴天伦 106670、杨光辉 59255 59462、陈之端等 960672

沧叶栒子 Cotoneaster bullatus Bois

海拔：995～2457 m

分布：城口县、奉节县、开县、南江县、万源市、巫山县、巫溪县、镇巴县

引证标本：巴山采集队 1626 1687 1711 2174 2305 2449 3166 3758 5380 5692、江广渝 4012 4037 4069 4195、贾潇洒等 3887 3909、李培元 2365 4465、李先源 121、三峡考察队 2861 3121 3141 3312 3650、杨光辉 59161 59226 65463、张泽荣 25213、植物所三峡考察队 0423、周洪富、粟和毅 108378 109981、左宝玉 2867、陈耀东、傅连中、马欣堂 2433 2563

大叶泡叶栒子 Cotoneaster bullatus Bois var. **macrophyllus** Rehder & E. H. Wilson

海拔：1800 m

分布：旺苍县

引证标本：巴山采集队 5104

矮生栒子 Cotoneaster dammeri C. K. Schneid.

海拔：1527～1885 m

分布：城口县、奉节县、开县

引证标本：巴山采集队 1655 2714、周洪富、粟和毅 108430

木帚栒子 Cotoneaster dielsianus E. Pritz.

海拔：1000～2383 m

分布：城口县、奉节县、开县、岚皋、岚皋县、万源市、巫山县、巫溪县

引证标本：巴山采集队 0017 1845 1979 2176、戴天伦 101764 104252 105242 105321 105663 106072 106171 106234 106490 106590、倪炳炽 00320 倪 00428、三峡考察队 2886 2951 3024 3124 3379 3436 3590、上海肿瘤协作组 212、杨光辉 59264 59407 65411、张泽荣 25147 25685、周洪富 26201、陈耀东等 2014、李培元 4556 5807 6122、周洪富、粟和毅 108261 108617 110040 111136

散生栒子 Cotoneaster divaricatus Rehder & E. H. Wilson

海拔：1050～2176 m

分布：城口县、奉节县、南江县、巫山县、巫溪县、云阳县、镇巴县

引证标本：巴山采集队 3267 5512、方明渊 24111 24219、金常元、川经万 0699、三峡考察队 2785、四川经济植物考察队 0246、四川大学川东植物调查队 108247 108363、杨光辉 59433 59699 65279、植物所三峡考察队 1452、周洪富 26092、周洪富、粟和毅 107638 107717 107925 108247 108363 108394 109039 109114 109314 109782 109784 110933 110935 111437、戴天伦 101302

恩施栒子 Cotoneaster fangianus T. T. Yu

海拔：800～2000 m

分布：城口县、奉节县、巫溪县、巫山县

引证标本：戴天伦 106500、方明渊 24852、倪炳炽 00428、四川经济植物考察队 0011、周洪富 26401 26468、周洪富、粟和毅 109195 109929

麻核栒子 Cotoneaster foveolatus Rehder & E. H. Wilson

海拔：1550～2400 m

分布：城口县、奉节县、岚皋县、南江县、平利县、万源市、旺苍县、巫山县、巫溪县、镇巴县、镇坪县

引证标本：125、T. P. Wang 10720、巴山采集队 4833、陈之端等 960876、戴天伦 100339 100395 100588 100749 101277 102408 105163 105473 105501 106862 106035、何全华 1537、李培元 2663 3221、上海肿瘤协作组 218、万绍滨、川经达 2626、西大生物系巴山木本小组 130、杨光辉 102363 59287 59359 59415 59652 59867、植物所三峡考察队 0436、陈耀东等 2122 2233、杨钦周 122 130 450 635 711、周洪富、粟和毅 108191 108998

西南栒子 Cotoneaster franchetii Bois

海拔：1050～1400 m

分布：奉节县、巫山县

引证标本：108334(SZ)、周洪富 26094、周洪富、粟和毅 109778 110616

耐寒栒子 Cotoneaster frigidus Wall. ex Lindl.

海拔：2000 m

分布：城口县

引证标本：戴天伦 10683

光叶栒子 Cotoneaster glabratus Rehder & E. H. Wilson

海拔：2100～2950 m

分布：城口县、万源市

引证标本：戴天伦 106591 106959、李培元 4600、杨光辉 106606

粉叶栒子 Cotoneaster glaucophyllus Franch.

海拔：155～2300 m

分布：城口县、奉节县、巫山县、巫溪县、镇巴县

引证标本：戴天伦 100758 102218 102825 103255 103853 103917 104224 104290 104642 104651 104730 104769 104797 104883 105015 105121 105668 106119 106244 106306 106424 106606 106715 106873 106920 106959 107055、方明渊 24256、傅坤俊 11603、何荻平 106873、李培元 1981 3438、张泽荣 25293、周洪富、粟和毅 108175 108430 110127 111255

多花粉叶栒子 Cotoneaster glaucophyllus Franch. var. **serotinus** (Hutch.) L. T. Lu & A. R. Brach

海拔：1500 m

分布：城口县

引证标本：戴天伦 100075 100629 107027

细弱栒子 Cotoneaster gracilis Rehder & E. H. Wilson

海拔：750～8000 mm

分布：城口县、房县、奉节县、岚皋县、巫山县、巫溪县

引证标本：105687、巴山采集队 1523 1631 1688 1883、戴天伦 100457100507 100911 104312 104437 104809 105180 105663 105687 106234 106500 107218 107444、方明渊 24166 24933、方文培 10111、李培元 1954、刘克荣 0350、杨光辉 58336 59407 59859 59920 65527、张泽荣 25785、植物所三峡考察队 1405、周洪富 26116 26471 26517、周洪富、粟和毅 108617 108818 108868 109185 109195 109311 109778 109929 110080 110082 110283 110644 110670 111247 111612

钝叶栒子 Cotoneaster hebephyllus Diels

海拔：800～1500 m

分布：城口县、奉节县、巫溪县

引证标本：巴山采集队 1508 5925、戴天伦 102088、杨光辉 65258、周洪富 26517

平枝栒子 Cotoneaster horizontalis Decne.

海拔：640～2600 m

分布：城口县、房县、奉节县、开县、宁强县、广元市、南江县、通江县、平利县、万源市、巫山县、巫溪县、云阳县、镇巴县、竹溪县

引证标本：0232 19571、K. M. Liou 8381、T. N. Liou 11830、T. N. Liou 等 118、T. P. Wang 10416 10566、巴山采集队 0013 1756 2253 2479 3836、巴山木本小组 191、陈炳麟 2571、陈之端等 960496 960944、川经万 0444、大巴山工作组 00663、戴天伦 100290 101578 102090 103292 103850 105017 104246 105638 106177 106324 106494 106927 106966、方明渊 23996 24027 24111 24182、何全华 1700、何兴金等 161989 166622、江广渝 4013、四川植被队 306、王金敖 0185、西大生物系巴山木本小组 077、李本良 0801、李培元 1464 6108 3255、李先源 78、凌春芳 4114、刘光华 0074、曲桂龄 1958、三峡考察队 2727 2742 3093 3369、刘克荣 0306、杨光辉 58299 58927 59255 59462 59476 59548 59644 59846 65098 65287 65390 65497 65580、杨钦周 144 405、张泽荣 25074 25312 25809、植物所三峡考察队 0047 0444 1061、周洪富 26019 26327 26515 26747 26846 26890、周洪富、粟和毅 107638 107717 107975 108154 108177 108394 108806 109039

109114 109200 109503 109784 109933 110095 110644 110933 110935 110282 111041 111043 111202 111247111310 111417 129933、陈之端等 960496 960944

小叶平枝栒子 **Cotoneaster horizontalis** var. **perpusillus** C. K. Schneid.

海拔：1100～1500 m

分布：镇坪县、宁强县

引证标本：陈彦生等 1183(WUK)、唐昌林 1759(WUK)

宝兴栒子 **Cotoneaster moupinensis** Franch.

海拔：1350～2400 m

分布：城口县、奉节县、南江县、万源市、巫山县、巫溪县

引证标本：59161(SZ)、戴天伦 101380 102363 105151 105375 107149、何兴金等 161998、李培元 2365、李忠秀 2792、倪炳炽 00451、四川大学川东植物调查队 108319、杨光辉 58543 59226 59359 65463、杨钦周 495 611 659、张泽荣 25213、周洪富、粟和毅 108319 108378 108998 109981 11125

光泽栒子 **Cotoneaster nitens** Rehder & E. H. Wilson

海拔：1600 m

分布：城口县

引证标本：戴天伦 102090 105019

亮叶栒子 **Cotoneaster nitidifolius** C. Marquand

海拔：1200～2000 m

分布：城口县、南江县、通江县、万源市、巫山县、巫溪县

引证标本：戴天伦 100588 101277 101379 105149 105375、李培元 6158、倪炳炽 00300、四川经济植物考察队 0136、杨光辉 58415 58968 59290 59415、佚名 2869、重师、西农调查队 0135

暗红栒子 **Cotoneaster obscurus** Rehder & E. H. Wilson

海拔：1400～2000 m

分布：城口县、巫溪县

引证标本：戴天伦 100749 101302 10163 104130 104382 10497 105163 10588 106492 106862、陈之端等 960629 960708

少花栒子 **Cotoneaster oliganthus** Pojark.

海拔：1450 m

分布：城口县

引证标本：戴天伦 100749

毡毛栒子 **Cotoneaster pannosus** Franch.

海拔：695～1815 m

分布：万源市、巫溪县、镇巴县

引证标本：巴山采集队 3057 3426 3715 4309、上海肿瘤协作组 215

大叶毡毛栒子 **Cotoneaster pannosus** Franch. var. **robustior** W. W. Sm.

海拔：1200 m

分布：巫溪县

引证标本：杨光辉 65258

麻叶栒子 **Cotoneaster rhytidophyllus** Rehd. & Wils.

海拔：640～1810 m

分布：城口县、奉节县、巫山县、巫溪县

引证标本：戴天伦 103258、方明渊 24238 24266 24296 24523、李先源 151、三峡考察队 3005 3074 3144、杨光辉 59703、张泽荣 25133 25482、植物所三峡考察队 0128、周洪富 26399、周洪富、粟和毅 108482 111540

柳叶栒子 **Cotoneaster salicifolius** Franch.

海拔：155～2457 m

分布：城口县、房县、奉节县、开县、万源市、巫山县、巫溪县、平利县、镇坪县

引证标本：106873、巴山采集队 1141 1711 2256 2441、戴天伦 104979 105015 105121、李培元 1953 6123、刘克荣 0349、杨光辉 58974 65124、张泽荣 25482、周洪富、粟和毅 110127、陈彦生等 4271(WUK)、陈彦生等 4094(WUK)

大叶柳叶栒子 **Cotoneaster salicifolius** Franch. var. **henryanus** (C. K. Schneid.) T. T. Yu

海拔：1000～1500 m

分布：奉节县、巫山县、巫溪县

引证标本：杨光辉 59703 59867 65124、张泽荣 25133

皱叶柳叶栒子 Cotoneaster salicifolius var. **rugosus** (E. Pritzel) Rehder & E. H. Wilson

海拔：1800 m

分布：平利县

引证标本：陈彦生等 4384(WUK)

山东栒子 Cotoneaster schantungensis G. Klotz

海拔：1100 m

分布：奉节县、巫溪县

引证标本：523(PE-00524594)、周洪富 26471、周洪富、粟和毅 10775

准噶尔栒子 Cotoneaster soongoricus (Regel & Herder) Popov

海拔：1200～2180 m

分布：城口县、开县、岚皋县

引证标本：巴山采集队 0097 0641 1215 1581 2080 2509、戴天伦 100507

高山栒子 Cotoneaster subadpressus T. T. Yu

分布：城口县、万源市

引证标本：方文培 10267、李培元 6560

细枝栒子 Cotoneaster tenuipes Rehder & E. H. Wilson

海拔：700～1260 m

分布：城口县、奉节县、广元市

引证标本：戴天伦 102432 105242、何业琪 1660、李先源 154

西北栒子 Cotoneaster zabelii C. K. Schneid.

海拔：1810～2200 m

分布：城口县、房县、奉节县、岚皋县、万源市、巫山县、巫溪县、镇坪县

引证标本：K. M. Liou 8958、巴山采集队 0292、戴天伦 102085、何全华 1608、乔英林 01248、四川大学川东植物调查队 110670、植物所三峡考察队 0060、杨钦周 391、周洪富、粟和毅 108814 108818 110080 110082 110283 110670

山楂属 Crataegus L.

湖北山楂 Crataegus hupehensis Sarg.

海拔：300～2350 m

分布：房县、城口县、奉节县、巫溪县、平利县

引证标本：曹亚玲 0028、戴天伦 101388 10824、方明渊 23923 24876、三峡考察队 3219、王洪烈 0260、刘克荣 0463、杨光辉 59468 65375、周洪富 26826、周洪富、粟和毅 108380 111228、陈彦生等 3867(WUK)

山里红 Crataegus pinnatifida Bunge var. **major** N. E. Br.

分布：巫溪县

引证标本：杨光辉 65403

甘肃山楂 Crataegus kansuensis E. H. Wils.

海拔：1480～2050 m

分布：南江县、万源市、巫溪县

引证标本：李培元 6176、杨光辉 59468、杨钦周 687

山楂 Crataegus pinnatifida Bunge

海拔：800 m

分布：广元市

引证标本：赖晨光等 073(PE-00534399) 074(PE-00534398)

云南山楂 Crataegus scabrifolia (Franch.) Rehd.

海拔：800 m

分布：奉节县

引证标本：方明渊 24876

华东山楂 Crataegus wilsonii Sarg.

海拔：1200～2300 m

分布：城口县、奉节县、岚皋县、南江县、万源市、旺苍县、巫溪县

引证标本：巴山采集队 1542 1678 1839 4868 4974 5016 5683、戴天伦 101388、江广渝 4104、贾潇洒等 3879 3945、李培元 3391、李先源等 050101 050199、杨光辉 59237、张泽荣 25212 25334、周

洪富、粟和毅 108380 108425 111228、陈耀东 2015 2174

蛇莓属 **Duchesnea** J. E. Sm.

皱果蛇莓 **Duchesnea chrysantha** (Zoll. & Mor.) Miq.

海拔：1900 m

分布：城口县、奉节县、巫山县、巫溪县

引证标本：陈耀东等 2204、戴天伦 107385、周洪富、粟和毅 107722 108461 110324

蛇莓 **Duchesnea indica** (Andrews) Focke

海拔：125～1950 m

分布：城口县、房县、奉节县、广元市、南江县、平利县、旺苍县、巫山县、巫溪县、竹溪县

引证标本：K. M. Liou 8405 9128、T. P. Wang 10261、巴山采集队 1033 4932 5109 5344、戴天伦 106385 106580 107385、方明渊 24158、何兴金等 161975 166628 166756 167421 167878 170419、李培元 1029 6663 9528、乔英林 00427 01189、三峡考察队 1362、田景惠 0084、杨钦周 332、佚名 81164、张泽荣 25423、植物所三峡考察队 0316 1024、周洪富 26284、周洪富、粟和毅 107722 108066 108461 110324

枇杷属 **Eriobotrya** Lindl.

枇杷 **Eriobotrya japonica** (Thunb.) Lindl.

海拔：625～1200 m

分布：城口县、奉节县、广元市、宁强县、平利县、竹溪县、巫溪县

引证标本：Hopkingson Ho 313、K. M. Liou 8752、戴天伦 105121 103170 107295 107423、刘金鉴等 315、乔英林 01153、西北大学生物系宁 0018、杨光辉 59185、周洪富、粟和毅 107681 111382

栎叶枇杷 **Eriobotrya prinoides** Rehder & E. H. Wilson

海拔：900 m

分布：奉节县

引证标本：周洪富、粟和毅 107681

白鹃梅属 **Exochorda** Lindl.

红柄白鹃梅 **Exochorda giraldii** Hesse var. **giraldii**

海拔：1850 m

分布：城口县

引证标本：102386(PE-00799831)

绿柄白鹃梅 **Exochorda giraldii** Hesse var. **wilsonii** (Rehd.) Rehd.

海拔：1900 m

分布：巫溪县

引证标本：杨光辉 65469

蚊子草属 **Filipendula** Mill

蚊子草 **Filipendula palmata** (Pall.) Maxim.

海拔：1500 m

分布：巫山县

引证标本：杨光辉 58099

草莓属 **Fragaria** L.

西南草莓 **Fragaria moupinensis** (Franch.) Cardot

海拔：1150～1700 m

分布：南江县

引证标本：何伯安 2504、何兴金等 161551 161969 166641 166681 166948 167940

黄毛草莓 **Fragaria nilgerrensis** Schlecht ex Gay

海拔：680～2298 m

分布：城口县、奉节县、岚皋县、南江县、万源市、巫山县、巫溪县、云阳县、镇巴县、平利县

引证标本：巴山采集队 0992 1768 3262 3733、川经万 0763、戴天伦 100016 100173 100673 105211、方明渊 24073 24217、方文培 10285、冯和华 2710、冯永华、江广渝 4074、贾潇洒等 3874、李培元 2383、李世大 2914、四川大学川东植物调查队 108346、杨钦周 522、张泽荣 22403 25403、植物所三峡考察队 0932 1148 1480、周洪富 26003、周洪富、粟和毅 24441 107918 108134 108346 108404 109025、陈耀东 2273、陈彦生等

3117(WUK)

粉叶黄毛草莓 Fragaria nilgerrensis Schlecht. var. **mairei** (Lév.) Hand.-Mazz.

海拔：1000～2200 m

分布：城口县、奉节县、巫山县、巫溪县

引证标本：戴天伦 100016 100673 105211、方明渊 24073、杨光辉 58909、张泽荣 25403、植物所三峡考察队 1480、周洪富 26003、周洪富、粟和毅 107918

东方草莓 Fragaria orientalis Lozinsk.

海拔：650～2000 m

分布：平利县、镇坪县、巫溪县

引证标本：陈之端等 960713、乔英林 01059、陈彦生等 364(WUK)

五叶草莓 Fragaria pentaphylla Lozinsk.

海拔：1200～2200 m

分布：城口县、南江县、宁强县

引证标本：川经达 2708、冯永华 2709 2908、姜恕等 00158、王洪业 2709、杨钦周 56

野草莓 Fragaria vesca L.

海拔：2300 m

分布：广元市、岚皋县、巫溪县

引证标本：巴山采集队 1823、凌春芳 4144、倪炳炽 00279

路边青属 Geum L.

路边青 Geum aleppicum Jacq.

海拔：700～2081 m

分布：城口县、开县、奉节县、南江县、万源市、通江县、巫山县、巫溪县、岚皋县、镇巴县、平利县、镇坪县、竹溪县

引证标本：370(PE-00903458)、巴山采集队 0015 0401 0491 0835 1699 2517 2724 2910 4318 5691 6017、戴天伦 100895 101057 101181 101512 102117 102838 105645 105824、方明渊 24613、何兴金等 167424、江广渝 4124、江广渝等 3239、李培元 4520 4548 6118、西北大学生物系 I0424、杨钦周 773、张泽荣 0122、周洪富、粟和毅 108987 109508 109563 109955 109992 110504 110577 110774、陈耀东等 2467、陈彦生等 816(WUK) 2857(WUK)、王映明 3013(HIB)

柔毛路边青 Geum japonicum Thunb. var. **chinense** F. Bolle

海拔：602～1800 m

分布：城口县、奉节县、南江县、平利县、万源市、巫山县、巫溪县、镇巴县、竹山县、竹溪县

引证标本：0026、巴山采集队 3294 3383 3704、陈耀东等 2270、戴天伦 105824、戴天伦 101512 102117、方明渊 24613、江广渝等 3221、三峡考察队 3464、佚名 149 81196、陈耀东等 2270、李培元 4419 5887 5987 6632、周洪富 26994、周洪富、粟和毅 109508 109563 109992 110577 110774、郑重 91-165(HIB)

棣棠花属 Kerria DC.

棣棠花 Kerria japonica (L.) DC.

海拔：800～2180 m

分布：城口县、房县、开县、奉节县、广元市、岚皋县、南江县、万源市、旺苍县、巫山县、巫溪县、云阳县、镇巴县、西乡县、平利县、竹溪县、镇坪县、宁强县

引证标本：K. M. Liou 8544 8861 9133、T. P. Wang 10546、巴山采集队 0064 0259 0497 0989 1590 2623 2939 3719 4836 5054 5539、陈之端等 960621、戴天伦 100087 100136 100158 100299 100532 100742 101001 101540 105037 105255 105515、第五队 533、方文培 10294、江广渝 4197、贾潇洒等 3978、李培元 1744 4436 4590 5274 5816 5881、刘克荣 0477、四川大学生物系 168230 25349、杨光辉 59378 65093 65217、杨钦周 45、植物所三峡考察队 1070 1168 1280 1446、周洪富、粟和毅 107775 107818 108369 109779 110075、邢吉庆 59(WUK)、陈彦生等 953(WUK)、陈彦生等 1123(WUK)、西大 166(WUK)

桂樱属 **Laurocerasus** Torn. ex Duh.

刺叶桂樱 Laurocerasus spinulosa (Siebold & Zucc.) C. K. Schneid.

海拔：750～1000 m

分布：奉节县、巫溪县

引证标本：杨光辉 65333、周洪富、粟和毅 111634

尖叶桂樱 Laurocerasus undulata (D. Don) Roem.

海拔：900 m

分布：奉节县

引证标本：周洪富、粟和毅 111485

大叶桂樱 Laurocerasus zippeliana (Miq.) Browicz

海拔：900 m

分布：广元市

引证标本：何业琪 2058

臭樱属 **Maddenia** Hook. f. & Thoms.

臭樱 Maddenia hypoleuca Koehne

海拔：1600～2450 m

分布：城口县、南江县、巫山县

引证标本：杨钦周 61、杨光辉 57979、左宝玉 2850

锐齿臭樱 Maddenia incisoserrata T. T. Yu & T. C. Ku

海拔：1630～1900 m

分布：巫溪县

引证标本：陈之端等 960732 960813

华西臭樱 Maddenia wilsonii Koehne

海拔：1000～1730 m

分布：平利县、竹溪县

引证标本：陈彦生等 1009(WUK)、郑重 851(HIB)

苹果属 **Malus** Mill

垂丝海棠 Malus halliana Koehne

海拔：1050～1700 m

分布：南江县、巫溪县、竹溪县

引证标本：何兴金、赵清盛 161993 167354 170443、杨光辉 69364 65364、郑重 873(HIB)

河南海棠 Malus honanensis Rehder

海拔：1300～2000 m

分布：岚皋县、镇巴县

引证标本：巴山木本小组 190、何全华 1585

湖北海棠 Malus hupehensis (Pamp.) Rehder

海拔：750～2200 m

分布：城口县、房县、开县、奉节县、南江县、宁强县、巫山县、巫溪县、云阳县、镇巴县、镇坪县、西乡县、竹溪县

引证标本：102061、K. M. Liou 8559 8590 8675 8864、T. N. Liou 等 103、T. P. Wang 10343 10356 10651、巴山采集队 0008 1205 2808 5476 5518 5693 5697、戴天伦 101390 101820 101883 102061 102067 102132 103659 104492 105245 105289 105312 105430 105708 1062794 106294 106607 106663、方明渊 23940、李培元 3227 5666 5734、刘克荣 0461、三峡考察队 2731 3303 3458 3662、四川大学川东植物调查队 108295、王明昌 1107、杨光辉 59435 65364、张泽荣 25808、植物所三峡考察队 0450 1085 1448 1460 1495、周洪富 26276 26422 26638 26702 26915 84098、周洪富、粟和毅 107691 108037 108295 108422 109342 109801 109934 110094 110803 111307、邹家志 0524、陈耀东等 2284 2421、傅坤俊 11444(WUK)

陇东海棠 Malus kansuensis (Batalin) C. K. Schneid.

海拔：800～2600 m

分布：城口县、开县、奉节县、岚皋县、南江县、万源市、旺苍县、巫溪县、镇巴县、平利县

引证标本：58523、巴山采集队 1274 1683 1884 2433 4865 5221 5650、陈之端等 960791、陈耀东等 2441 2550、大巴山工作组 00759、戴天伦 100825 101347 101824 105145 105146 72440、方明渊 23923、李培元 6172、倪炳炽 00264、曲桂龄 2041、四川经济植物考察队第四乔～3、西大生物系巴山木本小组 116 122、杨光辉 58523 58749 58901 59229 59335 59451 65403、杨钦周 476、陈彦生等 3099(WUK)

丽江山荆子 Malus rockii Rehd.

海拔：2100 m

分布：巫溪县

引证标本：杨光辉 59217 59435

三叶海棠 Malus sieboldii (Regel) Rehd.

海拔：1470～1635 m

分布：城口县、奉节县、宁强县

引证标本：巴山采集队 0008 1205、T. N. Liou 11896、周洪富、粟和毅 108037

变叶海棠 Malus toringoides (Rehd.) Hughes

海拔：1927 m

分布：城口县

引证标本：巴山采集队 1683

滇池海棠 Malus yunnanensis (Franch.) C. K. Schneid.

海拔：1500～2300 m

分布：城口县、奉节县、南江县、通江县、巫山县、巫溪县

引证标本：戴天伦 104245 10600 65023 100547 100618 104245、四川农学院 0260、西农调查队 0133、杨光辉 59016 59055 59373 65079、杨钦周 76、张泽荣 25291、陈耀东等 2211

川鄂滇池海棠 Malus yunnanensis (Franch.) C. K. Schneid. var. **veitchii** (Veitch) Rehd.

海拔：1500～1800 m

分布：城口县、平利县

引证标本：戴天伦 104295 100547 100618 105670 107136、陈彦生等 4403(WUK)

绣线梅属 Neillia D. Don

毛叶绣线梅 Neillia ribesioides Rehder.

海拔：1078～1700 m

分布：城口县、奉节县、广元市、岚皋县、平利县、镇坪县、巫溪县

引证标本：K. M. Liou 8439、K. S. Hao 321、巴山采集队 0048 0365 0382 0881 0944 1230、陈之端等 960535、大巴山工作组 00995、戴天伦 100113 100172 100177 100975 101225 101535 105302、李培元 1333、牛春山 3074、袁开来 平 1-0288、周洪富、粟和毅 107767、陈彦生等 1186(WUK)

中华绣线梅 Neillia sinensis Oliv.

海拔：610～2176 m

分布：城口县、奉节县、南江县、平利县、万源市、旺苍县、巫山县、巫溪县、镇巴县、南郑县、房县

引证标本：巴山采集队 1943 2224 4246 4317 4852 5159 5364 6105、戴天伦 100113 100198 100336 100483 100584 100847 100975 101916 105223 105302 105303、方文培 10315、何兴金等 161445 166676 166678 166692 166980 167908 167929 161420、贾潇洒等 3894 3983、李培元 2992、李先源等 050065、罗达尚 2552 2852、彭淮渌 0919、谭 81172、王金敖 0100、西大生物系巴山小组巴 0101 巴 283 巴 606、杨光辉 59030 59351、张泽荣 25049、植物所三峡考察队 1404 1425、周洪富、粟和毅 107767 108135 10832 108464 110181、黄仁煌 3497(HIB)

稠李属 Padus Mill

短梗稠李 Padus brachypoda (Batal.) C. K. Schneid.

海拔：1400～1830 m

分布：城口县、开县、奉节县、南江县、巫溪县

引证标本：59186、巴山采集队 0447 2667、戴天伦 100548 100698 101034、杨光辉 59186、周洪富、粟和毅 108160、左宝玉 2859 川经达 2859

褐毛稠李 Padus brunnescens Yu & Ku

海拔：1400～2100 m

分布：岚皋县、南江县

引证标本：巴山采集队 5678、何全华 1541

橉木 Padus buergeriana (Miq.) T. T. Yu & T. C. Ku

海拔：550～1580 m

分布：城口县、奉节县、岚皋县、平利县、南江县

引证标本：巴山采集队 0082 5483、何全华 1614、张朝成 0535、周洪富、粟和毅 107986、陈彦生等 1033(WUK)

灰叶稠李 Padus grayana (Maxim.) C. K. Schneid.

海拔：1250 m

分布：城口县、南江县

引证标本：戴天伦 105784、左宝玉、川经达 2863

粗梗稠李 Padus napaulensis (Ser.) C. K. Schneid.

海拔：1394 m

分布：城口县、巫山县

引证标本：A. Henry 5739、巴山采集队 0993

细齿稠李 Padus obtusata (Koehne) T. T. Yu & T. C. Ku

海拔：1123～2600 m

分布：城口县、奉节县、南江县、巫山县、巫溪县、镇巴县、平利县

引证标本：巴山采集队 0447 0770 1964、陈之端等 960654 960792 960918、戴天伦 100140 100817 101101 105218、方文培 10373、西大生物系巴山木本小组巴 133、杨光辉 58931 59032、张泽荣 25280、左宝玉 2863、陈彦生等 3081(WUK)

星毛稠李 Padus stellipila (Koehne) T. T. Yu & T. C. Ku

海拔：1500～1730 m

分布：镇坪县、平利县

引证标本：陈彦生等 1033(WUK) 1120(WUK)

毡毛稠李 Padus velutina (Batalin) C. K. Schneid.

海拔：1800 m

分布：平利县

引证标本：陈彦生等 4415(WUK)

石楠属 Photinia Lindl.

中华石楠 Photinia beauverdiana C. K. Schneid. var. **beauverdiana**

海拔：635～2200 m

分布：城口县、房县、奉节县、南江县、平利县、旺苍县、巫山县、巫溪县、镇坪县、竹溪县

引证标本：102974、T. P. Wang 10702、巴山采集队 5126 5276 5384 5505 5671 5694、戴天伦 102137 102320 102417 102974 103067 104010 10410 105238 105530 105564 105700 105705 105850、何全华 1742、李培元 1740、刘克荣 0435 0484、杨光辉 58979 59336、张泽荣 25356、植物所三峡考察队 0589、周洪等 108170、K. M. Liou 8847(HIB)

短叶中华石楠 Photinia beauverdiana C. K. Schneid. var. **brevifolia** Card.

海拔：400～1500 m

分布：岚皋县

引证标本：何金华 1396 1419 1615

湖北石楠 Photinia bergerae C. K. Schneid.

海拔：1000 m

分布：奉节县

引证标本：周洪富、粟和毅 107916

贵州石楠 Photinia bodinieri H. Lév.

海拔：650～1200 m

分布：宁强县、西乡县、城口县、巫溪县、镇巴县

引证标本：K. T. Fu 2375、P. C. Tsoong 3978、戴天伦 102798、曲桂龄 1900、王金敖 0082

光叶石楠 Photinia glabra (Thunb.) Maxim.

海拔：750～8000 m

分布：奉节县

引证标本：张泽荣 25912 25915、周洪富、粟和毅 110732 110878 109351

球花石楠 Photinia glomerata Rehd. & Wils.

分布：万源市

引证标本：方文培 10262

垂丝石楠 Photinia komarovii (H. Lév. & Vaniot) L. T. Lu & C. L. Li

海拔：1000～1420 m

分布：奉节县

引证标本：周洪富、粟和毅 108120 108269 111299

倒卵叶石楠 Photinia lasiogyna (Franch.) C. K. Schneid.

海拔：1400 m

分布：城口县

引证标本：戴天伦 104935 107058

小叶石楠 Photinia parvifolia (Pritz.) C. K. Schneid.

海拔：700～2000 m

分布：城口县、奉节县、巫山县、巫溪县

引证标本：巴山采集队 1138、戴天伦 102890、三峡考察队 2612 2943 3573、张泽荣 25579 25664、周洪富 26106 26561 26599、周洪富、粟和毅 108120 108269 110794、陈耀东等 2295

毛果石楠 Photinia pilosicalyx T. T. Yu

海拔：1400～1800 m

分布：奉节县

引证标本：张泽荣 25210、周洪富、粟和毅 107957 108185

桃叶石楠 Photinia prunifolia (Hook. & Arn.) Lindl.

海拔：950～1000 m

分布：奉节县

引证标本：周洪富、粟和毅 110733 111299

绒毛石楠 Photinia schneideriana Rehd. & Wils.

海拔：850～1900 m

分布：南江县、巫山县、房县

引证标本：杨光辉 58979、左宝玉 2842、刘克荣 0435(HIB)

石楠 Photinia serratifolia (Desf.) Kalkman

海拔：700～1500 m

分布：城口县、岚皋县、平利县、西乡县、镇巴县

引证标本：戴天伦 100540 103322 107341 107421 107494、西大生物系巴山木本小组巴 071、巴 071、袁开来 平 1-0135、何全华 1627、刘金鉴等 306、钟補求 4048

毛叶石楠 Photinia villosa (Thunb.) DC.

海拔：960～2280 m

分布：城口县、开县、云阳县、镇巴县

引证标本：巴山采集队 1228 2813、戴天伦 1058、西大生物系巴山木本小组巴 148、植物所三峡考察队 1036

庐山石楠 Photinia villosa (Thunb.) DC. var. **sinica** Rehd. & Wils.

海拔：1300～1850 m

分布：巫溪县、开县、平利县、竹溪县、房县

引证标本：巴山采集队 2813、李培元 3272、刘金鉴、段俊喜 318、陈耀东等 2149、神农架植考队 0484(HIB)

委陵菜属 Potentilla L.

皱叶委陵菜 Potentilla ancistrifolia Bunge

海拔：700～2350 m

分布：城口县、奉节县、万源市

引证标本：巴山采集队 0852、戴天伦 105759、李培元 4526 5563、周洪富、粟和毅 108582

蕨麻 Potentilla anserina L.

分布：城口县

引证标本：戴天伦 101722

蛇莓委陵菜 Potentilla centigrana Maxim.

海拔：1300～2300 m

分布：奉节县、岚皋县、南江县、平利县

引证标本：108348(SZ)、K. M. Liou 8465、巴山采集队 1771 1855、何兴金等 166658、张泽荣 25274、周洪富、粟和毅 108206

委陵菜 Potentilla chinensis Ser.

海拔：450～2100 m

分布：城口县、房县、南江县、平利县、万源市、通江县、镇巴县

引证标本：K. M. Liou 9196、巴山采集队 2991 4276 5945、戴天伦 102495、江广渝等 3249、李培元 4959 5568、谭明初 81181、杨钦周 399

狼牙委陵菜 Potentilla cryptotaeniae Maxim.

海拔：2040～2600 m

分布：巫溪县

引证标本：杨光辉 58950、植物所三峡考察队 0507

翻白草 Potentilla discolor Bunge.

海拔：380～1130 m

分布：奉节县、广元市、宁强县、平利县、巫山县

引证标本：K. M. Liou 8451、T. P. Wang 10513、川经万 0050、重庆师专 27、姜恕等 00079、宁强小组 0336、周洪富、粟和毅 108582

合耳委陵菜 Potentilla festiva Soják

海拔：1800 m

分布：奉节县

引证标本：108352(PE-01833867)

莓叶委陵菜 Potentilla fragarioides L.

海拔：800～2100 m

分布：城口县、南江县、旺苍县、巫山县、镇巴县

引证标本：巴山采集队 4252 4886 5260 5441 5510 5667、戴天伦 100050、杨光辉 58083

植物所三峡考察队 1531

三叶委陵菜 Potentilla freyniana Bornm.

海拔：880～2176 m

分布：城口县、奉节县、万源市、巫山县、云阳县、巫溪县、竹溪县

引证标本：巴山采集队 3780、戴天伦 100479、江广渝 4120、植物所三峡考察队 0942 1071 1087 1174 1445 1532、周洪富、粟和毅 107540 108105、陈耀东等 89025、黄仁煌 3454(HIB)

金露梅 Potentilla fruticosa L.

海拔：2600 m

分布：巫溪县

引证标本：杨光辉 58759

长柔毛委陵菜 Potentilla griffithii Hook. f. var. **velutina** Cardot

海拔：2350 m

分布：城口县

引证标本：戴天伦 105684

柔毛委陵菜 Potentilla griffithii Hook.

海拔：1500 m

分布：万源市

引证标本：李培元 4429

蛇含委陵菜 Potentilla kleiniana Wight & Arn.

海拔：578～1860 m

分布：城口县、南江县、通江县、平利县、镇坪县、万源市、巫山县、巫溪县、竹溪县、云阳县、房县

引证标本：K. M. Liou 8674 8713、巴山采集队 0783 3658 5527 6021、陈之端等 960867 960887、戴天伦 100320 105803、何兴金等 161489 161973 167434 167876 167959 168019、三峡考察队 2711、李培元 5261、乔英林 01180、杨钦周 271 770、植物所三峡考察队 0963 1252 1265 1336 1519、左宝玉 2828、陈耀东等 2472 89031、陈彦生等 2937(WUK)、黄仁煌 3128(HIB)

银叶委陵菜 Potentilla leuconota D. Don

海拔：2390 m

分布：城口县、巫溪县

引证标本：巴山采集队 1282 1707、李先源 37229

西南委陵菜 Potentilla lineata Trevir.

海拔：1800～2312 m

分布：城口县、开县、巫溪县

引证标本：刘玉红 80、巴山采集队 1707 2157 2317 2511、戴天伦 102156、倪炳炽 00483、陈耀东等 2130 2488 89092

多茎委陵菜 Potentilla multicaulis Bge.

海拔：550 m～3600 m

分布：平利县、南江县

引证标本：乔英林 1050、谭 81181、佚名 05553

等齿委陵菜 Potentilla simulatrix Th. Wolf

海拔：1050 m

分布：平利县

引证标本：李培元 1549

朝天委陵菜 Potentilla supina L.

海拔：600 m

分布：平利县

引证标本：乔英林 01170 1172

李属 Prunus L.

李 Prunus salicina Lindl.

海拔：165～2000 m

分布：城口县、房县、奉节县、广元市、岚皋县、南江县、平利县、万源市、旺苍县、通江县、巫山县、巫溪县、镇巴县、镇坪县、竹溪县

引证标本：58458、K. M. Liou 8435 9244、巴山采集队 0571 0889 4223 4804 5719 6002、大巴山工作组 00846、陈耀东等 2110 2585 7585、陈之端等 960838、戴天伦 100033 100100 100131 100174 100854 105113、方明渊 24081 24134、何全华 1473、何兴金等 166670、何业琪 1696、江广渝 4173、李

培元 4484 6638、南水北调队 00081 0081、牛春山 3130、三峡考察队 2959 3332 3473、西大生物系巴山木本小组 031、佚名 107611、植物所三峡考察队 1351、张泽荣 25169、周洪富 26328、周洪富、粟和毅 107580 107712 107966 107611 107980 108068 108199 109315、邹家志 0547、陈之端等 960838、陈耀东等 2110 2583、陈彦生等 1225(WUK)、郑重 876(HIB)

火棘属 Pyracantha Roem.

全缘火棘 **Pyracantha atalantioides** (Hance) Stapf

海拔：125～1600 m

分布：城口县、奉节县、旺苍县、平利县、巫山县、巫溪县、云阳县、房县

引证标本：K. M. Liou 8371 9166、T. P. Wang 10254 10309、巴山采集队 5167 5240、戴天伦 100182 100431、方明渊 24102 24202 24618 24978 24013 24162 24211 24678、李培元 2786 5302、刘克荣 0356、罗上柱 1104、四川大学川东植物调查队 108816、杨光辉 58197、佚名 44618、张泽荣 25013 25224 25581 25998 75998、植物所三峡考察队 0918 1017 1104 1229 1279 1386、周洪富 26026 26089 26117 26198 26322 26579 26766 26892、周洪富、粟和毅 25998 107748 108299 108530 108575 108816 109160109165 109502 110452 110650 111038 111047 111100 111115 111239 111308 111339 111443 111586、陈之端等 960486

细圆齿火棘 **Pyracantha crenulata** (D. Don) Roem.

海拔：520～1600 m

分布：城口县、奉节县、平利县、万源市、巫山县、巫溪县

引证标本：K. L. Chu 1935 1967、K. M. Liou 8368、T. P. Wang 10450 10610、巴山采集队 0587 0826、戴天伦 100182 100251 100365 100792、方明渊 24001 24013 24102 24162 24253 24978、李培元 5612、李先源 37272、刘金鉴等 166、倪炳炽 00466、四川大学川东植物调查队 108299、三峡考察队 2760 3350 3403、杨光辉 59501 59698 65577、张泽荣 25013 25224 25581、植物所三峡考察队 0358、周洪富 26026 26089 26117 26337、周洪富、粟和毅 109415

细叶细圆齿火棘 **Pyracantha crenulata** (D. Don) Roem. var. **kansuensis** Rehd.

分布：平利县

引证标本：牛春山 2894

火棘 **Pyracantha fortuneana** (Maxim.) H. L. Li

海拔：272～2100 m

分布：城口县、开县、奉节县、广元市、南江县、宁强县、平利县、通江县、万源市、旺苍县、巫山县、巫溪县、镇巴县、南郑县、竹溪县、竹山县

引证标本：平利实习队 0237 102034(PE-00535456)、K. L. Chu 2177、T. N. Liou 11928、巴山采集队 0110 1345 2398 2839 6107 6180 6199、陈之端等 960984、大巴山工作组 00832、戴天伦 100439 100638 100658 100792 101554 102614 103294 103801 103949 104308 104388 104579 104583 104752 104925 105078 105262 105514 106252 106370 106482 106612 106751 106753 106885 106903 107090、第六队 0028、方明渊 24013 24211、高成芝 0652、何获平 106885、何兴金等 161518 161570 166632 167392 167530、何业琪 1561、江广渝 4178、江广渝等 3237、姜恕等 00070、李本良 0607、李培元 3613 9501 985 4171 4513 4594 4981 5302 5371 5509 5974 6029 6450 6589 6699、罗安国 0301、倪炳炽 00475、平利实习队 0237、乔英林 01188、三峡考察队 2778 3693、四川经济植物考察队 0019 0149、四川农学院 4523、魏志平 3534、杨光辉 59510 59514 59698 65113、佚名 11966 84242、张泽荣 0184、植物所三峡考察队 0347、周洪富 26342 26424 26516 26766、周洪富、粟和毅 108081 108504 108819 109077 109165 109415 109549 109856 109858 110051 110802 110452 110650 111047 111115 111308 111342、邹家志 3057、陈之端等 960984、竹溪 91-390(HIB)

梨属 Pyrus L.

豆梨(原变种) **Pyrus calleryana** var. **calleryana**

海拔：950 m

分布：竹溪县

引证标本：郑重 844(HIB)

川梨 **Pyrus pashia** Buch.-Ham. ex D. Don

海拔：1900 m

分布：城口县

引证标本：戴天伦 100312

白梨 **Pyrus bretschneideri** Rehd.

分布：平利县

引证标本：0120(PE-01274740)

沙梨 **Pyrus pyrifolia** (Burm. f.) Nakai

海拔：760～1900 m

分布：城口县、奉节县、南江县、宁强县、平利县、万源市、旺苍县、巫山县、巫溪县、云阳县、镇巴县、竹溪县

引证标本：T. N. Liou & C. Wang 106、T. P. Wang 10375、巴山采集队 5128、戴天伦 100058 100106 100190 100312 1105227 60106、何兴金等 167917、马折祥、川经达 2223、牛春山 3045、王明昌 952、张泽荣 25735、植物所三峡考察队 0968、周洪富、粟和毅 107582 108011 108014、陈耀东等 2430、K. M. Liou 8512(HIB)

麻梨 **Pyrus serrulata** Rehder

海拔：1400～1550 m

分布：城口县、城口县、平利县、万源市

引证标本：巴山采集队 1505 4204、刘金鉴等 247

蔷薇属 Rosa L.

木香花 **Rosa banksiae** W. T. Aiton var. **banksiae**

海拔：200～1900 m

分布：城口县、奉节县、广元市、南江县、旺苍县、巫山县、巫溪县、云阳县、平利县、镇巴县

引证标本：巴山采集队 5172 5295、川经万 624、戴天伦 100240 103524 103800 111240、方明渊 24161、李本良 0624、李培元 3348 3711 4091 4168、南水北调队 00102、倪炳炽 00572、三峡考察队 3011 3030 3202、四川农学院 00894 0169、王明昌 1029、邢吉庆 103042、杨光辉 57705 58348 58578 65886、植物所三峡考察队 0332 1127、周洪富、粟和毅 24161 107710 108568 109080 109580 110047 110290 110478 111101 111343 111570、牛春山 3073、K. L. Chu 1842

单瓣木香花 **Rosa banksiae** W. T. Aiton var. **normalis** Regel

海拔：616～1600 m

分布：城口县、房县、奉节县、广元市、宁强县、平利县、万源市、巫山县、巫溪县、镇巴县、竹溪县

引证标本：K. M. Liou 8496 9049、T. P. Wang 10311、巴山采集队 0262 0660 1352 3320 4241、戴天伦 100103 100177 100240 100433 100570 100917 102138 103911 103946 107370、方明渊 24161、何业琪 1632、江广渝 4154、江广渝等 3245、李培元 00960 01173 2937 4168 4184 4505 5932 5995 6438 6730、刘克荣 0323、乔英林 01048 01178、杨光辉 57839 59603 59903 59986 65125 65186、杨钦周 379、周洪富 26480、周洪富、粟和毅 107674 107710 108568 109080 109497 110047 110290 110478 111343 111570

拟木香 **Rosa banksiopsis** Baker

海拔：1700～2300 m

分布：城口县、房县、岚皋县、南江县、平利县、巫山县、巫溪县

引证标本：58529、巴山采集队 1667 1875、戴天伦 104926、方文培 10159、何兴金等 167425、刘克荣 0269、西大生物系巴山小组巴 695、杨光辉 59024、周洪富、粟和毅 109876

复伞房蔷薇 **Rosa brunonii** Lindl.

海拔：1700 m

分布：南江县

引证标本：佚名 81176

尾萼蔷薇 **Rosa caudata** Baker

海拔：1330～2350 m

分布：城口县、开县、万源市、巫山县、巫溪县、平利县

引证标本：巴山采集队 1276 1896 2415、陈耀东等 2216 2410 2554、戴天伦 105458、李培元 6160 6177、曲桂龄 2049、万绍滨 2621、杨光辉 59070、左宝玉 2803、陈彦生等 2944(WUK)

大花尾萼蔷薇 Rosa caudata Baker var. **maxima** T. T. Yu & T. C. Ku

分布：城口县

引证标本：戴天伦 105292

城口县蔷薇 Rosa chengkouensis T. T. Yu & T. C. Ku

海拔：1400～2100 m

分布：城口县、巫山县、巫溪县

引证标本：65439、戴天伦 105335 105605、杨光辉 59026 59366 65303 65439

月季花 Rosa chinensis Jacq.

海拔：600～2600 m

分布：城口县、奉节县、南江县、巫山县、巫溪县

引证标本：T. P. Wang 10285、戴天伦 100178 100411 101371、方明渊 24823 24986、方文培 10026、何兴金等 167954、曲桂龄 1970、徐昌义 2905、杨光辉 58735、张泽荣 25623、周洪富 26433 26761、周洪富、粟和毅 107332 107732 108649 109721 111439

伞房蔷薇 Rosa corymbulosa Rolfe

海拔：1250～2000 m

分布：城口县、奉节县、巫山县、巫溪县、镇坪县

引证标本：戴天伦 101298 105605、杨光辉 59026 65303、张泽荣 25345、周洪富、粟和毅 110291 111227、陈彦生等 1209(WUK)

小果蔷薇 Rosa cymosa Tratt.

海拔：520～1280 m

分布：城口县、奉节县、广元市、巫山县、巫溪县、镇巴县

引证标本：戴天伦 100433 104592 107370、方明渊 24004、姜恕等 00067、李培元 960 5350、王明昌 1125、王庆瑞等 5362、杨光辉 59603 59903 59986 65100 65125 65186、佚名 00067、张泽荣 25628、周洪富 26480、周洪富、粟和毅 109335 109496 110825 111101

西北蔷薇 Rosa davidii Crép.

海拔：1540～1959 m

分布：城口县、南江县、万源市、巫山县、巫溪县、竹溪县

引证标本：巴山采集队 1624、戴天伦 100534 101063 102828、李培元 4479 2852 3359、四川农学院 16 2011、周洪富、粟和毅 109876

陕西蔷薇 Rosa giraldii Crép.

海拔：1800～2457 m

分布：城口县、开县、巫山县、巫溪县

引证标本：巴山采集队 1913 2436、陈耀东等 2159、戴天伦 104854、方文培 10150、杨光辉 59866

绣球蔷薇 Rosa glomerata Rehd. & E. H. Wils.

海拔：950～2200 m

分布：城口县、奉节县、南江县、巫山县

引证标本：戴天伦 100429 101280 101298 102186 102735 10298 103262 103913 104278 104399 104761 106277 106371 106493 106583 106950、方明渊 24014 24017、何兴金等 167550 167573、四川农学院 2934、熊济华等 93999、张泽荣 25247 25287、周洪富、粟和毅 110373

细梗蔷薇 Rosa graciliflora Rehder & E. H. Wilson

海拔：1300～2500 m

分布：城口县、南江县、巫溪县

引证标本：戴天伦 100807 100822 102366 104854、冯永华 2654、杨光辉 59326、佚名 65439、左宝玉 2857

卵果蔷薇 Rosa helenae Rehd. & E. H. Wils.

海拔：610～2200 m

分布：城口县、奉节县、南江县、万源市、巫山县、镇巴县、南郑县

引证标本：巴山采集队 3259 3844 5972、戴天伦

101298 101738、何兴金等 161553 161995 166621 167904、三峡考察队 2869 3135 3471 3547 3584 3615 3658、四川农学院 0249、西农调查队 0325、方文培 10002、杨光辉 59027 59646、杨钦周 697、张泽荣 25287、周洪富、粟和毅 109004 111260 111266 111543

重齿卵果蔷薇 Rosa helenae Rehder & E. H. Wilson f. **duplicata** T. C. Ku

分布：巫溪县

引证标本：杨光辉 59646

软条七蔷薇 Rosa henryi Bouleng.

海拔：640～2100 m

分布：城口县、房县、奉节县、平利县、万源市、万源市、巫山县

引证标本：K. M. Liou 9068、T. P. Wang 10420、巴山采集队 0099 2131 2240 2841、戴天伦 100695 101280 101474 106950 107487、方明渊 24017、方文培 10027、李培元 1677 4583、牛春山 3090、四川大学川东植物调查队 108278、杨光辉 58196 59865 59967 65508、杨钦周 147、植物所三峡考察队 1239、周洪富、粟和毅 108446 110100 111045

黄蔷薇 Rosa hugonis Hemsl.

海拔：2000 m

分布：城口县

引证标本：戴天伦 106493 606493

金樱子 Rosa laevigata Michx.

海拔：200～2320 m

分布：通江县、城口县、奉节县、巫山县、巫溪县、云阳县

引证标本：K. L. Chu 1975、戴天伦 101738 103525 103528、方明渊 24003 24718、三峡考察队 3105、杨光辉 05489 57710 58144 58344 59473 59539 65388 65489 65630、张泽荣 25510 25971、植物所三峡考察队 0948 1012 1139 1226、植物所三峡考察队 0948 1012 1139 1226、周洪富 26199 26325 26864、周洪富、粟和毅 107747 108616 108959 109343 109604 109723110480 110652 110796 111517、巴山采集队 5964

亮叶月季 Rosa lucidissima H. Lév.

海拔：600～900 m

分布：奉节县

引证标本：方明渊 24823、张泽荣 25623、周洪富、粟和毅 107732

华西蔷薇 Rosa moyesii Hemsl. & E. H. Wils.

海拔：1300～2350 m

分布：南江县、万源市、城口县、奉节县、南江县、巫山县

引证标本：戴天伦 101371 102075 105763 107010 107153、四川农学院 0238、杨光辉 59070、杨钦周 479 683、张泽荣 25302、周洪富、粟和毅 111227

野蔷薇 Rosa multiflora Thunb.

海拔：800～1570 m

分布：城口县、奉节县、南江县、通江县、巫山县、镇巴县、平利县、竹山县、竹溪县

引证标本：0221、戴天伦 105007 107091、方明渊 24098、方文培 10050、何兴金等 161581 167391、李培元 1544 2003 2100 2852 6446、乔英林 01184、四川农学院 0022、王清泉 0401、西大生物系巴山木本小组 012、佚名 193、张泽荣 25131、植物所三峡考察队 1225 1317、周洪富 26246、周洪富、粟和毅 108077 110291 111503

七姊妹 Rosa multiflora Thunb. var. **carnea** Thory

海拔：1200～1600 m

分布：城口县、南江县、通江县

引证标本：戴天伦 100411 105007 105214、杨钦周 702、四川农学院 0022(CDBI)

粉团蔷薇 Rosa multiflora Thunb. var. **cathayensis** Rehd. & Wils.

海拔：1350～3500 m

分布：城口县、奉节县、宁强县、镇坪县、巫山县

引证标本：T. N. Liou 11798、T. N. Liou 等 110 114、Wan 等 10404、方明渊 24014 24098、李培元 6474、杨光辉 59504 59884、杨钦周 347、张泽荣 25131 25302 25388、植物所三峡考察队 1225 1317、陈彦生等 2726(WUK)

西南蔷薇 Rosa murielae Rehd. & E. H. Wils.

海拔：1650～1800 m

分布：城口县、奉节县

引证标本：戴天伦 101616 102106、方文培 10159、周洪富、粟和毅 108463

峨眉蔷薇 Rosa omeiensis Rolfe

海拔：685～2500 m

分布：城口县、开县、奉节县、岚皋县、南江县、平利县、万源市、巫溪县

引证标本：巴山采集队 0090 1278 1550 1666 1709 1847 2037 2162 5676、陈之端等 960671、戴天伦 100398 100807 100822 101069 101812 103548 105214 105429、方文培 10149 9970、何全华 1705、李培元 2662、倪炳炽 00272、杨光辉 28795、杨钦周 492 516 621 79、周洪富 26634 26664 26703

扁刺峨眉蔷薇 Rosa omeiensis Rolfe f. **pteracantha** (Franch.) Rehder & E. H. Wilson

海拔：1800 m

分布：城口县

引证标本：戴天伦 105158

全针蔷薇 Rosa persetosa Rolfe

海拔：1300～2058 m

分布：城口县、平利县

引证标本：巴山采集队 1726、戴天伦 100398 100696、陈彦生等 2998(WUK)

铁杆蔷薇 Rosa prattii Hemsl.

分布：巫溪县

引证标本：倪炳炽 00372

缫丝花 Rosa roxburghii Tratt.

海拔：550～2200 m

分布：奉节县、广元市、南江县、通江县、镇巴县、南郑县、宁强县

引证标本：巴山采集队 5652 5983 6229、王金敖 0099、王庆瑞等 5351、西大生物系巴山木本小组 288、杨金祥 1581、周洪富 26071、T. P. Wang 9306、杨钦周 590

悬钩子蔷薇 Rosa rubus Lév. & Vant.

海拔：530～1780 m

分布：城口县、房县、奉节县、开县、南江县、宁强县、平利县、通江县、万源市、旺苍县、巫山县、巫溪县、云阳县、镇巴县、竹溪县

引证标本：236、四川任务组 1276、K. L. Chu 1934、Wan 等 10503、巴山采集队 0299 1158 1418 1497 2952 3490 6283、戴天伦 100429 102186 105236、何全华 1832、江广渝等 3238、姜恕等 00138、李培元 2118 5294 5625 5627 5947 6006、李全喜等 2717、刘克荣 0340、牛春山 2925、乔英林 01182 1216、三峡考察队 2713、四川农学院 0021 0183 4550 6032、西大生物系巴山木本小组 062、杨光辉 59504 65100 65147 650100、张泽荣 25012 25648、植物所三峡考察队 0995 1141 1264、周洪富 26114 26634、周洪富、粟和毅 107733 108577 108646 109164 109636 110322 110373 110614 111442、黄仁煌 2981(HIB)

玫瑰 Rosa rugosa Thunb.

海拔：1100 m

分布：城口县

引证标本：戴天伦 100534

大红蔷薇 Rosa saturata Baker

海拔：2000 m

分布：城口县、巫溪县

引证标本：戴天伦 101371、毛宗发、关基民 212

钝叶蔷薇 Rosa serata Rolfe

海拔：1450～2350 m

分布：城口县、奉节县、开县、南江县、平利县、通江县、万源市、旺苍县、巫山县、巫溪县

引证标本：巴山采集队 1275 1276 1519 1603 1726 2202 2308 2335 3730 5030 5075 5653 5698、戴天伦 100348 100545 101837 102075 104854 105158、方文培 10076 10150、何全华 1713、江广渝 4061 4112、李培元 4452、倪炳炽 00221、曲桂龄 2018、西农调查队 0041、杨光辉 59866、植物所三峡考察队 0396、周洪富、粟和毅 108463

刺梗蔷薇 Rosa setipoda Hemsl. & Wils.

海拔：1800～2350 m

分布：城口县、巫溪县

引证标本：105763、陈耀东等 2216、杨光辉 59326 65298

川滇蔷薇 Rosa soulieana Crépin

海拔：1730 m

分布：奉节县

引证标本：周洪富、粟和毅 111262

扁刺蔷薇 Rosa sweginzowii Koehne

海拔：1400～2300 m

分布：城口县、开县、岚皋县、平利县、南江县、巫山县、巫溪县、云阳县

引证标本：巴山采集队 1562 1595 1872 2061 2252、陈耀东等 2216 2410 2554、戴天伦 105335 105458 106165、三峡考察队 2717、杨光辉 57070 59232 59436 65298、杨钦周 628 682、陈彦生等 864(WUK)

腺叶扁刺蔷薇 Rosa sweginzowii Koehne var. **glandulosa** Card.

海拔：1710 m

分布：万源市

引证标本：李培元 6120

小叶蔷薇 Rosa willmottiae Hemsl.

海拔：1180 m

分布：镇坪县

引证标本：陈彦生等 2805(WUK)

悬钩子属 Rubus L.

刺萼悬钩子 Rubus alexeterius Focke

分布：城口县

引证标本：戴天伦 100711

秀丽莓 Rubus amabilis Focke

海拔：800～2300 m

分布：通江县、城口县、奉节县、云阳县

引证标本：戴天伦 100155 100899、王宇清等 1624、杨钦周 75、张泽荣等 25207、周洪富 26518、周洪富、粟和毅 26236、巴山采集队 6064

西南悬钩子 Rubus assamensis Focke

海拔：1200 m

分布：奉节县

引证标本：周洪富 26495

周毛悬钩子 Rubus amphidasys Focke

海拔：1000 m

分布：奉节县

引证标本：张泽荣 25554

桔红悬钩子 Rubus aurantiacus Focke

海拔：1900 m

分布：万源市

引证标本：李培元 6155

竹叶鸡爪茶 Rubus bambusarum Focke

海拔：920～1850 m

分布：城口县、奉节县、岚皋县、镇坪县、南江县、巫山县、巫溪县、竹山县、竹溪县

引证标本：108228、戴天伦 105190 105298、方明渊 24046 24066 24184 24528、何全华 1534、何兴金等 161537 161557 167868 167919、李培元 3278、李先源 319、倪炳炽 00228、佚名 142、杨钦周 646、张泽荣 25057、植物所三峡考察队 1311 1369、周洪富 26315、周洪富、粟和毅 107926 108228 109041、陈彦生等 2814(WUK)

分布：城口县

引证标本：巴山采集队 1026

粉枝梅 Rubus biflorus Buch.-Ham. ex Sm.

海拔：1300 m

分布：城口县

引证标本：戴天伦 105094

寒莓 Rubus buergeri Miq.

海拔：800～850 m

分布：奉节县

引证标本：周洪富 26797、周洪富、粟和毅 110871

长序莓 Rubus chiliadenus Focke

海拔：900～950 m

分布：奉节县

引证标本：粟和毅 108635 109321

毛萼莓 Rubus chroosepalus Focke

海拔：450～1100 m

分布：城口县、奉节县、岚皋县、万源市、通江县、镇巴县

引证标本：巴山采集队 0279 3549 5948、戴天伦

102434、方明渊 24655 24751、何全华 1462、李培元 4140 4208 5279 52975384 5607 6535、西大安康区采集工作队 035、佚名 107553、杨钦周 551、张泽荣 25532、周洪富、粟和毅 109327

网纹悬钩子 Rubus cinclidodictyus Card.

海拔： 585～695 m

分布： 万源市

引证标本： 巴山采集队 3563、戴天伦 104459、方明渊 24628 24655 24751 25532、刘元平等 3130、周洪富、粟和毅 26432

华中悬钩子 Rubus cockburnianus Hemsl.

海拔： 1350～1700 m

分布： 城口县

引证标本： 戴天伦 100903 101314 102663 104002 104051 105323

柔毛小柱悬钩子 Rubus columellaris Tutcher var. **villosus** T. T. Yu & L. T. Lu

海拔： 1850 m

分布： 巫溪县

引证标本： 杨光辉 59368

山莓 Rubus corchorifolius L. f.

海拔： 800～1800 m

分布： 城口县、奉节县、南江县、宁强县、平利县、旺苍县、巫山县、云阳县、镇巴县、镇坪县、竹溪县

引证标本： T. N. Liou & C. Wang 113、T. N. Liou 等、巴山采集队 5148、陈炳鳞 0350、川经万 0675、戴天伦 100096 100144 100305 100348、方明渊 24038、高成芝 0675 川经万 0675、何兴金等 166631 167934、李本良 0617、刘继孟 8848、乔英林 1056、西大安康区采集工作队巴 032、张泽荣 25366、植物所三峡考察队 0990 1377 1533、周洪富、粟和毅 25366 107553 107991 108194、邹家志 0543 543、川经万 0543、陈彦生等 2718(WUK)

插田泡 Rubus coreanus Miq.

海拔： 460～1700 m

分布： 城口县、奉节县、广元市、南江县、平利县、万源市、巫山县、巫溪县、云阳县、镇巴县、镇坪县

引证标本： 巴山采集队 0244 0876 1488 3031、巴山木本小组 095 188、戴天伦 100424 105202、方明渊 24019 24206 24580 25011、何兴金等 167572、李培元 2092 2254 2756 3604 4408 4592 5266 6453、牛春山 2892、南水北调队 00103、三峡考察队 0960 1121 1400、佚名 109055、张泽荣等 25718、周洪富 26028 26070 26340、周洪富、粟和毅 26263 26518 108571 109055 109177、陈彦生等 4143(WUK)

毛叶插田泡 Rubus coreanus Miq. var. **tomentosus** Card.

海拔： 1245～1500 m

分布： 城口县、奉节县、广元市、宁强县、镇坪县、万源市

引证标本： T. P. Wang 9318、巴山采集队 0105 3031、方明渊 24019 24206 24580、姜恕等 00103、李培元 5266、杨钦周 299、张泽荣 25011、周洪富 26070 26518、周洪富、粟和毅 108571 109177、陈彦生等 1132(WUK)

三叶悬钩子 Rubus delavayi Franch.

海拔： 1980 m～2100 m

分布： 万源市、巫山县

引证标本： 江广渝 4115、杨光辉 59031

栽秧泡 Rubus ellipticus Sm. var. **obcordatus** Focke

海拔： 800 m

分布： 奉节县

引证标本： 周洪富、粟和毅 107743

桉叶悬钩子 Rubus eucalyptus Focke var. **eucalyptus**

海拔： 1300～1730 m

分布： 城口县、南江县、平利县

引证标本： 戴天伦 100976 109447、何兴金、赵清盛 161548 167888、陈彦生等 1055(WUK)

无腺桉叶悬钩子 Rubus eucalyptus Focke var. **trullisatus** (Focke) T. T. Yu & L. T. Lu

海拔： 1300～1800 m

分布： 城口县、岚皋县

引证标本：戴天伦 105094、李培元 8434

大红泡 Rubus eustephanus Focke

海拔：1000～1800 m

分布：奉节县、巫山县、竹溪县

引证标本：K. M. Liou 8865 8887、刘继孟 8870、杨光辉 57821、张泽荣 25207

攀枝莓 Rubus flagelliflorus Focke

海拔：600～1020 m

分布：平利县、巫山县、竹溪县

引证标本：平 0037、戴天伦 100711、牛春山 2955、郑重 998(HIB)

弓茎悬钩子 Rubus flosculosus Focke

海拔：1560～2180 m

分布：城口县、岚皋县、平利县、南江县、巫溪县

引证标本：巴山采集队 1223 1584 5616、戴天伦 101314、杨光辉 59355、杨钦周 673、陈彦生等 995(WUK)

凉山悬钩子 Rubus fockeanus Kurz.

海拔：1005～2200 m

分布：万源市、巫溪县、平利县

引证标本：巴山采集队 3673、杨光辉 58910、陈彦生等 2972(WUK)

大序悬钩子 Rubus grandipaniculatus T. T. Yu & L. T. Lu

海拔：1050～1420 m

分布：奉节县、南江县、平利县、镇坪县

引证标本：西大生物系巴山小组 497 776、何兴金、赵清盛 161464、周洪富、粟和毅 108635 109321、陈彦生等 2789(WUK)

鸡爪茶 Rubus henryi Hemsl. & Kuntze

海拔：1280～1400 m

分布：奉节县、万源市

引证标本：方明渊 24066 24184 24528、高成芝、川经达 2443、张泽荣 25057

大叶鸡爪茶 Rubus henryi Hemsl. & Kuntze var. **sozostylus** (Focke) T. T. Yu & L. T. Lu

海拔：1450～2180 m

分布：城口县、开县

引证标本：巴山采集队 1601 2356 2528、戴天伦 100967 101020

湖南悬钩子 Rubus hunanensis Hand.-Mazz.

海拔：815～1450 m

分布：城口县、奉节县

引证标本：戴天伦 102434 102739 103628、周洪富、粟和毅 26103

宜昌悬钩子 Rubus ichangensis Hemsl. ex Ktze.

海拔：500～1000 m

分布：城口县、奉节县、平利县、万源市、巫溪县、西乡县

引证标本：T. N. Liou & P. C. Tsong 4078、巴山采集队 0303 0731 3606、戴天伦 103452、方明渊 24795、李培元 6694、刘金鉴等 178、杨光辉 65263、张泽荣 25549、周洪富、粟和毅 108923 109449

拟复盆子 Rubus idaeopsis Focke

海拔：1085～1446 m

分布：城口县、开县、岚皋县、平利县、镇坪县

引证标本：3-0311(PE-01832742)、巴山采集队 0537 1460 2786、牛春山 2891、陈彦生等 1173(WUK)

白叶莓 Rubus innominatus S. Moore

海拔：700～1940 m

分布：城口县、房县、奉节县、开县、南江县、万源市、巫山县、巫溪县、镇巴县、镇坪县、平利县

引证标本：巴山采集队 0159 1092 1360 1483 2396 2840 2857 2863 2986 3153 3 477 3732 3735 4229 4260 4286、戴天伦 100606 102223 102420 104339 104653 105259、方明渊 24628 24836 24993、何全华 1790、何兴金等 161433、江广渝等 3236、李培元 2282 3609 4020 4181 4215 5485 5608 5804 5968 6410、李先源 093、刘克荣 0219、三峡考察队 3470、曲桂龄 1945、杨光辉 59689、张泽荣 25389 25559、周洪富 26499 26552 26571 26698、周洪富、粟和毅 108567 109053 109112 109323 109383 109578 109718 110187 110245、陈彦生等 855(WUK)

无腺白叶莓 Rubus innominatus S. Moore var. **kuntzeanus** (Hemsl.) L. H. Bailey

海拔：700～1825 m

分布：城口县、房县、奉节县、岚皋县、万源市、巫山县、巫溪县、镇巴县、镇坪县

引证标本：巴山采集队 0159 0237 1092 1360 1483 2840 2857 2863 2986 3153 3477 3732 3735 4229 4260 4286、戴天伦 100903 102223 102420 105259、方明渊 24628 24836 24993、何全华 1426 1790、江广等 3236、李培元 4181 4215 5286 5485 5608 5804 5968 6410 6578、刘克荣 0219、曲桂龄 1945、曲桂麟 1983、杨光辉 59689、张泽荣 25389 25559、周洪富 26499 26552 26571 26698、周洪富、粟和毅 8567 109053 109112 109323 109383 109578 109718 110187 110245

红花悬钩子 **Rubus inopertus** (Focke) Focke

海拔：892～1700 m

分布：城口县、开县、奉节县、镇巴县

引证标本：巴山采集队 0956 1104 1254 2241 2790 4274、张泽荣 25119 25718、周洪富 26743

灰毛泡 **Rubus irenaeus** Focke

海拔：602～1450 m

分布：城口县、奉节县、万源市、镇巴县

引证标本：巴山采集队 1805 3357、戴天伦 102434 102739、李培元 5796、周洪富 26103

金佛山悬钩子 **Rubus jinfoshanensis** T. T. Yu & L. T. Lu

海拔：1000 m

分布：奉节县

高粱泡 **Rubus lambertianus** Ser.

海拔：685～2100 m

分布：城口县、奉节县、广元市、通江县、万源市、巫山县、巫溪县、竹溪县

引证标本：236 四川任务组 1194、巴山采集队 2845 6158、戴天伦 101473 101640 102575 103536 103985 104170 104474 104892 105742 106060 106184 106406 106528 106546 106623 106815 107189 107492 116117、方明渊 24917、江广渝等 3220、李培元 3948 4072 4120 5633、三峡考察队 2892 3038 3294 3552、王金敖 0247、魏志平 3892、杨光辉 59963、张泽荣 25837、植物所三峡考察队 0051 0062 0096 0182 0246、周洪富 110689、周洪富、粟和毅 26743 108863 109262 109491 109628 110099 110399 110564 110689 110781 111114、黄仁煌 2969(HIB)

光滑高粱泡 **Rubus lambertianus** Ser. var. **glaber** Hemsl.

海拔：700～1950 m

分布：城口县、房县、奉节县、广元市、开县、宁强县、平利县、万源市、巫山县、镇巴县、镇坪县

引证标本：105742、巴山采集队 0474 0904 1441 2804 2845 4210 4315、戴天伦 101473 101640 103628 103879 103985 104170 104407 104474 104892 106117 106184 106406、第六队 0043、方明渊 24917、何全华 1786、何业琪 1687、江广渝等 3220、李培元 4200 4511 5267 5493 5749 5926 6010 6441 6659 6733、刘克荣 0264、牛春山 2893、杨光辉 59845、张泽荣 25837、周洪富 26743、周洪富、粟和毅 108863 109262 109628 110099 110399 110564 110689 110781 111114 111378

绵果悬钩子 **Rubus lasiostylus** Focke

海拔：1050～1500 m

分布：城口县、平利县、巫溪县

引证标本：巴山采集队 1303、李培元 2048、李先源等 050116

鄂西绵果悬钩子 **Rubus lasiostylus** Focke var. **hubeiensis** T. T. Yu. et al.

海拔：2000 m

分布：巫山县

引证标本：杨光辉 59052

棠叶悬钩子 **Rubus malifolius** Focke

海拔：1100 m

分布：城口县

引证标本：戴天伦 100426

长萼棠叶悬钩子 **Rubus malifolius** Focke var. **longisepalus** T. T. Yu & L. T. Lu

海拔：1600 m

分布：城口县

引证标本：戴天伦 101542

喜阴悬钩子 Rubus mesogaeus Focke

海拔：700～2600 m

分布：城口县、奉节县、广元市、开县、岚皋县、平利县、万源市、旺苍县、通江县、巫山县、巫溪县、镇巴县

引证标本：108149 平 0059、T. N. Liou 等 175、T. P. Wang 10648 10649、巴山采集队 1529 1865 2031 2301 2515 3286 5335 6061 6177、陈耀东等 2565、陈之端等 960949、戴天伦 100145 100180 100607 101372、方明渊 24153 24836 25196 25264、江广渝 4004、贾潇洒等 3877、李培元 1754、罗安国 0262、牛春山 2963、杨光辉 58199 58737、杨钦周 333、张泽荣 25264、周洪富、粟和毅 107947 108423

腺毛喜阴悬钩子 Rubus mesogaeus Focke var. **oxycomus** Focke

海拔：1280 m

分布：奉节县

引证标本：张泽荣 25196

红泡刺藤 Rubus niveus Thunb.

海拔：910～1400 m

分布：城口县、南江县、旺苍县

引证标本：巴山采集队 5163、戴天伦 105323、何兴金等 167551、杨钦周 277

乌泡子 Rubus parkeri Hance

海拔：380～1630 m

分布：城口县、奉节县、广元市、巫溪县、巫山县

引证标本：T. P. Wang 10732、巴山采集队 1326、方明渊 24006、李培元 2222 942、上海肿瘤协作组 420、周洪富、粟和毅 26429

茅莓 Rubus parvifolius L.

海拔：850～1760 m

分布：广元市、南江县、巫山县、巫溪县、云阳县、镇巴县

引证标本：T. N. Liou & C. Wang 175、T. N. Liou 等 205、T. P. Wang 10393 10395 10396、何兴金、赵清盛 161953 166995、王兴忠、川经万 1040、吴应飁 1658、西大生物系巴山木本小组 202 675、植物所三峡考察队 1063 1524

掌叶悬钩子 Rubus pentagonus Wall. ex Focke

海拔：1400 m

分布：城口县

引证标本：戴天伦 103300

无刺掌叶悬钩子 Rubus pentagonus Wall. ex Focke var. **modestus** (Focke) T. T. Yu & L. T. Lu

海拔：900～2000 m

分布：城口县、奉节县

引证标本：戴天伦 102314 102666 103879 104111 105027 106733、周洪富 26698、周洪富、粟和毅 25837

菰帽悬钩子 Rubus pileatus Focke

海拔：1450～2300 m

分布：城口县、岚皋县

引证标本：巴山采集队 1538 1570 2003、戴天伦 100976 105447

陕西悬钩子 Rubus piluliferus Focke

海拔：780～1902 m

分布：城口县、南江县、平利县、万源市

引证标本：巴山采集队 0125 2961 5555 5631、江广渝 4028、贾潇洒等 3946、乔英林 1061

梨叶悬钩子 Rubus pirifolius Sm.

海拔：900～1900 m

分布：城口县、奉节县、巫溪县

引证标本：戴天伦 104197 104617 105988、李培元 1968、张泽荣 25469、周洪富 26234 26254 26405

五叶鸡爪茶 Rubus playfairianus Hemsl. ex Focke

海拔：0～1410 m

分布：城口县、西乡县

引证标本：T. N. Liou & P. C. Tsoong 3996、巴山采集队 1026

大乌泡 Rubus pluribracteatus L. T. Lu & Boufford

海拔：1000 m

分布：奉节县

引证标本：张泽荣 25686

针刺悬钩子 **Rubus pungens** Cambess.

海拔：2280 m

分布：镇巴县

引证标本：西大生物系巴山木本小组巴 149

锈毛莓 **Rubus reflexus** Ker Gawl.

海拔：1020 m

分布：城口县

引证标本：戴天伦 100711

香莓 **Rubus pungens** Camb. var. **oldhamii** (Miq.) Maxim.

海拔：1100～1950 m

分布：城口县、平利县、巫山县

引证标本：T. P. Wang 10526 10670、戴天伦 100155、李培元 2055、杨钦周 46

石生悬钩子 **Rubus saxatilis** L.

海拔：1755 m

分布：旺苍县

引证标本：巴山采集队 4929

川莓 **Rubus setchuenensis** Bureau & Franch.

海拔：600～2100 m

分布：城口县、奉节县、开县

引证标本：巴山采集队 1439 1810 2387、戴天伦 10376 102011 102019 102487 103153 103443 103796 104407 10542 105743 106713、方明渊 23921 24675、李培元 5397、三峡考察队 2771 3112、张泽荣 102019 102314 25222 5686、周洪富 26676 26943、周洪富、粟和毅 26052 109397 110468 110606 110783 111412 111465 111584

单茎悬钩子 **Rubus simplex** Focke

海拔：1100～2180 m

分布：城口县、岚皋县、镇坪县、平利县、巫山县

引证标本：巴山采集队 0104 0204 0426 1307 1585、川经达 2905、戴天伦 105027 105300、杨光辉 59031、陈彦生等 1143(WUK)、陈彦生等 826(WUK)

柱序悬钩子 **Rubus subcoreanus** T. T. Yu & T. L. Lu

海拔：700～1360 m

分布：平利县、镇巴县、竹溪县

引证标本：0058、甘啓良 3113、李培元 1441、平利队 0224、西大生物系巴山小组巴 186

紫红悬钩子 **Rubus subinopertus** T. T. Yu & L. T. Lu

海拔：1670 m

分布：奉节县

引证标本：李先源 124

密刺悬钩子 **Rubus subtibetanus** Hand.-Mazz.

海拔：1300 m

分布：南江县

引证标本：何兴金、赵清盛 166606 166666

红腺悬钩子 **Rubus sumatranus** Miq.

海拔：850～1520 m

分布：南江县、云阳县、镇坪县

引证标本：巴山采集队 5499、植物所三峡考察队 0946、陈彦生等 2939(WUK)

木莓 **Rubus swinhoei** Hance

海拔：1100～1600 m

分布：城口县、奉节县、开县、平利县

引证标本：巴山采集队 2380、戴天伦 100426 100428 101542、牛春山 3070、佚名 10359、周洪富、粟和毅 108682

三花悬钩子 **Rubus trianthus** Focke

海拔：1100～1800 m

分布：奉节县

引证标本：张泽荣 25368、周洪富、粟和毅 107703 108145 10839 108395

三对叶悬钩子 **Rubus trijugus** Focke

海拔：1420 m

分布：南江县

引证标本：何兴金、赵清盛 161444

东南悬钩子 **Rubus tsangorum** Hand.-Mazz.

分布：平利县

引证标本：3134(PE-01833310)

红毛悬钩子 Rubus wallichianus Wight & Arnott

海拔：800 m

分布：奉节县

引证标本：周洪富、粟和毅 107743

黄果悬钩子 Rubus xanthocarpus Bureau & Franch.

海拔：658～1201 m

分布：城口县

引证标本：巴山采集队 0709 0840 1063、戴天伦 101240

黄脉莓 Rubus xanthoneurus Focke

海拔：658～2300 m

分布：城口县、奉节县、巫溪县

引证标本：巴山采集队 0709 0840 1063 1365 2014、戴天伦 104617、方明洲 24206、李先源 330、李培元 5407、梁宝汉 24836、杨光辉 65071、张泽荣 25469、周洪富 26254

地榆属 Sanguisorba L.

矮地榆 Sanguisorba filiformis (Hook. f.) Hand.-Mazz.

海拔：2050 m

分布：城口县

引证标本：戴天伦 101695

地榆 Sanguisorba officinalis L.

海拔：1400～2400 m

分布：城口县、开县、巫山县、巫溪县

引证标本：K. L. Chu 2009、巴山采集队 2158、戴天伦 101695 107516、杨光辉 59004 59271

长叶地榆 Sanguisorba officinalis L. var. **longifolia** (Bertol.) Yu & Li

海拔：800～1850 m

分布：城口县、房县

引证标本：K. M. Liou 9045 9093、戴天伦 106149 107516

鲜卑花属 Sibiraea Maxim.

窄叶鲜卑花 Sibiraea angustata (Rehder) Hand.-Mazz.

海拔：1450 m

分布：城口县、奉节县

引证标本：戴天伦 102426、高成芝川经万 0652

珍珠梅属 Sorbaria (Ser.) A. Br. ex Aschers.

高丛珍珠梅 Sorbaria arborea C. K. Schneid.

海拔：915～2400 m

分布：城口县、南江县、万源市、旺苍县、巫山县、巫溪县、镇巴县、平利县、竹溪县

引证标本：巴山采集队 0033 1208 3165 3196 3282 3408 4966、陈耀东等 2137、戴天伦 101148 101204 101303 102457101383 105301 105582 106021 106173 106661、何兴金等 167426、李培元 2895 3383、李先源等 050059、上海肿瘤协作组 44、四川经济植物考察队 00230、谭明初 81193、赵良能 2702、植物所三峡考察队 0367、陈耀东等 2137 2448、杨光辉 59077 59126 59279、杨钦周 690、陈彦生等 829(WUK)

光叶高丛珍珠梅 Sorbaria arborea C. K. Schneid. var. **glabrata** Rehd.

海拔：1000～2286 m

分布：城口县、开县、巫山县

引证标本：巴山采集队 0033 1974、戴天伦 102457 105301 105627、杨光辉 59013

毛叶高丛珍珠梅 Sorbaria arborea C. K. Schneid. var. **subtomentosa** Rehd.

海拔：1500～2300 m

分布：城口县、岚皋县、镇坪县

引证标本：巴山采集队 1549 1625 2024、何全华 1655、杨钦周 78、陈彦生等 1175(WUK)

珍珠梅 Sorbaria sorbifolia (L.) A. Braun

分布：城口县、巫山县、巫溪县

引证标本：戴天伦 101383、杨光辉 59077 59126 59279

花楸属 Sorbus L.

水榆花楸 Sorbus alnifolia (Siebold & Zucc.) K. Koch var. **alnifolia**

海拔：1700 m

分布：竹溪县

引证标本：西大生物系巴山小组巴 839

裂叶水榆花楸 Sorbus alnifolia (Siebold & Zucc.) C. Koch var. **lobulata** Rehder

海拔：2000 m

分布：城口县、巫溪县

引证标本：戴天伦 100518、杨光辉 65399

锐齿花楸 Sorbus arguta T. T. Yu

海拔：2100 m

分布：巫溪县

引证标本：杨光辉 65079

美脉花楸 Sorbus caloneura (Stapf) Rehd.

海拔：1200～1690 m

分布：城口县、巫山县、巫溪县、竹溪县

引证标本：巴山采集队 0101 0959、戴天伦 105770 106170 106479 106923 107529、甘启良 0009、四川大学生物系植物分类教研组 59176、杨光辉 59176 59682 59684、重等 6057、周洪富、粟和毅 110143

广东美脉花楸 Sorbus caloneura (Stapf) Rehder var. **kwangtungensis** T. T. Yu

分布：巫溪县

引证标本：杨光辉 59411

冠萼花楸 Sorbus coronata (Card.) T. T. Yu & H. T. Tsai

海拔：1430 m

分布：城口县、南江县、巫山县、巫溪县

引证标本：巴山采集队 5341、戴天伦 105379、杨光辉 59062 59376

石灰花楸 Sorbus folgneri (C. K. Schneid.) Rehd.

海拔：1800 m

分布：城口县、奉节县、岚皋县、南江县、平利县、巫山县、巫溪县、镇巴县

引证标本：T. P. Wang 10680、川经达 2996、戴天伦 100346 100501 100756 100951 102273 102580 102853 103663 105050 105360 106041 106298 106669、方明渊 23927 23953、何合单 1413、刘金鉴等 285、四川大学生物系 65551、西大生物系巴山木本小组 242、杨光辉 58182 59941 65312 65551、张泽荣 25633、周洪富 26804 26936、周洪富、粟和毅 110121

江南花楸 Sorbus hemsleyi (C. K. Schneid.) Reh.

海拔：2000 m

分布：城口县、巫山县

引证标本：戴天伦 105379、方文培 10396、杨光辉 59062

球穗花楸 Sorbus glomerulata Koehne

分布：城口县

引证标本：戴天伦 105144

湖北花楸 Sorbus hupehensis C. K. Schneid.

海拔：816～2500 m

分布：城口县、岚皋县、平利县、南江县、万源市、巫山县、巫溪县、竹溪县

引证标本：巴山采集队 1289 1662 2830 5709、戴天伦 100589 101067 101822 104249 105144 105380 105439 106039 107270、甘啓良 2706、何全华 1600、杨光辉 59018 59247 59280 65412、周洪富、粟和毅 109944、左宝玉 2858、陈彦生等 4310(WUK)

毛序花楸 Sorbus keissleri (C. K. Schneid.) Rehd.

海拔：1150～2200 m

分布：城口县、奉节县、巫溪县

引证标本：巴山采集队 0959、戴天伦 100617 101040 105338 105695、方文培 40188、四川大学生物系植物分类教研组 59159、杨光辉 59159、张泽荣 25253、植物所三峡考察队 0463

陕甘花楸 Sorbus koehneana C. K. Schenid.

海拔：1330～2600 m

分布：城口县、开县、岚皋县、南江县、巫溪县、万源市

引证标本：巴山采集队 1289 1662 1869 2402 2468 2617 5654、戴天伦 100589 100814、何全华 1650、江广渝 4073 4096、陈耀东等 2073、杨光辉 58934

大果花楸 **Sorbus megalocarpa** Rehder

海拔：1700 m

分布：城口县

引证标本：戴天伦 105383 105579

少齿花楸 **Sorbus oligodonta** (Card.) Hand.-Mazz.

海拔：1500～3050 m

分布：城口县、奉节县

引证标本：戴天伦 102364、戴天伦 104249、武素功 758

灰叶花楸 **Sorbus pallescens** Rehder

海拔：1350 m

分布：城口县

引证标本：戴天伦 100756 100951 101004 105360

西康花楸 **Sorbus prattii** Koehne var. **prattii**

海拔：1800 m

分布：奉节县

引证标本：张泽荣 25372

多对西康花楸 **Sorbus prattii** Koehne var. **aestivalis** (Koehne) T. T. Yu

海拔：1850 m

分布：城口县

引证标本：戴天伦 100814

鼠李叶花楸 **Sorbus rhamnoides** (Decne.) Rehder

分布：城口县

引证标本：戴天伦 104855

红毛花楸 **Sorbus rufopilosa** C. K. Schneid.

分布：南江县

引证标本：四川经济植物考察队 1

华西花楸 **Sorbus wilsoniana** C. K. Schneid.

海拔：1500～2000 m

分布：城口县、开县、奉节县、开县、南江县、巫溪县

引证标本：巴山采集队 2579、戴天伦 101379 105439 104962 106043 106319、方明渊 24597、何兴金等 166984、杨光辉 65048

神农架花楸 **Sorbus yuana** Spongberg

海拔：2000 m

分布：城口县、巫山县

引证标本：戴天伦 101390、杨光辉 59057

长果花楸 **Sorbus zahlbruckneri** C. K. Schneid.

海拔：1600～2000 m

分布：城口县、巫山县、巫溪县

引证标本：戴天伦 101004 105383 101933 10933 19933、四川大学生物系 101933、杨光辉 59057 65399

绣线菊属 Spiraea L.

绣球绣线菊 **Spiraea blumei** G. Don

海拔：700～1700 m

分布：城口县、奉节县、平利县、通江县、万源市、旺苍县、巫山县、巫溪县、镇巴县、房县

引证标本：巴山采集队 0243 13531520 4811、方明渊 24672、贾潇洒等 3973、李培元 1956 4486 4515 5571 5871、倪炳炽 00457、牛春山 2965、杨钦周 402 525、张泽荣 25774、植物所三峡考察队 1363、重师、西农调查队 0043 0132、周洪富、粟和毅 109086、邢吉庆 16969(HIB)

中华绣线菊 **Spiraea chinensis** Maxim.

海拔：325～1600 m

分布：奉节县、巫山县、巫溪县、镇巴县、房县

引证标本：陈之端等 960983、李培元 2333、李先源 44、李先源等 050018、倪炳炽 00471、三峡考察队 2995、杨金祥 1590、周洪富 26022 26099 26731、周洪富、粟和毅 107699 107741 109270 109498 109700 110078 110314、刘克荣 0256(HIB)

华北绣线菊 **Spiraea fritschiana** C. K. Schneid.

海拔：1300～1500 m

分布：城口县

引证标本：杨钦周 232 257

翠蓝绣线菊 **Spiraea henryi** Hemsl. var. **henryi**

海拔：1000～2200 m

分布：城口县、奉节县、南江县、平利县、万源市、巫山县、巫溪县、镇巴县

引证标本：T. P. Wang 10709、巴山采集队 3763 5548、戴天伦 100813 101737 105437 105688、方明渊 24015 24083 24193、三峡考察队 3376 3542、四川大学川东植物调查队 108991、西大生物系巴山小组巴 802 巴 821、杨光辉 58200 59460、杨金祥 1590、张泽荣 25024 25248、赵良能 2768、植物所三峡考察队 0370、周洪富 26307、周洪富、粟和毅 108079 108125 108184 108190 108258 108420 108991 109000 109776 111040 111107 110215 111108 111251 111407 26307

峨眉翠蓝绣线菊 Spiraea henryi Hemsl. var. **omeiensis** T. T. Yu

海拔：1300～1800 m

分布：奉节县、巫山县

引证标本：方明渊 24015 24083 24193、杨钦周 3110、张泽荣 25156、周洪富、粟和毅 108125 108190 108420 111040

圆叶疏毛绣线菊 Spiraea hirsuta (Hemsl.) C. K. Schneid. var. **rotundifolia** (Hemsl.) Rehd.

海拔：850～1300 m

分布：奉节县、巫溪县

引证标本：杨光辉 65513、周洪富 26022 26731

疏毛绣线菊 Spiraea hirsuta (Hemsl.) C. K. Schneid. var. **hirsuta**

海拔：650～1500 m

分布：城口县、房县、奉节县、通江县、万源市、巫山县、巫溪县

引证标本：T. P. Wang 10492 10525、戴天伦 100408 100428 100441 100478 102266 104207 104569 104634 105989、李培元 4609、刘克荣 0256、四川经济植物考察队 0007 0027、杨钦周 240、植物所三峡考察队 1224 1255 1257、周洪富 26099、周洪富、粟和毅 107699 107741 109270 109498 109700 110314

粉花绣线菊 Spiraea japonica L. f.

海拔：0～2050 m

分布：城口县、奉节县、南江县、平利县、通江县、万源市、旺苍县、巫山县、巫溪县、镇巴县、竹溪县

引证标本：巴山采集队 3617 3840 5051 5070 5130 5371 5489、戴天伦 101342 101493 101569 102308 102358 104346 104519 04996 105233 107111、方明渊 24179 24290 24639 24689、何全华 169、江广渝等 4001、李培元 2339 2875 3295、李先源 071 KQ072 KQ131、李先源等 050011、李忠秀 2796、倪炳炽 00550、牛春山 2966、三峡考察队 2784 2952 3385 3646、杨光辉 59221 59256 59449 59842 59880 65059 65103 65472 65605、佚名 072 109070 2796、张泽荣 25227 25525、植物所三峡考察队 0249 0384 0477、重等 0315 3009、周洪富 25692 26416 26990、周洪富、粟和毅 26283 108630 108681 108803 109070 109324 109485 109629 109655 109872 109943 110559 110686 111249 111538 111630 26209

光叶绣线菊 Spiraea japonica L. f. var. **fortunei** (Planch.) Rehd.

海拔：602～2383 m

分布：城口县、开县、奉节县、南江县、旺苍县、镇巴县、岚皋县、平利县、万源市、竹山县、房县

引证标本：巴山采集队 0146 0147 0332 0405 0907 2200 2491 3288 3381 4350 5051 5371、方明渊 24179 24290 24518 24581、张泽荣 25227 25390、周洪富 26102 26209、戴天伦 105700 101131 101569、周洪富、粟和毅 108681、李培元 4241 5667 5744、范光复 30211、528(PE-01453426)、3480(HIB)、邢吉庆 17908(HIB)

渐尖粉花绣线菊 Spiraea japonica L. f. var. **acuminata** Franch.

海拔：610～2312 m

分布：城口县、开县、奉节县、岚皋县、巫山县、巫溪县、旺苍县、南江县、平利县、南郑县、万源市、镇坪县、竹溪县

引证标本：巴山采集队 0100 0649 0907 1149 1448

1629 1882 1980 2163 3840 5130 5988、戴天伦 100763 100783 100865 100970 101131 101200 101733 102105 105016 105230 105336 105570 106027 106168 107427 101493 102308 102358 104346 105233 105700、张泽荣 25525 25646 25769、周洪富 26281 26592 26990、周洪富、粟和毅 108994 110017 110086 110636 111027 108630 109070 109485 109872 110559 110686 111249 111538 111630、陈之端等 960878、陈耀东等 2022 2460 2489、方明渊 24639、江广渝等 4001、李培元 4174 4418 6539 6641、刘金鉴等 273、刘玉红 55、牛春山 2985、杨光辉 59221 59256 59449 59842 59880 65059 65103 65605、杨钦周 701、西北大学生物系第五队 528(PE-01453271)、陈彦生等 4085(WUK)、竹溪 91-74(HIB)

无毛粉花绣线菊 Spiraea japonica L. f. var. **glabra** (Regel) Koidz.

海拔：1200～1520 m

分布：南江县、竹溪县

引证标本：巴山采集队 5489、李培元 5044

椭圆叶粉花绣线菊 Spiraea japonica L. f. var. **ovalifolia** Franch.

海拔：860～2370 m

分布：城口县、万源市、旺苍县、巫溪县

引证标本：巴山采集队 3617 5070、陈之端等 960780、戴天伦 100783、杨钦周 54

华西绣线菊 Spiraea laeta Rehder

海拔：900～1800 m

分布：城口县、奉节县

引证标本：戴天伦 105437、周洪富 26939

长芽绣线菊 Spiraea longigemmis Maxim.

海拔：2300 m

分布：岚皋县

引证标本：巴山采集队 1864

毛叶绣线菊 Spiraea mollifolia Rehd.

分布：平利县

引证标本：牛春山 2855

蒙古绣线菊 Spiraea mongolica Maxim.

海拔：1900 m

分布：巫溪县

引证标本：李先源 37226

广椭绣线菊 Spiraea ovalis Rehd.

海拔：1538～2150 m

分布：城口县、奉节县

引证标本：105688、三峡考察队 3143

土庄绣线菊 Spiraea pubescens Turcz.

海拔：900～1200 m

分布：城口县、奉节县、镇巴县、房县

引证标本：巴山采集队 2987、戴天伦 100408 100441、方明渊 24672、刘克荣 256(HIB)

毛果土庄绣线菊 Spiraea pubescens Turcz. var. **lasiocarpa** Nakai

海拔：995～1201 m

分布：镇巴县

引证标本：巴山采集队 3266 4222

南川绣线菊 Spiraea rosthornii Pritz. ex Diels

海拔：1000～2400 m

分布：城口县、奉节县、平利县、万源市、巫山县、巫溪县

引证标本：戴天伦 100428 100537 105132、李培元 2045 5465、李先源 37233、四川大学川东植物调查队 108316、杨钦周 506、周洪富、粟和毅 108374 109943

茂汶绣线菊 Spiraea sargentiana Rehd.

海拔：1800 m

分布：巫山县

引证标本：周洪富、粟和毅 108991

川滇绣线菊 Spiraea schneideriana Rehd.

海拔：1650 m

分布：城口县

引证标本：戴天伦 102958

无毛川滇绣线菊 Spiraea schneideriana Rehd. var. **amphidoxa** Rehd.

海拔：1330～2350 m

分布：城口县、开县、平利县

引证标本：巴山采集队 1260 1657 1680 2048 2417、陈彦生 804(WUK)

绢毛绣线菊 Spiraea sericea Turcz.

海拔：770 m

分布：城口县、宁强县

引证标本：T. N. Liou & C. Wang 154、戴天伦 105497

浅裂绣线菊 Spiraea sublobata Hand.-Mazz.

海拔：900 m

分布：奉节县

引证标本：周洪富 26939

鄂西绣线菊 Spiraea veitchii Hemsl.

海拔：1260～2200 m

分布：城口县、岚皋县、万源市、巫山县、巫溪县、镇巴县、平利县、竹溪县

引证标本：巴山木本小组 172 254、戴天伦 102958、何全华 1649、李培元 4402、杨光辉 59002 59325、植物所三峡考察队 0474 0478、周洪富、粟和毅 110320、陈彦生等 4213(WUK)、竹溪 91-83(HIB)

陕西绣线菊 Spiraea wilsonii Duthie

海拔：1060～1850 m

分布：城口县、巫山县、巫溪县、镇坪县

引证标本：戴天伦 106160、倪炳炽 00273、四川经济植物考察队 0008、杨光辉 65261、杨钦周 288、周洪富、粟和毅 110215 110320、陈彦生等 2844(WUK)

小米空木属 Stephanandra Siebold & Zucc.

华空木 Stephanandra chinensis Hance

海拔：800～1900 m

分布：奉节县、房县

引证标本：张泽荣 25318、邢吉庆 16349(HIB)

红果树属 Stranvaesia Lindl.

毛萼红果树 Stranvaesia amphidoxa C. K. Schneid.

海拔：1000～1800 m

分布：城口县、奉节县

引证标本：戴天伦 102417 105239、张泽荣 25210 25579 25713、周洪富、粟和毅 107827 107957 108185

红果树 Stranvaesia davidiana Dcne.

海拔：900～1850 m

分布：城口县、房县、奉节县、南江县、巫山县、巫溪县、云阳县、竹山县、竹溪县、平利县、镇坪县

引证标本：59177、T. P. Wang 10706、巴山采集队 2220、川经达 2669、刘克荣 0312、戴天伦 101214 101482 103849 104253 104411 104523 104906 105028 105271 105296 105619 106185 106325 106376 107087 107468、费政琴 2669、何兴金等 161473 161474 161476 161530 161587 167915 167938 167939、蓝开蔚 259 2599、李培元 2822 3257、李世大 0922、倪炳炽 00251、钱士心 08006、三峡考察队 1382 2721 2875 3539、四川经济植物考察队 00227 0089、杨光辉 59177 59695 65486 65285、佚名 2827、张泽荣等 25203、赵良能 2728、植物所三峡考察队 0130 0349 0615、周洪富、粟和毅 26707 107846 108217 108707 110041 110083 111591、左宝玉 2827、刘金鉴、段俊喜 181、陈彦生等 1145(WUK)

波叶红果树 Stranvaesia davidiana Dcne. var. **undulata** (Dcne.) Rehd. & E. H. Wils.

海拔：900～2100 m

分布：城口县、开县、奉节县、平利县、镇坪县、巫山县

引证标本：巴山采集队 0025 0276 1210 1322 1927 2376 2575、戴天伦 100793 101482 101948 102252 102531 102579 104731 105028 105296 106901 107468、牛春山 2936、四川大学川东植物调查队 108217、张泽荣 25203、周洪富 26891、周洪富、粟和毅 110083 111591、陈彦生等 4119(WUK)

绒毛红果树 Stranvaesia tomentosa T. T. Yu & T. C. Ku

分布：巫溪县

引证标本：杨光辉 59209

47.景天科 Crassulaceae

八宝属 **Hylotelephium** H. Ohba

狭穗八宝 Hylotelephium angustum (Maxim.) H. Ohba

海拔：1550 m

分布：城口县

引证标本：戴天伦 106155

八宝 Hylotelephium erythrostictum (Miq.) H. Ohba

海拔：1780 m

分布：城口县、奉节县

引证标本：戴天伦 106433 107286 107419、周洪富、粟和毅 111176

圆扇八宝 Hylotelephium sieboldii var. **chinense** H. Ohba

海拔：800 m

分布：竹溪县

引证标本：竹溪 91-361(HIB)

轮叶八宝 Hylotelephium verticillatum (L.) H. Ohba

海拔：1375～2100 m

分布：城口县、巫溪县

引证标本：戴天伦 101804 106767、巴山采集队 1177、植物所三峡考察队 0434、陈耀东等 2361

费菜属 **Phedimus** Rafinesque

费菜 Phedimus aizoon (L.) 't Hart

海拔：980～2200 m

分布：南江县、旺苍县

引证标本：巴山采集队 4888 5102 5451 5688

齿叶费菜 Phedimus odontophyllus (Frod.) 't Hart

海拔：558 m

分布：云阳县

引证标本：植物所三峡考察队 0940

红景天属 **Rhodiola** L.

菱叶红景天 Rhodiola henryi (Diels) S. H. Fu

海拔：500～1920 m

分布：城口县、奉节县、南江县、旺苍县、巫溪县、房县

引证标本：巴山采集队 0360 0909 1341 2097 5038 5477 5595 5724、陈之端等 960584 960585 960758、戴天伦 100596 106860、张泽荣 25045、周洪富、粟和毅 107808、黄仁煌 3046(HIB

云南红景天 Rhodiola yunnanensis (Franch.) S. H. Fu

海拔：1078～2176 m

分布：城口县、奉节县、南江县、旺苍县、巫山县、巫溪县

引证标本：巴山采集队 0360 1341 2097 5038 5477 5595 5724、陈炳麟 2556、戴天伦 100596 105655 106860、四川大学川东植物调查队 108351、张泽荣 25045、植物所三峡考察队 0407 1200 1440、周洪富、粟和毅 107808 108351

景天属 **Sedum** L.

费菜 Sedum aizoon L.

海拔：1220～2600 m

分布：城口县、奉节县、开县、岚皋县、万源市、通江县、巫山县、巫溪县、竹溪县

引证标本：K. M. Liou 8690、巴山采集队 0016 0144 0415 0633 0979 1241 1702 2040 2595 2625 6047、戴天伦 100624 100923 101489 101728 102311 105062 105318 106943、方明渊 24656、李培元 6128 6199 6665、四川大学川东植物调查队 109107、杨光辉 58886 59424、周洪富 26391 26591、周洪富、粟和毅 108704 108969 109107 110138 111206

东南景天 Sedum alfredii Hance

海拔：900～1000 m

分布：城口县、奉节县

引证标本：戴天伦 100421 107314、方明渊 24109

大苞景天 Sedum amplibracteatum K. T. Fu

海拔：1520～2100 m

分布：开县、巫溪县

引证标本：巴山采集队 2497、陈之端等 960595、杨光辉 65420

珠芽景天 Sedum bulbiferum Makino

海拔：750 m

分布：竹溪县

引证标本：K. M. Liou 8514

乳瓣景天 Sedum dielsii Hamet

海拔：1850 m

分布：城口县、宁强县

引证标本：T. N. Liou 11824 11944、戴天伦 103804 106566 107314

细叶景天 Sedum elatinoides Franch.

海拔：790～1780 m

分布：城口县、奉节县、开县、巫山县、竹溪县

引证标本：K. M. Liou 8567、T. P. Wang 10498、巴山采集队 0200 0465 1240 2571 2652、戴天伦 100855、方明渊 24062、姜恕等 00164、四川大学川东植物调查队 108249、张泽荣 25404、植物所三峡考察队 1402、周洪富 26033、周洪富、粟和毅 108473

凹叶景天 Sedum emarginatum Migo

海拔：790～1300 m

分布：城口县、巫山县、云阳县

引证标本：戴天伦 100457、植物所三峡考察队 1140 1222 1287 1416

小山飘风 Sedum filipes Hemsl.

海拔：610～2050 m

分布：城口县、房县、巫溪县

引证标本：巴山采集队 1325、戴天伦 102373 102507 103335、刘克荣 0469、植物所三峡考察队 0068 0461 0608

日本景天 Sedum japonicum Siebold ex Miq.

海拔：1428～1800 m

分布：城口县、奉节县

引证标本：巴山采集队 0195、周洪富、粟和毅 108129 108434

钝萼景天 Sedum leblancae Raym.-Hamet

海拔：550～1850 m

分布：城口县

引证标本：戴天伦 103464 103804 106566

佛甲草 Sedum lineare Thunb.

海拔：1100～2100 m

分布：城口县、奉节县、南江县、巫山县

引证标本：T. P. Wang 10459、戴天伦 100358、植物所三峡考察队 1469、巴山采集队 5586、周洪富、粟和毅 107809

大苞景天 Sedum oligospermum Maire

海拔：1200～2100 m

分布：城口县、开县、旺苍县、巫溪县

引证标本：巴山采集队 2497 4814、戴天伦 106388 107094、杨光辉 65420、植物所三峡考察队 0077 0252、陈之端等 960595、陈耀东等 2534

南川景天 Sedum rosthornianum Diels

海拔：500～1500 m

分布：城口县、巫山县、竹溪县

引证标本：戴天伦 105102、甘啓良 3039、植物所三峡考察队 1392 1421

垂盆草 Sedum sarmentosum Bunge

海拔：500～2177 m

分布：城口县、奉节县、开县、广元市、南江县、平利县、巫溪县、房县

引证标本：K. M. Liou 8414、方明渊 24010 24048 24549、四川大学川东植物调查队 108286、周洪富 26076 26346、巴山采集队 2346、戴天伦 103320 105048 105320、罗上柱 1122、王桂兰 0336、王庆瑞等 5339、王纫秋 2914、张泽荣 25014 25074、周洪富 26076 26346 2676、周洪富、粟和毅 108286、陈耀东等 2144、蒋祖德、陶光复 397(HIB)

火焰草 Sedum stellariaefolium Franch.

海拔：200～1300 m

分布：通江县、城口县、奉节县、平利县、巫山县、巫溪县

引证标本：李培元 6456、杨光辉 58240、袁开平 1-0157、李先源 50、周洪富 26546 26554 26750、周

洪富、粟和毅 108646 108648 108733 108853 109725 110102、巴山采集队 5958

四芒景天 Sedum tetractinum Frod.

海拔：2457 m

分布：开县

引证标本：巴山采集队 2473

三芒景天 Sedum triactina A. Berger

海拔：1446～1763 m

分布：开县

引证标本：巴山采集队 2621 2782

毛籽景天 Sedum trichospermum K. T. Fu

分布：奉节县

引证标本：张泽荣 25023

短蕊景天 Sedum yvesii Hamet

海拔：1200 m

分布：奉节县

引证标本：周洪富、粟和毅 107809

石莲属 Sinocrassula Berger

石莲 Sinocrassula indica (Decne.) Berger

海拔：450～1200 m

分布：城口县、房县、巫溪县

引证标本：K. M. Liou 9118、戴天伦 107285 107414、杨光辉 59622 65167

48.虎耳草科 Saxifragaceae

落新妇属 Astilbe Buch.-Ham. ex D. Don

落新妇 Astilbe chinensis (Maxim.) Franch. & Savat.

海拔：950～2383 m

分布：城口县、开县、奉节县、广元市、南江县、万源市、巫山县、巫溪县、云阳县、平利县、镇坪县

引证标本：巴山采集队 0186 0517 0893 2079 2193 2209 2265 2405、戴天伦 101121 101163 101503 101506 101686 102163 102227 103990 104636 105341 105737 105776 106150 106356 106981 107008 107122、方明渊 23970 24637 27008、冯永华 2683、江广渝 4015、李先源等 050109 050201、凌春芳、川经绵 4084、三峡考察队 0297 2712 2868 3657、杨光辉 05429 58907、张泽荣 25788、周洪富、粟和毅 108741 108985 109017 109083 109191 109755 109969 110197 111224、陈之端等 960778、陈耀东等 2416、江广渝 4015、李培元 5819、刘玉红 64 86、平利实习队 97(WUK)、陕西省中草药科研组 1683(WUK)

大落新妇 Astilbe grandis Stapf ex E. H. Wilson

海拔：975～2300 m

分布：城口县、奉节县、万源市、巫山县、巫溪县、竹溪县

引证标本：K. K. Tsoong s.n、巴山采集队 0732 0790 0894 1926 2029、戴天伦 101115 101503 101589 102163 105341 106981、方明渊 23970、李培元 4615 5454 5716 6096 6552、杨光辉 58958、周洪富、粟和毅 108741 109017 109083 10913 109191 109755 110197、倪炳炽 00508、张泽荣 0134、竹溪 91-27(HIB)

多花落新妇 Astilbe rivularis Buch.-Ham. ex D. Don var. **myriantha** (Diels) J. T. Pan

海拔：700～2600 m

分布：城口县、巫溪县、通江县、镇坪县、镇巴县、平利县

引证标本：戴天伦 105352、杨光辉 5429 58877、陕西省中草药科研组 85(WUK) 826(WUK)、应俊生等 51 902(WUK)、王金敖 0244、邹家志 3009

草绣球属 Cardiandra Siebold & Zucc.

台湾草绣球 Cardiandra formosana Hayata

海拔：800 m

分布：房县

引证标本：林文豹 0249

草绣球 Cardiandra moellendorffii (Hance) Migo

分布：城口县

引证标本：胡启明 5020

金腰属 **Chrysosplenium** Tourn. ex L.

纤细金腰 **Chrysosplenium giraldianum** Engler

海拔：1700 m

分布：平利县

引证标本：徐光远 4247(WUK)

绵毛金腰 **Chrysosplenium lanuginosum** Hook. f. & Thoms.

海拔：950～2150 m

分布：城口县、竹溪县

引证标本：戴天伦 100953、105419、郑重 893(HIB)

大叶金腰 **Chrysosplenium macrophyllum** Oliv.

海拔：900～1800 m

分布：奉节县、巫山县、巫溪县、镇巴县、平利县、镇坪县

引证标本：陈之端等 960616、杨光辉 57577 57994、周洪富、粟和毅 107664、陕西省中草药科研组 92(WUK)、李培元 1385(WUK)、徐光远 4882(WUK)

山溪金腰 **Chrysosplenium nepalense** D. Don

海拔：1850 m

分布：城口县

引证标本：戴天伦 101047

赤壁木属 **Decumaria** L.

赤壁木 **Decumaria sinensis** Oliv.

海拔：578～1650 m

分布：城口县、奉节县、岚皋县、平利县、西乡县、镇坪县、万源市、巫山县、竹溪县、房县

引证标本：四川任务组 1319、T. P. Wang 10476、巴山采集队 3647、戴天伦 100034 100145 100230、方文培 10271 10274、何全华 1369、李培元 5916、牛喜山 3101、四川大学生物系植物分类教研组 100185、周洪富、粟和毅 108707 109251、傅坤俊 11494(WUK)、陕西省植被区划小组 42(WUK)、黄仁煌 3473(HIB)、K. M. Liou 9011(HIB)

叉叶蓝属 **Deinanthe** Maxim.

叉叶蓝 **Deinanthe caerulea** Stapf

海拔：800 m

分布：房县

引证标本：刘克荣 249(HIB)

溲疏属 **Deutzia** Thunb.

异色溲疏 **Deutzia discolor** Hemsl.

海拔：800～2200 m

分布：城口县、奉节县、广元市、巫山县、巫溪县平利县、镇坪县、房县

引证标本：四川大学生物系植物分类教研组 101031、杨光辉 58133 58135 58296 58973 59222 59454 59521、戴天伦 100586 101031 101788 105065 105161 105279 105976、绵地队 1468、倪炳炽 00455、张泽荣 25256、赵良能 2716、周洪富、粟和毅 103142 108118 108142 108318 108414 110172 111187 111253、李培元 1722(WUK) 2148(WUK)、陶光复 361(HIB)

粉背溲疏 **Deutzia hypoglauca** Rehder

海拔：1800～2600 m

分布：城口县、巫溪县

引证标本：方文培 10376 10395、戴天伦 106141、杨光辉 58736 58904

长叶溲疏 **Deutzia longifolia** Franch.

海拔：2200～2500 m

分布：城口县、奉节县、巫溪县、平利县

引证标本：戴天伦 105161 105976、方文培 10105、刘振书 588、杨光辉 592222、张泽荣 25256、倪炳炽 00319、徐光远 4355(WUK)

南川溲疏 **Deutzia nanchuanensis** W. T. Wang

海拔：1520～1710 m

分布：城口县、巫溪县

引证标本：陈之端等 960613 960639 960690、戴天伦 107045

长江溲疏 **Deutzia schneideriana** Rehd.

海拔：170～1730 m

分布：云阳县

引证标本：陈之端等 960452、周洪富、粟和毅 111253

四川溲疏 **Deutzia setchuenensis** Franch. var. **setchuenensis**

海拔：800～1825 m

分布：城口县、奉节县、广元市、南江县、万源市、旺苍县、巫山县、巫溪县

引证标本：T. P. Wang 10327 10751、巴山采集队 3731 4812 5052 5618、方明渊 24094、方文培 10170、四川大学生物系 102736、周洪富 26086 26087 26437 26733、三峡考察队 0273 2904 3277、佚名 28005、张泽荣 25198 25371

多花溲疏 **Deutzia setchuenensis** Franch. var. **corymbiflora** (Lem. ex Andr.) Rehd.

海拔：837～1950 m

分布：城口县、开县、奉节县

引证标本：巴山采集队 0231 0684 1134 1407 1437 1942 2659、戴天伦 102736、周洪富、粟和毅 107734、李培元 5233、四川大学生物系 1027736

长柱溲疏 **Deutzia staminea** R. Br. ex Wall.

海拔：1870～2177 m

分布：开县、巫山县

引证标本：巴山采集队 2366 2546、杨光辉 58793

常山属 **Dichroa** Lour.

常山 **Dichroa febrifuga** Lour.

海拔：658～1600 m

分布：城口县、奉节县、平利县、旺苍县、巫山县、巫溪县、云阳县

引证标本：巴山采集队 0228 0314 0374 0680 0702 1072 1366 5434、方明渊 24724、牛喜山 2861、杨光辉 59596 59598、周洪富 26227 26950、周洪富、粟和毅 109325 109702 109845 110515、金常元 0783、三峡考察队 2809 3037

绣球属 **Hydrangea** L.

冠盖绣球 **Hydrangea anomala** D. Don

海拔：1180～1890 m

分布：奉节县、万源市、通江县

引证标本：贾潇洒、于杰 3932、周洪富、粟和毅 108495、巴山采集队 5871

马桑绣球 **Hydrangea aspera** D. Don

海拔：500～2100 m

分布：城口县、开县、奉节县、通江县、巫山县、巫溪县、西乡县、镇坪县

引证标本：戴天伦 102681 107146 102610、四川大学生物系 25960、方明渊 24923 24992 24735、李先源 68、李先源等 050029、王金敖 0168 168、杨光辉 59100 59228 59526 59654 59849 59857 61313 65313 65628 102610、佚名 65552、周洪富、粟和毅 108788 108823 109024 109281 109298 109444 109541 109547 109659 110125 110177 111011 111163 109704、K. L. Chu 1743、巴山采集队 0249 0288 0572 0666 1079 1396 1518 2558 2680、张泽荣 25409 25645、周洪富 26492、T. N. Liou & P. C. Tsoong 4034(WUK)、应俊生等 268(WUK)

东陵绣球 **Hydrangea bretschneideri** Dippel

海拔：1300～3240 m

分布：城口县、奉节县、岚皋县、平利县、镇坪县、通江县、巫溪县

引证标本：陈耀东等 2400、戴天伦 100753 100811 100841 100971 101059 101385 102361 102829 105123 105382 105435 100107 101369 105125 100971 101335 101353 101509 104229 105382 105835、何金华 1601、牛喜山 3068、四川大学生物系 58528、杨光辉、张泽荣 25331、周洪富、粟和毅 111168 111256、李培元 2604(WUK) 3334、重师调查队 063、应俊生等 121(WUK)

中国绣球 **Hydrangea chinensis** Maxim.

海拔：630 m

分布：城口县

引证标本：戴天伦 103147

酥醪绣球 Hydrangea coenobialis Chun

海拔：1900～2600 m

分布：巫溪县

引证标本：杨光辉 58792 59282

白背绣球 Hydrangea hypoglauca Rehder

海拔：1600～1900 m

分布：城口县、奉节县、通江县

引证标本：戴天伦 100481 100753 100841 101507、周洪富、粟和毅 111166 111168 111256、重师调查队 063(CDBI)

莼兰绣球 Hydrangea longipes Franch. var. **longipes**

海拔：554～2400 m

分布：城口县、开县、奉节县、岚皋县、南江县、旺苍县、通江县、巫山县、巫溪县、镇巴县、镇坪县、西乡县、平利县、竹溪县

引证标本：巴山采集队 0341 0582 0846 1292 1958 2679 2815 5047 5115 5374 5488 6285、陈耀东等 2199 2358、戴天伦 100922 101256 101793 102552 103264 107402 100509 101130 101344 101369 101605 102458 104893 106102 106935 109324 58709、何金华 1515、李培元 2399 5115 8744(WUK)、四川大学生物系 107402、杨光辉 58709 59044 59864 59932 65307 59120 59649 65065、周洪富、粟和毅 109029、达县野生植物普查队、川经达 2839、李培元 1951 2325 2399 2702(WUK)、刘继孟 8879、倪炳炽 00047 00516、三峡考察队 0304、西大生物系巴山木本小组 167、张泽荣 25447、傅坤俊 11515(WUK)

披针绣球 Hydrangea longipes Franch. var. **lanceolata** Hemsl.

海拔：900～1300 m

分布：城口县

引证标本：巴山采集队 0582 0913 0957

绣球 Hydrangea macrophylla (Thunb.) Ser.

海拔：1300～1450 m

分布：城口县

引证标本：戴天伦 101450 102720 102876 105469 105621

粗枝绣球 Hydrangea robusta J. D. Hook. & Thomson

海拔：1300～1820 m

分布：城口县、巫山县、巫溪县

引证标本：戴天伦 105324 105991、李培元 3458、杨光辉 9117、周洪富、粟和毅 109029

紫彩绣球 Hydrangea sargentiana Rehder

海拔：1700 m

分布：巫溪县

引证标本：三峡考察队 0268

腊莲绣球 Hydrangea strigosa Rehd.

海拔：610～2100 m

分布：城口县、奉节县、平利县、万源市、巫山县、巫溪县、镇巴县、镇坪县、南郑县、竹溪县

引证标本：巴山采集队 2856 2923 3340 3415 6111、戴天伦 04560 101814 102272 102430 102612 102687 104503 104560 105827 105956 105993 105995 106899 107450、方明渊 23980 24630 24668 24992、何金华 1795、江广渝 4170、李培元 4136 4461 4605 5260 5462 5702 5953 6129 6546 6649 8784(WUK)、四川大学生物系 65552、杨光辉 59100 59117 65065、张泽荣 25447 25889、周洪富 26572、周洪富、粟和毅 110125 11358 109517 110030 110174 110281 111461 111610 110444 110637 111406 111575 111582、刘金鉴等 280、K. L. Chu 1974、黄仁煌 2949(HIB)

挂苦绣球 Hydrangea xanthoneura Diels

海拔：1100～2550 m

分布：城口县、开县、奉节县、南江县、巫山县、巫溪县、镇巴县、平利县、镇坪县

引证标本：巴山采集队 1261 1929 2432 2477、陈炳麟 2507、戴天伦 100163 100811 102829 105466 105632 105767 106267 106375 107269 10841 113435、费政琴 2070 2670 川经达 2670、四川经济植物考察队 7A-9、唐贤能等 00360、杨光辉 59293、张泽荣 25331、周洪富、粟和毅 108995、傅坤俊 11583(WUK)、徐光远 4502(WUK)、应俊

生 135(WUK)

鼠刺属 **Itea** L.

鼠刺 **Itea chinensis** Hook. & Arn.

海拔：800～1450 m

分布：城口县、奉节县

引证标本：戴天伦 102881、张泽荣 25647、周洪富 26607、周洪富、粟和毅 26662 108697 110422 110853

冬青叶鼠刺 **Itea ilicifolia** Oliv.

海拔：272～1900 m

分布：城口县、奉节县、万源市、巫山县、巫溪县、镇坪县

引证标本：巴山采集队 0283 0674 1348、方明渊 24608 24912、李培元 1833(WUK) 5634、张泽荣 25475 25665 25772、周洪富、粟和毅 108612 109062 109634 111361 110599 110663 111261、川东采药队 242、戴天伦 102012 102341 102349 103039 103267 103473 103636 103802、李先源 34166、三峡考察队 1381 2989 3100 3278 3689、上海肿瘤协作所 274、唐贤能 00008、杨光辉 59562 65193、赵良能 2781 2783、周洪福 26096 26231 26834

峨眉鼠刺 **Itea omeiensis** C. K. Schneid.

海拔：520～1029 m

分布：奉节县

引证标本：三峡考察队 3226、周洪富 26662、周洪富、粟和毅 108924

小花鼠刺 **Itea parviflora** Hemsl.

海拔：750～800 m

分布：奉节县

引证标本：方明渊 23937、周洪富、粟和毅 109332

梅花草属 **Parnassia** L.

南川梅花草 **Parnassia amoena** Diels

海拔：1400 m

分布：城口县

引证标本：戴天伦 107031

城口县梅花草 **Parnassia chengkouensis** T. C. Ku

海拔：625 m

分布：城口县

引证标本：戴天伦 103079

突隔梅花草 **Parnassia delavayi** Franch.

海拔：1800～2298 m

分布：万源市、巫山县、巫溪县

引证标本：周洪富、粟和毅 109914、江广渝 4063、张泽荣 0124、陈耀东等 2067

细裂梅花草 **Parnassia leptophylla** Hand.-Mazz.

海拔：2100～2140 m

分布：开县、巫山县、巫溪县

引证标本：巴山采集队 2286 2499、杨光辉 58765、周洪富、粟和毅 109914

细叉梅花草 **Parnassia oreophila** Hance

海拔：2300 m

分布：城口县

引证标本：戴天伦 101807 101836

鸡肫草 **Parnassia wightiana** Wall. ex Wight & Arn

海拔：615～1538 m

分布：城口县、奉节县、旺苍县

引证标本：巴山采集队 5145、戴天伦 103079 103179、三峡考察队 2780 3130、周洪富、粟和毅 110982

扯根菜属 **Penthorum** Gronov. ex L.

扯根菜 **Penthorum chinense** Pursh

海拔：340～1500 m

分布：城口县、房县、奉节县、巫山县、宁强县

引证标本：K. L. Chu 2101、戴天伦 102426 107278 107355 103358 103815、刘克荣 391、周洪富、粟和毅 109612 109813 110603、T. N. Liou & C. Wang 77(WUK)

山梅花属 Philadelphus L.

尾萼山梅花 Philadelphus caudatus S. M. Hwang

分布：城口县

引证标本：戴天伦 105006

毛萼山梅花 Philadelphus dasycalyx (Rehder) S. Y. Hu

海拔：1800 m

分布：城口县

引证标本：戴天伦 106605

滇南山梅花 Philadelphus henryi Koehne

海拔：600～1450 m

分布：城口县、巫山县

引证标本：戴天伦 102426、周洪富、粟和毅 109813

山梅花 Philadelphus incanus Koehne

海拔：860～1850 m

分布：通江县、城口县、平利县、镇坪县、巫溪县、竹溪县、房县

引证标本：K. M. Liou 8569 8844、李培元 1414 1446(WUK)、杨光辉 58322 593175、戴天伦 105285、刘继孟 8844 8850、三峡考察队 0193 0360、巴山采集队 5926、乔林英 1276(WUK)、邢吉庆 16853(HIB)

太平花 Philadelphus pekinensis Ruprecht

海拔：1050 m

分布：平利县

引证标本：傅坤俊 11929(WUK)

紫萼山梅花 Philadelphus purpurascens (Koehne) Rehd. var. **purpurascens**

海拔：1000 m

分布：奉节县

引证标本：曲桂龄 7299、周洪富 26759

美丽山梅花 Philadelphus purpurascens (Koehne) Rehder var. **venustus** (Koehne) S. Y. Hu

海拔：1080 m

分布：城口县

引证标本：戴天伦 100538

绢毛山梅花 Philadelphus sericanthus Koehne var. **sericanthus**

海拔：595～2600 m

分布：城口县、奉节县、岚皋县、万源市、巫山县、巫溪县、镇巴县、平利县、竹溪县

引证标本：巴山采集队 1213 1314 3680 4234、陈耀东等 2106、何全华 1440、江广渝 4194、戴天伦 1005006 100735 100753 100901 10091 101466 102270 102309 102607 102738 103209 103611 104255 104408 104446 104517 104813 105237 105239 105369 106224 106489 106605 10735 107482、方明渊 24136、方文培 24871、贾潇洒等 3977、萧永贤 24678、杨光辉 58739 59937 65042 65525、张泽荣 25078 25121 25319 25729 25730 25994、周洪富 26212 26304 26308 26759 26848、周洪富、粟和毅 108480 108808 108996 109117 109170 109245 109422 109527 109657 109873 110035 110169 110639 110874 111189、徐光远 4475(WUK)、竹溪 91-349(HIB)

牯岭山梅花 Philadelphus sericanthus Koehne var. **kulingensis** (Koehne) Hand.-Mazz.

海拔：1510 m

分布：巫溪县

引证标本：陈之端等 960572、戴天伦 100500 1101343

毛柱山梅花 Philadelphus subcanus Koehne var. **subcanus**

海拔：930～2600 m

分布：城口县、奉节县、开县、岚皋县、巫山县、巫溪县、云阳县

引证标本：巴山采集队 0030 0345 0621 1024 1446 1449 1506 1551 1944 2332 2519、陈之端等 960898、光辉 58739、周洪富、粟和毅 10639 108428 110035、李培元 2780、三峡考察队 2725 3048 3059 3151 3357 3589

城口县山梅花 Philadelphus subcanus Koehne var. **magdalenae** (Koehne) S. Y. Hu

海拔：1420 m

分布：奉节县

引证标本：周洪富、粟和毅 108268

冠盖藤属 **Pileostegia** Hook. f. & Thoms.

冠盖藤 **Pileostegia viburnoides** Hook. f. & Thoms.

海拔：850 m

分布：奉节县

引证标本：周洪富 26777

茶藨子属 **Ribes** L.

长刺茶藨子 **Ribes alpestre** Wall. ex Decne.

海拔：1900 m

分布：平利县

引证标本：李培元 2614(WUK)

花茶藨子 **Ribes fargesii** Franch.

海拔：1800 m

分布：城口县、奉节县

引证标本：戴天伦 105141、周洪富、粟和毅 108413

簇花茶藨子 **Ribes fasciculatum** Siebold & Zucc.

海拔：1200 m

分布：竹溪县

引证标本：刘继孟 8881

鄂西茶藨子 **Ribes franchetii** Jancz.

海拔：1400～2370 m

分布：城口县、奉节县、平利县、巫山县、巫溪县

引证标本：陈之端等 960790、戴天伦 105141、何全华 1712、杨光辉 57871 57949 57950、周洪富、粟和毅 108413

冰川茶藨子 **Ribes glaciale** Wall.

海拔：1000～1900 m

分布：城口县、奉节县、南江县、万源市、平利县、镇坪县、巫山县、巫溪县

引证标本：10215 57683、巴山采集队 0053 1022 2246、陈之端等 960679 960894、李培元 1825(WUK) 2079、杨光辉 57683 58032 58429、周洪富、粟和毅 108144 108171 108215 108389、李本良川经达 2043、万绍滨 2618、川经达 2618、吴至康、川经达 2236、张泽荣 25318

曲萼茶藨子 **Ribes griffithii** Hook. f. & Thoms

海拔：1650～1698 m

分布：旺苍县

引证标本：巴山采集队 4856 5003

糖茶藨子 **Ribes himalense** Royle ex Decaisne var. **himalense**

海拔：1200～2120 m

分布：竹溪县、镇巴县

引证标本：K. M. Liou 8881、西大生物系巴山木本小组 127

异毛茶藨子 **Ribes himalense** Royle ex Decaisne var. **trichophyllum** T. C. Ku

海拔：1700 m

分布：城口县

引证标本：戴天伦 101300

康边茶藨子 **Ribes kialanum** Jancz.

海拔：1850 m

分布：城口县

引证标本：戴天伦 101066

裂叶茶藨子 **Ribes laciniatum** Hook. f. & Thomson

海拔：1850 m

分布：城口县

引证标本：戴天伦 101067

长序茶藨子 **Ribes longiracemosum** Franch.

海拔：1400～2000 m

分布：奉节县、南江县、巫山县、巫溪县

引证标本：陈之端等 960753、杨光辉 59049、周洪富、粟和毅 108314 108417、左宝玉 2834

东北茶藨子 **Ribes mandshuricum** (Maxim.) Kom.

海拔：1600～1700 m

分布：城口县、岚皋县

引证标本：戴天伦 101300、何全华 1568

光叶北茶藨子 **Ribes mandshuricum** var. **subglabrum** Komarov

海拔：1100～1920 m

分布：镇坪县

引证标本：应俊生等 389(WUK) 537(WUK)

宝兴茶藨子 Ribes moupinense Franch. var. **moupinense**

海拔：1500～2300 m

分布：城口县、岚皋县、镇巴县、镇坪县、平利县、万源市、巫山县、巫溪县

引证标本：巴山采集队 0047 1844 1887、陈之端等 960921、戴天伦 103431、贾潇洒等 3949、杨光辉 57959 58063 58382、傅坤俊 11597(WUK)、李培元 2643(WUK)、徐光远 5621(WUK)

三裂茶藨子 Ribes moupinense Franch. var. **tripartitum** (Batalin) Jancz.

海拔：1850 m

分布：城口县

引证标本：戴天伦 101046

四川茶藨子 Ribes setchuense Jancz.

海拔：1700～1923 m

分布：城口县、巫山县

引证标本：戴天伦 100314 101046 105431、三峡考察队 1196

长果茶藨子 Ribes stenocarpum Maxim.

海拔：1900 m

分布：城口县

引证标本：戴天伦 101347

渐尖茶藨子 Ribes takare D. Don

海拔：1700～2700 m

分布：南江县、巫溪县、平利县

引证标本：川经达 2813、陈耀东等 2352、徐光远 5765(WUK)

细枝茶藨子 Ribes tenue Jancz.

海拔：800～1760 m

分布：南江县、旺苍县、巫山县、竹溪县

引证标本：巴山采集队 4846 5223 5530、三峡考察队 1430、陈之端等 960929、杨光辉 58032、郑重 811(HIB)

鬼灯檠属 Rodgersia Gray

七叶鬼灯檠 Rodgersia aesculifolia Batal.

海拔：1150～2200 m

分布：城口县、开县、南江县、旺苍县、巫溪县、镇巴县、镇坪县、平利县

引证标本：巴山采集队 0946 1788 1966 2123 2279 4952、戴天伦 101045 101170 102967 104101 101442、胡秀英 10442、李先源 37224、李先源等 050141、万绍滨 2591、佚名 2571、陈之端等 960823、陈耀东等 2031、陕西省中草药科研组 34(WUK)、李培元 2607(WUK) 2701(WUK)

虎耳草属 Saxifraga L.

细叶虎耳草 Saxifraga filifolia J. Anthony

海拔：1300～1950 m

分布：城口县

引证标本：戴天伦 104709 106326 106534 106570 107107

齿瓣虎耳草 Saxifraga fortunei Hook. f.

海拔：2200 m

分布：南江县

引证标本：巴山采集队 5664

红毛虎耳草 Saxifraga rufescens Balf. f. var. **rufescens**

海拔：1400～2040 m

分布：巫溪县

引证标本：三峡考察队 0231 0387 0540

扇叶虎耳草 Saxifraga rufescens Balf. f. var. **flabellifolia** C. Y. Wu & J. T. Pan

海拔：630～2100 m

分布：城口县、南江县

引证标本：戴天伦 103000 104821 104972 106942 106455 106726 106865 106912 107531、费政琴川经达 2711

单脉红毛虎耳草 Saxifraga rufescens Balf. f. var. **uninervata** J. T. Pan

分布：城口县

引证标本：戴天伦 106942

球茎虎耳草 Saxifraga sibirica L.

海拔：1230～2200 m

分布：南江县、平利县

引证标本：巴山采集队 5575、李培元 1366(WUK)

虎耳草 Saxifraga stolonifera Curtis

海拔：494～2200 m

分布：城口县、奉节县、开县、南江县、宁强县、万源市、通江县、镇巴县、平利县、镇坪县

引证标本：108250(条形码号：00859875)(PE)、巴山采集队 0181 0520 0828 1327 2703 2765 2822 3501 4323 5687 6248、方明渊 24118 24197、贾潇洒等 3972、姜恕等 00169、周洪富 26054、戴天伦 101233 105599 105905 101180、李本良、川经达 2188、刘元平等 3083、彭淮渌 0249、三峡考察队 0978 1112、王金敖 0076、张泽荣 25111、周洪富、粟和毅 108250 109136、陕西省中草药科研组 57(WUK) 810(WUK) 1685(WUK)、李培元 8710(WUK)

钻地风属 Schizophragma Siebold & Zucc.

秦榛钻地风 Schizophragma corylifolium Chun

海拔：1300 m

分布：奉节县

引证标本：周洪富、粟和毅 108322

钻地风 Schizophragma integrifolium Oliv.

海拔：1300 m

分布：奉节县

引证标本：周洪富、粟和毅 108324

黄水枝属 Tiarella L.

黄水枝 Tiarella polyphylla D. Don

海拔：760～2600 m

分布：城口县、开县、奉节县、岚皋县、镇巴县、平利县、镇坪县、南江县、通江县、万源市、旺苍县、巫山县、巫溪县、云阳县、竹溪县

引证标本：巴山采集队 0116 1098 1555 1679 2096 2619 4840 5844、陈之端等 960537 960911、方明渊 24078 24173、杨光辉 58871、张泽荣 25178 25565、周洪富、粟和毅 107779 108030 108180 108399、大巴山工作组 00703、戴天伦 100324 100521 100527 100628 100770 100770 105032 105399、费政琴 2674 2679、关克俭 105399、李先源等 050081、三峡考察队 0413 1077 1428、唐贤能等 00319、王兴忠 0130、川经达 2370、徐昌义 2901、川经达 2901、杨亚滨 00319、佚名 2907、重师、西农调查队 006、周善滋 2539、川经达 2539、陕西省中药科研组 894(WUK)、西大 217(WUK)、李培元 8701(WUK)、吴振海 1078(WUK)、郑重 1023(HIB)

49.海桐花科 Pittosporaceae

海桐花属 Pittosporum Banks

皱叶海桐 Pittosporum crispulum Gagnep.

海拔：1100～2000 m

分布：城口县、广元市、巫溪县

引证标本：戴天伦 100217 101257 104288 104418 105100 105535 106243 106301 106624、魏志平 3742、杨光辉 59391

突肋海桐 Pittosporum elevaticostatum H. T. Chang & S. Z. Yan

海拔：700～2100 m

分布：城口县、奉节县

引证标本：戴天伦 100904 101272 101399 101457 101551 102188 102800 102879 103273 104364 104585 104846 105008 105314 105520 105788 105950 106776 106820 106895 107439、方明渊 23935 24685 24745、三峡考察队 2748 2775 2982、张泽荣 25128 25425 25613 25734、赵良能 2721、周洪富 26271 26397 26511 26609 26785 27000、周洪富、粟和毅 107637 107894 108778 110530 110879

光叶海桐 Pittosporum glabratum Lindl.

海拔：500～2000 m

分布：城口县、房县、奉节县、平利县、通江县、巫山县、巫溪县、镇巴县、竹溪县

引证标本：K. M. Liou 8610 8708 9285、刘金鉴等 192、戴天伦 100288 101433 103166 104391 104734 106337 106437 106675、方明渊 24532、倪炳炽 00050 倪 00564、三峡考察队 3164、四川经济植物考察队 0255、王 0155、王金敖 0230 0255、西大生物系巴山木本小组 260、张泽荣 25968、周洪富、粟和毅 107829 108532 108690 109666 110091

异叶海桐 Pittosporum heterophyllum Franch.

分布：万源市

引证标本：万县野生植物普查队 2447、川经达 2463

海金子 Pittosporum illicioides Mak.

海拔：520～1400 m

分布：城口县、奉节县、巫溪县、房县

引证标本：K. L. Chu 1844、戴天伦 104364、周洪富、粟和毅 108927 109386 109405 109409、陶光复 370(HIB)

峨眉海桐 Pittosporum omeiense H. T. Chang & S. Z. Yan

分布：城口县、巫山县、巫溪县

引证标本：戴天伦 106040、杨光辉 59674 59861 65108

少花海桐 Pittosporum pauciflorum Hook. & Arn.

分布：城口县

引证标本：戴天伦 120458

扁片海桐 Pittosporum planilobum H. T. Chang & S. Z. Yan

海拔：1150 m

分布：城口县

引证标本：戴天伦 100542、戴天伦 101167

柄果海桐 Pittosporum podocarpum Gagnep.

海拔：1280～1700 m

分布：城口县、奉节县

引证标本：戴天伦 100061、李先源 094、佚名 101942

厚圆果海桐 Pittosporum rehderianum Gowda

海拔：1850～2200 m

分布：城口县

引证标本：戴天伦 106577 116624

海桐 Pittosporum tobira (Thunb.) W. T Aiton

海拔：700 m

分布：通江县

引证标本：巴山采集队 6205

棱果海桐 Pittosporum trigonocarpum Lév.

海拔：0 m

分布：城口县

引证标本：方文培 9991

崖花子 Pittosporum truncatum E. Pritz.

海拔：280～2000 m

分布：城口县、房县、奉节县、广元市、通江县、旺苍县、巫溪县、西乡县、云阳县、镇巴县

引证标本：F. T. Wang 22615、K. L. Chu 1892、K. M. Liou 9088 9112、郭本兆 2083 2107、巴山采集队 5168、陈锋 YY005、戴天伦 100248 100449 100542 100722 101259 101397 102134 103047 103268 103432 103848 104213 104280 104317 104576 104607 104729 104782 104811 104896 104931 105076 105267 105273 106274 106303 106377 106577 106579 106776 107220 107242 107366 107377 107465 109273、方明渊 24651 24731 24877、倪炳炽 00426、三峡考察队 3261 3485、魏志平 3623、西大生物系巴山木本小组 182 195、熊济华 104317 104729 104811、杨光辉 59970 65115 65528、张泽荣 25075 25499、赵良能 2740、周洪富 20685 26085 26233 26478、周洪富、粟和毅 107593 107881 107914 108602 108663 108669 109139 109267 109457 109707 111137 111378 111379、邹家志、川经达 3137

木果海桐 Pittosporum xylocarpum Hu & F. T. Wang

海拔：900～1950 m

分布：城口县、奉节县、旺苍县、巫溪县

引证标本：巴山采集队 0338 5287、戴天伦 104942 104967 106468 107244 111587、三峡考察队 0150 0604

50.豆科 Fabaceae

金合欢属 **Acacia** Mill

黑荆 **Acacia mearnsii** De Wild.

海拔：280 m

分布：奉节县

引证标本：陈之端等 960996

合萌属 **Aeschynomene** L.

合萌 **Aeschynomene indica** L.

海拔：400～900 m

分布：宁强县、万源市、房县

引证标本：K. L. Chu 2160、T. N. Liou 等 51、黄仁煌 3078(HIB)

合欢属 **Albizia** Durazz.

合欢 **Albizia julibrissin** Durazz.

海拔：795～1505 m

分布：城口县、房县、开县

引证标本：巴山采集队 0160 1178 1477 2791、戴天伦 100780 101393 102279 103654、赵良能 2434、刘克荣 369

山槐 **Albizia kalkora** (Roxb.) Prain

海拔：534～1400 m

分布：奉节县、岚皋县、平利县、万源市、巫山县

引证标本：巴山采集队 3543、西大安康区采集工作队 0323 0371、杨光辉 65511、张泽荣 25339 25635、周洪富、粟和毅 108837 26195

紫穗槐属 **Amorpha** L.

紫穗槐 **Amorpha fruticosa** L.

海拔：600～1201 m

分布：奉节县、巫溪县、镇巴县、广元市

引证标本：巴山采集队 3279、何业琪 1654、曹亚玲 44、杨光辉 65179

两型豆属 **Amphicarpaea** Elliot

两型豆 **Amphicarpaea edgeworthii** Benth.

海拔：615～1950 m

分布：城口县、奉节县、广元市、岚皋县、宁强县、巫山县、巫溪县、竹溪县、房县

引证标本：T. N. Liou 11934、戴天伦 107411 101743 102093 102405 104017 106453 102258 102646 103056 103668 103924、甘启良 0004、西大安康区采集工作队 0344、杨光辉 65250、周洪富 111315 111553 111090、植物所三峡考察队 0018 0167 0329、胡文光 50、周洪富、粟和毅 110157 111090 111315 111553 110804、黄仁煌 3120(HIB)

土圞儿属 **Apios** Fabr.

肉色土圞儿 **Apios carnea** Benth. ex Baker

海拔：600～1100 m

分布：城口县、奉节县、旺苍县、巫山县

引证标本：巴山采集队 5403、戴天伦 102114 102506 102996 103220、佚名 110513、张泽荣 25721、周洪富 26877、周洪富、粟和毅 109761 109870 110513

土圞儿 **Apios fortunei** Maxim.

海拔：790～1100 m

分布：南江县、巫山县

引证标本：四川农学院 0203、周洪富、粟和毅 109614 109761 109949

落花生属 **Arachis** L.

落花生 **Arachis hypogaea** L.

海拔：800 m

分布：奉节县

引证标本：方明渊 24939

黄耆属 **Astragalus** L.

秦岭黄耆 **Astragalus henryi** Oliv.

海拔：2600 m

分布：巫溪县

引证标本：杨光辉 58928

草木犀状黄耆 **Astragalus melilotoides** Pall.

海拔：1250 m

分布：平利县

引证标本：26(条形码号：00186419)(PE)

紫云英 Astragalus sinicus L.

海拔：1000～2376 m

分布：城口县、奉节县、镇巴县、开县、岚皋县、万源市、旺苍县、巫溪县、通江县

引证标本：巴山采集队 1593 1718 2021 2601 2629 3740 4930 0453 1593 1718 2021 2027、戴天伦 100794 105280、任毅 544、张泽荣 25003、周洪富 26055、邹家志 3068、周洪富、粟和毅 108022 108402、陈耀东等 2192

羊蹄甲属 Bauhinia L.

鞍叶羊蹄甲 Bauhinia brachycarpa Wall. ex Benth.

海拔：140～2200 m

分布：奉节县、巫山县、巫溪县

引证标本：T. T. Yu 506、李先源 15、李先源等 36636、李馨 75552、倪炳炽 00574、曲仲湘 1726、西大生物系巴山木本小组 869、陈之端等 960863、杨光辉 59614 65483 58241 58244 58247、周洪富、粟和毅 109241

粉叶羊蹄甲 Bauhinia glauca (Wall. ex Benth.) Benth. subsp. **glauca**

海拔：494～1500 m

分布：城口县、南江县、万源市

引证标本：巴山采集队 0257 0334 3497、王洪烈 2713

薄叶羊蹄甲 Bauhinia glauca subsp. **tenuiflora** (Watt ex C. B. Clarke) K. Larsen & S. S. Larsen

海拔：494～1500 m

分布：城口县、奉节县、南江县、万源市、巫溪县

引证标本：川经达 2713、达县普查队 2387 2713、戴天伦 103321、王洪业 2713 27813、巴山采集队 3497 3808 0257 0334、K. L. Chu 1887 2163、T. Tang 83E、李培元 4145 4178 5235 5482、周洪富、粟和毅 108677

云实属 Caesalpinia L.

刺果苏木 Caesalpinia bonduc (L.) Roxb.

海拔：546～1500 m

分布：城口县

引证标本：C. L. Chow 5997、C. L. Sun 2294、W. C. Cheng 10267、Wang 8176、方文培 15273 16681 16827 2674 1978、方文培及川大华大同学 20613 20807、蒋兴麐等 30096 30430 30668 30934、宋滋圃等 49149、杨光辉 54683 54993、佚名 1815 1849 307、余师珍 49514、郑万钧 5935、周子林 1172

云实 Caesalpinia decapetala (Roth) Alston

海拔：600～1400 m

分布：城口县、奉节县、南江县、宁强县、平利县、西乡县、巫山县、云阳县、巫溪县、竹溪县、旺苍县

引证标本：巴山采集队 0671 1416 5161 5298 108291、K. M. Liou 8494、T. P. Wang 10615、T. T. Yu 724、陈尧等 1624、大巴山工作组 00822、戴天伦 100235 100890、方明渊 24701、方文培 13393、胡秀英 605、姜恕等 20140、李培元 4149 4986、刘永年 0012、倪炳炽 00023、钱崇澍 5473、曲桂龄 1772、四川大学川东植物调查队 108678、四川农学院 0173、王清泉等 0601 06101、佚名 16 25844、杨光辉 58173、张泽荣 25844、植物所三峡考察队 1107、周洪富 26123 26242 26329、周洪富、粟和毅 107731 108291 108678 109243、邢吉庆 56(WUK)

鸡嘴勒 Caesalpinia sinensis (Hemsl.) J. E. Vidal

分布：奉节县

引证标本：623(条形码号：00417757)(PE)

鸡血藤属 Callerya Endlicher

香花鸡血藤 Callerya dielsiana (Harms) P. K. Lôc ex Z. Wei & Pedley

海拔：850～1800 m

分布：城口县、奉节县、岚皋县、巫山县、巫溪县

引证标本：巴山采集队 0189 0372 0574 0675 0818 1490、K. L. Chü 1841 1973、陈之端等 960864、戴天伦 100785 100846 100912 101841 102323 104210

104417、方明渊 23994 24902、杨光辉 65195、张泽荣 25473、周洪富 26275 26475 26602 26973

网络鸡血藤 Callerya reticulata (Benth.) Schot

海拔：720 m

分布：奉节县

引证标本：方明渊 24880

锈毛鸡血藤 Callerya sericosema (Hance) Z. Wei & Pedley

海拔：500～1000 m

分布：奉节县、广元市

引证标本：姜恕等 00064 00082、张泽荣 25660 25950、周洪富 26479、周洪富、粟和毅 108615 108822 109076

杭子梢属 Campylotropis Bunge

草山杭子梢 Campylotropis capillipes (Franch.) Schindl. subsp. **prainii** (Collett & Hemsl.) Iokawa & H. Ohashi

海拔：1380～1750 m

分布：城口县

引证标本：戴天伦 101813 102473、何铸 13533

杭子梢 Campylotropis macracarpa (Bunge) Rehder var. **macracarpa**

海拔：150～2600 m

分布：城口县、房县、奉节县、万源市、巫山县、巫溪县、镇坪县、开县

引证标本：巴山采集队 0301 0765 0896 2132 2594、川经万 0240、戴天伦 100781 100884 101153 103418 103513 103572 103630 104243 104540 104562 102473、李培元 4438 5841 3769、刘克荣 0216、乔英林 1251、杨光辉 58350 65223 65517、杨肖辉 59879、张泽荣 0117 0258 25221 25491 25995、周洪富 26176、周洪富、粟和毅 108490 108592 110029 110176 110643 110661 111033

太白山杭子梢 Campylotropis macrocarpa (Bundge) Rehd. var. **hupehensis** (Pampan.) Iokawa & H. Ohashi

海拔：600～1200 m

分布：房县、奉节县、岚皋县、巫溪县

引证标本：I-0458、K. M. Liou 8948 9164、杨光辉 59610 65351、张泽荣 25995

小雀花 Campylotropis polyantha (Franch.) Schindl.

海拔：1450 m

分布：城口县、奉节县

引证标本：王健秋 0160、赵良能 2715

锦鸡儿属 Caragana Fabr.

锦鸡儿 Caragana sinica (Buc'hoz) Rehder

海拔：860～1800 m

分布：城口县、巫山县、奉节县、巫溪县、房县

引证标本：Wang Tso-Pin 10668、戴天伦 100003 100109、四川农学院 452、王兴忠 1011 233、向定蜀 432、周洪富、粟和毅 107639 107931、黄仁煌 3506(HIB)

柄荚锦鸡儿 Caragana stipitata Kom.

海拔：2050 m

分布：城口县

引证标本：戴天伦 102372

紫荆属 Cercis L.

紫荆 Cercis chinensis Bunge

海拔：500～1650 m

分布：万源市、城口县、奉节县、巫溪县、镇巴县

引证标本：戴天伦 102299、孙文辉 005、王明昌 1158、杨光辉 58434、周洪富、粟和毅 107671、K. L. Chu 2158

湖北紫荆 Cercis glabra Pamp.

海拔：990～1000 m

分布：奉节县、巫山县

引证标本：佚名 0405、T. P. Wang 10332、周洪富、粟和毅 107071 107575

垂丝紫荆 Cercis racemosa Oliv.

海拔：1200 m

分布：竹溪县

引证标本：李振宇 11740

香槐属 **Cladrastis** Raf.

小花香槐 **Cladrastis delavayi** (Franch.) Prain

海拔： 1950 m

分布： 城口县

引证标本： 周子林、熊济华 93714

旋花豆属 **Cochlianthus** Benth.

细茎旋花豆 **Cochlianthus gracilis** Benth.

海拔： 1750～1800 m

分布： 城口县、巫溪县

引证标本： 戴天伦 102491、陈耀东等 2188

补骨脂属 **Cullen** Medik.

补骨脂 **Cullen corylifolium** (L.) Medik.

海拔： 1250 m

分布： 镇巴县

引证标本： 杨金祥 01765

老虎刺属 **Pterolobium** R. Br. ex Wight & Arn.

老虎刺 **Pterolobium punctatum** Hemsl.

海拔： 750 m

分布： 奉节县

引证标本： 周洪富、粟和毅 110896

黄檀属 **Dalbergia** L. f.

南岭黄檀 **Dalbergia balansae** Prain

海拔： 740 m

分布： 奉节县

引证标本： 周洪富、粟和毅 109461

大金刚藤 **Dalbergia dyeriana** Prain ex Harms

海拔： 1300～1464 m

分布： 城口县、房县、奉节县、岚皋县、平利县、万源市、巫山县、巫溪县、镇巴县

引证标本： 大巴山工作组 00821、巴 754 I-0513、K. L. Chu 2166、戴天伦 100712 10075 102125 102939 103798 100757 100912、方明渊 23914、李培元 1418、刘金鉴等 221、刘克荣 0337、西大安康区采集工作队 2-0177、杨光辉 59098、张泽荣 25192、张泽荣 25688、周洪富 26279 26467 26822 26999、周洪富、粟和毅 107874 108493 109469 111615、王金敖 0088、西大生物系巴山木本小组巴 97、植物所三峡考察队 0326

藤黄檀 **Dalbergia hancei** Benth.

海拔： 745～1600 m

分布： 城口县、奉节县

引证标本： 戴天伦 102939 103798、周洪富 26467

黄檀 **Dalbergia hupeana** Hance

海拔： 635～1500 m

分布： 城口县、岚皋县、平利县、万源市、巫山县、奉节县

引证标本： 戴天伦 100712 103074 103609 104594、张泽荣 25192、巴 780 I-0552、巴山采集队 2953、李培元 6476、西大安康区采集工作队 2-0276、植物所三峡考察队 1396、周洪富 26279 26822 26999、周洪富、粟和毅 107874 108493 111615

香港黄檀 **Dalbergia millettii** Benth.

海拔： 1180 m

分布： 奉节县、万源市

引证标本： 周洪富、粟和毅 108483、达县普查队 2090

象鼻藤 **Dalbergia mimosoides** Franch.

海拔： 850～1650 m

分布： 城口县、房县、奉节县、万源市、巫溪县、旺苍县

引证标本： 巴山采集队 0819、戴天伦 100726 101603 102465 103852 104195 104196 104756 104818 107068、方明渊 24274、李培元 5870、刘克荣 0371 354、杨光辉 65082、佚名 4749、张泽荣 25060 25395、周洪富 26311、周洪富、粟和毅 108257 111096 108483、李先源 82

狭叶黄檀 **Dalbergia stenophylla** Prain

海拔： 1137 m

分布： 城口县、巫溪县

引证标本： 巴山采集队 0819、倪炳炽 00012、四川农学院 0049

假木豆属 **Dendrolobium** (Wight & Arn.) Benth.

假木豆 **Dendrolobium triangulare** (Retz.) Schindl.

海拔：700～985 m

分布：城口县、奉节县

引证标本：戴天伦 107652、张泽荣 25742

山蚂蝗属 **Desmodium** Desv.

圆锥山蚂蝗 **Desmodium elegans** DC.

海拔：700～2500 m

分布：城口县

引证标本：H. T. Tsai 61464、K. L. Chu 6227、蔡希陶 54175、陈善墉等 10135 10370 10791、单人骅 5725、蒋兴麐 10138 35188 35520、李洪钧 7695、李馨 76245、曲桂龄 3640、宋滋圃 38994 39161、谢朝俊 40682、辛景三 84、颜济 0000768、佚名 5325 6623、张秀实等 4756

小叶三点金 **Desmodium microphyllum** (Thunb.) DC.

海拔：450～900 m

分布：奉节县、广元市

引证标本：佚名 93-271、T. N. Liou & C. Wang 180、周洪富 26869、周洪富、粟和毅 110869

长波叶山蚂蝗 **Desmodium sequax** Wall.

海拔：750～760 m

分布：城口县、奉节县

引证标本：S. Y. Hu 1522、毛品一 6694、周洪富、粟和毅 110900

山黑豆属 **Dumasia** DC.

小鸡藤 **Dumasia forrestii** Diels

海拔：2000 m

分布：城口县

引证标本：戴天伦 106641

硬毛山黑豆 **Dumasia hirsuta** Craib.

海拔：1300 m

分布：奉节县

引证标本：张泽荣 25437

刺桐属 **Erythrina** L.

龙牙花 **Erythrina corallodendron** L.

海拔：250 m

分布：城口县

引证标本：徐杰 025、字发 070867

皂荚属 **Gleditsia** L.

山皂荚 **Gleditsia japonica** Miq.

海拔：1300 m

分布：城口县

引证标本：戴天伦 107231

皂荚 **Gleditsia sinensis** Lam.

海拔：700～1000 m

分布：城口县、奉节县、宁强县、平利县、巫山县、万源市、巫溪县

引证标本：K. L. Chu 1704、T. N. Liou 等 124 127、T. P. Wang 9310、戴天伦 105508 107231、乔英林 1152、曲仲湘 1704、张泽荣 25843、周洪富、粟和毅 107884、李培元 3641、马榨祥 1686、王子光 2407

大豆属 **Glycine** Willd.

野大豆 **Glycine soja** Siebold & Zucc. var. **soja**

海拔：340～1250 m

分布：城口县、平利县、巫溪县、云阳县、房县

引证标本：K. H. Chu 2128、戴天伦 102258 103566、李培元 4962、杨祥学 65231、杨光辉 65231、刘克荣 400(HIB)

宽叶蔓豆 **Glycine soja** Siebold & Zucc. var. **gracilis** (Skvortsov) L. Z. Wang

海拔：450 m

分布：广元市

引证标本：魏志平 04159

肥皂荚属 **Gymnocladus** Lam.

肥皂荚 **Gymnocladus chinensis** Baill.

海拔：800 m

分布：奉节县

引证标本：张泽荣 25855

长柄山蚂蝗属 **Hylodesmum** H. Ohashi & R. R. Mill

疏花长柄山蚂蝗 **Hylodesmum laxum** (DC.) H. Ohashi & R. R. Mill

海拔：1220～1446 m

分布：城口县、开县

引证标本：巴山采集队 0207 0513 1493 2794

羽叶长柄山蚂蝗 **Hylodesmum oldhamii** (Oliv.) H. Ohashi & R. R. Mill

海拔：950～1650 m

分布：城口县、巫山县、巫溪县、竹溪县

引证标本：K. L. Chu 2099、戴天伦 101583 102203 107155、杨光辉 65180、周洪富、粟和毅 110113、黄仁煌 2974(HIB)

长柄山蚂蝗 **Hylodesmum podocarpum** (DC.) H. Ohashi & R. R. Mill subsp. **podocarpum**

海拔：700～2177 m

分布：城口县、开县、万源市、镇巴县、房县、奉节县、巫山县

引证标本：巴山采集队 0622 2342 2919 3798 4239、K. M. Liou 9142、巴山采集队 0622、戴天伦 102124 102210、方明渊 24867、周洪富、粟和毅 109616、王金敖 0225(CDBI)

宽卵叶长柄山蚂蝗 **Hylodesmum podocarpum** (DC.) H. Ohashi & R. R. Mill subsp. **fallax** (Schindl.) H. Ohashi & R. R. Mill

海拔：1078～2135 m

分布：城口县、奉节县、平利县、巫溪县、开县

引证标本：巴山采集队 0380 1945 2086 1039 2656、西大安康区采集工作队 4 0187、植物所三峡考察队 0222、周洪富、粟和毅 110493

尖叶长柄山蚂蝗 **Hylodesmum podocarpum** (DC.) H. Ohashi & R. R. Mill subsp. **oxyphyllum** (DC.) H. Ohashi & R. R. Mill

海拔：695～2000 m

分布：城口县、房县、奉节县、岚皋县、巫山县、巫溪县、万源市、镇巴县、开县

引证标本：巴山采集队 3004 3632 4337 0592 1152 2566 2707、刘元等 3127、2 0332、戴天伦 101266 10159、方明渊 23931 24967、刘克荣 0344、四川大学生物系 101956、西大安康区采集工作队 1-0361、杨光辉 58996 59533 65050、张泽荣 25789 25919、周洪富 26769 26868、周洪富、粟和毅 109762 110851 110957 111374

四川长柄山蚂蝗 **Hylodesmum podocarpum** (DC.) H. Ohashi & R. R. Mill subsp. **szechuenense** (Craib) H. Ohashi & R. R. Mill

海拔：585～1616 m

分布：城口县、奉节县、宁强县、万源市、巫山县、巫溪县、西乡县、镇巴县、房县

引证标本：巴山采集队 3325 3570、T. N. Liou & C. Wang 88、T. N. Liou 等 3960、戴天伦 104276 107275、方明渊 23944 24807、李培元 5555 5906、四川大学生物系 102037、杨光辉 59553 65089 65242、张泽荣 25764、周洪富、粟和毅 108766 109796 110558 110624、刘克荣 605(HIB)

木蓝属 **Indigofera** L.

多花木蓝 **Indigofera amblyantha** Craib

海拔：900～1780 m

分布：城口县、平利县、奉节县

引证标本：巴山采集队 0052 0112 2226、戴天伦 101268 101284 105023 105814 102510 105602、李培元 1572 2748、方明渊 24850

河北木蓝 **Indigofera bungeana** Walp.

分布：城口县

引证标本：戴天伦 101284

苏木蓝 **Indigofera carlesii** Craib.

海拔：900 m

分布：岚皋县、巫溪县

引证标本：0294、倪炳炽 00042

花木蓝 **Indigofera kirilowii** Maxim. ex Palibin

海拔：300～1110 m

分布：岚皋县、平利县

引证标本：刘金鉴等 275、采种队 678 665

西南木蓝 **Indigofera mairei** Pamp.

海拔：750～900 m

分布：宁强县

引证标本：T. N. Liou & C. Wang 76 98、P. Wang 9308

黑叶木蓝 **Indigofera nigrescens** Kurz ex King & Prain

海拔：370～800 m

分布：奉节县、岚皋县

引证标本：野经西大安康区采集工作队 0289、周洪富、粟和毅 110820

甘肃木蓝 **Indigofera potaninii** Craib

海拔：600～1350 m

分布：城口县、镇巴县

引证标本：戴天伦 103390 105412、王明昌 1112

马棘 **Indigofera pseudotinctoria** Matsum

海拔：459～2100 m

分布：城口县、房县、奉节县、平利县、万源市、巫山县、巫溪县、镇巴县、开县、广元市、通江县、竹溪县

引证标本：K. L. Chü 1720 2185、K. M. Liou 等 8956 9071 9209、T. P. Wang 10736、巴山采集队 0145 0232 0389 0593 0600 0607 0679 1181 2127 3314 2562、戴天伦 100529 103390 105250 105412 105465 107413 103477 103675 106829 107158、方明渊 24850、李培元 4969 5492 5910 5927 6719、刘克荣 0289、杨光辉 59531 59896 65179 65484 65516、杨金祥 1595、张泽荣 25344 25518 25763 25888、植物所三峡考察队 0244 1360、周洪富 26042 26065 26149 26493、周洪富、粟和毅 108573 109069 109474 109513 109833 109567 109613 110026 110072 110898 111131 111581 110394 2109392、江广渝等 3205、地培 101、胡文光 17、倪炳炽 00476、上海肿瘤协作组 430、王金敖 00009、王清泉 0397、马元俊 3151(HIB)

刺序木蓝 **Indigofera silvestrii** Pamp.

海拔：1030 m

分布：奉节县

引证标本：周洪富、粟和毅 111581

鸡眼草属 **Kummerowia** Schindl.

长萼鸡眼草 **Kummerowia stipulacea** (Maxim.) Makino

海拔：340～1500 m

分布：城口县、房县、平利县、镇巴县、广元市

引证标本：K. L. Chü 2104、戴天伦 101999 104687 106642 107323、李培元 4967、刘克荣 385、杨金祥 1584、胡文光 79

鸡眼草 **Kummerowia striata** (Thunb.) Schindl.

海拔：545～1850 m

分布：城口县、奉节县、巫山县、巫溪县、镇巴县、房县

引证标本：戴天伦 102236 103055 103483 103744、杨光辉 59420 59499、王金敖 0138、周洪富 26859、周洪富、粟和毅 110055 110409 110594 111272 110842 110920 111171、邢吉庆 17916(HIB)

扁豆属 **Lablab** Adans.

扁豆 **Lablab purpureus** (L.) Sweet

海拔：220～400 m

分布：城口县

引证标本：李丞 194、刘玉娥 009、韦波 004 013、温桃勇 81

山黧豆属 **Lathyrus** L.

大山黧豆 **Lathyrus davidii** Hance

海拔：1500～1800 m

分布：城口县

引证标本：戴天伦 10005 104094 105213

中华山黧豆 **Lathyrus dielsianus** Harms

分布：城口县、巫溪县

引证标本：戴天伦 101184、倪炳炽 00367

欧山黧豆 **Lathyrus palustris** L.

分布：城口县

引证标本：戴天伦 100805

牧地山黧豆 **Lathyrus pratensis** L.

海拔：1800～2300 m

分布：城口县、岚皋县、巫溪县

引证标本：巴山采集队 1854、戴天伦 101711、李先源 37225、倪炳炽 00545、西师生物系 0096

胡枝子属 **Lespedeza** Michx.

胡枝子 **Lespedeza bicolor** Turcz.

海拔：1180～1851 m

分布：城口县、岚皋县、巫山县

引证标本：2-0308、巴山采集队 0149 0421 0577 0634 0642 1611 2129、周洪富、粟和毅 110168

绿叶胡枝子 **Lespedeza buergeri** Miq.

海拔：1200～1750 m

分布：城口县、南江县、镇巴县、奉节县、巫溪县

引证标本：巴山采集队 0089 3274 4262 5337 5498、戴天伦 101435 102240 105266 105541 105591 105731、王金敖 0074 0090、王明昌 1024、佚名 110168、植物所三峡考察队 0455

中华胡枝子 **Lespedeza chinensis** G. Don

海拔：800～1810 m

分布：奉节县、巫溪县

引证标本：植物所三峡考察队 0149、周洪富、粟和毅 110411 110471 110604 110818

截叶铁扫帚 **Lespedeza cuneata** (Dum. Cours.) G. Don

海拔：500～2000 m

分布：开县、城口县、奉节县、岚皋县、广元市、南江县、通江县、巫山县、巫溪县、云阳县、竹溪县、房县

引证标本：巴山采集队 2718、左宝玉 2807、陈耀东等 2162、戴天伦 101516 102049 102262 102745 102822 103516 103642 103678 103981 104378 104432 106221 106362 107204 107328、西大安康区采集工作队 1-0417、杨光辉 59879 65249 65251、佚名 1472、植物所三峡考察队 0179、周洪富 26900 26979、周洪富、粟和毅 109589 111554 110208 110248 110303 110384 110410 110553 110864 111022 111120 111290 111454、方文培 21234、罗上柱 1117、乔英林 00408、王 0175、黄仁煌 2953(HIB)、刘克荣 317(HIB)

兴安胡枝子 **Lespedeza daurica** (Laxm.) Schindl.

海拔：800 m

分布：广元市、房县

引证标本：K. M. Liou 9046、K. S. Hao 266

多花胡枝子 **Lespedeza floribunda** Bunge

海拔：450～1450 m

分布：房县、城口县、广元市

引证标本：刘克荣 0319、白鸿烈 93-272、戴天伦 103199 103374 103403 103887、李培元 999

美丽胡枝子 **Lespedeza formosa** (Vog.) Koehne

海拔：750～2200 m

分布：城口县、奉节县、巫山县、巫溪县、南江县、万源市

引证标本：K. L. Chü 1995、陈耀东等 2135、戴天伦 101813 101467 102911 103652 103888 104381 104462 104483 104866 106187 106316 106603 106793 107105 107291 107524、方明渊 23964、李先源等 050077、倪炳炽 00560、四川农学院 00218、杨光辉 58995 59216 63596 65434 65492 65049、周洪富 26615 26930、周洪富、粟和毅 110955 111028 111033 111128 109167 109394 10962 109701 109864 109891 109967 110272 110392 110810 110955 111400 111534 111568

红花截叶铁扫帚 **Lespedeza lichiyuniae** T. Nemoto, H. Ohashi & T. Itoh

海拔：1500 m

分布：城口县、房县、奉节县、万源市、巫山县、巫溪县

引证标本：K. L. Chü 2197、K. M. Liou 9290、戴天伦 102262、李培元 4598、刘克荣 0317、杨光辉 59870 65251、周洪富 26900、周洪富、粟和毅 110303 111120

铁马鞭 Lespedeza pilosa (Thunb.) Siebold & Zucc.

海拔：640～900 m

分布：城口县、奉节县

引证标本：周洪富 26871、周洪富、粟和毅 110870、戴天伦 103580、张泽荣 2742

绒毛胡枝子 Lespedeza tomentosa (Thunb.) Siebold ex Maxim.

海拔：370～1250 m

分布：城口县、岚皋县、巫溪县、竹山县、房县

引证标本：40282(条形码号：00377762)(PE)、巴山采集队 0591、杨光辉 65211、戴天伦 103737、王映明 3046(HIB)、邢吉庆 16383(HIB)

细梗胡枝子 Lespedeza virgata (Thunb.) DC.

海拔：520～1350 m

分布：城口县、奉节县、巫溪县、南江县、巫山县

引证标本：戴天伦 102399、方明渊 24980、四川农学院 0207、K. L. Chü 1915、张泽荣 25700 25741、周洪富 26716、周洪富、粟和毅 108948 110240 111389 111457

银合欢属 Leucaena Benth.

银合欢 Leucaena leucocephala (Lam.) de Wit

海拔：200 m

分布：奉节县

引证标本：李先源、刘元平 36650

百脉根属 Lotus L.

百脉根 Lotus corniculatus L.

海拔：1000～1923 m

分布：城口县、奉节县、宁强县、巫山县、巫溪县、万源市、旺苍县、广元市、南江县、通江县

引证标本：巴山采集队 1656 3764 5117 5707、108205 3544、K. L. Chu 2023、T. P. Wang 10496、陈耀东等 2129 2368、达县普查队 2575 2590、戴天伦 105082 100277 100391、方明渊 24012 24077 24247、方文培 10047、姜恕等 00142、刘玉红 4(A)、张泽荣 25002、凌春芳小组 4068、万绍滨 2590、王金敖 0054、王清泉 0379、杨光辉 59635、佚名 103910、植物所三峡考察队 1205 1228 1271、周洪富、粟和毅 108970 25002 107976 108205 108702 109951、周洪富 26843

细叶百脉根 Lotus tenuis Waldst. & Kit. ex Willd.

海拔：1000～1800 m

分布：奉节县、巫山县

引证标本：周洪富、粟和毅 108970 109122

苜蓿属 Medicago L.

天蓝苜蓿 Medicago lupilina L.

海拔：550～2300 m

分布：城口县、镇巴县、奉节县、平利县、巫山县、巫溪县、云阳县、竹溪县

引证标本：巴山采集队 0663 1710 2017 5514、江广渝 4166、陈耀东等 2350、乔英林 01071、植物所三峡考察队 1122 1136 1306 0401 1349、周洪富、粟和毅 107694 111173 10159 108102 108400 108548 109121 110159 110330、戴天伦 101452、方明渊 24271 24547、李全喜等 2617、倪炳炽 00196 00501、四川大学川东植物调查队 108102、张泽荣 25435、郑重 987(HIB)

小苜蓿 Medicago minima (L.) Grufb.

海拔：125～2310 m

分布：奉节县、巫山县

引证标本：周洪富、粟和毅 107694、F. T. Wang 10322、T. P. Wang 10351 12079、陈之端等 960958

南苜蓿 Medicago polymorpha L.

海拔：450 m

分布：竹溪县

引证标本：李振宇 11731

草木犀属 Melilotus Mill

白花草木犀 Melilotus albus Medik. ex Desr.

海拔：1300～2089 m

分布：城口县、巫溪县

引证标本：巴山采集队 0662 1447 2115、杨光辉

59196、陈耀东等 2279

草木犀 Melilotus officinalis (L.) Desr.

海拔：700～1890 m

分布：城口县、万源市、镇巴县、巫山县、巫溪县、云阳县、平利县

引证标本：巴山采集队 1458 3284 3406 3712 3713 3842 4332、戴天伦 105912、贾潇洒、于杰 3925 3924、王清泉等 0584、杨光辉 59196 59660 59659 59875、张泽荣 0118、周洪富、粟和毅 109615 110005、李培元 4591 4989

崖豆藤属 Millettia Wight & Arn.

香花崖豆藤 Millettia dielsiana Harms ex Diels

海拔：380 m

分布：巫溪县

引证标本：陈之端等 960864

厚果崖豆藤 Millettia pachycarpa Benth.

海拔：700～1000 m

分布：奉节县、云阳县

引证标本：万县野生植物普查队 1624、周洪富、粟和毅 107878 108615 109060

黧豆属 Mucuna Adans.

常春油麻藤 Mucuna sempervirens Hemsl.

海拔：800～1200 m

分布：广元市、房县

引证标本：T. P. Wang 9330、魏志平 3740、黄仁煌 3084(HIB)

小槐花属 Ohwia H. Ohashi

小槐花 Ohwia caudata (Thunb.) H. Ohashi

海拔：480～900 m

分布：奉节县、广元市、通江县

引证标本：25956(条形码号：01838502)(PE)、T. N. Liou 等 244、张泽荣 25896、周洪富、粟和毅 110469 110845、王金敖 260(CDBI)

红豆属 Ormosia Jacks.

花榈木 Ormosia henryi Prain

海拔：550 m

分布：广元市

引证标本：魏志平 3451

菜豆属 Phaseolus L.

棉豆 Phaseolus lunatus L.

海拔：1500 m

分布：城口县

引证标本：戴天伦 104748

菜豆 Phaseolus vulgaris L.

海拔：1468～3000 m

分布：城口县、巫溪县、巫山县

引证标本：577(条形码号：00208320)(PE)、巴山采集队 1473 1643、周洪富、粟和毅 109974

葛属 Pueraria DC.

葛 Pueraria montana (Lour.) Merr. var. **montana**

海拔：800～1200 m

分布：奉节县、万源市、旺苍县

引证标本：巴山采集队 2844 5461、周洪富、粟和毅 110442 110850

葛麻姆 Pueraria montana (Lour.) Merr. var. **lobata** (Willd.) Maesen & S. M. Almedia ex Saniappa & Predeep

海拔：616～1650 m

分布：城口县、奉节县、南江县、通江县、万源市、巫山县、巫溪县、镇巴县、房县

引证标本：K. L. Chu 2100、李培元 5648、巴山采集队 0667 0255 3313 2213 2844、戴天伦 101469 101965 102062 102128 102606 102619 102965 103311 103627 104117 104502 105696 105777 106418 107150、江广渝 4165、罗上柱 1111、王金敖 0108、王兴忠 0679 1044 2295、杨光辉 59104 59904、佚名 008 0119、张泽荣 25992、周洪富 26806、周洪富、粟和毅 25992 110117 111329、刘克荣 220(HIB)

苦葛 **Pueraria peduncularis** (Graham ex Benth.) Benth.

分布：南江县

引证标本：四川农学院 0117

鹿藿属 Rhynchosia Lour.

菱叶鹿藿 Rhynchosia dielsii Harms

海拔：175～2000 m

分布：城口县、奉节县、广元县、宁强县、平利县、万源市、巫山县、巫溪县、西乡县、镇巴县、竹山县

引证标本：四川任务组 126、K. T. Fu 2385、T. N. Liou 等 230 249、巴山采集队 2851、戴天伦 101071 101150 103625、方明渊 24623 24758、郭本兆 2094、各机关联合采集 26430 26907、江广渝 4144、江广渝等 3240、西北大学生物系 0311、杨光辉 58592 59099 59579、佚名 170、张泽荣 25513 25846、周洪富 26388 26430 26795 26907、周洪富、粟和毅 109046 109369 108607 109640

紫脉花鹿藿 Rhynchosia himalensis Benth. ex Baker var. craibiana (Rehder) E. Peter

海拔：635～780 m

分布：城口县

引证标本：戴天伦 103566 103781

洋槐属 Robinia L.

洋槐 Robinia pseudoacacia L.

海拔：966～1402 m

分布：城口县、巫溪县、云阳县

引证标本：巴山采集队 0260 1492、植物所三峡考察队 1137、李世大 0882、王清泉等 0598

槐属 Sophora L.

白刺花 Sophora davidii (Franch.) Skeels

海拔：380～1150 m

分布：平利县、奉节县、巫溪县

引证标本：西大安康区采集工作队 I-00192 I-0147、上海肿瘤协作组 300、张泽荣 25627、周洪富 26452、周洪富、粟和毅 107738、陈之端等 960861

苦参 Sophora flavescens Aiton

海拔：850～1480 m

分布：城口县、奉节县、万源市、南江县、通江县、南江县、通江县、竹溪县

引证标本：巴山采集队 3151、戴天伦 102202 104034 105307 105812 105946、张泽荣 25988、四川农学院 0162、王金敖 0114 0169、周洪富 26130 26800、周洪富、粟和毅 109964、王映明 3002(HIB)

槐 Sophora japonica L.

海拔：650～820 m

分布：奉节县、广元市、巫山县

引证标本：曲仲湘 1699、魏志平 04122、张泽荣 25932、周洪富、粟和毅 108848 108964

锈毛槐 Sophora prazeri Prain

海拔：585 m

分布：云阳县

引证标本：植物所三峡考察队 0945

西南槐 Sophora prazeri Prain var. mairei (Pamp.) P. C. Tsoong

分布：通江县

引证标本：王金敖 0261

瓦山槐 Sophora wilsonii Craib

海拔：480～1500 m

分布：万源市、通江县、巫山县

引证标本：K. L. Chu 2226、T. P. Wang 10437 10599、王金敖 0261(CDBI)

车轴草属 Trifolium L.

红车轴草 Trifolium pratense L.

海拔：200～1830 m

分布：城口县、巫山县、巫溪县

引证标本：巴山采集队 1757、陈耀东等 2085 2479、刘玉红 116、杨光辉 59295 65490、周洪富、粟和毅 109481、倪炳炽 00553、植物所三峡考察队 0181 1260、四川植被队 0380

白车轴草 Trifolium repens L.

海拔：790～1923 m

分布：城口县、巫山县、巫溪县、云阳县、镇巴县

引证标本：巴山采集队 0022 0428 1758 2988、陈耀东等 2578、植物所三峡考察队 0210 0950 1145 1159 1210 1406

荆豆属 Ulex L.

荆豆 Ulex europaeus L.

海拔：860～1420 m

分布：城口县

引证标本：巴山采集队 0594、李振宇 11312、戴天伦 105472

狸尾豆属 Uraria Desv.

滇南狸尾豆 Uraria lacei Craib

海拔：550 m

分布：广元市

引证标本：T. N. Liou & C. Wang 245、何业琪 02089

野豌豆属 Vicia L.

黑龙江野豌豆 Vicia amurensis Oett.

海拔：1200 m

分布：万源市

引证标本：何业琪 4326

大花野豌豆 Vicia bungei Ohwi

海拔：1850 m

分布：城口县

引证标本：胡秀英 102225

华野豌豆 Vicia chinensis Franch.

海拔：1700 m

分布：巫溪县、巫山县

引证标本：杨光辉 59110

广布野豌豆 Vicia cracca L.

海拔：700～2520 m

分布：城口县、奉节县、巫山县、巫溪县、开县、广元市

引证标本：T. P. Wang 10320 10726、巴山采集队 1650、陈耀东等 2024 2411 2555、戴天伦 100361 101093 101710 106143 107249 107513 5101710、方明渊 24054、杨光辉 58319、张泽荣 25021 25986、周洪富 26119 26239、周洪富、粟和毅 108474 108989 109151 111384、巴山采集队 1650 2139 2316、李培元 948、绵阳普查队 4129、倪炳炽 00446 00498

小巢菜 Vicia hirsuta (L.) S. F. Gray

海拔：670～1800 m

分布：城口县、竹溪县

引证标本：K. M. Liou 8489、戴天伦 105656

宽苞野豌豆 Vicia latibracteolata K. T. Fu

海拔：1490～1850 m

分布：城口县

引证标本：巴山采集队 0413、戴天伦 102225

大叶野豌豆 Vicia pseudo-robus Fisch. & C. A. Mey.

海拔：550～800 m

分布：广元市、房县

引证标本：何业琪 1539、邢吉庆 16335(HIB)

救荒野豌豆 Vicia sativa L.

海拔：1620 m

分布：城口县、奉节县、巫山县

引证标本：巴山采集队 0473、戴天伦 100472 100473 100476 101123 105031 105389(条形码号：PE00210306) 106804、植物所三峡考察队 1273 1212、周洪富 26041、周洪富、粟和毅 107721

四籽野豌豆 Vicia tetrasperma (L.) Schreber

海拔：958～2203 m

分布：城口县、云阳县、巫山县

引证标本：戴天伦 101135、巴山采集队 0422 2038、植物所三峡考察队 0916 1117、周洪富、粟和毅 109973

歪头菜 Vicia unijuga A. Braun

海拔：850～1710 m

分布：城口县、房县、广元市

引证标本：K. M. Liou 9155 9268、巴山采集队 2126、戴天伦 102104、刘克荣 0445

武山野豌豆 Vicia wushanica Z. D. Xia

海拔：1100～1580 m

分布：城口县

引证标本：巴山采集队 0074 0548

豇豆属 **Vigna** Savi

赤小豆 Vigna umbellata (Thunb.) Ohwi & Ohashi

分布：宁强县

引证标本：T. M. Liou 11850 11858

野豇豆 Vigna vexillata (L.) Benth.

海拔：650～800 m

分布：城口县、巫溪县

引证标本：戴天伦 102113 103357、杨光辉 651214 65214

51.酢浆草科 Oxalidaceae

酢浆草属 **Oxalis** L.

酢浆草 Oxalis corniculata L.

海拔：380～2300 m

分布：城口县、奉节县、巫山县、巫溪县、开县、岚皋县、南郑县、南江县、旺苍县、通江县、开县、广元市、房县

引证标本：K. L. Chu 1857、T. P. Wang 10622、陈之端等 960856、戴天伦 100091 100779 106013 106849、张泽荣 25427 25674、周洪富 26124 26351 26715、巴山采集队 1871 2543 5280 5725 6084 6200、何兴金等 166768 167568、胡文光 78、乔英林 00425、周洪富、粟和毅 107838 107857 108581 108932 109064 109935 110481 110832 111446、赵子恩 5384(HIB)

红花酢浆草 Oxalis corymbosa DC.

分布：巫山县

引证标本：王清泉 0378

山酢浆草 Oxalis griffithii Edgew. & Hook. f.

海拔：700～2350 m

分布：城口县、巫山县、奉节县、南江县、巫溪县、平利县、竹溪县

引证标本：戴天伦 100012 100091 106012 106194 106537 106930、杨光等 57945、冯永华 2703、王兴忠 1045、熊济华 90208、周洪富、粟和毅 107661 107859、陈彦生等 2257(WUK)、黄仁煌 2962(HIB)

52.牻牛儿苗科 Geraniaceae

老鹳草属 **Geranium** L.

尼泊尔老鹳草 Geranium nepalense Sweet

海拔：700～2100 m

分布：城口县、房县、奉节县、开县、平利县、万源市、巫山县、巫溪县、南江县、云阳县

引证标本：K. M. Liou 8955 9163 9172、巴山采集队 0763 2634 0320、戴天伦 101126 101293 101051 101327 101602 101693 105306 100672 100859 101293 10193 102755 103858 106483 106852 106888 107013 107382、方明渊 23983、何兴金等 168012、金常元 0786、李培元 1277 4133 4555 5973 6724、刘克荣 0262、杨光辉 59830 59874 65510、佚名 109903 2646 2648、张泽荣 25113 25761 25406、周洪富 26032 26056 26387 26588 26617 26896、周洪富、粟和毅 107863 108086 108396 109189 109231 109476 109558 109903 110008 110487 110626 110945 111145 111367 25761 26022

毛蕊老鹳草 Geranium platyanthum Duthie

海拔：1651～1700 m

分布：南江县、旺苍县

引证标本：巴山采集队 4830、佚名 2852、左宝玉川经达 2852

草地老鹳草 Geranium pratense L.

海拔：1730～2350 m

分布：城口县、开县、岚皋县

引证标本：巴山采集队 0442 1280 1539 1842 1983 20221 2153

湖北老鹳草 Geranium rosthornii R. Knuth

海拔：930～2600 m

分布：城口县、巫溪县、万源市、巫山县、平利县、镇坪县

引证标本：戴天伦 101052 101126 101297 101602 101693 105661、陈耀东、傅连中、马欣堂 2515

2030、2010(PE-00148176)、李培元 4469 4475 5355 5642 6049、刘玉红 89、四川大学川东植物调查队 108967、吴振海 1298(WUK)、应俊生等 0622(WUK)

鼠掌老鹳草 Geranium sibiricum L.

海拔：610～2250 m

分布：城口县、开县、平利县、万源市、巫山县、镇坪县、南郑县、旺苍县、南江县、通江县、奉节县、巫溪县、房县

引证标本：巴山采集队 2422 5445 5580 5851 6093 6196、李培元 4167 4498 4552 5312 5831 6018 6444 6531 6611、乔英林 01183 01227、周洪富、粟和毅 109476、川经万 0722、戴天伦 100859 101126 100373 105306、何兴金等 168020、杨光辉 59830、陈耀东等 2463、刘克荣 262(HIB)

老鹳草 Geranium wilfordii Maxim.

海拔：800～2150 m

分布：城口县、奉节县、巫溪县、平利县、镇坪县、房县

引证标本：巴山采集队 0187 0320 0551、戴天伦 102154 103754 105754 125754、杨光辉 65253、周洪富、粟和毅 111367、陈耀东等 2038、吴振海 1141(WUK) 1258(WUK)、黄仁煌 3135(HIB)

灰背老鹳草 Geranium wlassowianum Fischer ex Link

海拔：1560～2250 m

分布：城口县、南江县

引证标本：巴山采集队 5578 5615、戴天伦 101297 101693

53.亚麻科 Linaceae

亚麻属 Linum L.

野亚麻 Linum stelleroides Planch.

海拔：850～1700 m

分布：城口县、房县、万源市、巫溪县

引证标本：K. M. Liou 9165、戴天伦 102173、李培元 6057、杨光辉 65477

亚麻 Linum usitatissimum L.

海拔：900～2000 m

分布：城口县、巫溪县、奉节县、巫山县

引证标本：戴天伦 106857、曲桂龄 1954、张泽荣 25776、周洪富、粟和毅 110342

54.大戟科 Euphorbiaceae

铁苋菜属 Acalypha L.

铁苋菜 Acalypha australis L.

海拔：140～2100 m

分布：城口县、房县、奉节县、巫山县、巫溪县、广元市、平利县、竹山县

引证标本：K. M. Liou 9029 9156、戴天伦 103720 106840 100354 101666(SZ) 102754 103117 103495 103868 106354 106636、四川大学川东植物调查队 111323、杨光辉 59996、植物所三峡考察队 0064 3407 3759、佚名 009、周洪富 26720、周洪富、粟和毅 108939 109814 110195 110334 110408 110520 110837 110885 110906 111323 111423、陈彦生等 3755(WUK)

裂苞铁苋菜 Acalypha supera Forssk.

海拔：1100 m

分布：城口县、房县、奉节县

引证标本：巴山采集队 1809、K. M. Liou 9152、戴天伦 103103 103105、四川大学川东植物调查队 110885、周洪富、粟和毅 110520 111423、26720(PE-00872386)

山麻杆属 Alchornea Sw.

山麻杆 Alchornea davidii Franch.

海拔：520～6000 m

分布：城口县、奉节县、平利县、巫山县、巫溪县

引证标本：K. M. Liou 8438、杨光辉 57644 58435、方明渊 24809、王兴忠 0141、张泽荣 25134 25654、植物所三峡考察队 1322、周洪富 26916、周洪富、粟和毅 24687 107730 107736 107764 108887 109372 109717 109846 110074 110315

五月茶属 Antidesma L.

酸味子 **Antidesma japonicum** Siebold & Zucc.

海拔：740～800 m

分布：奉节县、巫溪县

引证标本：周洪富、粟和毅 109451、方明渊 24835、倪炳炽 00026

土蜜树属 Bridelia Willd.

土蜜树 **Bridelia tomentosa** Blume

海拔：460 m

分布：广元市

引证标本：南水北调队 00101

粗毛藤属 Cnesmone Bl.

灰岩粗毛藤 **Cnesmone tonkinensis** (Gagnep.) Croizat

分布：南江县

引证标本：谭明初 81304

巴豆属 Croton L.

巴豆 **Croton tiglium** L.

海拔：450 m

分布：巫溪县

引证标本：杨光辉 59626

丹麻杆属 Discocleidion (Müll. Arg.) Pax & Hoffm.

毛丹麻杆 **Discocleidion rufescens** (Franch.) Pax & Hoffm.

海拔：200～1700 m

分布：城口县、房县、奉节县、宁强县、平利县、万源市、巫山县、巫溪县、竹溪县

引证标本：李先源 014、倪炳炽 00072、三峡考察队 3081、上海肿瘤协作组 429、24687、K. M. Liou 8415 8715 8933 8942 8952 9000、李培元 4190 6459、宁强小组 0297、乔英林 01201、汪劲等 408、杨光辉 59921 65220 69676、张泽荣 25134 25792、植物所三峡考察队 1313、周洪富 26916、周洪富、粟和毅 107764 109372 109660 109717 109846 110074 110315

大戟属 Euphorbia L.

猩猩草 **Euphorbia cyathophora** Murray

海拔：200 m

分布：奉节县、巫溪县

引证标本：李先源、刘元平 36649、上海肿瘤协作组 296

圆苞大戟 **Euphorbia griffithii** Hook.

海拔：1300～1400 m

分布：通江县

引证标本：巴山采集队 5833

泽漆 **Euphorbia helioscopia** L.

海拔：280～1350 m

分布：城口县、奉节县、平利县、镇坪县

引证标本：戴天伦 100224、乔英林 01079 1257、周洪富、粟和毅 109128、肖帆 81006 90～001

地锦 **Euphorbia humifusa** Willd.

海拔：450～1280 m

分布：城口县、房县、奉节县、巫山县、巫溪县

引证标本：戴天伦 103276 106412 106929、方明渊 24959、李培元 6430、刘克荣 378、杨光辉 59619 59620 65638、周洪富、粟和毅 24959 108933 109680 110191 110838 111087 111311

湖北大戟 **Euphorbia hylonoma** Hand.-Mazz.

海拔：1000～2100 m

分布：奉节县、平利县、镇坪县、万源市、城口县、南江县、旺苍县、巫山县、巫溪县、房县

引证标本：巴山采集队 4829 4963 5594、倪炳炽 00390、万绍滨、川经达 2594、杨光辉 59000、陈耀东等 2047、5039、K. M. Liou 8404、戴天伦 100580 100965 101909 105036 105404、方文培 9973、李培元 4624、伍伯安 0346、张泽荣 25118、周洪富、粟和毅 107807 108104 108443 109280、吴振海 1070(WUK)、黄仁煌 3030(HIB)

甘遂 **Euphorbia kansui** T. N. Liou ex S. B. Ho

海拔：1550 m

分布：宁强县

引证标本：宁强小组 0089

续随子 Euphorbia lathyris L.

海拔：1000～1450 m

分布：城口县、奉节县、巫山县、万源市

引证标本：戴天伦 105390、杨光辉 58211、周洪富 26126、李本良、川经达 2176

大戟 Euphorbia pekinensis Rupr.

海拔：460～2383 m

分布：城口县、房县、广元市、开县、岚皋县、竹溪县

引证标本：K. M. Liou 9028、巴山采集队 0343 0727 1027 1252 1674 1714 1838 1877 2011 2187 2278 2428、姜恕等 00098、王庆瑞等 5336、黄仁煌 3455(HIB)

钩腺大戟 Euphorbia sieboldiana Morr. & Decne.

海拔：280～2000 m

分布：奉节县、巫山县、巫溪县、房县

引证标本：三峡考察队 3513、植物所三峡考察队 1309、陈耀东等 2209、周洪富、粟和毅 107726 108178、方明渊 24053、陶光复 378(HIB)

千根草 Euphorbia thymifolia L.

分布：巫溪县

引证标本：杨光辉 59620

海漆属 Excoecaria L.

云南草沉香 Excoecaria acerifolia F. Didr.

分布：宁强县

引证标本：曲式曾 3215

白饭树属 Flueggea Willd.

一叶秋 Flueggea suffruticosa (Pall) Baill

海拔：700～1000 m

分布：房县、巫溪县、奉节县

引证标本：K. L. Chu 1874、K. M. Liou 9159 9219 9280、杨光辉 65269、方明渊 270112

算盘子属 Glochidion J. R. & G. Forst

革叶算盘子 Glochidion daltonii (Müll. Arg.) Kurz

分布：通江县、巫山县、巫溪县

引证标本：倪炳炽 00583、王金敖 00024 0329、杨光辉 65284 65495

甜叶算盘子 Glochidion philippicum (Cav.) C. B. Rob.

海拔：1100 m

分布：万源市

引证标本：李培元 6673

算盘子 Glochidion puberum (L.) Hutch.

海拔：100～1500 m

分布：城口县、房县、奉节县、平利县、万源市、通江县、巫山县、巫溪县、西乡县、竹溪县、竹山县、开县、广元市

引证标本：2-0061、K. M. Liou 8714 8768 9056 9239、T. N. Liou 等 3948、戴天伦 102179 102182、方明渊 23950 24816、郭本兆 2090、李培元 4958 5748、李馨 0024、西大生物系巴山木本小组巴 482、胡文光 29、三峡考察队 3085 3337、杨光辉 59995 65284 65495、张泽荣 25346 25450 25611 25724 25876、周洪富 26373 26495 26830、周洪富、粟和毅 25724 108562 108909 109309 109844 110642 110660 110962 111338 111604、巴山采集队 2780 5887 5937 6006 6297、王翔 24(HIB)

湖北算盘子 Glochidion wilsonii Hutch.

海拔：1030 m

分布：奉节县

引证标本：周洪富、粟和毅 111338

雀舌木属 Leptopus Decne.

雀儿舌头 Leptopus chinensis (Bge.) Pojark.

海拔：600～2100 m

分布：城口县、开县、奉节县、万源市、巫山县、巫溪县、南江县、旺苍县、镇巴县、平利县

引证标本：巴山采集队 0358 0373 0815 1321 1344 2620 5056 5275 5401 5619 5056、戴天伦 100099

100138 100171 100202 100297 100337 100407 100647 101526 101860 102046 102466 102767 103033 103243 103533 103698 104064 104184 104204 104286 104301 104380 104736 104768 104791 105035 105222 105331 105572 105778 106332 106836 107203 107320、方明渊 24640 24674、方文培 10109 10324 9992、李培元 4518 4562 5214 5408 5948、四川大学生物系植物分类教研组 102046、杨光辉 59392 59927 65107、张泽荣 25031 25093 25392、植物所三峡考察队 1334 0602、周洪富 06173 26173 26073 26895、周洪富、粟和毅 25031 26073 107630 109135 109228 110167 110356 111370 108489、倪炳炽 00029 00200、四川经济植物考察队 0037(2)、佚名 102046、万绍滨 2633、西大生物系巴山木本小组巴 66 501、赵良能 2718

缘腺雀舌木 **Leptopus clarkei** (Hook. f.) Pojark.

海拔：1730 m

分布：平利县

引证标本：陈彦生等 1043(WUK)

野桐属 **Mallotus** Lour.

白背叶 **Mallotus apelta** (Lour.) Müll. Arg.

海拔：272～1000 m

分布：奉节县、巫山县、巫溪县、镇巴县

引证标本：李培元 5393、方明渊 23919、倪炳炽 00025、三峡考察队 3102 3685、上海肿瘤协作组 289 433、西大生物系巴山木本小组 238、张泽荣 25507 25882、周洪富 26630

毛桐 **Mallotus barbatus** (Wall.) Müll. Arg.

海拔：520～740 m

分布：奉节县

引证标本：张泽荣 25621、周洪富、粟和毅 108884 109448

野梧桐 **Mallotus japonicus** (L. f.) Müll. Arg.

海拔：610～1500 m

分布：城口县、奉节县、旺苍县、南郑县

引证标本：巴山采集队 5409 6040 6117、戴天伦 100565 100719 100889 101480 105092 100539、三峡考察队 2912、周洪富、粟和毅 109437

尼泊尔野桐 **Mallotus nepalensis** Müll. Arg.

海拔：450～1257 m

分布：通江县、城口县、奉节县、巫溪县、镇巴县、竹溪县

引证标本：方文培 10182、巴山采集队 0168 0268 5946、K. M. Liou 8646 8855 8859 8897、西大生物系巴山木本小组巴 196、张泽荣 25129 25479、周洪富、粟和毅 109437、戴天伦 100565 100719

红叶野桐 **Mallotus tenuifolius** var. **paxii** (Pamp.) H. S. Kiu

海拔：4501～100 m

分布：城口县、奉节县、平利县、万源市、通江县、巫山县、巫溪县、西乡县、竹溪县

引证标本：K. M. Liou 8527 8769 8770、方明渊 23919 24773、郭本兆 2128、李宝珍平 30192、李培元 5220 6740、李强平 1-0009、西大安康区采集工作队 2-184、杨光辉 65241、张泽荣 25507 25882、周洪富 26447 26567 26630、周洪富、粟和毅 108648 108889 109322 109711 110659 110785

粗糠柴 **Mallotus philippinensis** (Lam.) Müll. Arg.

海拔：700～2200 m

分布：城口县、奉节县、万源市、巫溪县

引证标本：戴天伦 101079(SZ)、李培元 1850 36322、三峡考察队 3287、K. L. Chu 2221、杨光辉 65064、张泽荣 25728 25818、周洪富、粟和毅 109389 111638、周洪富 26068 26441

石岩枫 **Mallotus repandus** (Willd.) Müll. Arg. var. **repandus**

海拔：380～1250 m

分布：城口县、奉节县、南江县、通江县、万源市、旺苍县、巫山县、巫溪县、云阳县、镇巴县

引证标本：T. P. Wang 10444、巴山采集队 0240 0553 1417 5186 5304、陈梦玲 0032、川经达 2933、大巴山工作组 00824、罗上柱 2461、三峡考察队

3034、上海肿瘤协作组 288、四川农学院 0151、万县野生植物普查队 1645、西大生物系巴山木本小组 236 264

杠香藤 **Mallotus repandus** (Will.) Müll. Arg. var. **chrysocarpus** (Pamp.) S. M. Hwang

海拔：610～1527 m

分布：城口县、开县、奉节县、广元市、通江县、平利县、万源市、巫山县、巫溪县、西乡县、镇巴县、镇坪县、南郑县、竹溪县

引证标本：巴山采集队 0240 0300 0553 1417 2731 1177 5942 5995、K. M. Liou 8364 8540 8912、T. N. Liou 等 3982、巴山采集队 0240 0553 1417、戴天伦 100569 100571 100761 100788 101842、方明渊 23915 24798、方文培 10121 10336 10354、郭本兆 2108 2127、姜恕等 00114、李培元 4177 5208 5366 5486 6012 6028 6510 6680、乔英林 1274、西大生物系巴山木本小组巴 236、杨光辉 58355 59101 65127、张泽荣 25636 25818、周洪富 26068 26774、周洪富、粟和毅 107882 108676 109431、陈梦铃 0032(CDBI)

野桐 **Mallotus tenuifolius** Pax

分布：南江县、通江县、万源市、巫溪县

引证标本：达县野生植物普查队 2409 2933、曲仲湘 1730、杨光辉 65241、张泽荣 0104、邹家志 3504、周善滋 2933

山靛属 Mercurialis L.

山靛 **Mercurialis leiocarpa** Siebold & Zucc.

海拔：920 m

分布：巫山县

引证标本：植物所三峡考察队 1346

白木乌桕属 Neoshirakia Esser

白木乌桕 **Neoshirakia japonica** (Siebold & Zucc.) Esser

海拔：800～850 m

分布：镇巴县、竹溪县

引证标本：巴山木本小组 008、K. M. Liou 8509

叶下珠属 Phyllanthus L.

落萼叶下珠 **Phyllanthus flexuosus** (Siebold & Zucc.) Müll. Arg.

海拔：880～1340 m

分布：城口县、奉节县、巫山县

引证标本：巴山采集队 1422、张泽荣 25449、三峡考察队 3355

青灰叶下珠 **Phyllanthus glaucus** Wall. ex Müll. Arg.

海拔：800 m

分布：城口县、房县

引证标本：方文培 10293、蒋祖德、陶光复 403(HIB)

小果叶下珠 **Phyllanthus reticulatus** Poir.

海拔：1340 m

分布：奉节县

引证标本：张泽荣 25449

叶下珠 **Phyllanthus urinaria** L.

海拔：950 m

分布：广元市

引证标本：胡文光 58

蜜柑草 **Phyllanthus ussuriensis** Ruprecht & Maxim.

海拔：750 m

分布：巫溪县

引证标本：K. L. Chu 1883

黄珠子草 **Phyllanthus virgatus** G. Forster

海拔：800～1030 m

分布：奉节县

引证标本：周洪富、粟和毅 110840 111312

蓖麻属 Ricinus L.

蓖麻 **Ricinus communis** L.

海拔：650～800 m

分布：城口县、奉节县、巫山县

引证标本：戴天伦 103377、K. L. Chu 1696、方明渊 24715、曲桂龄 1696、周洪富、粟和毅 110888

地构叶属 **Speranskia** Baill.

广东地构叶 Speranskia cantonensis (Hance) Pax & K. Hoffm.

海拔： 800～920 m

分布： 城口县、奉节县、宁强县、竹溪县、巫山县、房县

引证标本： Ho～Chang Chow 1667、K. M. Liou 8924、K. T. Fu 2386、方明渊 24809、李培元 5442、四川大学生物系 102022、张泽荣 25654、周洪富、粟和毅 107730 108887、植物所三峡考察队 1372、黄仁煌 3116(HIB)

乌桕属 **Triadica** Lour.

山乌桕 Triadica cochinchinensis Lour.

海拔： 540～625 m

分布： 城口县

引证标本： 戴天伦 103502 103704

圆叶乌桕 Triadica rotundifolia (Hemsl.) Esser

分布： 广元市

引证标本： 乔英林 00406

乌桕 Triadica sebifera (L.) Small

海拔： 170～1870 m

分布： 城口县、房县、奉节县、巫山县、巫溪县、镇巴县、平利县、旺苍县、通江县、广元市

引证标本： 方明渊 24982、李培元 6478、刘克荣 406、曲桂龄 1704 1705、王明昌 1075、杨光辉 59505 59625 65273、周洪富、粟和毅 108786 108865 108903 109336 109596 109674 110711 110849 11360、巴山采集队 5326 5938、李先源 KQ026、曲仲湘 1705、三峡考察队 3265 3762、张泽荣 25629 25874、周洪富 26787、佚名 00406、陈彦生等 2119(WUK)

油桐属 **Vernicia** Lour.

油桐 Vernicia fordii (Hemsl.) Airy Shaw

海拔： 380～1280 m

分布： 城口县、奉节县、广元市、平利县、南郑县、宁强县、云阳县、镇巴县、巫山县

引证标本： 0001、T. P. Wang 10509、K. M. Liou 8372、巴山采集队 0280 0608 1766 6121、方明渊 24927、方文培 10123、姜恕等 00100、李培元 5441 6448、乔英林 01103、植物所三峡考察队 0999、周洪富、粟和毅 107885 108700 109096、周正民 0333、周洪富 26186、李培元 1172(WUK)

55.交让木科 Daphniphyllaceae

虎皮楠属 **Daphniphyllum** Bl.

狭叶虎皮楠 Daphniphyllum angustifolium Hutch.

海拔： 1400～2100 m

分布： 城口县、巫山县、巫溪县

引证标本： 陈耀东等 2009、戴天伦 107504 107049、杨光辉 57916 59240 59418 59021

交让木 Daphniphyllum macropodum Miq.

海拔： 1000～2100 m

分布： 城口县、奉节县、巫溪县

引证标本： 戴天伦 101920 106211 106480 106704 106821 107057、方明渊 24267 24539、李先源 152、倪炳炽 00468、四川经济植物考察队 0046、杨光辉 57211 65452、周洪富、粟和毅 108018 107927、植物所三峡考察队 0113 0565

虎皮楠 Daphniphyllum oldhamii (Hemsl.) Rosenth.

海拔： 960 m

分布： 南江县、云阳县

引证标本： 高锡朋 50893、植物所三峡考察队 0925 1010

脉叶虎皮楠 Daphniphyllum paxianum Rosenth.

海拔： 960 m

分布： 云阳县

引证标本： 植物所三峡考察队 0925 1010

56.芸香科 Rutaceae

石椒草属 **Boenninghausenia** (Hook.) Reichb. ex Meisn.

臭节草 **Boenninghausenia albiflora** (Hook.) Rchb. ex Meisn.

海拔：200～2100 m

分布：城口县、奉节县、旺苍县、通江县、巫溪县、开县、平利县

引证标本：巴山采集队 0323 0503 0655 0895 1126 1468 1899 2207 4992 5175 6257、戴天伦 101844 101884 102286 102616 104062 104187 104356 105580 105863 106909 107092 107532 106091 106457、李先源 59、李先源等 050143、上海肿瘤协作组 398、四川经济植物考察队 241、杨光辉 58625 59111、张泽荣 25984、周洪富、粟和毅 108798 108841(SZ)、刘玉红 28、张泽荣 25984、周洪富 26799、陈彦生等 1027(WUK)

柑橘属 **Citrus** L.

宜昌橙 **Citrus cavaleriei** H. Lév. ex Cav.

海拔：900～1500 m

分布：城口县、奉节县、旺苍县

引证标本：巴山采集队 5294、戴天伦 100243、张泽荣 25199、周洪富、粟和毅 108083(SZ)、第三组 0531

香橙 **Citrus junos** Siebold ex Tanaka

分布：西乡县

引证标本：郭本兆 2095

柚 **Citrus maxima** (Burm.) Merr.

海拔：380～600 m

分布：广元市、巫山县

引证标本：T. P. Wang 10412、何业琪 1653

香橼 **Citrus medica** L.

海拔：500 m

分布：奉节县

引证标本：粟和毅 107749(SZ)

柑橘 **Citrus reticulata** Blanco

海拔：550～800 m

分布：奉节县、广元市、巫山县、西乡县

引证标本：张泽荣 25853(SZ)、T. N. Liou & C. Wang 198 199、T. P. Wang 10516、郭本兆 2092

臭常山属 **Orixa** Thunb.

臭常山 **Orixa japonica** Thunb.

海拔：800 m

分布：镇巴县、南郑县

引证标本：西大生物系巴山林小组巴 10、巴山采集队 5991

黄檗属 **Phellodendron** Rupr.

黄皮树 **Phellodendron chinense** C. K. Schneid. var. **chinense**

海拔：1000～1100 m

分布：奉节县、南江县

引证标本：陈柄麟、川经达 2570、陈炳麟 257、佚名 0474

秃叶黄檗 **Phellodendron chinense** var. **glabriusculum** C. K. Schneid.

海拔：1800 m

分布：平利县

引证标本：陈彦生等 886(WUK)

枳属 **Poncirus** Raf.

枸桔 **Poncirus trifoliata** (L.) Rafin.

海拔：1100～1200 m

分布：城口县、奉节县、巫溪县

引证标本：赵良能 2757、周洪富 26762、杨光辉 58406

裸芸香属 **Psilopeganum** Hemsl.

裸芸香 **Psilopeganum sinense** Hemsl.

海拔：125～300 m

分布：奉节县、巫山县、巫溪县、竹山县

引证标本：李先源 016、T. P. Wang 10262、杨光辉 58341、赵子恩 5340(HIB)

茵芋属 **Skimmia** Thunb.

黑果茵芋 **Skimmia melanocarpa** Rehder & E. H. Wilson

海拔：2050 m

分布：巫山县、镇巴县

引证标本：西大生物系巴山木本小组 156、杨光辉 57931

四数花属 **Tetradium** Lour.

华南吴萸 **Tetradium austrosinense** (Hand.-Mazz.) T. G. Hartley

海拔：650 m

分布：万源市

引证标本：K. L. Chü 2187 2202

臭檀吴萸 **Tetradium daniellii** (Benn.) T. G. Hartley

海拔：2000 m

分布：巫溪县

引证标本：58476(PE-00627782)

楝叶吴萸 **Tetradium glabrifolium** (Champ. ex Benth.) T. G. Hartley

海拔：900～1450 m

分布：城口县、奉节县

引证标本：戴天伦 104012 105787、张泽荣 25690 25733

吴茱萸 **Tetradium ruticarpum** (Juss.) T. G. Hartley

海拔：2000 m

分布：城口县、奉节县、宁强县、万源市、巫溪县

引证标本：102036(PE-00690330) 3583(PE-00690437)、K. L. Chü 2133、T. N. Liou 11873、戴天伦 101683 102814 103154 106732、李培元 4204 5738 5891 5991 6449、杨光辉 59506

牛科吴萸 **Tetradium trichotomum** Lour.

海拔：750 m

分布：广元市、宁强县

引证标本：T. N. Liou 11855、T. N. Liou 等 248 64

飞龙掌血属 **Toddalia** A. Juss.

飞龙掌血 **Toddalia asiatica** (L.) Lam.

海拔：600～2100 m

分布：城口县、开县、奉节县、万源市、旺苍县、巫山县、西乡县、平利县、竹溪县

引证标本：戴天伦 100219(SZ) 100249(SZ) 100452 100572 100582 100700 100710 100760 100952 103045 104211 104567(SZ) 104584 104884 106878 106889 106956、方明渊 24873(SZ) 27015(SZ)、何荻平 106889、李世大、川经万 2086、张泽荣 25104 25672(SZ)、赵良能 2755、周洪富 26163(SZ)、周洪富、粟和毅 107899 108535 108660 109271 109462 110400 110714、巴山采集队 2810 5421、李振宇 11742、106878 106889、T. N. Liou 等 4003、杨光辉 57740、张泽荣 25104、陈彦生等 2223(WUK)

花椒属 **Zanthoxylum** L.

椿叶花椒 **Zanthoxylum ailanthoides** Siebold & Zucc.

海拔：560～750 m

分布：云阳县

引证标本：杨昌煦 96929 96930

竹叶花椒 **Zanthoxylum armatum** DC. var. **armatum**

海拔：70～2700 m

分布：城口县、奉节县、南江县、通江县、万源市、旺苍县、巫山县、巫溪县、镇巴县、宁强县、平利县、镇坪县、房县、竹溪县

引证标本：巴山采集队 0190 0715 1064 5188 0247 0825 1257 6298、102090 107229、戴天伦 100415 100728 106579 102802 102902 103071 104461 104578 107229 107378 103426 104225 104591 104732 105042 105418 106579、方明渊 24079 24646 24739、李培元 3320 5438 5943 6528 4144 5105 5255 5438 6746、李先源等 050023、马崇义 0184、倪炳炽 00066、四川农学院、川经绵 4506、王兴忠、川经达 2309、王育生 0287、夏承芳、川

经万 0810、杨光辉 59516 59670 65104 65122 69670、佚名 1184、张泽荣 25029 25426 25468 25562 25750、周洪富 26132 26274 26946、周洪富、粟和毅 107641(SZ) 108574(SZ) 109178 109276(SZ) 109428(SZ) 109579(SZ) 110526(SZ) 111046 111544(SZ) 111603(SZ)、周善滋 2930、邹家志、川经达 3130、巴 184、T. N. Liou 11882、T. N. Liou 等 129、T. P. Wang 10265 10745、刘克荣 0483、K. L. Chu 1715、方文培 10135、曲桂龄 1715、杨光辉 57593 58166 58345 58600 59516 59670 59894 65122 65155、刘金鉴、段俊喜 185、陈彦生等 245(WUK)

毛竹叶花椒 Zanthoxylum armatum (Rehder & E. H. Wilson) C. C. Huang var. **ferrugineum** (Rehder & E. H. Wilson) C. C. Huang

海拔：585～2300 m

分布：城口县、奉节县、南江县、巫山县、巫溪县

引证标本：戴天伦 100415 100728 102070 103426 104225 104591 104732 105042 105418 105889、方明渊 24499、万绍滨 0265、王兴忠 1035、夏承芳 0810、杨光辉 59894 65155 57682 65104、张泽荣 25029 25750、周洪富、粟和毅 107909 109719 110050、周善滋 2931

花椒 Zanthoxylum bungeanum Maxim.

海拔：800～2457 m

分布：城口县、开县、奉节县、广元市、岚皋县、镇巴县、镇坪县、平利县、南江县、巫溪县、竹溪县

引证标本：巴山采集队 1339 1574 2119 5656、川经达 2553 2859 2930、达县野生植物普查队川经达 2853、戴天伦 100430 100682 101407 101644(SZ) 105109、凌春芳 4056、陆鄂鸣 2853、四川农学院、杨光辉 58935、佚名 108097 2930 40510、周洪富、粟和毅 108097(SZ) 108465(SZ)、巴山木本小组 173、陈彦生等 2800(WUK) 4305(WUK)、郑重 810(HIB)

多异叶花椒 Zanthoxylum dimorphophyllum var. **multifoliolatum** C. C. Huang

海拔：800 m

分布：城口县

引证标本：戴天伦 102064

刺异叶花椒 Zanthoxylum dimorphophyllum var. **spinifolium** Rehder & E. H. Wilson

海拔：635～2100 m

分布：城口县、奉节县、巫山县、巫溪县

引证标本：K. L. Chu 1843、T. P. Wang 10312、戴天伦 100245 103076 106786 107364、方明渊 24819

砚壳花椒 Zanthoxylum dissitum Hemsl.

海拔：635～3200 m

分布：城口县、开县、奉节县、万源市、旺苍县、巫山县、巫溪县、平利县、房县

引证标本：巴山采集队 0960 1390 2250 2572 5415、大巴山工作组 00699、戴天伦 102954 104412 104718 104894 106313 106783、方文培 10014 10280、何获平 106563、李本良 2158、倪炳炽 00069、上海市肿瘤协作组 333、四川经济植物考察队 0379、杨光辉 58280 58674 59989 65243、佚名 0379、赵良能 2726 2727、周洪富、粟和毅 107648 110235(SZ)、102954(PE-00693614)、K. L. Chü 1947、T. P. Wang 10445、方明渊 24878 24924、杨光辉 59989、袁开来平 1-0121、张泽荣 25589 25854 59678、周洪富 26072 26924、黄仁煌 3074(HIB)

小花花椒 Zanthoxylum micranthum Hemsl.

海拔：700～1100 m

分布：奉节县、巫溪县

引证标本：方明渊 24627 24784 24883、方文培 24784、周洪富、粟和毅 25620、3566(PE-00722024)、K. L. Chü 1937、K. T. Chu、张泽荣 25612 25794

异叶花椒 Zanthoxylum ovalifolium Wight

海拔：615～1650 m

分布：城口县、奉节县、广元市、通江县、万源市、旺苍县、巫山县、巫溪县、镇巴县、镇坪县、平利县

引证标本：巴山采集队 0256 0309 0740 0877 1075 1139 1351 2221 5245、戴天伦 100446 100447

100892 100916 102791 103013 104289 104448 104657 104969 107449 103824 107364、方明渊 24754、李本良 2134、李培元 1931 2309 4488、倪炳炽 00420、曲仲湘 1843、王健秋 0150、王金敖 0041 0073、王明昌 1085、佚名 0748、张泽荣 25132 25498 25851、赵良能 2749、周洪富、粟和毅 107643 107771(SZ) 107854(SZ) 108790(SZ) 110049(SZ) 111306(SZ) 111600(SZ) 111601 111620(SZ)、102064(PE-00693385)、何业琪 1941、杨光辉 57851 58711 65112 65192、周洪富 26833、陈彦生等 2879(WUK) 3836(WUK)

巴山花椒 **Zanthoxylum pashanense** N. Chao

海拔：800～1800 m

分布：城口县、竹溪县

引证标本：赵良能 2705、郑重 817(HIB)

花椒簕 **Zanthoxylum scandens** Blume

海拔：740～750 m

分布：奉节县

引证标本：周洪富、粟和毅 109453(SZ) 111618(SZ)

狭叶花椒 **Zanthoxylum stenophyllum** Hemsl.

海拔：800～1900 m

分布：城口县、开县、奉节县、广元市、南江县、巫山县、巫溪县、镇坪县、房县

引证标本：李先源 150、李先源等 050061、凌春芳 4047 4049、倪炳炽 00232、四川经济植物考察队 0388、唐贤能等 00432、佚名 0388 4047、周洪富、粟和毅 107714(SZ) 107847(SZ) 107923(SZ)、左宝玉 2829 川经达 2829、巴山采集队 1198 2527、戴天伦 100396 100827 101834、方明渊 24095 24522、方文培 10178、杨光辉 58428 58679 58721 65442、张泽荣 25037 25398 25643、周洪富 26027 26355 26497、章树枫 1020、陈彦生等 2880(WUK)、蒋祖德、陶光复 363(HIB)

浪叶花椒 **Zanthoxylum undulatifolium** Hemsl.

海拔：1800 m

分布：城口县

引证标本：戴天伦 105590

57.苦木科 Simaroubaceae

臭椿属 **Ailanthus** Desf.

臭椿 **Ailanthus altissima** (Mill) Swingle

海拔：1250～1300 m

分布：城口县

引证标本：戴天伦 105577 105829

苦木属 **Picrasma** Bl.

中国苦树 **Picrasma chinensis** P. Y. Chen

海拔：400 m

分布：巫溪县

引证标本：杨光辉 59617

苦树 **Picrasma quassioides** (D. Don) Benn.

海拔：658～1500 m

分布：城口县、奉节县、巫山县、旺苍县、镇巴县、平利县、镇坪县、竹溪县

引证标本：25173(PE-01136509)、巴山采集队 1062 5267 5317、巴山木本小组 050 259、戴天伦 100175 100232 100242 100442 100463 100535 100663 100914 101648 102638 105041 105533 101273 105241、张泽荣 25666、周洪富 26378、周洪富、粟和毅 107667(SZ) 107949(SZ) 108112(SZ) 108297 108709(SZ)、T. P. Wang 10674、方明渊 24662、平利队平 0304、四川大学川东植物调查队 108297、陈彦生等 4114(WUK)、郑重 1000(HIB)

58.楝科 Meliaceae

楝属 **Melia** L.

楝树 **Melia azedarach** L.

海拔：500～700 m

分布：平利县、西乡县

引证标本：H. W. Kung 3412、李强平 1-0311

远志科 Polygalaceae

远志属 **Polygala** L.

荷包山桂花 Polygala arillata Buch.-Ham. ex D. Don

海拔：1100～2200 m

分布：城口县、开县、奉节县、岚皋县、南江县、通江县、万源市、旺苍县、巫山县、巫溪县、平利县

引证标本：川经达 2830、达县普查队 2698、戴天伦 100648 100842 100968 101118 105432、方明渊 24080 24123 24239 24557、费政琴 2698、母须静、川经达 2051、唐贤能等 00305、万绍滨 2581、西师生物系 0067、杨光辉 58508(PE-00630057) 58644 58987 59263、张泽荣 25141(PE-00630177) 25301、周洪富 26400、周洪富、粟和毅 108454(SZ)、邹家志 3016、左宝玉 2830、巴山采集队 0651 1188 1455 1588 2489 5837、李培元 1618 4442 4444、四川大学川东植物调查队 108220、西大生物系巴山木本小组 425

尾叶远志 Polygala caudata Rehder & E. H. Wilson

海拔：1020～1150 m

分布：城口县、奉节县

引证标本：巴山采集队 0939、王洪烈 0263

华南远志 Polygala chinensis L.

海拔：1123 m

分布：城口县

引证标本：巴山采集队 0766

黄花倒水莲 Polygala fallax Hemsl.

海拔：1755 m

分布：旺苍县

引证标本：巴山采集队 4949

心果小扁豆 Polygala isocarpa Chodat

海拔：1321～1710 m

分布：城口县

引证标本：巴山采集队 1170 2133

瓜子金 Polygala japonica Houtt.

海拔：300～1800 m

分布：城口县、奉节县、广元市、巫山县、巫溪县、竹山县、房县

引证标本：巴山采集队 0766、曹亚玲 0042、戴天伦 100261 100380 102402 104104 105727、方明渊 24272 24545 24987、凌春芳 4026、夏承芳 0842 川经万 0842、杨光辉 57645 57876、佚名 24272、张泽荣 25488 25823、周洪富 26122 26794、周洪富、粟和毅 107573 109103 108588、T. P. Wang 10333 10472、赵子恩 5327(HIB)、黄仁煌 3018(HIB)

西伯利亚远志 Polygala sibirica L.

海拔：120 m

分布：奉节县

引证标本：三峡工程植被组 0006

小扁豆 Polygala tatarinowii Regel

海拔：800～2100 m

分布：城口县、奉节县、巫山县、巫溪县、镇巴县、竹溪县

引证标本：戴天伦 101448 101970 102141 102980 104494 104741 104787 105709 105891 106282 106843 107064、101970(条形码号：PE-00631592)、周洪富、粟和毅 110190 110236、K. L. Chu 2086、方明渊 23988、杨光辉 59601 65245、黄仁煌 3001(HIB)

远志 Polygala tenuifolia Willd.

海拔：1060 m

分布：奉节县

引证标本：龚伦瑜 0274

长毛籽远志 Polygala wattersii Hance

海拔：630～2100 m

分布：城口县、奉节县、万源市、巫溪县、广元市、巫山县、镇坪县、竹溪县、房县

引证标本：大巴山工作组 00543、戴天伦 100041 100209 100444 100531 100567 100654 100789 100934 103146 103252 103820 106476 106558 106736 106910 107497、方明渊 24084、蒋维学 0176 176、蒋兴麐 10126、李本良、川经达 2147、倪炳炽 00046、杨光辉 58641、张泽荣 25205 25206、

周洪富、粟和毅 107554 107594 108015 108192 108537(SZ) 111594、100291、T. P. Wang 10314 10531、何业琪 1778、周洪富 26313、黄仁煌 3472(HIB)、蒋祖德、陶光复 401(HIB)、陈彦生等 2885(WUK)

香椿属 **Toona** Roem.

香椿 Toona sinensis (Juss.) Roem.

海拔： 1013～1100 m

分布： 城口县、奉节县

引证标本： 巴山采集队 0757、周洪富、粟和毅 111418(SZ)

红花香椿 Toona fargesii A. Chev.

海拔： 1200 m

分布： 城口县

引证标本： 戴天伦 102815

59.马桑科 Coriariaceae

马桑属 **Coriaria** L.

马桑 Coriaria nepalensis Wall.

海拔： 800～1900 m

分布： 城口县、奉节县、广元市、南江县、通江县、旺苍县、巫山县、巫溪县、镇巴县、南郑县、镇坪县、竹溪县

引证标本： 巴山采集队 0163 0246 0620 1173 5189 5900 6128、川经达 2887、川经绵 4082、戴天伦 100004 100120 100146 100241 100443 101432 105189 105357、方明渊 24034 24177、何兴金等 161411 166645 167532、李本良 0847、李培元 2802、李先源 KQ084、倪炳炽 00473、四川经济植物考察队 0016、川经绵 4082、万绍滨 0241、川经万 0847 0241、巴 083、张泽荣 25050 25160 25433、周洪富 26020、周洪富、粟和毅 107555 107801 108094 108598、邹家志、川经达 3055、26020、T. P. Wang 10291、方文培 10295、李培元 6582、陈彦生等 1212(WUK)

60.漆树科 Anacardiaceae

南酸枣属 **Choerospondias** Burtt & Hill

南酸枣 Choerospondias axillaris (Roxb.) B. L. Burtt & A. W. Hill

海拔： 900 m

分布： 奉节县

引证标本： 张泽荣 25609

黄栌属 **Cotinus** (Tourn.) Mill

黄栌 Cotinus coggygria Scop. var. **coggygria**

海拔： 200～1300 m

分布： 城口县、奉节县、广元市、万源市、巫山县、镇巴县

引证标本： 达县野生植物普查队 2091、戴天伦 100498(SZ)、李先源 013 S34165、李先源等 36640、绵阳野生植物普查队 4171、王清泉 1395、吴至康 0211、佚名 228、何业琪 1645

红叶 Cotinus coggygria Scop. var. **cinerea** Engl.

海拔： 1000 m

分布： 城口县

引证标本： 戴天伦 100435(SZ)

毛黄栌 Cotinus coggygria Scop. var. **pubescens** Engl.

海拔： 270 m

分布： 云阳县、镇巴县、房县

引证标本： 巴 258、陈之端等 960423 960483、黄仁煌 3495(HIB)

矮黄栌 Cotinus nana W. W. Sm.

海拔： 1076 m

分布： 奉节县

引证标本： 王桂兰 0337

四川黄栌 Cotinus szechuanensis A. Penzes

海拔： 920～1350 m

分布： 奉节县、巫山县、旺苍县

引证标本： 巴山采集队 5449 3531、T. P. Wang 10245、杨光辉 57811 57841 58156、张泽荣 25886、

周洪富 26110、周洪富、粟和毅 107737 108861

黄连木属 **Pistacia** L.

黄连木 **Pistacia chinensis** Bunge

海拔： 270～800 m

分布： 奉节县、巫溪县、巫溪县、云阳县、广元市、竹溪县

引证标本： 宋之刚等 0001、张泽荣 25939、K. L. Chu 1754、K. M. Liou 8538、陈之端等 960492 960999、杨光辉 59617

盐肤木属 **Rhus** (Tourn.) L. emend. Moench

盐肤木 **Rhus chinensis** Mill

海拔： 685～1900 m

分布： 城口县、奉节县、南江县、通江县、巫山县、巫溪县、平利县、房县

引证标本： 达县野生植物普查队、川经达 3040、戴天伦 101891 102058 102089 102217 102710 103312 103542 103634 104063 104522 104637 105857 107089 107371 107571(SZ)、方明渊 23904、向定蜀 2975、杨光辉 59169 59389 59656 59945(SZ) 65140、102058(条形码号：PE-01182582)、周洪富、粟和毅 109378(SZ) 109543(SZ) 109803(SZ) 110096(SZ) 110450(SZ) 110625(SZ) 111611(SZ)、K. L. Chu 1884 1939、K. M. Liou 9245 9265、巴山采集队 1804 1907 2792、李培元 6653、刘克荣 0221、四川大学生物系植物分类教研组 102058、王德兴 3-0178

青麸杨 **Rhus potaninii** Maxim.

海拔： 750～2089 m

分布： 城口县、奉节县、南江县、巫山县、巫溪县、宁强县、竹溪县

引证标本： 巴山采集队 1140 2122 5359、方明渊 27005(SZ)、李国凤 61875、植物所三峡考察队 0435、周洪富、粟和毅 107893(SZ) 108109(SZ) 108632(SZ) 108999 109179、K. M. Liou 8932、T. P. Wang 9312

毛叶麸杨 **Rhus punjabensis** Stewart var. **pilosa** Engl.

海拔： 1331～1500 m

分布： 城口县、巫山县

引证标本： 巴山采集队 0974、周洪富、粟和毅 110364(SZ)

旁遮红麸杨 **Rhus punjabensis** Stewart var. **sinica** (Diels) Rehder & E. H. Wilson

海拔： 635～1900 m

分布： 城口县、奉节县、巫山县、巫溪县、通江县、旺苍县、镇坪县、竹溪县

引证标本： 戴天伦 103065 104057 105562、方明渊 24708 24839、李先源 158 37211、李先源等 050125、王金敖 00026、周洪富 26538、K. L. Chu 2001、K. M. Liou 8800、巴山采集队 0044 0319 0974 5293 5405、杨光辉 58988 59481、陈彦生等 2882(WUK)

漆属 **Toxicodendron** (Tourn.) Mill

刺果毒漆藤 **Toxicodendron radicans** (L.) O. Kuntze subsp. **hispidum** (Engl.) Gillis

海拔： 1800～2000 m

分布： 巫山县、巫溪县

引证标本： 杨光辉 58391 59058

野漆 **Toxicodendron succedaneum** (L.) Kuntze

海拔： 700～750 m

分布： 奉节县

引证标本： 张泽荣 25895、周洪富、粟和毅 108910

木蜡树 **Toxicodendron sylvestre** (Siebold & Zucc.) Kuntze

海拔： 740～750 m

分布： 奉节县、平利县

引证标本： 周洪富、粟和毅 109376(SZ)、K. M. Liou 8437

漆 **Toxicodendron vernicifluum** (Stokes) F. A. Barkley

海拔： 700～2600 m

分布： 城口县、奉节县、南江县、通江县、万源市、巫山县、巫溪县、镇巴县、竹溪县

引证标本：陈炳麟 2501、达县野生植物普查队 2150 2448 52501、戴天伦 100577 100874(SZ) 102300 105041 105354(SZ) 101958 102253 105018(SZ) 105204 106167、倪炳炽 00434、彭淮渌 0915、四川农学院 0098、西大生物系巴山木本小组 278、杨光辉 58937(SZ) 59300、张泽荣 25483 258942(SZ) 25942、周洪富 26324、周洪富、粟和毅 24700 109273 109633(SZ) 109927(SZ) 110371(SZ)、101958(条形码号：PE-01249611)、K. M. Liou 8599、李培元 4172 5467 5310

61.槭树科 Aceraceae*

枫属 **Acer** L.

阔叶枫 Acer amplum Rehder

海拔：1200 m

分布：竹溪县

引证标本：郑重 868(HIB)

深灰枫 Acer caesium Wall. ex Brandis

海拔：1800～2500 m

分布：城口县、巫溪县

引证标本：戴天伦 100819 101821、杨光辉 58949

三尾青皮槭 Acer cappadocicum Gled. var. **tricaudatum** (Rehd. ex Veitch) Rehd.

海拔：1400 m

分布：奉节县、广元市

引证标本：F. T. Wang 22630、周洪富、粟和毅 108012

长尾枫 Acer caudatum Wall.

海拔：2500～2600 m

分布：城口县、巫山县

引证标本：戴天伦 100821、杨光辉 58740

紫果枫 Acer cordatum Pax

海拔：740～1320 m

分布：奉节县

引证标本：张泽荣 25463、周洪富、粟和毅 107819 109445

青榨枫 Acer davidii Franch. subsp. **davidii**

海拔：900～2500 m

分布：城口县、奉节县、岚皋县、南江县、通江县、万源市、巫山县、巫溪县、云阳县、房县、镇巴县、镇坪县、平利县、竹溪县

引证标本：T. P. Wang 10678、W. C. Chen 等 1069、方文培 10100、何全华 1632、刘克荣 313、四川大学生物系植物分类教研组 59138、巴山采集队 1189 1582 1746 2111 2304 4218 5706 5855、川经万 6400、达县野生植物普查队 9625、大巴山工作组 00592、戴天伦 100056 100101 100139 100307 100550 100616 100681 100815 101305 102319 102577 102737 104395 104816 104844 104897 104921 105057 105290 105630 106064 106373(条形码号：PE-00906255) 106608 107006 107083、方明渊 24152、何获平 59138、四川农学院 0030 0257、杨光辉 57759 58010 58375 58664 58984 59369 59677 65051、张泽荣 25588、植物所三峡考察队 0143 0337 0573 1066 1166 1501、重师、西农调查队 0141、周洪富、粟和毅 108487 1110611、左宝玉 2873、陈彦生等 2748(WUK) 4288(WUK)、郑重 959(HIB)

葛萝枫 Acer davidii Franch. subsp. **grosseri** (Pax) P. C. de Jong

海拔：1800～1860 m

分布：广元市、平利县

引证标本：川经绵 4049、陈彦生等 4363(WUK)

毛花枫 Acer erianthum Schwer.

海拔：1150～2300 m

分布：城口县、巫山县、巫溪县、旺苍县、平利县

引证标本：巴山采集队 0031 4945、戴天伦 101062 106058、何获平 59160、杨光辉 59261、佚名 00528、陈耀东、傅连中、马欣堂 2595、杨光辉 58551 59019 59160、陈彦生等 4214(WUK)

罗浮枫 Acer fabri Hance

海拔：1400 m

分布：城口县、奉节县、巫山县

* 此部分由陈又生编写。

引证标本：戴天伦 100717、方明渊 24770、何荻平 100717、杨光辉 59088、张泽荣 25731 25905、周洪富 109363 26970、周洪富、粟和毅 108763 109460 41037(SZ) 26970、植物所三峡考察队 1315

扇叶枫 Acer flabellatum Rehder

海拔：1450～2200 m

分布：城口县、奉节县、南江县、万源市、巫山县、巫溪县

引证标本：K. H. Yang 65404、达县野生植物普查队 2441 2505、戴天伦 102688 105468 106029、何荻平 59060、江广渝 4101、杨光辉 59367 64404(SZ) 65067 65415 59261 65404、张泽荣 25353、陈之端等 960693 960815

黄毛枫 Acer fulvescens Rehder

海拔：900～1200 m

分布：镇巴县、平利县、巫山县

引证标本：西大生物系巴山木本小组 226、周洪富、粟和毅 110119、刘金鉴等 262

血皮枫 Acer griseum (Franch.) Pax

海拔：1520～2180 m

分布：城口县、奉节县、南江县、巫溪县、房县

引证标本：巴山采集队 1602 5390、戴天伦 1064 1064 2077、周洪富 26344、C. Warren & M. Wolcott 81-300、K. Clause 等 79-69、杨光辉 58501 59393

建始枫 Acer henryi Pax

海拔：710～1950 m

分布：巫山县、巫溪县、城口县、平利县、房县、竹溪县

引证标本：杨光辉 58688、周洪富、粟和毅 109773、戴天伦 106620、陈之端等 960830、刘克荣 0499、陈彦生等 2230(WUK)、竹溪 91-338(HIB)

光叶枫 Acer laevigatum Wall.

海拔：800～950 m

分布：奉节县、巫溪县、岚皋县

引证标本：杨光辉 59198 65176、周洪富 26270、何全华 1622

疏花枫 Acer laxiflorum Pax

海拔：1152～1400 m

分布：奉节县、南江县

引证标本：左宝玉 2843、方明渊 24058、王育生 0324

长柄枫 Acer longipes Franch. ex Rehder

海拔：800～920 m

分布：镇巴县、房县

引证标本：西大生物系巴山木本小组 269、刘克荣 236(HIB)

五尖枫 Acer maximowiczii Pax

海拔：1000～2600 m

分布：城口县、开县、岚皋县、南江县、万源市、旺苍县、巫山县、巫溪县、镇巴县、平利县、竹溪县

引证标本：巴山采集队 1301 1302 1566 1933 3741 3742 4816 4844 5077 5370 5468 5659 5711、达县野生植物普查队 2067 2072 2288、戴天伦 100820 101312 104994 105134 106025、方文培 10389、何荻平 59362、江广渝 4077、倪炳炽 00354、西大生物系巴山木本小组 115、杨光辉 57923 57982 58008 58796 59292 59427 65435、植物所三峡考察队 1173、59362、陈之端等 960699 960912、植物所三峡考察队 1173、陈彦生等 812(WUK)、郑重 853(HIB)

庙台槭 Acer miaotaiense P. C. Tsoong

分布：平利县

引证标本：牛春山 3050

飞蛾枫 Acer oblongum Wall. ex DC.

海拔：520～2000 m

分布：城口县、奉节县、广元市、万源市、旺苍县、巫山县、巫溪县、镇巴县、房县、西乡县、平利县、竹溪县

引证标本：巴山采集队 3526 5324 6197、戴天伦 102259 102295 103015 103600、何荻平 69229、曲仲湘 1714 1717、王明昌 1134、魏志平 3637 3720、杨光辉 58249 65149 65229、赵良能 2778、周洪富 26914、周洪富、粟和毅 108891、108891(条形码号：00889391)(PE)、65229(条形码号：00889464)(PE)、K. M.

Liou 8915 9147、方文培 10261 10278、郭本兆 2087、何业琪 01618 1618 1744、刘克荣 0227、曲桂龄 1714、陈彦生等 2239(WUK)

五裂枫 Acer oliverianum Pax

海拔：800～2380 m

分布：城口县、巫山县、镇巴县、平利县、竹溪县、竹山县

引证标本：巴山木本小组 152、戴天伦 100603 107003、杨光辉 57790 57906 57952 59015、周洪富、粟和毅 110019、K. M. Liou 8882、方文培 9965、刘金鉴等 264、叶之池 782(HIB)

大翅色木枫 Acer pictum Thunb. subsp. **macropterum** (W. P. Fang) Ohashi

海拔：2089 m

分布：城口县、巫山县

引证标本：巴山采集队 2116

五角枫 Acer pictum subsp. **mono** (Maxim.) H. Ohashi

海拔：1700～2000 m

分布：巫山县、巫溪县

引证标本：佚名 58472、周洪富、粟和毅 109930

杈叶枫 Acer robustum Pax

海拔：1300～2300 m

分布：城口县、南江县、镇巴县、房县、岚皋县、平利县、巫山县、巫溪县

引证标本：巴山木本小组 178 461、方文培 10362、何伯安 2505、陈耀东等 2181、陈之端等 960528 960891、何全华 1578、刘克荣 0496、陈彦生等 4425(WUK)

中华槭 Acer sinense Pax

海拔：2000 m

分布：巫山县

引证标本：杨光辉 59060

毛叶枫（原亚种）Acer stachyophyllum subsp. **stachyophyllum**

海拔：1200 m

分布：竹溪县

引证标本：郑重 1035(HIB)

四蕊枫 Acer stachyophyllum subsp. **betulifolium** (Maxim.) P. C. de Jong in van Gelderen et al.

海拔：1750～2000 m

分布：城口县、巫山县

引证标本：戴天伦 101060、杨光辉 59047

薄叶枫 Acer tenellum Pax

海拔：1180～1500 m

分布：奉节县、巫山县

引证标本：杨光辉 57853、张泽荣 25466、周洪富、粟和毅 107822 108484

房县枫 Acer sterculiaceum subsp. **franchetii** (Pax) A. E. Murray

海拔：1250 m

分布：竹溪县

引证标本：郑重 912(HIB)

四蕊槭 Acer tetramerum Pax var. **tetramerum**

海拔：1520～2100 m

分布：城口县、南江县、平利县、旺苍县、巫溪县、竹溪县

引证标本：巴山采集队 4866 4960 5508、戴天伦 100592 105152、西大生物系巴山木本小组巴 693、杨光辉 59239、竹溪 91-263(HIB)

桦叶四蕊槭 Acer tetramerum Pax var. **betulifolium** (Maxim.) Rehd.

海拔：2000 m

分布：巫溪县

引证标本：58524(条形码号：PE-00909956)

房县枫 Acer sterculiaceum Wall. subsp. **franchetii** (Pax) A. E. Murray

海拔：1100～2120 m

分布：城口县、奉节县、南江县、旺苍县、巫山县、巫溪县、镇巴县

引证标本：W. H. Yang 65408、巴山采集队 4834 5340 5721、大巴山工作组 00785、戴天伦 105156 106055、李先源 138、李先源等 050131、陆鄂鸣 2762、杨光辉 57980 58033 58520 59164 65408、佚名 131、植物所三峡考察队 0485 0486、陈之端等

960696 960730 960930、四川大学生物系 108367

秦岭槭 **Acer tsinglingense** W. P. Fang & C. C. Hsieh

分布：岚皋县

引证标本：何全华 1574

三峡枫 **Acer wilsonii** Rehder

海拔：1150～1267 m

分布：奉节县、万源市

引证标本：粟和毅 108497、华敬灿 0055

金钱槭属 Dipteronia Oliv.

金钱槭 **Dipteronia sinensis** Oliv.

海拔：1200～2100 m

分布：城口县、开县、南江县、旺苍县、巫溪县、房县、平利县、镇坪县、竹溪县

引证标本：戴天伦 105068 106056 106387 106712、李先源等 050156、杨钦周 01572、植物所三峡考察队 0074 0284 0567、巴山采集队 2637 5388 5460、巴 659、A. Henry 5696、刘克荣 0300、杨光辉 58549 59167、陈彦生等 4118(WUK)、王映明 3016(HIB)

62.无患子科 Sapindaceae

伞花木属 Eurycorymbus Hand.-Mazz.

伞花木 **Eurycorymbus cavaleriei** (H. Lév.) Rehder & Hand.-Mazz.

海拔：1100 m

分布：巫溪县

引证标本：杨光辉 65266

栾树属 Koelreuteria Laxm.

复羽叶栾树 **Koelreuteria bipinnata** Franch.

分布：巫山县、巫溪县

引证标本：上海肿瘤协作组 460、杨光辉 65651(SZ)

栾树 **Koelreuteria paniculata** Laxm.

海拔：1750～1820 m

分布：巫溪县

引证标本：陈之端等 960744

荔枝属 Litchi Sonn.

荔枝 **Litchi chinensis** Sonn.

海拔：160 m

分布：云阳县

引证标本：陈之端等 960438

无患子属 Sapindus L.

川滇无患子 **Sapindus delavayi** (Franch.) Radlk.

分布：巫山县

引证标本：曲仲湘 1697

无患子 **Sapindus saponaria** L.

海拔：350～700 m

分布：广元市、巫山县、竹溪县

引证标本：甘啓良 3124、魏志平 04015 04105 04119、T. P. Wang 9331、K. L. Chu 1697

63.七叶树科 Hippocastanaceae

七叶树属 Aesculus L.

七叶树 **Aesculus chinensis** Bunge

海拔：2000 m

分布：巫溪县

引证标本：四川大学生物系植物分类教研组 58490

天师栗 **Aesculus chinensis** var. **wilsonii** (Rehder) Turland & N. H. Xia

海拔：1350 m

分布：城口县、通江县、万源市、旺苍县、竹溪县

引证标本：达县野生植物普查队 2447、戴天伦 102670、方文培 10039(SZ)、李培元 2801、绵阳普查队 4663、邹家志 3087

64.清风藤科 Sabiaceae*

泡花树属 Meliosma Bl.

泡花树 **Meliosma cuneifolia** Franch.

海拔：1200～2000 m

* 此部分由杨拓编写。

分布：城口县、奉节县、南江县、通江县、旺苍县、巫山县、巫溪县、镇坪县、平利县

引证标本：巴山采集队 5136 5487 5513 5559、戴天伦 101509(SZ) 101939(SZ) 105584(SZ)、杨光辉 59360(SZ)、张泽荣 25381(SZ) 25424(SZ)、重师、西农调查队 023、周洪富、粟和毅 109896(SZ) 108072、左宝玉 2844、陈彦生等 2714(WUK) 3027(WUK)

光叶泡花树 Meliosma cuneifolia Franch. var. **glabriuscula** Cufod.

海拔：1200～1900 m

分布：巫溪县、南江县、旺苍县

引证标本：杨光辉 59157(SZ)、巴山采集队 5487 5559 5136 5513

垂枝泡花树 Meliosma flexuosa Pamp.

海拔：1120～1650 m

分布：城口县、开县、奉节县、南江县、巫山县、巫溪县、平利县

引证标本：戴天伦 101573(SZ) 102883(SZ) 102926(SZ) 105529(SZ) 107190(SZ)、方文培 10057、李先源等 050152、周洪富、粟和毅 110277(SZ)、左宝玉、川经达 2844、巴山采集队 0997 2806 0206、刘金鉴等 215

山青木 Meliosma kirkii Hemsl. & Wils.

海拔：950 m

分布：竹溪县

引证标本：K. M. Liou 8734

暖木 Meliosma veitchiorum Hemsl.

海拔：1700 m

分布：城口县

引证标本：巴山采集队 1244

清风藤属 Sabia Colebr.

鄂西清风藤 Sabia campanulata Wall. subsp. **ritchieae** (Rehder & E. H. Wilson) Y. F. Wu

海拔：1200～2140 m

分布：城口县、开县、镇坪县、竹溪县

引证标本：戴天伦 101377(SZ)、巴山采集队 2288、陈彦生等 2707(WUK)、郑重 871(HIB)

四川清风藤 Sabia schumanniana Diels subsp. **schumanniana**

海拔：600～1870 m

分布：城口县、奉节县、南江县、通江县、旺苍县、镇巴县、平利县、镇坪县、巫山县、竹溪县

引证标本：巴山采集队 0179 0867 1136 5318 5818、陈梦玲 0084、达县野生植物普查队 0615、大巴山工作组 00572、戴天伦 100283(SZ) 100933(SZ)、方明渊 24088(SZ)、李先源 079 169、王纫秋 2924、西大生物系巴山木本小组巴 98、张泽荣 25071 25152 (SZ) 25576、周洪富 109050(SZ) 262901、周洪富、粟和毅 107939(SZ) 107994(SZ) 109050(SZ)、周善滋 2924、刘金鉴等 269、四川大学生物系 24699、杨光辉 58165、镇平采集队 732(WUK)、郑重 986(HIB)

多花清风藤 Sabia schumanniana Diels subsp. **pluriflora** (Rehder & E. H. Wilson) Y. F. Wu

海拔：820～1700 m

分布：奉节县、广元市、南江县、旺苍县、通江县

引证标本：陈炳麟 2520、凌春芳 4107、万绍滨 2615、周洪富 26211(SZ) 26290(SZ) 26412(SZ)、周洪富、粟和毅 108831(SZ)、巴山采集队 5318 6001

尖叶清风藤 Sabia swinhoei Hemsl.

海拔：620～1200 m

分布：城口县、奉节县

引证标本：李国凤 61252、张泽荣 25508(SZ)、周洪富 26775(SZ)、周洪富、粟和毅 108659(SZ)

云南清风藤 Sabia yunnanensis Franch.

海拔：1760 m

分布：南江县、旺苍县

引证标本：巴山采集队 5227、四川农学院 00126、佚名 2904

阔叶清风藤 Sabia yunnanensis Franch. subsp. **latifolia** (Rehder & E. H. Wilson) Y. F. Wu

海拔：1760 m

分布：巫溪县、旺苍县

引证标本：倪炳炽 00378、巴山采集队 5227

65.凤仙花科 Balsaminaceae*

凤仙花属 Impatiens L.

凤仙花 Impatiens balsamina L.

海拔：1150～1200 m

分布：城口县、奉节县

引证标本：戴天伦 102168、周洪富 26756(SZ)

美丽凤仙花 Impatiens bellula Hook. f.

海拔：1400 m

分布：城口县

引证标本：戴天伦 101871 102000 102333 104465

睫毛萼凤仙花 Impatiens blepharosepala E. Pritzel

海拔：2200 m

分布：巫溪县

引证标本：杨光辉 58923

顶喙凤仙花 Impatiens compta Hook. f.

海拔：1400～2312 m

分布：城口县、开县、巫溪县、岚皋县、镇巴县

引证标本：59133(条形码号：00061371)(PE)、巴山采集队 1536 2025 4278 2141、陈耀东、马欣堂 2349、杨光辉 58919 59133 59464

细圆齿凤仙花 Impatiens crenulata Hook. f.

海拔：975～2400 m

分布：城口县、开县、岚皋县、巫溪县

引证标本：植物所三峡考察队 0417、巴山采集队 0724 1557 1717 1938 1996 2100 2280 2616 1717、杨光辉 59267

齿萼凤仙花 Impatiens dicentra Franch. ex Hook. f.

海拔：1300～2040 m

分布：城口县、奉节县、巫山县、巫溪县、竹溪县

引证标本：戴天伦 101139(SZ) 102398 102722 102956 104027 104090 104683 104726 106485 101866 106018、三峡考察队 2911 3585、植物所三峡考察队 0208 0392、周洪富、粟和毅 109904、李培元 5111

长距凤仙花 Impatiens dolichoceras Pritz. ex diels

海拔：1800 m

分布：奉节县

引证标本：四川大学川东植物调查队 108336

裂距凤仙花 Impatiens fissicornis Maxim.

分布：西乡县

引证标本：T. N. Liou & P. C. Tsoong 4013

心萼凤仙花 Impatiens henryi Pritz. ex Diels

海拔：1538～1980 m

分布：奉节县、万源市

引证标本：巴山采集队 3838、江广渝 4038 4102、贾潇洒等 3905 3908 3940、三峡考察队 3146

细柄凤仙花 Impatiens leptocaulon Hook. f.

海拔：1250～2200 m

分布：奉节县、巫溪县

引证标本：张泽荣 25241、周洪富 26347、杨光辉 65417(SZ)

长翼凤仙花 Impatiens longialata E. Pritz. ex Diels

海拔：1280～2100 m

分布：巫山县

引证标本：杨光辉 59834、周洪富、粟和毅 110150

膜叶凤仙花 Impatiens membranifolia Franch. ex Hook.

海拔：1150～1600 m

分布：城口县

引证标本：戴天伦 104934 105806

大鼻凤仙花 Impatiens nasuta Hook. f.

海拔：1250～2100 m

分布：城口县、南江县、巫溪县

引证标本：巴山采集队 5352 5523 2136 2507、陈耀东等 2591、戴天伦 101691 102147 102582 102583 103155 103951 104421 104775 104909 106255 107180、杨光辉 59224

* 此部分由于胜祥编写。

红雉凤仙花 Impatiens oxyanthera Hook. f.

海拔：1250～2000 m

分布：奉节县、巫山县、巫溪县、云阳县

引证标本：三峡考察队 2732 2753 2946 2983 3481 3674、植物所三峡考察队 0259 0266 0524、周洪富、粟和毅 109879 110940

陇南凤仙花 Impatiens potaninii Maxim.

海拔：1500～1650 m

分布：万源市、南江县

引证标本：巴山采集队 5353、李培元 4454

湖北凤仙花 Impatiens pritzelii Hook. f.

海拔：750 m

分布：奉节县

引证标本：周洪富、粟和毅 111625

翼萼凤仙花 Impatiens pterosepala Hook. f.

海拔：850～1780 m

分布：城口县、开县、旺苍县、巫山县、房县

引证标本：周洪富、粟和毅 110115、巴山采集队 0063 0676 1371 2397 2596 2774 0333 0335 0544 1052 5190 5270 1052、刘克荣 304

粗壮凤仙花 Impatiens robusta Hook. f.

海拔：700 m

分布：万源市

引证标本：K. L. Chu 2169

窄萼凤仙花 Impatiens stenosepala Pritz. ex Diels

海拔：940～2040 m

分布：城口县、奉节县、巫溪县、巫山县、开县

引证标本：戴天伦 101178 101869 101972 104024 104358、三峡考察队 2803 2845 3041、杨光辉 59166 65288、植物所三峡考察队 0127 0164 0256 0471、周洪富、粟和毅 110983 111474、59166(条形码号：00089320)(PE)、巴山采集队 0348 0700 0700 2599

四川凤仙花 Impatiens sutchuanensis Franch. ex Hook. f.

海拔：1350～2100 m

分布：城口县、巫山县、巫溪县

引证标本：K. L. Chu 2004、陈耀东、傅连中、马欣堂 2037、戴天伦 101230 102194 107471、杨光辉 59641

三角萼凤仙花 Impatiens trigonosepala Hook.

海拔：1200～1290 m

分布：奉节县、巫山县

引证标本：周洪富、粟和毅 110212 110375 110987 110992

66.冬青科 Aquifoliaceae

冬青属 Ilex L.

华中枸骨 Ilex centrochinensis S. Y. Hu

海拔：150～1000 m

分布：房县、城口县、奉节县、巫山县

引证标本：大巴山工作组 00571、李先源 012、T. P. Wang 10394、刘克荣 0372、杨光辉 65652、周洪富 26454 26481 26283、周洪富、粟和毅 107616 109720 109855 111363(SZ)

城口县冬青 Ilex chengkouensis C. J. Tseng

海拔：2100 m

分布：城口县

引证标本：戴天伦 106785

冬青 Ilex chinensis Sims

海拔：290～1580 m

分布：奉节县、巫山县、竹溪县

引证标本：陈锋 YY002、杨光辉 65655、张泽荣 25797、赵良能 2766、周洪富 26367 26656 26786、周洪富、粟和毅 108687(SZ) 109349(SZ) 110857、竹溪 91-36(HIB)

珊瑚冬青 Ilex corallina Franch. var. **corallina**

海拔：550～1140 m

分布：城口县、奉节县、广元市、巫溪县

引证标本：K. L. Chu 1897、倪炳炽 00474 00565、胡文光 67、张泽荣 25670、周洪富、粟和毅 108669 107729(SZ) 108673(SZ)

刺叶珊瑚冬青 Ilex corallina Franch. var. **aberrans** Hand.-Mazz.

海拔：450 m

分布：广元市

引证标本：K. S. Hao 280

龙里冬青 Ilex dunniana H. Lév.

海拔：800～1000 m

分布：广元市

引证标本：魏志平 3706 3790

狭叶冬青 Ilex fargesii Franch.

海拔：1520～2200 m

分布：城口县、万源市、巫山县、巫溪县、镇巴县、南江县、旺苍县、竹溪县

引证标本：戴天伦 101389、杨光辉 58005 58021 59073 59225 59522 65325 65465、巴山采集队 4857 5206 5386 5695、达县野生植物普查队 2841、李本良、川经达 2073、李先源等 297、李忠秀 2841、倪炳炽 00317、四川经济植物考察队 00228、西大生物系巴山木本小组 120、竹溪 91-305(HIB)

硬叶冬青 Ilex ficifolia C. J. Tseng ex S. K. Chen & Y. X. Feng

海拔：1904 m

分布：旺苍县

引证标本：巴山采集队 4877

台湾冬青 Ilex formosana Maxim.

海拔：750～850 m

分布：奉节县

引证标本：周洪富 26923、周洪富、粟和毅 111645

康定冬青 Ilex franchetiana Loes.

海拔：1665 m

分布：奉节县

引证标本：李先源 129

细刺冬青 Ilex hylonoma Hu & T. Tang

海拔：820 m

分布：巫溪县

引证标本：杨光辉 59199

中型冬青 Ilex intermedia Loes. & Diels

海拔：1400 m

分布：巫山县

引证标本：杨光辉 59906

大果冬青 Ilex macrocarpa Oliv. var. **macrocarpa**

海拔：600～1700 m

分布：城口县、奉节县、宁强县、巫山县、巫溪县、竹溪县、房县

引证标本：K. M. Liou 8832、T. N. Liou 11885、T. P. Wang 10474 10519、巴山采集队 0307、戴天伦 100142、方明渊 24649 24768 24861、李先源 163、杨光辉 59205 59683 59827 65536、张泽荣 25170 25852、周洪富 26956、周洪富、粟和毅 107853 107897(SZ) 108071 108327(SZ) 108492 108711 109709 110044、刘克荣 539(HIB)

长梗冬青 Ilex macrocarpa Oliv. var. **longipedunculata** S. Y. Hu

海拔：1300 m

分布：奉节县

引证标本：张泽荣 25170

河滩冬青 Ilex metabaptista Loes.

海拔：300～750 m

分布：奉节县、巫溪县

引证标本：周洪富、粟和毅 109390、李先源 37268

小果冬青 Ilex micrococca Maxim.

海拔：800 m

分布：奉节县

引证标本：张泽荣 25898

具柄冬青 Ilex pedunculosa Miq.

海拔：870～2000 m

分布：城口县、房县、奉节县、南江县、巫山县、巫溪县、竹溪县

引证标本：101942、W. C. Chen 等 1113、戴天伦 101438 101479(SZ) 101942 102572 102740 102953 104055 105059 105096 105125 105346 105453 105517 105821 105851 106610 106674 107011 107499、方明渊 24512、李宗秀、川经达 2790、倪炳炽 00234、杨光辉 65323、周洪富 26296(SZ)、周洪富、粟和毅 110042 111542、黄仁煌 2970(HIB)

猫儿刺 Ilex pernyi Franch.

海拔：1000～2000 m

分布：城口县、奉节县、广元市、平利县、通江县、万源市、巫山县、巫溪县、镇坪县、南江县、竹溪县

引证标本：大巴山工作组 00784、F. T. Wang 22595、戴天伦 100068 100134 100388 100510 101949 102324 102692 102955 104520 105639 106090 106191 106318 106495 106893 107142 107448、方明渊 24028 24156、四川经济植物考察队 0035、王金敖 0170、李培元 1424 3229、杨光辉 59869 65316 65533 65576、张泽荣 25066、周洪富 26253 26323 26394、周洪富、粟和毅 107658 107999 108153 109548 110188 111037(SZ) 111421、巴山采集队 5551 6059、邹家志、川经达 3019、郑重 862(HIB)

香冬青 **Ilex suaveolens** (H. Lév.) Loes.

海拔：1000 m

分布：奉节县

引证标本：张泽荣 25710、周洪富、粟和毅 108679 110439

四川冬青 **Ilex szechwanensis** Loes.

海拔：1400～2100 m

分布：城口县

引证标本：戴天伦 102554 105410 107131 106921

尾叶冬青 **Ilex wilsonii** Loes.

海拔：850～1300 m

分布：城口县、奉节县

引证标本：戴天伦 105088 105089 105410 105786、张泽荣 25193、周洪富 26965

云南冬青 **Ilex yunnanensis** Franch.

海拔：2000～2100 m

分布：巫山县、巫溪县

引证标本：杨光辉 59836 65449

67.卫矛科 Celastraceae*

南蛇藤属 **Celastrus** L.

苦皮藤 **Celastrus angulatus** Maxim.

海拔：125～2100 m

分布：城口县、奉节县、广元市、南江县、通江县、万源市、巫山县、巫溪县、镇巴县、镇坪县、平利县、竹溪县、房县

引证标本：巴山采集队 0723 1077、四川大学生物系植物分类教研组 26015、K. M. Liou 8411、戴天伦 100660 100871(SZ) 101027(SZ) 102133(SZ) 105246 103819 104414 104620 105029 105246 105527(SZ) 105559 107084、方明渊 23979(SZ) 24268(SZ) 24287 24994(SZ)、胡秀英 102390、李本良、川经达 2138、李先源 036、李先源等 050160、罗上柱 1912 川经万 1112、倪炳炽 00065、万绍滨 2601 川经达 2601、王纫秋 2920、西大安康区采集工作队巴 389、夏承芳 0812、川经万 0812、杨光辉 58980(SZ) 59886(SZ) 65540(SZ)、佚名 00115 2920、张泽荣 25783、植物所三峡考察队 0211 0328、周洪富 26277(SZ) 26460(SZ) 26748、周洪富、粟和毅 108491 108716 109572 110033、邹家志、川经达 3050、四川大学生物系植物分类教研组 26015、T. P. Wang 10290、陈彦生等 4152(WUK)、竹溪 91-224(HIB)、刘克荣 358(HIB)

小南蛇藤 **Celastrus cuneatus** (Rehder & E. H. Wilson) C. Y. Cheng & T. C. Kao

海拔：1331 m

分布：城口县

引证标本：巴山采集队 1049

大芽南蛇藤 **Celastrus gemmatus** Loes.

海拔：300～2200 m

分布：城口县、奉节县、南江县、巫山县、巫溪县、镇坪县

引证标本：巴山采集队 0184、戴天伦 100949 101599(SZ) 102748 102975 103296(SZ) 104113 104270 104292 104370(SZ) 104506 104817 105313(SZ) 105315(SZ) 105408(SZ) 105483(SZ) 105587 105903 106031 106240(SZ) 106297 107135 107437(SZ)、方明渊 23977(SZ)、冯继华川经达 2685、佚名 25355、赵良能 2730、周洪富、粟和毅

---

* 此部分由刘全儒编写。

108276(SZ) 108645(SZ) 111167(SZ)、陈彦生等 4111(WUK)

灰叶南蛇藤 Celastrus glaucophyllus Rehder & E. H. Wilson

海拔：850～2000 m

分布：城口县、奉节县、巫溪县

引证标本：戴天伦 101301(SZ) 102254(SZ) 102461(SZ)、上海肿瘤协作 250 314、周洪富 26781(SZ)、周洪富、粟和毅 107921(SZ) 108058(SZ) 108148 108419 109259 111042(SZ) 111169(SZ)

粉背南蛇藤 Celastrus hypoleucus (Oliv.) Warb. ex Loes.

海拔：1550～1750 m

分布：城口县、奉节县、巫山县、巫溪县、平利县

引证标本：戴天伦 101024 101826(SZ) 101370、李先源 114、倪炳炽 00526、杨光辉 58977(SZ)、陈彦生等 1090(WUK)

南蛇藤 Celastrus orbiculatus Thunb.

海拔：1200～2050 m

分布：城口县、奉节县、镇坪县、平利县

引证标本：巴山采集队 1316 1049、戴天伦 100552(SZ) 100632(SZ) 101384(SZ) 102362 105207(SZ)、张泽荣 26165(SZ)、陈彦生等 819(WUK) 4145(WUK)

短梗南蛇藤 Celastrus rosthornianus Loes.

海拔：700～2000 m

分布：奉节县、南江县、旺苍县、通江县、巫溪县、平利县、房县

引证标本：巴山采集队 4898 5229 5480 6171、方明渊 24269(SZ)、李本良 0817、周洪富 26442(SZ)、周洪富、粟和毅 107783(SZ)、邹家志 0544、左宝玉 0473、陈彦生等 3924(WUK)、刘克荣 233(HIB)

宽叶短梗南蛇藤 Celastrus rosthornianus Loes. var. **loeseneri** (Rehder & E. H. Wilson) C. Y. Wu

海拔：1350～1700 m

分布：南江县、镇坪县

引证标本：万绍滨 2620、陈彦生等 2720(WUK)

皱叶南蛇藤 Celastrus rugosus Rehder & E. H. Wilson

海拔：1940 m

分布：平利县

引证标本：陈彦生等 790(WUK)

显柱南蛇藤 Celastrus stylosus Wall.

海拔：750～1450 m

分布：奉节县

引证标本：方明渊 24601(SZ)、周洪富、粟和毅 109360(SZ) 111415(SZ)

皱果南蛇藤 Celastrus tonkinensis Pitard

海拔：600～1400 m

分布：通江县、奉节县、巫山县

引证标本：巴山采集队 6192、杨光辉 59086、张泽荣 25625、周洪富、粟和毅 108771 110877 111621

长序南蛇藤 Celastrus vaniotii (Lév.) Rehder

海拔：1200～1800 m

分布：城口县、南江县、巫溪县

引证标本：戴天伦 100941 101027(SZ) 105117 106817 106467、冯永华 2685、罗上柱 1112

卫矛属 Euonymus L.

刺果卫矛 Euonymus acanthocarpus Franch.

海拔：590～2000 m

分布：城口县、房县、奉节县、平利县、万源市、巫山县、巫溪县

引证标本：戴天伦 100910 101160 102003(SZ) 103038 103289 103298 106242 106439 107226 107418、方明渊 24550、李先源 37269、赵良能 2731、李培元 4538、刘克荣 0226、唐昌林 1304、杨光辉 58267

星刺卫矛 Euonymus actinocarpus Loes.

海拔：1200 m

分布：奉节县

引证标本：H. T. Tsai 52751

黄刺卫矛 Euonymus aculeatus Hemsl.

海拔：1200～1800 m

分布：城口县、奉节县

引证标本：方明渊 24569、戴天伦 106116 106278、周洪富、粟和毅 108538(SZ) 111005

卫矛 Euonymus alatus (Thunb.) Sieber

海拔：645～2200 m

分布：城口县、奉节县、南江县、通江县、万源市、旺苍县、巫山县、巫溪县、镇巴县、西乡县、镇坪县、平利县、房县

引证标本：巴山采集队 0037 0263 0821 1221 1912 4817 4964 5710、巴山木本小组 086 096、陈鄂鸣 2757、大巴山工作组 712、陈之端等 960501 960604 960659 960662 960668 960883 960889、戴天伦 100233 100313 100317 100667 101470 100378 101313 102846 103363 104740 104781 104832 104924 105055 105286 105585 105589 106086、方明渊 24035、李先源 146、李先源等 050151、四川经济植物考察队 0044 0127、万绍滨、川经达 2610、王兴忠、川经达 2280、吴玉康 1062、李培元 1749 2030 6655、李文杰 050、苏陕民 437、杨光辉 58203 59587 59858 65311 65436 65548、张泽荣 25277、赵良能 2657、周洪富、粟和毅 107799 107922 109181 109679 109928 110038 111099、65548(条形码号：PE-00771800)、T. P. Wang 10569

肉花卫矛 Euonymus carnosus Hemsl.

海拔：550～1200 m

分布：广元市、宁强县、巫山县

引证标本：Hopkinson 327、T. N. Liou 等 156 176、何业琪 1690、周洪富、粟和毅 110123

百齿卫矛 Euonymus centidens Lév.

海拔：600～900 m

分布：奉节县

引证标本：张泽荣 25631、周洪富、粟和毅 108621 108775

岩坡卫矛 Euonymus clivicolus W. W. Sm.

海拔：1100～2100 m

分布：城口县、奉节县、巫溪县、巫山县、竹山县、竹溪县

引证标本：戴天伦 101367、杨光辉 59220 59470 65371、张泽荣 25200、钱士心、冯明、刘凉换、徐连根 7901991、周洪富、粟和毅 110123、陈之端等 960609、郑重 815(HIB)

角翅卫矛 Euonymus cornutus Hemsl.

海拔：1280～2153 m

分布：城口县、奉节县、南江县、通江县、旺苍县、巫溪县、镇巴县、平利县、竹溪县

引证标本：巴山采集队 1733 4860 5009 5628、川东采药队 239 63、戴天伦 105139 105428(SZ)、李先源等 050113、倪炳炽 00370、唐贤能等 00323、西大生物系巴山木本小组 119、西等 0019 019、杨光辉、张泽荣 25200、邹家志、川经达 3103、左宝玉 2825、陈彦生等 3083(WUK) 4287(WUK)、竹溪 91-88(HIB)

裂果卫矛 Euonymus dielsianus Loes. & Diels

海拔：600～900 m

分布：奉节县、巫溪县

引证标本：方明渊 24759、杨光辉 59207、张泽荣 25878、周洪富 26472

扶芳藤 Euonymus fortunei (Turcz.) Hand.-Mazz.

海拔：340～2120 m

分布：城口县、奉节县、旺苍县、巫山县、巫溪县、镇巴县、岚皋县、镇坪县、平利县、竹山县

引证标本：巴山采集队 4987、陈、王、汤 73W-545 73W-393、戴天伦 101843 105476、方明渊 24714 24972、李培元 2796 5411、钱士心等 7902065、西大生物系巴山木本小组 123、杨光辉 59556 65581、赵良能 2765 2790、周洪富 26403 26788、周洪富、粟和毅 109217 109434 109669 110936 111555(SZ)、何全华 1354、陈彦生等 4112(WUK) 4275(WUK)

冷地卫矛 Euonymus frigidus Wall. ex Roxb.

海拔：1600～2000 m

分布：城口县、奉节县、旺苍县、竹溪县

引证标本：戴天伦 100315、张泽荣 25310、巴山采集队 4959、黄仁煌 2997(HIB)

纤齿卫矛 Euonymus giraldii Loes. ex Diels

海拔：1100～2050 m

分布：城口县、南江县、旺苍县、巫山县、平利县

引证标本：巴山采集队 5114 5549 5622 5726、戴天伦 100104 100700 101315 101992 105499、周洪富、粟和毅 109767、陈彦生等 3083(WUK)

西南卫矛 Euonymus hamiltonianus Wall. & Roxb.

海拔：1100～2600 m

分布：城口县、房县、奉节县、宁强县、平利县、万源市、南江县、通江县、旺苍县、巫山县、巫溪县、镇巴县、西乡县

引证标本：H. T. Tsai 52752、T. N. Liou 等 46、巴山采集队 0982 1663 1946 4848 4941 5058 5493、戴天伦 101303 102416 102668 104366 104457 104664 105140 105171 105194 106062 106304 106399、方明渊 24045 24264、万绍滨 2631、方文培 10022、郭本兆 2105、李培元 4471 6187、刘克荣 0491、西大生物系巴山木本小组 187 403、西农调查队 001、杨光辉 58738 59017 59121 59313 59413 59417 59450 59529 59709 65377 65447、张泽荣 23355(SZ) 25259 25343 25355、周洪富、粟和毅 108168 108218 108231 108381 109030 109777 109912 110228 111170

冬青卫矛 Euonymus japonicus L.

海拔：280～1820 m

分布：奉节县、巫山县、竹溪县

引证标本：陈之端等 960922 960998、黄仁煌 2986(HIB)

庐山卫矛 Euonymus lushanensis F. H. Chen & M. C. Wang

海拔：1000 m

分布：巫山县

引证标本：杨光辉 59987

白杜 Euonymus maackii Rupr

海拔：1000 m

分布：奉节县

引证标本：周洪富、粟和毅 108193

小果卫矛 Euonymus microcarpus (Oliv.) Sprague

海拔：360 m

分布：房县、巫溪县、竹山县

引证标本：4116、刘克荣 0414、倪炳炽 00022、钱士心等 7901836

大果卫矛 Euonymus myrianthus Hemsl.

海拔：630～2350 m

分布：城口县、奉节县、开县、通江县、巫山县、巫溪县、镇巴县、竹山县、竹溪县

引证标本：T. P. Wang 10560、大巴山工作组 00101 00707、戴天伦 100223 100364 100437 100448 100467 100574 100659 100902 101577 101900 101919 102484 102900 103168 104214 104439 104445 104575 104647 104698 104836 104960 105536 106128 106204 106308 106531 106741 106816 107126 107241 107340 107380、方明渊 24567 24590 24941、钱士心等 7901942、王金敖 0233、西大生物系巴山木本小组 00059、杨光辉 59712 59982 65116、张泽荣 25033 25204(SZ) 25205 25456、赵良能 2748、周洪富 26966、周洪富、粟和毅 108531 108540 109780、郑重 1001(HIB)

中华卫矛 Euonymus nitidus Benth.

海拔：750 m

分布：奉节县

引证标本：周洪富、粟和毅 109384

垂丝卫矛 Euonymus oxyphyllus Miq.

海拔：350 m

分布：巫溪县

引证标本：荣等 73W-70

栓翅卫矛 Euonymus phellomanus Loes.

海拔：1900～2050 m

分布：城口县、西乡县、平利县

引证标本：P. C. Tsoong & T. N. Liou 4032、戴天伦 101716、陈彦生等 921(WUK)

短翅卫矛 Euonymus rehderianus Loes.

海拔：1100 m

分布：巫山县

引证标本：周洪富、粟和毅 109775

石枣子 Euonymus sanguineus Loes.

海拔：1040～2200 m

分布：城口县、房县、奉节县、宁强县、旺苍县、巫山县、巫溪县、云阳县、平利县、镇巴县

引证标本：巴山采集队 1172 1781 5455、陈之端等 960810、戴天伦 100052 100973 101618 102388 104529 104901 104943 105148 105178 105288 105534 105595 105871 106666 186652(SZ)、刘克荣 0274、宁强小组 0118、四川大学生物系 102388 108241、万县地区中草药调查云 73-182、西北大学生物系 s.n.、西大生物系巴山木本小组 068、张泽荣 25308、周洪富、粟和毅 108241 108418 109765、刘金鉴等 225

陕西卫矛 **Euonymus schensianus** Maxim.

海拔：980～1700 m

分布：城口县、通江县、平利县、镇坪县、竹溪县

引证标本：K. M. Liou 8853、范光复 30155、平利实习队 0111、西大安康区采集工作队 IV0218、刘金鉴等 188、王金敖 0219 0232、重师、西农调查队 170、陈彦生等 2869(WUK)

疏刺卫矛 **Euonymus spraguei** Hayata

海拔：900～2300 m

分布：巫山县、巫溪县

引证标本：杨光辉 59214(SZ) 59319(SZ) 59860(SZ) 69626(SZ)

游藤卫矛 **Euonymus vagans** Wall.

海拔：2000 m

分布：巫溪县

引证标本：四川大学生物系植物分类教研组 58500

曲脉卫矛 **Euonymus venosus** Hemsl.

海拔：1410～1950 m

分布：城口县、奉节县、巫山县、平利县

引证标本：戴天伦 100705 104120 105107 105471 106063 106527 106557、张泽荣 25335(SZ)、陈彦生等 3037(WUK)

疣点卫矛 **Euonymus verrucosoides** Loes.

海拔：1300～2370 m

分布：城口县、房县、奉节县、万源市、宁强县、平利县、镇坪县、巫溪县

引证标本：巴山采集队 2054、达县野生植物普查队、川经达 2068、0184、陈之端等 960787、戴天伦 101307 101608 102569 104806 105509(SZ) 105686、刘克荣 0211 0242、李本良 0813、宁强小组 0287、周洪富、粟和毅 108188 108376 111245(SZ)、陈彦生等 4129(WUK)

曲脉卫矛 **Euonymus verrucosus** Scop.

海拔：1300～1800 m

分布：城口县、巫山县、房县

引证标本：戴天伦 101307 105500、周洪富、粟和毅 109925、刘克荣 0560(HIB)

长刺卫矛 **Euonymus wilsonii** Sprague

海拔：620 m

分布：平利县

引证标本：刘金鉴等 190

裸实属 **Gymnosporia** Benth. & Hook.

刺茶裸实 **Gymnosporia variabilis** (Hemsl.) Loes.

海拔：146～1050 m

分布：奉节县、巫溪县、云阳县

引证标本：陈锋 YY001、川东采药队 109 112、李先源 021、王志敏 1510 1610、杨昌煦 96005

美登木属 **Maytenus** Molina

刺茶美登木 **Maytenus variabilis** (Hemsl.) C. Y. Cheng

海拔：500 m

分布：巫山县、云阳县

引证标本：陈之端等 960493、杨光辉 58214 65647

假卫矛属 **Microtropis** Wall. ex Meisn.

三花假卫矛 **Microtropis triflora** Merr. & Freem.

海拔：1810 m

分布：巫溪县

引证标本：植物所三峡考察队 0093

68.十齿花科 Dipentodontaceae

核子木属 **Perrottetia** H. B. K.

核子木 **Perrottetia racemosa** (Oliv.) Loes.

海拔：620～1250 m

分布：城口县、奉节县、巫溪县

引证标本：巴山采集队 0251 0687 1057 1373 1408、戴天伦 100739 103092 103126 107276、方明渊 24706(SZ)、杨光辉 65150、周洪富、粟和毅 107883(SZ) 107900

69.省沽油科 Staphyleaceae

野鸦椿属 **Euscaphis** Siebold & Zucc.

野鸦椿 **Euscaphis japonica** (Thunb.) Kanitz

海拔：550～2400 m

分布：城口县、奉节县、平利县、通江县、万源市、巫山县、巫溪县

引证标本：K. M. Liou 8390、巴山采集队 0297 0603 5856 6048 6281、曹亚玲、川经万 0036、戴天伦 102221(SZ) 102856(SZ) 105052(SZ) 105682(SZ) 105706(SZ)、方明渊 23976(SZ) 24021(SZ) 24195(SZ) 24729(SZ) 24783(SZ)、胡秀英 102221、王金敖 0159、王育生 0320、杨朝辉 65493、杨光辉 59581(SZ) 59942(SZ) 65493(SZ)、张泽荣 25451(SZ) 25593(SZ)、周洪富 26098 26565(SZ)、周洪富、粟和毅 108092 108686(SZ) 109176 109373 110458(SZ) 110617(SZ)、刘金鉴等 175

省沽油属 **Staphylea** L.

省沽油 **Staphylea bumalda** DC.

海拔：1475～1840 m

分布：城口县、南江县

引证标本：巴山采集队 5475 5704、戴天伦 101006(SZ) 101945(SZ) 105975(SZ)

膀胱果 **Staphylea holocarpa** Hemsl. var. **holocarpa**

海拔：1000～1800 m

分布：城口县、奉节县、南江县、镇巴县、镇坪县、竹溪县、房县

引证标本：巴山采集队 5381、戴天伦 100137(SZ) 105175、陆鄂鸣 2760、四川农学院 0236、西大生物系巴山木本小组 113 285、周洪富、粟和毅 107752、陈彦生等 372(WUK)、郑重 939(HIB)、刘克荣 485(HIB)

玫红省沽油 **Staphylea holocarpa** Hemsl. var. **rosea** Rehd. & Wils.

海拔：1600 m

分布：巫山县

引证标本：杨光辉 57669

70.瘿椒树科 Tapisciaceae

瘿椒树属 **Tapiscia** Oliv.

瘿椒树 **Tapiscia sinensis** Oliv.

海拔：1000～1300 m

分布：奉节县、巫溪县、平利县

引证标本：陈之端等 960852、周洪富、粟和毅 109193、郑宏春 6024(WUK)

71.黄杨科 Buxaceae

黄杨属 **Buxus** L.

题叶黄杨 **Buxus harlandii** Hanelt

海拔：550～2000 m

分布：城口县、西乡县

引证标本：戴天伦 106744(SZ)、H. W. Kung 3426

黄杨 **Buxus microphylla** Siebold & Zucc. subsp. **sinica** (Rehder & E. H. Wilson) Hatus.

海拔：950～1900 m

分布：城口县、奉节县、南江县、巫山县、巫溪县

引证标本：T. P. Wang 10685、杨光辉 59332、张泽荣 25105 25462、大巴山工作组 00342 00353、李先源等 050105、倪炳炽 00286、徐昌义 2910、周洪富、粟和毅 107646

杨梅黄杨 **Buxus myrica** Lév.

海拔：950～1300 m

分布：奉节县、万源市、巫山县

引证标本：李培元 4485、杨光辉 57799、周洪富、粟和毅 107646、戴天伦 106309

皱叶黄杨 Buxus rugulosa Hatus.

海拔：700～2300 m

分布：城口县、奉节县、巫山县、巫溪县

引证标本：陈耀东、马欣堂 2445、陈之端等 960770、杨光辉 57922 65462、周洪富 111244、戴天伦 105667

黄杨（原变种）Buxus sinica (Rehder & E. H. Wilson) M. Cheng var. **sinica**

海拔：1280～1800 m

分布：奉节县、竹溪县

引证标本：四川大学川东植物调查队 108246、张泽荣 25105、周洪富、粟和毅 108431 111032、郑重 973(HIB)

越橘叶黄杨 Buxus sinica (Rehder & E. H. Wilson) M. Cheng var. **vacciniifolia** M. Cheng

海拔：2100 m

分布：巫溪县

引证标本：陈耀东、马欣堂、傅连中 2445

狭叶黄杨 Buxus stenophylla Hance

海拔：700 m

分布：奉节县

引证标本：周洪富、粟和毅 108847

板凳果属 Pachysandra Michx.

顶花板凳果 Pachysandra terminalis Siebold & Zucc.

海拔：1710～2000 m

分布：巫溪县

引证标本：陈耀东、傅连中、马欣堂 2166 2219、陈之端等 960694 960750

野扇花属 Sarcococca Lindl.

羽脉野扇花 Sarcococca hookeriana Baill.

海拔：600～1650 m

分布：城口县、万源市

引证标本：101946(PE-00054362)、K 等 2230、戴天伦 102686 102924 103014(SZ) 104367

双蕊野扇花 Sarcococca hookeriana Baillon var. **digyna** Franch.

海拔：1000～1450 m

分布：城口县、平利县

引证标本：李振宇 11307、陈彦生 3042(WUK)

长叶柄野扇花 Sarcococca longipetiolata M. Cheng

分布：竹山县

引证标本：钱士心 08009

野扇花 Sarcococca ruscifolia Stapf

海拔：620～1950 m

分布：城口县、奉节县、巫山县、巫溪县、镇巴县、竹山县、万源市、西乡县、平利县

引证标本：F. T. Wang 22624、K. L. Chu 1959、T. N. Liou 等 3994、巴山采集队 0355 0379 0677 0951 1370 1963、曹亚玲 0032、戴天伦 102180 102813 103152 104849 106462 107223、方明渊 24681 24725 24818 24822、钱士心 08008、四川经济植物考察队 00958、王金敖 0135 0139、李培元 5412、杨光辉 59555 65202 65501、张泽荣 25065 25519 25869、赵良能 2649、周洪富 26181(SZ) 26395、周洪富、粟和毅 107598 107678 107798 108541 108655 108674 109246 109574 109664 109798 110613 110712 111006 111359、陈彦生等 2085(WUK)

云南野扇花 Sarcococca wallichii Stapf

海拔：800～1750 m

分布：南江县、旺苍县

引证标本：巴山采集队 4993 5637

72.茶茱萸科 Icacinaceae

无须藤属 Hosiea Hemsl. & Wils.

无须藤 Hosiea sinensis (Oliv.) Hemsl. & E. H. Wilson

海拔： 1500 m

分布： 巫山县

引证标本： 杨光辉 58131、Henry 5598C

假柴龙树属 Nothapodytes Bl.

马比木 Nothapodytes pittosporoides (Oliv.) Sleum.

海拔： 620～1000 m

分布： 奉节县、旺苍县

引证标本： 巴山采集队 5238、张泽荣 25567(SZ)、周洪富 26175(SZ)、周洪富、粟和毅 108670(SZ)

73.鼠李科 Rhamnaceae

勾儿茶属 Berchemia Neck.

越南勾儿茶 Berchemia annamensis Pitard

海拔： 955～1200 m

分布： 镇坪县、镇巴县

引证标本： 巴山采集队 3252、江广渝 4152

黄背勾儿茶 Berchemia flavescens (Wall.) Brongn.

海拔： 1000～2520 m

分布： 城口县、奉节县、岚皋县、南江县、平利县、万源市、巫山县、巫溪县、开县、旺苍县

引证标本： 平 1-0412、巴山采集队 0026 1879 2107 3727 2283 2408 4823、陈耀东等 2191、戴天伦 101097 101387 10197、贾潇洒等 3869、李先源 065 37236、植物所三峡考察队 1465、左宝玉 2835

多花勾儿茶 Berchemia floribunda (Wall.) Brongn.

海拔： 490～1700 m

分布： 城口县、房县、南江县、通江县、奉节县、平利县、万源市、巫山县、巫溪县、镇巴县、镇坪县、西乡县、宁强县

引证标本： K. L. Chu 1948 2116、巴山采集队 2979 3252 3663、戴天伦 101561 101595 105010 105366 105875、方明渊 23896 24283 24743、方元培 4165 5444 6469、江广渝 4152、李培元 152(WUK) 1445 2755 3616 4165、李先源 KQ166、李先源等 050149、三峡考察队 3194、四川经济植物考察队 0041、王金敖 0089、刘克荣 0421、乔英林 01263、杨金祥 1588、张泽荣 25780、周洪富 26459 26398、周洪富、粟和毅 107987 108503 109078 109184 109764(SZ) 111035、杨金祥 1588(WUK)、牛运达 24(WUK)

毛背勾儿茶 Berchemia hispida (H. T. Tsai & K. M. Feng) Y. L. Chen & P. K. Chou

海拔： 1300 m

分布： 万源市

引证标本： 236、四川任务组 1225(PE-01534158)

牯岭勾儿茶 Berchemia kulingensis C. K. Schneid.

海拔： 900～1860 m

分布： 城口县、奉节县、旺苍县、巫山县、镇巴县

引证标本： 巴山采集队 0433 0750 1217 5196、陈之端等 960877、方明渊 24151、江广渝 4158、四川大学川东植物调查队 108232、周洪富、粟和毅 108743 111512、三峡考察队 2795

峨眉勾儿茶 Berchemia omeiensis Fang ex Y. L. Chen & P. K. Chou

海拔： 1050～1700 m

分布： 城口县、奉节县、巫山县

引证标本： T. P. Wang 10658、巴山采集队 0153 0344 0586 0883、戴天伦 100147 100149 100280 100666、方明渊 24020 24086、苏茂荣 0741、张泽荣 25036 25459 25999

多叶勾儿茶 Berchemia polyphylla Wall. ex Lawson var. **polyphylla**

海拔： 554～1410 m

分布： 城口县、奉节县、广元市、万源市、通江县、巫山县、西乡县、宁强县、竹溪县

引证标本： 戴天伦 102033、郭本兆 2111、李培元 963、李先源 166、刘元平等 3117、三峡考察队 3233 3279、魏志平 3547、周洪富 26817(SZ)、周洪富、粟和毅 109088(SZ)、巴山采集队 6293、乔林英 223(WUK)、马元俊 3142(HIB)

光枝勾儿茶 Berchemia polyphylla Wall. ex Laws. var. **leioclada** Hand.-Mazz.

海拔：616～1300 m

分布：城口县、奉节县、岚皋县、西乡县、万源市、巫山县、巫溪县、镇巴县

引证标本：II0239、K. L. Chu 1885、T. P. Wang 10451、巴山采集队 3319、戴天伦 103159 103290 103428 103914、李培元 5425 5610 5776 5933 6001、杨光辉 59991 65353 65644、张泽荣 25535 25840、周洪富、粟和毅 108088 108644 109699 110447 110476 110897、方明渊 24786、傅坤俊 11491(WUK)

勾儿茶 **Berchemia sinica** C. K. Schneid.

海拔：500～2058 m

分布：城口县、奉节县、广元市、镇巴县、平利县、镇坪县、万源市

引证标本：巴山采集队 1727 3319 4256、戴天伦 100966 105173 105633、南水北调队 00107、王亚洲 平 1-0076、刘元等 3117、陈彦生等 2799(WUK)

云南勾儿茶 **Berchemia yunnanensis** Franch.

海拔：2100～2200 m

分布：奉节县、巫山县

引证标本：杨光辉 57967、张泽荣 25281

枳椇属 **Hovenia** Thunb.

枳椇 **Hovenia acerba** Lindl.

海拔：554～1150 m

分布：城口县、奉节县、广元市、通江县、平利县、西乡县、巫山县、镇巴县、宁强县

引证标本：戴天伦 102343 103134 103343 103530 105928、I0164(PE-01637020)、方明渊 24882、杨金祥 1583、凌秦芳、川经绵 4176、王金敖 00027、叶易 00237、张泽荣 25662、周洪富 26512、周洪富、粟和毅 108666 108870 109194 109199 109600 110692、巴山采集队 6296、T. N. Liou & P. C. Tsoong 3957(WUK)、陕西省中草药科研组 2051(WUK)、T. N. Liou & C. Wang 121(WUK)

北枳椇 **Hovenia dulcis** Thunb.

海拔：750～1350 m

分布：城口县、奉节县、平利县

引证标本：戴天伦 100974、刘金鉴、段俊喜 168、周洪富 26298

光叶毛果枳椇 **Hovenia trichocarpa** Chun & Tsiang var. **robusta** (Nakai & Y. Kimura) Y. L. Chen & P. K. Chou

海拔：560 m

分布：广元市

引证标本：宋之刚 0024

马甲子属 **Paliurus** Tourn ex Mill

铜钱树 **Paliurus hemsleyanus** Rehd.

海拔：900～1830 m

分布：城口县、万源市、镇巴县、西乡县、镇坪县、宁强县、巫山县、巫溪县

引证标本：4101、K. L. Chu 1710、巴山采集队 3788、曲仲湘 1710、戴天伦 100409 100464 100740、王金敖 0083、傅坤俊 11616(WUK)、T. N. Lion 10627(WUK)、陕西省植被区划小组 169(WUK)、乔林英 213(WUK)

短柄铜钱树 **Paliurus orientalis** (Franch.) Hemsl.

海拔：980 m

分布：巫溪县

引证标本：李培元 2323

猫乳属 **Rhamnella** Miq.

猫乳 **Rhamnella franguloides** (Maxim.) Weberb.

海拔：800 m

分布：平利县、竹溪县

引证标本：李强平 1-0224、马元俊 3934

多脉猫乳 **Rhamnella martinii** (H. Lév.) C. K. Schneid.

海拔：800～1500 m

分布：奉节县、万源市、镇坪县

引证标本：巴山采集队 2915 3022 3810、方明渊 24837、张泽荣 25800、周洪富 26257、周洪富、粟和毅 108812、应俊生 0037(WUK)

鼠李属 Rhamnus L.

卵叶鼠李 **Rhamnus bungeana** J. J. Vassil.

海拔：1600 m

分布：镇坪县

引证标本：徐光远 4768(WUK)

长叶冻绿 **Rhamnus crenata** Siebold & Zucc.

海拔：750～2000 m

分布：城口县、奉节县、南江县、万源市、巫山县、巫溪县、镇坪县、平利县

引证标本：K. L. Chu 1966、巴山采集队 0285 0745 1476 1479 3146、戴天伦 101456 101477 101501 102178 102294 102877 105128 105243 105348 105456 105560 105679 105704、方明渊 23959 23992 24299 24519 24813 24857、各机关联合采集 26108、李先源 KQ087、三峡考察队 2934 3431 3448、王作实 2921、杨光辉 59068(SZ) 59107 65282、张泽荣 25146 25552 25605 25687、周洪富 26012 26108 26282 26333 26549 26606 26654、周洪富、粟和毅 108634 109402 109470 109520 109848 109849(SZ) 111195、李培元 1778(WUK) 4157 6657

金刚鼠李 **Rhamnus diamantiaca** Nakai

海拔：200～1200 m

分布：镇巴县、平利县

引证标本：王金敖 0098、刘金鉴、段俊喜 282

刺鼠李 **Rhamnus dumetorum** C. K. Schneid.

海拔：1200～1900 m

分布：城口县、奉节县、南江县、平利县、镇巴县、镇坪县、万源市、旺苍县、巫溪县、开县

引证标本：0153 100605、巴山采集队 0034 0094 0964 1233 1310 1910 3773 4914 5474 5702 2520 2632 2636、陈耀东、傅连中、马欣堂 2172 2596、戴天伦 100605 100639 101220 101497 101636 101862 102639 102973 103264 105004 105345 105516 105612 105744 106541 106621 107139、方明渊 24124 24141 24255、张泽荣 25225、倪炳炽 00211、西大 125(WUK)、陈彦生等 377(WUK)

贵州鼠李 **Rhamnus esquirolii** H. Lév.

海拔：520～1600 m

分布：城口县、奉节县、万源市、巫溪县、镇巴县、西乡县

引证标本：24682、巴山采集队 3298、戴天伦 102042 102811 103072 103291、方明渊 24661 24775、刘元平等 3088、杨光辉 59593 65275、于等 3392、张泽荣 25547 25849 25935、周洪富 24682 26259 26625、周洪富、粟和毅 108776(SZ) 108926 109263 109308 110708 111460(SZ)、侯喜祥 1253(WUK)

木子花 **Rhamnus esquirolii** H. Lév. var. **glabrata** Y. L. Chen & P. K. Chou

海拔：616 m

分布：镇平县

引证标本：巴山采集队 3298

圆叶鼠李 **Rhamnus globosa** Bunge

海拔：780 m

分布：平利县

引证标本：陈彦生等 2071(WUK)

亮叶鼠李 **Rhamnus hemsleyana** C. K. Schneid. var. **hemsleyana**

海拔：105～2000 m

分布：城口县、奉节县、巫山县

引证标本：A. Henry 5677、巴山采集队 0950 1124 1399 1954 2208、戴天伦 100559 100575 100635 100740 100848 100978 101894 104394 104850 104899 106496 107048、方明渊 24100 24598、周洪富、粟和毅 108099

高山亮叶鼠李 **Rhamnus hemsleyana** C. K. Schneid. var. **yunnanensis** C. Y. Wu ex Y. L. Chen & P. K. Chou

分布：城口县

引证标本：戴天伦 105264(SZ)

毛叶鼠李 **Rhamnus henryi** C. K. Schneid.

海拔：960 m

分布：城口县

引证标本：李培元 2763(WUK)

异叶鼠李 **Rhamnus heterophylla** Oliv.

海拔：400～850 m

分布：城口县、广元市、巫山县、巫溪县、宁强县、平利县

引证标本：3568(PE-00129780)、T. P. Wang 12135、杨光辉 65643、李培元 288(WUK) 969(WUK)、魏志平 3449(WUK)、傅坤俊 11606(WUK)、陈彦生等 2117(WUK)

湖北鼠李 Rhamnus hupehensis C. K. Schneid.

海拔：980 m

分布：平利县

引证标本：野经第三队 353(WUK)

桃叶鼠李 Rhamnus iteinophylla C. K. Schneid.

海拔：1200～1800 m

分布：城口县、巫溪县、万源市、镇坪县

引证标本：巴山采集队 0029、戴天伦 100212 100213 100270 100950 101030 104467 105072 105257 105417 105650、植物所三峡考察队 0552、李培元 4482、陈彦生等 4079(WUK)

钩齿鼠李 Rhamnus lamprophylla C. K. Schneid.

海拔：850～1460 m

分布：奉节县、巫山县、巫溪县

引证标本：方明渊 24563、三峡考察队 3309、杨光辉 65154 65340、周洪富 26678 26779、周洪富、粟和毅 107781 107941 107982 108750 110085 110221

薄叶鼠李 Rhamnus leptophylla C. K. Schneid.

海拔：100～2040 m

分布：城口县、房县、广元市、宁强县、南江县、巫山县、巫溪县、竹溪县、奉节县、平利县、西乡县、旺苍县、镇坪县

引证标本：K. M. Liou 8907 9115 9206、T. P. Wang 9314、何业琪 1565 1647 1892、川经达 2808、胡文光 8、三峡考察队 2916 3308、魏志平 3576、植物所三峡考察队 0429、巴山采集队 5321、乔英林 01097 01286、周洪富、粟和毅 108080 108253 108507 110039、左宝玉 2808、杨光辉 59429、山胡椒调查队 352(WUK)

小冻绿树 Rhamnus rosthornii E. Pritz. ex Diels

海拔：700～1400 m

分布：奉节县、通江县、万源市、巫山县、镇坪县

引证标本：T. P. Wang 10282 10390 10399 10727、巴山采集队 2927、方明渊 24208 24282、江广渝等 3242、王金敖 00008 0173、杨光辉 58349 59848、张泽荣 25167、周洪富 24208 26140 26162(SZ) 26235(SZ) 26306 26356 26379、周洪富、粟和毅 107744 107879 108817 109843 110103、陈彦生等 4130(WUK)

皱叶鼠李 Rhamnus rugulosa Hemsl. ex Forbes & Hemsl. var. **rugulosa**

海拔：700～2300 m

分布：城口县、奉节县、房县、万源市、镇巴县、镇坪县、平利县

引证标本：巴山采集队 1796 2971、K. M. Liou 9263、巴山木本小组 198、戴天伦 100662 100790 101258 101431 104179(SZ) 104294 104311 104354 104613 104985 105542 106668 106880(SZ)、李培元 2540(WUK) 4531 5587 5865 5937 6070、刘克荣 314、陕西省植被区划小组 241(WUK)

脱毛皱叶鼠李 Rhamnus rugulosa Hemsl. ex Forbes & Hemsl. var. **glabrata** Y. L. Chen & P. K. Chou

海拔：1100～1340 m

分布：奉节县、巫山县、巫溪县

引证标本：张泽荣 25109 25150 25453、戴天伦 104815 106335、周洪富、粟和毅 110179

多脉鼠李 Rhamnus sargentiana C. K. Schneid.

海拔：780～1950 m

分布：城口县、奉节县、旺苍县、巫山县

引证标本：巴山采集队 1954 5464、杨光辉 57992、李培元 3539 4157、周洪富、粟和毅 109119(SZ)

甘青鼠李 Rhamnus tangutica J. J. Vassiljev

海拔：1550 m

分布：镇坪县

引证标本：徐光远 4905(WUK)

冻绿 Rhamnus utilis Decne. var. **utilis**

海拔：570～1800 m

分布：城口县、房县、奉节县、南江县、通江县、万源市、巫山县、巫溪县、西乡县、镇巴县、平利县、宁强县、云阳县、竹溪县

引证标本：K. M. Liou 8739 9002 9027、T. P. Wang 10490、巴山采集队 0747 3702 5883、戴天伦 103362 103577、方明渊 24643 24966(SZ)、李培元 857(WUK) 3687 4034 4169 5036 6511 6750、刘克荣 0366、四川大学生物系 65549、李先源 KQ075、三峡考察队 3597、上海肿瘤协作组 278、四川经济植物考察队 0158、杨光辉 59477 59503 59881 59980 65579、张泽荣 25025 25799、植物所三峡考察队 0966 1510、周洪富 26299 26341 26633、周洪富、粟和毅 108665 108805 108486 109058 109496 109546 109715 110037 110185 110647 110799 111062、陕西省中草药科研组 186(WUK)、傅坤俊 11450(WUK)、乔林英 01192(WUK)

毛冻绿 Rhamnus utilis Decne. var. **hypochrysa** (C. K. Schneid.) Rehder

海拔：600～1400 m

分布：南江县、竹溪县、平利县

引证标本：0239、K. M. Liou 8385、李培元 01304 4972、乔英林 01143 515495、王洪业 2718、王纫秋 2921

帚枝鼠李 Rhamnus virgata Roxb.

分布：南江县

引证标本：谭仲成 81302

雀梅藤属 Sageretia Brongn.

钩刺雀梅藤 Sageretia hamosa (Wall.) Brongn.

海拔：635～695 m

分布：城口县

引证标本：戴天伦 103040 103316

梗花雀梅藤 Sageretia henryi Drumm. & Sprague

海拔：750～1450 m

分布：城口县、奉节县、万源市、巫山县、巫溪县、平利县、镇坪县、竹溪县

引证标本：巴山采集队 1130、戴天伦 103037 104574 107447、李培元 4487 4611、杨光辉 65144、张泽荣 25790、周洪富、粟和毅 110216 110668 111466 111619、傅坤俊 12041(WUK)、陈彦生等 2815(WUK)、郑重 965(HIB)

亮叶雀梅藤 Sageretia lucida Merr.

海拔：750～1250 m

分布：城口县、奉节县、巫山县

引证标本：巴山采集队 1130、三峡考察队 3006 3171

刺藤子 Sageretia melliana Hand.-Mazz.

海拔：272～280 m

分布：巫山县

引证标本：三峡考察队 3498 3704

对节刺 Sageretia pycnophylla C. K. Schneid.

海拔：0～100 m

分布：巫山县

引证标本：3539(PE-01368964)、杨光辉 05557(SZ)

皱叶雀梅藤 Sageretia rugosa Hance

海拔：770 m

分布：城口县

引证标本：李国凤 60223

尾叶雀梅藤 Sageretia subcaudata C. K. Schneid.

海拔：600～1780 m

分布：城口县、奉节县、广元市、巫山县、巫溪县、竹溪县、镇坪县、平利县、开县

引证标本：K. M. Liou 8847、巴山采集队 0878 1311 2573、戴天伦 100218、何业琪 1636 1857、四川大学生物系植物分类教研组 59171、杨光辉 59171(SZ) 57787 65265、张泽荣 25795(SZ)、赵良能 2719、陕西省植被区划小组 60(WUK)、傅坤俊 11932(WUK)

雀梅藤 Sageretia thea (Osbeck) Johnst.

海拔：100 m

分布：巫山县、巫溪县

引证标本：杨光辉 65557、上海肿瘤协作组 107 295

440 93

枣属 Ziziphus Mill

枣 Ziziphus jujuba Mill var. **jujuba**

海拔：700～1600 m

分布：城口县、房县、奉节县、万源市、巫山县

引证标本：K. M. Liou 9134、戴天伦 101681 105779、李本良、川经达 2189、张泽荣 25682(SZ)、李培元 5993、周洪富、粟和毅 108566 108860 109054 109500

无刺枣 Ziziphus jujuba Mill var. **inermis** (Bunge) Rehd.

海拔：800～1200 m

分布：奉节县、平利县

引证标本：野经西大安康区采集工作队镇 488、张泽荣 25997、周洪富 26944、戴天伦 102345 102949

74.葡萄科 Vitaceae

蛇葡萄属 Ampelopsis Michaux

乌头叶蛇葡萄 Ampelopsis aconitifolia Bunge

分布：西乡县

引证标本：郭本兆 2121

蓝果蛇葡萄 Ampelopsis bodinieri (H. Lév. & Vaniot) Rehder var. **bodinieri**

海拔：200～1950 m

分布：城口县、奉节县、南江县、通江县、万源市、巫山县、巫溪县、旺苍县、镇巴县、竹溪县

引证标本：108591(PE-00624352)、巴山采集队 0150 1150 1443 2859 2960 3278 5123 5292 5408 2859 3278、陈炳林、川经达 2525、戴天伦 100885、方明渊 23978 24644 24916、冯永华 0310、李先源 37217、倪炳炽 00205、西大生物系巴山木本小组 204、李培元 4480 4539 5387 5846 6498、谭士贤 215、杨光辉 65537、野植 3 队 616、张泽荣 25495 25502、周洪富 26392 26426 26734、周洪富、粟和毅 107895 108501 108749 109059 110223、马元俊 3149(HIB)

灰毛蛇葡萄 Ampelopsis bodinieri (H. Lév. & Vaniot) Rehder var. **cinerea** (Gagnep.) Rehder

海拔：750～1600 m

分布：城口县、平利县、镇坪县、万源市

引证标本：巴山采集队 2960、戴天伦 100839 101455 102130 105269、乔英林 01159、陈彦生等 2854(WUK)

羽叶蛇葡萄 Ampelopsis chaffanjoni (H. Lév. & Vaniot) Rehd.

海拔：700～900 m

分布：奉节县、旺苍县

引证标本：张泽荣 25639、周洪富 26910 26967、周洪富、粟和毅 109354、巴山采集队 5290

三裂蛇葡萄 Ampelopsis delavayana Planch. ex Franch. var. **delavayana**

海拔：200～1500 m

分布：城口县、奉节县、广元市、万源市、旺苍县、通江县、巫山县、巫溪县、镇巴县、南郑县

引证标本：K. L. Chu 1718 1853、T. N. Liou 等 203、T. P. Wang 10754、巴山采集队 0225 0272 0601 1342 1807 3157 3514 3546 5328 5957 5961 6087 6191 6242、戴天伦 103160、陈之端等 960859 960993、李培元 00955 5377 5497 5624 6443 6500 6504 6698、曲桂龄 1718、杨光辉 58245、李先源等 36641、上海肿瘤调查队 70、王庆瑞等 5344、西大生物系巴山木本小组巴 014、张泽荣 25527 25641、周洪富、粟和毅 108559 108590

毛三裂蛇葡萄 Ampelopsis delavayana Planch. ex Franch. var. **setulosa** (Diels & Gilg) C. L. Li

海拔：494～950 m

分布：奉节县、万源市、巫溪县、镇巴县、旺苍县、通江县

引证标本：25951、巴山采集队 3157 3355 3514 3546 5328 6208、方明渊 24964、杨光辉 65184、张泽荣 25916、戴天伦 103251 25951(PE-00624964)

狭叶蛇葡萄 Ampelopsis delavayana var. **tomentella** (Diels & Gilg) C. L. Li, Chin

海拔：554～610 m

分布：通江县

引证标本：巴山采集队 6216

异叶蛇葡萄 Ampelopsis glandulosa var. **heterophylla** (Thunb.) Momiy.

海拔：520～1800 m

分布：城口县、奉节县、南江县、巫山县

引证标本：川经达 2473 2525、李培元 3926、邹家志 0551

葎叶蛇葡萄 Ampelopsis humulifolia Bunge

海拔：1200～1700 m

分布：万源市、南江县

引证标本：李培元 4384 6086、费政琴 2701

大叶蛇葡萄 Ampelopsis megalophylla Diels & Gilg

海拔：900～2000 m

分布：城口县、开县、奉节县、南江县、巫山县、镇坪县、平利县

引证标本：巴山采集队 2228 2564 2668、陈炳麟 2518、戴天伦 100940 101032 101475 101831 101897 105334 105415、徐昌义 2907、杨光辉 59096、张泽荣 25421、陈彦生等 2841(WUK) 4210(WUK)

乌蔹莓属 Cayratia Juss.

白毛乌蔹莓 Cayratia albifolia C. L. Li

海拔：975～2000 m

分布：城口县、奉节县、巫山县、巫溪县

引证标本：巴山采集队 0728、戴天伦 105114 100562 101138 101154 101249 102119 105481 105592 105713 106054、杨光辉 58970 59361 59983、周洪富 26406、周洪富、粟和毅 109894 110259

乌蔹莓 Cayratia japonica (Thunb.) Gagnep. var. **japonica**

海拔：255～2135 m

分布：城口县、奉节县、房县、旺苍县、开县、巫山县、巫溪县、镇巴县、平利县

引证标本：巴山采集队 0156 1142 2076 2811 4854 5059、李先源 KQ030、李培元 5280、刘克荣 0228、王金敖 0065、周洪富、粟和毅 108625、陈彦生等 998(WUK)

尖叶乌蔹莓 Cayratia japonica (Thunb.) Gagnep. var. **pseudotrifolia** (W. T. Wang) C. L. Li

海拔：550～1650 m

分布：城口县、奉节县、平利县、万源市、广元市、旺苍县、通江县、巫山县、巫溪县、镇巴县、镇坪县

引证标本：巴山采集队 0156 0265 1142 1343 2899 3335 3412 5153 5198 5265 6209 102961(PE-00687243)、K. L. Chu 2215、戴天伦 101154 101628 101642 102119 102600 107237、方明渊 23902、李培元 4991 5365 5487 5700 6564、杨光辉 59824 59983、张泽荣 25779 25949、周洪富 26425 26474 26867 26889、周洪富、粟和毅 108886 110193、江广渝 4155 4179、江广渝等 3222、K. S. Hao 330、陈彦生等 2899(WUK)

华中乌蔹莓 Cayratia oligocarpa (H. Lév. & Vaniot) Gagnep.

海拔：800～1650 m

分布：城口县、奉节县、巫山县、镇坪县

引证标本：巴山采集队 0728 6010、戴天伦 100562 100879 102401 104045 105114 105388 105481、杨光辉 58970、张泽荣 25088 25382、周洪富 26406 26434、陈彦生等 2801(WUK)

地锦属 Parthenocissus Planch.

异叶地锦 Parthenocissus dalzielii Gagnepain

海拔：1420 m

分布：城口县

引证标本：戴天伦 101166

长柄地锦 Parthenocissus feddei (H. Lév.) C. L. Li

海拔：494～1420 m

分布：城口县、万源市

引证标本：巴山采集队 0274 3493

花叶地锦 Parthenocissus henryana (Hemsl.) Graebn. ex Diels & Gilg

海拔：700～850 m

分布：奉节县、宁强县、通江县

引证标本：T. N. Liou 11935、周洪富 26921、周洪富、粟和毅 108907、巴山采集队 6156

地锦 Parthenocissus tricuspidata (Siebold & Zucc.) Planch.

海拔：520～1201 m

分布：城口县、奉节县、广元市、巫溪县、镇巴县

引证标本：巴山采集队 2993 6185、戴天伦 103361、江广渝等 3247、姜恕等 00084、杨光辉 65355、倪炳炽 00210、吴至康 0221、西大生物系巴山木本小组 271、周洪富、粟和毅 108883

崖爬藤属 Tetrastigma (Miq.) Pl.

三叶崖爬藤 Tetrastigma hemsleyanum Diels & Gilg

海拔：585～1078 m

分布：城口县、奉节县、万源市、巫山县

引证标本：巴山采集队 0363 3564、张泽荣 25719、植物所三峡考察队 1352、周洪富 26640

毛枝崖爬藤 Tetrastigma obovatum Gagnep.

海拔：1201 m

分布：城口县

引证标本：巴山采集队 0847

崖爬藤 Tetrastigma obtectum (Wall.) Planch. var. **obtectum**

海拔：380～1527 m

分布：城口县、开县、奉节县、万源市、旺苍县、巫山县、巫溪县、南郑县

引证标本：T. P. Wang 10435、巴山采集队 0730 0847 2727 2944 3517 5178 6124、达县野生植物普查队、川经达 2398、戴天伦 103020 103307、上海肿瘤协作所 324、植物所三峡考察队 1365 1395、周洪富、粟和毅 107873(SZ) 108656(SZ)

无毛崖爬藤 Tetrastigma obtectum (Wall. ex M. A. Lawson) Planchon ex Franch. var. **glabrum** (H. Lév.) Gagnep.

海拔：1100 m

分布：巫溪县

引证标本：杨光辉 65161

葡萄属 Vitis L.

桦叶葡萄 Vitis betulifolia Diels & Gilg

海拔：1250～2400 m

分布：城口县、奉节县、广元市、开县、巫山县、巫溪县、镇坪县、平利县

引证标本：巴山采集队 0062 2106 2576、陈耀东、傅连中、马欣堂 2169、川经绵 4028、戴天伦 100650 101174 101819 102165 105147 105900 107259 107518、方明渊 24270、杨光辉 58985 59283 59428 59456、张泽荣 25246 25306、陈彦生等 1149(WUK) 4419(WUK)

刺葡萄 Vitis davidii (Roman. Caill.) Foex.

海拔：310～1900 m

分布：城口县、南江县、平利县、万源市、巫山县、巫溪县、镇巴县

引证标本：T. P. Wang 10586、戴天伦 100942 106507、李培元 6068、刘金鉴等 235、四川经济植物考察队 0200、西大生物系巴山木本小组 061、杨光辉 65274

葛藟葡萄 Vitis flexuosa Thunb.

海拔：370～1180 m

分布：奉节县、旺苍县、通江县、巫溪县、镇巴县、竹山县

引证标本：K. M. Feng 108494、T. P. Wang 10611、巴山采集队 5311 6300、方明渊 23903 26962、钱士心等 7901817、西大生物系巴山木本小组 039、周洪富 26470 26508 26962、周洪富、粟和毅 108494(SZ)

毛葡萄 Vitis heyneana Roem. & Schult.

海拔：340～1900 m

分布：城口县、奉节县、广元市、万源市、巫山县、巫溪县、西乡县、镇巴县、竹山县

引证标本：P. C. Tsoong 4005、T. N. Liou 等 201、T. P. Wang 10784、巴山采集队 2850 3448、方文培

10140、李培元 4087 5324 5599 5651 5928 6681、钱士心等 7901809A、周洪富 26380 26428 26736、周洪富、粟和毅 108639 109072 109256

鸡足葡萄 Vitis lanceolatifoliosa C. L. Li

海拔： 500 m

分布： 广元市

引证标本： 姜恕等 00111、南水北调队 00111

变叶葡萄 Vitis piasezkii Maxim.

海拔： 1250～2180 m

分布： 城口县、奉节县、岚皋县、巫山县、巫溪县、宁强县、平利县

引证标本： 58459(PE-00727110)、巴山采集队 1589 2112、戴天伦 105203 105576 107127、杨光辉 59348、张泽荣 25316、周洪富、粟和毅 109893、T. N. Liou 11903、李培元 1356

秋葡萄 Vitis romanetii Romanet du Caillaud

海拔： 1200 m

分布： 通江县

引证标本： 巴山采集队 5903

湖北葡萄 Vitis silvestrii Pamp.

分布： 西乡县

引证标本： 郭本兆 2104

网脉葡萄 Vitis wilsonae H. J. Veitch

海拔： 1000～1600 m

分布： 城口县、奉节县、巫山县、巫溪县、平利县

引证标本： N. E. S. Exp. K. L. Chu 1965、戴天伦 102929、方明渊 24555 24595、冯永华 0310 0710、李培元 1466 6565 6671、杨光辉 58985、张泽荣 25223(SZ) 24223、周洪富 26016

俞藤属 Yua C. L. Li

俞藤 Yua thomsonii (M. A. Lawson) C. L. Li var. **thomsonii**

海拔： 750～1350 m

分布： 城口县、奉节县、广元市

引证标本： 李培元 6558、周洪富、粟和毅 109348、四川医学院、川经绵 4143

华西俞藤 Yua thomsonii var. **glaucescens** (Diels & Gilg) C. L. Li

海拔： 1000～1500 m

分布： 城口县、奉节县

引证标本： 101959(PE-00754080)、戴天伦 101129、张泽荣 25563

75.杜英科 Elaeocarpaceae

杜英属 Elaeocarpus L.

褐毛杜英 Elaeocarpus duclouxii Gagnep.

海拔： 740～800 m

分布： 奉节县

引证标本： 张泽荣 25903、周洪富、粟和毅 108914 109455

薯豆 Elaeocarpus japonicus Siebold & Zucc.

海拔： 1000 m

分布： 巫溪县

引证标本： 杨光辉 65339

76.椴树科 Tiliaceae

扁担杆属 Grewia L.

扁担杆 Grewia biloba G. Don var. **biloba**

海拔： 170～1126 m

分布： 城口县、奉节县、云阳县、镇坪县、广元市、南江县、旺苍县、竹溪县

引证标本： K. M. Liou 8929、巴山采集队 0801 5269 5406、陈之端等 960447、乔英林 1273、凌春芳 4243(SZ)、胡文光 32(SZ)、李先源 KQ043(SWCTU)、李先源、刘元平 36637(SWCTU)、刘继孟 8934(WH)、赵良能 2735(SZ)

小叶扁担杆 Grewia biloba G. Don var. **microphylla** (Max.) Hand.-Mazz.

海拔： 350 m

分布： 南江县、平利县

引证标本： 乔英林 01092、四川经济植物考察队 0187(CDBI)

小花扁担杆 Grewia biloba G. Don var. **parviflora** (Bunge) Hand.-Mazz.

海拔：200～1150 m

分布：城口县、房县、奉节县、广元市、宁强县、西乡县、镇坪县、平利县、巫溪县、竹溪县

引证标本：Hopkingson 267、K. M. Liou 8934 9008 9043、T. P. Wang 9321、戴天伦 100909 101076 101165、刘克荣 0339、杨光辉 58354、张泽荣 25891、周洪富 26268、牛运达 21(WUK)、乔林英 1273(WUK)、王作宾 18388(WUK)

椴树属 Tilia L.

华椴 Tilia chinensis Maxim.

海拔：1280～2000 m

分布：城口县、南江县、巫山县、巫溪县、镇巴县

引证标本：陈炳麟 2521(SZ)、陆鄂鸣 2761(SZ)、王明昌 959(WNU)、陈之端等 960531、杨光辉 59053 59387、赵良能 2675(SZ)

鄂椴 Tilia oliveri Szyszył. var. **oliveri**

海拔：1000～2100 m

分布：城口县、巫山县、巫溪县、竹溪县

引证标本：巴山采集队 1961、戴天伦 101013 105495 105610 105615、杨光辉 58364 59122 59251 59889、叶之池 779(HIB)

灰背椴 Tilia oliveri Szyszył. var. **cinerascens** Rehder & E. H. Wilson

海拔：1650 m

分布：城口县

引证标本：戴天伦 101116

少脉椴 Tilia paucicostata Maxim. var. **paucicostata**

海拔：1320～2000 m

分布：城口县、南江县

引证标本：戴天伦 101275 101880 102394(SZ) 105977 106338 106442、万绍滨 2623(SZ)

少脉毛椴 Tilia paucicostata Maxim. var. **yunnanensis** Diels

海拔：1320 m

分布：奉节县

引证标本：张泽荣 25477

椴树 Tilia tuan Szyszył.

海拔：1520～1733 m

分布：城口县、南江县、巫山县、房县

引证标本：巴山采集队 0041 5507、W. C. Cheng & C. T. Hwa 1059 1114

刺蒴麻属 Triumfetta L.

单毛刺蒴麻 Triumfetta annua L.

海拔：585 m

分布：城口县

引证标本：戴天伦 103408

77.锦葵科 Malvaceae

苘麻属 Abutilon Mill

苘麻 Abutilon theophrasti Medik.

海拔：850 m

分布：镇坪县、房县

引证标本：陕西省中草药科研组 2036(WUK)、黄仁煌 3115(HIB)

蜀葵属 Alcea L.

蜀葵 Alcea rosea L.

海拔：1100～1750 m

分布：城口县、奉节县、镇坪县

引证标本：戴天伦 105647、张泽荣 25777、周洪富 26526、镇坪中草药组 45(WUK)

木槿属 Hibiscus L.

木芙蓉 Hibiscus mutabilis L.

海拔：360～1800 m

分布：房县、巫山县、奉节县、西乡县

引证标本：刘克荣 407、四川大学生物系 65488、周洪富、粟和毅 110848(SZ)、山胡椒 216(WUK)

木槿 Hibiscus syriacus L.

海拔：400～2000 m

分布：城口县、奉节县、广元市、南江县、通江县、巫山县、巫溪县、西乡县、镇坪县、平利县、宁

强县

引证标本：戴天伦 101162 102290 102765 103935 106284 106595 163935(SZ)、方明渊 23913 24797、王庆瑞，张爱民 5352(WNU)、杨光辉 59537 59616、周洪富 26820 26913、周洪富、粟和毅 108712(SZ) 108843(SZ) 108900(SZ) 109573 109627(SZ) 110593(SZ) 111034(SZ)、邹家志、川经达 3128(CDBI)、傅坤俊 4893(WUK) 16764(WUK)、李培元 933(WUK) 10922(WUK)

白花重瓣木槿 Hibiscus syriacus var. **alboplenus** Loudon

海拔：760～900 m

分布：城口县、奉节县、宁强县

引证标本：T. N. Liou & C. Wang 122、戴天伦 102053、方明渊 23947 24888

野西瓜苗 Hibiscus trionum L.

海拔：500～1000 m

分布：广元市、宁强县、镇巴县、房县

引证标本：T. N. Liou & C. Wang 136、胡文光 10(SZ)、傅坤俊 11726(WUK)、黄仁煌 3057(HIB)

锦葵属 Malva L.

锦葵 Malva cathayensis M. G. Gilbert, Y. Tang & Dorr

海拔：1050～1300 m

分布：奉节县、城口县、镇坪县

引证标本：周洪富、粟和毅 110947(SZ)、戴天伦 102170、陕西省中草药科研组 2177(WUK)

野葵 Malva verticillata L.

海拔：810～1800 m

分布：西乡县、平利县

引证标本：傅坤俊 11507(WUK) 12108(WUK)

梵天花属 Urena L.

地桃花 Urena lobata L.

海拔：1500 m

分布：巫溪县

引证标本：李先源 67212(SWCTU)

78.梧桐科 Sterculiaceae

田麻属 Corchoropsis Siebold & Zucc.

田麻 Corchoropsis crenata Siebold & Zucc.

海拔：550～1700 m

分布：城口县、房县、奉节县、巫山县、巫溪县、西乡县、竹溪县

引证标本：K. L. Chu 2150、戴天伦 102423 102477 102653 102819 103194 103673 103994 107208、郭本兆 2110、李培元 5043 5100、刘克荣 0285、杨光辉 59612 65212、赵良能 2775(SZ)、周洪富、粟和毅 110295 110440 110544 110766 111451

梧桐属 Firmiana Marsili

梧桐 Firmiana simplex (L.) W. Wight

海拔：950 m

分布：巫溪县、竹溪县

引证标本：3570(PE-01304025)、K. M. Liou 8903

79.木棉科 Bombacaceae

木棉属 Bombax L.

木棉 Bombax ceiba L.

海拔：1000 m

分布：巫溪县

引证标本：李先源 37270(SWCTU)

80.瑞香科 Thymelaeaceae

瑞香属 Daphne L.

尖瓣瑞香 Daphne acutiloba Rehder

海拔：1600 m

分布：镇坪县

引证标本：徐光远 4678(WUK)

滇瑞香 Daphne feddei H. Lév.

海拔：750 m

分布：奉节县

引证标本：母顺静 93(SZ)

芫花 Daphne genkwa Siebold & Zucc.

海拔：550～800 m

分布：广元市、镇巴县、平利县、西乡县、宁强县、竹溪县

引证标本：K. M. Liou 8409 8495、刘金鉴等 317、西大生物系巴山木本小组 017(WNU)、邢吉庆 11(WUK)、T. N. Liou & P. C. Tsoong 3970(WUK)、T. N. Liou & C. Wang 108 (WUK)

黄瑞香 Daphne giraldii Nitsche

海拔：2500 m

分布：平利县

引证标本：徐光远 4379(WUK)

小娃娃皮 Daphne gracilis E. Pritzel

海拔：1100 m

分布：巫山县

引证标本：杨光辉 57633

毛瑞香 Daphne kiusiana Miq. var. **atrocaulis** (Rehder) F. Maek.

海拔：1000～1400 m

分布：奉节县、巫山县

引证标本：T. P. Wang 10481、方明渊 24584(SZ)、周洪富 26001(SZ) 26202(SZ)、周洪富、粟和毅 107559 109090(SZ) 111380、左宝玉 466(SZ) 468(SZ)

长管瑞香 Daphne longituba C. Y. Chang

海拔：1000～1300 m

分布：奉节县

引证标本：方明渊 24178、张泽荣 25411、周洪富、粟和毅 107800、杨光辉 57587

瘦叶瑞香 Daphne modesta Rehder

海拔：2650 m

分布：奉节县

引证标本：70541(SZ-00087283)(SZ)

凹叶瑞香 Daphne retusa Hemsl.

海拔：1345～2120 m

分布：镇巴县、平利县、镇坪县

引证标本：西大安康区采集工作队 111(WUK)、傅坤俊 12085(WUK)、陈彦生等 378(WUK)

唐古特瑞香 Daphne tangutica Maxim. var. **tangutica**

海拔：990～2600 m

分布：城口县、广元市、旺苍县、平利县、镇巴县、镇坪县、巫溪县

引证标本：巴山采集队 4863、刘金鉴等 243、倪炳炽 00284(CDBI)、四川经济植物调查队 4130(CDBI)、杨光辉 58495(SZ)、陕西省中草药科研组 36(WUK) 849(WUK) 880(WUK)、陕西省植被小组 249(WUK)

野梦花 Daphne tangutica Maxim. var. **wilsonii** (Rehder) H. F. Zhou

海拔：1300～2370 m

分布：城口县、巫溪县

引证标本：陈之端等 960785、戴天伦 100110 100060 100148 100164 100611 105164、上海肿瘤工作组 316(FUS)、杨光辉 57924 58756 58900

结香属 Edgeworthia Meisn.

白结香 Edgeworthia albiflora Nakai

海拔：1000 m

分布：巫溪县

引证标本：杨光辉 58398

结香 Edgeworthia chrysantha Lindl.

海拔：1180～1800 m

分布：城口县、奉节县、西乡县、镇坪县、平利县

引证标本：T. N. Liou & P. C. Tsoong 3961、戴天伦 104310 104661 105165、周洪富、粟和毅 108263、陕西省中草药科研组 2048(WUK)、陕西省中草药普查队 1488(WUK)

荛花属 Wikstroemia Endl.

岩杉树 Wikstroemia angustifolia Hemsl.

海拔：160～1300 m

分布：巫山县、巫溪县、竹山县

引证标本：陈之端等 960837、钱士心 08001(HSNU)、杨光辉 58235 58238

头序荛花 Wikstroemia capitata Rehder

海拔：1000 m

分布：巫溪县

引证标本：杨光辉 58396

河朔荛花 Wikstroemia chamaedaphne (Bunge) Meisn.

海拔：1900 m

分布：镇巴县

引证标本：西大生物系巴山木本小组 381(WNU)

一把香 Wikstroemia dolichantha Diels

海拔：1250 m

分布：巫山县

引证标本：周洪富、粟和毅 110110

小黄构 Wikstroemia micrantha Hemsl.

海拔：85～1790 m

分布：奉节县、广元市、旺苍县、通江县、巫山县、巫溪县

引证标本：4061(PE-01068252)、F. T. Wang 22667、K. L. Chu 1902、T. P. Wang 10781、巴山采集队 5435 5892 5906 5952、方明渊 24612 24810 24977、上海肿瘤协作组 282(FUS) 84(FUS)、杨光辉 58238 58346 58622 59574、张泽荣 25520 25893、周洪富 26141 26477 26821、周洪富、粟和毅 108599(SZ) 108867(SZ) 109216(SZ) 109282(SZ) 110470(SZ) 110664(SZ) 111294(SZ) 111357(SZ) 111583(SZ)

轮叶荛花 Wikstroemia stenophylla E. Pritzel ex Diels

海拔：500 m

分布：西乡县

引证标本：H. W. Kung 3414(WUK)

81.胡颓子科 Elaeagnaceae*

胡颓子属 Elaeagnus L.

长叶胡颓子 Elaeagnus bockii Diels

海拔：650～2100 m

分布：城口县、奉节县、广元市、巫山县、巫溪县、镇巴县、镇坪县、宁强县、西乡县、平利县

引证标本：F. T. Wang 22626、戴天伦 106874(SZ) 103543、T. N. Liou 11912 4043、何业琪 1535、李培元 991(SZ) 6529、西大生物系巴山木本小组 011(WNU)、周洪富、粟和毅 107715 110685 110791 111116 111440 11637 11711、张志英、山胡椒调查队 140(WUK) 366(WUK)、傅坤俊 11459(WUK)、徐光远 4793(WUK)、陕西中草药普查队 1408(WUK)、杨光辉 65565(KUN)

巴东胡颓子 Elaeagnus difficilis Servettaz

海拔：1000～1500 m

分布：奉节县、开县、巫山县、镇坪县、平利县

引证标本：方明渊 24051 24089、四川大学生物系 108302、杨光辉 57607、周洪富、粟和毅 107964 107970 108302(SZ) 111413(SZ) 111595、徐光远 4792(WUK)、唐昌林 1249(WUK)、戴天伦 1000389

蔓胡颓子 Elaeagnus glabra Thunb.

海拔：1100～1900 m

分布：奉节县、镇坪县

引证标本：周洪富、粟和毅 111413、陕西植被区划调查队 323(WUK)

钟花胡颓子 Elaeagnus griffithii Servettaz

海拔：1730 m

分布：奉节县

引证标本：周洪富、粟和毅 111241

宜昌胡颓子 Elaeagnus henryi Warburg ex Diels

海拔：800～1300 m

分布：城口县、奉节县、巫山县、镇巴县、镇坪县、平利县、竹溪县、房县

引证标本：K. M. Liou 8779、杨光辉 59706、戴天伦 103236 107227、杨光辉 59706、周洪富、粟和毅 110690 110800、傅坤俊 11659(WUK)、徐光远 4992(WUK)、李培元 9567(WUK)、刘克荣 298(HIB)

披针叶胡颓子 Elaeagnus lanceolata Warburg ex Diels

海拔：650～2180 m

分布：城口县、房县、奉节县、岚皋县、西乡县、通江县、万源市、巫山县、巫溪县、云阳县、镇巴

* 此部分由孙苗编写。

县、镇坪县、平利县、宁强县、竹溪县

引证标本：K. M. Liou 8704、S. L. Sun 1305、巴山采集队 0002 1199 1583 1908 2105 2257 2500 2649、陈之端等 960643、大巴山工作组 00660(CDBI)、戴天伦 100065 100083 100167 100310 101395 101784 101786 101881 102530 102741 103398 103846 104226 104279 104397 104621 104989 105596 105873 106074 106106 106202 106247 106322 106415 106436 106465 106488 106613 106625 106672 106711 106740 106896 106957 106962 107004 107133 107404 107526、李本良 1021、李培元 200(WUK) 6094 9238(WUK)、李先源等 050127(SWCTU)、王金敖 0217(CDBI)、刘克荣 0298 403、四川大学生物系 102067 106874 110646、杨光辉 57595 57611 57934 59132 59333 59704 63584 65054 65114、张泽荣等 0121(SZ)、植物所三峡考察队 0021、周洪富、粟和毅 107562 107595 110048 110128 110285 110369 110523 111008 111039 111252 111258 111381、张志英、山胡椒调查队 148(WUK) 206(WUK)、吴振海 1085(WUK)、李培元 9584(WUK)

银果牛奶子 **Elaeagnus magna** (Servettaz) Rehder

海拔：1000～2250 m

分布：奉节县、南江县、旺苍县

引证标本：巴山采集队 4875 5646、张泽荣 25229、周洪富 26531、周洪富、粟和毅 107782 107995(SZ) 108082 107828

木半夏 **Elaeagnus multiflora** Thunb.

海拔：1000～2200 m

分布：奉节县、南江县、巫山县、镇坪县、竹山县、竹溪县

引证标本：T. P. Wang 10660、巴山采集队 5612、方明渊 24037、李培元 2838、张泽荣 25290、周洪富、粟和毅 108055 108151 108388、陕西植物 861(WUK)

星毛羊奶子 **Elaeagnus stellipila** Rehder

海拔：520～1350 m

分布：城口县、奉节县、竹山县、巫溪县

引证标本：戴天伦 100023、方明渊 24610(SZ) 24746、杨光辉 65271、张泽荣 25511 25847、周洪富 26559 26563 26680、周洪富、粟和毅 107770 108572 108579 108717 108957 109056 109139 109249 109426 110822

牛奶子 **Elaeagnus umbellata** Thunb.

海拔：1123～2350 m

分布：城口县、广元市、南江县、通江县、宁强县、平利县、西乡县、万源市、旺苍县、镇巴县、镇坪县、房县

引证标本：K. M. Liou 8388、T. N. Liou 11853、巴山采集队 0760 4831、大巴山工作组 01016(CDBI)、戴天伦 101510 101576 102250 102685 104067 104907、何兴金等 161987(SZ)、凌春芳 4007(SZ)、万绍滨 2597(SZ)、李培元 6069 6635、侯喜祥 1243(WUK)、邢吉庆 1(WUK)、陕西省植被区划小组 219(WUK)、四川农学院 0036(CDBI)、刘克荣 0553(HIB)

绿叶胡颓子 **Elaeagnus viridis** Servettaz

海拔：85～1030 m

分布：奉节县、巫山县

引证标本：杨光辉 65565、周洪富、粟和毅 111309

巫山牛奶子 **Elaeagnus wushanensis** C. Y. Chang

海拔：1400～2300 m

分布：城口县、奉节县、开县、巫山县、巫溪县、旺苍县、南江县、平利县

引证标本：T. P. Wang 10654、巴山采集队 1630 2134 2254 2502 4875 5646、戴天伦 100517 100823 101373、方明渊 24257、李忠秀 2794(SZ)、四川大学生物系 108361、杨光辉 57882 58054 58975 59461 59471 65389、张泽荣 25258、周洪富、粟和毅 108176 109003 109875、徐光远 4364(WUK)

引证标本：巴山采集队

82.大风子科 Flacourtiaceae

山羊角树属 **Carrierea** Franch.

山羊角树 **Carrierea calycina** Franch.

海拔：745～1870 m

分布：城口县、奉节县、平利县、巫山县

引证标本：戴天伦 100724 104215、吴全康 178(SZ)、刘金鉴等 305、周洪富、粟和毅 110122、杨光辉 58113

山桐子属 **Idesia** Maxim.

山桐子 **Idesia polycarpa** Maxim. var. **polycarpa**

海拔：700～1500 m

分布：城口县、奉节县、巫山县、巫溪县

引证标本：戴天伦 102899、李先源 KQ165(SWCTU)、杨光辉 58212 59657、周洪富、粟和毅 108748

毛叶山桐子 **Idesia polycarpa** Maxim. var. **vestita** Diels

海拔：1150～1700 m

分布：城口县、奉节县、平利县、巫山县

引证标本：W. C. Chen 等 1060、戴天伦 105792、方文培 10101 9999、刘金鉴等 183、周洪富、粟和毅 107908 109224 110280

山拐枣属 **Poliothyrsis** Oliv.

山拐枣 **Poliothyrsis sinensis** Oliv.

海拔：1000～1500 m

分布：奉节县、巫山县、巫溪县、房县

引证标本：杨光辉 58657 59090 59714、周洪富、粟和毅 109257、刘克荣 213(HIB)

83.堇菜科 Violaceae*

堇菜属 **Viola** L.

鸡腿堇菜 **Viola acuminata** Ledeb.

海拔：1007～1570 m

分布：巫溪县、镇坪县

引证标本：陈之端等 960653、陈彦生等 263(WUK)

如意草 **Viola arcuata** Blume

海拔：1700～2200 m

分布：城口县、奉节县、旺苍县、巫山县、云阳县、巫溪县

引证标本：巴山采集队 1696 4979 5098、杨光辉 59076、张泽荣 25232、植物所三峡考察队 1079 1468 1523、周洪富、粟和毅 108391、陈耀东、傅连中、马欣堂 2086 2257 2271 2456

枪叶堇菜 **Viola belophylla** H. Boissieu

海拔：1200 m

分布：奉节县

引证标本：周洪富、粟和毅 108730

戟叶堇菜 **Viola betonicifolia** Sm.

海拔：1000～1900 m

分布：城口县、奉节县、广元市、云阳县、巫溪县、平利县

引证标本：大巴山工作组 00950、凌春芳、川经绵 4160、赵海燕 930212、刘玉红 1-29、周洪富、粟和毅 107544、陈彦生等 276(WUK)

南山堇菜 **Viola chaerophylloides** (Regel) W. Becker

海拔：2000 m

分布：城口县

引证标本：戴天伦 106630

球果堇菜 **Viola collina** Bess.

海拔：850～2000 m

分布：城口县、房县、巫溪县、竹溪县

引证标本：戴天伦 106215、甘啓良 2988、K. M. Liou 9253、甘啓良、刘玉红 1-2

深圆齿堇菜 **Viola davidii** Franch.

海拔：1100～1900 m

分布：城口县、巫山县、竹溪县

引证标本：戴天伦 100919 101847、甘启良 2681、杨光辉 58038

* 此部分由陈又生编写。

七星莲 Viola diffusa Ging.

海拔：500～1600 m

分布：通江县、城口县、奉节县、巫溪县、镇坪县、平利县、竹溪县、房县

引证标本：巴山采集队 6278、K. M. Liou 8702、陈又生 4213A、戴天伦 102976 103387 103729 103987 106632、甘启良 2982、刘光华 78、倪炳炽 00408、周洪富、粟和毅 107545 107548 107860、陈彦生等 267(WUK) 2216(WUK)、刘克荣 0398(HIB)

柔毛堇菜 Viola fargesii H. Boissieu

海拔：1510～2100 m

分布：城口县、巫山县、巫溪县

引证标本：戴天伦 101865 106006 106841、植物所三峡考察队 1188 1201、陈之端等 960582

紫花堇菜 Viola grypoceras A. Gray

海拔：500～2310 m

分布：城口县、奉节县、平利县、镇坪县、万源市、巫山县、巫溪县、云阳县、竹溪县、开县、旺苍县

引证标本：K. M. Liou 8472 8640、T. P. Wang 10353A、巴山采集队 0199 0412 1456 1489 1685 2692 5060 5439、陈之端等 960960、戴天伦 100856 100955(SZ) 102288 102906 103860 104870 105137 106342、方明渊 24251、甘启良 3103 3015、李培元 5331 5860 6669、刘玉红 1-7A、植物所三峡考察队 0069 0949 1130 1183 1463、周洪富 26589、周洪富、粟和毅 107539 108021 108372 109104 109564 109937、陈彦生等 2750(WUK)

紫叶堇菜 Viola hediniana W. Beck.

海拔：1920 m

分布：巫溪县

引证标本：陈之端等 960759

长萼堇菜 Viola inconspicua Blume

海拔：750～1705 m

分布：城口县、奉节县、广元市、平利县、镇坪县、旺苍县、云阳县

引证标本：K. M. Liou 8374、戴天伦 101539、张兆清 86-113、巴山采集队 0772 5179、植物所三峡考察队 1052、周洪富 26927、周洪富、粟和毅 110699(SZ)、陈又生 4210、陈彦生等 2772(WUK)

梨头草 Viola japonica Langsd.

海拔：500～1100 m

分布：竹溪县、房县

引证标本：甘启良 2126、郑万钧 1091

福建堇菜 Viola kosanensis Hayata

海拔：960～1800 m

分布：巫溪县、云阳县

引证标本：植物所三峡考察队 0579 1018

亮毛堇菜 Viola lucens W. Beck.

海拔：500 m

分布：房县

引证标本：W. C. Cheng & C. T. Hwa 1087

犁头叶堇菜 Viola magnifica Ching J. Wang ex X. D. Wang

海拔：1500 m

分布：巫溪县

引证标本：植物所三峡考察队 0581

萱 Viola moupinensis Franch.

海拔：1750～2376 m

分布：城口县、开县、巫溪县、旺苍县、平利县

引证标本：巴山采集队 2605 5230、陈耀东、傅连中、马欣堂 2355、陈又生 4222、戴天伦 106931 106972、陈彦生等 3152(WUK)

悬果堇菜 Viola pendulicarpa W. Becker

分布：云阳县

引证标本：王清泉、李卓伟 0569

紫花地丁 Viola philippica Cav.

海拔：780～1800 m

分布：广元市、巫溪县、平利县

引证标本：姜恕等 00091、刘玉红 1-3、陈彦生等 2074(WUK)

匍匐堇菜 Viola pilosa Blume

海拔：880 m

分布：房县

引证标本：K. M. Liou 9173

早开堇菜 Viola prionantha Bunge

海拔：340～2000 m

分布：城口县、房县、奉节县、巫溪县、竹溪县

引证标本：K. M. Liou 9249、巴山采集队 1472、戴天伦 103788 104116 106853、李培元 5391、刘克荣 397、周洪富 26345、周洪富、粟和毅 108065 110700 111119 111347、罗上柱 1107、黄仁煌 2957(HIB)

深山堇菜 Viola selkirkii Pursh ex Goldie

海拔：1345 m

分布：镇坪县

引证标本：陈彦生等 338(WUK)

圆果堇菜 Viola sphaerocarpa W. Beck.

海拔：970～2000 m

分布：城口县、开县、通江县

引证标本：巴山采集队 0530 2631 5872、陈又生 4229、戴天伦 106851

庐山堇菜 Viola stewardiana W. Beck.

海拔：160～1450 m

分布：城口县、奉节县、镇坪县、平利县、房县

引证标本：戴天伦 102257 103135 103302 103667、张泽荣 25175、周洪富、粟和毅 108877 110979(SZ)、陈彦生等 2876(WUK) 3013(WUK)、刘克荣 604(HIB)

圆叶堇菜 Viola striatella H. Boissieu

海拔：1200 m

分布：竹溪县

引证标本：甘启良 1698

滇西堇菜 Viola tienschiensis W. Becker

海拔：1600～2100 m

分布：城口县

引证标本：陈又生 4213 4214 4216

三角叶堇菜 Viola triangulifolia W. Becker

海拔：1860 m

分布：巫山县

引证标本：陈之端等 960884

84.旌节花科 Stachyuraceae

旌节花属 **Stachyurus** Siebold & Zucc.

中国旌节花 Stachyurus chinensis Franch.

海拔：520～2370 m

分布：城口县、奉节县、广元市、南江县、通江县、万源市、旺苍县、通江县、巫山县、巫溪县、镇巴县、岚皋县、平利县、镇坪县、竹山县、竹溪县

引证标本：巴山采集队 0052 0351 0657 1073 1383 4878 5085 5399 5558 5803 6011、费政琴 2668、贾敏如等 930867 930870、倪炳炽 00252、四川经济植物考察队 0003、万绍滨 2607、王金敖 0243、王明昌 967、王兴忠 1001、西大生物系巴山木本小组 090、夏承芳 0808、周善滋 2547、何全华 1442、李培元 1382 1475 5244 6105、乔英林 01225、101226(条形码号：01281903)(PE)、59136(条形码号：01281713)(PE)、F. T. Wang 22638、K. L. Chu 1895、T. P. Wang 10458 10636 10638、陈之端等 960507 960519 960781 960842、方文培 10049 10309、陈彦生等 368(WUK)、郑重 926(HIB)、黄仁煌 3452(HIB)

西域旌节花 Stachyurus himalaicus Hook. & Thomson ex Benth.

海拔：900～2177 m

分布：城口县、开县、奉节县

引证标本：周洪富 26018 26660 26964、周洪富、粟和毅 107551 107655 107956 107985 108075 108239 108458 108769 108956 109027 109265 109807 109867 110087 110220 110360 110828 111112、巴山采集队 0021 1016 1383 1495 1797 2087 2339 2538 2559 2661、张泽荣 25055 25072 25250 25474 25577 26964、方明渊 24099 24059 24200 24207 24289 24671 24904、戴天伦 100082 100133 100141 100455 100162 100237 100308 100342 100455 100702 100720 101226 102342 102880 102897 104208 104472 104565 104572 104622 104843 105124 105478 100141 100481 105497、杨光辉 57637 58101 58202 59244 65130

59136

倒卵叶旌节花 **Stachyurus obovatus** (Rehder) Hand.-Mazz.

海拔：720 m

分布：奉节县

引证标本：周洪富、粟和毅 108793

云南旌节花 **Stachyurus yunnanensis** Franch.

海拔：620～1300 m

分布：城口县、奉节县、巫山县

引证标本：戴天伦 10082(SZ) 100471 100732 103454 107243、方明渊 24577 24811 24875 27011(SZ)、李本良 623、周洪富 26066、周洪富、粟和毅 107640(SZ) 108662 111085 111411 108772 109153 109687 109799、张泽荣 25626 25875

85.西番莲科 Passifloraceae

西番莲属 **Passiflora** L.

杯叶西番莲 **Passiflora cupiformis** Mast.

海拔：800 m

分布：奉节县

引证标本：周洪富 26450

86.柽柳科 Tamaricaceae

柽柳属 **Tamarix** L.

柽柳 **Tamarix chinensis** Lour.

海拔：280 m

分布：奉节县

引证标本：陈之端等 961000

87.秋海棠科 Begoniaceae

秋海棠属 **Begonia** L.

秋海棠 **Begonia grandis** Dryand. var. **grandis**

海拔：880～1650 m

分布：城口县、镇巴县、房县、巫溪县

引证标本：巴山采集队 4244、戴天伦 102478、K. M. Liou 8976、杨光辉 65255

中华秋海棠 **Begonia grandis** Dryand. var. **sinensis** (A. DC.) Irmsch.

海拔：554～1650 m

分布：城口县、奉节县、巫山县、巫溪县、镇巴县、通江县、房县

引证标本：戴天伦 104107 104348 105908、方明渊 24869、杨光辉 59113、周洪富、粟和毅 109233 110060、巴山采集队 1045 6239、刘克荣 0468

掌叶秋海棠 **Begonia hemsleyana** Hook.

海拔：850 m

分布：城口县

引证标本：严铸云 94048

独牛 **Begonia henryi** Hemsl.

分布：奉节县

引证标本：钟观光 643

掌裂秋海棠 **Begonia pedatifida** H. Lév.

海拔：720～1527 m

分布：开县、奉节县

引证标本：巴山采集队 2756、周洪富、粟和毅 108622 108779

88.葫芦科 Cucurbitaceae

盒子草属 **Actinostemma** Griff.

盒子草 **Actinostemma tenerum** Griff.

海拔：1600 m

分布：宁强县

引证标本：宁强小组 136(WUK)

假贝母属 **Bolbostemma** Franquet

假贝母 **Bolbostemma paniculatum** (Maxim.) Franquet

海拔：800～1400 m

分布：奉节县、镇巴县

引证标本：方明渊 23986、陕西省中草药科研组 143(WUK) 847(WUK)

黄瓜属 **Cucumis** L.

菜瓜 Cucumis melo subsp. **agrestis** (Naudin) Pangalo

海拔：600 m

分布：西乡县

引证标本：傅坤俊 11765(WUK)

绞股蓝属 **Gynostemma** Bl.

心籽绞股蓝 Gynostemma cardiospermum Cogn. ex Oliv.

分布：平利县

引证标本：张子英 86016

光叶绞股蓝 Gynostemma laxum (Wall.) Cogn.

海拔：1100 m

分布：房县

引证标本：刘克荣 0480

长梗绞股蓝 Gynostemma longipes C. Y. Wu

海拔：1200～2000 m

分布：城口县、奉节县、巫溪县、平利县

引证标本：戴天伦 104106、杨光辉 58556、张泽荣 25407、李培元 9142(WUK)

绞股蓝 Gynostemma pentaphyllum (Thunb.) Makino

海拔：950～2175 m

分布：城口县、奉节县、平利县、竹溪县

引证标本：102014(PE-01178751)、K. L. Chu 2144、巴山采集队 0534 0970 2051、戴天伦 101553 101626 101887 102116 102454 102602 103174 103672 104402 104875 105398、张泽荣 25717、唐昌林 1358(WUK)、竹溪 91-552(HIB)

雪胆属 **Hemsleya** Cogn.

雪胆 Hemsleya chinensis Cogn. ex F. B. Forbes & Hemsl.

海拔：1300～2140 m

分布：开县、城口县、巫溪县

引证标本：巴山采集队 2298 2650、陈之端等 960853、戴天伦 102632

马铜铃 Hemsleya graciliflora (Harms) Cogn.

海拔：610～2140 m

分布：城口县、开县、奉节县、巫山县

引证标本：巴山采集队 2298 2650、戴天伦 102328(SZ) 102335(SZ) 102993、三峡考察队 3538

裂瓜属 **Schizopepon** Maxim.

湖北裂瓜 Schizopepon dioicus Cogn. ex Oliv.

海拔：1330～2000 m

分布：城口县、房县、开县、巫山县、巫溪县

引证标本：巴山采集队 0057 2420 2685、陈耀东、傅连中、马欣堂 2152 2227、刘克荣 0495、杨光辉 59519 59520、周洪富、粟和毅 109907、戴天伦 104102

毛蕊裂瓜 Schizopepon dioicus var. **trichogynus** Hand.-Mazz.

海拔：1800 m

分布：巫溪县

引证标本：陈耀东、傅连中、马欣堂 2293 2575

赤瓟属 **Thladiantha** Bunge

头花赤瓟 Thladiantha capitata Bunge

海拔：900～1400 m

分布：通江县、城口县、奉节县

引证标本：巴山采集队 0507 0546 1364 5843、戴天伦 105340、四川大学川东植物调查队 108308、张泽荣 25114、周洪富、粟和毅 108308 108519

齿叶赤瓟 Thladiantha dentata Cogn.

海拔：1000～2100 m

分布：城口县、奉节县、南江县、旺苍县、巫山县

引证标本：巴山采集队 0350 1645 4876 5534、冯永华 2693、三峡考察队 2883 3365、唐贤能等 00303、王建秋 2576、张泽荣 25405(SZ)、左宝玉 2821、杨光辉 59041

皱果赤瓟 Thladiantha henryi Hemsl.

海拔：1200～2200 m

分布：城口县、南江县、巫溪县

引证标本：陈耀东、马欣堂、傅连中 2020、戴天伦 100765 100838 105049 105198、杨光辉 59441、

巴山采集队 1524、川经达 215 2693

长叶赤瓟 Thladiantha longifolia Cogn. ex Oliv.

海拔：770～2177 m

分布：城口县、开县

引证标本：巴山采集队 0599 1524 2333 2498

南赤瓟 Thladiantha nudiflora Hemsl.

海拔：720～1870 m

分布：城口县、奉节县、广元市、宁强县、平利县、镇坪县、万源市、巫山县、竹溪县

引证标本：F. T. Wang 22609、K. L. Chu 2091、T. N. Liou 等 126 144、巴山采集队 1496、李培元 6022 6585 6693 6743、杨光辉 59820、周洪富 26875、周洪富、粟和毅 109706 110257 110385 109294(SZ) 109735(SZ)、戴天伦 101678 100255 101458 102176 102781 104035 104150 104690 107175、三峡考察队 3567 3743、傅坤俊 11912(WUK)、乔林英 1301(WUK)、竹溪 91-575(HIB)

鄂赤瓟 Thladiantha oliveri Cogn. ex Mottet

海拔：570～1940 m

分布：城口县、奉节县、镇坪县、镇巴县、西乡县、镇坪县、旺苍县、竹溪县

引证标本：巴山采集队 0350 4876、戴天伦 105160 107508、乔英林 1235 1291(WUK)、周洪富 26057、傅坤俊 11683(WUK)、山胡椒调查队 370(WUK)、牛运达 9(WUK)、竹溪 91-111(HIB)

台湾赤瓟 Thladiantha punctata Hayata

海拔：770～2177 m

分布：城口县、开县

引证标本：巴山采集队 0599 2333 2498

长毛赤瓟 Thladiantha villosula Cogn.

海拔：1080～2457 m

分布：城口县、开县、巫山县、巫溪县

引证标本：巴山采集队 0483 2267 2472、陈耀东等 2269

栝楼属 Trichosanthes L.

王瓜 Trichosanthes cucumeroides (Ser.) Maxim.

海拔：1870 m

分布：巫山县、竹溪县

引证标本：甘启良 1170、三峡考察队 3745

栝楼 Trichosanthes kirilowii Maxim.

海拔：1300 m

分布：城口县、广元市、镇坪县

引证标本：戴天伦 105917、李培元 1017 1786(WUK)

中华栝楼 Trichosanthes rosthornii Harms

海拔：700～1200 m

分布：城口县、奉节县、旺苍县、通江县、巫山县、竹山县、巫溪县、平利县、宁强县

引证标本：巴山采集队 5258 5444 0321 1151 1433 5901 6162、方明渊 24834 24901、钱士心 08003、张泽荣 25557、周洪富 24626 26464 26870、周洪富、粟和毅 108701(SZ) 109463(SZ) 109488(SZ)、K. L. Chu 1894、T. N. Liou 等 123、傅坤俊 12021(WUK)、李培元 755(WUK)

马㼎儿属 Zehneria Endl.

钮子瓜 Zehneria bodinieri (H. Lév.) W. J.de Wilde & Dryfjes

海拔：800 m

分布：巫溪县

引证标本：杨光辉 65226

马㼎儿 Zehneria japonica (Thunb.) H. Y. Liu

海拔：280～750 m

分布：奉节县、巫山县

引证标本：周洪富、粟和毅 110884、三峡考察队 3520

89.千屈菜科 Lythraceae

紫薇属 **Lagerstroemia** L.

紫薇 **Lagerstroemia indica** L.

海拔：600～1450 m

分布：城口县、奉节县、南江县、巫山县、巫溪县、西乡县、镇坪县、宁强县

引证标本：戴天伦 102338、方明渊 24710(SZ) 24866(SZ)、何兴金等 167561、曲仲湘 1707、杨光辉 65785(SZ)、张泽荣 25659(SZ)、周洪富 26805、傅坤俊 11751(WUK)、陕西省中草药科研组 2107(WUK)、T. N. Liou 11864 (WUK)

南紫薇 **Lagerstroemia subcostata** Koehne

海拔：500～800 m

分布：奉节县、竹山县

引证标本：方明渊 24835、王翔 32(HIB)

千屈菜属 **Lythrum** L.

千屈菜 **Lythrum salicaria** L.

海拔：550～750 m

分布：广元市、通江县、宁强县、西乡县、房县

引证标本：王金敖 0206、王庆瑞等 5332、H. W. Kung 3424、T. N. Liou 等 53、黄仁煌 3004(HIB)

节节菜属 **Rotala** L.

节节菜 **Rotala indica** (Willd.) Koehne

海拔：700～1700 m

分布：奉节县、南江县、平利县

引证标本：周洪富、粟和毅 110698(SZ)、T. Tang s.n.、徐光远 4234(WUK)

90.桃金娘科 Myrtaceae

蒲桃属 **Syzygium** Gaertn.

四川蒲桃 **Syzygium sichuanense** Hung T. Chang & R. H. Miao

海拔：500 m

分布：奉节县

引证标本：张泽荣 25977

91.石榴科 Punicaceae

石榴属 **Punica** L.

石榴 **Punica granatum** L.

海拔：380～1250 m

分布：城口县、奉节县、云阳县、巫山县、镇巴县、西乡县、平利县、宁强县、房县、竹溪县

引证标本：戴天伦 105782、方明渊 24276 24728、王清泉 0370、周洪富、粟和毅 108565(SZ) 109081、K. M. Liou 8758 9292、T. P. Wang 10734、西北大学 234(WUK)、傅坤俊 11750(WUK)、李培元 160(WUK)、李培元 303(WUK)

92.野牡丹科 Melastomataceae

野牡丹属 **Melastoma** L.

野牡丹 **Melastoma malabathricum** L.

分布：城口县

引证标本：戚斌 6110050-1

肉穗草属 **Sarcopyramis** Wall.

楮头红 **Sarcopyramis nepalensis** Wall.

海拔：750～850 m

分布：奉节县

引证标本：张泽荣 25929、周洪富、粟和毅 109370、周洪富 26668 26991

93.柳叶菜科 Onagraceae

柳兰属 **Chamerion** (Rafinesque) Rafinesque ex Holub.

毛脉柳兰 **Chamerion angustifolium** L. subsp. **circumvagum** (Mosquin) Hoch

海拔：1931～2390 m

分布：城口县、开县、岚皋县

引证标本：巴山采集队 1285 1689 1837 2043A 2142

露珠草属 **Circaea** L.

高山露珠草 **Circaea alpina** L. subsp. **alpina**

海拔：1450～2200 m

分布：城口县、南江县、镇坪县

引证标本：巴山采集队 5661、戴天伦 121410(SZ)、傅坤俊 3355(WUK)

深山露珠草 Circaea alpina subsp. **caulescens** (Komarov) Tatewaki

海拔：2200 m

分布：南江县

引证标本：巴山采集队 5661

高原露珠草 Circaea alpina L. subsp. **imaicola** (Ascher. & Mag.) Kitamura

海拔：2600 m

分布：巫溪县

引证标本：杨光辉 58887

露珠草 Circaea cordata Royle

海拔：620～1900 m

分布：城口县、奉节县、开县、巫山县、镇坪县、平利县

引证标本：四川大学生物系 105726、张泽荣 25720、周洪富 26941、巴山采集队 0482 0583 0748 1090 2749、戴天伦 101867 104176 105726 105913、野经三队 494(WUK)、景非伍 417(WUK)

谷蓼 Circaea erubescens Franch. & Sav.

海拔：933～2180 m

分布：城口县、开县、岚皋县、平利县、宁强县

引证标本：巴山采集队 0065 0445 1090 1164 1556 1932 2797、戴天伦 101845 104641、徐光远 4304(WUK)、陕西省中草药普查队 1713(WUK)

秃梗露珠草 Circaea glabrescens (Pamp.) Hand.-Mazz.

海拔：1000～1900 m

分布：城口县、奉节县、巫山县、巫溪县、镇坪县

引证标本：戴天伦 101137 104089 105601、方明渊 24565、杨光辉 58961 59404、周洪富、粟和毅 109975(SZ)、陈彦生等 4091(WUK)

南方露珠草 Circaea mollis Siebold & Zucc.

海拔：620～1446 m

分布：开县、城口县、奉节县、南江县、巫山县、巫溪县

引证标本：巴山采集队 2779 2802、戴天伦 101410 103177、张泽荣 25920、四川农学院 0240、杨光辉 65142、周洪富 26894、周洪富、粟和毅 109505(SZ) 109638(SZ) 109996(SZ) 110862(SZ) 111065(SZ) 111526(SZ)

匍匐露珠草 Circaea repens Wall. ex Ascher. & Mag.

海拔：1800 m

分布：巫山县

引证标本：周洪富、粟和毅 108975(SZ)

柳叶菜属 Epilobium L.

毛脉柳叶菜 Epilobium amurense Haussknecht subsp. **amurense**

海拔：500～2000 m

分布：城口县、奉节县、开县、巫山县

引证标本：巴山采集队 1030 1934 2711、戴天伦 101750 103867 105811 106863 107074、周洪富 26873、周洪富、粟和毅 110151

光滑柳叶菜 Epilobium amurense Haussknecht subsp. **cephalostigma** (Haussknecht) C. J. Chen et al.

海拔：700～2100 m

分布：城口县、万源市、巫山县、巫溪县、镇坪县、平利县

引证标本：戴天伦 101291 102161 102585 102673 105906、李培元 4363 4421 6044 6188 6190、杨光辉 58956、陈耀东、马欣堂、傅连中 2048 2114 2523、陕西省中草药科研组 2151(WUK)、徐光远 4577(WUK)

腺茎柳叶菜 Epilobium brevifolium D. Don subsp. **trichoneurum** (Hausskn.) P. H. Raven

海拔：910～1800 m

分布：城口县、奉节县、万源市、巫山县、西乡县

引证标本：戴天伦 107406 101179、李培元 6132、周洪富、粟和毅 108976 109962、傅坤俊 11483(WUK)

圆柱柳叶菜 Epilobium cylindricum D. Don

海拔：1200～2177 m

分布：城口县、开县、巫溪县

引证标本：巴山采集队 1959 2361、杨光辉 58632、戴天伦 104773 104860

柳叶菜 Epilobium hirsutum L.

海拔：565～1700 m

分布：城口县、房县、奉节县、南江县、巫山县、巫溪县、宁强县、镇坪县

引证标本：K. L. Chu 2102、K. M. Liou 8946、方明渊 24667、四川大学生物系 65544、周洪富、粟和毅 109587 110893、戴天伦 102259 103354 103409、上海肿瘤协作组 382、杨光辉 65544、谭红钢 81186(SZ)、乔林英 3(WUK)、陈彦生等 4080(WUK)

锐齿柳叶菜 Epilobium kermodei P. H. Raven

海拔：1330～2203 m

分布：城口县、开县

引证标本：巴山采集队 2030 2409 2591A

小花柳叶菜 Epilobium parviflorum Schreber

海拔：500～2200 m

分布：城口县、房县、奉节县、广元市、万源市、巫山县、巫溪县、南江县、通江县、镇巴县、镇坪县、平利县、宁强县

引证标本：巴山采集队 5686 6267、K. L. Chu 1781、K. M. Liou 9298、戴天伦 101656、何业琪 1691、李培元 1(WUK) 5450 5615 5878 5954 6465 6742、张泽荣 25756、周洪富、粟和毅 109608 110071 110586 25962、傅坤俊 11658(WUK)、吴振海 1055(WUK)、徐光远 5736(WUK)

阔柱柳叶菜 Epilobium platystigmatosum C. B. Robin.

海拔：595～1800 m

分布：城口县、奉节县、巫山县、镇坪县、平利县

引证标本：杨光辉 59692、周洪富、粟和毅 109736 110148 110348 111107 111143、巴山采集队 2229a、戴天伦 106539 107393、徐光远 5467(WUK)、吴振海 1175(WUK)

长籽柳叶菜 Epilobium pyrricholophum Franch. & Sav.

海拔：1190～1300 m

分布：奉节县、竹山县

引证标本：周洪富、粟和毅 110674 110948 111052、王映明 3051(HIB)

短梗柳叶菜 Epilobium royleanum Hausskn.

海拔：1500 m

分布：城口县

引证标本：戴天伦 104681

中华柳叶菜 Epilobium sinense H. Lév.

海拔：1250～1460 m

分布：城口县、房县、万源市、巫山县、巫溪县、镇坪县

引证标本：巴山采集队 2229a、李培元 5552 5890 5986、刘克荣 0267、杨光辉 59929 65091、周洪富、粟和毅 110006、戴天伦 103116 103669 104277 104597、徐光远 5531(WUK)

丁香蓼属 Ludwigia L.

假柳叶菜 Ludwigia epilobioides Maxim.

海拔：1200 m

分布：奉节县

引证标本：周洪富、粟和毅 110590

丁香蓼 Ludwigia prostrata Roxb.

海拔：700～800 m

分布：镇坪县、平利县、宁强县

引证标本：徐养鹏 2052(WUK)、李培元 87(WUK) 9643(WUK)

94.小二仙草科 Haloragaceae

小二仙草属 Haloragis J. R. & G. Forst.

小二仙草 Haloragis micrantha Thunb.

海拔：850～1527 m

分布：通江县、开县、奉节县、巫山县

引证标本：巴山采集队 2708 6066、周洪富 26792、周洪富、粟和毅 109810

95.八角枫科 Alangiaceae

八角枫属 **Alangium** Lam.

八角枫 **Alangium chinense** (Lour.) Harms subsp. **chinense**

海拔：200～2000 m

分布：城口县、奉节县、南江县、旺苍县、通江县、巫山县、巫溪县、云阳县、竹溪县、南郑县、镇坪县、平利县

引证标本：巴山采集队 1949 5291 1328 5941 5980 6007 6169、达县野生植物普查队 2715 2929、戴天伦 101382(SZ) 101543(SZ) 102917(SZ) 104033(SZ) 105106、方明渊 24782(SZ)、方明渊、金常沅、川经万 0797、李培元 2176(WUK) 2792、李先源等 050031、倪炳炽 00067、曲桂龄 1571、王洪业 2712、杨光辉 58640(SZ) 58678(SZ) 59056(SZ)、佚名 0070 1721 2712、周洪富 26269(SZ)、周洪富、粟和毅 108529 108653(SZ) 108804(SZ) 108846(SZ) 108881(SZ) 109175(SZ) 109248(SZ) 109712(SZ) 110144(SZ)、陈之端等 2060 2407 960509、H. M. Liou 8722、K. L. Chu 1721、方文培 10388、王作宾 18395(WUK)

稀花八角枫 **Alangium chinense** (Lour.) Harms subsp. **pauciflorum** W. P. Fang

海拔：658～2177 m

分布：城口县、开县、奉节县、巫山县、镇坪县

引证标本：巴山采集队 0699 0845 1076 1369 2348、戴天伦 100751(SZ)、张泽荣 25096(SZ) 25417(SZ)、周洪富、粟和毅 110023(SZ)、陈彦生等 2906(WUK)

伏毛八角枫 **Alangium chinense** (Lour.) Harms subsp. **strigosum** W. P. Fang

海拔：740～1320 m

分布：城口县、奉节县

引证标本：戴天伦 102801(SZ)、张泽荣 25454(SZ) 25791(SZ)、周洪富、粟和毅 108742(SZ) 109443(SZ)、巴山采集队 0250

深裂八角枫 **Alangium chinense** (Lour.) Harms subsp. **triangulare** (Wangerin) W. P. Fang

海拔：1000～1850 m

分布：城口县、南江县

引证标本：巴山采集队 1328、戴天伦 101209(SZ) 101343(SZ) 101893(SZ) 105258(SZ) 106334(SZ)、周善滋 2929

小花八角枫 **Alangium faberi** Oliv.

海拔：325～1100 m

分布：奉节县、南江县、巫溪县

引证标本：张泽荣 25571 25945、周洪富 26451 26847、周洪富、粟和毅 108651(SZ) 108657(SZ) 108760(SZ) 108882(SZ) 108892(SZ) 109260(SZ) 110528 110537(SZ) 111607(SZ)、3551(条形码号：00982057)(PE)

三裂瓜木 **Alangium platanifolium** (Siebold & Zucc.) Harms var. **trilobum** (Miequel) Ohwi

海拔：1200～2100 m

分布：开县、南江县、旺苍县、城口县、房县、开县、巫溪县、平利县

引证标本：巴山采集队 0061 1053 1949 2686 4801 5465 5557、戴天伦 100683 100727、方文培 10107、刘克荣 0487、杨光辉 58248 58433、李培元 2582(WUK)

96.蓝果树科 Nyssaceae*

喜树属 **Camptotheca** Decaisne

喜树 **Camptotheca acuminata** Decaisne

海拔：550～560 m

分布：广元市

引证标本：王庆瑞、张爱民 5329、佚名 1

珙桐属 **Davidia** Baill.

珙桐 **Davidia involucrata** Baill. var. **involucrata**

* 此部分由班勤编写。

海拔：400～1700 m

分布：城口县、巫山县、巫溪县

引证标本：李峰 021 138、徐杰 010、佚名 59088、陈之端等 960509 960727、杨光辉 58028、巴山采集队 1010

光叶珙桐 Davidia involucrata Baill. var. **vilmoriniana** (Dode) Wangerin

海拔：1445～1500 m

分布：城口县、巫山县

引证标本：巴山采集队 1010、杨光辉 57828

蓝果树属 Nyssa Gronov. ex L.

蓝果树 Nyssa sinensis Oliv.

海拔：1000 m

分布：奉节县

引证标本：周洪富、粟和毅 108680(SZ)、张泽荣 25696

97.桤叶树科 Clethraceae Klotzsch

桤叶树属 Clethra L.

云南桤叶树 Clethra delavayi Franch.

海拔：1220～1340 m

分布：通江县

引证标本：巴山采集队 5823 5927

城口县桤叶树 Clethra fargesii Franch.

海拔：1000～2100 m

分布：城口县、奉节县、巫山县、房县

引证标本：戴天伦 102847 104258 104488 104680 104723 104944 105673 105699(SZ) 105957 106818(SZ) 106876、李先源 091(SWCTU)、张泽荣 25490 25793 25795(SZ)、周洪富 26297 26458、W. C. Cheng & C. T. Hwa 1068、四川大学生物系 105699、杨光辉 59074 59673 59901

98.山茱萸科 Cornaceae

桃叶珊瑚属 Aucuba Thunb.

桃叶珊瑚 Aucuba chinensis Benth. var. **chinensis**

海拔：750～2000 m

分布：房县、城口县、奉节县、竹山县

引证标本：刘克荣 357、戴天伦 103257(SZ) 104697(SZ) 106787(SZ)、钱士心等 7902194

狭叶桃叶珊瑚 Aucuba chinensis Benth. var. **angusta** F. T. Wang

海拔：1390～2100 m

分布：城口县、镇坪县

引证标本：戴天伦 104891(SZ)、徐光远 4878(WUK)

喜马拉雅珊瑚 Aucuba himalaica Hook. f. & Thomson var. **himalaica**

海拔：1200～1900 m

分布：城口县、奉节县、巫山县、镇坪县、平利县

引证标本：杨光辉 57752、巴山采集队 1331、周洪富、粟和毅 107834(SZ) 110118(SZ)、陕西植物 498(WUK)、陈彦生等 3027(WUK)、刘克荣 632(HIB)

长叶珊瑚 Aucuba himalaica var. **dolichophylla** W. P. Fang & T. P. Soong

海拔：1500 m

分布：镇坪县

引证标本：徐光远 5658(WUK)

倒披针叶珊瑚 Aucuba himalaica Hook. f. & Thomson var. **oblanceolata** W. P. Fang & Z. P. Song

海拔：800～1200 m

分布：奉节县、平利县

引证标本：周洪富、粟和毅 107832(SZ)、植被组 412(WUK)

密毛桃叶珊瑚 Aucuba himalaica Hook. f. & Thomson var. **pilosissima** W. P. Fang & Z. P. Song

海拔：1200～1800 m

分布：城口县、奉节县、竹溪县

引证标本：戴天伦 106057(SZ)、106777、周洪富、粟和毅 111004、郑重 941(HIB)

倒心叶珊瑚 Aucuba obcordata (Rehd.) Fu ex W. K. Hu & T. P. Soong

海拔：750～2100 m

分布：城口县、奉节县、巫山县

引证标本：T. P. Wang 10549、周洪富、粟和毅 107597、戴天伦 104476 104733 104814 104835 104929 106059 106549 106898

山茱萸属 Cornus L.

沙梾 Cornus bretschneideri L

海拔：1900 m

分布：镇坪县

引证标本：李培元 1811(WUK)

头状四照花 Cornus capitata Wall.

海拔：1200 m

分布：奉节县

引证标本：周洪富 26370

川鄂山茱萸 Cornus chinensis Wangerin

海拔：1435～2040 m

分布：城口县、巫山县、巫溪县、平利县、竹山县

引证标本：巴山采集队 1005、杨光辉 58098 65437、K. L. Chii 1139、戴天伦 100590 101376(SZ) 106032 106553、钱士心等 7902738、三峡考察队 0070 0156 0440、陕西植物 194(WUK)

灯台树 Cornus controversa Hemsl.

海拔：1130～2100 m

分布：城口县、奉节县、南江县、通江县、旺苍县、巫山县、巫溪县、云阳县、镇巴县、镇坪县、平利县

引证标本：T. P. Wang 10672、巴山采集队 5088 5356、陈之端等 960499、方明渊 23901 24126、杨光辉 059081 65401、张泽荣 25354 25814、周洪富、粟和毅 107913、戴天伦 101038 101439 105459 107534、金常元、川经万 0692、李本良 0863 川经万 4980、李忠秀 2789、曲桂龄 1397、三峡考察队 0348 1494、四川经济植物考察队 02034、西大生物系巴山木本小组巴 171、杨光辉 65401、佚名 00450 1581 25354、重师、西农调查队 0015、植被组 425(WUK)、陕西植物 768(WUK)

尖叶四照花 Cornus elliptica (Pojarkova) Q. Y. Xiang & Bofford

分布：城口县、奉节县、南江县、巫山县

引证标本：巴山采集队 0499 1201、戴天伦 102923 103317 105084、方明渊 24210 24285 24513 24920、三峡考察队 2955 3421 3466 3562 3654、杨钦周 01552、张泽荣 25604、赵良能 2733、周洪富 26248 26252 26370 26653 26683、周洪富、粟和毅 26087 107763 108695 109350 110457 111572

红椋子 Cornus hemsleyi C. K. Schneid. & Wangerin

海拔：1300～2200 m

分布：旺苍县、城口县、奉节县、巫溪县、平利县

引证标本：四川大学生物系 105014 105295、杨光辉 58918 59416、张泽荣 25288、巴山采集队 1759 1792 4884、戴天伦 100948 101918 105436 105765 106019、徐光远 5916(WUK)

香港四照花 Cornus hongkongensis Hemsl. subsp. **hongkongensis**

海拔：1270～2000 m

分布：旺苍县、通江县

引证标本：巴山采集队 4899 5805

褐毛四照花 Cornus hongkongensis subsp. **ferruginea** (Y. C. Wu) Q. Y. Xiang

海拔：554～610 m

分布：通江县

引证标本：巴山采集队 6275

四照花 Cornus kousa F. Buerger ex Hance subsp. **chinensis** (Osborn) Q. Y. Xiang

海拔：1100～1800 m

分布：城口县、奉节县、南江县、旺苍县、竹溪县、镇巴县、平利县、镇坪县、宁强县

引证标本：巴山采集队 1185 5099 5228 5338、戴天伦 100516(SZ) 100585(SZ) 101003(SZ) 101932(SZ) 105115(SZ)、李培元 2695(WUK) 9541、张泽荣 25812(SZ)、陕西省中草药科研组 136(WUK)、陕

西植物 242(WUK)、西大 131(WUK)

梾木 Cornus macrophylla Wall.

海拔： 800～2200 m

分布： 城口县、奉节县、平利县、西乡县、通江县、万源市、巫山县、巫溪县、旺苍县、平利县、镇坪县、竹山县

引证标本： 巴山采集队 0758 4807、戴天伦 100714 100843 102222 105011 1056268 102636 105948、方明渊 24291 24536 24864、方文培 10084、傅连中等 2439、李培元 5729、刘金鉴等 249、四川大学生物系 101934、张泽荣 25094 25693 25814、周洪富 26295 26933、钱士心等 7902737、三峡考察队 2838 2906 2927、王金敖 0194、杨光辉 58978 59150(SZ) 59203 65448、赵良能 2736、周洪富、粟和毅 107742 108116(SZ) 108292(SZ) 108450 108744(SZ) 109242 109774(SZ) 110097 110225 110316(SZ)、傅坤俊 11476(WUK)、野经三队 419(WUK)、陕西省植被区划小组 37(WUK)

长圆叶梾木 Cornus oblonga Wall.

海拔： 850～2000 m

分布： 城口县、巫溪县

引证标本： 四川大学生物系 107379、戴天伦 100716(SZ) 103234 103855 104600 106562 106747 107085、冯国楣 103234

毛叶梾木 Cornus oblonga Wall. var. **griffithii** C. B. Clarke

海拔： 2000 m

分布： 城口县

引证标本： 戴天伦 106562

山茱萸 Cornus officinalis Siebold & Zucc.

海拔： 1000～2500 m

分布： 城口县、平利县、镇坪县

引证标本： 巴山采集队 0042、徐光远 4378(WUK)、陕西植物 895(WUK)

小梾木 Cornus quinquenervis Franch.

海拔： 520～1100 m

分布： 城口县、奉节县、广元市、巫溪县、竹溪县、镇巴县、西乡县、平利县、镇坪县

引证标本： 戴天伦 103360、李培元 1595(WUK) 3688 9542、南水北调队 00096、倪炳炽 00015、魏志平 3520、杨光辉 65234 65238、张泽荣 25650、周洪富、粟和毅 108761(WUK) 108773 108844 108958、平利队 203(WUK)、郭本兆 2126(WUK)、陕西省植被区划小组 123(WUK)

康定梾木 Cornus schindleri Wangerin subsp. **schindleri**

海拔： 1800 m

分布： 旺苍县

引证标本： 巴山采集队 5105

灰叶梾木 Cornus schindleri Wangerin subsp. **poliophylla** (C. K. Schneid. & Wangerin) Q. Y. Xiang

海拔： 1350～2100 m

分布： 城口县、巫溪县

引证标本： 戴天伦 101217 101478 102360 105116 105409、杨光辉 59250 59334、巴山采集队 1182 1901 2118 2130、赵良能 2678

卷毛梾木 Cornus ulotricha C. K. Schneid. & Wangerin

海拔： 1200～2150 m

分布： 城口县

引证标本： 戴天伦 101439 101533 105067 105105 105459 105772

毛梾 Cornus walteri Wangerin

海拔： 800 m

分布： 房县、平利县、西乡县、巫溪县

引证标本： 李培元 2054、刘克荣 0234、K. L. Chu 1879、西北大学 132(WUK)

青荚叶属 Helwingia Willd.

中华青荚叶 Helwingia chinensis Batal. var. **chinensis**

海拔： 1700～1940 m

分布： 城口县、房县、奉节县、宁强县、平利县、万源市、巫山县、巫溪县、镇巴县、竹山县、广元市、南江县、通江县、镇坪县、竹溪县

引证标本： K. L. Chu 1739、T. P. Wang 10456、第

七队 0010、李培元 4493 5114、刘金鉴等 219、刘克荣 0281、宁强小组 0110、杨光辉 58118 58169 59672、袁开来 平 1-0289、巴山采集队 0567 0737 0817 1454、达县野生植物普查队、川经达 2919、戴天伦 102920 104386、贾敏如等 930872、李本良 0849、李先源 KQ100、曲仲湘 1739、王金敖 0078 0231、西大生物系巴山木本小组 037、夏承芳 0846 川经万 0846、张泽荣 25032 25397、赵良能 2712、周洪富 26109 26312、周洪富、粟和毅 107756 107877(SZ) 108502 109766(SZ) 110116(SZ)、四川大学生物系 100379、陕西省中草药科研组 890(WUK) 1622(WUK)、黄仁煌 3000(HIB)

钝齿青荚叶 Helwingia chinensis Batal. var. **crenata** (Lingelsh. ex Limpr.) Fang

海拔：800～1600 m

分布：城口县、奉节县、南江县

引证标本：方明渊 24919、周洪富、粟和毅 109303、戴天伦 100089 100656 100852 101566、冯永华 2707

小叶青荚叶 Helwingia chinensis Batal. var. **microphylla** W. P. Fang & Z. P. Soong

海拔：1000～1100 m

分布：奉节县、巫山县、镇坪县

引证标本：T. P. Wang 10550、方明渊 24564、张泽荣 25784、徐光远 4984(WUK)

西域青荚叶 Helwingia himalaica Hook. f. & Thoms. ex C. B. Clarke

海拔：980～1651 m

分布：南江县、旺苍县、通江县、城口县、奉节县

引证标本：四川大学生物系 104575、巴山采集队 4851 5350 5410 5478 5811、周洪富、粟和毅 108161(SZ) 108751(SZ) 108828(SZ)、邹家志 0554

青荚叶 Helwingia japonica (Thunb. ex Murray) F. Dietr.

海拔：800～2300 m

分布：旺苍县、城口县、奉节县、宁强县、平利县、巫山县、巫溪县、镇巴县、镇坪县、广元市、南江县、通江县、万源市、竹溪县

引证标本：T. H. Tu 318、T. P. Wang 10647 11625、陈耀东、傅连中、马欣堂 2357 2375、陈之端等 960526 960632 960635 960752 960893、方明渊 24024 24205 24280 24529、方文培 10041 10372、七队 0151、四川大学生物系 58477、西北大学生物系 0151、杨光辉 52291 57820 578200 58477 58991 65309 59291(SZ)、于海平 30160、K. L. Chu 1613、巴山采集队 0931 1236 1308 1309 1742 1936 2090 5207、戴天伦 100301 100344 100484 100554 100614 101304 105179 105339 105486(SZ) 107151、李本良、川经达 2050、李先源 KQ090、李宗秀 2792、凌春芳 4128、三峡考察队 1191 1537 2910、谭 81194、唐贤能等 00327、王金敖 0193、西大生物系巴山木本小组 117 605、西师生物系 0066、倪炳炽 00250、张泽荣 25124 25307(SZ) 25311(SZ) 25494、周洪富、粟和毅 107823(SZ) 107936 108013 108121(SZ) 108138(SZ) 109032、陕西省中草药科研组 142(WUK)、陕西植物 884(WUK)、郑重 1032(HIB)

白粉青荚叶 Helwingia japonica (Thunb. ex Murray) F. Dietr. var. **hypoleuca** Hemsl. ex Rehder

海拔：1000～1900 m

分布：房县、奉节县、万源市、通江县、平利县、镇坪县

引证标本：李培元 1388(WUK) 1823(WUK) 6071、刘克荣 355、四川大学生物系 108234、王金敖 0193(CDBI)

乳突青荚叶 Helwingia japonica (Thunb. ex Murray) F. Dietr. var. **papillosa** W. P. Fang & Z. P. Song

海拔：1770～1800 m

分布：城口县、平利县

引证标本：巴山采集队 0126、陈彦生等 4360(WUK)

峨眉青荚叶 Helwingia omeiensis (W. P. Fang) H. Hara & S. Kuros.

海拔：800～1450 m

分布：城口县、奉节县、南江县、通江县、旺苍县

引证标本：戴天伦 104577(SZ)、方明渊 23975、冯永华、川经达 2707、四川经济植物考察队落 I-1、四川医学院、川经绵 4682、夏承芳 0118、印开蒲

0353、赵良能 2754、周洪富、粟和毅 23975

长圆青荚叶 Helwingia omeiensis (Fang) Hara & Kuros. var. **oblonga** W. P. Fang & Z. P. Soong

海拔：1100 m

分布：城口县、平利县

引证标本：戴天伦 100462、徐光远 5706(WUK)

鞘柄木属 Toricellia DC.

角叶鞘柄木 Toricellia angulata Oliv. var. **angulata**

海拔：900～1320 m

分布：奉节县、镇坪县

引证标本：方明渊 24657(SZ)、张朝臣 000207、周洪富、粟和毅 24984(SZ) 107668 109073 109198 109266、徐光远 4875(WUK)

有齿鞘柄木 Toricellia angulata Oliv. var. **intermedia** (Harms) Hu

海拔：750～1320 m

分布：奉节县、宁强县、平利县、巫山县

引证标本：T. N. Lou & C. Wang 93、杨光辉 57643 57656、张泽荣 25130、周洪富 26423、陕西省中草药普查队 1267(WUK)

鞘柄木 Toricellia tiliifolia DC.

分布：巫溪县

引证标本：上海肿瘤协作组 451

99.五加科 Araliaceae

楤木属 Aralia L.

野楤头 Aralia armata (Wall. ex G. Don) Seem.

海拔：1640 m

分布：奉节县

引证标本：川经万 0311(SZ)

黄毛楤木 Aralia chinensis L.

海拔：900～2000 m

分布：城口县、奉节县、开县、平利县、西乡县、巫山县、巫溪县

引证标本：巴山采集队 0762 2823、戴天伦 102472 102556(SZ) 104072 104247 104595 104970 105822 105901 106083、周洪富 25551(SZ) 26537、周洪富、粟和毅 109040(SZ) 110273、陈耀东、傅连中马欣堂 2212、王作宾 0199、杨光辉 59386、傅坤俊 11532(WUK)

东北土当归 Aralia continentalis Kitag.

海拔：1730 m

分布：平利县

引证标本：陈彦生等 1085(WUK)

头序楤木 Aralia dasyphylla Miq.

海拔：500～1500 m

分布：城口县、奉节县、巫溪县

引证标本：方明渊 23908、杨光辉 65332、周洪富、粟和毅 110453(SZ)、戴天伦 107140

棘茎楤木 Aralia echinocaulis Hand.-Mazz.

海拔：750～1250 m

分布：奉节县、巫山县

引证标本：张泽荣 25551、周洪富 26704、周洪富、粟和毅 109404(SZ)

楤木 Aralia elata (Miq.) Seem.

海拔：580～2100 m

分布：奉节县、南江县、巫山县、巫溪县、平利县、房县

引证标本：张泽荣 25976、巴山采集队 5544、杨光辉 59035、植物所三峡考察队 0159 0198、刘克荣 0494、周洪富 26764、李培元 1320(WUK)

龙眼独活 Aralia fargesii Franch.

海拔：1900～2700 m

分布：巫溪县、平利县

引证标本：杨光辉 58861、陈彦生等 937(WUK)

柔毛龙眼独活 Aralia henryi Harms

海拔：1700～2300 m

分布：巫溪县、南江县

引证标本：杨光辉 59114、巴山采集队 5679

波缘楤木 Aralia undulata Hand.-Mazz.

海拔：1100～1500 m

分布：巫山县

引证标本：杨光辉 59883、周洪富、粟和毅 109595(SZ)

五加属 Eleutherococcus Maxim.

红毛五加 **Eleutherococcus giraldii** (Harms) Nakai

海拔：2900 m

分布：平利县

引证标本：徐光远 4439(WUK)

糙叶五加 **Eleutherococcus henryi** Oliv.

海拔：1300～2000 m

分布：奉节县、巫山县、巫溪县、平利县

引证标本：陈耀东、马欣堂、傅连中 2081 2239 2452、杨光辉 59307 59648、张泽荣 25422、魏志平 4244(WUK)

藤五加 **Eleutherococcus leucorrhizus** Oliv. var. **leucorrhizus**

海拔：1480～2100 m

分布：城口县、万源市、巫山县、巫溪县、南江县、镇坪县

引证标本：戴天伦 101896、李培元 6191、杨光辉 65053、周洪富、粟和毅 109033 109982、巴山采集队 5570、陕西省植被区划小组 100(WUK)

糙叶藤五加 **Eleutherococcus leucorrhizus** var. **fulvescens** (Harms & Rehder) Nakai

海拔：1620～2900 m

分布：城口县、巫溪县、平利县

引证标本：戴天伦 101816(SZ) 101898(SZ)、106175(SZ)、杨光辉 59385、徐光远 5761(WUK)

狭叶藤五加 **Eleutherococcus leucorrhizus** var. **scaberulus** (Harms & Rehder) Nakai

海拔：2000～2600 m

分布：城口县、巫溪县、平利县

引证标本：戴天伦 102365、杨光辉 58905 59458、徐光远 5910(WUK)

蜀五加 **Eleutherococcus leucorrhizus** var. **setchuenensis** (Harms) C. B. Shang & J. Y. Huang

海拔：1350～2300 m

分布：城口县、万源市、巫山县、巫溪县、西乡县、镇坪县、平利县、宁强县、竹溪县

引证标本：戴天伦 102395 104042 106110 106336、李培元 1532(WUK) 2133(WUK) 4472、杨光辉 59082 59125 59309 59890、傅坤俊 11522(WUK)、吴振海 1222(WUK)、西大 176(WUK)、竹溪 91-274(HIB)

细柱五加 **Eleutherococcus nodiflorus** (Dunn) S. Y. Hu

海拔：1240～2000 m

分布：城口县、巫溪县、镇坪县、平利县

引证标本：戴天伦 105108、陈耀东等 2083、巴山采集队 2232、杨光辉 59329、陕西省中草药科研组 1876(WUK)

匙叶五加 **Eleutherococcus rehderianus** (Harms) Nakai

海拔：1050～2900 m

分布：巫溪县、镇坪县、平利县

引证标本：杨光辉 58751、徐光远 4831(WUK) 5746(WUK)

刺五加 **Eleutherococcus senticosus** (Rupr. & Maxim.) Maxim.

海拔：1200 m

分布：镇坪县

引证标本：吴振海 1138(WUK)

白簕 **Eleutherococcus trifoliatus** (L.) S. Y. Hu

海拔：710～1750 m

分布：城口县、奉节县、广元市、宁强县、万源市、巫山县、巫溪县、西乡县、平利县

引证标本：K. L. Chü 1744 2206、K. T. Fu 2376、戴天伦 102486 102793 103099 103545、方明渊 24709 24806 24872 24971、何业琪 1541、李培元 6496、杨光辉 59586 65187、张泽荣 25744、周洪富 26629 26883、周洪富、粟和毅 108770 109352 109677 1116065、陈彦生等 3827(WUK)

狭叶五加 **Eleutherococcus wilsonii** (Harms) Nakai

海拔：2600 m

分布：巫溪县

引证标本：杨学辉 58751

萸叶五加属 **Gamblea** C. B. Clarke

吴茱萸五加 **Gamblea ciliata** var. **evodiaefolia** (Franch.) C. B. Shang et al.

海拔：1650～1760 m

分布：城口县、旺苍县

引证标本：巴山采集队 0132 5205、戴天伦 102573

常春藤属 **Hedera** L.

常春藤 **Hedera nepalensis** var. **sinensis** (Tobler) Rehder

海拔：645～2100 m

分布：城口县、奉节县、广元市、通江县、万源市、旺苍县、巫山县、巫溪县、镇巴县、西乡县、镇坪县、平利县、宁强县、竹溪县、房县

引证标本：巴山采集队 5066、K. M. Liou 9201、T. P. Wang 8034、戴天伦 102895 102992 103256 103532(SZ) 103799 103822 104549 104604 106084 106107 106207 106241 106419 106472 106561 106709 106714 106797 107338 107420、刘克荣 0210 0466、杨光辉 57639 59985 65174 65572、川工 4037(CDBI) 4562(CDBI)、川经绵 4037(SZ)、胡文光 33(SZ)、李培元 9233(WUK)、马柞祥 1684(CDBI)、母顺静 2019(CDBI)、上海肿瘤协作组 241(FUS)、王金敖 249(CDBI)、赵良能 2655(SZ) 2717(SZ)、周洪富、粟和毅 107563(SZ) 108243(SZ) 110362(SZ) 110573(SZ) 110826(SZ) 110966(SZ) 111377(SZ)、陕西省中草药科研组 53(WUK) 864(WUK) 1613(WUK)、苏陕民 434(WUK)、唐昌林 1266(WUK)

刺楸属 **Kalopanax** Miq.

刺楸 **Kalopanax septemlobus** (Thunb.) Koidz.

海拔：300～2050 m

分布：城口县、巫山县、镇巴县

引证标本：戴天伦 105958、杨光辉 59912、山胡椒调查队 266(WUK)

大参属 **Macropanax** Miq.

短梗大参 **Macropanax rosthornii** (Harms) C. Y. Wu ex G. Hoo

海拔：625～900 m

分布：城口县、奉节县、镇坪县

引证标本：张泽荣 25592、周洪富、粟和毅 108640 110529、戴天伦 103216、镇坪中草药组 95(WUK)

梁王茶属 **Metapanax** J. Wen & Frodin.

异叶梁王茶 **Metapanax davidii** (Franch.) J. Wen & Frodin

海拔：554～2100 m

分布：城口县、开县、平利县、房县、奉节县、万源市、旺苍县、通江县、巫山县、巫溪县、镇巴县、镇坪县、平利县、宁强县

引证标本：巴山采集队 0271 0953 1410 1793 2725 2817 6295、刘金鉴等 193、四川大学生物系 102045 104939105745、K. L. Chu 1741、K. M. Liou 9203 9217 9283、巴山采集队 5122、戴天伦 101552 101615 101619 101878 101940 101993 102468 102605 102634 103453 104122 104218 104231 104291 104480 104720 104939 105607 105745 105992 106967 107485、方明渊 24686 24756 24766 24947、李培元 4541 4568 5864 6089、刘克荣 0294、杨光辉 59384 59511 59844 65128 65539、张泽荣 25470 25771、周洪富 26850、周洪富、粟和毅 108706 108807 109188 109305 109675 110043 111003 111301、陕西省中草药科研组 198(WUK) 2065(WUK)、山胡椒调查队 186(WUK)、傅坤俊 12061(WUK)、陕西植物 176(WUK)、王金敖 229(CDBI)

人参属 **Panax** L.

竹节参 **Panax japonicus** (T. Nees) C. A. Meyer var. **japonicus**

海拔：1250～1800 m

分布：巫溪县、宁强县

引证标本：陈耀东、傅连中、马欣堂 2244、秦岭白药调查队 333(WUK)

疙瘩七 Panax japonicus var. **bipinnatifidus** (Seemann) C. Y. Wu & K. M. Feng

海拔：1700～2600 m

分布：巫山县、巫溪县、镇巴县、平利县

引证标本：杨光辉 58074 58772、陕西省中草药科研组 28(WUK)、李培元 2721(WUK)

珠子参 Panax japonicus C. A. Mey. var. **major** (Burkill) C. Y. Wu & K. M. Feng

海拔：1010～2457 m

分布：城口县、开县、镇坪县

引证标本：巴山采集队 2218 2454、陈彦生等 2918(WUK)

三七 Panax notoginseng (Burkill) F. H. Chen ex C. Chow & W. G. Huang

海拔：1760～2200 m

分布：南江县、旺苍县

引证标本：巴山采集队 5210 5684

通脱木属 Tetrapanax K. Koch

通脱木 Tetrapanax papyrifer (Hook.) K. Kocsh

海拔：800～1700 m

分布：城口县、奉节县、南江县、镇坪县、平利县、宁强县、房县

引证标本：戴天伦 102830 103895 107334、周洪富、粟和毅 110684、万绍滨 2644(SZ)、陕西省中草药科研组 1839(WUK)、李培元 1248(WUK)、T. N. Liou 11833(WUK)、刘克荣 0567(HIB)

100.伞形科 Apiaceae*

羊角芹属 Aegopodium L.

东北羊角芹 Aegopodium alpestre Ledeb.

海拔：1100 m

分布：镇巴县

引证标本：野经队 129(WUK)

巴东羊角芹 Aegopodium henryi Diels

海拔：1200 m

分布：南江县

引证标本：谭红钢 81236(SZ)

当归属 Angelica L.

重齿当归 Angelica biserrata (R. H. Shan & C. Q. Yuan) C. Q. Yuan & R. H. Shan

海拔：1300～2140 m

分布：巫山县、平利县、镇坪县

引证标本：周洪富、粟和毅 109958(SZ)、徐光远 4181(WUK)、陈彦生等 4135(WUK)

白芷 Angelica dahurica (Fisch. ex Hoffm.) Benth. & Hook. f. ex Franch. & Sav.

分布：竹山县

引证标本：旬阳队 0927

杭白芷 Angelica dahurica (Fisch.) Benth. & Hook. f.

分布：巫山县、巫溪县

引证标本：杨光辉 58960(SZ)

紫花前胡 Angelica decursiva (Miq.) Franch. & Sav.

海拔：740～1800 m

分布：巫山县、西乡县、宁强县、竹山县、房县

引证标本：周洪富、粟和毅 109958(SZ)、傅坤俊 11439(WUK)、李培元 869(WUK)、黄仁煌 3479(HIB)、邢吉庆 16852(HIB)

城口县当归 Angelica dielsii H. de Boissieu

海拔：1750 m

分布：镇巴县、平利县

引证标本：傅坤俊 11596(WUK)、省药司 153(WUK)

疏叶当归 Angelica laxifoliata Diels

海拔：1000～2100 m

分布：城口县、奉节县、巫溪县、西乡县、平利县

引证标本：戴天伦 102162(SZ) 102350(SZ) 102384(SZ)、杨光辉 29211(SZ) 59425、张泽荣 25323、周洪富、粟和毅 110161 111141(SZ)、傅坤

* 此部分由王利松编写。

俊 11524(WUK)、徐光远 4004(WUK)

管鞘当归 Angelica pseudoselinum H. de Boissieu

海拔：2000 m

分布：平利县

引证标本：陈彦生等 893(WUK)

当归 Angelica sinensis (Oliv.) Diels

海拔：1400～2300 m

分布：城口县、镇坪县、平利县

引证标本：戴天伦 106999、陕西野生植物调查队 234(WUK)、省药司 146(WUK)

秦岭当归 Angelica tsinlingensis K. T. Fu

海拔：2000～2140 m

分布：南江县、平利县

引证标本：巴山采集队 5602

金山当归 Angelica valida Diels

海拔：1000～2600 m

分布：奉节县、巫溪县

引证标本：方明渊 24509、杨光辉 58809、张泽荣 25323

峨参属 Anthriscus (Pers.) Hoffm.

峨参 Anthriscus sylvestris (L.) Hoffm.

海拔：1800～2600 m

分布：巫山县、巫溪县、镇巴县

引证标本：杨光辉 57985 58746、陕西省中草药科研组 808(WUK)

柴胡属 Bupleurum L.

紫花阔叶柴胡 Bupleurum boissieuanum H. Wolff

海拔：1500 m

分布：城口县

引证标本：戴天伦 104083A

北柴胡 Bupleurum chinense DC.

海拔：700～2200 m

分布：南江县、宁强县、房县

引证标本：巴山采集队 5609、乔林英 25(WUK)、刘克荣 330(HIB)

空心柴胡 Bupleurum longicaule Wall. ex DC. var. **franchetii** H. de Boissieu

海拔：1700～2900 m

分布：城口县、奉节县、巫山县、巫溪县、镇巴县、镇坪县、平利县

引证标本：杨光辉 55384(SZ) 58546 59011 59301 65384、周洪富、粟和毅 111234、戴天伦 101085 101294 101333 102160、周洪富、粟和毅 111219 111234、傅坤俊 11574(WUK)、吴振海 1305(WUK)、徐光远 5754(WUK)

大叶柴胡 Bupleurum longiradiatum Turcz. var. **longiradiatum**

海拔：1740 m

分布：旺苍县

引证标本：巴山采集队 5222

紫花大叶柴胡 Bupleurum longiradiatum Turcz. var. **porphyranthum** Shan & Y. Li

海拔：1300～1800 m

分布：城口县、南江县、巫溪县、镇坪县、平利县

引证标本：戴天伦 102448 104026 104083(SZ)、K. L. Chü 2033、陈耀东、傅连中、马欣堂 2317、杨光辉 59242、中国西部科学院川康植物 21 年采集 2033、陈彦生等 1082(WUK) 4138(WUK)

竹叶柴胡 Bupleurum marginatum Wall. ex DC.

海拔：500～1600 m

分布：城口县、房县

引证标本：戴天伦 102732(SZ) 102987、黄仁煌 3047(HIB)

马尾柴胡 Bupleurum microcephalum Diels

海拔：1400 m

分布：镇坪县

引证标本：陈彦生等 4102(WUK)

黑柴胡 Bupleurum smithii H. Wolff

海拔：2300 m

分布：镇坪县

引证标本：吴振海 1273(WUK)

蛇床属 **Cnidium** Cuss.

蛇床 **Cnidium monnieri** (L.) Cuss.

海拔：950 m

分布：平利县、宁强县

引证标本：傅坤俊 11973(WUK)、李培元 855(WUK)

碱蛇床 **Cnidium salinum** Turcz.

海拔：1350 m

分布：城口县

引证标本：戴天伦 103905

芫荽属 **Coriandrum** L.

芫荽 **Coriandrum sativum** L.

海拔：500～1950 m

分布：城口县、奉节县、宁强县、镇坪县

引证标本：戴天伦 106581、周洪富 26084、姜恕等 00172、乔林英 1236(WUK)

鸭儿芹属 **Cryptotaenia** DC.

鸭儿芹 **Cryptotaenia japonica** Hassk.

海拔：100～2500 m

分布：城口县、奉节县、南江县、通江县、巫山县、平利县、镇巴县、镇坪县、宁强县、巫溪县

引证标本：巴山采集队 0196 0427 0887 6015、戴天伦 101145 101237(SZ) 101519 101954 102122 105604 106988、何兴金等 170415、张泽荣 25377 25745、周洪富 26256 26880 26995、周洪富、粟和毅 100166 105506(SZ) 108735(SZ) 108942(SZ) 109166(SZ) 109490(SZ) 109506(SZ) 109637(SZ) 109881(SZ) 109988(SZ)、101954(条形码号：00725558)(PE)、K. L. Chu 1989、李强 1-0092、陕西省中草药科研组 42(WUK) 1822(WUK)、陕西省中草药普查队 1715(WUK)

细叶旱芹属 **Cyclospermum** Lagascay Segura

细叶旱芹 **Cyclospermum leptophyllum** (Pers.) Sprague

海拔：450 m

分布：竹溪县

引证标本：李振宇 11728

胡萝卜属 **Daucus** L.

野胡萝卜 **Daucus carota** L.

海拔：450～1650 m

分布：城口县、奉节县、万源市、南江县、通江县、巫山县、巫溪县、云阳县、西乡县、平利县、宁强县

引证标本：巴山采集队 1484 5954、戴天伦 104047 105623 105883、方明渊 24507 25000、何兴金等 167541、倪炳炽 00580、王清泉等 0585、杨光辉 58651、张泽荣 25098 25296 25408 25698(SZ)、周洪富 26146 26363 26494 26648、周洪富、粟和毅 25000 108801(SZ) 109106(SZ) 109487(SZ) 110199(SZ)、李培元 89(WUK) 5935 6715、傅坤俊 11519(WUK)、唐昌林 1353(WUK)

茴香属 **Foeniculum** Mill

茴香 **Foeniculum vulgare** Mill

海拔：520～2300 m

分布：城口县、奉节县、巫山县、万源市

引证标本：戴天伦 101698(SZ) 103653 106998、方明渊 24636 24897、张泽荣 25826、周洪富、粟和毅 108859 108947(SZ) 109809(SZ) 110926(SZ)、李培元 3458 5989 6027

独活属 **Heracleum** L.

城口县独活 **Heracleum fargesii** H. de Boissieu

海拔：1500～2300 m

分布：城口县、南江县、通江县、平利队

引证标本：戴天伦 101058 101729(SZ) 106992(SZ)、费政琴 2072、邹家志、川经达 3077、徐光远 4602(WUK)

独活 **Heracleum hemsleyanum** Diels

海拔：200～2600 m

分布：城口县、万源市、巫溪县

引证标本：陈耀东等 2417、李培元 6161、杨光辉 58828、戴天伦 107515

短毛独活 Heracleum moellendorffii Hance

海拔：1500～1800 m

分布：城口县、镇巴县、西乡县、平利县、宁强县

引证标本：戴天伦 105897、陕西省中草药科研组 844(WUK)、傅坤俊 11521(WUK)、吴振海 1166(WUK)、T. N. Liou 11827 (WUK)

天胡荽属 Hydrocotyle L.

喜马拉雅天胡荽 Hydrocotyle himalaica P. K. Mukh.

海拔：700 m

分布：奉节县

引证标本：周洪富、粟和毅 108554(SZ)

中华天胡荽 Hydrocotyle hookeri subsp. **chinensis** (Dunn ex R. H. Shan & S. L. Liou) M. F. Watson & M. L. Sheh

海拔：1000～1950 m

分布：城口县、城口县、奉节县、巫溪县

引证标本：105679(PE-00723614)、T. L. Chu 1990、巴山采集队 0647 1034、戴天伦 100920 101124 101848 102143 102330 103864 103995 105212 105480 106104 1061128 106428 107014、张泽荣 25379、周洪富 26350、方明渊 24541

红马蹄草 Hydrocotyle nepalensis Hook.

海拔：520～1620 m

分布：城口县、奉节县

引证标本：方明渊 24721、张泽荣 25523、周洪富 110743(SZ)、周洪富、粟和毅 108878(SZ) 110743(SZ)

天胡荽 Hydrocotyle sibthorpioides Lam.

海拔：900 m

分布：奉节县、平利县

引证标本：周洪富 26688、陕西省中草药普查队 1228(WUK)

破铜钱 Hydrocotyle sibthorpioides var. **batrachium** (Hance) Hand.-Mazz. ex R. H. Shan

海拔：610～800 m

分布：镇巴县、平利县

引证标本：陕西省中草药科研组 177(WUK)、植被组 448(WUK)

藁本属 Ligusticum L.

尖叶藁本 Ligusticum acuminatum Franch.

海拔：1650 m

分布：城口县

引证标本：戴天伦 102145

川芎 Ligusticum sinense cv. **chuanxiong** S. H. Qiu et al.

海拔：2300 m

分布：城口县

引证标本：戴天伦 106978

无管藁本 Ligusticum nullivittatum (K. T. Fu) F. T. Pu & M. F. Watson

海拔：1950 m

分布：镇巴县

引证标本：傅坤俊 11577(WUK)

膜苞藁本 Ligusticum oliverianum (de Boissieu) Shan

海拔：2000 m

分布：巫溪县、平利县

引证标本：杨光辉 59445、徐光远 5751(WUK)

藁本 Ligusticum sinense Oliv.

海拔：1200～2300 m

分布：城口县、奉节县、广元市、巫溪县、西乡县、镇坪县、平利县

引证标本：四川医学院、川经绵 4064、杨光辉 65062(SZ)、周洪富、粟和毅 110627(SZ)、戴天伦 102470 104343 104965 106017 106648 106970 107251 107426、陕西植物 70(WUK)、镇坪中草药组 77(WUK)、徐光远 5786(WUK)

条纹藁本 Ligusticum striatum DC.

海拔：760 m

分布：竹山县

引证标本：旬阳队 0926

细裂藁本 **Ligusticum tenuisectum** H. de Boissieu

海拔：1700 m

分布：平利县

引证标本：陈彦生等 4314(WUK)

紫伞芹属 **Melanosciadium** H. de Boissieu

紫伞芹 **Melanosciadium pimpinelloideum** H. de Boissieu

海拔：1660 m

分布：平利县

引证标本：陈彦生等 4217(WUK)

白苞芹属 **Nothosmyrnium** Miq.

白苞芹 **Nothosmyrnium japonicum** Miq. var. **japonicum**

海拔：1200～1730 m

分布：城口县、奉节县、西乡县

引证标本：戴天伦 10518 104025(SZ)、周洪富 111142(SZ)、T. N. Liou & P. C. Tsoong 4077(WUK)

川白苞芹 **Nothosmyrnium japonicum** Miq. var. **sutchuensis** de Boissieu

海拔：1200～1700 m

分布：城口县、宁强县、西乡县

引证标本：T. N. Liou 11922、戴天伦 102587、傅坤俊 11541(WUK)

羌活属 **Notopterygium** de Boissieu

宽叶羌活 **Notopterygium forbesii** de Boissieu

海拔：2300 m

分布：城口县

引证标本：戴天伦 106971(SZ)

羌活 **Notopterygium incisum** C. C. Ting ex H. T. Chang

海拔：2500 m

分布：镇坪县

引证标本：吴振海 1286(WUK)

水芹属 **Oenanthe** L.

西南水芹 **Oenanthe dielsii** de Boissieu var. **dielsii**

海拔：1430～1820 m

分布：奉节县、南江县、巫山县、巫溪县

引证标本：巴山采集队 5533、谭 81168、周洪富、粟和毅 109010(SZ)、K. L. Chü 1987

细叶水芹 **Oenanthe dielsii** var. **stenophylla** de Boissieu

海拔：1150～2400 m

分布：城口县、巫山县、巫溪县、西乡县

引证标本：陈耀东、马欣堂、傅连中 2184、戴天伦 101142 102232 105833 105997 106016、杨光辉 59065 59270、傅坤俊 11512(WUK)

水芹 **Oenanthe javanica** (Bl.) DC.

海拔：600～1900 m

分布：城口县、奉节县、万源市、镇巴县、西乡县、平利县

引证标本：叶德闲 1537、张泽荣 25746(SZ)、周洪富、粟和毅 108857、李培元 2685(WUK) 5307 5469 6650、陕西省中草药科研组 236(WUK)、傅坤俊 11485(WUK)

线叶水芹 **Oenanthe linearis** Wall. ex DC.

海拔：1200～1850 m

分布：城口县、通江县

引证标本：巴山采集队 5913、戴天伦 104174 105838

卵叶水芹 **Oenanthe rosthornii** Diels

海拔：1300～1400 m

分布：奉节县

引证标本：周洪富、粟和毅 110949(SZ)

窄叶水芹 **Oenanthe thomsonii** C. B. Clarke subsp. **stenophylla** (H. Boissieu) F. T. Pu

海拔：1500 m

分布：万源市

引证标本：李培元 4398

香根芹属 Osmorhiza Rafin.

香根芹 **Osmorhiza aristata** (Thunb.) Makino & Yabe

海拔：1445～1800 m

分布：城口县、南江县

引证标本：巴山采集队 1009 5579、冯永华 2704

疏叶香根芹 **Osmorhiza aristata** (Thunb.) Rydb. var. **laxa** (Royle) Constance & Shan

海拔：1200～2900 m

分布：城口县、南江县、平利县、镇坪县

引证标本：戴天伦 100985、李全喜，赵兴存 3110、范光复 30164、镇坪中草药组 121(WUK)

前胡属 Peucedanum L.

竹节前胡 **Peucedanum dielsianum** Fedde ex Wolff

海拔：1000～1800 m

分布：奉节县、巫山县、巫溪县

引证标本：方建国 9001 9006 9007 9008 9009

南川前胡 **Peucedanum dissolutum** (Diels) Wolff

海拔：1240 m

分布：城口县

引证标本：方建国 9020

华北前胡 **Peucedanum harry-smithii** Fedde ex Wolff

海拔：650～1800 m

分布：广元市、万源市、镇巴县、宁强县

引证标本：胡文光 2、李培元 6059 6061 6139、杨金祥 1585(WUK)、乔林英 49(WUK)

华中前胡 **Peucedanum medicum** Dunn var. **medicum** (C. B. Clarke) Ridley

海拔：800～2300 m

分布：城口县、奉节县、万源市、南江县、巫山县、巫溪县、镇坪县

引证标本：巴山采集队 5596 5606、戴天伦 105970 106976(SZ)、方明渊 24538(SZ)、杨光辉 59841(SZ)、佚名 9004 9005 9005-1 9008、周洪富、粟和毅 108585(SZ)、李培元 4183 5362、陕西省中草药科研组 1982(WUK)

前胡 **Peucedanum praeruptorum** Dunn

海拔：1030～1900 m

分布：城口县、奉节县、巫山县、巫溪县、西乡县、镇坪县、平利县

引证标本：戴天伦 101760 103866 104228(SZ) 105968(SZ) 106366(SZ) 107431(SZ)、方建国 9003、杨光辉 58993(SZ) 59498(SZ) 65248(SZ) 65512(SZ) 65568(SZ)、佚名 293 437、周洪富、粟和毅 109749(SZ) 109941(SZ) 110264(SZ) 111326(SZ) 111579(SZ)、郑文华、周文瑛（条形码号：0170205)(WUK)、吴振海 1325(WUK)、唐昌林 1216(WUK)

石防风 **Peucedanum terebinthaceum** (Fisch.) Fisch. ex Turcz.

海拔：1300～1450 m

分布：城口县

引证标本：戴天伦 105933(SZ)

茴芹属 Pimpinella L.

锐叶茴芹 **Pimpinella arguta** Diels

海拔：1300～1700 m

分布：城口县、镇坪县、平利县

引证标本：戴天伦 104125、徐光远 5612(WUK)、吴振海 1181(WUK)

异叶茴芹 **Pimpinella diversifolia** DC.

海拔：1200～1800 m

分布：南江县、万源市、巫溪县、西乡县、镇巴县、镇坪县、平利县、宁强县、竹溪县

引证标本：万绍滨 2588、杨光辉 59488、K. L. Chü 1962 2242、T. N. Liou 等 4012、戴天伦 105935、陕西省中草药科研组 66(WUK) 854(WUK) 1629(WUK)、唐昌林 1310(WUK)、陕西省中草药普查队 1700(WUK)、黄仁煌 2993(HIB)

城口县茴芹 **Pimpinella fargesii** H. de Boissieu

海拔：1200～2000 m

分布：城口县、平利县

引证标本：101924(PE-00759852)、戴天伦 101846 102074 102378 102588 103989 104139 104172、徐光远 4579(WUK)

沼生茴芹 **Pimpinella helosciadoidea** H. de Boissieu

海拔：1600～1660 m

分布：城口县、平利县

引证标本：戴天伦 101511、陈彦生等 4241(WUK)

川鄂茴芹 **Pimpinella henryi** Diels

海拔：1500～1650 m

分布：城口县、平利县

引证标本：戴天伦 104716 105275 105401 105640、陈彦生等 854(WUK)

菱叶茴芹 **Pimpinella rhomboidea** Diels

海拔：1120～1550 m

分布：城口县、巫溪县、镇坪县、平利县

引证标本：戴天伦 102620、杨光辉 65292、陕西省中草药科研组 1974(WUK)、平利队 531(WUK)

直立茴芹 **Pimpinella smithii** Wolff

海拔：1730 m

分布：奉节县

引证标本：周洪富、粟和毅 111144(SZ)

谷生茴芹 **Pimpinella valleculosa** K. T. Fu

海拔：450～1200 m

分布：城口县、奉节县、巫山县、镇坪县

引证标本：戴天伦 103405 103602 107358、周洪富、粟和毅 110889、杨光辉 65635、陕西省中草药科研组 1675(WUK)

棱子芹属 **Pleurospermum** Hoffm.

鸡冠棱子芹 **Pleurospermum cristatum** H. de Boissieu

海拔：2200 m

分布：南江县

引证标本：巴山采集队 5583

太白棱子芹 **Pleurospermum giraldii** Diels

海拔：2600 m

分布：巫溪县、镇坪县

引证标本：杨光辉 65381、吴振海 1301(WUK)

囊瓣芹属 **Pternopetalum** Franch.

川鄂囊瓣芹 **Pternopetalum rosthornii** (Diels) Hand.-Mazz.

海拔：1000～1280 m

分布：奉节县

引证标本：方明渊 24582(SZ)、张泽荣 25187、周洪富、粟和毅 107813(SZ) 108522(SZ)

东亚囊瓣芹 **Pternopetalum tanakae** (Franch. & Sav.) Hand.-Mazz.

海拔：1800 m

分布：旺苍县

引证标本：巴山采集队 5120

尖叶五匹青 **Pternopetalum vulgare** (Dunn) Hand.-Mazz. var. **acuminatum** C. Y. Wu ex R. H. Shan & F. T. Pu

海拔：1300～1620 m

分布：城口县、平利县、宁强县

引证标本：戴天伦 107002(SZ)、李培元 1432(WUK)、陕西省中草药普查队 1720(WUK)

变豆菜属 **Sanicula** L.

川滇变豆菜 **Sanicula astrantiifolia** Wolff ex Kretsch.

海拔：1000 m

分布：城口县

引证标本：巴山采集队 1467

变豆菜 **Sanicula chinensis** Bunge

海拔：900～1850 m

分布：城口县、奉节县、旺苍县、平利县、宁强县、镇坪县

引证标本：巴山采集队 5106、戴天伦 102101 102404 102824 105714(SZ) 105830、方明渊 23969、佚名 101926(PE-00754829)、周洪富、粟和毅 110517(SZ)、李培元 809(WUK) 6654、李培元 9192(WUK)、陈彦生等 4144(WUK)

长序变豆菜 **Sanicula elongata** K. T. Fu

海拔：1700～1820 m

分布：南江县、平利县

引证标本：李忠秀 2800、李培元 2566(WUK)

首阳变豆菜 **Sanicula giraldii** Wolff var. **giraldii**

海拔：750～1755 m

分布：南江县、旺苍县、平利县

引证标本：巴山采集队 4815 4944、陈炳麟 2558、王洪业 2675、李溪平 1-0131

卵萼变豆菜 **Sanicula giraldii** H. Wolff var. **ovicalycina** R. H. Shan & S. L. Liou

海拔：1500 m

分布：奉节县

引证标本：周洪富、粟和毅 108211(SZ)

薄片变豆菜 **Sanicula lamelligera** Hance

海拔：770～1350 m

分布：城口县、奉节县、巫山县

引证标本：巴山采集队 0493 1375、王兴忠 00140、张泽荣 26223(SZ)、周洪富、粟和毅 107569(SZ) 108781(SZ)、T. P. Wang 10603、戴天伦 100226、杨光辉 57629

野鹅脚板 **Sanicula orthacantha** S. Moore

海拔：1100～1700 m

分布：城口县、奉节县、南江县、巫溪县、巫山县、平利县

引证标本：川东采药队 30、戴天伦 100582 105187(SZ) 105281、何兴金等 161505 168033、上海肿瘤协作组 9、佚名 2675、周洪富、粟和毅 108207(SZ)、101926(条形码号：00754829)(PE)、T. P. Wang 10721、平利队 480(WUK)

锯叶变豆菜 **Sanicula serrata** Wolff

海拔：1600～1710 m

分布：南江县、镇坪县、平利县

引证标本：冯永华 2692、徐光远 4641(WUK) 5635(WUK)

防风属 **Saposhnikovia** Schischk.

防风 **Saposhnikovia divaricata** (Turcz.) Schischk.

分布：平利县

引证标本：陕西中草药普查队 38(WUK)

西风芹属 **Seseli** L.

松叶西风芹 **Seseli yunnanense** Franch.

海拔：1200 m

分布：万源市

引证标本：236 四川任务组 1217

东俄芹属 **Tongoloa** H. Wolff

大东俄芹 **Tongoloa elata** H. Wolff

海拔：2700 m

分布：镇坪县

引证标本：吴振海 1306(WUK)

云南东俄芹 **Tongoloa loloensis** (de Boissieu) Wolff

海拔：1730 m

分布：奉节县

引证标本：周洪富、粟和毅 111238

窃衣属 **Torilis** Adans.

小窃衣 **Torilis japonica** (Houtt.) DC.

海拔：550～1800 m

分布：城口县、奉节县、南江县、通江县、巫山县、巫溪县、云阳县、镇坪县、平利县、竹溪县

引证标本：巴山采集队 0170 0673 5876 6014 6089 6155、戴天伦 100921(SZ) 101414(SZ) 101585(SZ) 105506(SZ)、方明渊 24664(SZ) 24838(SZ)、何兴金等 166758、倪炳炽 00536、王清泉 0369、张泽荣 25558(SZ)、周洪富 26485(SZ) 26583(SZ)、周洪富、粟和毅 109042(SZ) 109484(SZ) 110349(SZ)、陈耀东、傅连中、马欣堂 2141 2476、李洪钧 5186、刘玉红 108、吴振海 1071(WUK)、平利队 194(WUK)

窃衣 **Torilis scabra** (Thunb.) DC.

海拔：700～1700 m

分布：城口县、奉节县、南江县、云阳县、镇坪县、平利县

引证标本：巴山采集队 5617、戴天伦 100403(SZ)

100646(SZ) 105197(SZ)、何兴金等 161479 161555 167380 167420 167527 167951、王志敏 1606、张泽荣 25089(SZ)、周洪富 26036(SZ)、周洪富、粟和毅 107861(SZ) 109124、乔林英 1158(WUK) 1260(WUK)

101.杜鹃花科 Ericaceae

喜冬草属 **Chimaphila** Pursh

喜冬草 Chimaphila japonica Miq.

海拔：1130～2350 m

分布：城口县、旺苍县、通江县、平利县、西乡县、镇坪县、竹溪县

引证标本：巴山采集队 4889 5005 6018、戴天伦 105748 105877、K. M. Liou 8427 8448、郭本兆 2100、陈彦生等 2781(WUK)、鄂神农架考察队 928(HIB)

吊钟花属 **Enkianthus** Lour.

灯笼吊钟花 Enkianthus chinensis Franch.

海拔：1400～2350 m

分布：城口县、南江县、平利县、镇坪县、通江县、巫溪县、竹溪县

引证标本：巴山采集队 1183 5348 5703、方文培 9966、刘金鉴等 182、戴天伦 104471 105693 105974(SZ) 107525、李先源等 050165、倪炳炽 00458、四川经济植物考察队 0071X-2XB-37、徐昌义 2909、杨光辉 57962 58376 59029 65072 65406、重师、西农调查队 0136、陕西省中草药普查队 265(WUK)、郑重 980(HIB)、竹溪 91-86(HIB)

齿缘吊钟花 Enkianthus serrulatus (E. H. Wilson) C. K. Schneid.

海拔：1400 m

分布：奉节县

引证标本：方明渊 24515

白珠树属 **Gaultheria** Kalm ex L.

白珠树 Gaultheria leucocarpa var. **cumingiana** (Vidal) T. Z. Hsu

海拔：750～900 m

分布：奉节县

引证标本：周洪富、粟和毅 108637(SZ) 111606(SZ)

珍珠花属 **Lyonia** Nutt.

珍珠花 Lyonia ovalifolia (Wall.) Drude var. **ovalifolia**

海拔：554～2000 m

分布：城口县、奉节县、通江县、巫山县、巫溪县、云阳县、镇巴县、镇坪县、竹溪县

引证标本：巴山采集队 0124 1209 1239 1491 5864 6292、戴天伦 101206(SZ) 103984(SZ)、李先源 128、倪炳炽 00218 00396、黔南队 328、三峡考察队 2720 3570、王 0144 0161、王明昌 1083、姚仲吾 3572、周洪富、粟和毅 108636(SZ) 108827(SZ) 109432(SZ) 109472(SZ) 110454(SZ) 110854(SZ)、吴振海 1092(WUK)

小果珍珠花 Lyonia ovalifolia (Wall.) Drude var. **elliptica** (Siebold & Zucc.) Hand.-Mazz.

海拔：750～2177 m

分布：通江县、城口县、奉节县、巫溪县、开县、镇巴县、西乡县、平利县、镇坪县、宁强县

引证标本：陈耀东、马欣堂、傅连中 2437、戴天伦 101133 101483 101609 102219 102576 102850 104004 104178 105477 105492 105575 105678 106307 107007 107336、曲桂龄 1039、张泽荣 25401 25594 25595(SZ)、周洪富 26603 26626 26706、巴山采集队 2585 0124 0749 1239 1491 2239 2340 1209 2789 6062、杨光辉 58308 58502(SZ) 59038 65398、周洪富、粟和毅 109328(SZ) 109358(SZ)、侯喜祥 1242(WUK)、山胡椒调查队 195(WUK)、野经第三队 407(WUK)、应俊生等 939(WUK)、唐昌林 12(WUK)

毛叶珍珠花 Lyonia villosa (Wall. ex C. B. Clarke) Hand.-Mazz.

海拔：1220～1320 m

分布：通江县、镇巴县

引证标本：巴山采集队 3289 6055

水晶兰属 Monotropa L.

松下兰 Monotropa hypopitys L.
海拔：1600 m
分布：南江县
引证标本：巴山采集队 5608

水晶兰 Monotropa uniflora L.
海拔：1200～1600 m
分布：巫溪县、平利县
引证标本：李先源、王海洋 050075(SWCTU)、杨光辉 59575、野经第三队 158(WUK)

马醉木属 Pieris D. Don

美丽马醉木 Pieris formosa (Wall.) D. Don
海拔：1000～1800 m
分布：城口县、开县、奉节县、南江县、通江县、平利县、镇坪县、巫山县、巫溪县
引证标本：巴山采集队 1238 2583 5565 5854、刘金鉴等 196、张泽荣 25208 25712、陈炳麟 2519、大巴山工作组 00608 00816 00986、戴天伦 100066 100077 100384 101005(SZ) 101485 101622 101799 101935 102919 104254 104932 105368 105504(SZ) 105793 106236 106248 106611 106864(SZ)、方文培 10065、重师、西农调查队 0127、杨光辉 58333 58426 59051 59337、佚名 00215 00608 00711 00816、赵良能 2732、周洪富、粟和毅 101935 108685(SZ)、徐光远 4787(WUK)

马醉木 Pieris japonica (Thunb.) D. Don ex G. Don
海拔：1000～2000 m
分布：城口县、奉节县
引证标本：戴天伦 106673、周洪富 108832

鹿蹄草属 Pyrola L.

紫背鹿蹄草 Pyrola atropurpurea Franche
海拔：1755 m
分布：旺苍县
引证标本：巴山采集队 4957

鹿蹄草 Pyrola calliantha Andres
海拔：980～1800 m
分布：通江县、城口县、奉节县、巫山县、镇巴县、平利县、镇坪县
引证标本：戴天伦 104865 105796、周洪富 26285 26331、巴山采集队 5853 6050、陈之端等 960981、陕西省中草药科研组 252(WUK) 821(WUK)、陕西省中草药普查队 210(WUK)、陈彦生等 2780(WUK)

普通鹿蹄草 Pyrola decorata Andres
海拔：1400～1990 m
分布：城口县、南江县、通江县、西乡县、平利县、镇坪县
引证标本：巴山采集队 5610、戴天伦 102734(SZ)、王金敖 0251(CDBI)、谭红钢 81210(SWCTU)、郭本兆 2099(WUK)、陕西省中草药普查队 1268(WUK)、陕西省中草药科研组 1750(WUK)

杜鹃属 Rhododendron L.

弯尖杜鹃 Rhododendron adenopodum Franch.
海拔：1460～2231 m
分布：城口县、开县、巫溪县
引证标本：巴山采集队 1741 2237 2303 2540、植物所三峡考察队 0022

毛肋杜鹃 Rhododendron augustinii Hemsl.
海拔：1460～2520 m
分布：城口县、万源市、通江县、巫山县、巫溪县、云阳县、开县、平利县、镇坪县、竹溪县
引证标本：101941(PE-00227212)、105694(PE-00227210)、巴山采集队 1745 2244 2581、陈耀东、马欣堂、傅连中 2202、戴天伦 100116 100246 100285 100557 100594 100816 101099 101617 105378 105694 106556、方文培 10264 10363、杨光辉 59025 59284 59837 65324 65438、植物所三峡考察队 1064 1169、倪炳炽 00223 00285、徐光远 4322(WUK) 4704(WUK)、0054(条形码号：CDBI0105398)、赵子恩 91-306(HIB)

耳叶杜鹃 Rhododendron auriculatum Hemsl.

海拔：1320～2000 m

分布：平利县、巫山县、巫溪县

引证标本：刘金鉴等 253、杨光辉 58024 65077 65394、傅坤俊 12069(WUK)

腺萼马银花 **Rhododendron bachii** H. Lév.

海拔：850～1200 m

分布：城口县

引证标本：曹登明 820002(SZ) 820016(SZ)

美容杜鹃 **Rhododendron calophytum** Franch.

分布：南江县

引证标本：佚名 00229

秀雅杜鹃 **Rhododendron concinnum** Hemsl.

海拔：2000～2600 m

分布：开县、南江县、巫溪县、镇坪县

引证标本：巴山采集队 2451 5567、杨光辉 58933 59459、徐光远 4805(WUK)

大白杜鹃 **Rhododendron decorum** Franch.

海拔：2050 m

分布：巫山县

引证标本：杨光辉 57930

喇叭杜鹃 **Rhododendron discolor** Franch.

海拔：900～1809 m

分布：城口县、奉节县、广元市、平利县、巫溪县

引证标本：巴山采集队 1755、方明渊 24043 24091 24262、李培元 1346、杨光辉 58323 58262 58725 65327、张泽荣 15085 25163、周洪富、粟和毅 108506、戴天伦 106251 106676 106717 107342 107405、倪炳炽 00236、王蜀秀 4100

云锦杜鹃 **Rhododendron fortunei** Lindl.

海拔：900～2200 m

分布：城口县、奉节县、通江县、巫溪县

引证标本：方文培 10053、杨光辉 53323 65466、佚名 0055、张泽荣 25085(SZ)

岷江杜鹃 **Rhododendron hunnewellianum** Rehder & E. H. Wilson

海拔：1700 m

分布：平利县

引证标本：徐光远 4210(WUK)

粉白杜鹃 **Rhododendron hypoglaucum** Hemsl.

海拔：1450～2300 m

分布：城口县、巫山县、巫溪县、平利县、镇坪县、竹溪县

引证标本：戴天伦 100166 105376 105691 105980、倪炳炽 00224、杨光辉 57875 57900 57955 58372 59075 59130 59230 65326 65395、植物所三峡考察队 0116 0550、李培元 1344(WUK)、徐光远 4742(WUK)、竹溪 91-95(HIB)

西施花 **Rhododendron latoucheae** Franch.

海拔：1013～1446 m

分布：城口县、开县

引证标本：巴山采集队 0744 2783

黄花杜鹃 **Rhododendron lutescens** Franch.

分布：通江县

引证标本：重庆、西农野生植物队 0126

麻花杜鹃 **Rhododendron maculiferum** Franch.

海拔：2600～2700 m

分布：巫溪县

引证标本：杨光辉 58811

满山红 **Rhododendron mariesii** Hemsl. & E. H. Wilson

海拔：650～2000 m

分布：城口县、奉节县、房县、宁强县、平利县、万源市、巫山县、巫溪县、镇巴县、镇坪县、竹溪县

引证标本：312、巴山采集队 0584 2238、方明渊 23929 24511、方文培 10083 9995 9996、李培元 1343、刘克荣 443、刘慎谔 11869、张泽荣 25632、周洪富 26023 26608 26986、周洪富、粟和毅 108187 109471 110734 110735 107687 110824 110858 26023、白沙队 238、大巴山工作组 00610、戴天伦 100001 100503 101574 102855 103753 103986 105053 105449 105783 106775 107337、罗安国 0712、倪炳炽 00227、王金敖 0066 0094、西大生

物系巴山木本小组巴 249、杨光辉 57761 57764 57782 57888 57890 58314 59910 65530、徐光远 4781(WUK)、黄仁煌 3469(HIB)

照山白 Rhododendron micranthum Turcz.

海拔：880～2050 m

分布：城口县、房县、广元市、镇坪县、宁强县

引证标本：戴天伦 100832 101396 101830 105040 106773 107469、姜恕等 89、刘克荣 370 442、徐光远 4846(WUK)、邢吉庆 7460(WUK)

迎红杜鹃 Rhododendron mucronulatum Turcz.

海拔：2690 m

分布：平利县

引证标本：应俊生等 898(WUK)

山光杜鹃 Rhododendron oreodoxa Franch.

海拔：1850～3030 m

分布：城口县、巫山县、巫溪县

引证标本：戴天伦 100357 100359、何荻平 65461、蒋兴麐 58849、萧永贤 58906、杨光辉 57969(SZ)

粉红杜鹃 Rhododendron oreodoxa Franch. var. **fargesii** (Franch.) D. F. Chamb.

海拔：1700～2200 m

分布：城口县、巫溪县

引证标本：戴天伦 100085、杨光辉 58849 58906 65461

马银花 Rhododendron ovatum (Lindl.) Planch. ex Maxim.

海拔：900～1000 m

分布：城口县、奉节县、巫溪县

引证标本：110687(PE-00312228)、张泽荣 25694、周洪富、粟和毅 108691 110687、K. K. Tsoong 163、马榨祥 1664

多鳞杜鹃 Rhododendron polylepis Franch.

海拔：1400 m

分布：镇坪县

引证标本：徐光远 4721(WUK)

太白杜鹃 Rhododendron purdomii Rehder & E. H. Wilson

海拔：2000～2900 m

分布：镇巴县、平利县

引证标本：野植队 155 158、徐光远 5905(WUK)

巫山杜鹃 Rhododendron roxieoides D. F. Chamb.

海拔：850 m

分布：巫山县

引证标本：杨光辉 57983

红棕杜鹃 Rhododendron rubiginosum Franch.

分布：城口县

引证标本：戴天伦 101216(SZ)

杜鹃 Rhododendron simsii Planch.

海拔：229～1900 m

分布：城口县、奉节县、通江县、巫山县、巫溪县、开县、云阳县、镇巴县、镇坪县、房县

引证标本：102055(PE-00265533)、102059(PE-00265543)、川经植 306、方明渊 24002 24826、方文培 10272 10073、曲桂龄 1977 2184、杨光辉 57706 59592 59938 65203 65626、张泽荣 25171、周洪富 26193(SZ) 26530 26597 26701 26845、巴山采集队 0108 0286 1482 2258 2800 3268 6060、植物所三峡考察队 1025 1055、T. L. Tai 100363、W. Y. Chun 5843、大巴山工作组 00306、戴天伦 100206 100229 100363 101647 102055 102059 102280 104250 104456 104674 104784 104904 106226 160002(SZ)、傅坤俊 11653、龚伦瑜 306、李丞 021、四川经济植物考察队 0034、王健林 0204、王健秋 204、王金敖 00022、西大生物系巴山木本小组 073、野植队 073、周洪富、粟和毅：107753 108949 110738 110827 111009、山胡椒调查队 170(WUK) 174(WUK)、傅坤俊 11643(WUK) 11653(WUK)、徐光远 4811(WUK)、邢吉庆 17982(HIB)

碎米花 Rhododendron spiciferum Franch.

海拔：1400 m

分布：城口县

引证标本：戴天伦 100060

长蕊杜鹃 Rhododendron stamineum Franch.

海拔：554～1760 m

分布：通江县、城口县、奉节县、平利县、宁强县、巫山县、巫溪县

引证标本：巴山采集队 6272、方明渊 23917、方文培 10069 10257 10033 9993、李培元 879(WUK) 1670、杨光辉 59106 65336、张泽荣 25599、植物所三峡考察队 1536、周洪富 107904 26577 26863、周洪富、粟和毅 109379

四川杜鹃 Rhododendron sutchuenense Franch.

海拔：1800～2800 m

分布：开县、南江县、巫山县、巫溪县、旺苍县、镇巴县

引证标本：巴山采集队 2549 5103、巴山木本小组 164、冯永华 2682、李培元 3346、实习队 0724、杨光辉 57670 57925 57951 58368 59020 59191 65413、左宝玉 2810

亮叶杜鹃 Rhododendron vernicosum Franch.

海拔：1400～1500 m

分布：奉节县

引证标本：方明渊 24029 24155

皱皮杜鹃 Rhododendron wiltonii Hemsl. & E. H. Wilson

海拔：2200 m

分布：南江县

引证标本：巴山采集队 5651

越桔属 Vaccinium L.

南烛 Vaccinium bracteatum Thunb.

海拔：800 m

分布：奉节县

引证标本：方明渊 23911

短尾越桔 Vaccinium carlesii Dunn

分布：城口县

引证标本：Y. L. Keng 779

云南越桔 Vaccinium duclouxii (H. Lév.) Hand.-Mazz.

海拔：390～1600 m

分布：奉节县、南江县、通江县、巫山县、镇巴县

引证标本：巴山木本小组 007、王金敖 0047、吴至康 97、佚名 198、周洪富 26196(SZ)、周洪富、粟和毅 107759(SZ) 107905(SZ) 108638(SZ) 108950(SZ) 109456(SZ) 110449(SZ) 110859(SZ) 111514(SZ)

无梗越桔 Vaccinium henryi Hemsl.

海拔：750～1850 m

分布：城口县、奉节县、巫溪县、镇巴县、镇坪县、平利县、宁强县、竹溪县

引证标本：方明渊 24517、周洪富 26732、K. L. Chu 2084、戴天伦 101120 101486(SZ) 101611 101963 102216(SZ) 102322 102570 102938 104119 104514 104885 105470 105475 105494(SZ) 105563 105817 105845 106126 107009 141486 640166、曲桂龄 2084、王金敖 0095、杨光辉 59787 65487、周洪富、粟和毅 110737(SZ) 111010(SZ)、山胡椒调查队 161(WUK) 309(WUK)、傅坤俊 11637(WUK) 11673(WUK)、侯喜祥 1241(WUK)、平利队 399(WUK)、应俊生等 546(WUK)、T. N. Liou 11871(WUK)、竹溪 91-37(HIB)

黄背越桔 Vaccinium iteophyllum Hance

海拔：700～1000 m

分布：奉节县、镇巴县

引证标本：张泽荣 25566 25603

日本扁枝越桔 Vaccinium japonicum Miq. var. **japonicum**

海拔：1300～1850 m

分布：开县、巫溪县

引证标本：巴山采集队 2582、李先源等 050162

扁枝越桔 Vaccinium japonicum Miq. var. **sinicum** (Nakai) Rehd.

海拔：1060～1780 m

分布：城口县、开县、平利县、镇坪县、宁强县

引证标本：102952(PE-00438312)、巴山采集队 2582、戴天伦 101614 102318 105532 105825 105978、周洪富、粟和毅 111194、平利队 381(WUK)、应俊生等 426(WUK)、陕西中草药普查队 1862(WUK)

西南越桔 Vaccinium laetum Diels

海拔：750～1320 m

分布：奉节县

引证标本：张泽荣 25478 25550 26011、周洪富 26104 26504 26569 26631 26700 26985、周洪富、粟和毅 109337 109847

江南越桔 Vaccinium mandarinorum Diels

海拔：750～1600 m

分布：奉节县

引证标本：方明渊 24825、张泽荣 25174 25226、周洪富 26318

102.紫金牛科 Myrsinaceae

紫金牛属 **Ardisia** Swartz

朱砂根 Ardisia crenata Sims

海拔：800～1100 m

分布：城口县、奉节县、平利县、镇坪县、竹山县

引证标本：四川大学生物系 103950、周洪富 26957、陕西省中草药普查队 1216(WUK)、陕西省中草药科研组(WUK)、王翔 23(HIB)

百两金 Ardisia crispa (Thunb.) A. DC.

海拔：800～1650 m

分布：城口县、旺苍县、平利县

引证标本：P. G. Farges 1079、戴天伦 102918、巴山采集队 5331 5248、陕西省中草药普查队 152(WUK)

紫金牛 Ardisia japonica (Thunb.) Blume

海拔：700～1740 m

分布：奉节县、巫山县、巫溪县、镇巴县、西乡县、平利县

引证标本：王明昌 1182、杨光辉 59895 65335、周洪富、粟和毅 107901(SZ) 111590 111631(SZ)、山胡椒调查队 245(WUK)、陕西省中草药普查队 603(WUK)

杜茎山属 **Maesa** Forsskal.

湖北杜茎山 Maesa hupehensis Rehder

海拔：900～1100 m

分布：奉节县、巫溪县

引证标本：杨光辉 65117、周洪富 26262

杜茎山 Maesa japonica (Thunb.) Moritzi & Zoll.

海拔：630～1000 m

分布：城口县、奉节县

引证标本：戴天伦 103097、方明渊 23939、张泽荣 25568、周洪富 26650 26831

铁仔属 **Myrsine** L.

铁仔 Myrsine africana L.

海拔：450～1600 m

分布：城口县、房县、奉节县、广元市、平利县、镇巴县、镇坪县、宁强县、通江县、万源市、巫山县、巫溪县、西乡县、旺苍县、竹溪县

引证标本：巴山采集队 0310 5315 5949、102066 4558、H. W. Kung 3406、K. L. Chu 1826 1913 2211、K. M. Liou 8485 8987 9108、T. N. Liou, C. Wang 159(WUK)、T. P. Wang 10270、方明渊 23991 24619、李培元 4222 6015、刘克荣 412、杨光辉 57649 59583 65204 65648、张泽荣 25504 25515 25941、戴天伦 100181 100238(SZ) 100450 102066(SZ) 102275 103095 103233 103430 103655 103797 103907 107176、上海肿瘤协作组 87(FUS)、四川经济植物考察队 0086(CDBI)、王金敖 00007(CDBI) 0142(CDBI)、王庆瑞、张爱民 5342(WNU)、周洪富 26162(SZ) 26443 26573 26682、周洪富、粟和毅 107557(SZ) 107676(SZ) 108578 108869 109287 109413 109625(SZ) 109656(SZ) 110446 110819 111298(SZ) 111434 127557(SZ)、山胡椒调查队 173(WUK)、邢吉庆 7(WUK)、陕西省植被小组 138(WUK)、李培元 119(WUK)、郑重 1014(HIB)

针齿铁仔 Myrsine semiserrata Wall.

海拔：695～1750 m

分布：城口县、奉节县、广元市、巫溪县

引证标本：何业琪 02032、杨光辉 270 65109、周

洪富 26273(SZ)、周洪富、粟和毅 107590、戴天伦 103457 103459 106781、魏志平 04056(SZ)、张泽荣 25913

光叶铁仔 Myrsine stolonifera (Koidz.) E. Walker

海拔：750～920 m

分布：奉节县

引证标本：周洪富、粟和毅 109385(SZ) 111633(SZ)

103.报春花科 Primulaceae

点地梅属 Androsace L.

细蔓点地梅 Androsace cuscutiformis Franch.

海拔：2000 m

分布：旺苍县

引证标本：巴山采集队 4905

莲叶点地梅 Androsace henryi Oliv.

海拔：850～2600 m

分布：奉节县、巫山县、巫溪县、旺苍县、平利县

引证标本：陈之端等 960587 960816 960910、杨光辉 57981 58059 58878 59316 65427(SZ)、巴山采集队 4977 5110、三峡考察队 428、倪炳炽 00265、陈彦生等 3100(WUK)

康定点地梅 Androsace limprichtii Pax & K. Hoffm.

海拔：2300 m

分布：南江县

引证标本：巴山采集队 5649

点地梅 Androsace umbellata (Lour.) Merr.

海拔：700 m

分布：镇巴县

引证标本：陕西省中草药科研组 234(WUK)

珍珠菜属 Lysimachia L.

虎尾草 Lysimachia barystachys Bunge

海拔：1400～1700 m

分布：城口县、南江县、平利县、镇坪县

引证标本：巴山采集队 5469、戴天伦 101127(SZ)、吴振海 1190(WUK)、陈彦生等 4802(WUK)

泽珍珠菜 Lysimachia candida Lindl.

海拔：780 m

分布：宁强县

引证标本：00146(条形码号：00171651)(PE)

细梗香草 Lysimachia capillipes Hemsl.

海拔：1200～1650 m

分布：城口县

引证标本：戴天伦 100862(SZ) 102094(SZ)

过路黄 Lysimachia christiniae Hance

海拔：800～2200 m

分布：通江县、城口县、平利县、镇巴县、西乡县、镇坪县、巫溪县、宁强县、竹溪县

引证标本：巴山采集队 0411 0509 0811 5821、陈耀东、马欣堂、傅连中 2344 2363、四川大学生物系 105728、于海 30018、陕西省中草药科研组 247(WUK) 1671(WUK)、傅坤俊 11558(WUK)、李培元 240(WUK)、K. M. Liou 8867(HIB)

露珠珍珠菜 Lysimachia circaeoides Hemsl.

海拔：400～2000 m

分布：城口县、奉节县、南江县、巫山县

引证标本：戴天伦 100775(SZ) 100834(SZ) 100836(SZ) 101332(SZ) 101359(SZ) 102353(SZ) 105111 101271(SZ)、李先源 042 KQ042、佚名 2578、周洪富 26620(SZ) 26997(SZ)、周洪富、粟和毅 109065(SZ)

矮桃 Lysimachia clethroides Duby

海拔：554～2100 m

分布：城口县、房县、奉节县、通江县、万源市、巫山县、巫溪县、镇坪县、镇巴县、南郑县、西乡县、平利县、镇坪县、竹溪县

引证标本：陈耀东、傅连中、马欣堂 2058 2551、李培元 2314 2493(WUK) 5282 5456 5682 6538、刘克荣 0457、乔英林 01229、四川大学生物系 101925 102550 105698、巴山采集队 0083 0417 1159 1462 5815 6133 6224 6290、戴天伦 101783 101925 102094(SZ) 100836(SZ) 101468(SZ) 102353(SZ) 103535 103839 104628 105394 105568 105698

106146 106238 106848(SZ) 107187(SZ) 107428(SZ)、方明渊 23952 24505(SZ) 24749(SZ)、何等 106238、李先源 KQ061、三峡考察队 27 357、四川经济植物考察队 草 5、王金敖 0055、杨光辉 58963 59260(SZ) 59645 65045(SZ) 65471(SZ)、张泽荣 25338(SZ)、周洪富、粟和毅 23906(SZ) 23952 25706(SZ) 26294(SZ) 26330(SZ) 108623 108986 109085 109515 109820 109950 110433(SZ) 111151、陕西省中草药科研组 83(WUK) 327(WUK) 1701(WUK)、西北大学 1306(WUK)、T. N. Liou & P. C. Tsoong 4035(WUK)、竹溪 91-381(HIB)

临时救 Lysimachia congestiflora Hemsl.

海拔：700～2000 m

分布：城口县、奉节县、南江县、平利县、镇坪县、宁强县、通江县、巫山县、巫溪县、云阳县

引证标本：陈耀东、马欣堂、傅连中 2549、李强 1-0010、巴山采集队 0003 5841 6020、方明渊 24543(SZ)、三峡考察队 2705、孙雄才 342、王金敖 0059、杨光辉 59007(SZ)、周洪富、粟和毅 26142(SZ) 108547 109063(SZ) 109532、应俊生 108(WUK)、乔林英 28(WUK)

距萼过路黄 Lysimachia crista-galli Pamp. ex Hand.-Mazz.

海拔：1280 m

分布：奉节县

引证标本：周洪富、方明渊，张泽荣 25378(SZ)

锈毛过路黄 Lysimachia drymarifolia Franch.

海拔：1500 m

分布：南江县

引证标本：万绍滨 2592

红根草 Lysimachia fortunei Maxim.

海拔：2050 m

分布：城口县

引证标本：戴天伦 102244(SZ)

大花香草 Lysimachia grandiflora Hance

海拔：1270 m

分布：通江县

引证标本：巴山采集队 5822

鐩瓣珍珠菜 Lysimachia glanduliflora Hanelt

海拔：800 m

分布：奉节县

引证标本：四川大学川东植物调查队 108584

点腺过路黄 Lysimachia hemsleyana Maxim. ex Oliv.

海拔：600～1300 m

分布：镇巴县、平利县、镇坪县

引证标本：陕西省中草药科研组 6(WUK)、李培元 1581(WUK)、徐光远 458(WUK)

黑腺珍珠菜 Lysimachia heterogenea Klatt

海拔：1700 m

分布：云阳县

引证标本：三峡考察队 2739

山萝过路黄 Lysimachia melampyroides R. Knuth

海拔：930 m

分布：城口县

引证标本：巴山采集队 0322

琴叶过路黄 Lysimachia ophelioides Hemsl.

海拔：658～1455 m

分布：城口县

引证标本：巴山采集队 0654 0712 1055 1395

落地梅 Lysimachia paridiformis Franch.

海拔：750～1050 m

分布：奉节县、巫溪县、云阳县

引证标本：金常元 0644、杨光辉 65088(SZ) 68088(SZ)、周洪富 26136(SZ)、周洪富、粟和毅 26059(SZ) 107886 108642

狭叶珍珠菜 Lysimachia pentapetala Bunge

分布：西乡县

引证标本：郭本兆 2103(WUK)

阔叶假排草 Lysimachia petelotii Merr.

海拔：1350 m

分布：城口县

引证标本：戴天伦 101468(SZ)

疏头过路黄 Lysimachia pseudohenryi Pamp.

海拔：658～975 m

分布：城口县

引证标本：巴山采集队 0712 1055

显苞过路黄 Lysimachia rubiginosa Hemsl.

海拔：1600 m

分布：奉节县

引证标本：方明渊 242504(SZ)

北延叶珍珠菜 Lysimachia silvestrii (Pamp.) Hand.-Mazz.

海拔：1085～2800 m

分布：城口县

引证标本：巴山采集队 0531、戴天伦 101359(SZ)

腺药珍珠菜 Lysimachia stenosepala Hemsl.

海拔：930～2350 m

分布：南江县、旺苍县、通江县、城口县、奉节县、平利县、万源市、巫山县、巫溪县、镇坪县、镇巴县、宁强县、竹溪县

引证标本：陈耀东、马欣堂、傅连中 2547、李培元 4383 5675、刘玉红 32、乔英林 01232、四川大学生物系 102729、杨光辉 59010、于海 30223、周洪富、粟和毅 108475 108517 110341、巴山采集队 0012 0424 0686 0987 1264 1442 4891 5546 5641 5868、戴天伦 100775(SZ) 100834(SZ) 100862(SZ) 101751(SZ) 102244(SZ) 102729 105316(SZ) 105539(SZ) 105730(SZ) 107103、费政琴 2800、李培元 4102、李先源 37210、倪炳炽 00507、四川经济植物考察队 0094 0098、王级秋 2578、西师生物调查队 6025、西师生物系 0094、张泽荣等 25218(SZ)、陕西省中草药科研组 205(WUK)、陕西中医所 1252(WUK)、竹溪 91-531(HIB)

报春花属 Primula L.

灰绿报春 Primula cinerascens Franch.

海拔：1400～2700 m

分布：城口县、巫山县、巫溪县

引证标本：杨光辉 57836 58857、大巴山工作组 00648

二郎山报春 Primula epilosa Craib

海拔：1450 m

分布：城口县

引证标本：戴天伦 100627 105333

宝兴掌叶报春 Primula heucherifolia Franch.

海拔：1400 m

分布：城口县

引证标本：戴天伦 100256

川东灯台报春 Primula mallophylla Balf. f.

海拔：2100～2450 m

分布：城口县

引证标本：吴之坤 200610(KUN)(吴之坤等，2009)

麝草报春 Primula muscarioides Hemsl.

海拔：2200 m

分布：奉节县

引证标本：张泽荣 25273

鄂报春 Primula obconica Hance

海拔：1000～1350 m

分布：奉节县

引证标本：周洪富、粟和毅 107605(SZ) 108064(SZ)

齿萼报春 Primula odontocalyx (Franch.) Pax

分布：平利县、镇坪县

引证标本：陕西省中草药普查队 1415(WUK) 1710(WUK)

卵叶报春 Primula ovalifolia Franch.

海拔：1500 m

分布：巫山县

引证标本：杨光辉 57868

掌叶报春 Primula palmata Hand.-Mazz.

海拔：1900～2950 m

分布：南江县、巫山县

引证标本：杨光辉 58109、赵清盛 120458

钻齿报春 Primula pellucida Franch.

海拔：1920 m

分布：巫溪县

引证标本：陈之端等 960748

藏报春 Primula sinensis Sabine ex Lindl.

海拔：800 m

分布：旺苍县

引证标本：巴山采集队 5235

104.安息香科 Styracaceae

赤杨叶属 **Alniphyllum** Matsum.

赤杨叶 Alniphyllum fortunei (Hemsl.) Makino

海拔：800 m

分布：奉节县

引证标本：张泽荣 25819

白辛树属 **Pterostyrax** Siebold & Zucc.

白辛树 Pterostyrax psilophyllus Diels ex Perkins

海拔：800～1400 m

分布：城口县、奉节县、巫溪县、平利县

引证标本：59173、方文培 10378、张泽荣 25727、平利队 287(WUK)

安息香属 **Styrax** L.

赛山梅 Styrax confusus Hemsl.

海拔：890～1150 m

分布：奉节县、平利县、镇坪县

引证标本：张泽荣 25586、周洪富 26529、平利队 435(WUK)、野经第三队 347(WUK)

老鸹铃 Styrax hemsleyanus Diels

海拔：1000～2900 m

分布：城口县、奉节县、巫山县、巫溪县、平利县、镇坪县

引证标本：戴天伦 100551 105634 105637、倪炳炽 00385、杨光辉 59375 65074 65343、张泽荣 25145、周洪富 26228 26359、59162(条形码号：00882537)(PE)、徐光远 4394(WUK)、应俊生等 279(WUK)

墨泡 Styrax huanus Rehder

海拔：2000 m

分布：巫溪县

引证标本：杨光辉 65407

野茉莉 Styrax japonicus Siebold & Zucc.

海拔：695～1820 m

分布：城口县、奉节县、巫山县、巫溪县、镇巴县、镇坪县、西乡县、平利县、竹溪县

引证标本：戴天伦 103315、方明渊 23912 24815、李培元 2343 2692、王金敖 0081、西大生物系巴山木本小组 286、杨光辉 59092、周洪富 26661 26686、周洪富、粟和毅 108265 108826 108905 109031 109331 110219 110736、K. M. Liou 8643 8776、方明渊 23912 24815、杨光辉 59092 65343、张泽荣 25051 25145 25586 25715、周洪富 26359 26529 26661 26686、侯喜祥 1232(WUK)、山胡椒调查队 138(WUK) 335(WUK)、傅坤俊 11460(WUK)、平利队 92(WUK)

粉花安息香 Styrax roseus Dunn

海拔：1100～1600 m

分布：城口县、奉节县

引证标本：李培元 5346、周洪富、粟和毅 108220

栓叶安息香 Styrax suberifolius Hook. & Arn.

海拔：750 m

分布：奉节县

引证标本：周洪富、粟和毅 109382

105.山矾科 Symplocaceae

山矾属 **Symplocos** Jacq.

薄叶山矾 Symplocos anomala Brand

海拔：500～2000 m

分布：城口县、奉节县、南江县、巫溪县

引证标本：达县野生植物普查队川经达 2763(SZ)、戴天伦 102898 105097、方明渊 24922(SZ)、李先源、王海洋 050164(SWCTU)、张泽荣 25979(SZ)、周洪富 26659(SZ)、25979(SZ)

光亮山矾 Symplocos lucida (Thunb.) Siebold & Zucc.

海拔：800～1650 m

分布：城口县、奉节县、巫山县、镇坪县

引证标本：戴天伦 102578(SZ) 105463、方明渊 24752 24820(SZ)、杨光辉 58053、张泽荣 25802、周洪富 26971(SZ)、周洪富、粟和毅 111494(SZ)、野经第三队 167(WUK)

白檀 **Symplocos paniculata** (Thunb.) Miq.

海拔：1100～2200 m

分布：城口县、奉节县、南江县、通江县、旺苍县、巫山县、巫溪县、镇巴县、镇坪县、平利县、竹溪县

引证标本：巴山采集队 1228 4946 5501 5696、陈炳麟 2555(SZ)、川经达 2666(SZ)、戴天伦 101316(SZ) 105117(SZ) 101915(SZ) 104007 104765 105384 105488 105523(SZ) 105543 106078(SZ) 106321 106911(SZ)、方明渊 24040 24147(SZ) 24150、费玫琴 2671(CDBI)、李先源、王海洋 050187(SWCTU)、李忠秀 2791(SZ)、三峡考察队 3459 3617、万绍滨 2595(SZ)、西师 0057(CDBI) 0312(CDBI)、杨光辉 05379(SZ) 59528(SZ)、张泽荣 25249、重师、西农调查队 0312(CDBI)、周洪富、粟和毅 107988(SZ) 108313(SZ) 108356(SZ) 108416(SZ)、周善滋 2546(CDBI)、陈耀东、马欣堂、傅连中 2035 2582、陈之端等 960903、P. Wang 10690、李培元 5024(WUK)、野经第三队 470(WUK)

多花山矾 **Symplocos ramosissima** Wall. ex G. Don

海拔：900～1100 m

分布：城口县、奉节县

引证标本：戴天伦 100664、张泽荣 25543 25714

老鼠矢 **Symplocos stellaris** Brand

海拔：750～1450 m

分布：城口县、奉节县

引证标本：周洪富 26790、周洪富、粟和毅 109356(SZ)

山矾 **Symplocos sumuntia** Buch.-Ham. ex D. Don

海拔：500～2000 m

分布：城口县、奉节县、巫山县、巫溪县

引证标本：戴天伦 104831 106879(SZ)、方明渊 24769(SZ)、何获平 106879(SZ)、三峡考察队 2873 2956 2962 3268 3549、杨光辉 57797、张泽荣 25365 25973、周洪富 26578 26893、周洪富、粟和毅 108449(SZ) 108689(SZ) 109377(SZ) 111199(SZ)

106.木犀科 Oleaceae

连翘属 **Forsythia** Vahl

秦连翘 **Forsythia giraldiana** Lingelsh.

海拔：1350 m

分布：城口县

引证标本：戴天伦 100868

连翘 **Forsythia suspensa** (Thunb.) Vahl

海拔：700～1700 m

分布：城口县、巫溪县、云阳县、万源市、平利县、房县

引证标本：巴山采集队 0888、李先源、王海洋 050019(SWCTU)、马乍祥 1672(CDBI)、王宇清，陈光义 1645(SZ)、K. M. Liou 9178、戴天伦 100080 100095、李培元 6024、周洪富、粟和毅 110140、陕西省中草药普查队 107(WUK)

梣属 **Fraxinus** L.

白蜡树 **Fraxinus chinensis** Roxb.

海拔：1000～1650 m

分布：城口县、奉节县、广元市、南江县、通江县、巫溪县、宁强县、镇坪县

引证标本：王 0195(CDBI)、王幼秋 2883(SZ)、西师调查队 0302(CDBI)、杨光辉 59567、周洪富、粟和毅 108163 109255、F. T. Wang 22584、T. P. Wang 9307、陈彦生等 2911(WUK)

多花梣 **Fraxinus floribunda** Wall.

海拔：800～1650 m

分布：城口县、奉节县、房县

引证标本：戴天伦 102340、周洪富、粟和毅 107915 108119 108122、刘克荣 0608(HIB)

光蜡树 **Fraxinus griffithii** C. B. Clarke

海拔：800～1600 m

分布：城口县、巫山县、巫溪县、房县

引证标本：巴山采集队 0874、杨光辉 58634 59118、刘克荣 0602(HIB)

秦岭白蜡树 Fraxinus paxiana Lingelsh.

海拔：800～2200 m

分布：南江县、巫山县、镇坪县

引证标本：巴山采集队 5675、王汉津 59078(FUS)、野经第三队 207(WUK)

茉莉属 Jasminum L.

探春花 Jasminum floridum Bunge

海拔：600～3500 m

分布：奉节县、旺苍县、巫山县、巫溪县、镇巴县、宁强县、房县、广元市

引证标本：巴山采集队 5305 5436、巴山木本小组 265(WNU)、方明渊 24975、杨光辉 58207 59899 65205 65570 69630(SZ)、张泽荣 25655 25887、周洪富 26063 26469、周洪富、粟和毅 108613 109138 109654 110312 110669、巴山采集队 5305 5436、四川大学生物系 110669 24680、K. L. Chu 1709、K. M. Liou 9033、T. N. Liou 11792、刘克荣 0217、陕西省中草药科研组 1(WUK)、李培元 865(WUK)

矮探春 Jasminum humile L.

海拔：1030 m

分布：奉节县

引证标本：周洪富、粟和毅 111513

清香藤 Jasminum lanceolaria Roxb.

海拔：520～1400 m

分布：城口县、奉节县、旺苍县、云阳县、巫溪县、西乡县、平利县

引证标本：巴山采集队 0705 1066 5273 戴天伦 101078 102043(SZ) 103094(SZ) 103461 103576 103705 103818 107228 107368 107229、方明渊 24711 24817、李培元 3517(WUK)、张泽荣 25656、赵良能 2808(SZ)、周洪富 26261 26438 26945、周洪富、粟和毅 108713 108918 109362 110715(SZ) 110872、102043、T. N. Liou 4002、杨光辉 65152、山胡椒调查队 239(WUK) 369(WUK)、傅坤俊 1030(WUK) 11469(WUK) 11496(WUK)、应俊生等 999(WUK)

迎春花 Jasminum nudiflorum Lindl.

海拔：850 m

分布：西乡县、宁强县

引证标本：傅坤俊 11749(WUK)、李培元 300(WUK)

华清香藤 Jasminum sinense Hemsl.

海拔：500～1100 m

分布：奉节县、万源市、巫溪县

引证标本：张泽荣 25952(SZ)、K. L. Chu 2161、杨光辉 65199

女贞属 Ligustrum L.

长叶女贞 Ligustrum compactum (Wall. ex G. Don) J. D. Hook. & Thomson ex Brandis

海拔：750 m

分布：房县

引证标本：刘克荣 0431(HIB)

川滇蜡树 Ligustrum delavayanum Hariot

海拔：900～2100 m

分布：城口县、巫山县、巫溪县

引证标本：戴天伦 100637 104182 104219 104307 104455 104550 104624 104834 104887 104916 106113 106249 106279 106283 106902 105322 106749 106780 106963、杨光辉 106883

丽叶女贞 Ligustrum henryi Hemsl.

海拔：500～1100 m

分布：城口县、奉节县、广元市、巫山县、巫溪县、云阳县、万源市、镇巴县、西乡县、镇坪县、平利县

引证标本：方明渊 24653、郭本兆 2119、金常元 0796(CDBI)、王 0153(CDBI)、吴至康 0185(SZ)、00110(PE-01508123)、张泽荣 25505 25667 25798、赵良能 2787(SZ)、周洪富 26174(SZ) 26232(SZ) 26510(SZ) 26918(SZ)、周洪富、粟和毅 107677(SZ) 108672 108925 109141 109710 110716 111464

111617 108618 109662、何业琪 01621、姜恕等 00110、李培元 4189 5414 6702、乔英林 01296、杨光辉 65191、F. T. Wang 22614、傅坤俊 11609(WUK) 12013(WUK)、侯喜祥 1254(WUK)、牛运达 13(WUK)

蜡子树 Ligustrum leucanthum (S. Moore) P. S. Green

海拔：1150～2200 m

分布：城口县、奉节县、南江县、平利县、西乡县、镇坪县、巫山县、巫溪县、竹溪县

引证标本：巴山采集队 5472、戴天伦 105170 105815、方明渊 24114、李宗秀 2788(SZ)、万绍滨 2609(SZ)、杨光辉 59149(SZ) 59210 59430 61319(SZ) 65586、张泽荣 25285、周洪富、粟和毅 108377 109002 110965 111193、李培元 1305、四川大学川东植物调查队 111193、四川大学生物系 108322、傅坤俊 11564(WUK)、陈彦生等 1211(WUK)、竹溪 91-79(HIB)

女贞 Ligustrum lucidum W. T. Aiton

海拔：450～1600 m

分布：城口县、奉节县、广元市、巫山县、巫溪县、云阳县、平利县、镇坪县、宁强县、竹溪县

引证标本：戴天伦 101075 101679 101828 102281(SZ) 102782 103034 105927 107224 107495 101161、方明渊 23910 23993 24645、李培元 65(WUK) 680(WUK) 1031(WUK) 3683(WUK) 6454、王庆瑞、张爱民 5328(WNU)、西师生物系 02404、杨光辉 59542 65349、张泽荣 25770、赵良能 2807(SZ)、周洪富 25781 26326 26435 26784、K. M. Liou 8818 8926、何业琪 1755、刘金鉴等 272、西大安康野生调查队 I00178、周洪富、粟和毅 108809 109196 109269 109499 109804 111495 111642、徐光远 5425(WUK)

阿里山女贞 Ligustrum pricei Hayata

海拔：650～1200 m

分布：城口县、奉节县

引证标本：戴天伦 100504 1007330 102041 102786 102991 103036 103272 103458、张泽荣 25914、周洪富 26960、周洪富、粟和毅 108505 111493

小叶女贞 Ligustrum quihoui Carr.

海拔：165～1190 m

分布：城口县、奉节县、巫溪县、广元市、万源市、旺苍县、通江县、镇巴县、镇坪县、宁强县、平利县、西乡县、南郑县、竹山县、房县、竹溪县

引证标本：巴山采集队 0143 5169 5944 6092、巴山木本小组 784(WNU)、李先源 KQ05(SWCTU)、野经第三队 251(WNU)、张泽荣 25651、K. L. Chu 1725、K. M. Liou 8911 9061、K. T. Fu 2378、方明渊 24799、郝景盛 H.315、李培元 4993 5201 5349 5952 6013 6682、乔英林 01285 1064、袁开来 平 10025、周洪富 26444、周洪富、粟和毅 108658、西北大学 202(WUK)、T. N. Liou 3976(WUK)、牛运达 30(WUK)、乔林英 1285(WUK)

小蜡 Ligustrum sinense Lour. var. **sinense**

海拔：500～1651 m

分布：城口县、奉节县、旺苍县

引证标本：巴山采集队 4802、戴天伦 102882(SZ)、张泽荣 25061(SZ)、赵良能 2759(SZ)、周洪富 26161(SZ)、周洪富、粟和毅 108667(SZ)

光萼小蜡 Ligustrum sinense var. **myrianthum** (Diels) Hoefker

海拔：700～1200 m

分布：城口县、奉节县、巫溪县、西乡县、镇坪县

引证标本：周洪富、粟和毅 107679(SZ) 109375 111585 108913 109306 111462 111585 111616、四川大学生物系 107679、戴天伦 100504 103075 105816、方明渊 24774 24791、方文培 10019(SZ)、杨光辉 65260、张泽荣 25580 25880、周洪富 26090 26376 26722(SZ)、傅坤俊 11447(WUK)、乔林英 1302(WUK)、大巴山工作组 00852(CDBI)

宜昌女贞 Ligustrum strongylophyllum Hemsl.

海拔：544～1300 m

分布：城口县、奉节县、旺苍县、通江县、广元市、巫山县、巫溪县、平利县、镇坪县

引证标本：巴山采集队 4995 6228、杨光辉 59829

65099 65531、戴天伦 100913 102041 102135 105594、何业琪 1940、周洪富、粟和毅 108509 108601 110286 110648、傅坤俊 2014(WUK)、陕西省植被小组 146(WUK)

木犀属 **Osmanthus** Lour.

红柄木犀 **Osmanthus armatus** Diels

海拔：550～2150 m

分布：城口县、奉节县、巫山县、巫溪县、镇巴县、镇坪县

引证标本：戴天伦 104696 105692(SZ) 106609 106609 107012、方明渊 24526、李先源、王海洋 050005(SWCTU)、张泽荣 25052、赵良能 2803(SZ)、周洪富 26319、周洪富、粟和毅 107735(SZ) 107835 108101 111420 111599(SZ)、杨光辉 59868 65454、山胡椒调查队 156(WUK)、陕西省植被小组 25(WUK)

木犀 **Osmanthus fragrans** (Thunb.) Lour.

海拔：700～1100 m

分布：奉节县、镇巴县、西乡县、平利县、宁强县、竹溪县

引证标本：王明昌 1218(WNU)、K. M. Liou 8686 8757、邢吉庆 27、杨金祥 1600、周洪富、粟和毅 107708 110688、山胡椒调查队 221(WUK)、陕西省植被小组 317(WUK)、张学忠 113(WUK)

小叶月桂 **Osmanthus minor** P. S. Green

分布：万源市

引证标本：刘心祈 26593(SZ)

短丝木犀 **Osmanthus serrulatus** Rehder

分布：巫溪县

引证标本：206(条形码号：00050211)(FUS)

丁香属 **Syringa** L.

西蜀丁香 **Syringa komarowii** C. K. Schneid.

海拔：1200～2700 m

分布：城口县、巫山县、巫溪县、平利县

引证标本：戴天伦 101095 105136、杨光辉 58850、陕西省林业研究所植物调查队 253(WUK)

垂丝丁香 **Syringa komarowii** subsp. **reflexa** (C. K. Schneid.) P. S. Green & M. C. Chang

海拔：2300 m

分布：镇坪县

引证标本：陕西省植被小组 254(WUK)

巧玲花 **Syringa pubescens** Turcz.

分布：巫溪县

引证标本：倪炳炽 00329(SZ)

小叶巧玲花 **Syringa pubescens** subsp. **microphylla** (Diels) M. C. Chang & X. L. Chen

海拔：1450 m

分布：城口县

引证标本：戴天伦 100625

北京丁香 **Syringa reticulata** subsp. **pekinensis** (Ruprecht) P. S. Green & M. C. Chang

海拔：900 m

分布：城口县

引证标本：李培元 2758

107.柿树科 Ebenaceae

柿树属 **Diospyros** L.

乌柿 **Diospyros cathayensis** Steward

海拔：850 m

分布：平利县

引证标本：傅坤俊 12025(WUK)

柿 **Diospyros kaki** var. **kaki**

海拔：570～850 m

分布：平利县、宁强县

引证标本：乔林英 1190(WUK)、李培元 98(WUK)

野柿 **Diospyros kaki** var. **silvestris** Makino

分布：西乡县、平利县

引证标本：T. N. Liou & P. C. Tsoong 3950(WUK)、K. M. Liou 8473(WUK)

君迁子 **Diospyros lotus** L.

海拔：750 m

分布：宁强县、房县

引证标本：李培元 37 (WUK)、刘克荣 241(HIB)

多毛君迁子 **Diospyros lotus** var. **mollisima** C. Y. Wu

海拔：1370 m

分布：平利县

引证标本：傅坤俊 17996(WUK)

108.马钱科 Loganiaceae

醉鱼草属 **Buddleja** L.

巴东醉鱼草 **Buddleja albiflora** Hemsl.

海拔：892～2060 m

分布：城口县、巫溪县、巫山县、南江县、镇巴县、平利县、竹山县

引证标本：陕西省中草药科研组 75(WUK)、徐光远 4082(WUK)、巴山采集队 0103 1105 1708 5494、戴天伦 100992(SZ) 101368 104759、王明昌 985、杨光辉 59046(SZ) 59195 59455 65450、陈彦生等 874(WUK)

驳骨丹 **Buddleja asiatica** Lour.

分布：奉节县

引证标本：3597(PE-00112112)

大叶醉鱼草 **Buddleja davidii** Franch.

海拔：520～2600 m

分布：城口县、房县、奉节县、宁强县、南郑县、平利县、西乡县、镇坪县、镇巴县、万源市、通江县、巫山县、巫溪县、南江县、竹溪县

引证标本：巴山采集队 5377 5950 5971 6299、K. L. Chu 1795 2195、T. N. Liou 11954、陈耀东、傅连中、马欣堂 2120 2490、戴天伦 101158 101236(SZ) 101427 101461 101874 102010 102321(SZ) 102553(SZ) 102564 103241(SZ) 103565 103617 103795(SZ) 103878 104145 104251 104272 104315 104425(SZ) 104500 104536 104609(SZ) 104715 104975 104992 105556 105676 105922(SZ) 106183 106237 106453 106800 106894 106918 106953(SZ) 107043 107067 107173 107333 107390、刘金鉴等 271、刘克荣 0218、T. N. Liou & P. C. Tsoong 3987(WUK)、吴振海 1053(WUK)、黄仁煌 2948(HIB)、方明渊 24602 24780 24892 24921(SZ)、李本良 0843、李培元 2735 2918 3904 3934 4013 5306、李先源 KQ104、李馨 654745、四川经济植物考察队 0176、王 0174、王明昌 1127、杨光辉 58899 59184(SZ) 59497 59552 59701 59968 65058 65256 65475 65507 65547(SZ)、张泽荣 25555(SZ) 25768、赵良能 2654、周洪富 206675 26586(SZ) 26888(SZ) 26903(SZ)、周洪富、粟和毅 108710(SZ) 108810(SZ) 108885(SZ) 108992(SZ) 109480(SZ) 109594(SZ) 109618(SZ) 109954(SZ) 110243(SZ) 110310(SZ) 110321(SZ) 110391(SZ) 110488(SZ) 110506(SZ) 110589(SZ) 110592(SZ) 110821(SZ) 110975(SZ) 111018(SZ) 111094(SZ) 111190(SZ) 111192(SZ) 111291(SZ) 111335(SZ) 111404(SZ) 111539(SZ) 111565(SZ)、陈彦生等 2056(WUK)

醉鱼草 **Buddleja lindleyana** Fortune

海拔：595～1100 m

分布：城口县、奉节县、广元市

引证标本：李培元 937、佚名 0219 102040、周洪富、粟和毅 109220

金沙江醉鱼草 **Buddleja nivea** Duthie

分布：平利县

引证标本：西大 105(WUK)

密蒙花 **Buddleja officinalis** Maxim.

海拔：120～850 m

分布：奉节县、广元市、通江县、西乡县、镇巴县、平利县、宁强县

引证标本：T. N. Liou & C. Wang 160、三峡工程植被组 00016、邢吉庆 35、傅坤俊 11605(WUK)、乔林英 10587(WUK)、李培元 856(WUK)、005(条形码号：CDBI0115115)(CDBI)、高成芝 0219、佚名 005、周洪富、粟和毅 107588(SZ)

蓬莱葛属 **Gardneria** Wall.

批针叶蓬莱葛 **Gardneria lanceolata** Rehder & E. H. Wilson

海拔：1180～1600 m

分布：城口县、奉节县

引证标本：戴天伦 104922、周洪富、粟和毅 108508(SZ)

蓬莱葛 Gardneria multiflora Makino

海拔：625～1320 m

分布：城口县、奉节县、巫山县、巫溪县、镇坪县

引证标本：戴天伦 100929 103217、方明渊 24874、杨光辉 58395 58609 59943、张泽荣 25461、陈彦生等 2817(WUK)

109.龙胆科 Gentianaceae

龙胆属 Gentiana L.

川东龙胆 Gentiana arethusae Burkill

海拔：2000～2400 m

分布：巫溪县

引证标本：杨光辉 59448、陈耀东等 2069

密花龙胆 Gentiana densiflora T. N. Ho

海拔：1200～1600 m

分布：城口县、奉节县

引证标本：戴天伦 100047 100070、周洪富、粟和毅 107812 108202

苞叶龙胆 Gentiana licentii Harry Sm. ex C. Marquand

海拔：1600 m

分布：城口县、巫溪县、镇坪县

引证标本：戴天伦 100126、佚名 0314、徐光远 4695(WUK)

大颈龙胆 Gentiana macrauchena C. Marquand

海拔：1345～1900 m

分布：万源市、竹溪县、巫溪县、镇坪县、平利县

引证标本：高成兰 2329、李振宇 11739、刘玉红 1-1、陈彦生等 274(WUK) 353(WUK)

秦艽 Gentiana macrophylla Pallas

分布：云阳县

引证标本：川西植被调查队 3751

多枝龙胆 Gentiana myrioclada Franch. ex Hemsl.

海拔：2000～2200 m

分布：巫溪县

引证标本：陈耀东等 2345、杨光辉 59446a

少叶龙胆 Gentiana oligophylla Harry Sm.

海拔：1800～2200 m

分布：奉节县

引证标本：周洪富、粟和毅 108330、108340(条形码号：00088548)(PE)、张泽荣 25262

假鳞叶龙胆 Gentiana pseudosquarrosa H. Sm.

海拔：140 m

分布：巫山县

引证标本：T. P. Wang 10392

红花龙胆 Gentiana rhodantha Franch.

海拔：640～1350 m

分布：城口县、奉节县、广元市、巫山县、巫溪县、云阳县、西乡县、镇坪县、宁强县、房县

引证标本：戴天伦 103029 103807 107284 107319 107407、胡文光 0031、李培元 279(WUK) 980、上海肿瘤协作组 275 52、杨昌照 961001、杨光辉 59876 65543 65623、周洪富、粟和毅 110296 110621 111087 111384 111525、65543(条形码号：00094350)(PE)、K. M. Liou 9254、山胡椒调查队 361(WUK)、镇坪中草药组 153(WUK)

深红龙胆 Gentiana rubicunda Franch. var. **rubicunda**

海拔：930～2000 m

分布：奉节县、城口县、旺苍县

引证标本：巴山采集队 5438、戴天伦 100496 100581 100741、张泽荣 25384

大花深红龙胆 Gentiana rubicunda Franch. var. **purpurata** (Maxim. ex Kusn.) T. N. Ho

海拔：2000 m

分布：城口县、巫溪县

引证标本：戴天伦 102374、杨光辉 65425

小繁缕叶龙胆 Gentiana rubicunda Franch. var. **samolifolia** (Franch.) C. Marquand

海拔：1200～1805 m

分布：奉节县、巫溪县

引证标本：周洪富、粟和毅 107812 108401、陈耀东等 89005

鳞叶龙胆 **Gentiana squarrosa** Ledeb.

海拔：900～1300 m

分布：平利县、镇坪县

引证标本：K. M. Liou 8426、应俊生 744(WUK)

四川龙胆 **Gentiana sutchuenensis** Franch. ex Hemsl.

海拔：900 m

分布：宁强县

引证标本：T. P. Wang 9325

母草叶龙胆 **Gentiana vandellioides** Hemsl. var. **vandellioides**

海拔：1700～2000 m

分布：城口县、巫山县、巫溪县、平利县、镇坪县

引证标本：戴天伦 101185 101392、杨光辉 59487、周洪富、粟和毅 109878、吴振海 1149(WUK)、应俊生 688(WUK)

二裂母草叶龙胆 **Gentiana vandellioides** Hemsl. var. **biloba** Franch.

海拔：1700～2000 m

分布：城口县、巫溪县

引证标本：戴天伦 101392 102374、杨光辉 59487 59491 65425

灰绿龙胆 **Gentiana yokusai** Burkill

海拔：900～1500 m

分布：巫山县、宁强县

引证标本：周洪富、粟和毅 110323、T. P. Wang 9325(WUK)

笔龙胆 **Gentiana zollingeri** Fawcett

海拔：700 m

分布：西乡县

引证标本：邢吉庆 33(WUK)

扁蕾属 **Gentianopsis** Ma

扁蕾 **Gentianopsis barbata** (Froel.) Ma

海拔：1500～1760 m

分布：岚皋县、镇坪县

引证标本：黄河二队 2952、陕西省中草药科研组 2103(WUK)

湿生扁蕾 **Gentianopsis paludosa** (Munro ex Hook.) Ma var. **paludosa**

海拔：1400～2010 m

分布：城口县、万源市、巫山县、巫溪县、平利县

引证标本：曲桂龄 2019、杨光辉 59296 59341、张泽荣 0133、K. L. Chu 2019、戴天伦 102246、李培元 6189、陕西省中草药普查队 585(WUK)

卵叶扁蕾 **Gentianopsis paludosa** (Munro ex Hook.) Ma var. **ovatodeltoidea** (Burk.) Ma

海拔：1700～2400 m

分布：巫溪县、西乡县、平利县

引证标本：陈耀东等 2347、傅坤俊 11514(WUK)、徐光远 4509(WUK)、吴振海 1163(WUK)

花锚属 **Halenia** Borkh.

椭圆叶花锚 **Halenia elliptica** D. Don var. **elliptica**

海拔：500～2600 m

分布：城口县、奉节县、万源市、巫山县、巫溪县、宁强县、西乡县、平利县、竹溪县、房县

引证标本：戴天伦 101357 101720 101953 102228 102513 102725 102839 103874 104137 104263 104325 105960 106092 106093 107198、李先源 KQ080、杨光辉 58930 59112 59252 59254 59949 65277 65470 65499、张泽荣 0114、周洪富、粟和毅 109023 109726 109952 110132 110539 111015 111204 111327、陈耀东等 2054 2510、T. N. Liou 11908、T. N. Liou 等 4015、刘玉红 71、徐光远 5728(WUK)、竹溪 91-253(HIB)、黄仁煌 3082(HIB)

大花花锚 **Halenia elliptica** D. Don var. **grandiflora** Hemsl.

海拔：1050～1900 m

分布：城口县、巫山县、巫溪县

引证标本：101953(条形码号：01399647)(PE)、戴天伦 102228 102513 107198、杨光辉 59112 59254 59949 65277 65473 65499

肋柱花属 **Lomatogonium** A. Braun

美丽肋柱花 **Lomatogonium bellum** (Hemsl.) Harry Sm.

海拔：1800～2550 m

分布：城口县、巫溪县、平利县

引证标本：戴天伦 106024 106145 106757 107248、陈耀东等 2006、杨光辉 59486、傅坤俊 12090(WUK)

大钟花属 **Megacodon** (Hemsl.) H. Sm.

大钟花 **Megacodon stylophorus** (C. B. Clarke) Fern.

海拔：900 m

分布：城口县

引证标本：戴天伦 103301

川东大钟花 **Megacodon venosus** (Hemsl.) Harry Sm.

海拔：640～1350 m

分布：城口县

引证标本：戴天伦 103061 103896

翼萼蔓属 **Pterygocalyx** Maxim.

翼萼蔓 **Pterygocalyx volubilis** Maxim.

海拔：1800～2400 m

分布：巫溪县、西乡县、平利县

引证标本：陈耀东等 2127 2194、傅坤俊 11550(WUK)、应俊生 872(WUK)

獐牙菜属 **Swertia** L.

獐牙菜 **Swertia bimaculata** (Siebold & Zucc.) Hook. & Thomson ex C. B. Clarke

海拔：625～2000 m

分布：城口县、奉节县、巫山县、巫溪县、万源市、房县、西乡县、竹溪县

引证标本：戴天伦 101985 102153 102500 103139 103643 103758 103998 104269 104508 104820 106291 106532 106586 106946 107023 107186 107325 107474、上海肿瘤所协作组 248 60、杨光辉 59340 65044 65299 65426 65500、周洪富 110339 110501 111230 111395、周洪富、粟和毅 110596 110868、陈耀东等 2016、102153、K. L. Chu 2030、T. N. Liou 等 4007、刘克荣 0266、T. N. Liou & P. C. Tsoong 4007(WUK)、竹溪 91-29(HIB)

川东獐牙菜 **Swertia davidii** Franch.

海拔：1200 m

分布：广元市

引证标本：李培元 983、F. T. Wang 22666

北方獐牙菜 **Swertia diluta** (Turcz.) Benth. & Hook. f.

海拔：650～1950 m

分布：城口县、平利县、镇坪县、宁强县

引证标本：戴天伦 106515、傅坤俊 11900(WUK)、镇坪中草药组 78(WUK)、乔林英 184(WUK)

红直獐牙菜 **Swertia erythrosticta** Maxim.

分布：城口县

引证标本：戴天伦 106260

贵州獐牙菜 **Swertia kouitchensis** Franch.

海拔：700～2100 m

分布：城口县、奉节县、巫山县

引证标本：戴天伦 102860 103281 103748 106432 106792 106908 107213 107430、周洪富、粟和毅 109504 111077 111183

显脉獐牙菜 **Swertia nervosa** (Wall. ex G. Don) C. B. Clarke

海拔：900 m

分布：平利县

引证标本：陈彦生等 3908(WUK)

紫红獐牙菜 **Swertia punicea** Hemsl.

海拔：1100～1250 m

分布：奉节县、巫山县

引证标本：周洪富、粟和毅 110202 110994 111393

圆腺獐牙菜 **Swertia rotundiglandula** T. N. Ho & S. W. Liu

海拔：850 m

分布：奉节县

引证标本：周洪富 26942

双蝴蝶属 **Tripterospermum** Bl.

双蝴蝶 **Tripterospermum chinense** (Migo) H. Sm.

海拔：2400 m

分布：巫溪县

引证标本：陈耀东等 2300

峨眉双蝴蝶 **Tripterospermum cordatum** (C. Marquand) Harry Sm.

海拔：740～1600 m

分布：城口县、奉节县、南江县、通江县、巫溪县、镇巴县、镇坪县、西乡县、平利县、宁强县

引证标本：戴天伦 105963 105997 106638、王 0163、夏承芳、川经万 0814、杨光辉 59223 65240、佚名 00217、周洪富 26942 110808、杜大华 1818、陕西省中草药科研组 183(WUK) 820(WUK) 1837(WUK)、T. N. Liou & P. C. Tsoong 4006(WUK)、傅坤俊 1044(WUK)、陕西省中草药普查队 1883(WUK)

湖北双蝴蝶 **Tripterospermum discoideum** (C. Marquand) Harry Sm.

海拔：1220 m

分布：巫溪县、平利县

引证标本：佚名 53、傅坤俊 12044(WUK)、应俊生 817(WUK)

细茎双蝴蝶 **Tripterospermum filicaule** (Hemsl.) Harry Sm.

海拔：2055～2135 m

分布：城口县、平利县、镇坪县、宁强县

引证标本：巴山采集队 1723 2085、陕西省中草药普查队 1441(WUK) 1752(WUK)、应俊生 817(WUK) 906(WUK)

110.夹竹桃科 Apocynaceae

鳝藤属 **Anodendron** A. DC.

鳝藤 **Anodendron affine** (Hook. & Arn.) Druce

海拔：230 m

分布：云阳县

引证标本：陈之端等 960465

山橙属 **Melodinus** J. R. & G. Forst.

尖山橙 **Melodinus fusiformis** Champ. ex Benth.

海拔：600～740 m

分布：奉节县

引证标本：方明渊 24776、周洪富、粟和毅 109454

川山橙 **Melodinus hemsleyanus** Diels

海拔：600～740 m

分布：奉节县

引证标本：周洪富、粟和毅 108661(WUK)

毛药藤属 **Sindechites** Oliv.

毛药藤 **Sindechites henryi** Oliv.

海拔：1000～1078 m

分布：城口县、房县

引证标本：巴山采集队 0391、刘克荣 377

络石属 **Trachelospermum** Lem.

亚洲络石 **Trachelospermum asiaticum** (Siebold & Zucc.) Nakai

海拔：1000 m

分布：云阳县、竹溪县

引证标本：王宇清、陈光义 1620、K. M. Liou 8817

紫花络石 **Trachelospermum axillare** Hook.

海拔：658～1078 m

分布：城口县、奉节县、通江县、西乡县、平利县

引证标本：巴山采集队 0342 0378 1060、王金敖 00044(CDBI)、周洪富 26436、傅坤俊 11463(WUK)、陕西省植被小组 326(WUK)

贵州络石 **Trachelospermum bodinieri** (H. Lév.) Woodson

海拔：1200 m

分布：竹溪县

引证标本：K. M. Liou 8525

短柱络石 **Trachelospermum brevistylum** Hand.-Mazz.

海拔：1078～1510 m

分布： 城口县、巫溪县

引证标本： 巴山采集队 0339、陈之端等 960581、戴天伦 100866 105061 100573

络石 Trachelospermum jasminoides (Lindl.) Lem.

海拔： 90～1400 m

分布： 房县、广元市、巫山县、巫溪县、云阳县、平利县、镇坪县

引证标本： 王宇清，陈光义 1620(SZ)、K. M. Liou 9077、何业琪 2043、杨光辉 65562、李培元 1697(WUK) 1780(WUK)、T. N. Liou 11883(WUK)

111.萝藦科 Asclepiadaceae

马利筋属 Asclepias L.

马利筋 Asclepias curassavica L.

海拔： 140 m

分布： 巫山县

引证标本： 杨光辉 65658

秦岭藤属 Biondia Schltr.

青龙藤 Biondia henryi (Warb. ex Schltr. & Diels) Y. Tsiang & P. T. Li

海拔： 1100 m

分布： 平利县、镇坪县

引证标本： 陕西省中草药普查队 1472(WUK)、陕西省中草药科研组 2013(WUK)

黑水藤 Biondia insignis Y. Tsiang

海拔： 1900 m

分布： 巫山县

引证标本： 杨光辉 58044

吊灯花属 Ceropegia L.

巴东吊灯花 Ceropegia driophila C. K. Schneid.

海拔： 1201 m

分布： 城口县

引证标本： 巴山采集队 0844

宝兴吊灯花 Ceropegia paohsingensis Y. Tsiang & P. T. Li

海拔： 750～800 m

分布： 奉节县、旺苍县

引证标本： 巴山采集队 5247、方明渊 24828

鹅绒藤属 Cynanchum L.

白薇 Cynanchum atratum Bunge

海拔： 1050～2160 m

分布： 城口县、奉节县、万源市

引证标本： 戴天伦 105427、高成芝 2340(SZ)、周洪富 26120

牛皮消 Cynanchum auriculatum Royle ex Wight

海拔： 620～2000 m

分布： 城口县、奉节县、巫山县、巫溪县、房县、万源市、宁强县、镇巴县、平利县、镇坪县、竹溪县

引证标本： 戴天伦 102410 102515 103205 103341 104193 104793 105907 106445、杨光辉 59688、周洪富、粟和毅 108904(SZ) 109685(SZ) 110062(SZ)、K. M. Liou 9288 9297、T. N. Liou 1 1828、方明渊 23990、李培元 4502 6664、四川大学生物系 25955、陕西省中草药科研组 46(WUK) 50(WUK) 152(WUK)、傅坤俊 11992(WUK)、徐光远 5465(WUK)、黄仁煌 2976(HIB)

白首乌 Cynanchum bungei Decne.

海拔： 1100～2000 m

分布： 城口县、旺苍县、镇坪县

引证标本： 巴山采集队 5453、戴天伦 103844 106413、吴振海 1060(WUK)

大理白前 Cynanchum forrestii Schltr.

海拔： 1400～2500 m

分布： 城口县、奉节县、南江县、平利县

引证标本： 巴山采集队 5670、戴天伦 100800 101687 105427、方明渊 24560 25347、方文培 10144、周洪富、粟和毅 108398(SZ)、李培元 2609(WUK)

峨眉牛皮消 Cynanchum giraldii Schltr.

海拔：1180 m

分布：镇坪县

引证标本：陈彦生等 2826(WUK)

竹灵消 Cynanchum inamoenum (Maxim.) Loes.

海拔：1700～2140 m

分布：城口县、奉节县、巫溪县、镇巴县、镇坪县、平利县

引证标本：陈耀东、傅连中、马欣堂 2218、戴天伦 100601 101055、四川大学生物系 25347、陕西省中草药科研组 118(WUK)、傅坤俊 11594(WUK)、李培元 2722(WUK)、陕西省中草药科研组 2161(WUK)

朱砂藤 Cynanchum officinale (Hemsl.) Tsiang & Zhang

海拔：790～1400 m

分布：镇坪县、竹溪县

引证标本：陈彦生等 4157(WUK)、K. M. Liou 8807

青羊参 Cynanchum otophyllum C. K. Schneid.

海拔：500～1900 m

分布：城口县、万源市、巫溪县

引证标本：戴天伦 103207、K. L. Chu 2208、杨光辉 59380

徐长卿 Cynanchum paniculatum (Bunge) Kitag.

海拔：850～1420 m

分布：城口县、奉节县、巫溪县、竹溪县、镇巴县、镇坪县、宁强县

引证标本：戴天伦 101113、方明渊 23907 23971(SZ)、K. M. Liou 8802、陕西省中草药科研组 874(WUK) 1705(WUK)、陕西省中草药普查队 1873(WUK)

宝兴吊灯花 Cynanchum paohsingensis Y. Tsiang & P. T. Li

海拔：700 m

分布：通江县

引证标本：巴山采集队 6163

柳叶白前 Cynanchum stauntonii (Decne.) Schltr. ex H. Lév.

分布：城口县

引证标本：复旦闽西中队 2937(FUS)

地梢瓜 Cynanchum thesioides (Freyn) K. Schum.

海拔：800 m

分布：房县

引证标本：K. M. Liou 9041

隔山消 Cynanchum wilfordii (Maxim.) Hook. f.

海拔：800～2520 m

分布：城口县、奉节县、广元市、巫山县、巫溪县、宁强县、竹溪县

引证标本：巴山采集队 0640、陈耀东、马欣堂、傅连中 2179、方明渊 24720 24995、四川大学生物系 24698、杨光辉 59442、戴天伦 105571、方明渊 24720 24995、胡文光 71(SZ)、凌春芳 4218(SZ)、张泽荣 25481(SZ)、周洪富 26287(SZ) 26521、周洪富、粟和毅 109869(SZ) 110755(SZ) 111146(SZ)、T. N. Liou & C. Wang 142(WUK)、黄仁煌 2971(HIB)

南山藤属 Dregea E. Mey.

苦绳 Dregea sinensis Hemsl. var. **sinensis**

海拔：200～1500 m

分布：城口县、奉节县、南江县、旺苍县、巫溪县、镇巴县、镇坪县

引证标本：巴山采集队 5255、费政琴 2678(SZ)、王洪业 2714(SZ)、杨光辉 58246、张泽荣 25831、陕西省中草药科研组 227(WUK) 1665(WUK)、西大 52(WUK)

贯筋藤 Dregea sinensis Hemsl. var. **corrugata** (C. K. Schneid.) Y. Tsiang & P. T. Li

海拔：90～1200 m

分布：城口县、广元市、宁强县、镇巴县、平利县、镇坪县、巫山县、巫溪县

引证标本：T. N. Liou & C. Wang 90、戴天伦 100563 100731 100777 100837 101155 103214 103610、姜

恕等 00075、李培元 861(WUK) 1692(WUK) 2167(WUK) 4141 6007、杨光辉 65564、傅坤俊 11705(WUK)、山胡椒调查队 185(WUK)

丽子藤 Dregea yunnanensis (Y. Tsiang) Y. Tsiang & P. T. Li

海拔：1100 m

分布：奉节县

引证标本：周洪富、粟和毅 109214

萝藦属 Metaplexis R. Br.

华萝藦 Metaplexis hemsleyana Oliv.

海拔：650～1600 m

分布：城口县、奉节县、巫山县、巫溪县、万源市、房县、镇巴县、平利县、镇平县

引证标本：戴天伦 103814 104065 104105(SZ) 107065、方明渊 24910、周洪富、粟和毅 109650(SZ) 109688 109997(SZ) 110258(SZ)、K. M. Liou 9236、李培元 4596 9116(WUK)、四川大学生物系植物分类教研组 102051 杨光辉 59543 65056、傅坤俊 11640(WUK)、陕西省中草药普查队 1953(WUK)

萝藦 Metaplexis japonica (Thunb.) Makino

海拔：600～890 m

分布：巫溪县、万源市、镇巴县

引证标本：杨光辉 05055(FUS)、李培元 5600、陕西省中草药科研组 226(WUK)

杠柳属 Periploca L.

青蛇藤 Periploca calophylla (Wight) Falc.

海拔：600～1410 m

分布：城口县、奉节县、巫山县、巫溪县

引证标本：戴天伦 100114 100183(SZ) 102031 103093 103185 103540 103909、方明渊 24789、周洪富 26171(SZ) 26267 26427、周洪富、粟和毅 107675 108789 109841、杨光辉 59085 65257

多花青蛇藤 Periploca floribunda Tsiang

海拔：1000 m

分布：城口县

引证标本：戴天伦 100183(SZ)

杠柳 Periploca sepium Bunge

海拔：700～1000 m

分布：城口县、旺苍县、镇巴县、宁强县

引证标本：巴山采集队 5448 5251、戴天伦 100193、傅坤俊 11617(WUK) 11697(WUK)、邢吉庆 547(WUK)

娃儿藤属 Tylophora R. Br.

膜叶娃儿藤 Tylophora membranacea Tsiang & P. T. Li

海拔：700 m

分布：奉节县

引证标本：周洪富、粟和毅 107855(SZ)

112.茜草科 Rubiaceae

鱼骨木属 Canthium Lam.

大叶鱼骨木 Canthium simile Merr. & Chun

海拔：1320 m

分布：奉节县

引证标本：张泽荣 25461(SZ)

虎刺属 Damnacanthus Gaertn. f.

短刺虎刺 Damnacanthus giganteus (Makino) Nakai

海拔：750 m

分布：奉节县

引证标本：周洪富、粟和毅 111639

香果树属 Emmenopterys Oliv.

香果树 Emmenopterys henryi Oliv.

海拔：960～1215 m

分布：奉节县、巫山县、镇坪县

引证标本：李先源 KQ167(SWCTU)、周洪富、粟和毅 110142(SZ)、陕西省林业研究所 824(WUK)

拉拉藤属 Galium L.

原拉拉藤 Galium aparine L.

海拔：450～1755 m

分布：巫山县、奉节县、旺苍县、竹溪县

引证标本：T. P. Wang 10682、周洪富、粟和毅 107786、李振宇 11732 11733 11734、巴山采集队 4931

楔叶律 **Galium asperifolium** Wall. ex Roxb.

海拔：1350～1500 m

分布：城口县、镇坪县

引证标本：戴天伦 100980、陈彦生等 2764(WUK)

四叶葎 **Galium bungei** Steud.

海拔：850～2000 m

分布：城口县、奉节县、巫山县、巫溪县

引证标本：戴天伦 100858 106628、佚名 375、张泽荣 25362(SZ)、T. P. Wang 10621、周洪富 26520 26793

狭叶四叶律 **Galium bungei** var. **angustifolium** (Loes.) Cufod.

海拔：1700 m

分布：平利县

引证标本：陈彦生等 4296(WUK)

小红参 **Galium elegans** Wall. ex Roxb.

分布：城口县

引证标本：戴天伦 105441(SZ)

六叶律 **Galium hoffmeisteri** (Klotzsch) Ehrend. & Schönb.-Tem. ex R. R. Mill

海拔：1200～2200 m

分布：城口县、奉节县、南江县、万源市、旺苍县、竹溪县

引证标本：巴山采集队 4847 4927 5055 5387 5541、戴天伦 105135、甘啓良 2593、李培元 4379、张泽荣 25238、周洪富、粟和毅 108204

显脉拉拉藤 **Galium kinuta** Nakai & H. Hara

海拔：1120～1180 m

分布：万源市、镇坪县

引证标本：李培元 4524、陈彦生等 2784(WUK)

线叶拉拉藤 **Galium linearifolium** Turcz.

海拔：800～1200 m

分布：旺苍县

引证标本：巴山采集队 5233 5462

车轴草 **Galium odoratum** (L.) Scopoli

海拔：1250～1780 m

分布：奉节县、巫山县

引证标本：周洪富、粟和毅 109983 111178

林猪殃殃 **Galium paradoxum** Maxim.

海拔：1280 m

分布：奉节县

引证标本：张泽荣 25376

小叶猪殃殃 **Galium trifidum** L.

海拔：1220～1320 m

分布：通江县

引证标本：巴山采集队 6081

沼猪殃殃 **Galium uliginosum** L.

海拔：2600 m

分布：巫溪县

引证标本：杨光辉 58784

蓬子菜 **Galium verum** L.

海拔：500 m

分布：广元市

引证标本：K. S. Hao 264

栀子属 Gardenia Ellis

栀子 **Gardenia jasminoides** J. Ellis

海拔：554～1000 m

分布：城口县、奉节县、万源市、通江县

引证标本：0526(SWCTU)、张泽荣 25691、巴山采集队 6277

粗叶木属 Lasianthus Jack

云广粗叶木 **Lasianthus japonicus** subsp. **longicaudus** (Hook.) C. Y. Wu & H. Zhu

海拔：750～850 m

分布：奉节县

引证标本：方明渊 23943(SZ)、周洪富 26824(SZ)、周洪富、粟和毅 111640(SZ)

野丁香属 Leptodermis Wall.

薄皮木 **Leptodermis oblonga** Bunge

海拔：550～780 m

分布：广元市、平利县

引证标本：K. S. Hao 334、陈彦生等 2093(WUK)

瓦山野丁香 Leptodermis parvifolia Hutch.

海拔：1000～1400 m

分布：奉节县、巫山县

引证标本：方明渊 24190(SZ)、张泽荣 25038(SZ)、周洪富 26013(SZ) 26305(SZ)、周洪富、粟和毅 108481(SZ) 110028(SZ) 111030(SZ)

巴戟天属 Morinda L.

紫珠叶巴戟 Morinda callicarpifolia Y. Z. Ruan

海拔：740～900 m

分布：奉节县

引证标本：方明渊 23942(SZ)、张泽荣 25608(SZ)

印度羊角藤 Morinda umbellata L.

海拔：740～850 m

分布：奉节县

引证标本：周洪富 26827、周洪富、粟和毅 109458

玉叶金花属 Mussaenda L.

展枝玉叶金花 Mussaenda divaricata Hutch. var. **divaricata**

海拔：500～740 m

分布：奉节县

引证标本：张泽荣 25658(SZ) 25965(SZ)、周洪富、粟和毅 108708(SZ) 108768(SZ) 108953(SZ) 108955(SZ) 109446(SZ)

柔毛玉叶金花 Mussaenda divaricata var. **mollis** Hutch.

海拔：800 m

分布：奉节县

引证标本：张泽荣 25907(SZ)

新耳草属 Neanotis Lewis

薄叶新耳草 Neanotis hirsuta (L. f.) W. H. Lewis

海拔：850 m

分布：奉节县

引证标本：周洪富、粟和毅 110484(SZ)

臭味新耳草 Neanotis ingrata (Wall. ex Hook.) W. H. Lewis

海拔：850～1800 m

分布：奉节县

引证标本：周洪富 26925(SZ) 26938(SZ)、周洪富、粟和毅 108214(SZ)

蛇根草属 Ophiorrhiza L.

广州蛇根草 Ophiorrhiza cantoniensis Hance

海拔：700 m

分布：城口县

引证标本：戴天伦 102480

中华蛇根草 Ophiorrhiza chinensis H. S. Lo

海拔：1000～1450 m

分布：城口县、奉节县、巫山县

引证标本：戴天伦 100014 100214 100402 100626 100927 100962 104021 105798、方明渊 24576、佚名 626、T. P. Wang 10597、杨光辉 57658 59928、张泽荣 25116 25585 25933、周洪富 111352 26147、周洪富、粟和毅 107574 107825 108521 110107 110527 110984

日本蛇根草 Ophiorrhiza japonica Blume

海拔：710～1700 m

分布：城口县、奉节县、旺苍县、镇坪县、平利县、房县、竹溪县

引证标本：戴天伦 101870(SZ)、刘克荣 0279、周洪富、粟和毅 107629 108526 111385 111489、巴山采集队 5252、陈彦生等 2226(WUK) 2790(WUK)、郑重 956(HIB)

鸡矢藤属 Paederia L.

鸡矢藤 Paederia foetida L.

海拔：400～2100 m

分布：城口县、奉节县、广元市、南江县、万源市、旺苍县、巫山县、巫溪县、镇巴县、镇坪县、平利县、竹溪县、房县

引证标本：巴山采集队 0078 0275 0407 0890 5402 5482 6168 6226、戴天伦 100906(SZ) 101073 101197(SZ) 101465(SZ) 101564 101643 101197(SZ)

102081(SZ) 102567 103250(SZ) 103491(SZ) 103945(SZ) 104202(SZ) 104227(SZ) 104350(SZ) 104660 104677 105551 105606 105813 106398(SZ) 106881(SZ)、方明渊 24606(SZ) 24740 24761 24827(SZ) 27001、胡文光 70(SZ) 75(SZ)、李培元 2783(WUK) 4113(WUK)、三峡考察队 2746 3264、王金敖 0118(CDBI)、杨光辉 106881(SZ) 59141 59524 59609(SZ) 59702 65086 65522 65645(SZ)、佚名 1005、张泽荣 25430 25618 25708(SZ) 25885、赵良能 2764(SZ)、周洪富 26509(SZ) 26525 26545(SZ) 26639 26730 26878(SZ)、周洪富、粟和毅 108647(SZ) 108782(SZ) 109205(SZ) 109371(SZ) 109486(SZ) 109568(SZ) 109995(SZ) 110268(SZ) 110414(SZ) 110597(SZ) 110749(SZ) 110973(SZ) 111162(SZ) 111200(SZ) 111401(SZ) 111578(SZ)、59141、K. M. Liou 8810、曲桂龄 1733、上海肿瘤协作组 283(FUS)、陈彦生等 3784(WUK) 4146(WUK)、邢吉庆 16345(HIB)

茜草属 **Rubia** L.

金剑草 **Rubia alata** Wall. in Roxb.

海拔：615～2000 m

分布：城口县、奉节县、巫山县、房县

引证标本：巴山采集队 0148 0266、戴天伦 103508(SZ) 107070(SZ)、胡琳贞 50799(SZ)、赵清盛等 5182(SZ)、周洪富 26169(SZ)、周洪富、粟和毅 108472(SZ) 108605(SZ) 109071(SZ) 109649(SZ) 110054(SZ) 110383(SZ) 110464(SZ) 110563(SZ) 110765(SZ) 111019(SZ) 111177(SZ) 111285(SZ) 111447(SZ)、黄仁煌 3118(HIB)

东南茜草 **Rubia argyi** (H. Lév. & Vaniot) H. Hara ex Lauener & D. K. Ferguson

海拔：1013～1950 m

分布：城口县、巫山县、镇坪县

引证标本：巴山采集队 0755、戴天伦 101515(SZ) 102233(SZ)、周洪富、粟和毅 109823(SZ)、陈彦生等 1124(WUK)

茜草 **Rubia cordifolia** L.

海拔：615～2000 m

分布：通江县、城口县、奉节县、广元市、巫山县、巫溪县、竹山县、房县、宁强县、镇坪县、平利县、竹溪县

引证标本：戴天伦 100880 101191 101701(SZ) 102025(SZ) 103053(SZ) 103324 103690(SZ) 103902(SZ) 103943(SZ) 104328 104619 105157(SZ) 105443(SZ) 105550 105915(SZ)、胡文光 73(SZ)、佚名 0011 102025、周洪富、粟和毅 111577(SZ)、陈耀东、傅连中、马欣堂 2128 2372、陈耀东、马欣堂、傅连中 2158 2562、K. M. Liou 8916 9078 9143、T. N. Liou 11906 11943、方明渊 24546 24713、杨光辉 58574 59957 65233 59009(SZ)、张泽荣 25151 25240 25489 25834、周洪富 26353 26364 26506 26641 26885、巴山采集队 6043、陈彦生等 2060(WUK) 4137(WUK)

阔瓣茜草 **Rubia latipetala** H. S. Lo

海拔：1200～1700 m

分布：城口县

引证标本：戴天伦 100546(SZ) 100599(SZ) 105157(SZ) 100988(SZ)

卵叶茜草 **Rubia ovatifolia** Z. Y. Zhang ex Q. Lin

海拔：550～3300 m

分布：城口县、奉节县、广元市、南江县、旺苍县、通江县、巫山县、南郑县、平利县、竹溪县、房县

引证标本：巴山采集队 0059 0194 4989 5509 5636 5852 6108、戴天伦 100546(SZ) 102563(SZ) 104092(SZ) 104910(SZ)、方明渊 24159(SZ) 24624(SZ)、何获平 45726(SZ)、胡秀英 102233(SZ)、魏志平 3452(WUK)、徐昌义 2906(CDBI)、张泽荣 25231(SZ) 25827(SZ)、周洪富 26190(SZ)、周洪富、粟和毅 23957(SZ) 108477(SZ) 109015(SZ) 109101(SZ) 109871(SZ) 109976(SZ) 110010(SZ) 110158(SZ) 110305(SZ) 110608(SZ)、陈彦生等 949(WUK)、陕西省林业研究所 090(WUK)、竹溪 91-377(HIB)、K. M. Liou 9140(HIB)

四叶茜草 **Rubia schugnanica** B. Fedtsch. ex Pojark.

海拔：1800 m

分布：巫溪县

引证标本：杨光辉 65041(SZ)

大叶茜草 **Rubia schumanniana** E. Pritzel

海拔：1350～1800 m

分布：城口县

引证标本：戴天伦 102658、刘玉红 8820

林生茜草 **Rubia sylvatica** (Maxim.) Nakai

海拔：1700 m

分布：平利县

引证标本：陈彦生等 4317(WUK)

白马骨属 **Serissa** Comm. ex A. L. Jussieu

六月雪 **Serissa japonica** (Thunb.) Thunb.

海拔：520～1780 m

分布：城口县、奉节县、巫山县、巫溪县、竹溪县

引证标本：巴山采集队 0377、李培元 9540(SZ)、周洪富、粟和毅 108715(SZ) 108929(SZ) 109087(SZ) 109192(SZ) 109592(SZ) 109630(SZ) 111405(SZ)、曲桂龄 1713

白马骨 **Serissa serissoides** (DC.) Druce

海拔：100～1600 m

分布：房县、奉节县、巫山县、巫溪县、竹溪县

引证标本：方明渊 23897 24996、曲仲湘 1713(SZ)、上海肿瘤协作组 104(FUS) 115(FUS) 119(FUS)、周洪富福 26828、K. M. Liou 8936 9081、T. P. Wang 10766、三峡工程植被组 峡 0044、杨光辉 59589、张泽荣 25872

鸡仔木属 **Sinoadina** Ridsd.

鸡仔木 **Sinoadina racemosa** (Siebold & Zucc.) Ridsdale

海拔：800～1500 m

分布：奉节县、巫溪县

引证标本：佚名 3556(条形码号：00838975)(PE)、杨光辉 58255

假繁缕属 **Theligonum** L.

假繁缕 **Theligonum macranthum** Franch.

海拔：1100～1650 m

分布：平利县、竹溪县

引证标本：李振宇 11741、郑宏等 88002

钩藤属 **Uncaria** Schreber

钩藤 **Uncaria rhynchophylla** (Miq.) Miq. ex Havil.

海拔：740～900 m

分布：奉节县

引证标本：张泽荣 25910、周洪富、粟和毅 110522(SZ)

华钩藤 **Uncaria sinensis** (Oliv.) Havil.

海拔：930～975 m

分布：城口县、房县

引证标本：巴山采集队 0325 0706、邢吉庆 17055(HIB)

水锦树属 **Wendlandia** Bartl. ex DC.

水晶棵子 **Wendlandia longidens** (Hance) Hutch.

海拔：155 m

分布：奉节县

引证标本：佚名(条形码号：00839995)(PE)、李先源 KQ03(SWCTU)

113.花荵科 Polemoniaceae

花荵属 **Polemonium** L.

中华花荵 **Polemonium chinense** (Brand) Brand

海拔：2000～2300 m

分布：岚皋县、巫溪县

引证标本：李振宇 11303、杨光辉 58538

114.旋花科 Convolvulaceae

打碗花属 **Calystegia** R. Br.

打碗花 Calystegia hederacea Wall. ex Roxb.

海拔：2400 m

分布：宁强县、平利县

引证标本：T. N. Liou 11924、徐光远 4562(WUK)

柔毛大碗花 Calystegia pubescens Lindl.

分布：平利县

引证标本：平利队平 0045

欧旋花 Calystegia sepium (L.) Br. subsp. **spectabilis** Brummitt

海拔：600～1315 m

分布：城口县、镇巴县、西乡县、平利县、镇坪县

引证标本：巴山采集队 0627、陕西省中草药科研组 15(WUK)、傅坤俊 11480(WUK)、李培元 9200(WUK)、乔林英 1233(WUK)

鼓子花 Calystegia silvatica (Kit.) Griseb. subsp. **orientalis** Brummitt

海拔：610～2300 m

分布：城口县、旺苍县、通江县、巫溪县、奉节县、万源市、南江县、旺苍县、巫山县、巫溪县、南郑县

引证标本：巴山采集队 5268 5411 5979 6099 6182、三峡考察队 0591 600、杨光辉 65386、陈耀东、傅连中、马欣堂 2253 2577、戴天伦 100776 100883 102040 102463 103309 104344 106934 107252、李培元 4800 5297 5395 5457 5511 5698 5921、张泽荣 25444、周洪富 26031 26486、周洪富、粟和毅 108966

菟丝子属 **Cuscuta** L.

南方菟丝子 Cuscuta australis R. Br.

海拔：850 m

分布：奉节县

引证标本：周洪富 26791

金灯藤 Cuscuta japonica Choisy

海拔：630～1700 m

分布：城口县、奉节县、广元市、巫山县、巫溪县、西乡县、平利县、镇坪县

引证标本：戴天伦 102267 102702 102862 103522 103959 105983 107211 107322、胡文光 16(SZ)、三峡考察队 0365、杨光辉 59495 59637、赵良能 2761(SZ)、周洪富、粟和毅 107322 109808 110065(SZ) 110462(SZ) 110775(SZ) 111079 111463、T. N. Liou 等 3955、王宏杰 120(WUK)、侯喜祥 1247(WUK)、李培元 9654(WUK)、徐光远 5444(WUK)

啤酒花菟丝子 Cuscuta lupuliformis Krock.

海拔：1200～2260 m

分布：平利县、竹溪县

引证标本：陈彦生等 4445(WUK)、甘啓良 2720

飞蛾藤属 **Dinetus** Buch.-Ham. ex Sweet

白藤 Dinetus decorus (W. W. Sm.) Staples

海拔：1240 m

分布：宁强县

引证标本：张振万 1034(WUK)

三列飞蛾藤 Dinetus duclouxii (Gagnep. & Courchet) Staples

海拔：600 m

分布：巫山县、巫溪县

引证标本：T. P. Wang 10771、杨光辉 59607

飞蛾藤 Dinetus racemosa (Wall.) Sweet

海拔：600～1700 m

分布：城口县、广元市、万源市、镇巴县

引证标本：F. T. Wang 22564、K. L. Chu 2165 2227、戴天伦 102475 107272 107288、傅坤俊 11612(WUK)

番薯属 **Ipomoea** L.

牵牛 Ipomoea nil (L.) Roth

海拔：600～1350 m

分布：城口县、奉节县、巫溪县、广元市、巫溪县、镇巴县、镇坪县

引证标本：李培元 00939(SZ)、杨光辉 65166、戴

天伦 102997(SZ) 103323、方明渊 24717、傅坤俊 11718(WUK) 11722(WUK)、陕西省中草药科研组 2056(WUK)

圆叶牵牛 Ipomoea purpurea (L.) Roth

海拔：700～1600 m

分布：奉节县、广元市、巫溪县、平利县、宁强县

引证标本：方明渊 23985(SZ) 24704、周洪富、粟和毅 111424(SZ) 111628(SZ)、杨光辉 59492 59500、徐光远 5701(WUK)、李培元 155(WUK)

茑萝松 Ipomoea quamoclit L.

海拔：600 m

分布：城口县

引证标本：戴天伦 103007

鱼黄草属 Merremia Dennst.

北鱼黄草 Merremia sibirica (L.) Hallier f.

海拔：765～1350 m

分布：城口县、巫溪县

引证标本：戴天伦 103785 103899 103931、杨光辉 65350

三翅藤属 Tridynamia Gagnep.

大果三翅藤 Tridynamia sinensis (Hemsl.) Staples var. **delavayi** (Gagnep. & Courchet) Staples

海拔：500～1400 m

分布：城口县、奉节县、万源市、巫山县、巫溪县

引证标本：K. L. Chu 1847、戴天伦 102265、方明渊 24777、李培元 5531、杨光辉 59089、周洪富 26466

115.紫草科 Boraginaceae

斑种草属 Bothriospermum Bge.

柔弱斑种草 Bothriospermum zeylanicum (J. Jacquin) Druce

海拔：160～900 m

分布：奉节县、宁强县、云阳县

引证标本：T. P. Wang 9327、陈之端等 960431、周洪富 26666

琉璃草属 Cynoglossum L.

大果琉璃草 Cynoglossum divaricatum Stephan ex Lehm.

海拔：1800 m

分布：巫山县

引证标本：杨光辉 65593(SZ)

琉璃草 Cynoglossum furcatum Wall.

海拔：554～2000 m

分布：城口县、开县、奉节县、万源市、南江县、旺苍县、通江县、巫山县、巫溪县、宁强县、南郑县、镇巴县、西乡县、平利县、镇坪县、房县、竹溪县

引证标本：巴山采集队 4994 5154 0169 0221 0525 0803 1795 1939 2653 4994 5154 5840 5859 5989 6008 6284、戴天伦 101072 101445 101558 105553 105868 106080 106448、方明渊 24506、杨光辉 59357 59400 65595、张泽荣 25370 25385 25442 25989、周洪富、粟和毅 108627(SZ) 109152(SZ) 109916 110105 110405 110919 111126、T. N. Liou & C. Wang 61、T. P. Wang 9304、李培元 5308 5691 6047、刘克荣 395、周洪富 26293 26717、陕西省中草药科研组 159(WUK) 1794(WUK)、傅坤俊 11445(WUK) 11689(WUK) 11759(WUK)、王作宾 18345(WUK)、竹溪 91-250(HIB)

小花琉璃草 Cynoglossum lanceolatum Forsk.

海拔：554～1650 m

分布：城口县、奉节县、宁强县、镇巴县、镇坪县、万源市、通江县、巫山县、巫溪县、房县

引证标本：236 四川任务组 1124 1125、T. N. Liou & C. Wang 42、戴天伦 102018 102909 103560 103793 103394、方明渊 24999、李培元 6485、张泽荣 25787、周洪富 26996、周洪富、粟和毅 109491 109556、巴山采集队 6241、傅坤俊 11669(WUK)、徐光远 5431(WUK)、黄仁煌 3125(HIB)

厚壳树属 **Ehretia** P. Browne

厚壳树 **Ehretia acuminata** R. Br.

分布：竹溪县

引证标本：K. M. Liou 8533

粗糠树 **Ehretia dicksonii** Hance

海拔：500～1500 m

分布：城口县、奉节县、万源市、巫山县、巫溪县、镇巴县、南郑县

引证标本：K. L. Chu 1695、巴山采集队 0304 6114、巴山木本小组 233 847、李世大 0900 0920(CDBI)、罗达尚 0378、罗口椏 2457(CDBI)、王明昌 1162

光叶糙毛厚壳树 **Ehretia macrophylla** Wall. var. **glabrescens** (Nakai) Y. L. Liu

海拔：500～1100 m

分布：城口县、奉节县

引证标本：戴天伦 100915、方明渊 24007、张泽荣 25978

紫草属 **Lithospermum** L.

紫草 **Lithospermum erythrorhizon** Siebold & Zucc.

海拔：1455 m

分布：城口县

引证标本：巴山采集队 0645

梓木草 **Lithospermum zollingeri** DC.

海拔：520～1500 m

分布：奉节县、巫山县、宁强县、西乡县、平利县、镇坪县

引证标本：T. P. Wang 10334、周洪富、粟和毅 107547 108940(SZ)、邢吉庆 32(WUK)、K. M. Liou 8458(WUK)、徐光远 4912(WUK)、陕西省中草药普查队 1896(WUK)

勿忘草属 **Myosotis** L.

湿地勿忘草 **Myosotis caespitosa** Schultz

海拔：1800 m

分布：巫溪县

引证标本：李先源 37220(SWCTU)

车前紫草属 **Sinojohnstonia** Hu

短蕊车前紫草 **Sinojohnstonia moupinensis** (Franch.) W. T. Wang ex Z. Y. Zhang

海拔：1920～2230 m

分布：奉节县、巫溪县、镇坪县

引证标本：陈之端等 960756 960774、周洪富、粟和毅 107814、徐光远 4890(WUK)

聚合草属 **Symphytum** L.

聚合草 **Symphytum officinale** L.

海拔：1490～1975 m

分布：城口县

引证标本：巴山采集队 0086 0416 1644

盾果草属 **Thyrocarpus** Hance

弯齿盾果草 **Thyrocarpus glochidiatus** Maxim.

海拔：550～1290 m

分布：西乡县、平利县

引证标本：邢吉庆 54(WUK)、乔林英 1077(WUK)、李培元 2597(WUK)

盾果草 **Thyrocarpus sampsonii** Hance

海拔：700～1200 m

分布：城口县、奉节县、巫山县、平利县

引证标本：T. P. Wang 10386 10612、戴天伦 100524、周洪富 26034 26288、周洪富、粟和毅 107537 107789(SZ) 108543(SZ) 110557(SZ)、邹家志 0499(SZ)、李培元 1513(WUK)

附地菜属 **Trigonotis** Stev.

城口县附地菜 **Trigonotis chengkouensis** W. T. Wang

海拔：1850 m

分布：城口县

引证标本：戴天伦 102375

湖北附地菜 **Trigonotis mollis** Hemsl.

海拔：700～2300 m

分布：南江县、竹溪县、平利县、镇坪县

引证标本：巴山采集队 5648、甘啓良 2288、李培

元 1300(WUK)、野经第三队 292(WUK)

附地菜 Trigonotis peduncularis (Trev.) Benth. ex Baker & Moore

海拔：230～2100 m

分布：城口县、奉节县、万源市、巫山县、云阳县、镇巴县、平利县、竹溪县

引证标本：T. P. Wang 10700、巴山采集队 3536、陈之端等 960474、戴天伦 106823 106933 100030、佚名 107618 107619、周洪富、粟和毅 108720(SZ) 109234(SZ) 110693(SZ) 李培元 2062(WUK) 5313、张泽荣 25017 25679、周洪富 26519、周洪富、粟和毅 109235、甘啓良 2217、傅坤俊 11631(WUK)

圆叶附地菜 Trigonotis rotundata I. M. Johnst.

海拔：1100 m

分布：奉节县

引证标本：周洪富、粟和毅 108510(SZ)

116.马鞭草科 Verbenaceae

紫珠属 Callicarpa L.

紫珠 Callicarpa bodinieri H. Lév. var. **bodinieri**

海拔：500～2000 m

分布：城口县、奉节县、万源市、巫溪县、镇巴县、南郑县

引证标本：巴山采集队 0233 0254 0330 5977、25954、K. L. Chu 1961、戴天伦 103310 103598 103777、方明渊 24707 24845、李培元 5639 3440 3643 4060、王明昌 1047、杨光辉 59580 65189、张泽荣 25428(SZ) 25530、周洪富 26575 26911、周洪富、粟和毅 25954 108597(SZ) 108888(SZ) 110709(SZ) 110786(SZ) 109333 110426

紫珠 Callicarpa bodinieri var. **rosthornii** (Diels) Rehder

海拔：930 m

分布：城口县

引证标本：巴山采集队 0685

白棠子树 Callicarpa dichotoma (Lour.) K. Koch

海拔：740 m

分布：西乡县

引证标本：傅坤俊 11429(WUK)

老鸦糊 Callicarpa giraldii Hesse ex Rehder

海拔：580～2100 m

分布：城口县、奉节县、开县、宁强县、平利县、巫山县、巫溪县、通江县、镇坪县、云阳县、竹溪县、镇巴县、镇坪县、房县

引证标本：K. M. Liou 8560、T. N. Liou 11927、巴山采集队 0073 0287 0635 0865 1171 1401 2807 5827 5904、川大生物系标本室 110186、戴天伦 10620 100755 100969 101132 101451 101534 102291 102716 102783 103070 103288 103488 103910 103967 104056 104233 104369 104516 104571 104655 104780 104940 104988 105235 105448 105524 105547 105557 105780 106239 106320 106551 106600 106734 107147 107201 107360 107365、范光复 30114、方明渊 23951(SZ) 24510(SZ) 24554 24845(SZ)、方文培 10115、金常元 0795、李培元 2689(WUK) 6615、乔英林 01264、杨光辉 58300 59381 59675 59918 65520 65189(SZ) 65582、佚名 0072 210、张泽荣 25030 25810、周洪富 26260 26335 26535(SZ)、周洪富、粟和毅 109264 109268 110076 109768(SZ) 110084(SZ)、李先源等 050030 050135 050153、陕西省中草药科研组 174(WUK)、山胡椒调查队 263(WUK)、邢吉庆 17701(HIB)

毛叶老鸦糊 Callicarpa giraldii var. **subcanescens** Rehder

海拔：630～1260 m

分布：广元市、万源市

引证标本：李培元 4489、姜恕等 00078

湖北紫珠 Callicarpa gracilipes Rehder

海拔：195～1500 m

分布：城口县

引证标本：戴天伦 100787 103314 107214、巴山采

集队 1125

日本紫珠 Callicarpa japonica Thunb.

海拔：1100～1300 m

分布：城口县、奉节县、巫山县、巫溪县

引证标本：唐贤能等 00414、佚名 65520、周洪富、粟和毅 109116(SZ)

黄腺紫珠 Callicarpa luteopunctata Chang

海拔：750～2000 m

分布：城口县、奉节县、巫溪县

引证标本：李培元 1962、张泽荣 25359(SZ)、周洪富 26097(SZ)、周洪富、粟和毅 108536(SZ) 109441 110524 111098(SZ) 111337(SZ)

窄叶紫珠 Callicarpa membranacea Chang

海拔：1000～1580 m

分布：城口县、奉节县、巫山县

引证标本：巴山采集队 0080、戴天伦 105416、方明渊 24122、四川大学生物系 105701、周洪富、粟和毅 109518 111409

钩毛紫珠 Callicarpa peichieniana Chun & S. L. Chen

海拔：500～600 m

分布：奉节县

引证标本：张泽荣 25615 25972

莸属 Caryopteris Bunge

金腺莸 Caryopteris aureoglandulosa (Vaniot) C. Y. Wu

分布：巫溪县

引证标本：倪炳炽 00058

兰香草 Caryopteris incana var. **incana**

海拔：1000 m

分布：竹溪县、房县

引证标本：竹溪 91-476(HIB)、刘克荣 328(HIB)

光果莸 Caryopteris tangutica Maxim.

海拔：800 m

分布：平利县

引证标本：李培元 9683(WUK)

三花莸 Caryopteris terniflora Maxim.

海拔：570～1500 m

分布：城口县、城口县、奉节县、广元市、旺苍县、房县、平利县、镇巴县、西乡县、镇坪县、巫山县

引证标本：3534、K. M. Liou 8375 8443 8960 9195、巴山采集队 0494、戴天伦 100090 100225、魏志平 3557、佚名 4504、周洪富、粟和毅 107660(SZ) 17660(SZ)、陕西省中草药科研组 225(WUK)、T. N. Liou & P. C. Tsoong 4054(WUK)、李培元 2418(WUK)

大青属 Clerodendrum L.

臭牡丹 Clerodendrum bungei Steudel

海拔：85～1950 m

分布：城口县、奉节县、万源市、旺苍县、通江县、巫山县、巫溪县、镇巴县、镇坪县、平利县、宁强县

引证标本：巴山采集队 0264 5171 5237 5939、戴天伦 101164(SZ) 101839(SZ) 102385(SZ) 102529 103132 107179、李培元 4202 6014 6514 6678 9670(WUK)、方明渊 24669、佚名 332、周洪福 26983、周洪富、粟和毅 108569(SZ) 109283 109320 109757 110679 110730、傅坤俊 11730(WUK)、山胡椒调查队 271(WUK)、陕西省中草药科研组 171(WUK) 817(WUK) 1661(WUK)、T. N. Liou P. C. Tsoong 63(WUK)

黄腺大青 Clerodendrum luteopunctatum P'ei & S. L. Chen

海拔：625～635 m

分布：城口县

引证标本：戴天伦 103043 103313

海通 Clerodendrum mandarinorum Diels

海拔：700～900 m

分布：奉节县、万源市

引证标本：K. L. Chu 2219、张泽荣 25726、周洪富 26963、周洪富、粟和毅 109450

海州常山 Clerodendrum trichotomum Thunb.

海拔：1000～2177 m

分布： 城口县、房县、奉节县、开县、巫山县、巫溪县、南江县、旺苍县、通江县、平利县、镇坪县

引证标本： 巴山采集队 0192 0585 0871 1167 1206 1521 1895 2128 2336 2697 4881 5069 5339 5863 101961 105722、戴天伦 101029 101147 101401 101492 101607 101961(SZ) 102307 102559 104128 104198 104361 104798 104804 105355 107125 105674 105722 106404 106422 106529 19125、方明渊 24148(SZ) 24642、李培元 5460 6559、刘克荣 0493 343、四川大学生物系 101961、李先源 KQ107、李先源等 050047、杨光辉 59116 59371 59650 65201 65603、佚名 0147 0242、张泽荣 25429、周洪富、粟和毅 110120、K. L. Chu 1873、吴振海 1207(WUK)、徐光远 5538(WUK)

假连翘属 Duranta L.

假连翘 Duranta erecta L.

海拔： 800 m

分布： 旺苍县

引证标本： 巴山采集队 5314

豆腐柴属 Premna L.

臭黄荆 Premna ligustroides Hemsl.

海拔： 120 m

分布： 巫山县

引证标本： T. P. Wang 10767

狐臭柴 Premna puberula Pamp.

海拔： 554～1320 m

分布： 奉节县、竹溪县、南江县、通江县、南郑县、平利县

引证标本： K. M. Liou 8520 8565、佚名 0146、方明渊 24805、张泽荣 25471、周洪富 26230(SZ) 26354、周洪富、粟和毅 108952 109221、巴山采集队 6126 6266、李培元 3063(WUK)

马鞭草属 Verbena L.

马鞭草 Verbena officinalis L.

海拔： 450～2000 m

分布： 城口县、房县、奉节县、开县、平利县、万源市、巫山县、巫溪县、镇巴县、镇坪县、南郑县、西乡县、宁强县、旺苍县、竹山县、竹溪县

引证标本： 平 0248、K. L. Chu 1701 2194、T. P. Wang 10495、巴山采集队 0736 2389 2768 5193 5962 5996、戴天伦 101588 101655 102024 103183 103396 103552 105552 105839 106727、方明渊 24574 24973、李培元 922(WUK) 5920 5969、刘克荣 0396、七队 0125、傅树义等 0014、李先源 KQ049、李先源等 050013、曲仲湘 1701、旬阳分队 0939、杨光辉 65172、102024(PE-00959000) KQ049、张泽荣 25766、周洪富 26292 26724 26292、周洪富、粟和毅 109134(SZ) 109483(SZ) 110067 110587(SZ) 111013 111355(SZ)、傅坤俊 11692(WUK)、陕西省中草药科研组 178(WUK) 1813(WUK)、西大生物实习队 1363(WUK)、竹溪 91-360(HIB)

牡荆属 Vitex L.

黄荆 Vitex negundo L. var. negundo

海拔： 450～2100 m

分布： 城口县、奉节县、广元市、南江县、通江县、巫山县、巫溪县、万源市、西乡县、平利县、宁强县

引证标本： T. N. Liou & P. C. Tsoong 3947、戴天伦 101151 104338 104763 106947(SZ) 107171、李培元 5915 3648 984、李先源 KQ08、倪炳炽 00470、王金敖 0061、杨光辉 59623(SZ) 65649(SZ)、佚名 0179、赵良能 2744、周洪富、粟和毅 108560(SZ) 108896(SZ) 109624(SZ)、巴山采集队 5947 6204、陕西省植被小组 299(WUK)、乔林英 179(WUK)

牡荆 Vitex negundo L. var. cannabifolia (Siebold & Zucc.) Hand.-Mazz.

海拔： 450～2100 m

分布： 城口县、房县、奉节县、万源市、南江县、通江县、巫山县、巫溪县、镇坪县、宁强县

引证标本： 484、K. M. Liou 9005 9040、T. P. Wang 10765、戴天伦 102986 103283 103417 106690 106801、李培元 291(WUK) 1838(WUK) 4218 6468、

刘克荣 405、曲仲湘 1698、杨光辉 65646(SZ)、65352、张泽荣 25739、周洪富 26445 26741、周洪富、粟和毅 109442 110507 110890、王金敖 0060

荆条 Vitex negundo var. **heterophylla** (Franch.) Rehder

海拔：554～953 m

分布：通江县、南郑县、镇巴县、宁强县

引证标本：巴山采集队 5993 6235、陕西省中草药科研组 253(WUK)、李培元 36(WUK)

117.唇形科 Lamiaceae*

藿香属 Agastache Clayt. ex Gron.

藿香 Agastache rugosa (Fischer & C. Meyer) Kuntze.

海拔：800～2200 m

分布：城口县、房县、奉节县、南江县、巫山县

引证标本：K. M. Liou 9289、陈炳麟 2509、戴天伦 101906 102528 104108 106154 106550 106658 106723 106811 106869 107216、方明渊 24889、张泽荣 25901、周洪富、粟和毅 109792(SZ) 111509(SZ) 109125

筋骨草属 Ajuga L.

筋骨草 Ajuga ciliata Bunge

海拔：800～2700 m

分布：城口县、奉节县、南江县、巫山县、巫溪县

引证标本：巴山采集队 5569、戴天伦 100389 101048 101049、杨光辉 58851 58943

紫背金盘 Ajuga nipponensis Makino

海拔：800～1350 m

分布：城口县、奉节县、平利县、巫山县、巫溪县

引证标本：K. M. Liou 8475、戴天伦 100017、杨光辉 57628 65136、张泽荣 25908、万绍滨 0247、T. P Wang 10348

水棘针属 Amethystea L.

水棘针 Amethystea caerulea L.

海拔：340～2100 m

分布：城口县、房县、万源市、奉节县、竹溪县

引证标本：10379、K 等 2114 2170、戴天伦 103197 103305 103648 104743 103792(SZ) 106430 106842 107297、刘克荣 0388、竹溪 91-159(HIB)

风轮菜属 Clinopodium L.

风轮菜 Clinopodium chinense (Benth.) Kuntze

海拔：450～1950 m

分布：通江县、城口县、奉节县、巫山县、巫溪县、竹溪县

引证标本：戴天伦 101288(SZ) 10661(SZ)、杨光辉 59297(SZ)、周洪富 26503 26582、周洪富、粟和毅 108545(SZ) 109067(SZ) 109317(SZ) 109606(SZ) 109740(SZ) 110069(SZ) 110912(SZ) 111473(SZ)、巴山采集队 5943 5965、马元俊 3150(HIB)

细风轮菜 Clinopodium gracile (Benth.) Kuntze

海拔：125～1600 m

分布：通江县、城口县、奉节县、云阳县、巫山县、竹溪县

引证标本：巴山采集队 6183、K. M. Liou 8892、T 等 10370 10489 10613、戴天伦 100372、三峡考察队 1111、周洪富 26002 26144、周洪富、粟和毅 10855(SZ) 109146(SZ) 111188(SZ)

灯笼草 Clinopodium polycephalum (Vaniot) C. Y. Wu & S. J. Hsuan ex P. S. Hsu

海拔：610～2600 m

分布：城口县、奉节县、万源市、巫溪县、巫山县、云阳县、竹溪县、旺苍县、通江县、南郑县、平利县

引证标本：107388、K 等 8888、K. L. Chu 1851 2199、巴山采集队 0036 0612 1721 5283 6131 6193、戴天伦 101227 101520 101579 101662 101689 102231 103693 103762 103782(SZ) 103188 103556 103956 104234 104858 106014 107062 107388、杨

* 此部分由王强编写。

光辉 58798 59297 59338 65485、张泽荣 25297、周洪富 26696、三峡考察队 2699、周洪富、粟和毅 107724(SZ) 109011(SZ) 109492(SZ) 110465(SZ)、陈彦生等 2170(WUK)

匍匐风轮菜 Clinopodium repens (D. Don) Benth.

海拔：380～1840 m

分布：城口县、房县、奉节县、巫山县、巫溪县、竹溪县

引证标本：105732、K. M. Liou 9120、T. P. Wang 10735、戴天伦 102768 103863 105732 107408、方明渊 24542 24665 24957、刘玉红 46、张泽荣 25677 25862、周洪富 26503 26582、陈耀东 89039 2256 2513、竹溪 91-190(HIB)

麻叶风轮菜 Clinopodium urticifolium (Hance) C. Y. Wu & Hsuan ex H. W. Li

分布：巫溪县

引证标本：倪炳炽 00584

火把花属 Colquhounia Wall.

藤状火把花 Colquhounia seguinii Vaniot

海拔：600 m

分布：奉节县

引证标本：方明渊 24792(SZ)

香薷属 Elsholtzia Willd.

紫花香薷 Elsholtzia argyi H. Lév.

海拔：685～850 m

分布：城口县、竹溪县

引证标本：戴天伦 103280 103558、竹溪 91-417(HIB)

香薷 Elsholtzia ciliata (Thunb.) Hyl.

海拔：640～2100 m

分布：城口县、奉节县、广元市、巫溪县、竹溪县

引证标本：戴天伦 102730 102977(SZ) 103022(SZ) 103618 103778 103876 104808(SZ) 104956 106068 106225(SZ) 106258(SZ) 107253 107299 107351 107374、魏志平 3838、杨光辉 65474 59419 59668 59831 59962、周洪富、粟和毅 110542(SZ) 110813(SZ) 110829(SZ) 111091(SZ) 111233(SZ) 111324(SZ) 111349(SZ) 111524(SZ) 111552(SZ)、陈耀东等 2266 2478、刘玉红 63、竹溪 91-6(HIB)

野草香 Elsholtzia cyprianii (Pavol.) S. Chow ex P. S. Hsu

海拔：780～2100 m

分布：城口县、竹溪县

引证标本：戴天伦 103496 103573 104332 104672 106838 107234 107346、竹溪 91-502(HIB)

密花香薷 Elsholtzia densa Benth.

海拔：950～2100 m

分布：城口县、奉节县

引证标本：戴天伦 106968(SZ)、周洪富、粟和毅 110436(SZ) 110721(SZ) 111507(SZ)

鸡骨柴 Elsholtzia fruticosa (D. Don) Rehder

海拔：1800 m

分布：竹溪县

引证标本：黄仁煌 2950(HIB)

穗状香薷 Elsholtzia stachyodes (Link) C. Y. Wu

海拔：615～650 m

分布：城口县

引证标本：戴天伦 103389 103676

木香薷 Elsholtzia stauntonii Benth.

海拔：1250 m

分布：城口县

引证标本：戴天伦 103827

小野芝麻属 Galeobdolon Adans

四川小野芝麻 Galeobdolon szechuanense C. Y. Wu

海拔：950～1400 m

分布：奉节县

引证标本：田景惠 0055

鼬瓣花属 Galeopsis L.

鼬瓣花 Galeopsis bifida Boenn.

海拔：2000～2200 m

分布：巫溪县、平利县

引证标本：陈耀东等 2379、杨光辉 58915、陈彦生等 890(WUK)

活血丹属 Glechoma L.

白透骨消无毛变种 Glechoma biondiana var. glabrescens C. Y. Wu & C. Chen

海拔：850～1740 m

分布：竹溪县、旺苍县、竹溪县

引证标本：K. M. Liou 8557、巴山采集队 5007、郑重 842(HIB)

欧活血丹 Glechoma hederacea L.

海拔：2300 m

分布：城口县

引证标本：戴天伦 106977

活血丹 Glechoma longituba (Nakai) Kuprianova

海拔：800～2100 m

分布：城口县、奉节县、巫山县、巫溪县、平利县

引证标本：T. P. Wang 10364、巴山采集队 0451、大巴山工作组 00371、万绍滨 0318、周洪富、粟和毅 107571(SZ) 107659(SZ) 107698(SZ) 108203(SZ)、陈之端等 960625 960650、杨光辉 57667 57976、陈彦生等 277(WUK)

异野芝麻属 Heterolamium C. Y. Wu

异野芝麻细齿变种 Heterolamium debile var. cardiophyllum (Hemsl.) C. Y. Wu

海拔：1651～2600 m

分布：旺苍县、云阳县、巫山县

引证标本：巴山采集队 4809、三峡考察队 2694、杨光辉 58761

香茶菜属 Isodon (Bl.) Hassk.

腺花香茶菜 Isodon adenanthus (Diels) Kudô

海拔：1300 m

分布：万源市

引证标本：236 四川任务组 1239

拟缺香茶菜 Isodon excisioides (Sun ex C. H. Hu) Hara

海拔：1879 m

分布：旺苍县

引证标本：戴天伦 101704 101704 101975 102379 102584 106886 107279 107530 102072 102155 102758 103437 107018 巴山采集队 5036

间断香茶菜 Isodon interruptus (C. Y. Wu & H. W. L.) H. Hara

海拔：1520 m

分布：南江县

引证标本：巴山采集队 5395

毛叶香茶菜 Isodon japonicus (N. Burman) H. Hara

海拔：550 m

分布：平利县

引证标本：陈彦生等 2162(WUK)

宽叶香茶菜 Isodon latifolius (C. Y. Wu & H. W. Li) H. Hara

海拔：1450～2000 m

分布：城口县、巫溪县

引证标本：戴天伦 105945、巴山采集队 1190、曲桂龄 2046、杨光辉 59327

线纹香茶菜狭基变种 Isodon lophanthoides (Buch.-Ham. ex D. Don) H. Hara var. **gerardianus** (Benth.) H. Hara

海拔：630～2100 m

分布：城口县、奉节县、巫山县

引证标本：周洪富、粟和毅 110109(SZ) 110149(SZ) 110990(SZ)

瘿花香茶菜 Isodon rosthornii (Diels) Kudo

海拔：695～2100 m

分布：城口县、奉节县、巫山县

引证标本：戴天伦 101854(SZ)、何获平 106886、周洪富、粟和毅 109009(SZ)、110002(SZ)、111212(SZ)

碎米桠 Isodon rubescens (Hemsl.) H. Hara

海拔：520～19000 m

分布：城口县、奉节县

引证标本：戴天伦 102391 103196 103645 104168(SZ) 105867(SZ) 106567 106572 107207

107345 107410 110761(SZ)、曲桂龄 2087、周洪富、粟和毅 108759(SZ) 108894(SZ) 110628(SZ) 110761(SZ) 111270(SZ)

间断香茶菜 Isodon interruptus (C. Y. Wu & H. W. L.) H. Hara

海拔：1520 m

分布：南江县

引证标本：巴山采集队 5395

显脉香茶菜 Isodon nervosus (Hemsl.) Kudô

海拔：900 m

分布：巫溪县

引证标本：杨光辉 65237

碎米桠 Isodon rubescens (Hemsl.) H. Hara

海拔：2000 m

分布：城口县、奉节县、万源市、巫山县、西乡县

引证标本：648、K. L. Chu 2171、T. N. Liou 等 3992、戴天伦 102391 103196 103410 103645 106567 107207 107410 107345、曲桂龄 2087、杨光辉 59697 59978 65634

黄花香茶菜 Isodon sculponeatus (Vaniot) Kudô

海拔：650 m

分布：宁强县

引证标本：K. T. Fu 2372

马尔康香茶菜 Isodon smithianus (Hand.-Mazz.) H. Hara

海拔：800 m

分布：万源市

引证标本：236 四川任务组 1092

动蕊花属 Kinostemon Kudo

粉红动蕊花 Kinostemon alborubrum (Hemsl.) C. Y. Wu & S. Chow

海拔：880 m

分布：房县、奉节县

引证标本：3599(PE-00784837)、K. M. Liou 9207

动蕊花(岩霍香)Kinostemon ornatum (Hemsl.) Kudo

海拔：712～2000 m

分布：城口县、房县、奉节县、巫山县、巫溪县、西乡县、竹溪县

引证标本：T. N. Liou & P. C. Tsoong 4038、巴山采集队 0172 0661 0848 0922 1083 1312 1928、戴天伦 100835 101143 101244 101859 102334 104908 105063 105308 105512 105808 105934 106001 106200 106769 107037、方明渊 24583、刘克荣 0248、杨光辉 58628 58676 59109 59318 65295、张泽荣 25383、方文培、李培元 1952、李先源等 050037、三峡考察队 248 282、周洪富、粟和毅 110376(SZ) 110989(SZ)、陈之端等 960638、竹溪 91-340(HIB)

夏至草属 Lagopsis (Bunge ex Benth.) Bunge

夏至草 Lagopsis supina (Steph.) Ik.-Gal. ex Knorr.

海拔：125 m

分布：巫山县

引证标本：T. P. Wang 10329

野芝麻属 Lamium L.

短柄野芝麻 Lamium album L.

海拔：1300～1800 m

分布：巫山县、南江县

引证标本：杨光辉 58015、佚名 2557

宝盖草 Lamium amplexicaule L.

海拔：1475 m

分布：城口县、巫溪县

引证标本：K. L. Chu 7205、戴天伦 107455

野芝麻 Lamium barbatum Siebold & Zucc.

海拔：800～2000 m

分布：城口县、巫山县、巫溪县、平利县、竹溪县

引证标本：58511、巴山采集队 0540、陈之端等 960906、戴天伦 105444、陈彦生等 924(WUK)、郑重 803(HIB)

益母草属 Leonurus L.

錾菜 Leonurus pseudomacranthus Kitag.

海拔：600～1400 m

分布：城口县、房县、奉节县、巫溪县

引证标本：102017 103791、K. L. Chu 1863、K. M. Liou 9167、戴天伦 102017 102464 102757 103156 103591 103828 105853 107166、方明渊 24781、杨光辉 65145 65215

益母草 Leonurus japonicus Houtt.

海拔：400～1400 m

分布：城口县、奉节县、巫溪县、巫山县、南郑县、平利县

引证标本：周洪富、粟和毅 109642(SZ) 110207(SZ) 111125(SZ) 111490(SZ)、巴山采集队 6135、陈彦生等 3770(WUK)

绣球防风属 **Leucas** R. Br.

白绒草疏毛变种 Leucas mollissima Wall. var. **chinensis** Benth.

分布：巫溪县

引证标本：佚名 120

斜萼草属 **Loxocalyx** Hemsl.

斜萼草 Loxocalyx urticifolius Hemsl.

海拔：710～1950 m

分布：城口县、奉节县、南江县、巫山县、平利县

引证标本：巴山采集队 5564、戴天伦 102676 106450、杨光辉 59395、张泽荣 25521、陈彦生等 2252(WUK)

地笋属 **Lycopus** L.

地笋 Lycopus lucidus Turcz. ex Benth. var. **lucidus**

海拔：610～953 m

分布：南郑县、房县、奉节县、巫溪县

引证标本：巴山采集队 5974

硬毛地笋 Lycopus lucidus var. **hirtus** Regel

海拔：850 m

分布：房县、奉节县、巫溪县

引证标本：3554、K. L. Chu 1761、K. M. Liou 8991

龙头草属 **Meehania** Britt. ex Small & Vaill.

肉叶龙头草 Meehania faberi (Hemsl.) C. Y. Wu

海拔：1100 m

分布：奉节县

引证标本：周洪富、粟和毅 107772(SZ)

华西龙头草 Meehania fargesii (Lév.) C. Y. Wu

海拔：800～2500 m

分布：城口县、奉节县、巫山县、巫溪县、竹溪县

引证标本：巴山采集队 1749、陈之端等 960573 960618 960927、戴天伦 100795(SZ) 101054、周洪富 26143、杨光辉 58566、佚名 108307、周洪富、粟和毅 107572(SZ) 108307(SZ) 108406(SZ) 108440(SZ)、郑重 1033(HIB)

梗花 Meehania fargesii (Lév.) C. Y. Wu var. **pedunculata** (Hemsl.) C. Y. Wu

海拔：1280～1850 m

分布：奉节县、巫山县

引证标本：T. F. Wang 10724、方明渊 24171、李国凤 61984、张泽荣 25186

走茎 Meehania fargesii (Lév.) C. Y. Wu var. **radicans** (Vaniot) C. Y. Wu

海拔：1800～2000 m

分布：巫山县、巫溪县

引证标本：58150、杨光辉 58014

荨麻叶龙头草 Meehania urticifolia (Miq.) Makino

分布：巫溪县

引证标本：倪炳炽 00355

蜜蜂花属 **Melissa** L.

蜜蜂花 Melissa axillaris (Benth.) Bakh. f.

海拔：800～1680 m

分布：城口县、奉节县、竹溪县

引证标本：巴山采集队 0776、戴天伦 104135、张泽荣 25904、周洪富 26649、周洪富、粟和毅 110751(SZ)、竹溪 91-307(HIB)

薄荷属 Mentha L.

薄荷 Mentha canadensis L.

海拔：685～1850 m

分布：城口县、奉节县、南江县、巫山县、巫溪县

引证标本：戴天伦 102820 103539 103829 104118 106164、佚名 2958、周洪富、粟和毅 109610(SZ) 110632(SZ) 110673(SZ) 111218(SZ) 111388(SZ)、上海肿瘤协作组 42

留兰香 Mentha spicata L.

海拔：1060 m

分布：巫山县

引证标本：周洪富、粟和毅 109559(SZ)

石荠苎属 Mosla (Benth.) Buch.-Ham. ex Maxim.

石香薷 Mosla chinensis Maxim.

海拔：1000 m

分布：竹溪县

引证标本：叶之池 841、H. Migo 19330922

小鱼荠苎 Mosla dianthera (Buch.-Ham. ex Roxb.) Maxim.

海拔：1300 m

分布：城口县、巫溪县

引证标本：戴天伦 102726、杨光辉 59571

少花荠苎 Mosla pauciflora (C. Y. Wu) C. Y. Wu & H. W. Li

海拔：1266～1750 m

分布：房县、巫山县

引证标本：W. C. Cheng & C. T. Hwa 1090、杨光辉 65597

石荠苎 Mosla scabra (Thunb.) C. Y. Wu & H. W. Li

海拔：780～1900 m

分布：城口县、巫溪县、西乡县、平利县、竹溪县

引证标本：K. L. Chu 2145、T. N. Liou 等 3979、戴天伦 102536 103476 103725 104755 104981 106360、杨光辉 65247、陈彦生等 2084(WUK)、竹溪 91-438(HIB)

荆芥属 Nepeta L.

荆芥 Nepeta cataria L.

海拔：850～1850 m

分布：城口县、奉节县、巫溪县、竹溪县

引证标本：K. M. Liou 8761、戴天伦 100743 105862 26358、杨光辉 59397、张泽荣 25861、周洪富 26584 26358、周洪富、粟和毅 111117(SZ)

心叶荆芥 Nepeta fordii Hemsl.

海拔：125～650 m

分布：巫山县、竹山县

引证标本：T. P. Wang 10253、黄仁煌 3492(HIB)

裂叶荆芥 Nepeta tenuifolia Benth.

海拔：780～2000 m

分布：城口县

引证标本：戴天伦 103771 106410 106728 107217 107401

罗勒属 Ocimum L.

疏柔毛 Ocimum basilicum L. var. **pilosum** (Willd.) Benth.

海拔：1300 m

分布：城口县

引证标本：戴天伦 103889

牛至属 Origanum L.

牛至 Origanum vulgare L.

海拔：800～1900 m

分布：奉节县、巫山县、巫溪县、竹溪县

引证标本：K. L. Chu 1981、方明渊 24712 24851、杨光辉 58957 65365、李先源等 050003、周洪富、粟和毅 108977(SZ) 109509(SZ) 109555(SZ) 110332(SZ)、陈耀东等 2134、竹溪 91-70(HIB)

紫苏属 Perilla L.

紫苏 Perilla frutescens (L.) Britton var. **frutescens**

海拔：300～2000 m

分布：城口县、房县、广元市、万源市、巫溪县、竹溪县

引证标本：236 四川任务组 1197、F. T. Wang 22662、K. L. Chu 23 2238、戴天伦 102316 102776 102932(SZ) 103142 103164 103282 103421 103567 103590 103691(SZ) 106179 106213(SZ) 106219(SZ) 106449 106656 107205(SZ) 107282(SZ) 103141 104984 97205、刘克荣 384、杨光辉 65331、胡文光 30、三峡考察队 224 362 587、佚名 360、周洪富、粟和毅 110246(SZ) 110547(SZ) 110555(SZ) 110655(SZ) 110954(SZ) 111074(SZ) 111122(SZ) 111281(SZ) 111320(SZ) 111428(SZ)、竹溪 91-255(HIB)

野生紫苏 **Perilla frutescens** (L.) Britton var. **purpurascens** (Hayata) H. W. Li

海拔：1100～1600 m

分布：城口县

引证标本：戴天伦 102332 102788

糙苏属 Phlomis L.

大花糙苏 **Phlomis megalantha** Diels

海拔：800～2600 m

分布：城口县、奉节县、巫溪县

引证标本：戴天伦 101366(SZ)、杨光辉 58744(SZ)

具梗糙苏 **Phlomis pedunculata** Sun ex C. H. Hu

海拔：950～1600 m

分布：城口县、奉节县

引证标本：周洪富、粟和毅 110922(SZ) 111482(SZ)

糙苏 **Phlomis umbrosa** Turcz.

海拔：800～2350 m

分布：城口县、房县、奉节县、南江县、旺苍县、巫山县、巫溪县

引证标本：K. L. Chu 1997、K. M. Liou 9220、巴山采集队 1743 2120 4867 5208 5584 5585 5627、戴天伦 102098 102174 105758 方明渊 24925 24991、曲桂龄 1997 1750、杨光辉 65372、张泽荣 25991、左宝玉 2849、陈耀东等 2161

南方糙苏 **Phlomis umbrosa** Turcz. var. **australis** Hemsl.

海拔：1300～2050 m

分布：城口县、奉节县、岚皋县、平利县、巫溪县

引证标本：戴天伦 101018 101341 101366 101708 101928 102657 105999 106394、杨光辉 59330、张泽荣 25326、陈彦生等 4389(WUK)

夏枯草属 Prunella L.

硬毛夏枯草 **Prunella hispida** Benth.

海拔：1800～2200 m

分布：广元市、巫溪县

引证标本：陈艺林 034、陈耀东等 2019 89030

夏枯草 **Prunella vulgaris** L.

海拔：140～2600 m

分布：城口县、房县、奉节县、岚皋县、南江县、广元市、通江县、云阳县、平利县、旺苍县、巫山县、巫溪县、竹溪县

引证标本：K. M. Liou 9144、T. P. Wang 10388、巴山采集队 0010 1750 4928 5535 5816、戴天伦 101330 101631 101692 10494 105021 105397、范光复 30008、方明渊 24032 24201 24548、杨光辉 58315 58800 655944、张泽荣 25008 25263、李先源 37214、张兆清 86-114、倪炳炽 00493、三峡考察队 1029 1128 956 EX1029、王健秋 2579、王纫秋、周洪富 26004 26407、周洪富、粟和毅 108556(SZ) 109733(SZ) 111180(SZ) 111501(SZ) 26004 109044、竹溪 91-331(HIB)

夏枯草狭叶变种 **Prunella vulgaris** L. var. **lanceolata** (W. P. C. Barton) Fernald

海拔：550～1900 m

分布：城口县、广元市、南江县

引证标本：戴天伦 100494(SZ)、王庆瑞等 5347、王彦仓 2579

掌叶石蚕属 Rubiteucris Kudo

掌叶石蚕 **Rubiteucris palmata** Benth. ex Hook.) Kudô

海拔：2700 m

分布：巫溪县

引证标本：杨光辉 58853

鼠尾草属 Salvia L.

贵州鼠尾草 **Salvia cavaleriei** Lév.

海拔：500～1600 m

分布：房县、城口县、奉节县、广元市、巫溪县、竹溪县

引证标本：K. M. Lion 9046 9224、周洪富 26079、倪炳炽 00198、佚名 00106、周洪富、粟和毅 107662(SZ)、黄仁煌 2958(HIB)

贵州鼠尾草紫背变种 **Salvia cavaleriei** Lév. var. **erythrophylla** (Hemsl.) E. Peter

海拔：1000～2000 m

分布：城口县、奉节县、巫山县、巫溪县、岚皋县

引证标本：58489、T. P. Wang 10433、戴天伦 100621 100894 105020 105254 105319 105662、方文培 10344、张泽荣 25020 25159、西大安康区采集工作队 4～0323、周洪富 26040

血盆草 **Salvia cavaleriei** Lév. var. **simplicifolia** Stib.

海拔：880～1890 m

分布：广元市、城口县、奉节县、巫溪县

引证标本：姜恕等 00092、李培元 1965、周洪富、粟和毅 108130(SZ) 108439(SZ)

华鼠尾草 **Salvia chinensis** Benth.

海拔：900～2200 m

分布：南江县、竹溪县

引证标本：巴山采集队 5563、郑重 1017(HIB)

犬形鼠尾草 **Salvia cynica** Dunn

海拔：1650 m

分布：城口县

引证标本：戴天伦 102959

蕨叶鼠尾草 **Salvia filicifolia** Merr.

海拔：700～900 m

分布：奉节县

引证标本：周洪富、粟和毅 107663 107856

鼠尾草 **Salvia japonica** Thunb.

海拔：800～2000 m

分布：城口县、南江县、旺苍县、房县

引证标本：大巴山工作组 00897、佚名 00211 4580、黄仁煌 3109(HIB)

多小叶变种 **Salvia japonica** var. **multifoliolata** E. Peter

海拔：1300 m

分布：巫山县

引证标本：杨光辉 58142

鄂西鼠尾草 **Salvia maximowicziana** Hemsl.

海拔：1600～2600 m

分布：巫溪县、竹溪县

引证标本：杨光辉 58781、黄仁煌 2963(HIB)

南川鼠尾草 **Salvia nanchuanensis** Sun

海拔：800～1120 m

分布：城口县、旺苍县

引证标本：巴山采集队 0502 5250 5467、方文培 10124 10331

丹参 **Salvia miltiorrhiza** Bunge

海拔：1500 m

分布：竹溪县

引证标本：旬阳队 917

宽苞 **Salvia omeiana** var. **grandibracteata** E. Peter

海拔：1400～2300 m

分布：城口县、巫溪县

引证标本：102959、K. L. Chu 2038 2056、戴天伦 102158、杨光辉 59036

荔枝草 **Salvia plebeia** R. Br.

海拔：450～1000 m

分布：城口县、广元市、奉节县、通江县

引证标本：K. S. Hao 322、植物园 323、王 0202、周洪富、粟和毅 108555(SZ) 109207(SZ)、巴山采集队 5951

甘西鼠尾草 **Salvia przewalskii** Maxim.

海拔：1430～1450 m

分布：城口县

引证标本：李馨 77458 77279

三叶鼠尾草 **Salvia trijuga** Diels

海拔：1280 m

分布：奉节县

引证标本：周洪富、粟和毅 111064(SZ)

长冠鼠尾草 Salvia plectranthoides Griff.

海拔：800 m

分布：城口县、巫山县

引证标本：T. P. Wang 10453、方文培 10124

佛光草 Salvia substolonifera E. Peter

分布：巫山县

引证标本：T. P. Wang 10504

黄芩属 Scutellaria L.

裂叶黄芩 Scutellaria incisa Sun ex C. H. Hu

海拔：900 m

分布：奉节县

引证标本：周洪富 26167(SZ)

峨嵋黄芩 Scutellaria omeiensis C. Y. Wu

海拔：1600～2000 m

分布：城口县、巫山县

引证标本：胡秀英、周洪富、粟和毅 109915(SZ)

四裂花黄芩 Scutellaria quadrilobulata Sun ex C. H. Hu

海拔：850～900 m

分布：奉节县

引证标本：周洪富、粟和毅 108626(SZ)

莸状黄芩 Scutellaria caryopteroides Hand.-Mazz.

海拔：850～1050 m

分布：平利县、竹溪县

引证标本：K. M. Liou 8927、西大安康区采集工作队 3～0180

岩霍黄芩 Scutellaria franchetiana Lév.

海拔：850～900 m

分布：奉节县

引证标本：张泽荣 25553、周洪富 26595 26672

韩信草 Scutellaria indica L. var. **indica**

海拔：580～1200 m

分布：平利县、巫山县、竹溪县

引证标本：K. M. Liou 8392 8462、方文培 10529、竹溪 91-441(HIB)

锯叶峨嵋黄芩 Scutellaria omeiensis var. **serratifolia** C. Y. Wu & S. Chow

海拔：2100 m

分布：城口县、巫山县

引证标本：戴天伦 101107 101232 101362 101505 101627 102159、杨光辉 59040

水苏属 Stachys L.

水苏 Stachys japonica Miq.

海拔：2000 m

分布：巫山县

引证标本：周洪富、粟和毅 109886(SZ)

针筒菜 Stachys oblongifolia Benth.

海拔：1000～1280 m

分布：奉节县、巫山县、平利县、房县

引证标本：1127、张泽荣 25386、周洪富 25627(SZ) 26129 26189(SZ) 26278 26527、方明渊 24273、周洪富 109731(SZ)、陈彦生等 4448(WUK)、邢吉庆 17703(HIB)

狭齿水苏 Stachys pseudophlomis C. Y. Wu

海拔：800～900 m

分布：奉节县

引证标本：方明渊 24887 24935

黄花地钮菜 Stachys xanthantha C. Y. Wu

海拔：1600～1800 m

分布：城口县、巫山县

引证标本：周洪富、粟和毅 108978(SZ)

甘露子 Stachys sieboldi Miq.

海拔：1900～2600 m

分布：巫溪县

引证标本：杨光辉 58880 59008

草石蚕近无毛变种 Stachys sieboldi Miq. var. **glabrescens** C. Y. Wu

海拔：1600～2090 m

分布：城口县

引证标本：戴天伦 101732 105624

香科科属 Teucrium L.

矮生香科科 Teucrium nanum C. Y. Wu & S. Chow

海拔：1000 m

分布：奉节县

引证标本：周洪富、粟和毅 111345(SZ)

长毛香科科 Teucrium pilosum C. Y. Wu & S. Chow

海拔：800～1800 m

分布：城口县、奉节县、巫山县、巫溪县

引证标本：K. L. Chu 1998、戴天伦 102204、方明渊 24853 24907、杨光辉 59947、周洪富 26728

血见愁 Teucrium viscidum Bl.

海拔：1100～1755 m

分布：城口县、南江县、旺苍县、巫山县、巫溪县

引证标本：105775、巴山采集队 4934 5357、戴天伦 105735(SZ) 102121、三峡考察队 593、周洪富、粟和毅 109790(SZ) 110108(SZ)

微毛血见愁 Teucrium viscidum var. **nepetoides** (H. Lév.) C. Y. Wu & S. Chow

海拔：750～1850 m

分布：城口县、巫溪县

引证标本：K. L. Chu 1889、戴天伦 103971、杨光辉 58635 59401

118.茄科 Solanaceae

天蓬子属 Atropanthe Pascher

天蓬子 Atropanthe sinensis (Hemsl.) Pascher

海拔：800～1600 m

分布：奉节县、巫山县、旺苍县、巫溪县、房县

引证标本：3542、周洪富、粟和毅 108159、佚名 0035、巴山采集队 5243、黄仁煌 3510(HIB)

曼陀罗属 Datura L.

曼陀罗 Datura stramonium L.

海拔：400～1100 m

分布：平利县、巫山县、房县

引证标本：李汉泉 I0168、周洪富、粟和毅 109588、黄仁煌 3056(HIB)

红丝线属 Lycianthes (Dunal) Hassl.

鄂红丝线 Lycianthes hupehensis (Bitter) C. Y. Wu & S. C. Huang

海拔：272～1538 m

分布：城口县、奉节县、巫山县

引证标本：戴天伦 101068(SZ)、三峡考察队 3123 3726

单花红丝线 Lycianthes lysimachioides (Wall.) Bitter

海拔：850～1850 m

分布：城口县、房县、奉节县、南江县、开县、竹溪县

引证标本：巴山采集队 0347 0475 0495 0694 0849 1374 2734 5556、戴天伦 100987(SZ) 103137 107102、赵良能 2801、周洪富、粟和毅 111468(SZ)、刘克荣 0478、周洪富 26721、竹溪 91-136(HIB)

中华红丝线 Lycianthes lysimachioides (Wall.) Bitter var. **sinensis** Bitter

海拔：700～895 m

分布：城口县、巫溪县

引证标本：K. L. Chu 1866、戴天伦 103239 106100

枸杞属 Lycium L.

枸杞 Lycium chinense Mill

海拔：140～1400 m

分布：城口县、奉节县、万源市、巫山县、平利县、镇坪县、宁强县、竹溪县

引证标本：K. L. Chu 2204、K. M. Liou 8491、戴天伦 101675 103603、方明渊 23965、杨光辉 59994 59997、周洪富、粟和毅 108934(SZ) 109111 111071、李培元 902(WUK) 9109(WUK)、陕西省中草药科研组 2046(WUK)

烟草属 Nicotiana L.

黄花烟草 Nicotiana rustica L.

海拔：800～1850 m

分布：城口县、奉节县、巫山县

引证标本：109759、戴天伦 102302 106153 102826、方明渊 24738

烟草 **Nicotiana tabacum** L.

海拔：550～2000 m

分布：城口县、奉节县、镇巴县、竹溪县

引证标本：戴天伦 102863 104485 106657、方明渊 24914、傅坤俊 11740(WUK)、竹溪 91-591(HIB)

碧冬茄属 **Petunia** Juss.

碧冬茄 **Petunia hybrida** Vilmorin

海拔：650 m

分布：城口县

引证标本：戴天伦 103330

酸浆属 **Physalis** L.

酸浆 **Physalis alkekengi** L. var. **alkekengi**

海拔：500～2100 m

分布：城口县、奉节县、南江县、旺苍县、巫溪县、竹溪县、房县

引证标本：巴山采集队 5194 5244 5526、戴天伦 102438 106105、曲仲湘 1727、四川经济植物考察队 0244、竹溪 91-342(HIB)、邢吉庆 16981(HIB)

挂金灯 **Physalis alkekengi** L. var. **franchetii** (Mast.) Makino

海拔：500～1904 m

分布：南江县、旺苍县、通江县、城口县、奉节县、宁强县、平利县、镇坪县、巫山县、开县

引证标本：巴山采集队 4880 5194 5244 5526 0637 2683 5861、T. P. Wang 9317、戴天伦 103221 106402 106922 100983 102438 102615、方明渊 24779、杨光辉 58686、张泽荣 25778、周洪富 26801、陕西省中草药普查队 1476(WUK)、陕西省中草药科研组 1779(WUK)

苦蘵 **Physalis angulata** L.

海拔：450 m

分布：巫溪县、城口县

引证标本：K. L. Chu 1727、曲桂龄、戴天伦 103347

小酸浆 **Physalis minima** L.

海拔：280～330 m

分布：巫山县

引证标本：三峡考察队 3505 3739

茄属 **Solanum** L.

少花龙葵 **Solanum americanum** Mill

分布：巫山县

引证标本：曲桂龄 1703

野海茄 **Solanum japonense** Nakai

海拔：710 m

分布：西乡县、平利县

引证标本：西北大学 A1(WUK)、陈彦生等 3872(WUK)

光白英 **Solanum kitagawae** Schönbeck Temesy

海拔：1200 m

分布：平利县

引证标本：李培元 8751(WUK)

白英 **Solanum lyratum** Thunb.

海拔：500～1750 m

分布：城口县、房县、奉节县、广元市、南江县、竹溪县、旺苍县、万源市、西乡县、南郑县、镇巴县、平利县、镇坪县、宁强县

引证标本：K. L. Chu 2164、T. N. Liou 等 4074、K. M. Liou 8759 9006 9119、巴山采集队 0501 5367 6116、戴天伦 102023 102263 102476 102779 102994 103350 103413 103579 103696 103776 105865 104165 106543、方明渊等 24808、胡文光 47、李培元 974 5893、李培元、刘克荣 0420、周洪富 26713、周洪富、粟和毅 110881 109562 110155 111481、侯喜祥 1233(WUK)、陕西省中草药科研组 175(WUK) 1894(WUK)、李培元 887(WUK) 10907(WUK)

龙葵 **Solanum nigrum** L.

海拔：120～2200 m

分布：城口县、奉节县、巫山县、巫溪县、云阳县、平利县、镇坪县、宁强县、竹山县

引证标本：戴天伦 102431 102589 102837 103106 103588 103810 105910 106253 106285 106649 106914 107156 107316、三峡考察队 3016 3500、王宇清等 1628、杨光辉 05177(SZ) 59923 59976 59998 65177 65567、周洪富、粟和毅 109290 109834 110512 111288 111450 111622、巴山采集队 6178、李培元 848(WUK) 2636(WUK)、乔林英 1234(WUK)、赵子恩 5307(HIB)

珊瑚樱 **Solanum pseudocapsicum** L. var. **pseudocapsicum**

海拔：1050 m

分布：镇巴县

引证标本：傅坤俊 11693(WUK)

珊瑚豆 **Solanum pseudocapsicum** L. var. **diflorum** (Vell.) Bitter

海拔：645～1300 m

分布：城口县、奉节县、巫山县

引证标本：周洪富、粟和毅 26244(SZ)

毛果茄 **Solanum virginianum** L.

海拔：1029 m

分布：奉节县、巫山县

引证标本：三峡考察队 3182、杨光辉 60000 65657

119.玄参科 Scrophulariaceae*

来江藤属 **Brandisia** Hook. f. & Thoms.

来江藤 **Brandisia hancei** Hook. f.

海拔：700～1600 m

分布：城口县、奉节县、通江县、旺苍县、巫溪县、镇巴县、西乡县、广元市、巫山县

引证标本：107500、F. T. Wang 22616、T. P. Wang 10295 10316、巴山采集队 5234、川经万 0737、戴天伦 107500、胡志雄 228、王金鳌 0025、熊济华等 93942、佚名 0737 107911 367、周洪富 26272 26473、周洪富、粟和毅 107592(SZ) 111459、傅坤俊 11607(WUK)、山胡椒调查队 241(WUK)

* 此部分由杨福生编写。

虻眼属 **Dopatrium** Buch.-Ham. ex Benth.

虻眼 **Dopatrium junceum** (Roxb.) Buch.-Ham. ex Benth.

分布：奉节县

引证标本：3591

小米草属 **Euphrasia** L.

小米草 **Euphrasia pectinata** Ten.

海拔：2070 m

分布：城口县、巫溪县

引证标本：陈耀东等 2065

四川小米草 **Euphrasia pectinata** Ten. subsp. **sichuanica** D. Y. Hong

海拔：2000 m

分布：平利县

引证标本：徐光远 5931(WUK)

高枝小米草 **Euphrasia pectinata** subsp. **simplex** (Freyn) D. Y. Hong

海拔：2350 m

分布：镇坪县

引证标本：应俊生 628(WUK)

短腺小米草 **Euphrasia regelii** Wettst.

海拔：1400～2400 m

分布：城口县、岚皋县、平利县、万源市

引证标本：戴天伦 105372、李培元 6143、李振宇 11299、吴振海 1271(WUK)、陈彦生等 912(WUK)

水八角属 **Gratiola** L.

白花水八角 **Gratiola japonica** Miq.

海拔：1840 m

分布：巫溪县

引证标本：陈耀东等 2507

母草属 **Lindernia** All.

泥花草 **Lindernia antipoda** (L.) Alston

海拔：800～900 m

分布：奉节县

引证标本：周洪富、粟和毅 110671(SZ) 110836

宽叶母草 Lindernia nummularifolia (D. Don) Wettst.

海拔：800～900 m

分布：奉节县、宁强县

引证标本：方明渊 24621、张泽荣 25845、周洪富 26689 26857、周洪富、粟和毅 110776(SZ)、李培元 296(WUK)

刺毛母草 Lindernia setulosa (Maxim.) Tuyama ex Hara

海拔：1000 m

分布：奉节县

引证标本：张泽荣 25697

通泉草属 Mazus Lour.

纤细通泉草 Mazus gracilis Hemsl. in F. B. Forbes & Hemsl.

海拔：840～1800 m

分布：巫溪县、竹山县

引证标本：陈耀东等 2272、黄仁煌 3483(HIB)

匍茎通泉草 Mazus miquelii Makino

海拔：320～1600 m

分布：奉节县、竹山县

引证标本：周洪富、粟和毅 108734(SZ) 108872(SZ) 111518(SZ) 116097(SZ)、T. P. Wang 10368、黄仁煌 3476(HIB)

美丽通泉草 Mazus pulchellus Hemsl.

海拔：700 m

分布：奉节县

引证标本：周洪富、粟和毅 108758(SZ)

通泉草 Mazus pumilus (N. L. Burman) Steenis

海拔：550～1500 m

分布：平利县、镇坪县

引证标本：李培元 2066(WUK) 2468(WUK)、乔林英 1072(WUK)、徐光远 4835(WUK)

毛果通泉草 Mazus spicatus Vant.

海拔：700～1800 m

分布：奉节县、巫山县、巫溪县、镇坪县

引证标本：K. L. Chu 1840、T. P. Wang 10414 10588、方明渊 24213 24985、张泽荣 25217 25440、周洪富 108248(SZ) 26286、陈彦生等 2938(WUK)

山罗花属 Melampyrum L.

山罗花 Melampyrum roseum var. **roseum**

海拔：700～890 m

分布：平利县、镇坪县、房县

引证标本：李培元 10899(WUK)、西北大学 325(WUK)、黄仁煌 3021(HIB)

卵叶山罗花 Melampyrum roseum var. **ovalifolium** (Nakai) Nakai ex Beauverd

海拔：1900 m

分布：通江县

引证标本：巴山采集队 5890

沟酸浆属 Mimulus L.

四川沟酸浆 Mimulus szechuanensis Pai

海拔：1651～1990 m

分布：城口县、旺苍县、镇坪县

引证标本：巴山采集队 1751 4826、野经第三队 216(WUK)

尼泊尔沟酸浆 Mimulus tenellus Bunge var. **nepalensis** (Benth.) P. C. Tsoong

海拔：1700 m

分布：巫山县、平利县

引证标本：周洪富、粟和毅 109919(SZ)、陈彦生等 975(WUK)

泡桐属 Paulownia Siebold & Zucc.

川泡桐 Paulownia fargesii Franch.

海拔：880～1500 m

分布：城口县、奉节县

引证标本：戴天伦 100487、方明渊 24104、方文培 10023、田顺静 0062、周洪富 06366

白花泡桐 Paulownia fortunei (Seem.) Hemsl.

海拔：1200～1470 m

分布：奉节县、城口县、平利县

引证标本：周洪富 26366、苌哲新 20408 20409 20411 20414 28422 78422 78423 78424 78425、李培元 2497(WUK)

毛泡桐 **Paulownia tomentosa** (Thunb.) Steud.

海拔：300～1150 m

分布：房县、奉节县、镇巴县、平利县、竹溪县

引证标本：洪德元 鄂 16、竺肇华 64、川经达 0738、佚名 091 099、李培元 9689(WUK)、郑重 1040(HIB)

光泡桐 **Paulownia tomentosa** var. **tsinlingensis** (Pai) T. Gong

海拔：700～850 m

分布：房县、巫山县、宁强县

引证标本：K. M. Liou 8986、T. P. Wang 10294、刘克荣 0459、乔林英 249(WUK)

马先蒿属 Pedicularis L.

埃氏马先蒿 **Pedicularis artselaeri** Maxim.

海拔：1550 m

分布：巫山县

引证标本：杨光辉 57891

具冠马先蒿 **Pedicularis cristatella** Pennell & H. L. Li

海拔：2000 m

分布：平利县

引证标本：徐光远 4584(WUK)

大卫氏马先蒿 **Pedicularis davidii** Franch.

海拔：1600～2900 m

分布：城口县、巫溪县、镇巴县、镇坪县、平利县

引证标本：戴天伦 101040 101042 101334 101690 107511、杨光辉 59276 65367、佚名 0123、徐光远 4387(WUK)、应俊生等 651(WUK)

宽齿大卫氏马先蒿 **Pedicularis davidii** Franch. var. **platyodon** P. C. Tsoong

海拔：1400～2400 m

分布：岚皋县、巫溪县

引证标本：K. H. Chu 2029、K. L. Chu 2061、李振宇 11300

美观马先蒿 **Pedicularis decora** Franch.

海拔：1750～2900 m

分布：城口县、巫溪县、平利县、镇坪县

引证标本：陈耀东等 2553、戴天伦 101056 105422、徐光远 5743(WUK)、野经第三队 203(WUK)

条纹马先蒿 **Pedicularis lineata** Franch. ex Maxim.

海拔：1940 m

分布：平利县

引证标本：陈彦生等 872(WUK)

长花马先蒿 **Pedicularis longiflora** Rudolph

分布：城口县

引证标本：胡文光，何铸 10824

全萼马先蒿 **Pedicularis holocalyx** Hand.-Mazz.

海拔：1475～2200 m

分布：南江县、巫溪县

引证标本：巴山采集队 5479 5722、陈耀东等 2026、刘玉红等 89051、杨光辉 58526

焊菜叶马先蒿 **Pedicularis nasturtiifolia** Franch.

海拔：1430～1940 m

分布：南江县、旺苍县、平利县

引证标本：巴山采集队 5041 5096 5345 戴天伦 107034、陈彦生等 841(WUK)

返顾马先蒿 **Pedicularis resupinata** L.

海拔：1200～2100 m

分布：岚皋县、镇巴县、平利县、镇坪县、宁强县、巫溪县、竹溪县

引证标本：陈耀东等 2040、野经西大安康区采集工作队 3～0348、傅坤俊 11598(WUK)、徐光远 4585(WUK) 5554(WUK)、T. N. Liou 11819(WUK)、王映明 3026(HIB)

鼬臭返顾马先蒿 **Pedicularis resupinata** subsp. **galeobdolon** (Diels) P. C. Tsoong

海拔：1700 m

分布：平利县

引证标本：吴振海 1143(WUK)

粗野马先蒿 **Pedicularis rudis** Maxim.

海拔：1650 m

分布：城口县

引证标本：杨光辉 58733

粗茎返顾马先蒿 Pedicularis resupinata L. subsp. **crassicaulis** (Vaniot ex Bonati) P. C. Tsoong

海拔：1650～2050 m

分布：城口县

引证标本：戴天伦 102197 102234

毛叶返顾马先蒿 Pedicularis resupinata L. subsp. **lasiophylla** P. C. Tsoong

海拔：1600 m

分布：城口县、巫溪县

引证标本：戴天伦 102727、杨光辉 65293 65357

穗花马先蒿 Pedicularis spicata Pallas

海拔：1400～1700 m

分布：镇坪县、平利县

引证标本：李培元 2709(WUK)、陈彦生等 4343(WUK)

扭旋马先蒿 Pedicularis torta Maxim.

海拔：1950～2300 m

分布：城口县、南江县、巫溪县

引证标本：巴山采集队 5643、陈耀东等 2028 2206 2414、戴天伦 101360 102144、刘玉红 89060、杨光辉 59466

轮叶马先蒿 Pedicularis verticillata L.

海拔：1400 m

分布：镇坪县

引证标本：吴振海 1256(WUK)

三角齿马先蒿 Pedicularis triangularidens P. C. Tsoong

海拔：1900 m

分布：城口县

引证标本：戴天伦 101335

松蒿属 **Phtheirospermum** Bunge ex Fishcher & C. A. Meyer

松蒿 Phtheirospermum japonicum (Thunb.) Kanitz

海拔：625～2000 m

分布：城口县、奉节县、巫溪县、西乡县、镇巴县、平利县、镇坪县、竹溪县、房县

引证标本：102230、K. L. Chu 2151、T. N. Liou 等 3980、戴天伦 102532 103104 103402 103683 103958 104742 104800 106069 106484 107163 107290、杨光辉 59608 65329 65476、周洪富、粟和毅 110771(SZ) 111314(SZ) 110907、李先源等 050021 050069、陈耀东等 2154、山胡椒调查队 278(WUK)、徐光远 5727(WUK)、陕西省中草药科研组 1957(WUK)、李培元 169(WUK)、竹溪 91-186(HIB)、黄仁煌 3126(HIB)

穗花属 **Pseudolysimachion** (W. D. J. Koch) Opiz

细叶穗花 Pseudolysimachion linariifolium (Pallas ex Link) Holub subsp. **dilatatum** (Nakai & Kitag.) D. Y. Hong

海拔：600～650 m

分布：平利县、房县

引证标本：野经西大安康区采集工作队 3 0245、黄仁煌 3010(HIB)

地黄属 **Rehmannia** Libosch. ex Fisch. & Mey.

地黄 Rehmannia glutinosa (Gaertn.) Libosch. ex Fisch. & C. A. Mey.

海拔：830～900 m

分布：奉节县、竹山县

引证标本：川经达 0765、黄仁煌 3481(HIB)

湖北地黄 Rehmannia henryi N. E. Br.

分布：旺苍县

引证标本：四川医学院 4583

裂叶地黄 Rehmannia piasezkii Maxim.

分布：西乡县、平利县、竹山县、竹溪县

引证标本：李宏庆 20030601 20030602 20030604 20030605 20030607 20040603、邢吉庆 61(WUK)、陕西省中草药普查队 1543(WUK)、马元俊 3137(HIB)

茄叶地黄 Rehmannia solanifolia P. C. Tsoong & Chin

海拔：1200～1350 m

分布：城口县、广元市

引证标本：戴天伦 100231、李宏庆 20040608 20040609

玄参属 Scrophularia L.

长梗玄参 Scrophularia fargesii Franch.

海拔：1940～2520 m

分布：城口县、平利县

引证标本：戴天伦 101086、陈彦生等 837(WUK)

玄参 Scrophularia ningpoensis Hemsl.

海拔：1000～1800 m

分布：城口县、奉节县、平利县、镇巴县、竹溪县

引证标本：0603、K. L. Chu 2153、方明渊 23967、李培元 5063、戴天伦 102733 107491(SZ)、杨金祥 1771(WUK)

阴行草属 Siphonostegia Benth.

阴行草 Siphonostegia chinensis Benth.

海拔：700～880 m

分布：房县、西乡县、广元市、通江县

引证标本：H. W. Kung 3397、K. M. Liou 9096、胡文光 48、王 0171

蝴蝶草属 Torenia L.

长叶蝴蝶草 Torenia asiatica L.

海拔：500～800 m

分布：城口县、奉节县

引证标本：周洪富、粟和毅 110762(SZ)

紫萼蝴蝶草 Torenia violacea (Azaola) Pennell

海拔：450 m

分布：奉节县、巫山县

引证标本：杨光辉 65640、周洪富、粟和毅 110461(SZ)

崖白菜属 Triaenophora Soler.

崖白菜 Triaenophora rupestris (Hemsl.) Soler.

分布：奉节县

引证标本：李先源 KQ031

毛蕊花属 Verbascum L.

琴叶毛蕊花 Verbascum Chinense (L.) Santapau

海拔：125 m

分布：巫山县

引证标本：3527(PE-01443352)、T. P. Wang 10402

婆婆纳属 Veronica L.

北水苦荬 Veronica anagallis-aquatica L.

海拔：340～1300 m

分布：房县、平利县

引证标本：李强平 1-0274、刘克荣 392

直立婆婆纳 Veronica arvensis L.

海拔：1200 m

分布：竹溪县

引证标本：甘启良 1258

城口县婆婆纳 Veronica fargesii Franch.

海拔：1740 m

分布：旺苍县

引证标本：巴山采集队 5006

华中婆婆纳 Veronica henryi T. Yamaz.

海拔：1100～2200 m

分布：城口县、奉节县、巫山县、平利县、镇坪县

引证标本：T. P. Wang 10555、戴天伦 100982、张泽荣 25265、周洪富、粟和毅 107977(SZ)、应俊生等 918(WUK)、应俊生等 451(WUK)

疏花婆婆纳 Veronica laxa Benth.

海拔：200～2600 m

分布：城口县、奉节县、南江县、旺苍县、平利县、镇巴县、镇坪县、宁强县、巫山县、巫溪县、竹溪县、竹山县、房县

引证标本：58454、K. M. Liou 8403 8523、巴山采

集队 0060 0434 0541 0891 1675a 4819 4907、戴天伦 101109 101292 105183 105396、何伯安 2649、倪炳炽 00389、钱士心 08011、杨光辉 58762、佚名 2549、杨钦周 214、张泽荣 25236、周洪富、粟和毅 109887 108435(SZ)、陈耀东等 2154、西北大学生物系 125(WUK)、吴振海 1263(WUK)、T. P. Wang 9315(WUK)、黄仁煌 3494(HIB)

阿拉伯婆婆纳 Veronica persica Poir.

海拔：450 m

分布：竹溪县

引证标本：李振宇 11726

蚊母草 Veronica peregrina L.

海拔：125～670 m

分布：巫山县、竹溪县

引证标本：K. M. Liou 8498、T. P. Wang 10408

婆婆纳 Veronica polita Fries

海拔：450 m

分布：竹溪县

引证标本：李振宇 11727

光果婆婆纳 Veronica rockii H. L. Li

海拔：2550 m

分布：镇坪县

引证标本：应俊生等 645(WUK)

小婆婆纳 Veronica serpyllifolia L.

海拔：800～2310 m

分布：城口县、奉节县、巫山县、巫溪县、平利县、房县

引证标本：T. P. Wang 10570、陈之端等 960720 960952、戴天伦 100259 100293 100475、方明渊 24252、周洪富、粟和毅 107935 108201、李培元 2602(WUK)、黄仁煌 3498(HIB)

四川婆婆纳 Veronica szechuanica Batalin

海拔：1900～3300 m

分布：奉节县、巫山县、镇坪县、平利县

引证标本：赵清盛、谭仲明、郭友好 111240、周洪富、粟和毅 109938(SZ)、吴振海 1274(WUK)、陈彦生等 3080(WUK)

陕川婆婆纳 Veronica tsinglingensis Hong

海拔：1450～2200 m

分布：城口县、巫溪县、平利县

引证标本：杨光辉 58920、陈彦生等 3050(WUK)

水苦荬 Veronica undulata Wall. ex Jack

海拔：380 m

分布：巫山县

引证标本：T. P. Wang 10737

腹水草属 **Veronicastrum** Heist. ex Farbic.

美穗草 Veronicastrum brunonianum (Benth.) D. Y. Hong

海拔：2089～2600 m

分布：城口县、镇坪县

引证标本：巴山采集队 2095、应俊生等 652(WUK)

宽叶腹水草 Veronicastrum latifolium (Hemsl.) T. Yamaz.

海拔：650～1000 m

分布：奉节县、镇巴县

引证标本：方明渊 24989、张泽荣 25842(SZ) 25924、周洪富 26725 26882(SZ) 26905、周洪富、粟和毅 108871(SZ)、傅坤俊 11644(WUK)

草本威灵仙 Veronicastrum sibiricum (L.) Pennell

海拔：1560 m

分布：镇巴县

引证标本：傅坤俊 11536(WUK)

细穗腹水草 Veronicastrum stenostachyum (Hemsl.) T. Yamaz.

海拔：520～1700 m

分布：城口县、奉节县、万源市、通江县、巫山县、巫溪县、镇巴县、南郑县、西乡县、平利县、竹溪县、房县

引证标本：3593、K. L. Chu 1904 1906 戴天伦 102172 102707 103128 103367 103440 103471 103606 103963 104171 105984 107235 107326、方明渊 24659 24830 24942、王金敖 0111、李培元 5472 9077(WUK)、杨光辉 59105 65221、张泽荣

25922、周洪富 26558、周洪富、粟和毅 108628(SZ) 108935(SZ) 109421(SZ) 110434(SZ) 110997、巴山采集队 6127 6225、陕西省中草药科研组 2(WUK)、山胡椒调查队 338(WUK)、侯喜祥 1231(WUK)、傅坤俊 11436(WUK)、黄仁煌 2977(HIB) 3052(HIB)

120.紫葳科 Bignoniaceae

凌霄属 **Campsis** Lour.

凌霄 Campsis grandiflora (Thunb.) Schum.

海拔： 800～1200 m

分布： 奉节县、巫山县

引证标本： 24695、方明渊 24757、张泽荣 25867、周洪富 26729、周洪富、粟和毅 109747

梓属 **Catalpa** Scop.

楸 Catalpa bungei C. A. Meyer

海拔： 810 m

分布： 平利县

引证标本： 傅坤俊 11882(WUK)

滇楸 Catalpa fargesii Bur. f. **duclouxii** (Dode) Gilmour

海拔： 1500 m

分布： 城口县、奉节县、巫山县、竹溪县

引证标本： K. M. Liou 8906、T. P. Wang 10535、方明渊 24148、方文培 10011

梓 Catalpa ovata G. Don

海拔： 720～830 m

分布： 城口县、西乡县、平利县、房县

引证标本： 方文培 10130、刘克荣 0432、傅坤俊 11477(WUK)、平利实习队 157(WUK)

角蒿属 **Incarvillea** Juss.

两头毛 Incarvillea arguta (Royle) Royle

分布： 巫山县、镇坪县

引证标本： 2259、陕西省中草药科研组 2163(WUK)

121.爵床科 Acanthaceae

穿心莲属 **Andrographis** Wall. ex Nees

穿心莲 Andrographis paniculata (N. L. Burman) Wall. ex Nees

海拔： 460 m

分布： 平利县

引证标本： 绿亚武 7325(WUK)

十万错属 **Asystasia** Blume

白接骨 Asystasia neesiana (Wall.) Nees

海拔： 930～1700 m

分布： 城口县、巫溪县、巫溪县、镇坪县、房县

引证标本： K. L. Chu 1868、戴天伦 104177 107161、杨光辉 65157、巴山采集队 0686 0693、刘克荣 0497、应俊生 0338(WUK)

水蓑衣属 **Hygrophila** R. Br.

水蓑衣 Hygrophila salicifolia (Vahl) Nees

海拔： 700 m

分布： 奉节县

引证标本： 周洪富、粟和毅 108757

爵床属 **Justicia** L.

爵床 Justicia procumbens L.

海拔： 580～1100 m

分布： 城口县、奉节县、广元市、平利县、万源市、巫山县、巫溪县、竹溪县

引证标本： K. L. Chu 1850 2190、方明渊 23984、何叶琪 02070、李培元 4977、杨光辉 65198、张泽荣 25899、周洪富 26998、周洪富、粟和毅 109697 109824 110406 110702、竹溪 91-480(HIB)

地皮消属 **Pararuellia** Bremek. & N. Bremek.

节翅地皮消 Pararuellia alata H. P. Tsui

海拔： 160 m

分布： 云阳县

引证标本： 陈之端等 960432

观音草属 **Peristrophe** Nees

九头狮子草 Peristrophe japonica (Thunb.) Bremek.

海拔：2000 m

分布：城口县、奉节县、巫溪县

引证标本：戴天伦 106431、方明渊 23966、杨光辉 65230、周洪富 26810

马蓝属 **Strobilanthes** Bl.

日本马蓝 Strobilanthes japonica (Thunb.) Miq.

海拔：450～850 m

分布：通江县

引证标本：巴山采集队 5956

四子马蓝 Strobilanthes tetraspermus (Champ. ex Benth.) Druce

海拔：500～850 m

分布：奉节县、广元市、万源市、巫溪县、西乡县

引证标本：639、K. L. Chu 1846、K. L. Chu 2162、何叶琪 02012、杨光辉 59621、张泽荣 25675、周洪富、粟和毅 110499、傅坤俊 11763(WUK)

变色马蓝 Strobilanthes versicolor Diels

海拔：1100 m

分布：奉节县

引证标本：周洪富、粟和毅 108525

122.胡麻科 Pedaliaceae

胡麻属 **Sesamum** L.

芝麻 Sesamum indicum L.

海拔：500 m

分布：奉节县、巫山县、巫溪县

引证标本：3575(PE-01300109)、张泽荣 25946、周洪富、粟和毅 109695

123.苦苣苔科 Gesneriaceae*

直瓣苣苔属 **Ancylostemon** Craib

矮直瓣苣苔 Ancylostemon humilis W. T. Wang

海拔：1150 m

分布：城口县

引证标本：巴山采集队 0943

直瓣苣苔 Ancylostemon saxatilis (Hemsl.) Craib

海拔：1300～2100 m

分布：南江县、镇坪县、宁强县

引证标本：巴山采集队 5680、戴天伦 101998、陕西省中草药科研组 2126(WUK)、陕西省中草药普查队 1829(WUK)

旋蒴苣苔属 **Boea** Comm. ex Lam.

大花旋蒴苣苔 Boea clarkeana Hemsl.

海拔：100～900 m

分布：城口县、旺苍县、通江县、巫山县、宁强县、房县

引证标本：巴山采集队 5334 6195 6245、戴天伦 102006、杨光辉 65555、陕西省中草药普查队 1757(WUK)、黄仁煌 3089(HIB)

旋蒴苣苔 Boea hygrometrica (Bunge) R. Br.

海拔：650～800 m

分布：广元市、平利县

引证标本：F. T. Wang 22570、傅坤俊 11878(WUK)

唇柱苣苔属 **Chirita** Buch.-Ham. ex D. Don

牛耳朵 Chirita eburnea Hance

海拔：500～1464 m

分布：奉节县、巫溪县

引证标本：植物所三峡考察队 0366、周洪富 26053、周洪富、粟和毅 107728

* 此部分由李振宇编写。

珊瑚苣苔属 Corallodiscus Batalin

珊瑚苣苔 Corallodiscus cordatulus (Craib) Burtt

海拔：900 m

分布：房县、平利县

引证标本：刘克荣 0441、陕西省中草药普查队 1317(WUK)

全唇苣苔属 Deinocheilos W. T. Wang

全唇苣苔 Deinocheilos sichuanense W. T. Wang

分布：巫溪县

引证标本：王、郑、龙 73w-821

半蒴苣苔属 Hemiboea Clarke

半蒴苣苔 Hemiboea henryi Clarke

海拔：1290～2100 m

分布：城口县、开县、西乡县、平利县、镇坪县、宁强县、竹溪县

引证标本：巴山采集队 0222 0487 1176 2548 2670、戴天伦 106697、郭本兆 2114、T. N. Liou & P. C. Tsoong 3990(WUK)、李培元 8755(WUK)、陕西省中草药科研组 1776(WUK)、陕西省中草药普查队 1704(WUK)、黄仁煌 2954(HIB)

降龙草 Hemiboea subcapitata Clarke

海拔：1520 m

分布：城口县、房县、巫溪县、西乡县、镇坪县

引证标本：T. N. Liou & P. C. Tsoong 3990、巴山采集队 0735 1354、陈之端等 960622、李振宇 11306、刘克荣 0473、陈彦生等 4165(WUK)

金盏苣苔属 Isometrum Craib

圆齿金盏苣苔 Isometrum crenatum K. Y. Pan

海拔：1300 m

分布：竹溪县

引证标本：李培元 3241

城口县金盏苣苔 Isometrum fargesii (Franch.) Burtt

海拔：658 m

分布：城口县

引证标本：巴山采集队 1070

毛蕊金盏苣苔 Isometrum giraldii (Diels) B. L. Burtt

海拔：1500 m

分布：镇坪县

引证标本：李培元 1798(WUK)

吊石苣苔属 Lysionotus D. Don

吊石苣苔 Lysionotus pauciflorus Maxim.

海拔：610～2000 m

分布：城口县、房县、奉节县、开县、旺苍县、巫山县、万源市、通江县、南郑县、镇巴县、镇坪县、西乡县、平利县、宁强县

引证标本：103758、K. M. Liou 9013 9066、巴山采集队 0203 0336 0562 0812 1356 1784 2382 5297 5450 5801 5880 6123、戴天伦 101152 102326 102698 103758 106434 107159、方明渊 24679、杨光辉 65625、周洪富 26837、周洪富、粟和毅 108728 109212 109236 110000、236 四川任务组 1269、陕西省中草药科研组 11(WUK) 834(WUK) 1382(WUK) 1637(WUK)、山胡椒调查队 295(WUK)、T. N. Liou 11836(WUK)

124.列当科 Orobanchaceae

草苁蓉属 Boschniakia C. A. Meyer

丁座草 Boschniakia himalaica Hook. & Thomson

分布：宁强县

引证标本：西农调查队 0148(CDBI)

齿鳞草属 Lathraea L.

齿鳞草 Lathraea japonica Miq.

海拔：1300 m

分布：平利县

引证标本：李培元 1603(WUK)

列当属 **Orobanche** L.

列当 **Orobanche coerulescens** Steph.

海拔：900 m

分布：镇巴县

引证标本：陕西省中草药科研组 216(WUK)

黄花列当 **Orobanche pycnostachya** Hance

海拔：1900 m

分布：镇坪县

引证标本：李培元 1826(WUK)

黄筒花属 **Phacellanthus** Siebold & Zucc.

黄筒花 **Phacellanthus tubiflorus** Siebold & Zucc.

海拔：1800 m

分布：巫溪县

引证标本：陈耀东等 2599

125.透骨草科 Phrymaceae

透骨草属 **Phryma** L.

北美透骨草 **Phryma leptostachya** L. subsp. **asiatica** (H. Hara) Kitamura

海拔：700～1700 m

分布：城口县、奉节县、万源市、巫山县、巫溪县、镇巴县、西乡县、平利县、镇坪县、竹溪县

引证标本：K. L. Chu 1867、戴天伦 102331、方明渊 24955、李培元 4373 4530 5668 8781(WUK)、张泽荣 25817、周洪富、粟和毅 108780 108873 109345 109512 110130、巴山采集队 0778、陕西省中草药科研组 228(WUK) 811(WUK)、傅坤俊 11470(WUK)、应俊生 0053(WUK)、黄仁煌 2999(HIB)

126.车前科 Plantaginaceae

车前属 **Plantago** L.

大车前 **Plantago asiatica** L.

海拔：450～2600 m

分布：城口县、竹溪县、奉节县、平利县、镇巴县、镇坪县、宁强县、万源市、通江县、巫山县、巫溪县、房县

引证标本：K. L. Chu 2142、陈耀东等 2450、戴天伦 100328 101270 101563 101735 102096 103518 106601 107462、方明渊 24056 24909、李培元 00816(WUK) 3224(WUK) 4623 5653、杨光辉 58773 58964 65097、于海平 30194、张泽荣 25018 25324 25740、周洪富 26150、巴山采集队 0182 0798 5873 6129 6288、甘啓良 3098、山胡椒调查队 270(WUK)、陕西省中草药科研组 127(WUK)、刘克荣 261(HIB)

长果车前 **Plantago asiatica** subsp. **densiflora** (J. Z. Liu) Z. Y. Li

海拔：1500～1800 m

分布：奉节县、巫溪县

引证标本：陈耀东等 2258、四川大学川东植物调查队 108337

疏花车前 **Plantago asiatica** L. subsp. **erosa** (Wall.) Z. Y. Li

海拔：800～2250 m

分布：城口县、奉节县、镇坪县

引证标本：戴天伦 100675、张泽荣 25928、应俊生 0114(WUK)

平车前 **Plantago depressa** Willd.

海拔：700 m

分布：西乡县、平利县、宁强县

引证标本：邢吉庆 58(WUK)、乔林英 1067(WUK)、李培元 00020(WUK)

大车前 **Plantago major** L.

海拔：850～1280 m

分布：平利县、镇坪县、竹溪县、房县

引证标本：K. M. Liou 9057、李培元 9182(WUK)、应俊生等 0018(WUK)、竹溪 91-140(HIB)

127.五福花科 Adoxaceae

接骨木属 Sambucus L.

血满草 Sambucus adnata Wall. ex DC.

海拔：230～2350 m

分布：城口县、平利县、镇坪县、巫溪县、云阳县

引证标本：K. L. Chu 2068、陈之端等 960479、戴天伦 101823 101825、刘金鉴等 186、陕西省植被区划小组 271(WUK)

接骨草 Sambucus javanica Blume

海拔：1300～2600 m

分布：城口县、房县、奉节县、广元市、平利县、镇巴县、镇坪县、宁强县、万源市、南江县、通江县、巫山县、巫溪县、竹溪县

引证标本：K. L. Chu 1729、巴山采集队 0354 0547 0707 0966 5847、戴天伦 102456 105826、何业琪 1708、李培元 5060 5299 5484、刘金鉴等 266、刘克荣 308、曲桂龄 1729、杨光辉 58891 59691、张泽荣 25419 25775、周洪富 26740、周洪富、粟和毅 108762 108943 108946 109219 109420 109477 109760 110036 110554 110998 111181 111602 11471、山胡椒调查队 275(WUK)、陕西省中草药科研组 135(WUK)、徐光远 5584(WUK)、T. P. Wang 9311(WUK)、四川经济植物考察队 0192(CDBI)

接骨木 Sambucus williamsii Hance

海拔：1651～1800 m

分布：城口县、奉节县、巫溪县、西乡县、平利县、镇坪县、旺苍县

引证标本：陈之端等 960738、戴天伦 105287、李培元 1747(WUK) 6640、苏陕民 433、张泽荣 25135、周洪富、粟和毅 107984 108456、巴山采集队 4822、苏陕民 433(WUK)、陕西省植被区划小组 55(WUK)

荚蒾属 Viburnum L.

桦叶荚蒾 Viburnum betulifolium Batal.

海拔：1200～2400 m

分布：城口县、房县、奉节县、岚皋县、宁强县、平利县、万源市、通江县、巫山县、巫溪县、镇坪县、南江县、旺苍县、西乡县

引证标本：K. M. Liou 4031 8366、巴山采集队 0448 0088 0644 0823 1023 5074 5078 5566 5889、戴天伦 100515 100661 100754 100812 100943 101274 101276 101309 101351 101471 101575 101606 101787 101792 102312 102557 103240 103261 104071 104203 104257 104976 105153 105326 105344 105631 105648 105680 106210 106459 106688 107026 107484、范光复 30129、方明渊 23899 24133 24258 24516 24859 24863、何金华 1431 1521 1630、李培元 3207 4593 4610 4618 5707 5708 5709 6103 6107 6144 6166 6550 6563、刘克荣 0231 0238、牛喜山 2954、杨光辉 58554 58700 58986 58326 59383 59651 65111 65440、张泽荣 25252 25329 25413 25458 25811 25868、周洪富 26014 26095 26414 26547 26887 26954 27015、周洪富、粟和毅 108412 108498 108787 109001 109115 109174 109302 109519 109569 109671 109802 110034 110178 110565 110934 111138 111191 111259 111410 111597、K. Clausen S. Davis C. Warren 79～84、陈之端等 960665、K. L. Chu 1876 1996、T. N. Liou 11814、傅坤俊 11517(WUK) 11533(WUK)

短序夹蒾 Viburnum brachybotryum Hemsl.

海拔：800～1200 m

分布：城口县、奉节县、巫溪县

引证标本：巴山采集队 0352 0356 0704、方明渊 24705、杨光辉 65118

短筒荚蒾 Viburnum brevitubum (P. S. Hsu) P. S. Hsu

海拔：1500～1800 m

分布：城口县、奉节县、巫山县

引证标本：戴天伦 100161 100341、周洪富、粟和毅 108392 109926

醉鱼草状荚蒾 Viburnum buddleifolium C. H. Wright

海拔：100～1007 m

分布：镇巴县、镇坪县

引证标本：陕西省中草药科研组 206(WUK)、陈彦生等 248(WUK)

金佛山荚蒾 Viburnum chinshanense Graebn.

海拔：1000～1786 m

分布：奉节县、巫溪县、旺苍县

引证标本：T. P. Wang 10540、周洪富 26457 26496、巴山采集队 5064

水红木 Viburnum cylindricum Buch.-Ham. ex D. Don

海拔：550～1700 m

分布：城口县、奉节县、万源市、巫山县、巫溪县、南郑县、镇巴县、镇坪县

引证标本：109850、K. L. Chu 1737 1914 1930、巴山采集队 0278 1156 6130、戴天伦 102190 102296 102854 103068 103759 103851 104545 104601 105819 105994 106441 106555 106576 106735 107191 107367 107498 107505、方明渊 24633 24733 24750、李培元 1958 5727、杨光辉 59512 59944 65068 65183 65601、张泽荣 23954 25711 25807、周洪富 26539 26739 26952、周洪富、粟和毅 108684 108785 108830 109092 109197 109571 109631 109850 110278 111340 111596、山胡椒调查队 183(WUK) 344(WUK)、傅坤俊 11602(WUK)、徐光远 4917(WUK)

荚蒾 Viburnum dilatatum Thunb.

海拔：1300～1600 m

分布：奉节县、平利县、镇巴县、镇坪县、巫溪县、南江县

引证标本：陈之端等 960514 960576 960834、李培元 1523、牛喜山 3083、周洪富、粟和毅 107990 108167、巴山采集队 5366 5389、西大 001(WUK)、徐光远 5568(WUK)

宜昌荚蒾 Viburnum erosum Thunb.

海拔：1500～1850 m

分布：城口县、房县、奉节县、岚皋县、平利县、镇坪县、宁强县、万源市、通江县、巫山县、巫溪县、竹溪县、南江县

引证标本：555、K. L. Chu 2229 2231、T. P. Wang 10750 140750、巴山采集队 0007 0077 0284 5365 5560 5862、戴天伦 100042 100112 100306 100869 101472 101498 101598 102057 102277 102827 103487 103631 103662 104948 105030 105364 105489 106374 107128 107219、方明渊 24039 24101 24236 24297 24514 24629、李培元 890(WUK) 1479 2026 5124 5270 5334 5699 5710 6037、刘克荣 0282 309、乔英林 1222、曲式曾 1384、杨光辉 59585 59588、张泽荣 25108 25460 25539 25983、周洪富 1026679 26010 26316 26371 26536 26564 26961、周洪富、粟和毅 107751 107961 107965 108140 109222 109355 109401 109521 110445 110612 110823 111336 111414、刘金鉴等 230、陕西省植被区划小组 195(WUK)

红荚蒾 Viburnum erubescens Wall.

海拔：1070～1820 m

分布：城口县、奉节县、巫山县、镇坪县

引证标本：108312、陈之端等 960928、戴天伦 101311 101504 105221、周洪富、粟和毅 108147 108444 108459、陈彦生等 241(WUK)

直角荚蒾 Viburnum foetidum Wall. var. **rectangulatum** (Graebn.) Rehd.

海拔：750～1000 m

分布：奉节县、城口县

引证标本：张泽荣 25689 25917、周洪富 26657 26778、周洪富、粟和毅 109399 110534 110753 110876、巴山采集队 0726

聚花荚蒾 Viburnum glomeratum Maxim.

海拔：1520～2500 m

分布：城口县、南江县、巫溪县、平利县

引证标本：戴天伦 100818 101815、巴山采集队 5385 5716、徐光远 4359(WUK)

巴东荚蒾 Viburnum henryi Hemsl.

海拔：800～1850 m

分布：城口县、奉节县、岚皋县、平利县、巫山县、

巫溪县、房县

引证标本：108301、陈之端等 960623、戴天伦 100972 100993 101317 101882 101901 104392 104479 105077 105091 105205 105272 105350 105789 106130 106199 106310 106340 106525 106698 106897 107053 107123 107484、方明渊 24170 24199 24566、何金华 1504、张泽荣 25064 25164 25420、周洪富、粟和毅 107929 107992 108017 108267 110089、李培元 2483(WUK)、刘克荣 253(HIB)

绣球荚蒾 Viburnum macrocephalum Fortune

海拔：1000 m

分布：竹溪县

引证标本：郑重 849(HIB)

珊瑚树 Viburnum odoratissimum Ker Gawler

海拔：1130 m

分布：平利县

引证标本：刘金鉴、段俊喜 276

少花荚蒾 Viburnum oliganthum Batal.

海拔：936～1450 m

分布：城口县、旺苍县、镇坪县

引证标本：巴山采集队 0376 1089 5184 5456、戴天伦 100643 100657、陈彦生等 2769(WUK)

鸡树条 Viburnum opulus subsp. **calvescens** (Rehder) Sugimoto

海拔：1800～2200 m

分布：奉节县、巫溪县、旺苍县

引证标本：周洪富、粟和毅 108383、巴山采集队 5090

粉团 Viburnum plicatum Thunb.

海拔：1280～2000 m

分布：城口县、奉节县、平利县、万源市、巫山县、巫溪县、镇坪县、南江县、旺苍县

引证标本：巴山采集队 0004 0965 820 5471 0032 0121 1011、108315、何金华 1771、李培元 5740 6192、牛喜山 3011、曲桂龄 2016、袁开来 平 1-0078、周洪富、粟和毅 108076

球核荚蒾 Viburnum propinquum Hemsl.

海拔：600～2100 m

分布：城口县、房县、奉节县、广元市、岚皋县、镇巴县、西乡县、平利县、镇坪县、万源市、巫山县、巫溪县、旺苍县、通江县、竹溪县

引证标本：108298、F. T. Wang 22613 22639、K. L. Chu 1917、T. P. Wang 10264 10484、巴山采集队 0273 0566 5428 5458、戴天伦 100197 100351 100445 100541 100851 101967 101983 102136 105075 105519 106578 106695 106884 106958 107438 107496、方明渊 24097 24244 24520 24604 24862、何金华 1483、李培元 2488(WUK) 4534、刘克荣 0290、杨光辉 59604 59671 65119、张泽荣 25080 25509 25590 25796、周洪富、粟和毅 10667 107784 107851 108096 108279 108600 109075 109118 109252 109667(SZ) 109703 110024 110227 110569 110667 111435 111614 26339 26849、山胡椒调查队 304(WUK)、山胡椒调查队 316(WUK)、陕西省中草药科研组 1601(WUK)、四川经济植物考察队 05227(CDBI)、郑重 999(HIB)

狭叶球核荚蒾 Viburnum propinquum Hemsl. var. **mairei** W. W. Sm.

海拔：410～1400 m

分布：城口县、通江县

引证标本：戴天伦 200279、王金敖 0258(CDBI)

皱叶荚蒾 Viburnum rhytidophyllum Hemsl.

海拔：1270～2400 m

分布：城口县、房县、奉节县、广元市、岚皋县、平利县、镇坪县、万源市、通江县、巫山县、巫溪县、西乡县

引证标本：K. L. Chu 2077、T. N. Liou 等 4008、巴山采集队 0035 5804、戴天伦 100356 100872 101281 102389 105009 107488、方明渊 24041 24115 24186 24530、何金华 1501、李培元 976 2162(WUK) 6203、刘金鉴等 227、刘克荣 307、牛喜山 3010、杨光辉 59023 59390 59525、张泽荣 25168 25216、周洪富 26349、周洪富、粟和毅

107924 108174 110180

陕西荚蒾 Viburnum schensianum Maxim.

海拔：490～1150 m

分布：平利县、西乡县、镇坪县

引证标本：牛喜山 3017、侯喜祥 1245(WUK)、张学忠 150(WUK)、牛运达 22(WUK)、邢吉庆 005(WUK)、李培元 9593(WUK)、吴振海 1310(WUK)

茶荚蒾 Viburnum setigerum Hance

海拔：1600～1800 m

分布：通江县、城口县、房县、奉节县、岚皋县、巫溪县、竹溪县

引证标本：W. C. Cheng & C. T. Hwa 1071、戴天伦 102220 102437、方明渊 23930、何金华 1667、杨光辉 59595、张泽荣 25598 25600、周洪富 26636、周洪富、粟和毅 107938 108136 108426 108448 108696 108906 110531 110797 110969 111257、巴山采集队 5832、竹溪 91-60(HIB)

合轴荚蒾 Viburnum sympodiale Graebn.

海拔：1300～2100 m

分布：城口县、奉节县、岚皋县、平利县、万源市、通江县、巫山县、巫溪县

引证标本：108362、戴天伦 101000 105452 105518 58554 65076、何金华 1669、贾潇洒等 3951、杨光辉 59071、西大 699(WUK)、重师、西农调查队 0130(CDBI)

烟管荚蒾 Viburnum utile Hemsl.

海拔：554～1600 m

分布：城口县、房县、奉节县、广元市、宁强县、万源市、通江县、巫山县、巫溪县、镇巴县、南郑县

引证标本：T. N. Liou 11812、巴山采集队 0306 0646 5807 5891 5954 5984 6167 6274、戴天伦 100111 100187 100236 100281 100432 100502 100568 100791 102068、方明渊 24240 24607、何叶琪 1646 1748 1771、李培元 4509 4602 5573 5883 5977、刘克荣 0428、粟和毅 108813、杨光辉 59582 65120 65529、杨金祥 1582、张泽荣 25506、周洪富 26381 26738 26909、周洪富、粟和毅 107706 107740 108570 109060 109091 109163 109172 109598 109632 110610、西大 27(WUK)、侯喜祥 1230(WUK)、傅坤俊 11604(WUK)、杨金祥 1582(WUK)

128.忍冬科 Caprifoliaceae

忍冬属 Lonicera L.

淡红忍冬 Lonicera acuminata Wall.

海拔：1200～2100 m

分布：城口县、房县、奉节县、岚皋县、平利县、镇巴县、镇坪县、南江县、旺苍县、通江县、万源市、巫山县、巫溪县、竹溪县

引证标本：巴山采集队 0117 4818 5393 5621 5882 6037、戴天伦 100499 100655 100830 101128 102131 102255 105012 105496 106477 106738 106870 106965 107376、第三队 092、方明渊 24185 24241 24263 24286、何金华 1397 1546 1659 1728、李培元 3300(WUK) 4585、刘克荣 0489、平利队 0536、杨光辉 58498 58976 59517 59885 65376 65573、张泽荣 25070 25815、周洪富 26009 26135 26456、周洪富、粟和毅 108254 108499 108993 109312 109398 109789 110164、西北大学 247(WUK)、竹溪 91-71(HIB)

金花忍冬 Lonicera chrysantha Turcz.

海拔：800～2200 m

分布：岚皋县、平利县、镇坪县、巫山县、巫溪县、竹山县、竹溪县

引证标本：陈之端等 960636 960714 960879、何金华 1569 1592 1657、杨光辉 59457、李培元 2668(WUK)、王翔 27(HIB)、郑重 818(HIB)

须蕊忍冬 Lonicera chrysantha var. **koehneana** (Rehder) Q. E. Yang

海拔：1180～2000 m

分布：城口县、西乡县、平利县、镇坪县

引证标本：戴天伦 101375、野生生物调查队 1310(WUK)、陕西植被组 428(WUK)、李培元

2475(WUK)

匍匐忍冬 Lonicera crassifolia Batal.

海拔：950 m

分布：广元市

引证标本：何业琪 1817

北京忍冬 Lonicera elisae Franch.

海拔：1430 m

分布：南江县

引证标本：巴山采集队 5525

粘毛忍冬 Lonicera fargesii Franch.

海拔：1700 m

分布：城口县、镇巴县

引证标本：戴天伦 124095、西北大学 114(WUK)

葱皮忍冬 Lonicera ferdinandii Franch.

海拔：960～1500 m

分布：岚皋县、镇坪县

引证标本：黄河二队 2953、李培元 4618(WUK)

郁香忍冬 Lonicera fragrantissima Lindl. var. **fragrantissima**

海拔：1200～1760 m

分布：城口县、奉节县、巫山县、镇坪县、竹溪县

引证标本：戴天伦 100331、杨光辉 57685、周洪富、粟和毅 108108、徐光远 4668(WUK)、黄仁煌 3443(HIB)

蕊被忍冬 Lonicera gynochlamydea Hemsl.

海拔：1280～2100 m

分布：城口县、奉节县、岚皋县、镇巴县、平利县、镇坪县、万源市、巫山县、巫溪县、旺苍县、通江县、竹溪县

引证标本：108366(条形码号：01243613)(PE)、T. P. Wang 10637、巴山采集队 0055 0098 0980 1025 4912、陈之端等 960527、戴天伦 100199 100278 100397 100612 100944 101035 105074 105325 105474、方明渊 24060、方文培 10361、何金华 1658、李培元 4462 4630 5836 8680(WUK)、杨光辉 58100 59353、张泽荣 25117、周洪富、粟和毅 107739 107937 108196 108255 109772 110077 110173 110218 110395 111132、傅坤俊 11580(WUK)、四川经济植物考察队 0062(CDBI)、竹溪 91-138(HIB)

菰腺忍冬 Lonicera hypoglauca Miq.

海拔：500～1000 m

分布：奉节县

引证标本：张泽荣 25642 25974、周洪富、粟和毅 110448

忍冬 Lonicera japonica Thunb.

海拔：1000～1400 m

分布：奉节县、宁强县、平利县、西乡县、镇坪县、巫山县、房县、竹溪县、通江县

引证标本：108310(条形码号：01251869)(PE)、25028(条形码号：01251876)(PE)、K. M. Liou 9127、T. N. Liou 11894、方明渊 24082 24176 24500、李培元 1558 1559 5070、刘克荣 0462、杨光辉 58210 59950 59964、周洪富 26006 26555 26647、周洪富、粟和毅 109652 110270 110790 111023 111491、山胡椒调查队 234(WUK)、陕西省中草药科研组 1824(WUK)、邹家志、川经达 3036(CDBI)

女贞叶忍冬 Lonicera ligustrina Wall.

海拔：2100 m

分布：城口县、奉节县、广元市、岚皋县、巫山县、巫溪县

引证标本：F. T. Wang 22619、戴天伦 100119 100210 100412 102032 10545 106545 106916 107536、方明渊 24747、何金华 1470、杨光辉 59565、张泽荣 25197、周洪富、粟和毅 107757 107785 107902 108107 108152 110073 110971 111002

蕊帽忍冬 Lonicera ligustrina var. **pileata** (Oliv.) Franch.

海拔：1100～1300 m

分布：平利县、镇坪县

引证标本：刘金鉴等 206、徐光远 4847(WUK)

亮叶忍冬 Lonicera ligustrina var. **yunnanensis** Franch.

海拔：600 m

分布：西乡县

引证标本：李培元 7575(WUK)

金银忍冬 Lonicera maackii (Rupr.) Maxim.

海拔：950～1600 m

分布：城口县、房县、岚皋县、平利县、巫山县、巫溪县、镇坪县、竹溪县

引证标本：K. L. Chu 1798、何金华 1437 1781 1787、方文培 10001、刘克荣 0214、乔英林 1163、杨光辉 58127 59658 65264、周洪富、粟和毅 109661 109797 110021 110318、竹溪 91-563(HIB)

短尖忍冬 Lonicera mucronata Rehd.

海拔：800 m

分布：奉节县

引证标本：周洪富、粟和毅 107745

红脉忍冬 Lonicera nervosa Maxim.

海拔：2900 m

分布：平利县

引证标本：徐光远 4392(WUK)

齿叶忍冬 Lonicera setifera Franch.

海拔：940 m

分布：镇坪县

引证标本：乔莫林 1292

细毡毛忍冬 Lonicera similis Hemsl.

海拔：620～1500 m

分布：城口县、奉节县、广元市、岚皋县、镇巴县、平利县、镇坪县、万源市、巫溪县

引证标本：614(条形码号：01308850)(PE)、巴山采集队 0371、戴天伦 100729 100768 100931 105445、方明渊 23995 24956、方文培 10337、何金华 1452、李培元 5477 5851 5980、曲桂龄 1831、张泽荣 25786、周洪富 26507 26693、姜恕等 00076、西大 246(WUK)、傅坤俊 11632(WUK) 11675(WUK)、陕西省中草药普查队 1501(WUK)、乔林英 1292(WUK)

冠果忍冬 Lonicera stephanocarpa Franch.

海拔：2900 m

分布：平利县

引证标本：徐光远 4386(WUK)

唐古特忍冬 Lonicera tangutica Maxim.

海拔：1500～2370

分布：城口县、奉节县、巫溪县、旺苍县、万源市、平利县

引证标本：巴山采集队 4885 5213、58465、陈之端等 960734 960794 960845、戴天伦 100130 100147 100631 1105169、杨钦周 92、张泽荣 25040、周洪富、粟和毅 107821 108172 108429 108479、方文培 10269 10390、吴振海 1250(WUK)

盘叶忍冬 Lonicera tragophylla Hemsl.

海拔：950～2050 m

分布：城口县、奉节县、平利县、镇坪县、万源市、巫山县、巫溪县、旺苍县、通江县、竹溪县

引证标本：3541、K. K. Tsoong、戴天伦 100561 100709 100744 101117 101978 105025 105370 105923 106665、方明渊 24235、李培元 4584、李强平 1-0286、刘金鉴等 241、张泽荣 25148、周洪富 26137、周洪富、粟和毅 108478、巴山采集队 4862 4990、陕西省中草药科研组 1660(WUK)、邹家志 3063(CDBI)、竹溪 91-544(HIB)

华西忍冬 Lonicera webbiana Wall. ex Candolle

海拔：1850 m

分布：平利县

引证标本：李培元 2648(WUK)

莛子藨属 Triosteum L.

穿心莛子藨 Triosteum himalayanum Wall.

海拔：1700～2520 m

分布：旺苍县、平利县、镇坪县

引证标本：巴山采集队 5057 5217、戴天伦 100597 101098、李培元 1745(WUK)、陕西省中草药科研组 1737(WUK)

莛子藨 Triosteum pinnatifidum Maxim.

海拔：1800～1900 m

分布：旺苍县、平利县、镇坪县

引证标本：巴山采集队 5111、李培元 2877(WUK)、陕西省植被区划小组 251(WUK)

129.锦带花科 Diervilliaceae

锦带花属 **Weigela** Thunb.

半边月 **Weigela japonica** Thunb.

海拔：2200 m

分布：奉节县、巫山县、巫溪县

引证标本：K. K. Tsoong 3989、K. L. Chu 1950、T. P. Wang 10362、方明渊 24022 24632 27007、杨光辉 58124 65280、张泽荣 25251 25538、周洪富 26280 26514 26658、周洪富、粟和毅 107754 108162 109038 109142 109524 109658 110022 110418 110795 111196 111497

130.北极花科 Linnaeaceae

糯米条属 **Abelia** R. Br.

糯米条 **Abelia chinensis** R. Br.

海拔：2200 m

分布：奉节县、巫山县、巫溪县

引证标本：曲桂龄 1734、四川大学川东植物调查队 110217、杨光辉 59615 59897 65344 65470、周洪富、粟和毅 109590 110217 111398 111567

二翅糯米条 **Abelia macrotera** (Graebn. & Buchw.) Rehder

海拔：650～1600 m

分布：奉节县、万源市、巫溪县、南江县、平利县、镇坪县、竹山县、竹溪县

引证标本：方明渊 24121、李培元 5867 8752(WUK)、杨光辉 65315、周洪富 26314、周洪富、粟和毅 109089、巴山采集队 5391 5500、陈彦生等 1121(WUK)、王翔 09(HIB)、竹溪 91-532(HIB)

通梗花 **Abelia uniflora** R. Br.

海拔：1000～2000 m

分布：城口县、奉节县、广元市、岚皋县、南江县、平利县、镇坪县、万源市、旺苍县、通江县、巫山县、巫溪县、竹溪县、房县

引证标本：巴山采集队 0111 0653 5027 5495、戴天伦 100195 100284 100340 100472 100482 100697 101429 101537 105181 105434、方明渊 24016 24631、方文培 10128 9985 10338、姜恕等 087、杨光辉 58204 58536 59003、张泽荣 25062 25122 25773、周洪富 26100 26310 26714、周洪富、粟和毅 108004 108447、K. L. Chu 2174、K. M. Liou 8873、何金华 1409、李培元 1375 2887 6142、陕西植被组 34(WUK)、陈梦铃 0095(CDBI)、邢吉庆 17744(HIB)

双盾木属 **Dipelta** Maxim.

双盾木 **Dipelta floribunda** Maxim.

海拔：610～1350 m

分布：城口县、奉节县、平利县、南郑县、西乡县、镇坪县、旺苍县、通江县、房县

引证标本：K. M. Liou 8461、巴山采集队 0317 1086 5423 5986 6044、李培元 1353 1525 8754(WUK)、牛喜山 3007、周洪富、粟和毅 109340、山胡椒调查队 225(WUK)、陕西植被组 19(WUK)、邢吉庆 16282(HIB)

云南双盾木 **Dipelta yunnanensis** Franch.

海拔：1130～1570 m

分布：巫溪县、南江县、镇巴县

引证标本：K. L. Chu 1751、巴山采集队 5630、西大 151(WUK)

六道木属 **Zabelia** (Rehder) Makino

南方六道木 **Zabelia dielsii** (Graebn.) Makino

海拔：1600 m

分布：奉节县、巫溪县

引证标本：周洪富、粟和毅 108186

131.败酱科 Valerianaceae

败酱属 **Patrinia** Juss.

墓回头 **Patrinia heterophylla** Bunge

海拔：1060～2600 m

分布：城口县、房县、奉节县、万源市、巫山县、巫溪县、西乡县、平利县、镇坪县、竹山县

引证标本：K. M. Liou 8943 9032 9086 9257、郭本

兆 2086、李培元 4577 6109、杨光辉 58940 59518 张泽荣 25438、巴山采集队 0315、吴振海 1164(WUK)、陈彦生等 4078(WUK)、王映明 3048(HIB)

少蕊败酱 Patrinia monandra C. B. Clarke

海拔：880～2100 m

分布：城口县、奉节县、岚皋县、平利县、万源市、通江县、巫山县、巫溪县、房县

引证标本：0380 1019552 0329(2)、戴天伦 101855 101976 102078 106356 106358 107182 107312 107470、李培元 5711、曲桂龄 1814、杨光辉 59215 65046、周洪富、粟和毅 110154 110550 111024 111152 111283、陈彦生等 4190(WUK)、王金敖 0183(CDBI)、刘克荣 223(HIB)

岩败酱 Patrinia rupestris (Pall.) Dufr.

海拔：1120 m

分布：万源市

引证标本：李培元 4529

败酱 Patrinia scabiosaefolia Fisch. ex Trev.

海拔：770～1820 m

分布：奉节县、宁强县、巫山县、巫溪县

引证标本：T. N. Liou & C. Wamg 120、T. N. Liou 等、杨光辉 59948 65356、周洪富、粟和毅 108442 109019 109737 109961

攀倒甑 Patrinia villosa (Thunb.) Juss.

海拔：800～2000 m

分布：城口县、奉节县、竹溪县、房县

引证标本：戴天伦 106772 102406 106891、周洪富、粟和毅 110438 110811、竹溪 91-596(HIB)、邢吉庆 17932(HIB)

缬草属 Valeriana L.

柔垂缬草 Valeriana flaccidissima Maxim.

海拔：800～2200 m

分布：城口县、奉节县、巫山县、巫溪县、镇坪县、竹溪县

引证标本：戴天伦 100325 100478 100622、杨光辉 57724 58914、张泽荣 25176、周洪富、粟和毅 107570、陈彦生等 268(WUK)、黄仁煌 3441(HIB)

长序缬草 Valeriana hardwickii Wall.

海拔：1250～1600 m

分布：城口县、奉节县

引证标本：戴天伦 101007、张泽荣 25019

蜘蛛香 Valeriana jatamansi Jones

海拔：1400～1500 m

分布：城口县、巫山县、竹溪县

引证标本：T. P. Wang 10634、戴天伦 100513 100296、黄仁煌 3448(HIB)

缬草 Valeriana officinalis L.

海拔：1000～2600 m

分布：城口县、巫山县、巫溪县、竹溪县、南江县、平利县

引证标本：K. M. Liou 8592、T. P. Wang 10471、戴天伦 100694 101089 105186 105658、四川大学生物系植物分类教研组 58453、杨光辉 58801、巴山采集队 5681、陈彦生等 2976(WUK)

132.川续断科 Dipsacaceae

川续断属 Dipsacus L.

川续断 Dipsacus asper Wall. ex Candolle

海拔：1600～2100 m

分布：城口县、奉节县、宁强县、巫山县、巫溪县、西乡县、竹溪县

引证标本：T. N. Liou 11933、T. N. Liou 等 4009、戴天伦 102080、刘玉红 99、王叔强、杨光辉 59069 59707 59851 59855 65227 65360、周洪富、粟和毅 109748 109923 109959 109999 110162 110951 111213 111510、竹溪 91-258(HIB)

日本续断 Dipsacus japonicus Miq.

海拔：850～1520 m

分布：南江县、镇巴县、平利县、镇坪县

引证标本：巴山采集队 5378、陕西省中草药科研组 865(WUK) 2052(WUK)、唐昌林 1235(WUK)

双参属 **Triplostegia** Wall. ex DC.

双参 **Triplostegia glandulifera** Wall. ex DC.

海拔：1280～2050 m

分布：城口县、奉节县、万源市、巫山县、巫溪县、镇巴县、平利县

引证标本：戴天伦 101724 101988 102351 104259、李培元 4635、杨光辉 59463 65063、周洪富、粟和毅 110327 110346 111208 110153 110327、傅坤俊 11582(WUK)、陈彦生等 1035(WUK)

133.刺参科 Morinaceae

刺续断属 **Acanthocalyx** (DC.) Tiegh.

Acanthocalyx nepalensis subsp. **delavayi** (Franch.) D. Y. Hong

海拔：3700 m

分布：万源市

引证标本：T. P. Wang 7671

134.桔梗科 Campanulaceae

沙参属 **Adenophora** Fisch.

丝裂沙参 **Adenophora capillaris** Hemsl.

海拔：1330～2300 m

分布：城口县、房县、开县、岚皋县、平利县、镇坪县、万源市、巫山县、巫溪县

引证标本：K. L. Chu 2025、戴天伦 101363 101531 101702 102152 106266 107522、李培元 6080 6099 6151、刘克荣 0498、杨光辉 59006 59403 65393、周洪富、粟和毅 108988 109957、巴山采集队 1579 1831 1889 2012 2269 2418、徐光远 5631(WUK) 5901(WUK)

细叶沙参 **Adenophora capillaris** subsp. **paniculata** (Nannf.) D. Y. Hong & S. Ge

海拔：2260～2900 m

分布：平利县、镇坪县

引证标本：徐光远 4449(WUK) 4529(WUK)、陕西省中草药科研组 2086(WUK)

鄂西沙参 **Adenophora hubeiensis** D. Y. Hong*

海拔：2177 m

分布：开县

引证标本：巴山采集队 2365

杏叶沙参 **Adenophora petiolata** subsp. **hunanensis** (Nannf.) D. Y. Hong & S. Ge

海拔：1600 m

分布：城口县、房县、奉节县、平利县、巫溪县、竹溪县

引证标本：K. M. Liou 9225 9226、戴天伦 107375、李培元 5000 5039、杨光辉 65141、周洪富 26842

湖北沙参 **Adenophora longipedicellata** D. Y. Hong

海拔：1100 m

分布：奉节县

引证标本：周洪富、粟和毅 110653

秦岭沙参 **Adenophora petiolata** Pax & K. Hoffm.

海拔：1200～1600 m

分布：平利县、宁强县、房县

引证标本：李培元 5000(WUK) 8763(WUK)、陕西省中草药普查队 1712(WUK)、刘克荣 345(HIB)

杏叶沙参 **Adenophora petiolata** subsp. **hunanensis** (Nannf.) D. Y. Hong & S. Ge

海拔：1200～1650 m

分布：镇坪县、竹山县、竹溪县

引证标本：李培元 2132(WUK)、王映明 3055(HIB)、竹溪 91-175(HIB)

石沙参 **Adenophora polyantha** Nakai

分布：宁强县

引证标本：T. N. Liou 11851(WUK)

泡沙参 **Adenophora potaninii** Korsh.

分布：宁强县

引证标本：1187

多毛沙参 **Adenophora rupincola** Hemsl.

* 四川新分布。

海拔：800～900 m

分布：西乡县、平利县、房县

引证标本：西安药品检验所 77(WUK)、唐昌林 1239(WUK)、李培元 9568(WUK)、黄仁煌 3090(HIB)

沙参 Adenophora stricta Miq.

海拔：1446 m

分布：城口县、奉节县

引证标本：巴山采集队 1501、四川大学川东植物调查队 111231

无柄沙参 Adenophora stricta Miq. subsp. **sessilifolia** D. Y. Hong

海拔：950～2200 m

分布：城口县、奉节县、宁强县、镇巴县、西乡县、平利县、镇坪县、巫山县、巫溪县、开县、竹溪县

引证标本：K. L. Chu 2003、T. N. Liou 11851 11938、戴天伦 106766 102076 102238 107520、王叔强 73、杨光辉 58952 59253 65359、周洪富、粟和毅 109917 110338 110541 110938 111504、巴山采集队 1501 2600、傅坤俊 11676(WUK) 11677(WUK)、T. N. Liou & P. C. Tsoong 4026(WUK)、应俊生等 0892(WUK) 760(WUK)、竹溪 91-547(HIB)

聚叶沙参 Adenophora wilsonii Nannf.

海拔：700 m

分布：镇巴县

引证标本：傅坤俊 11682(WUK)

风铃草属 Campanula L.

一年生风玲草 Campanula dimorphantha Schweinf.

海拔：125 m

分布：巫山县

引证标本：T. P. Wang 10252

紫斑风铃草 Campanula punctata Lam.

海拔：1200～2376 m

分布：城口县、岚皋县、平利县、镇坪县、巫山县、开县、旺苍县

引证标本：巴山采集队 0456 1031 1237 1636 1767 1840 2020 2612 2785 4937、戴天伦 100828 100881 101111 101321 101805 105110 105282、杨光辉 58955、陕西省中草药普查队 1458(WUK)、李培元 3232(WUK)

金钱豹属 Campanumoea Bl.

大花金钱豹 Campanumoea javanica Bl.

海拔：800～1100 m

分布：奉节县

引证标本：周洪富、粟和毅 110752 110757 111368

小花金钱豹 Campanumoea javanica Bl. subsp. **japonica** (Makino) D. Y. Hong

海拔：1100 m

分布：奉节县

引证标本：方明渊 23987、周洪富、粟和毅 110509 111549

党参属 Codonopsis Wall.

光叶党参 Codonopsis cardiophylla Diels ex Kom*

海拔：1300～2300 m

分布：南江县、镇坪县

引证标本：巴山采集队 5640、徐光远 5560(WUK)

党参 Codonopsis pilosula (Franch.) Nannf.

海拔：900～1500 m

分布：奉节县、平利县

引证标本：方明渊 24885、谢成科等万 64006、周洪富、粟和毅 109278、李培元 2044(WUK)

川党参 Codonopsis tangshen Oliv.

海拔：1000～2600 m

分布：城口县、开县、岚皋县、平利县、西乡县、万源市、巫山县、巫溪县、巫溪县、竹溪县、房县

引证标本：巴山采集队 0081 0460 0991 1219 1469 1888 2243 2460 2805、陈耀东等 2168 2193 2235 2294、戴天伦 101499 101921 101977 102195 102590 106975、李培元 4581 6135、刘金鉴等 201、谢成科等万 64022、杨光辉 58874 58951、周洪富、

* 为四川新分布。

粟和毅 109013、傅坤俊 11540(WUK)、竹溪 91-336(HIB)、刘克荣 336(HIB)

轮钟花属 **Cyclocodon** Griff. ex Hook. & Thomson

轮钟花 **Cyclocodon lancifolius** (Roxb.) Kurz

海拔：750～950 m

分布：奉节县

引证标本：周洪富、粟和毅 110727 111629

半边莲属 **Lobelia** L.

半边莲 **Lobelia chinensis** Lour.

海拔：1280 m

分布：奉节县

引证标本：周洪富、粟和毅 111066

江南山梗菜 **Lobelia davidii** Franch.

海拔：1527 m

分布：开县

引证标本：巴山采集队 2706

铜锤玉带 **Lobelia nummularia** Lam.

海拔：610～1200 m

分布：南郑县、宁强县

引证标本：巴山采集队 6088、陕西省中草药普查队 1688(WUK)

西南山梗菜 **Lobelia sequinii** H. Lév. & Vaniot

海拔：900 m

分布：奉节县、巫山县、巫溪县

引证标本：杨光辉 65345、周洪富 110705、周洪富、粟和毅 109835 110705 110847

桔梗属 **Platycodon** A. DC.

桔梗 **Platycodon grandiflorus** (Jacq.) A. DC.

海拔：900～1780 m

分布：城口县、奉节县、开县、万源市、镇坪县、宁强县

引证标本：巴山采集队 1510 2565 2762 2801、戴天伦 104161 104525、方明渊 24660、李培元 5694 5797、周洪富 26865、陕西省中草药科研组 2055(WUK)、中医研究所(条形码号：0503116)(WUK)

蓝花参属 **Wahlenbergia** Schrad. ex Roth

蓝花参 **Wahlenbergia marginata** (Thunb.) A. DC.

海拔：380～960 m

分布：城口县、奉节县、万源市、巫山县、平利县、竹溪县

引证标本：K. M. Liou 8624、T. P. Wang 10493、巴山采集队 0605、戴天伦 101663、李培元 6727、张泽荣 25897、周洪富 26613、王作宾 18346(WUK)

135.菊科 Compositae*

蓍属 **Achillea** L.

云南蓍 **Achillea wilsoniana** Heimerl ex Hand.-Mazz.

海拔：750～2203 m

分布：城口县、奉节县、宁强县、平利县、万源市、广元市、南江县、巫山县、巫溪县

引证标本：236 四川任务组 1278、T. N. Liou 等 60、巴山采集队 2045、陈耀东等 2132 2511、川经绵 4014、戴天伦 107254、方明渊 24886 24936、李培元 4629 6060 6153、李先源等 218、李忠秀 2785、四川经济植物考察队 0220、杨光辉 59248 65591、周洪富 26816、陈彦生等 4295(WUK)

和尚菜属 **Adenocaulon** Hook.

和尚菜 **Adenocaulon himalaicum** Edgew.

海拔：1000～2100 m

分布：城口县、房县、万源市、巫山县、巫溪县、竹溪县

引证标本：59179、巴山采集队 3786 3830、戴天伦 101811 102888 104079 104188 104721 105756(SZ) 105998 107000(SZ) 107510、何荻平 45059、江广

* 此部分由高天刚、付志玺、张国进编写。

渝 4091、贾潇洒等 3948、刘克荣 0362、杨光辉 59179(SZ) 59872 65291、中美联合鄂西植物考察队 0010、植物所三峡考察队 0019 0272、周洪富、粟和毅 110262、陈耀东等 2444

下田菊属 **Adenostemma** J. R. & G. Forst.

下田菊 **Adenostemma lavenia** (L.) O. Kuntze

海拔：900 m

分布：奉节县

引证标本：周洪富、粟和毅 110521

兔儿风属 **Ainsliaea** DC.

杏香兔儿风 **Ainsliaea fragrans** Champ. ex Benth.

海拔：554～2100 m

分布：旺苍县、城口县、奉节县、通江县

引证标本：巴山采集队 1044 5427 6246、戴天伦 101888 106806、王金敖 0250、周洪富、粟和毅 111593(SZ)

光叶兔儿风 **Ainsliaea glabra** Hemsl.

海拔：615～625 m

分布：城口县、镇巴县

引证标本：巴山采集队 3337、戴天伦 103002 103184

纤枝兔儿风 **Ainsliaea gracilis** Franch.

海拔：1119～1810 m

分布：城口县、巫溪县

引证标本：巴山采集队 1146、赵常明 0606、植物所三峡考察队 0063 0311 0576 0606

粗齿兔儿风 **Ainsliaea grossedentata** Franch.

海拔：1400～2110 m

分布：城口县、旺苍县、巫溪县

引证标本：巴山采集队 5034、戴天伦 107032 197032、杨光辉 65061 65419

长穗兔儿风 **Ainsliaea henryi** Diels.

海拔：1780 m

分布：开县

引证标本：巴山采集队 2587

宽叶兔儿风 **Ainsliaea latifolia** (D. Don) Sch. Bip.

海拔：610～953 m

分布：南郑县

引证标本：巴山采集队 6118

腋花兔儿风 **Ainsliaea pertyoides** Franch.

海拔：1100 m

分布：广元市

引证标本：魏志平 3738

亚菊属 **Ajania** Poljak.

异叶亚菊 **Ajania variifolia** (C. C. Chang) Tzvelev

海拔：2600 m

分布：城口县

引证标本：杨光辉 58760

香青属 **Anaphalis** DC.

黄腺香青 **Anaphalis aureopunctata** Lingelsh. & Borza var. **aureopunctata**

海拔：130～2400 m

分布：城口县、开县、奉节县、南江县、通江县、万源市、巫山县、巫溪县、岚皋县、西乡县、平利县、房县

引证标本：534、巴山采集队 1568 1633 1824 1862 1984 2016 2320 2611 3784 3819 5568、川经植 111328、戴天伦 101358 101490 101629 101696 102149 102516 103745(SZ) 104329 105755(SZ) 106347 106944 107020、方明渊 23958、万绍滨 2586、江广渝 4011 4127、贾潇洒等 3861、李培元 6064 6146、刘玉红 5(B)、杨光辉 59274 65156 65478、周洪富 26874、周洪富、粟和毅 108990 111427 111527、陈耀东等 2428、T. N. Liou & P. C. Tsoong 3966、王金敖 0182(CDBI)、陈彦生等 3144(WUK)、邢吉庆 16827(HIB)

鼠曲草 **Anaphalis aureopunctata** Lingelsh. & Borza var. **tomentosa** Hand.-Mazz.

海拔：1145 m

分布：城口县

引证标本：巴山采集队 0834

珠光香青 Anaphalis margaritacea (L.) Benth. & Hook. f. var. **margaritacea**

海拔：500～2177 m

分布：城口县、开县、奉节县、南江县、通江县、万源市、巫山县、巫溪县、竹山县、西乡县、平利县

引证标本：25964、巴山采集队 0107 0656 0968 1465 1799 1894 2088 2368 2748 5878、T. N. Liou 等 4020、陈炳麟 2513、戴天伦 103025 103996、贾潇洒等、3930、李先源等 050064、三峡考察队 3628、神农架及三峡地区作物种质资源考察队 123、王金敖 0181、杨光辉 59245、周洪富、粟和毅 109960 110009 110350 110378 110429 110677 110784 111237 111322(SZ)、张泽荣 25964、陈彦生等 4191(WUK)

线叶珠光香青 Anaphalis margaritacea (L.) Benth. & Hook. f. var. **angustifolia** (Franch. & Sav.) Hayata

海拔：700～2100 m

分布：城口县、奉节县、万源市、巫山县、巫溪县、镇巴县

引证标本：K. L. Chu 1921、巴山采集队 3173 4333、戴天伦 102082 102621 105953 106955、杨光辉 59643 59832 65047、周洪富 26912、周洪富、粟和毅 110784

黄褐珠光香青 Anaphalis margaritacea (L.) Benth. & Hook. f. var. **cinnamomea** (DC.) Herd. ex Maxim.

海拔：900～2140 m

分布：开县、奉节县、万源市、巫山县

引证标本：巴山采集队 2319、川经植 11322、李培元 6147、周洪富、粟和毅 109920 109960 110009 110350 110378 110429 110677

香青 Anaphalis sinica Hance

海拔：869～2000 m

分布：城口县、奉节县、广元市、宁强县、万源市

引证标本：K. L. Chu 2233、T. N. Liou 11811、巴山采集队 0050、何业琪 1676、李培元 4625、周洪富、粟和毅 110630 110915、戴天伦 103110 103494 103646 103833 103992 104689 105930 106270

蜀西香青 Anaphalis souliei Diels

海拔：1250 m

分布：巫山县

引证标本：周洪富、粟和毅 110056

直瓣苣苔属 Ancylostemon Craib

直瓣苣苔 Ancylostemon saxatilis (Hemsl.) Craib

海拔：1180 m

分布：镇坪县、房县

引证标本：陈彦生等 2809(WUK)、程传联 282

牛蒡属 Arctium L.

牛蒡 Arctium lappa L.

海拔：554～2300 m

分布：城口县、开县、奉节县、万源市、通江县、巫山县、巫溪县、镇巴县、平利县

引证标本：0225、巴山采集队 0084 1037 2930 3478 1452 2598 6289、戴天伦 101416 102256 104173 104498 106089 106980、方明渊 24926、贾潇洒等 3921、李先源 37212、李培元 4627 6051 6207、曲桂龄 1994、杨光辉 58992 65153、周洪富、粟和毅 109240 110357 111267、张泽荣 25760

蒿属 Artemisia L.

黄花蒿 Artemisia annua L.

海拔：595～1290 m

分布：城口县、奉节县、巫山县、巫溪县、竹山县、房县

引证标本：戴天伦 102004(SZ) 103586、杨光辉 59690、神农架及三峡地区作物种质资源考察队 113、周洪富、粟和毅 110390(SZ) 110473(SZ) 110899(SZ) 111292(SZ)、邢吉庆 17817(HIB)

奇蒿 Artemisia anomala S. Moore

海拔：1810 m

分布：巫溪县

引证标本：植物所三峡考察队 0085

艾 Artemisia argyi Lév. & Van.

海拔：700～1650 m

分布：房县、巫溪县、城口县、奉节县、通江县、巫山县

引证标本：K. L. Chu 1933、K. M. Liou 9276、戴天伦 102207(SZ) 104501(SZ)、方明渊 23960(SZ) 24868(SZ)、张泽荣 25990(SZ)、周洪富、粟和毅 109611(SZ) 109811(SZ) 109994(SZ)、王金敖 0184、杨光辉 65659(SZ)

暗绿蒿 Artemisia atrovirens Hand.-Mazz.

海拔：1000～2376 m

分布：城口县、开县、岚皋县、房县

引证标本：巴山采集队 0130 1015 1534 1970 2291 2606、刘克荣 320(HIB)

茵陈蒿 Artemisia capillaris Thunb.

海拔：645～1000 m

分布：城口县、广元市、巫山县、镇巴县、房县

引证标本：胡文光 42、周洪富、粟和毅 103861(SZ) 109861(SZ)、江广渝 4176、刘克荣 318(HIB)

青蒿 Artemisia carvifolia Buch.-Ham. ex Roxburgh

分布：奉节县

引证标本：叶德闲 1608

南毛蒿 Artemisia chingii Pamp.

海拔：1000 m

分布：房县

引证标本：刘克荣 320(HIB)

侧蒿 Artemisia deversa Diels

海拔：1600～1950 m

分布：南江县、巫溪县

引证标本：巴山采集队 5633 5562、陈耀东等 2570

龙蒿 Artemisia dracunculus L.

海拔：2081 m

分布：开县

引证标本：巴山采集队 2504

无毛牛尾蒿 Artemisia dubia Wall. ex Bess. var. **subdigitata** (Mattf.) Y. R. Ling

海拔：1227 m

分布：镇巴县

引证标本：贾潇洒、于杰 3968

南牡蒿 Artemisia eriopoda Bge.

海拔：700～1200 m

分布：镇巴县

引证标本：巴山采集队 4261 4336

五月艾 Artemisia indica Willd.

海拔：590～2000 m

分布：城口县、奉节县、广元市、万源市、巫山县、巫溪县、镇巴县、房县

引证标本：巴山采集队 3699、戴天伦 103671(SZ) 104264(SZ) 104336 106161(SZ) 106192(SZ) 106774(SZ) 107196(SZ)、贾潇洒等 3970、魏志平 04901、李培元 953、杨光辉 59422(SZ)、植物所三峡考察队 0094 0216、周洪富、粟和毅 109863(SZ) 110387(SZ) 110474(SZ) 110546(SZ) 110772(SZ) 111073(SZ) 111564(SZ) 111205(SZ) 111350(SZ) 111478(SZ)、邢吉庆 17662(HIB)

牡蒿 Artemisia japonica Thunb.

海拔：800～2400 m

分布：城口县、奉节县、平利县、通江县、巫山县、巫溪县、镇巴县

引证标本：0677 103969、巴山采集队 3484、戴天伦 103969 106938 107293 107311、杨光辉 59278 59877、张泽荣 25890、周洪富 26844、周洪富、粟和毅 109639(SZ) 109888(SZ) 109998(SZ) 110724(SZ) 110867(SZ) 111148(SZ) 111402(SZ)、王 0172 0173、佚名 150

白苞蒿 Artemisia lactiflora Wall. ex DC. Prodr.

海拔：693～2600 m

分布：城口县、奉节县、万源市、旺苍县、竹山县、巫溪县、平利县

引证标本：巴山采集队 4938、戴天伦 101986 102509 102859 103108 103277 103808 103830 103977 104631 104824 104991 105937 106181 106367 106795 106826 107183 107357、江广渝

4086、贾滿洒等 3896、刘元等 3082、杨光辉 58889 65431、神农架及三峡地区作物种质资源考察队 111、周洪富、粟和毅 110952(SZ) 111150 111476(SZ)、陈彦生等 4207(WUK)

细裂叶白苞蒿 Artemisia lactiflora Wall. var. **incisa** (Pamp.) Y. Ling & Y. R. Ling

海拔：990～1430 m

分布：旺苍县、南江县

引证标本：巴山采集队 5418 5517

矮蒿 Artemisia lancea Van

海拔：1000～1800 m

分布：奉节县、巫山县、巫溪县、广元市、宁强县

引证标本：K. L. Chu 1938、T. N. Liou 11904、何业琪 1986、杨光辉 65479、周洪富、粟和毅 26981 109840(SZ)

野艾蒿 Artemisia lavandulifolia DC.

海拔：554～1500 m

分布：通江县、城口县、房县

引证标本：巴山采集队 6303、戴天伦 104268、邢吉庆 17188(HIB)

魁蒿 Artemisia princeps Pamp.

海拔：600～1810 m

分布：万源市、巫溪县、镇巴县

引证标本：K. L. Chu 2240、巴山采集队 3699、贾滿洒等 3970、植物所三峡考察队 0094 0216

灰苞蒿 Artemisia roxburghiana Bess.

海拔：1300～1800 m

分布：城口县、开县、巫溪县

引证标本：戴天伦 102696(SZ)、陈耀东等 2043 2454、巴山采集队 2662

白莲蒿 Artemisia sacrorum Ledeb.

海拔：995 m

分布：广元市、镇巴县

引证标本：巴山采集队 4250、李培元 1003

猪毛蒿 Artemisia scoparia Waldst. & Kit.

海拔：600～1700 m

分布：城口县、房县、万源市、巫溪县、镇巴县

引证标本：K. L. Chu 2241、戴天伦 103371、刘克荣 318、杨光辉 65480、江广渝 4176、赵良能 2762

商南蒿 Artemisia shangnanensis Y. Ling & Y. R. Ling

海拔：600～1550 m

分布：城口县、竹溪县、房县

引证标本：戴天伦 107383(SZ)、刘克荣 0353、马元俊 3958(HIB)

大籽蒿 Artemisia sieversiana Ehrh.

海拔：785 m

分布：城口县

引证标本：戴天伦 103651

绿苞蒿 Artemisia viridisquama Kitam.

海拔：1450 m

分布：城口县

引证标本：戴天伦 107429

云南蒿 Artemisia yunnanensis J. F. Jeffrey ex Diels

海拔：695 m

分布：城口县

引证标本：戴天伦 103279

紫菀属 Aster L.

三脉紫菀 Aster ageratoides Turcz. var. **ageratoides**

海拔：554～2400 m

分布：城口县、房县、开县、奉节县、南江县、万源市、通江县、巫山县、岚皋县、平利县、巫溪县、竹溪县

引证标本：0319、K. M. Liou 9213、巴山采集队 0733 2044 2053 2089 2135 2186 2302 2424 2485 3181 6264 6270、陈耀东等 2078 2213 2527 2559 2567 7567、戴天伦 101417 101694 101734 101852 102071(SZ) 102099 102166 102403 102517 102526 102705 102957(SZ) 102979 102999 103138 103224 103369 103415 103499 103507 103561 103681 103961 103965 103999 104087 104091 104189 104236 104237 104262 104406 104645 104707 104737 105757(SZ) 106132 106365 106652 107022 107386(SZ) 112403(SZ)、甘启良 3258、江广渝 4051

4125 4138、贾瀟洒等 3938、杨光辉 58929 59259 59342 59961 65301 65385 65641、佚名 00213 0254 103507、植物所三峡考察队 0029、周洪富、粟和毅 111282(SZ)、陈耀东等 2078 2213 2527 2559 2567 刘玉红 104 106、野经西大安康区采集工作队 40247

狭叶三脉紫菀 Aster ageratoides Turcz. var. **gerlachii** (Hance) C. C. Chang ex Y. Ling

分布：竹溪县

引证标本：杨本成 389

异叶三脉紫菀 Aster ageratoides Turcz. var. **heterophyllus** Maxim.

海拔：654 m

分布：城口县、宁强县、西乡县

引证标本：103507、T. N. Liou 11826、T. N. Liou 等 4011

宽伞三脉紫菀 Aster ageratoides Turcz. var. **laticorymbus** (Vant.) Hand.-Mazz.

海拔：800～1900 m

分布：城口县、奉节县、巫山县、巫溪县

引证标本：戴天伦 102526 104091、杨光辉 65301 65423 65585、周洪富、粟和毅 110381 110386 110548 110691 110816 111149 111263 111334 111425 111505 111530

小花三脉紫菀 Aster ageratoides Turcz. var. **micranthus** Y. Ling

海拔：654 m

分布：城口县

引证标本：戴天伦 103507

长毛三脉紫菀 Aster ageratoides Turcz. var. **pilosus** (Diels) Hand.-Mazz.

海拔：795～2050 m

分布：城口县、奉节县、万源市、巫山县、镇巴县

引证标本：103561 107386、巴山采集队 3467 4295、戴天伦 101734 103561 124091、李培元 5616 6660、杨光辉 59961、周洪富、粟和毅 110331 110996 111453 11282

微糙三脉紫菀 Aster ageratoides Turcz. var. **scaberulus** (Miq.) Y. Ling.

海拔：1000～1700 m

分布：奉节县、巫溪县

引证标本：植物所三峡考察队 0239 E0239、周洪富、粟和毅 11026 111353

小舌紫菀 Aster albescens (DC.) Hand.-Mazz.

海拔：600～1950 m

分布：城口县、奉节县、开县、平利县、巫山县、巫溪县、镇巴县、广元市、万源市、房县

引证标本：103509 24696、K. L. Chu 1898 1946、巴山采集队 1522 2395 2597 2751 2978 3052 4209、戴天伦 101444 101639 101838 101982 103407 103509 103650 103779 103975 104192 104331 10631 106361 14331 163407、方明渊 24870 24979、贾瀟洒等 3967、李培元 4243 4503 4589 4992 5513 5567 5617 5647 5872 5964 6634、李先源 153、魏志平 03605、植物所三峡考察队 0107、杨光辉 59482 59843 65060 65481、张泽荣 25759、周洪富 26755 26884、周洪富、粟和毅 109513 109566 110020 110431 110662 111029 111081 111535 111319(SZ)、野经西大安康区采集工作队 2 0132、黄仁煌 3103(HIB)

无毛小舌紫菀 Aster albescens (DC.) Hand.-Mazz. var. **glabratus** (Diels) Boufford & Y. S. Chen

海拔：1200 m

分布：巫溪县

引证标本：杨光辉 65505

镰叶紫菀 Aster falcifolius Hand.-Mazz.

海拔：750～800 m

分布：房县、宁强县

引证标本：T. P. Wang 8036、刘克荣 0451

狗娃花 Aster hispidus Thunb.

海拔：645～2100 m

分布：城口县、巫山县、巫溪县

引证标本：巴山采集队 2147、戴天伦 102703 102831 103375 103393 103514 103547 103644 103751(SZ) 103862 106351 106409 106646 106831 107292 107440、杨光辉 59916 65482

马兰 Aster indicus L.

海拔：500～2100 m

分布：城口县、房县、奉节县、广元市、通江县、巫山县、巫溪县、旺苍县、万源市、竹溪县、南郑县

引证标本：499、K. L. Chu 1702 2189、K. M. Liou 8547、T. N. Liou 等 167、巴山采集队 0300 0739 5177 5271 6104、戴天伦 101657 102239 102260 102523 103190 103481 103756(SZ) 105718(SZ) 106730 106834 106939 107199、方明渊 24785 24915、何业琪 1975、李培元 4158 4163 4223 4380 4506 5205 5399 5501 5620 5963 6429 5560 6718、刘克荣 0393、倪炳炽 00578、三峡考察队 2848 3323、王金敖 0177、杨光辉 59993(SZ) 65084、张泽荣 25652 25653 25884、周洪富 26593 26886、周洪富、粟和毅 108586 109277 109551 110011 110495(SZ) 110814 110911 111070 111207 111271(SZ) 111560、陈耀东等 2477

山马兰 Aster lautureanus (Debeaux) Franch.

海拔：500～1950 m

分布：城口县、巫山县

引证标本：杨光辉 65653(SZ)

湿生紫菀 Aster limosus Hemsl.

海拔：1250 m

分布：巫山县

引证标本：周洪富、粟和毅 110061

蒙古马兰 Aster mongolicus Franch.

海拔：800～1700 m

分布：奉节县、广元市、巫山县、云阳县

引证标本：李培元 988、王清泉 0377、周洪富、粟和毅 109905(SZ)

川鄂紫菀 Aster moupinensis (Franch.) Hand.-Mazz.

海拔：100 m

分布：巫山县

引证标本：杨光辉 65558

琴叶紫菀 Aster panduratus Nees ex Walper

海拔：900～1200 m

分布：奉节县

引证标本：周洪富、粟和毅 110595 110682

全叶马兰 Aster pekinensis (Hance) F. H. Chen

海拔：550 m

分布：广元市、奉节县

引证标本：629、魏志平 3432

鞑靼狗娃花 Aster neobiennis Brouillet, Semple & Y. L. Chen

分布：宁强县

引证标本：T. N. Liou 11956

毡毛马兰 Aster shimadai (Kitam.) Nemoto

海拔：700 m

分布：城口县、广元市

引证标本：魏志平 04024

甘川紫菀 Aster smithianus Hand.-Mazz.

分布：城口县、奉节县

引证标本：高志乡等 26931

苍术属 Atractylodes DC.

苍术 Atractylodes lancea (Thunb.) DC.

海拔：830 m

分布：竹山县

引证标本：黄仁煌 3484(HIB)

鬼针草属 Bidens L.

婆婆针 Bidens bipinnata L.

海拔：625～2000 m

分布：城口县、广元市

引证标本：戴天伦 103722、李培元 944

金盏银盘 Bidens biternata (Lour.) Merr. & Sherff

海拔：600～1400 m

分布：奉节县、万源市、巫溪县、城口县、南郑县

引证标本：K. L. Chu 1862 2191、周洪富、粟和毅 110579 111014、戴天伦 102027(SZ) 104326 106906、巴山采集队 6137

小花鬼针草 Bidens parviflora Willd.

海拔：645～2000 m

分布：城口县、房县、奉节县、万源市、巫山县、巫溪县、西乡县

引证标本：236 四川任务组 1093、K. L. Chu 2076、T. N. Liou 等 3972、戴天伦 102169 102914 103551 103397 103877 104160 104431 104482 107255、刘克荣 0331、杨光辉 65094、周洪富、粟和毅 109583 110209 110582 110635 111020、佚名 340、植物所三峡考察队 0040 伦 103392、李培元 5079 5929 5998、刘克荣 0419、西北大学生物系 0663

鬼针草 **Bidens pilosa** L.

海拔：565～1450 m

分布：城口县、房县、奉节县、平利县、巫山县、镇巴县、竹溪县、万源市、巫溪县、云阳县

引证标本：236 四川任务组 1116、K. M. Liou 8872、巴山采集队 3000 3055 3668、戴天伦 102672 103392 103498 104435 106346 107233 107415、王清泉 0363、佚名 108、李培元 5079 5929 5998、刘克荣 0419、西北大学生物系 0663、杨光辉 59958、周洪富、粟和毅 110139 110807(SZ) 110902(SZ) 111275 111373(SZ) 111556

白花鬼针草 **Bidens pilosa** L. var. **radiata** Sch.-Bip.

海拔：600～1450 m

分布：城口县、巫山县

引证标本：102027、戴天伦 102672 107415

狼杷草 **Bidens tripartita** L.

海拔：618～1250 m

分布：城口县、奉节县

引证标本：103563、戴天伦 103589 103328 103563(SZ) 103622 103680 107352、周洪富、粟和毅 110585 110905(SZ)

艾纳香属 **Blumea** DC.

柔毛艾纳香 **Blumea axillaris** (Lam.) DC.

分布：巫山县

引证标本：496

飞廉属 **Carduus** L.

节毛飞廉 **Carduus acanthoides** L.

海拔：1150～1300 m

分布：城口县、奉节县、镇巴

引证标本：巴山采集队 3481、戴天伦 100525、张泽荣 25158

丝毛飞廉 **Carduus cripus** L.

海拔：1259～2200 m

分布：城口县

引证标本：巴山采集队 0832、戴天伦 106789

天名精属 **Carpesium** L.

天名精 **Carpesium abrotanoides** L.

海拔：610～2200 m

分布：城口县、奉节县、广元市、岚皋县、平利县、万源市、巫山县、巫溪县、镇巴县、南江县、房县

引证标本：0179 0301 103521、巴山采集队 3465 5655、戴天伦 101987(SZ) 102073 102601 102761 103122 103521 103701 103930 104355 106810 106839 107283 107359、方明渊 24990、李国凤 63536、何业琪 01622、曲桂龄 2237、杨光辉 59494 65504、张泽荣 25934、植物所三峡考察队 0185、周洪富、粟和毅 110025 110260 110497 110581 110967(SZ)、赵子恩 5396(HIB)

烟管头草 **Carpesium cernuum** L.

海拔：650～2140 m

分布：城口县、开县、奉节县、万源市、巫山县、镇巴县、房县

引证标本：102028、巴山采集队 0337 2329 2536 0533 3149 3466、李培元 5613 6112、方明渊 24843 24934 26948(SZ) 24981、张泽荣 25927、周洪富 26948、周洪富、粟和毅 25927(SZ) 109493 110351、刘克荣 351(HIB)

金挖耳 **Carpesium divaricatum** C. K. Siebold & Zucc.

海拔：1250 m

分布：房县

引证标本：邢吉庆 17178(HIB)

贵州天名精 Carpesium faberi Winkl.

海拔：850～1170 m

分布：城口县、奉节县

引证标本：巴山采集队 0777、周洪富 26931

薄叶天名精 Carpesium leptophyllum Chen & C. M. Hu

海拔：1766～2200 m

分布：城口县、巫溪县

引证标本：巴山采集队 0114 1605 1922、杨光辉 58913

高原天名精 Carpesium lipskyi C. G. A. Winkl.

海拔：650 m

分布：城口县

引证标本：戴天伦 102028(SZ)

长叶天名精 Carpesium longifolium Chen & C. M. Hu

海拔：1250 m

分布：奉节县、巫山县

引证标本：周洪富、粟和毅 110058 110993、戴天伦 102593 104190

小花金挖耳 Carpesium minum Hemsl.

海拔：800～2100 m

分布：房县、奉节县、巫山县、巫溪县

引证标本：杨光辉 65090、陈耀东等 2446、李洪钧 s.n.、周洪富、粟和毅 109812 110437

尼泊尔天名精 Carpesium nepalense Less.

海拔：800～1085 m

分布：城口县、奉节县、巫山县

引证标本：巴山采集队 0533

棉毛尼泊尔天名精 Carpesium nepalense Lees. var. **lanatum** (Hook. f. & T. Thoms. ex C. B. Clarke) Kitam.

海拔：740～1950 m

分布：奉节县、巫山县、巫溪县、城口县

引证标本：戴天伦 104093、杨光辉 59356、周洪富、粟和毅 109417 109553 110407

四川天名精 Carpesium szechuanense F. H. Chen & C. M. Hu

海拔：1660 m

分布：平利县

引证标本：陈彦生等 4220(WUK)

粗齿天名精 Carpesium trachelifolium Less.

海拔：1902 m

分布：万源市

引证标本：江广渝 4042

暗花金挖耳 Carpesium triste Maxim.

海拔：1400～2383 m

分布：城口县、开县、万源市、巫溪县、镇坪县、竹溪县

引证标本：巴山采集队 2109 2192 2357 3785、陈耀东等 2140 2517、甘启良 1514、李培元 4613、陈彦生等 4090(WUK)

茼蒿属 Chrysanthemum L.

野菊 Chrysanthemum indicum L.

海拔：1200～2100 m

分布：城口县、广元市、巫山县、巫溪县

引证标本：戴天伦 102642 104753 106162 106411 106426 106644 107303、李培元 977、刘慎谔 11793、杨光辉 59833

甘菊 Chrysanthemum lavandulifolium (Fisch. ex Trautv.) Makino var. **lavandulifolium**

海拔：1600～2200 m

分布：城口县

引证标本：戴天伦 104868 106937 106355 107250、杨光辉 65289 65418

毛叶甘菊 Chrysanthemum lavandulifolium (Fisch. ex Trautv.) Makino var. **tomentellum** Hand.-Mazz.

海拔：1350 m

分布：巫山县

引证标本：杨光辉 65587

蓟属 Cirsium Mill

灰蓟 Cirsium griseum Lév.

海拔：1145 m

分布：城口县

引证标本：巴山采集队 0836

贡山蓟 **Cirsium eriophoroides** (Hook. f.) Petrak

海拔：2000 m

分布：巫溪县

引证标本：陈耀东等 2033

等苞蓟 **Cirsium fargesii** (Franch.) Diels

海拔：1400～1450 m

分布：巫山县、竹溪县

引证标本：周洪富、粟和毅 109972 129897、黄仁煌 2982(HIB)

刺苞蓟 **Cirsium henryi** (Franch.) Diels.

海拔：2300 m

分布：城口县

引证标本：巴山采集队 2023

湖北蓟 **Cirsium hupehense** Pamp.

海拔：815～2000 m

分布：城口县、巫山县、巫溪县

引证标本：102540、戴天伦 102084 103278 103621 104953 106094 106259 106597 107178、杨光辉 59423 65361 65514 65578 65578

蓟 **Cirsium japonicum** (Thunb.) Fisch. ex DC.

海拔：750～2140 m

分布：城口县、开县、奉节县、通江县、平利县、巫山县、巫溪县、镇巴县、南江县

引证标本：K. M. Liou 8456、巴山采集队 1677 2326 3258 5372 5817、戴天伦 10405 105185、杨光辉 59467、植物所三峡考察队 1227、周洪富 26500、周洪富、粟和毅 107907(SZ) 109110(SZ) 110233(SZ)、邹家志、川经达 3056

魁蓟 **Cirsium leo** Nakai & Kitag.

海拔：1100～2300 m

分布：奉节县、岚皋县、镇坪县、巫溪县、巫山县

引证标本：巴山采集队 1858 1891、植物所三峡考察队 0220、陈彦生等 4140(WUK)

线叶蓟 **Cirsium lineare** (Thunb.) Sch.-Bip.

海拔：585～2000 m

分布：城口县、奉节县、巫山县、巫溪县、竹溪县、万源市、房县

引证标本：236 四川任务组 1186、戴天伦 102540(SZ)、甘启良 2807、陶玉辉 52286、周洪富、粟和毅 110706(SZ) 110812 111017(SZ) 111209 111390 111522、陈耀东等 2105、刘克荣 327(HIB)

马刺蓟 **Cirsium monocephalum** (Van.) Lév.

海拔：1200～2140 m

分布：城口县、开县、巫溪县

引证标本：巴山采集队 0205 1967 2327、杨光辉 58569 58659 59312 65430、戴天伦 101421

刺儿菜 **Cirsium setosum** (Willd.) M. B.

海拔：695～1980 m

分布：城口县、奉节县、南江县、旺苍县、巫山县、巫溪县、云阳县、镇坪县、万源市、镇巴县

引证标本：0046、巴山采集队 0785 1642 5447 3405、陈炳麟 2538、戴天伦 100440 101296 101538 105022 105391、方明渊 24120 24544、方文培 3680、江广渝 4089、李培元 4164 6594 5317、罗上柱 1105、张泽荣 25067 25431、植物所三峡考察队 1142、周洪富 26045 26208(SZ)、周洪富、粟和毅 26045 108476 108971

牛口刺 **Cirsium shansiense** Petrak

海拔：860～2000 m

分布：城口县、万源市、奉节县

引证标本：巴山采集队 3620、戴天伦 107313 103027 103422 103832 104433 104691 106363、周洪富、粟和毅 111147

葵花大蓟 **Cirsium souliei** (Franch.) Mattfeld.

分布：奉节县

引证标本：胡文光等 10846 10938

白酒草属 **Conyza** Less.

香丝草 **Conyza bonariensis** (L.) Cronq.

海拔：710～2000 m

分布：城口县、奉节县、广元市、万源市

引证标本：戴天伦 101659、方文培 5376、李培元 1011 4248 6414 6419、乔英林 434、张泽荣 25649 25754、周洪富 26622、周洪富、粟和毅 109419

小蓬草 Conyza canadensis (L.) Cronq.

海拔：560～1875 m

分布：城口县、奉节县、广元市、巫山县、巫溪县、万源市、竹溪县、房县

引证标本：T. P. Wang 10374、戴天伦 101491 102026(SZ) 102700 102989 103180(SZ) 103489 103734 103837 104031、乔英林 00434、三峡考察队 3543、四川大学生物系植物标本室 25993、杨光辉 59399 65526、张泽荣 25993、李培元 4213 4501 4550 5084 5479 5979 6048、刘玉红等 07、47、周洪富 26858 26872、周洪富、粟和毅 109533 110070 110475 110815 110914 111277 111531、陈耀东等 2588、邢吉庆 17981(HIB)

秋英属 Cosmos Cav.

秋英 Cosmos bipinnata Cav.

海拔：595 m

分布：城口县

引证标本：戴天伦 103615

野茼蒿属 Crassocephalum Moench.

野茼蒿 Crassocephalum crepidioides (Benth.) S. Moore

海拔：530～940 m

分布：奉节县、平利县

引证标本：周洪富、粟和毅 111469、陈彦生等 3796(WUK)

大丽花属 Dahlia Cav.

大丽花 Dahlia pinnata Cav.

海拔：1100 m

分布：奉节县

引证标本：周洪富、粟和毅 111545(SZ)

菊属 Chrysanthemum L.

野菊 Chrysanthemum indicum (L.) Des Moul.

海拔：2200 m

分布：城口县、广元市、平利县、巫山县

引证标本：0526、T. N. Liou 11793、戴天伦 103730 104753 106411 106770 106937 107303、杨光辉 59665 59833 59914

甘菊 Chrysanthemum lavandulifolium (Fisch. ex Trautv.) Makino

海拔：1000～2100 m

分布：广元市、房县、宁强县、巫溪县、西乡县

引证标本：T. N. Liou 11807、T. N. Liou 等 4017、陈耀东等 2051 2571、何业琪 1566、植物所三峡考察队 0498、刘克荣 335、杨光辉 65289 65418

菊花 Chrysanthemum morifolium Ramat.

海拔：1030～1150 m

分布：城口县、奉节县

引证标本：周洪富、粟和毅 111508(SZ)

菱叶菊 Chrysanthemum rhombifolium (Ling & Shih) H. Ohashi & Yonekura

分布：巫山县

引证标本：杨光辉 65653(SZ)

鱼眼草属 Dichrocephala L'Héritier ex DC.

小鱼眼草 Dichrocephala benthamii C. B. Clarke

海拔：700～2000 m

分布：城口县、奉节县

引证标本：周洪富 26838、周洪富、粟和毅 108552(SZ) 110483

多榔菊属 Doronicum L.

狭舌多榔菊 Doronicum stenoglossum Maxim.

海拔：1050 m

分布：奉节县

引证标本：周洪富、粟和毅 111426(SZ)

鳢肠属 Eclipta L.

鳢肠 Eclipta prostrata (L.) L.

海拔：534～1100 m

分布：城口县、奉节县、万源市、巫山县、巫溪县

引证标本：102816、K. L. Chu 1854、巴山采集队

3537、戴天伦 101658(SZ) 102016(SZ) 103203 103327 103695、周洪富、粟和毅 109693(SZ) 110656(SZ) 111449(SZ)

飞蓬属 Erigeron L.

飞蓬 Erigeron acer L.

海拔：1376～2300 m

分布：城口县、岚皋县

引证标本：巴山采集队 0011 0402 1032 1819

一年蓬 Erigeron annuus (L.) Pers.

海拔：700～2040 m

分布：城口县、房县、奉节县、平利县、万源市、旺苍县、巫山县、巫溪县、镇巴县、南江县、通江县、竹溪县

引证标本：0654 102026、K. M. Liou 9101、巴山采集队 2876 3689 4924 5080 5375 6009 6159、戴天伦 102823 101491、江广渝 4117 4191、贾潇洒等 3919、植物所三峡考察队 0315 0497 0508、周洪富、粟和毅 108982 109552 109687 109947 110112、陈耀东等 2519、李培元 4574 5047 5329 5693 5892 6543、李强平 1-0001

加拿大蓬 Erigeron canadensis L.

海拔：1600 m

分布：城口县

引证标本：戴天伦 101491、周洪富 26858 26872、杨光辉 59399 65526

泽兰属 Eupatorium L.

多须公 Eupatorium chinense L.

海拔：800～2100 m

分布：城口县、奉节县、巫溪县、宁强县、房县

引证标本：T. N. Liou 11918、巴山采集队 0175 0282 0588 0781 1192、李培元 5283 6670、戴天伦 105675 103081 103411 103738 103766 103982 105675 105840 106357、杨光辉 65503、植物所三峡考察队 0267、周洪富、粟和毅 110777 111331 111333、黄仁煌 3129(HIB)

佩兰 Eupatorium fortunei Turcz.

海拔：500～1650 m

分布：城口县、奉节县、竹溪县、房县

引证标本：戴天伦 101927(SZ) 107349、李培元 5035、周洪富、粟和毅 110658、黄仁煌 3058(HIB)

异叶泽兰 Eupatorium heterophyllum DC.

海拔：800～2135 m

分布：城口县、奉节县、南江县、万源市、旺苍县、巫山县、巫溪县、竹溪县

引证标本：101927、巴山采集队 0672 0779 0928 1094 1947 2077 4873、川经达 2694、戴天伦 101426 102790 101718 107132 104238 106076、贾潇洒等 3868、李培元 5082、杨光辉 59143(SZ)、佚名 0133、周洪富、粟和毅 109831(SZ)、陈耀东等 2112 2494

白头婆 Eupatorium japonicum Thunb.

海拔：550～2400 m

分布：城口县、开县、奉节县、广元市、万源市、通江县、巫山县、巫溪县、镇巴县、岚皋县、宁强县、镇坪县、平利县、竹溪县

引证标本：0355 59143、K. M. Liou 8787、T. N. Liou 11898 11951、巴山采集队 1192 1513 2263 2399 2909 3462 5911 6080 6271、柏金祥 01770、戴天伦 101449 101586 102566 106158 1105675 107514、方明渊 23905、江广渝 4159、胡文光 53、李培元 4195 4220 6131 6540、三峡考察队 2913 3249 3402、杨光辉 58998 59272 65368、张泽荣 25902、赵良能 2798、周洪富 26005 26384、周洪富、粟和毅 108738 109540(SZ) 109752 109890 110200 110430 110556 110959 111160 111236 111430 111574、陈彦生等 3877(WUK) 4098(WUK)

林泽兰 Eupatorium lindleyanum DC.

海拔：600～2376 m

分布：开县、奉节县、岚皋县、宁强县、平利县、巫溪县、房县

引证标本：T. N. Liou 11931、巴山采集队 1591 2609、曲桂龄 1941、西大安康区采集工作队 3～0244、周洪富、粟和毅 111061(SZ)、黄仁煌 3012(HIB)

花佩菊属 **Faberia** Hemsl.

狭锥花佩菊 Faberia faberi (Hemsl.) N. Kilian, Z. H. Wang & J. W. Zhang

海拔：1500 m

分布：奉节县

引证标本：周洪富、粟和毅 108208(SZ)

大吴风草属 **Farfugium** Lindl.

大吴风草 Farfugium japonicum (L. f.) Kitam.

海拔：2300 m

分布：城口县

引证标本：戴天伦 106991(SZ)

牛膝菊属 **Galinsoga** Ruiz & Pav.

粗毛牛膝菊 Galinsoga quadriradiata Ruiz & Pavon

海拔：610～953 m

分布：南郑县

引证标本：巴山采集队 6090 6138

牛膝菊 Galinsoga parviflora Cav.

海拔：710～1890 m

分布：城口县、万源市、镇巴县、平利县

引证标本：巴山采集队 0158 3010 3457 3753、贾潇洒等 3922、陈彦生等 3878(WUK)

扶郎花属 **Gerbera** Cass.

大丁草 Gerbera anandria (L.) Sch.-Bip.

海拔：800 m～1100 m

分布：奉节县、万源市、巫溪县

引证标本：刘玉红 1-13、236 四川任务组 1127、周洪富、粟和毅 107701

鼠麴草属 **Gnaphalium** L.

宽叶鼠麴草 Gnaphalium adnatum (Wall. ex DC.) Kitam.

海拔：900 m

分布：奉节县

引证标本：周洪富、粟和毅 110472(SZ)

鼠麴草 Gnaphalium affine D. Don

海拔：900～2457 m

分布：城口县、开县、奉节县、平利县、巫山县、巫溪县、云阳县、竹溪县

引证标本：0619 3846、T. P. Wang 10300、巴山采集队 0459 0466 2476、陈耀东等 2274、戴天伦 100326 100512 100677 101481、方明渊 24052 24191、李培元 2815 6519 6579、杨光辉 59302、佚名 107628、张泽荣 25219、植物所三峡考察队 0975 1291 1481、周洪富 26007 26291、周洪富、粟和毅 108290 (SZ) 109068(SZ) 109535(SZ) 110467(SZ)、陈耀东等 2274

秋鼠麴草 Gnaphalium hypoleucum DC.

海拔：600～2000 m

分布：城口县、奉节县、巫山县、巫溪县、房县

引证标本：戴天伦 102047(SZ) 102341 102586 102981 103904 106369、杨光辉 65218、周洪富 26902、周洪富、粟和毅 109586(SZ) 110895(SZ) 111021、邢吉庆 16301(HIB)

细叶鼠麴草 Gnaphalium japonicum Thunb.

海拔：380～1946 m

分布：城口县、奉节县、巫山县、巫溪县、云阳县

引证标本：T. P. Wang 10497、巴山采集队 1672、倪炳炽 00443、王桂兰 0335、植物所三峡考察队 0951 1023 1515、周洪富 26005、周洪富、粟和毅 107864(SZ)

南川鼠麴草 Gnaphalium nanchuanense Y. Ling & Y. Q. Tseng

海拔：1902～2312 m

分布：城口县、开县、万源市、巫溪县

引证标本：巴山采集队 1673 1706 2147、江广渝 4035、倪炳炽 00487

菊三七属 **Gynura** Cass.

菊三七 Gynura japonica (Thunb.) Juel

海拔：800～1850 m

分布：城口县、奉节县、广元市、宁强县、万源市

引证标本：T. N. Liou 11874、李培元 4198、戴天

伦 105831、胡文光 25、李国凤 62491、周洪富 26487、周洪富、粟和毅 111455

向日葵属 **Helianthus** L.

向日葵 **Helianthus annuus** L.

海拔：800 m

分布：奉节县、巫溪县

引证标本：3574、方明渊 24974

菊芋 **Helianthus tuberosus** L.

海拔：600～1700 m

分布：城口县、奉节县、万源市、巫山县

引证标本：巴山采集队 4202、戴天伦 102008(SZ) 102469 102712 104147 104242 104334(SZ) 104511 104863 107185、周洪富、粟和毅 109643(SZ) 110249(SZ) 110631(SZ) 110925(SZ)、周世良 4809

泥胡菜属 **Hemistepta** Bunge

泥胡菜 **Hemistepta lyrata** (Bunge) Bunge

海拔：550～1050 m

分布：奉节县、平利县、云阳县

引证标本：乔英林 01191 1178、植物所三峡考察队 1037、周洪富 26077

山柳菊属 **Hieracium** L.

山柳菊 **Hieracium umbellatum** L.

海拔：600～2600 m

分布：城口县、巫山县、巫溪县、平利县、房县

引证标本：戴天伦 101405(SZ) 102400 104136 104239 107184(SZ) 102560 197184、三峡考察队 3632、杨光辉 58815 59434 65366、陈耀东等 2057 2072、陈彦生等 4201(WUK)、黄仁煌 3013(HIB)

旋覆花属 **Inula** L.

湖北旋覆花 **Inula hupehensis** (Ling) Ling

海拔：1900 m

分布：奉节县、巫山县

引证标本：杨光辉 58965、周洪富、粟和毅 111248(SZ)

旋覆花 **Inula japonica** Thunb.

海拔：800～1665 m

分布：城口县、奉节县、镇巴县

引证标本：李先源 109、朱格麟 15926、杨金祥 1599

线叶旋覆花 **Inula linariifolia** Turcz.

海拔：1000～1070 m

分布：竹山县、房县

引证标本：王映明 3054(HIB)、邢吉庆 17752(HIB)

小苦荬属 **Ixeridium** (A. Gray) Tzvel.

中华小苦荬 **Ixeridium chinense** (Thunb.) Tzvel.

海拔：750～1500 m

分布：城口县、奉节县、广元市

引证标本：戴天伦 110800(SZ)、胡文光 81、周洪富 26080 26082 26361、周洪富、粟和毅 108087

细叶小苦荬 **Ixeridium gracile** (DC.) Shih

海拔：850～2100 m

分布：城口县、奉节县、万源市、巫溪县

引证标本：巴山采集队 3674、周洪富 26901、陈耀东等 2259、张泽荣 25016

窄叶小苦荬 **Ixeridium gramineum** (Fisch.) Tzvel.

海拔：995～2000 m

分布：城口县、奉节县、巫山县、平利县、万源市、镇巴县

引证标本：K. M. Liou 8416、戴天伦 106596 100918 107472、江广渝 4163、李培元 4626 5917 6710、彭淮渌 0905、植物所三峡考察队 1262 1509、周洪富 26082、周洪富、粟和毅 107792、110977

抱茎小苦荬 **Ixeridium sonchifolium** (Maxim.) Shih

海拔：700～1650 m

分布：城口县、房县、奉节县、平利县、万源市、通江县、巫山县、云阳县

引证标本：K. M. Liou 8999、巴山采集队 0805 1048 2907 6206、戴天伦 100438 104103 105064 105103(SZ)、方明渊 24143、方文培 10096、李培元 1571 5632 5959、植物所三峡考察队 1125 1218 1344、周洪富、粟和毅 108283(SZ) 107794 108856

109043 109741 107794、张泽荣 25044

苦荬菜属 **Ixeris** Cass.

中华苦荬菜 **Ixeris chinensis** (Thunb.) Kitag.

海拔：850～950 m

分布：竹山县、竹溪县

引证标本：黄仁煌 3475(HIB)、郑重 1046(HIB)

剪刀股 **Ixeris japonica** (Burm. f.) Nakai.

海拔：1170 m

分布：城口县

引证标本：巴山采集队 0789

苦荬菜 **Ixeris polycephala** Cass

海拔：1200～1620 m

分布：通江县、城口县、开县

引证标本：巴山采集队 0472 2750 0791 5893

抱茎苦荬菜 **Ixeris sonchifolia** Hance

海拔：230 m

分布：云阳县

引证标本：陈之端等 960462

莴苣属 **Lactuca** L.

台湾翅果菊 **Lactuca formosana** Maxim.

海拔：1000～1350 m

分布：城口县、奉节县、房县、万源市、巫溪县、竹溪县

引证标本：D576、K. M. Liou 8792 9260、李培元 6032 6580、张泽荣 25758(SZ)

翅果菊 **Lactuca indica** L.

海拔：680～1650 m

分布：城口县、岚皋县、平利县

引证标本：2～0361、巴山采集队 0261 1808、戴天伦 104048(SZ)、西大安康采集队 VI-0243

毛脉翅果菊 **Lactuca raddeana** Maxim.

海拔：1100～2050 m

分布：城口县、平利县、万源市、巫山县、巫溪县

引证标本：0670(PE-01777325)、戴天伦 102354、周洪富、粟和毅 109819、陈耀东等 2483、李培元 6085

莴苣 **Lactuca sativa** L.

海拔：1250 m

分布：巫山县

引证标本：周洪富、粟和毅 110292(SZ)

大丁草属 **Leibnitzia** Cass.

大丁草 **Leibnitzia anandria** (L.) Turcz.

海拔：850 m

分布：竹山县

引证标本：郑重 935(HIB)

火绒草属 **Leontopodium** R. Br. Ex Cass.

艾叶火绒草 **Leontopodium artemisiifolium** (Lév.) Beauv

海拔：800～1800 m

分布：城口县、奉节县

引证标本：戴天伦 101187(SZ)、李培元 3953

薄雪火绒草 **Leontopodium japonicum** Miq.

海拔：700～1950 m

分布：城口县、奉节县、万源市、巫山县、巫溪县、镇巴县、竹山县、宁强县、平利县、镇坪县

引证标本：T. N. Liou 11891、巴山采集队 2871 3290 3459 3709 4325、戴天伦 102744 105888 105951 106067 107512、江广渝 4174、江广渝等 3214、李馨 78054、佚名 110、植物所三峡考察队 0024 0035 0200、周洪富、粟和毅 108799(SZ) 108980(SZ) 109150(SZ) 109554(SZ) 110304(SZ)、陈耀东等 2107 2560、方明渊 24611、刘玉红 43、野经西大安康区采集工作队 5 0231、张泽荣 25782、陈彦生等 4097(WUK)

橐吾属 **Ligularia** Cass.

橐吾 **Ligularia dentate** (A. Gray) Hara.

海拔：1900～2457 m

分布：开县、平利县、巫山县

引证标本：戴天伦 105866、0699、巴山采集队 2137 2295 2459、周洪富、粟和毅 109953

蹄叶橐吾 **Ligularia fischeri** (Ledeb.) Turcz.

海拔：1200～2300 m

分布：奉节县、岚皋县、巫溪县

引证标本：巴山采集队 1852、三峡考察队 3161、周洪富、粟和毅 110136

鹿蹄橐吾 Ligularia hodgsonii Hook.

海拔：1050～2400 m

分布：城口县、奉节县、巫山县、巫溪县

引证标本：K. L. Chu 2052、戴天伦 101736 102097 102749 103883 105761(SZ) 105940、杨光辉 59268、周洪富、粟和毅 109895 111431、陈耀东等 2403、刘玉红 44

狭苞橐吾 Ligularia intermedia Nakai

海拔：1800～2200 m

分布：巫溪县、平利县

引证标本：杨光辉 58916、陈彦生等 4358(WUK)

沼生橐吾 Ligularia lamarum (Diels) Chang

分布：巫溪县

引证标本：倪炳炽 00540

侧茎橐吾 Ligularia pleurocaulis (Franch.) Hand.-Mazz.

海拔：3770 m

分布：巫溪县

引证标本：44-0959(PE-01796908)

掌叶橐吾 Ligularia przewalskii (Maxim.) Diels

分布：巫山县

引证标本：T. P. Wang 2526

离舌橐吾 Ligularia veitchiana (Hemsl.) Greenm.

海拔：1200～2298 m

分布：城口县、南江县、万源市、巫山县、巫溪县、岚皋县

引证标本：20315、巴山采集队 3175、戴天伦 102251 102627 102962(SZ) 104099 104632 105966 106353、江广渝 4054、万绍滨 2637、杨光辉 65308、左宝玉 2805、陈耀东等 2164

川鄂橐吾 Ligularia wilsoniana (Hemsl.) Greenm.

海拔：1650～1900 m

分布：开县、巫溪县、城口县

引证标本：巴山采集队 2273 2577、杨光辉 59527、戴天伦 101775 107509

粘冠草属 Myriactis Less.

圆舌粘冠草 Myriactis nepalensis Less.

海拔：900～1250 m

分布：城口县、奉节县

引证标本：戴天伦 102603、周洪富、粟和毅 110516

耳菊属 Nabalus Cass.

盘果菊 Nabalus tatarinowii (Maxim.) Nakai

海拔：1220～1800 m

分布：通江县、城口县、巫溪县、奉节县、宁强县

引证标本：T. N. Liou 11823、陈耀东等 2113 2248、戴天伦 102103 102533 103875 102103 107304 143320 103976 104735 104320 107215、周洪富、粟和毅 111156、巴山采集队 6057

多裂耳菊 Nabalus tatarinowii subsp. **macrantha** (Stebbins) N. Kilian

海拔：2200 m

分布：城口县

引证标本：戴天伦 106791

羽叶菊属 Nemosenecio (Kitam.) B. Nord.

裸果羽叶菊 Nemosenecio concinu (Franch.) Jeffrey & Y. L. Chen

海拔：1078 m

分布：城口县

引证标本：巴山采集队 0364

紫菊属 Notoseris Shih

黑花紫菊 Notoseris melanantha (Franch.) C. Shih

海拔：800～2200 m

分布：城口县、奉节县、万源市、开县、南江县、旺苍县、巫溪县

引证标本：巴山采集队 0359 0506 1111 2903 2964

2394 5272 5620、周洪富、粟和毅 111158(SZ)、植物所三峡考察队 0049 0243

黄瓜菜属 **Paraixeris** Nakai

黄瓜菜 Paraixeris denticulata (Houtt.) Nakai

海拔：950～1850 m

分布：城口县、奉节县、旺苍县、巫山县、巫溪县、云阳县、竹溪县

引证标本：川经绵 4649、戴天伦 103891、王清泉等 0586、甘启良等 1205、杨光辉 59394、植物所三峡考察队 0031 0043 0105 0228、周洪富、粟和毅 10779 111048 111383

假福王草属 **Paraprenanthes** Chang ex Shih

雷山假福王草 Paraprenanthes heptanhta C. Shih & D. J. Liu

海拔：1200 m

分布：奉节县

引证标本：周洪富 26408

假福王草 Paraprenanthes sororia (Miq.) C. Shih

海拔：800～1900 m

分布：城口县、奉节县、开县

引证标本：巴山采集队 1398 2274、张泽荣 25931

蟹甲草属 **Parasenecio** W. W. Sm. & J. Samll

兔儿风蟹甲草 Parasenecio ainsliiflorus (Franch.) Y. L. Chen

海拔：1400～2383 m

分布：城口县、开县、岚皋县、万源市、旺苍县、巫溪县

引证标本：巴山采集队 1226 1861 2191 4805、戴天伦 101777 102444 105941、江广渝 4065 4085、贾潇洒等 3953、植物所三峡考察队 0254 0511 0537

珠芽蟹甲草 Parasenecio bulbiferoides (Hand.-Mazz.) Y. L. Chen

海拔：1700～2040 m

分布：巫溪县

引证标本：植物所三峡考察队 0263 0393

翠雀叶蟹甲草 Parasenecio delphiniphyllus (Lév.) Y. L. Chen

海拔：1520 m

分布：南江县

引证标本：巴山采集队 5515

无毛山尖子 Parasenecio hastatus var. **glaber** (Ledeb.) Y. L. Chen

海拔：1700 m

分布：平利县

引证标本：陈彦生等 4303(WUK)

白头蟹甲草 Parasenecio leucocephalus (Franch.) Y. L. Chen

海拔：1250～2100 m

分布：城口县、巫山县、巫溪县、竹溪县

引证标本：K. L. Chu 2007、戴天伦 101858 101989 102433 104081 104240 106020 106328 106511 106701、甘启良 2619、杨光辉 59350 65294、周洪富、粟和毅 109918 110063

耳翼蟹甲草 Parasenecio otopteryx (Hand.-Mazz.) Y. L. Chen

海拔：1690～2200 m

分布：城口县、南江县、旺苍县、巫山县、巫溪县、平利县

引证标本：巴山采集队 4922 1951 5552 5554、杨光辉 59039、陈之端等 960822、陈彦生等 4330(WUK)

苞鳞蟹甲草 Parasenecio phyllolepis (Franch.) Y. L. Chen

海拔：2300 m

分布：万源市

引证标本：李本良 2082

深山蟹甲草 Parasenecio profundorum (Dunn) Y. L. Chen

海拔：1800 m

分布：巫溪县

引证标本：陈耀东等 2576

珠毛蟹甲草 Parasenecio roborowskii (Maxim.) Y. L. Chen

海拔：1740 m

分布：旺苍县

引证标本：巴山采集队 5202

红毛蟹甲草 Parasenecio rufipilis (Franch.) Y. L. Chen

海拔：1600 m

分布：城口县

引证标本：107399(PE-00847270)

辛家山蟹甲草 Parasenecio xinjiashanensis (Z. Y. Zhang & Y. H. Gou) Y. L. Chen

海拔：1698 m

分布：旺苍县

引证标本：巴山采集队 4858

帚菊属 Pertya Sch.-Bip.

心叶帚菊 Pertya cordifolia Mattfeld

海拔：1200 m

分布：万源市

引证标本：236 四川任务组 1167

瓜叶帚菊 Pertya henanensis Y. C. Tseng

海拔：1000 m

分布：广元市

引证标本：何业琪 1721

华帚菊 Pertya sinensis Oliv.

海拔：1850～2550 m

分布：城口县、巫溪县

引证标本：戴天伦 107257、杨光辉 59408、佚名 0203、陈耀东等 196 2196、曲桂龄 2054

巫山帚菊 Pertya Tsoongiana Y. Ling

分布：巫山县

引证标本：3789(PE-00607036)

蜂斗菜属 Petasites L.

蜂斗菜 Petasites japonicus (Siebold & Zucc.) F. Schmidt

海拔：1000～1950 m

分布：城口县、奉节县、南江县

引证标本：戴天伦 106403(SZ)、万绍滨 2629

毛裂蜂斗菜 Petasites tricholobus Franch.

海拔：1200～1923 m

分布：城口县、奉节县、巫山县

引证标本：戴天伦 100079、植物所三峡考察队 1161、周洪富、粟和毅 107634

毛连菜属 Picris L.

毛连菜 Picris hieracioides L.

海拔：1117～2300 m

分布：城口县、开县、岚皋县、万源市、巫山县、巫溪县、竹溪县

引证标本：K. M. Liou 8687、巴山采集队 0802 1694 1814 2328 2403、陈耀东等 2064、戴天伦 101425 102409 100691(SZ) 106760、甘启良 851、李培元 5862、刘玉红 70、周洪富、粟和毅 110379

日本毛连菜 Picris japonica Thunb.

海拔：1100～2550 m

分布：城口县、平利县、万源市、巫山县、巫溪县、镇巴县

引证标本：K. L. Chu 2026、K. M. Liou 8397、巴山采集队 3283、戴天伦 100495 101425 101705 107258、江广渝 4116、杨光辉 59303、李馨 100691、倪炳炽 00495、周洪富、粟和毅 109880(SZ) 110152(SZ) 110344(SZ)

云南毛连菜 Picris junnanensis V. N. Vassil.

海拔：2000 m

分布：城口县

引证标本：戴天伦 106760

秋分草属 Rhynchospermum Reinw. ex Blume.

秋分草 Rhynchospermum verticillatum Reinw.

海拔：635～1200 m

分布：城口县、奉节县、巫溪县

引证标本：戴天伦 103080 103198 103274 106703、植物所三峡考察队 0207、周洪富、粟和毅

111470(SZ) 111480、杨光辉 65228

风毛菊属 Saussurea DC.

翼柄风毛菊 **Saussurea alatipes** Hemsl.

海拔：2000 m

分布：巫溪县

引证标本：杨光辉 65424、戴天伦 106330

翅茎风毛菊 **Saussurea cauloptera** Hand.-Mazz.

海拔：2000 m

分布：巫溪县

引证标本：陈耀东等 2552

心叶风毛菊 **Saussurea cordifolia** Hemsl.

海拔：1400～2298 m

分布：城口县、房县、开县、万源市、南江县、巫山县、巫溪县、镇巴县

引证标本：K. M. Liou 9221、巴山采集队 1973 4285 5573 5582、陈耀东等 2443、戴天伦 101418 102083 102742 107120、江广渝 4047、贾潇洒等 3954、杨光辉 59249 65297 65422、植物所三峡考察队 0307 0523 0587、周洪富、粟和毅 109980(SZ)、李培元 6170

三角叶风毛菊 **Saussurea deltoidea** (DC.) C. B. Clarke

海拔：625～1950 m

分布：城口县、奉节县、岚皋县、巫山县

引证标本：0315、戴天伦 102598 102843 103136 104673 106391、周洪富、粟和毅 110333(SZ) 111225(SZ)、杨光辉 59647

狭头风毛菊 **Saussurea dielsiana** Koidz.

海拔：625～2000 m

分布：城口县

引证标本：戴天伦 103511(SZ)

长梗风毛菊 **Saussurea dolichopoda** Diels

海拔：1850～2100 m

分布：南江县、巫山县

引证标本：巴山采集队 5592、杨光辉 59037 59352

城口县风毛菊 **Saussurea flexuosa** Franch.

海拔：1400～1800 m

分布：城口县、奉节县、万源市、巫溪县、竹溪县

引证标本：107384、甘启良 1454、李培元 4448、杨光辉 65296、周洪富、粟和毅 111155、戴天伦 101419 101773

湖北凤毛菊 **Saussurea hemsleyi** Lipsch.

海拔：1900 m

分布：巫山县

引证标本：杨光辉 58994

巴东凤毛菊 **Saussurea henyi** Hemsl.

海拔：1900～2177 m

分布：开县、巫溪县

引证标本：巴山采集队 2369

风毛菊 **Saussurea japonica** (Thunb.) DC.

海拔：1030～2000 m

分布：城口县、奉节县、宁强县、巫山县、巫溪县

引证标本：K. M. Liou 11808、T. N. Liou、戴天伦 102544(SZ) 102743 103143 103359 103739 103841 104436 106223 106349 106585 107310、周洪富、粟和毅 110343(SZ) 110345(SZ) 111321(SZ) 111558(SZ)、陈耀东等 2111 7111、杨光辉 59919 65363 65519

蒙古风毛菊 **Saussurea mongolica** (Franch.) Franch.

分布：宁强县

引证标本：T. N. Liou 11909

瑞苓草 **Saussurea nigrescens** Maxim.

分布：巫溪县

引证标本：杨光辉 59444(SZ)

少花风毛菊 **Saussurea oligantha** Franch.

海拔：1840～2383 m

分布：开县、巫山县、巫溪县

引证标本：巴山采集队 2189、陈之端等 960908

松林风毛菊 **Saussurea pinetorum** Hand.-Mazz.

海拔：2400 m

分布：巫溪县、城口县

引证标本：杨光辉 59277

多头风毛菊 Saussurea polycephala Hand.-Mazz.

海拔：1811 m

分布：万源市

引证标本：巴山采集队 3184

杨叶风毛菊 Saussurea populifolia Hemsl.

海拔：2260 m

分布：平利县

引证标本：陈彦生等 4434(WUK)

木香 Saussurea rotundifolia Chen

海拔：2081 m

分布：开县

引证标本：巴山采集队 2512

尾尖风毛菊 Saussurea saligna Franch.

海拔：1800～2200 m

分布：巫山县、巫溪县

引证标本：陈耀东等 2408

华中雪莲 Saussurea veitchiana J. R. Drumm. & Hutcher

海拔：2260～2457 m

分布：城口县、开县、巫溪县、岚皋县、平利县

引证标本：巴山采集队 1270 1867 2172 2443、倪炳炽 00543、李振宇 11301、陈彦生等 4432(WUK)

竹溪凤毛菊 Saussurea zhuxiensis Y. S. Chen

海拔：900 m

分布：竹溪县

引证标本：甘启良 1508(holotype)(Chen and Gan，2011)

鸦葱属 Scorzonera L.

华北鸦葱 Scorzonera albicaulis Bunge

海拔：600～1800 m

分布：城口县、奉节县、开县、平利县、奉节县、巫山县、竹溪县

引证标本：K. M. Liou 8422、巴山采集队 2555、戴天伦 105159、方明渊 24063、植物所三峡考察队 1240、周洪富 26218、马元俊 3141(HIB)

千里光属 Senecio L.

散生千里光 Senecio exul Hance

海拔：1200～1700 m

分布：城口县

引证标本：戴天伦 100263 100670(SZ) 107459(SZ)

千里光 Senecio scandens Buch.-Ham.

海拔：120～2100 m

分布：城口县、奉节县、广元市、巫山县、巫溪县、镇巴县、平利县、竹溪县

引证标本：T. P. Wang 10271、戴天伦 102077 102551(SZ) 102861 103226 103480 103714 103767 103962 106359 106809 107170 107394(SZ)、何业琪 01615 02049、李培元 5061、三峡工程植被组峡 00018、魏志平 3555、杨朝厂 65569、杨光辉 59854 59939 65373 65569、植物所三峡考察队 0247、杨金祥 1594、周洪富、粟和毅 107577 110578 110629 110759(SZ) 110817 110927 111157 111284 111317 111532、陈彦生等 2110(WUK)

缺裂千里光 Senecio scandens Buch.-Ham. ex D. Don var. **incisus** Franch.

海拔：700～1200 m

分布：城口县、万源市、巫溪县

引证标本：戴天伦 107309、曲桂龄 2239、杨光辉 65502

欧洲千里光 Senecio vulgaris L.

海拔：1200～1500 m

分布：城口县

引证标本：戴天伦 102818 104060 100690 105081 107210 107298

麻花头属 Serratula L.

华麻花头 Serratula chinensis S. Moore

海拔：100 m

分布：巫溪县

引证标本：杨光辉 15252(SZ)

豨莶属 Sigesbeckia L.

毛梗豨莶 Sigesbeckia glabrescens Makino

海拔：600～1000 m

分布：奉节县、广元市

引证标本：何业琪 1982、周洪富、粟和毅 110432 110780、戴天伦 103024 103466 103587 103966

豨莶 Sigesbeckia orientalis L.

海拔：545～1800 m

分布：城口县、奉节县、广元市、巫山县、巫溪县

引证标本：李培元 1014、周洪富、粟和毅 110328(SZ) 110377(SZ) 111214(SZ) 111274(SZ) 111521(SZ)、陈耀东等 2376

腺梗豨莶 Sigesbeckia pubescens Makino

海拔：1400～2040 m

分布：城口县、房县、奉节县、平利县、万源市、巫山县、巫溪县

引证标本：0521、23 等 1252、戴天伦 102436 102511 103688 104423 104510 107188 107302 107460、刘克荣 0381、王德兴 0521、杨光辉 59298 65509 65583、周洪富、粟和毅 110634 110923、植物所三峡考察队 0103 0427

华蟹甲属 Sinacalia H. Robins. & Brettel

羽裂华蟹甲草 Sinacalia davidii (Franch.) H. Koyama

海拔：2200 m

分布：南江县

引证标本：巴山采集队 5588

华蟹甲 Sinacalia tangutica (Maxim.) B. Nord.

海拔：554～2400 m

分布：城口县、房县、开县、奉节县、南江县、通江县、岚皋县、万源市、巫山县、巫溪县、西乡县、镇巴县、竹溪县

引证标本：K. L. Chu 2006、T. N. Liou 等 4023、巴山采集队 2103 2590 3172 3839 4275 4351 6262、陈炳麟 2510、戴天伦 101872 101979 102079 102519 103309 103811 104164 104235 104273 104353 104468(SZ) 104778 107077 107306 107433、李先源 155、方明渊 23972、刘克荣 0265、四川大学生物系 101979、四川经济植物考察队 0221、杨光辉 59299 59700 65043 65433、植物所三峡考察队 0190、野经西大安康区采集工作队 40300、周洪富、粟和毅 109651 109883(SZ) 109987 110583 110963 111264、陈耀东等 2079 2561、236 四川任务组 1140、黄仁煌 2967(HIB)

蒲儿根属 Sinosenecio B. Nord.

仙客来蒲儿根 Sinosenecio cyclaminifolius (Franch.) B. Nord.

海拔：1850 m

分布：巫溪县

引证标本：吴至康 1072

毛柄蒲儿根 Sinosenecio eriopodus (Cumm.) C. Jeffrey & Y. L. Chen

海拔：1400～1600 m

分布：奉节县

引证标本：周洪富、粟和毅 107945 108181

匍枝蒲儿根 Sinosenecio globigerus (C. C. Chang) B. Nord.

海拔：700～1750 m

分布：奉节县、竹溪县、城口县

引证标本：甘启良 1302、周洪富、粟和毅 107872、巴山采集队 0128

单头蒲儿根 Sinosenecio hederifolius (Dunn) B. Nord.

海拔：1759 m

分布：巫山县

引证标本：植物所三峡考察队 1487

蒲儿根 Sinosenecio oldhamianus (Maxim.) B. Nord

海拔：550～2457 m

分布：城口县、开县、奉节县、广元市、南江县、旺苍县、通江县、平利县、巫溪县、巫山县、镇坪县

引证标本：巴山采集队 0018 0485 2062 4842 5538 2145 2478 6063、戴天伦 100406 100493(SZ) 100736 100956、方明渊 24142 24232、倪炳炽 00529、王纫秋 2577、张泽荣 25112、周洪富 26385、周洪富、

粟和毅 108408 108551、陈之端等 960841、姜恕等 00077、乔英林 1100 1211 1269、植物所三峡考察队 1385

紫毛蒲儿根 **Sinosenecio villifer** (Franch.) B. Nord.

海拔：1400～1700 m

分布：城口县

引证标本：戴天伦 100266 100687

一枝黄花属 **Solidago** L.

一枝黄花 **Solidago decurrens** Lour.

海拔：565～2400 m

分布：城口县、奉节县、宁强县、巫山县、巫溪县、西乡县

引证标本：T. N. Liou 11854、T. N. Liou 等 4029、巴山采集队 1502、戴天伦 102407 102565 102930 103465 103647 103865 103960 104810 106290 106343 107164 107256 107300、周洪富、粟和毅 110728 110758(SZ) 111049 111154 111387(SZ) 111223、杨光辉 59275 65362 65496 65589

兴安一枝黄花 **Solidago dahurica** (Kitag.) Kitag. ex Juz.

海拔：1100 m

分布：奉节县

引证标本：周洪富、粟和毅 1113817

苦苣菜属 **Sonchus** L.

苣荬菜 **Sonchus arvensis** L.

海拔：915 m

分布：云阳县、镇巴县

引证标本：巴山采集队 3414、王清泉 0376

南苦苣菜 **Sonchus lingianus** Shih

海拔：400～953 m

分布：旺苍县、万源市、南郑县、平利县

引证标本：巴山采集队 5329 3045 5975、陈彦生等 3750(WUK)

苦苣菜 **Sonchus oleraceus** L.

海拔：695～1550 m

分布：城口县、奉节县、万源市、巫山县

引证标本：巴山采集队 0804 3050、戴天伦 100477(SZ) 100688(SZ) 101422(SZ) 103901(SZ) 104000(SZ) 105507(SZ) 107307(SZ)、植物所三峡考察队 1272、周洪富、粟和毅 111551(SZ)

全叶苦苣菜 **Sonchus transcaspicus** Nevski

海拔：915 m

分布：镇巴县

引证标本：巴山采集队 3413

短裂苦苣菜 **Sonchus uliginosus** M. B.

海拔：1160～1890 m

分布：奉节县、万源市

引证标本：贾潇洒、于杰 3926、周洪富 26483

联毛紫菀属 **Symphyotrichum** Nees

钻叶紫菀 **Symphyotrichum subulatum** (Michx.) G. L. Nesom

海拔：1000 m

分布：城口县

引证标本：李振宇 11313

兔儿伞属 **Syneilesis** Maxim.

兔儿伞 **Syneilesis aconitifolia** (Bunge) Maxim.

海拔：1000 m

分布：广元市

引证标本：胡文光 20

合耳菊属 **Synotis** (C. B. Clarke) C. Jeffrey & Y. L. Chen

密花合耳菊 **Synotis cappa** (Buch.-Ham. ex D. Don) C. Jeffrey & Y. L. Chen

海拔：800～950 m

分布：奉节县

引证标本：周洪富、粟和毅 110729(SZ) 110789(SZ)

锯叶合耳菊 **Synotis nagensium** (C. B. Clarke) C. Jeffrey & Y. L. Chen

海拔：600 m

分布：广元市

引证标本：魏志平 03631

山牛蒡属 Synurus Iljin

山牛蒡 Synurus deltoides (Ait.) Nakai

海拔：1330～2000 m

分布：城口县、奉节县、巫山县、巫溪县、镇坪县

引证标本：戴天伦 107143(SZ) 107260 107486、周洪富、粟和毅 110355 111232、陈耀东等 2003 2537、刘玉红 123、杨光辉 65374、陈彦生等 1167(WUK)

万寿菊属 Tagetes L.

万寿菊 Tagetes erecta L.

海拔：100～1900 m

分布：城口县、巫山县

引证标本：戴天伦 103004、杨光辉 59959(SZ) 65566(SZ)

孔雀草 Tagetes patula L.

海拔：1280 m

分布：巫山县

引证标本：周洪富、粟和毅 110294(SZ)

蒲公英属 Taraxacum F. H. Wigg.

华蒲公英 Taraxacum borealisinense Kitag.

海拔：1760～1923 m

分布：巫山县

引证标本：植物所三峡考察队 1164 1520

川甘蒲公英 Taraxacum lugubre Dahlst.

海拔：1580～1903 m

分布：城口县

引证标本：巴山采集队 0079 1697

蒙古蒲公英 Taraxacum mongolicum Hand.-Mazz.

海拔：1345～1800 m

分布：城口县、巫溪县、云阳县、镇坪县

引证标本：戴天伦 100125(SZ)、陈耀东 89009、刘玉红 1-26、植物所三峡考察队 1096、陈彦生等 342(WUK)

蒲公英 Taraxacum officinale F. H. Wigg.

海拔：2300 m

分布：岚皋县

引证标本：巴山采集队 1853

狗舌草属 Tephroseris (Reichenb.) Reichenb.

狗舌草 Tephroseris kirilowii (Turcz. ex DC.) Holub

海拔：1200 m

分布：奉节县

引证标本：周洪富、粟和毅 107810

莲座狗舌草 Tephroseris changii B. Nord.

海拔：1100～1200 m

分布：奉节县、平利县、巫山县

引证标本：K. M. Liou 8483、T. P. Wang 10415 10565、周洪富、粟和毅 107810 107816(SZ)

款冬属 Tussilago L.

款冬 Tussilago farfara L.

海拔：1345～1450 m

分布：城口县、巫溪县、镇坪县

引证标本：大巴山工作组 00384、陈彦生等 343(WUK)

斑鸠菊属 Vernonia Schreb.

南川斑鸠菊 Vernonia bockiana Diels

海拔：750 m

分布：广元市

引证标本：何业琪 1881

夜香牛 Vernonia cinerea (L.) Less.

海拔：850 m

分布：房县

引证标本：K. M. Li 9272

斑鸠菊 Vernonia esculenta Hemsl.

海拔：900 m

分布：广元市

引证标本：魏志平 3052

南漳斑鸠菊 Vernonia nantcianensis (Pamp.) Hand.-Mazz.

海拔：100～1000 m

分布：房县、巫溪县、竹溪县、巫山县

引证标本：K. M. Liou 9273、甘启良 1532、杨光辉 65197 65252、三峡考察队 3484 3712、曲桂龄 1871

苍耳属 **Xanthium** L.

苍耳 **Xanthium sibiricum** Patrin ex Widder

海拔：640～1250 m

分布：城口县、房县、奉节县、宁强县、平利县、万源市、巫山县、巫溪县、镇巴县、广元市

引证标本：226、23 等 1334、戴天伦 102769 103026 103391 103569(SZ)、胡文光 39、周洪富、粟和毅 110420 110567 110882 110918、李培元 4987、刘克荣 382、乔英林 250、杨光辉 65178 65624、杨金祥 1592

黄鹌菜属 **Youngia** Cass.

红果黄鹌菜 **Youngia erythrocarpa** (Vant.) Babc. & Stebbins

海拔：1850 m

分布：城口县、云阳县

引证标本：王清泉 0360、戴天伦 106257

长裂黄鹌菜 **Youngia henryi** (Diels) Babc. & Stebbins

海拔：915～2457 m

分布：开县、镇巴县

引证标本：巴山采集队 2182 2314 2450 3416

异叶黄鹌菜 **Youngia heterophylla** (Hemsl.) Babc. & Stebbins

海拔：1000～1259 m

分布：城口县、巫山县

引证标本：T. P. Wang 10538、戴天伦 100012 100526、巴山采集队 0478 0831

黄鹌菜 **Youngia japonica** (L.) DC.

海拔：160～2086 m

分布：城口县、奉节县、万源市、巫山县、云阳县、南郑县、平利县、竹溪县

引证标本：巴山采集队 1730 2958 6139、植物所三峡考察队 1403、陈之端等 960433、周洪富 26083、张泽荣 25410、陈彦生等 2111(WUK)、郑重 1045(HIB)

卵裂黄鹌菜 **Youngia japonica** subsp. **elstonii** (Hochreutiner) Babc. & Stebbins

海拔：350 m

分布：平利县

引证标本：乔英林 1076

羽裂黄鹌菜 **Youngia paleacea** (Diels) Babc. & Stebbins

海拔：900～1400 m

分布：城口县、奉节县

引证标本：戴天伦 100860、方明渊 24154

川西黄鹌菜 **Youngia pratti** (Babc.) Babc. & Stebbins

海拔：1150 m

分布：城口县

引证标本：戴天伦 105353

川黔黄鹌菜 **Youngia rubida** Babc. & Stebbins

海拔：745～1250 m

分布：城口县、奉节县

引证标本：戴天伦 103769 103923 107315 106822、周洪富、粟和毅 107906

栉齿黄鹌菜 **Youngia wilsoni** (Babc.) Babc. & Stebbins

海拔：1250～1690 m

分布：旺苍县、竹溪县

引证标本：巴山采集队 4916、甘启良 2212

百日菊属 **Zinnia** L.

百日菊 **Zinnia elegans** Jacq.

海拔：600～800 m

分布：城口县、奉节县

引证标本：戴天伦 103003 103005 103774、方明渊 24913

多花百日菊 **Zinnia peruviana** (L.) L.

分布：广元市

引证标本：刘慎谔 11784

136.泽泻科 Alismataceae*

泽泻属 **Alisma** L.

窄叶泽泻 **Alisma canaliculatum** A. Braun & Bouche.

海拔：1730 m

分布：奉节县

引证标本：周洪富、粟和毅 111175

慈姑属 **Sagittaria** L.

矮慈姑 **Sagittaria pygmaea** Miq.

海拔：700～1300 m

分布：奉节县

引证标本：周洪富、粟和毅 108542 109438 110960

野慈姑 **Sagittaria trifolia** L.

海拔：1200～1300 m

分布：城口县、奉节县

引证标本：戴天伦 107353、周洪富、粟和毅 110958

137.眼子菜科 Potamogetonaceae*

眼子菜属 **Potamogeton** L.

眼子菜 **Potamogeton distinctus** A. Benn.

海拔：650～1180 m

分布：通江县、奉节县、广元市、竹溪县

引证标本：胡文光 64、K. M. Liou 8712、四川大学川东植物调查队 108469、周洪富 26836、巴山采集队 5915

138.百合科 Liliaceae**

粉条儿菜属 **Aletris** L.

无毛粉条儿菜 **Aletris galbra** Bureau & Franch.

海拔：1500～2520 m

分布：城口县、奉节县、开县、南江县、旺苍县、巫溪县

引证标本：巴山采集队 2171 2277 2447 4904 5011 5496、陈耀东、傅连中、马欣堂 2222、陈耀东等 89023、戴天伦 101094 105371、张泽荣 25327

疏花粉条儿菜 **Aletris laxiflora** Bureau & Franch.

海拔：1013～2175 m

分布：城口县、开县

引证标本：巴山采集队 0743 1145 2071 2672 2719、R. P. Garges 897、戴天伦 100678

穗花粉条儿菜 **Aletris pauciflora** (Kloez) Franch. var. **khasiana** F. T. Wang & T. Tang

海拔：1500 m

分布：南江县

引证标本：巴山采集队 5351

粉条儿菜 **Aletris spicata** (Thunb.) Franch.

海拔：750～1700 m

分布：通江县、城口县、平利县、镇坪县、巫溪县

引证标本：戴天伦 105373、蒋维学 2386、李强平 1-0227、李先源 37218、巴山采集队 5907、陈彦生 2808(WUK)

狭瓣粉条儿菜 **Aletris stenoloba** Franch.

海拔：380～2200 m

分布：城口县、奉节县、巫山县、巫溪县、云阳县、通江县

引证标本：T. P. Wang 10425、陈耀东、马欣堂、傅连中 2404、戴天伦 100392 100995 101364 105003、方明渊 24093、李培元 5453、刘玉红 89043、R. P. Farges 437、杨光辉 65428、张泽荣 25282、植物所三峡考察队 0065 0994 1233 1274 1388、周洪富 26302、周洪富、粟和毅 107760 108285、邹家志、川经达 3046(CDBI)

葱属 **Allium** L.

藠头 **Allium chinense** G. Don

海拔：760 m

分布：剑阁县、城口县

---

* 此部分由马欣堂编写。

** 此部分由王锦绣编写。

引证标本：T. N. Liou 11757、戴天伦 103787

野葱 Allium chrysanthum Regel

海拔：2000～2383 m

分布：开县、岚皋县、巫溪县

引证标本：巴山采集队 1835 2175、戴天伦 101776、K. L. Chu 2065、陈耀东、马欣堂、傅连中 2422、刘玉红 89070、杨光辉 59447

天蓝韭 Allium cyaneum Regel

海拔：1500～2550 m

分布：城口县

引证标本：戴天伦 104261 106011 107247

杯花韭 Allium cyathophorum Bureau & Franch.

分布：城口县

引证标本：J. A. Soulie 609

玉簪叶山葱 Allium funckiifolium Hand.-Mazz.

海拔：1700～2300 m

分布：巫山县、平利县

引证标本：陈之端等 960937、杨光辉 590、许介眉、柴本立、谭仲明 91-04(SZ)、陈彦生等 4342(WUK)

疏花韭 Allium henryi C. H. Wright

海拔：1800～2400 m

分布：巫溪县

引证标本：陈耀东、傅连中、马欣堂 2182、杨光辉 59425

异梗韭 Allium heteronema F. T. Wang & T. Tang

海拔：2300 m

分布：城口县

引证标本：戴天伦 101808、R. P. Farges 1314

薤白 Allium macrostemon Bunge

海拔：100～1800 m

分布：城口县、奉节县、广元市、剑阁县、南江县、通江县、巫山县、云阳县

引证标本：陈之端等 960484、戴天伦 105393 105573、方明渊 24068、姜恕 00051、T. P. Wang 10698、张泽荣 25010、植物所三峡考察队 1152 1242、周洪富 26039、周洪富、粟和毅 109048、周善滋 2928(SZ)、巴山采集队 6023

卵叶山葱 Allium ovalifolium Hand.-Mazz.

海拔：1450～2600 m

分布：城口县、广元市、开县、南江县、旺苍县、巫溪县

引证标本：四川大学生物系 59145、巴山采集队 1952 2210 2373 4813 5037 5218 5600、戴天伦 105936、谭红钢 81318(SWCTU)、杨光辉 58763 59145

白脉山葱 Allium ovalifolium Hand.-Mazz. var. **leuconeurum** J. M. Xu

海拔：1200 m

分布：万源市

引证标本：236 四川任务组 1218

天蒜 Allium paepalanthoides Air Shaw

海拔：1520 m

分布：南江县

引证标本：巴山采集队 5397

多叶韭 Allium plurifoliatum Rendle

海拔：2400 m

分布：巫溪县

引证标本：陈耀东、傅连中、马欣堂 2077

太白山葱 Allium prattii C. H. Wright

海拔：1800～2520 m

分布：城口县、平利县

引证标本：戴天伦 101083、陈彦生等 4392(WUK)

韭 Allium tuberosum Rottler ex Spreng.

海拔：654～1850 m

分布：城口县、奉节县、巫山县

引证标本：戴天伦 101238(SZ) 101530 102427 103381 104013 104375 104807 105567 106216、方明渊 24884、周洪富、粟和毅 110247

茖葱 Allium victorialis L.

海拔：1200～2750 m

分布：南江县、平利县、巫山县

引证标本：刘克荣 0475、任毅 732、许介眉、谭仲

明 91-05(SZ)

天门冬属 **Asparagus** L.

天门冬 **Asparagus cochinchinensis** (Lour.) Merr.

海拔：850～3660 m

分布：城口县、房县、奉节县

引证标本：K. M. Liou 9014、巴山采集队 0245 0683、方明渊 24586、刘克荣 415、周洪富 26352 26360、周洪富、粟和毅 108641(SZ) 109143(SZ) 109144

羊齿天门冬 **Asparagus filicinus** Buch.-Ham. ex D. Don

海拔：1600～1850 m

分布：城口县、巫山县、通江县

引证标本：戴天伦 100604 102382、T. P. Wang 10722、重师、西农调查队 0067(CDBI)

短梗天门冬 **Asparagus lycopodineus** (Baker) F. T. Wang & T. Tang

海拔：610～953 m

分布：城口县、旺苍县、南郑县

引证标本：巴山采集队 5288 6109、戴天伦 103090

石刁柏 **Asparagus officinalis** L.

海拔：1350 m

分布：城口县

引证标本：戴天伦 105414

龙须菜 **Asparagus schoberioides** Kunth

海拔：900 m

分布：平利县

引证标本：陈彦生等 3901(WUK)

开口箭属 **Campylandra** Baker

开口箭 **Campylandra chinensis** (Baker) M. N. Tamura et al.

海拔：1200～2176 m

分布：城口县、房县、旺苍县、巫山县、平利县

引证标本：R. P. Farges 933、巴山采集队 4887 4972 5013、戴天伦 100641 100999 101173 101283 101904 104968 106197、刘克荣 0500、植物所三峡考察队 1443、周洪富、粟和毅 110213、陈彦生等 3048(WUK)

大百合属 **Cardiocrinum** (Endl.) Lindl.

荞麦叶大百合 **Cardiocrinum cathayanum** (E. H. Wilson) Stearn

海拔：1700 m

分布：巫溪县

引证标本：赵常明 0302

大百合 **Cardiocrinum giganteum** (Wall.) Makino

海拔：1078～2100 m

分布：城口县、开县、南江县

引证标本：巴山采集队 0385 2495、戴天伦 102750 105196、向定蜀 2967(SZ)

云南大百合 **Cardiocrinum giganteum** (Wall.) Makino var. **yunnanense** (Leichtlin ex Elwes) Stearn

海拔：1570～1700 m

分布：巫溪县、旺苍县

引证标本：巴山采集队 4958、陈之端等 960718

七筋姑属 **Clintonia** Rafin.

七筋菇 **Clintonia udensis** Trautv. & C. A. Mey.

海拔：1100～2520 m

分布：城口县、南江县

引证标本：巴山采集队 5682、戴天伦 101084 101620、李忠秀 2775(SZ) 2781(SZ)

竹根七属 **Disporopsis** Hance

散斑竹根七 **Disporopsis aspersa** (Hua) Engl. ex Krause

海拔：1100～2100 m

分布：城口县、奉节县

引证标本：戴天伦 100649 100959 106101 106535 106803、张泽荣 25177、周洪富、粟和毅 108523

深裂竹根七 **Disporopsis pernyi** (Hua) Diels

海拔：1400 m

分布：城口县

引证标本：戴天伦 101241(SZ)

万寿竹属 **Disporum** Salisb.

短蕊万寿竹 **Disporum bodinieri** (H. Lév. & Vaniot) F. T. Wang & T. Tang

海拔： 220～2176 m

分布： 城口县、奉节县、广元市、通江县、旺苍县、巫山县、巫溪县、云阳县

引证标本： 曹亚玲 0043(CDBI)、大巴山工作组 00909(CDBI)、胡文光 19(SZ)、四川经济植物考察队 0023(CDBI)、萧永贤 34684(SZ)、0414(条形码号：00002946)(SZ) 0415(条形码号：00008078)(SZ) 0651(条形码号：00008078)(SZ) 0890(条形码号：00008071)(SZ)、植物所三峡考察队 1124 1439、周洪富、粟和毅 107723 111452(SZ)

万寿竹 **Disporum cantoniense** (Lour.) Merr.

海拔： 450～2176 m

分布： 城口县、奉节县、开县、通江县、万源市、旺苍县、巫山县、巫溪县、南郑县、竹溪县、房县

引证标本： 巴山采集队 0624 0638 0753 1132 2091 2733 5020 5285 5960 6069 6132 6172、陈耀东、傅连中、马欣堂 2189、戴天伦 100257 100393 100600 101434 101604 102102 102357 105739 107108、方明渊 24559、四川经济植物考察队 3(CDBI)、李培元 4564、王金敖 0228(CDBI)、萧永贤 24684(SZ)、杨光辉 58108 65607、张泽荣 25097、植物所三峡考察队 1249 1451、周洪富、粟和毅 107944 108437 109239、郑重 1041(HIB)、刘克荣 364(HIB)

长蕊万寿竹 **Disporum longistylum** (H. Lév. & Vaniot) H. Hara

海拔： 975～1600 m

分布： 城口县、奉节县、广元市、万源市、巫山县、巫溪县、西乡县

引证标本： K. L. Chu 1944 2214、K. S. Hao 256、T. N. Liou 等 4066、T. P. Wang 10487、巴山采集队 0366 0722、戴天伦 103012 103378 107417、李培元 4137 5381 5635 5956、杨光辉 59591 65240、张泽荣 24684 25556、周洪富 26476、周洪富、粟和毅 107578 108558 108898 109319 109644 110443 110609 110873 110879

大花万寿竹 **Disporum megalanthum** F. T. Wang & T. Tang

海拔： 1630～2310 m

分布： 城口县、巫山县、巫溪县

引证标本： 陈之端等 960692 960736 960961、戴天伦 101914 105423、杨光辉 57975

少花万寿竹 **Disporum uniflorum** Baker ex S. Moore

海拔： 1100～1600 m

分布： 城口县、奉节县

引证标本： 戴天伦 100961 100997、周洪富 26523

贝母属 **Fritillaria** L.

天目贝母 **Fritillaria monantha** Migo

海拔： 1000～1850 m

分布： 奉节县

引证标本： 袁朝茂等 001 003、周洪富、粟和毅 107620

太白贝母 **Fritillaria taipaiensis** P. Y. Li

海拔： 2520 m

分布： 城口县、巫溪县

引证标本： 戴天伦 101090、佚名 0367(CDCM)

萱草属 **Hemerocallis** L.

黄花菜 **Hemerocallis citrina** Baroni

海拔： 750 m

分布： 巫溪县

引证标本： 周洪富、粟和毅 109684

西南萱草 **Hemerocallis forrestii** Diels

海拔： 1818～1950 m

分布： 旺苍县、巫溪县

引证标本： 巴山采集队 5028、陈耀东、傅连中、马欣堂 2415

萱草 **Hemerocallis fulva** (L.) L.

海拔： 554～1946 m

分布： 通江县、城口县、奉节县、巫山县、南郑县、平利县

引证标本：巴山采集队 0580 0658 1511 1671 5895 5999 6286、戴天伦 100642 101408 101779、张泽荣 25762、周洪富 26465 26489、周洪富、粟和毅 09922 108722 108849 109922(SZ)、陈彦生等 3038(WUK)

北黄花菜 Hemerocallis lilioasphodelus L.

海拔：950～1900 m

分布：镇坪县、平利县

引证标本：乔英林 01252、陈彦生等 978(WUK)

折叶萱草 Hemerocallis plicata Stapf

海拔：800 m

分布：奉节县

引证标本：周洪富、粟和毅 108840(SZ)

肖菝葜属 Heterosmilax Kunth

肖菝葜 Heterosmilax japonica Kunth

海拔：850～920 m

分布：南江县、万源市、巫山县

引证标本：方培元 5489、植物所三峡考察队 1375、谭红钢 81191(SWCTU)

短柱肖菝葜 Heterosmilax septemnervia F. T. Wang & T. Tang

海拔：1300～1464 m

分布：奉节县、巫山县、巫溪县

引证标本：戴天伦 103073 103150 106552、李本良 0895(FUS)、戴天伦、杨光辉 59954 65210、周洪富 26266、植物所三峡考察队 0342

玉簪属 Hosta Tratt.

玉簪 Hosta plantaginea (Lam.) Asch.

海拔：800～1600 m

分布：城口县、房县、奉节县

引证标本：戴天伦 101950、K. M. Liou 9151、方明渊 23997、张泽荣 25830

紫萼 Hosta ventricosa (Salisb.) Stearn

海拔：800～2050 m

分布：城口县、奉节县、开县、南江县、巫溪县

引证标本：巴山采集队 1498 1789 2557 5504、陈耀东、傅连中、马欣堂 2285、戴天伦 101968 102367、李先源 KQ074(SWCTU)、谭红钢 81209(SWCTU) 81228(SWCTU)

百合属 Lilium L.

野百合 Lilium brownii F. E. Brown ex Miellez

海拔：800～2089 m

分布：城口县、奉节县、南江县、巫山县、巫溪县、竹山县、平利县、竹溪县

引证标本：巴山采集队 0590 0643 1127 2108、戴天伦 101487 102224 102751 103760 105716 107086、K. M. Liou 8930、方明渊 27009、李培元 5276 5388、李先源、王海洋 050183(SWCTU)、刘玉红 8828、杨光辉 58953 59443、张泽荣 25493、植物所三峡考察队 0056 0614、周洪富 26461、周洪富、粟和毅 108624 111432(SZ)、陈彦生等 3894(WUK)

百合 Lilium brownii F. E. Brown ex Miellez var. **viridulum** Baker

海拔：850～1450 m

分布：南江县、房县

引证标本：K. M. Liou 9180、四川经济植物考察队 0144(CDBI)

川百合 Lilium davidii Duch. ex Elwes

海拔：1330～2350 m

分布：城口县、开县、岚皋县、平利县、南江县、巫溪县

引证标本：巴山采集队 1525 2372 2410 2480 5672、刘玉红 8829 8831、陈彦生等 2971(WUK)

兰州百合 Lilium davidii Duch. ex Elwes var. **willmottiae** (E. H. Wilson) Raffill

海拔：2350 m

分布：城口县

引证标本：105752

绿花百合 Lilium fargesii Franch.

海拔：2148 m

分布：城口县

引证标本：巴山采集队 1748

宜昌百合 Lilium leucanthum (Baker) Baker

海拔：750～2000 m

分布：城口县、奉节县、旺苍县、巫溪县

引证标本：3557、巴山采集队 0313 5256 5454、戴天伦 10275、张泽荣 25752

泸定百合 Lilium sargentiae E. H. Wilson

海拔：554～1600 m

分布：城口县、奉节县、通江县

引证标本：巴山采集队 6164 6243 6304、戴天伦 101952 106503

卷丹 Lilium tigrinum Ker Gawl.

海拔：554～2000 m

分布：城口县、奉节县、开县、万源市、通江县、巫溪县

引证标本：巴山采集队 2758 6268、戴天伦 101651、李培元 6197、张泽荣 25864、周洪富、粟和毅 24693

山麦冬属 Liriope Lour.

禾叶山麦冬 Liriope graminifolia (L.) Baker

海拔：380～1850 m

分布：房县、巫山县、巫溪县、西乡县

引证标本：K. M. Liou 9110、陈之端等 960858、郭本兆 2106、杨光辉 59426、植物所三峡考察队 1284

甘肃山麦冬 Liriope kansuensis (Batalin) C. H. Wright

海拔：1810 m

分布：巫溪县

引证标本：植物所三峡考察队 0172

长梗山麦冬 Liriope longipedicellata F. T. Wang & T. Tang

海拔：1200～1950 m

分布：城口县、旺苍县

引证标本：巴山采集队 1120 1200 1463 5062、戴天伦 101157 101267 106327

山麦冬 Liriope spicata (Thunb.) Lour.

海拔：380～1800 m

分布：城口县、奉节县、广元市、平利县、巫山县

引证标本：Hopkingson 249、K. M. Liou 8379、T. P. Wang 10511、巴山采集队 0384 0714 5869、戴天伦 101544 102948 106050、方明渊 24588、刘金鉴等 223、张泽荣 25369、植物所三峡考察队 1333

洼瓣花属 Lloydia Reichenbach

西藏洼瓣花 Lloydia tibetica Baker ex Oliv.

海拔：2500 m

分布：城口县

引证标本：R. P. Farges 429

舞鹤草属 Maianthemum F. H. Wiggers

舞鹤草 Maianthemum bifolium (L.) F. W. Schmidt

海拔：2100 m

分布：南江县

引证标本：左宝玉 2869

管花鹿药 Maianthemum henryi (Baker) La Frankie

海拔：1250～2176 m

分布：城口县、广元市、通江县、万源市、巫山县、巫溪县、平利县、竹溪县

引证标本：陈之端等 960932、戴天伦 101044、王兴忠 2304(SZ)、吴至康 1074(SZ)、0099(条形码号：CDBI0165335)、植物所三峡考察队 1450、重师、西农调查队 0071(CDBI)、陈彦生等 2965(WUK)、郑重 905(HIB)

鹿药 Maianthemum japonicum (A. Gray) La Frankie

海拔：800～2300 m

分布：城口县、房县、奉节县、开县、岚皋县、平利县、旺苍县、巫山县、巫溪县、竹溪县

引证标本：巴山采集队 1572 1830 2006 2412 2429 4872 5002、陈之端等 960547、陈耀东、傅连中、马欣堂 2108、大巴山工作组 00872(CDBI)、戴天伦 101548 106393 108342、刘克荣 0278、植物所三峡考察队 1444、陈彦生等 1050(WUK)、郑重 917(HIB)

丽江鹿药 Maianthemum lichiangense (W. W. Sm.) La Frankie

分布：南江县

引证标本：谭红钢 81238(SWCTU)

紫花鹿药 Maianthemum purpurea (Wall.) La Frankie

分布：巫溪县

引证标本：陈耀东、马欣堂、傅连中 2362

少叶鹿药 Maianthemum stenoloba (Franch.) S. C. Chen & Kawano

分布：城口县

引证标本：R. P. Farges 593

沿阶草属 Ophiopogon Ker-Gawl.

短药沿街草 Ophiopogon angustifoliatus (F. T. Wang & T. Tang) S. C. Chen

海拔：635～2000 m

分布：城口县、房县、奉节县、巫溪县

引证标本：戴天伦 104713 105801 106008 106513、刘克荣 0474、杨光辉 59170、张泽荣 25211(SZ)

连药沿阶草 Ophiopogon bockianus Diels

海拔：635～2100 m

分布：城口县

引证标本：戴天伦 103049 103161 192844(SZ)

沿阶草 Ophiopogon bodinieri H. Lév.

海拔：610～2100 m

分布：城口县、奉节县、广元市、旺苍县、通江县、巫山县、巫溪县

引证标本：K. S. Hao 258、巴山采集队 0439 0519 0771 4838 5187 5236 5909 6119、戴天伦 100905 101012 101016 101241 101580 101868 102325 104059 104856 105232 105294 105729(SZ) 105797 107017、方明渊 24533、植物所三峡考察队 0087 0612 1378、周洪富 26224(SZ) 26522 26645、周洪富、粟和毅 108468(SZ) 108721 109157(SZ) 109190

间型沿阶草 Ophiopogon intermedius D. Don

海拔：1450～2100 m

分布：城口县

引证标本：戴天伦 104377 106827 103331 103306

麦冬 Ophiopogon japonicus (L. f.) Ker Gawl.

海拔：850～2100 m

分布：城口县、南江县、通江县、平利县、房县

引证标本：巴山采集队 1430 6233、戴天伦 101246 101269 102778 102937 103231 103979 104828 106706 106788、刘金鉴等 204、谭红钢 81234(SWCTU)、曾万章 86-009(CDCM)、刘克荣 361(HIB)

姜状沿阶草 Ophiopogon zingiberaceus F. T. Wang & L. K. Dai

海拔：2000 m

分布：巫溪县

引证标本：陈耀东、马欣堂、傅连中 2210

重楼属 Paris L.

巴山重楼 Paris bashanensis F. T. Wang & T. Tang

分布：城口县

引证标本：R. P. Farges 414

金线重楼 Paris delavayi Franch.

分布：南江县

引证标本：四川经济植物考察队 19(CDBI)

球药隔重楼 Paris fargesii Franch.

海拔：750～1760 m

分布：城口县、奉节县

引证标本：M. Labbe Farges 573、刘光华 0077(SZ)

具柄重楼 Paris fargesii Franch. var. **petiolata** (Baker ex C. H. Wright) F. T. Wang & T. Tang

海拔：870～1760 m

分布：平利县、旺苍县

引证标本：巴山采集队 5225 5289、魏彦 14971

七叶一枝花 Paris polyphylla Sm.

海拔：730～2457 m

分布：城口县、奉节县、广元市、开县、岚皋县、平利县、南江县、万源市、旺苍县、巫山县、巫溪县

引证标本：巴山采集队 0138 0450 1135 1829 2008 2461 5589、陈之端等 960544 960825 960953、冯永华 2058(SZ)、高成芝 2438(SZ)、李本良

0923(SZ)、刘玉红 8801、王兴忠 2312(SZ)、植物所三峡考察队 0568 1455、周洪富 26225(SZ)、陈彦生等 2963(WUK)

华重楼 Paris polyphylla Sm. var. **chinensis** (Franch.) H. Hara

海拔： 1520～1940 m

分布： 城口县、奉节县、巫溪县、平利县

引证标本： 戴天伦 100996 101923、周洪富、粟和毅 107579、陈彦生等 795(WUK)、李本良 0891(SZ)

狭叶重楼 Paris polyphylla Sm. var. **stenophylla** Franch.

海拔： 1200～2000 m

分布： 城口县、奉节县、广元市、南江县、旺苍县、巫溪县、房县

引证标本： 618、巴山采集队 4956 5043 5211、陈耀东、马欣堂、傅连中 2008、陈耀东、傅连中、马欣堂 2556、川医 4121(SZ)、戴天伦 100578 100986、方明渊 24558、冯永华 2661(SZ)、杨光辉 58945、张泽荣 25374、植物所三峡考察队 0312、黄仁煌 3522(HIB)、李先源、王海洋 050179(SWCTU)、吴至康 0171(SZ)

滇重楼 Paris polyphylla Sm. var. **yunnanensis** (Franch.) Hand.-Mazz.

海拔： 2000 m

分布： 城口县

引证标本： M. Labbe Farges 573

黑籽重楼 Paris thibetica Franch.

分布： 通江县

引证标本： 重师、西农调查队 0010(CDBI)

球子草属 Peliosanthes Andr.

大盖球子草 Peliosanthes macrostegia Hance

海拔： 625 m

分布： 城口县

引证标本： 戴天伦 103086

黄精属 Polygonatum Mill

棒丝黄精 Polygonatum cathcartii Baker

海拔： 1700 m

分布： 南江县

引证标本： 左宝玉 2786(SZ)

卷叶黄精 Polygonatum cirrhifolium (Wall.) Royle

海拔： 890～2457 m

分布： 城口县、开县、岚皋县、平利县、南江县、旺苍县

引证标本： 巴山采集队 1843 2188 2455 4910 5017 5577、陈彦生等 2990(WUK)

多花黄精 Polygonatum cyrtonema Hua

海拔： 1078～2200 m

分布： 城口县、南江县、旺苍县、巫溪县、竹溪县、房县

引证标本： 巴山采集队 0362 0629 4870 5008 5593、陈耀东、傅连中、马欣堂 2237、黄仁煌 2964(HIB) 3528(HIB)

距药黄精 Polygonatum franchetii Hua

海拔： 1500～1840 m

分布： 城口县、广元市、巫溪县

引证标本： 绵阳队 1232(CDCM) 1314(CDCM)、戴天伦 101043、植物所三峡考察队 0611

独花黄精 Polygonatum hookeri Baker

海拔： 2500 m

分布： 城口县

引证标本： R. P. Farges 797

滇黄精 Polygonatum kingianum Collett & Hemsl.

海拔： 2400 m

分布： 巫溪县

引证标本： 陈耀东、马欣堂、傅连中 2075

玉竹 Polygonatum odoratum (Mill) Druce

海拔： 1000～1970 m

分布： 奉节县、广元市、巫溪县、平利县、竹山县

引证标本： 陈之端等 960545、绵阳队 1375、野经队 931、周洪富、粟和毅 107843 109173、陈彦生等 4300(WUK)

节根黄精 Polygonatum nodosum Hua

海拔： 800 m

分布：竹溪县

引证标本：郑重 808(HIB)

康定玉竹 **Polygonatum prattii** Baker

海拔：2370 m

分布：巫溪县

引证标本：陈之端等 960796

点花黄精 **Polygonatum punctatum** Royle ex Kunth

海拔：1900 m

分布：南江县

引证标本：左宝玉 2833(SZ)

轮叶黄精 **Polygonatum verticillatum** (L.) Allioni

海拔：1730 m

分布：平利县

引证标本：陈彦生等 1071(WUK)

湖北黄精 **Polygonatum zanlanscianense** Pamp.

海拔：880～2063 m

分布：城口县、房县、奉节县、南江县、巫溪县、平利县

引证标本：佚名 0036 81264、巴山采集队 1426 1728、K. M. Liou 8978 9148、张泽荣 25337 25865、陈彦生等 4335(WUK)

吉祥草属 **Reineckea** Kunth

吉祥草 **Reineckea carnea** (Andr.) Kunth

海拔：550～2000 m

分布：城口县、旺苍县、巫山县、巫溪县、平利县

引证标本：巴山采集队 1615 5322、戴天伦 101017 101861 102455 104912 105799、杨光辉 65421、植物所三峡考察队 1310 1393、周洪富、粟和毅 110068、陈彦生等 2158(WUK)

万年青属 **Rohdea** Roth

万年青 **Rohdea japonica** (Thunb.) Roth

海拔：1420～1700 m

分布：城口县、奉节县

引证标本：戴天伦 100708、周洪富、粟和毅 108272

菝葜属 **Smilax** L.

尖叶菝葜 **Smilax arisanensis** Hayata

海拔：1800 m

分布：巫溪县

引证标本：陈耀东、傅连中、马欣堂 2115 2118

西南菝葜 **Smilax bockii** Warb.

海拔：1108 m

分布：城口县

引证标本：巴山采集队 1155

菝葜 **Smilax china** L.

海拔：740～2000 m

分布：城口县、房县、奉节县、巫溪县、云阳县

引证标本：K. M. Liou 9186、巴山采集队 0164 0289 0659 0682、陈耀东、马欣堂、傅连中 2173、戴天伦 101381、四川大学川东植物调查队 10455、植物所三峡考察队 1081、周洪富 26709、周洪富、粟和毅 108699(SZ) 109414 110455(SZ)

柔毛菝葜 **Smilax chingii** F. T. Wang & T. Tang

海拔：830～1780 m

分布：奉节县、开县

引证标本：巴山采集队 2563、张泽荣 25544、周洪富 26809

托柄菝葜 **Smilax discotis** Warb.

海拔：800～2500 m

分布：城口县、奉节县、广元市、南江县、宁强县、平利县、通江县、万源市、旺苍县、巫山县、巫溪县、镇巴县、房县

引证标本：K. M. Liou 8394、T. P. Wang 9323、巴山采集队 0436 4893 5888、戴天伦 100208 100316 100347 100400 100506 100876 101800 104419 104803 104983 105026 105256 105588 106745 107054(SZ)、方明渊 24025 24107 24169 241769(SZ) 24531 24730、李培元 4439 6137 6572、四川经济植物考察队 0024(CDBI) 0033(CDBI) 0138(CDBI)、王 0164(CDBI)、杨光辉 65494、张泽荣 25034、植物所三峡考察队 1486、周洪富

26025 26245(SZ)、周洪富、粟和毅 107550 107689 108496(SZ)、黄仁煌 3054(HIB)

长托菝葜 Smilax ferox Wall. ex Kunth

海拔：554～1900 m

分布：通江县、开县、云阳县

引证标本：巴山采集队 2261 6258 6301、植物所三峡考察队 1026

土茯苓 Smilax glabra Roxb.

海拔：200～1428 m

分布：城口县、奉节县、广元市、南江县、万源市、通江县、巫溪县

引证标本：巴山采集队 0198 6276、何业琪 1795、李培元 4142 4219、四川经济植物考察队 0148(CDBI)、杨光辉 65239、佚名 2550(WNU)、周洪富 26749

黑果菝葜 Smilax glaucochina Warb.

海拔：460～2000 m

分布：城口县、房县、奉节县、广元市、平利县、通江县、旺苍县、巫山县、巫溪县、云阳县

引证标本：K. M. Liou 8431 9126、T. P. Wang 10276 10473、巴山采集队 5277 6280、陈耀东、马欣堂、傅连中 2429、戴天伦 100191 100456 100893 102007(SZ) 102139 102485 102607 103456 103629 103763 107177、方明渊 24654、李培元 6689、四川经济植物考察队 0026、川经万 0404、四川大学川东植物调查队 109529、佚名 00099 0404、张泽荣 25396、杨光辉 58309、植物所三峡考察队 0985 1384、周洪富 26115 26118 26213(SZ) 26336(SZ)、周洪富、粟和毅 107768(SZ) 107880(SZ) 109074 109275 109529 109577 111515(SZ) 111589

菱叶菝葜 Smilax hayatae T. Koyama

海拔：1900 m

分布：巫溪县

引证标本：陈耀东、马欣堂、傅连中 2082

马甲菝葜 Smilax lanceifolia Roxb.

海拔：750～1350 m

分布：城口县、奉节县

引证标本：巴山采集队 0308 1106 1350、张泽荣 25587 25937

粗糙菝葜 Smilax lebrunii H. Lév.

海拔：1700～1800 m

分布：奉节县、巫溪县

引证标本：陈耀东、马欣堂、傅连中 2101、周洪富、粟和毅 108455 108650

大花菝葜 Smilax megalantha C. H. Wright

海拔：1280～2130 m

分布：城口县、奉节县、巫山县

引证标本：陈之端等 960959、戴天伦 102894、张泽荣 25202

防己叶菝葜 Smilax menispermoidea A. DC.

海拔：1800～2600 m

分布：开县、巫溪县

引证标本：巴山采集队 2456、杨光辉 58948、植物所三峡考察队 0547

小叶菝葜 Smilax microphylla C. H. Wright

海拔：500～1790 m

分布：城口县、奉节县、广元市、万源市、旺苍县、巫山县、巫溪县、西乡县、南郑县、平利县

引证标本：K. K. Tsoong 4392、K. L. Chu 1731、T. N. Liou 等 3999、巴山采集队 5151 6103 6240、戴天伦 102035 102069 103445 103537、方明渊 24690 24767 24794、郭本兆 2118、何业琪 1656 1970、李培元 5363 5517 5527 5591 5614 5942 5944 5981 6036 6703、曲仲湘 1731、上海肿瘤协作组 102(FUS) 118(FUS) 281(FUS) 304(FUS) 365(FUS)、四川大学川东植物调查队 108576、杨光辉 59578 65182 65560、周洪富、方明渊、张泽荣 24690(SZ)、张泽荣 25517 25622 25657 25841 25879、周洪富 26439 26819、周洪富、粟和毅 109635(SZ) 109676(SZ) 110713(SZ) 111362(SZ)、陈彦生等 3883(WUK)

黑叶菝葜 Smilax nigrescens F. T. Wang & C. L. Tang ex P. Y. Li

海拔：600～1400 m

分布：城口县、奉节县、巫山县

引证标本：T. P. Wang 10275、戴天伦 100454、方

明渊 24237、张泽荣 25069 25487、周洪富 26533、周洪富、粟和毅 107755 107919 108006(SZ) 108282(SZ)

武当菝葜 Smilax outanscianensis Pamp.

海拔： 1000～1850 m

分布： 城口县、南江县、通江县、旺苍县、巫山县、巫溪县

引证标本： 巴山采集队 4918、陈梦玲 0033(CDBI)、戴天伦 100353 106042 106082 106189 106209 107446、罗达尚 2550(SZ)、四川植被调查队 0033(2)(CDBI)、周洪富、粟和毅 110276(SZ)、邹家志 3013(CDBI)

红果菝葜 Smilax polycolea Warb.

海拔： 1400～2050 m

分布： 城口县、奉节县、巫溪县

引证标本： 戴天伦 102369 102747 106172、杨光辉 65396、张泽荣 25341

牛尾菜 Smilax riparia A. DC.

海拔： 1000～2000 m

分布： 城口县、奉节县、旺苍县、巫山县、巫溪县

引证标本： T. P. Wang 10684、巴山采集队 4850 4917 4981、陈耀东、傅连中、马欣堂 2163 2201、陈耀东、马欣堂、傅连中 2165、上海肿瘤协作组 132(FUS)、周洪富 26482

尖叶牛尾菜 Smilax riparia A. DC. var. **acuminata** (C. H. Wright) F. T. Wang & T. Tang

海拔： 1300～2000 m

分布： 城口县、奉节县、巫溪县

引证标本： 戴天伦 101183 102415 104853 106554 107434 106731(SZ)、杨光辉 59345、张泽荣 25361

短梗菝葜 Smilax scobinicaulis C. H. Wright

海拔： 800～2200 m

分布： 城口县、房县、奉节县、开县、广元市、南江县、平利县、万源市、旺苍县、巫山县、巫溪县、竹溪县

引证标本： F. T. Wang 22603a、巴山采集队 0293 0632 0986 1169 1317 2337 2378 2542 5158、戴天伦 100684 100875 101025 101255 101476 102315 102571 104037 104282 104384 104702 104838 105299 105461 105820 106052 106312 106692 106812 106951 107050 107265 107422、方明渊 24562 24831、李培元 2900 3040 5827 6102、倪炳炽 00230、万绍滨 2619 川经达 2619、王子光刘金鉴等 256、刘克荣 0244、236 四川任务组 1160、川经达 2411(SZ)、杨光辉 59033 59823 59887 65078、张泽荣 25027 25039 25279 25497、植物所三峡考察队 1502、周洪富 26415、周洪富、粟和毅 108105 108815(SZ) 109785(SZ) 110045(SZ) 111541(SZ)

鞘柄菝葜 Smilax stans Maxim.

海拔： 1000～2600 m

分布： 城口县、房县、奉节县、开县、南江县、通江县、万源市、旺苍县、巫山县、巫溪县、平利县

引证标本： 58466(条形码：0053851)(PE)、巴山采集队 0180 0822 1216 1785 1919 2529 2760 4913 5824 6052、川经达 2780、戴天伦 100352 100533 100558 100870 101832 102297 104299 104440 105162 106235 106310、方明渊 24553、李忠秀 2780、李培元 4622 6065、刘克荣 0215、倪炳炽 00240、四川经济植物考察队 47、王金敖 0227、杨光辉 58820 58829 59134、张泽荣 25100、植物所三峡考察队 0097 0280 0566 0577、周洪富、粟和毅 107962 110275、陈彦生等 3070(WUK)

糙柄菝葜 Smilax trachypoda J. B. Norton

海拔： 1200～2000 m

分布： 城口县、奉节县、广元市、巫溪县、通江县

引证标本： 杨光辉 59134、川经绵 4055(SZ)、戴天伦 101374、王金敖 0227(CDBI)

岩菖蒲属 Tofieldia Huds.

岩菖蒲 Tofieldia thibetica Franch.

海拔： 900～2200 m

分布： 城口县、奉节县、南江县

引证标本： 巴山采集队 1386 5666、周洪富、粟和毅 108470

油点草属 **Tricyrtis** Wall.

黄花油点草 **Tricyrtis pilosa** Wall.

海拔： 1100～2040 m

分布： 城口县、房县、奉节县、开县、南江县、万源市、旺苍县、巫山县、巫溪县、平利县

引证标本： 巴山采集队 0119 0171 0516 0927 1113 1212 1968 1981 2148 2217 2678 2217 5369 5430、陈耀东、马欣堂、傅连中 2025、戴天伦 101146 101224 101853 101991 102249 105646 105947 106051 107110、李培元 4478 4631、李先源 KQ127(SWCTU)、李先源、王海洋 050128(SWCTU)、刘克荣 363、杨光辉 58954 58967 59257 65304、植物所三峡考察队 0300 0510 0539、周洪富、粟和毅 109014、陈彦生等 947(WUK)

延龄草属 **Trillium** L.

延龄草 **Trillium tschonoskii** Maxim.

海拔： 1700～2500 m

分布： 城口县、南江县

引证标本： 陈炳麟 2564(SZ)、戴天伦 100801、冯永华 2666(SZ)

藜芦属 **Veratrum** L.

毛叶藜芦 **Veratrum grandiflorum** (Maxim. ex Baker) Loes.

海拔： 1800～2600 m

分布： 奉节县、开县、岚皋县、巫山县、巫溪县

引证标本： K. L. Chu 2060、巴山采集队 1849 2466、李先源 37222(SWCTU)、杨光辉 58734、张泽荣 25271

藜芦 **Veratrum nigrum** L.

海拔： 1450～2040 m

分布： 城口县、房县、南江县、巫山县、巫溪县

引证标本： 巴山采集队 5597、戴天伦 101913 104153 105942 106232、刘克荣 0471、杨光辉 58926、植物所三峡考察队 0496、周洪富、粟和毅 109018

长梗藜芦 **Veratrum oblongum** Loes.

海拔： 1000～2050 m

分布： 城口县、巫山县

引证标本： 巴山采集队 1514、戴天伦 102359、周洪富、粟和毅 109514

丫蕊花属 **Ypsilandra** Franch.

丫蕊花 **Ypsilandra thibetica** Franch.

分布： 城口县

引证标本： R. P. Farges 788

棋盘花属 **Zigadenus** Michx.

棋盘花 **Zigadenus sibiricus** (L.) A. Gray

海拔： 2600 m

分布： 巫溪县

引证标本： 杨光辉 58946

139.百部科 Stemonaceae*

百部属 **Stemona** Lour.

大百部 **Stemona tuberosa** Lour.

海拔： 500～1200 m

分布： 城口县、奉节县、巫溪县

引证标本： 北京大学 2801、戴天伦 103460、上海肿瘤协作所 328(FUS)、张泽荣 25948、周洪富 26386

140.石蒜科 Amaryllidaceae

仙茅属 **Curculigo** Gaertn.

疏花仙茅 **Curculigo gracilis** (Kurz) Hook. f.

海拔： 280 m

分布： 奉节县

引证标本： 陈之端等 960992

石蒜属 **Lycoris** Herb.

忽地笑 **Lycoris aurea** (L'Hér.) Herb.

海拔： 650～1000 m

---

* 此部分由马欣堂编写。

分布：城口县、广元市、巫溪县

引证标本：K. L. Chu 1924、戴天伦 102283 103382、魏志平 3754(SZ)

石蒜 Lycoris radiata (L'Hér.) Herb.

海拔：850～1700 m

分布：奉节县、巫溪县、竹溪县

引证标本：李培元 9504(SZ)、杨光辉 59502、周洪富 26975(SZ)

葱莲属 Zephyranthes Herb.

葱莲 Zephyranthes candida (Lindl.) Herb.

海拔：610 m

分布：城口县

引证标本：戴天伦 103009

141.薯蓣科 Dioscoreaceae

薯蓣属 Dioscorea L.

蜀葵叶薯蓣 Dioscorea althaeoides R. Knuth

海拔：1660～2550 m

分布：城口县、南江县、平利县

引证标本：李馨 77911、谭红钢 81292(SWCTU)、陈彦生等 4195(WUK)

黄独 Dioscorea bulbifera L.

海拔：1900 m

分布：通江县

引证标本：四川经济植物考察队 0043(CDBI)

叉蕊薯蓣 Dioscorea collettii Hook. f.

海拔：1100～1280 m

分布：奉节县、南江县、通江县、旺苍县

引证标本：巴山采集队 5135、四川经济植物考察队 002(CDBI) 0087(CDBI) 0122(CDBI) 0188(CDBI)、张泽荣 25393、周洪富、粟和毅 109295 111093(SZ)

粘山药 Dioscorea hemsleyi Prain & Burkill

分布：万源市

引证标本：蒋维学、川经达 2383(SZ)

日本薯蓣 Dioscorea japonica Thunb.

海拔：370～1000 m

分布：奉节县、广元市、巫山县、竹溪县

引证标本：胡文光 21(SZ)、雷立公 779296(HNNC)、张泽荣 25707 25947、周洪富、粟和毅 109440 109963(SZ) 109966(SZ) 110514

毛芋头薯蓣 Dioscorea kamoonensis Kunth

海拔：650～1500 m

分布：城口县、奉节县、巫山县、巫溪县

引证标本：戴天伦 102866 103337 107195(SZ)、杨光辉 59640(SZ) 59891(SZ)、周洪富、粟和毅 110205 110299 110525 110868

穿龙薯蓣 Dioscorea nipponica Makino

海拔：554～2100 m

分布：城口县、房县、奉节县、南江县、平利县、通江县、万源市、旺苍县、巫山县、巫溪县

引证标本：巴山采集队 0670 0937 1421 4908 4975 5490 6249、陈炳麟 2533、陈耀东、马欣堂、傅连中 2059 2205 2234 2358、川经达 2673(SZ)、戴天伦 104999(SZ)、李培元 3595(WUK) 6081、刘克荣 368、谭红钢 81198(SWCTU) 81227(SWCTU)、周洪富、粟和毅 110269(SZ) 111159(SZ)

柴黄姜 Dioscorea nipponica Makino subsp. **rosthornii** (Prain & Burkill) C. T. Ting

海拔：1250～2050 m

分布：城口县、奉节县、万源市、通江县、巫山县、巫溪县、镇坪县、平利县

引证标本：戴天伦 100882 100897 101108 101176 101462 101549 101980 102020 102689 103123 104232 104244 104374 104923 104993 105208 105253 105402 105451 105614 105724 106182 106405 106662 106819 107080 107436、方明渊 24561、李培元 4473 4619 5272 5296 5695 5812 5875 5879 6095 6173 6554 6618、杨光辉 58997 59323 59642、张泽荣 25317 25342、周洪富 25090 25348 26348、周洪富、粟和毅 108984 109028 109300、四川经济植物考察队 00030(CDBI) 0025(CDBI) 0079(CDBI) 0080(CDBI) 0088(CDBI) 0139(CDBI)、王金敖 0240(CDBI)、陈彦生等 4100(WUK) 4449(WUK)

薯蓣 Dioscorea polystachya Turcz.

海拔：650～1650 m

分布：城口县、房县、奉节县、广元市、南江县、宁强县、平利县、镇坪县、通江县、万源市、巫山县、巫溪县

引证标本：102048、F. T. Wang 22614a、K. M. Liou 8944 9161、T. N. Liou 11926、戴天伦 101562 101680 102048 102205 102936 103623 104028 104109 105887、方明渊 24938、方明渊 23968 24938、李培元 4389、彭怀禄 0909、四川经济植物考察队 0125、杨光辉 59540、袁开来平 1-0051、张继华 I00204、张泽荣 25822、周洪富 26505 26815、周洪富、粟和毅 108564 109440 109738 109963 109966 110012 110388 110514 110515 111106、邹家志 3513、巴山采集队 6181 6215、陈彦生等 4141(WUK)

盾叶薯蓣 Dioscorea zingiberensis C. H. Wright

海拔：900～960 m

分布：城口县、房县、广元市、万源市、旺苍县、巫山县、巫溪县、平利县、竹溪县

引证标本：4387、K. M. Liou 8798 9052、T. N. Liou 等 179、T. P. Wang 10770、巴山采集队 5185、李培元 4227 5400、陈彦生等 3762(WUK)

142.雨久花科 Pontederiaceae

雨久花属 Monochoria C. Presl

鸭舌草 Monochoria vaginalis (Burm. f.) C. Presl ex Kunth

海拔：800 m

分布：城口县

引证标本：K. L. Chu 2126

143.鸢尾科 Iridaceae

射干属 Belamcanda Adans.

射干 Belamcanda chinensis (L.) DC.

海拔：400～1800 m

分布：城口县、房县、奉节县、广元市、万源市、巫山县、巫溪县、镇巴县、南郑县、平利县、竹山县

引证标本：K. M. Liou 8970 9229、戴天伦 101556 102164 102527 104368 105738 105921、方明渊 24638 24906、胡文光 76(SZ)、李培元 5728、王金敖 0087(CDBI)、王庆瑞，张爱民 5338(WNU)、杨光辉 59546、张泽荣 25816、周洪富、粟和毅 109678 110114 111139(SZ)、巴山采集队 6112、陈彦生等 3759(WUK)

鸢尾属 Iris L.

扁竹兰 Iris confusa Sealy

海拔：1000 m

分布：奉节县

引证标本：周洪富、粟和毅 109161

野鸢尾 Iris dichotoma Pall.

海拔：620～810 m

分布：城口县、平利县

引证标本：戴天伦 141219(SZ)、李培元 4971

长柄鸢尾 Iris henryi Baker

海拔：1500～1900 m

分布：城口县

引证标本：戴天伦 100150 100265 100335 100583

蝴蝶花 Iris japonica Thunb.

海拔：800～1700 m

分布：城口县、奉节县、开县、通江县、万源市、旺苍县、巫山县、巫溪县、镇坪县、竹溪县

引证标本：K. M. Liou 8743、T. P. Wang 10439 10454 10543、巴山采集队 5414、陈之端等 960843、大巴山工作组 00673(CDBI)、戴天伦 100008 100124 100216 100355 100360 100420 100595、李培元 2283(WUK) 4214 4377 5292 5406 5476 5592 5705 5823 5983 6738、上海肿瘤协作组 80(FUS)、王兴杰 1051(CDBI)、00141(条形码号：CDBI0169557)、周洪富 26060、周洪富、粟和毅 107549 108106、陈彦生等 1190(WUK)

白花马蔺 Iris lactea Pall.

海拔：1800 m

分布：巫溪县

引证标本：陈耀东、马欣堂、傅连中 2464

鸢尾 Iris tectorum Maxim.

海拔：1000～1800 m

分布：城口县、奉节县、广元市、南江县、平利县、镇坪县、巫山县

引证标本：戴天伦 100253 100474 101219、李培元 1351、凌春芳 4009(SZ)、陆鄂鸣 2766(SZ)、0397(条形码号：00043153)(SZ)、杨光辉 57802、周洪富、粟和毅 107778 109211、陈彦生等 244(WUK)

黄花鸢尾 Iris wilsonii C. H. Wright

海拔：1950～2700 m

分布：城口县、巫溪县

引证标本：戴天伦 101051 106754、杨光辉 58852

144.灯心草科 Juncaceae

灯心草属 Juncus L.

翅茎灯心草 Juncus alatus Franch. & Sav.

海拔：900～2520 m

分布：城口县、奉节县、巫山县、巫溪县、竹溪县

引证标本：K. M. Liou 8748、巴山采集队 1043、陈耀东、傅连中、马欣堂 2170 2512、戴天伦 101092 102241 105834 105884 106268 106758、周洪富、粟和毅 107839 108091 109939(SZ)

葱状灯心草 Juncus allioides Franch.

海拔：2200 m

分布：南江县

引证标本：巴山采集队 5574

小花灯心草 Juncus articulatus L.

海拔：1730 m

分布：奉节县

引证标本：周洪富、粟和毅 111226

小灯心草 Juncus bufonius L.

海拔：1850 m

分布：城口县

引证标本：戴天伦 106254

星花灯心草 Juncus diastrophanthus Buchenau

海拔：620～1060 m

分布：广元市、平利县

引证标本：李强平 1-0252、宋之刚等 0017(LZU)

灯心草 Juncus effusus L.

海拔：280～1925 m

分布：城口县、奉节县、南江县、宁强县、平利县、镇坪县、万源市、旺苍县、通江县、巫山县、巫溪县、竹山县、竹溪县

引证标本：K. M. Liou 8420 8910、T. N. Liou 等 59、T. P. Wang 10429、巴山采集队 0468 0468B 1705 5094 5398 5502 5830 6022 6036 6291、戴天伦 100497 102242 104134 105034 105392 106214 106262、方明渊 24840、李培元 5750 6614、刘玉红 52、三峡考察队 3430、张泽荣 25583、周洪富 26389、周洪富、粟和毅 108727 109145 110640 111055、陈彦生等 1169(WUK)

片髓灯心草 Juncus inflexus L.

海拔：620 m

分布：广元市

引证标本：宋之刚等 0015(LZU)

笄石菖 Juncus prismatocarpus R. Br.

海拔：400～1840 m

分布：奉节县、巫山县、巫溪县、通江县

引证标本：陈耀东、马欣堂、傅连中 2530 2533 2536、方文培 10747、周洪富 26690、周洪富、粟和毅 109238、巴山采集队 6019

野灯心草 Juncus setchuensis Buchenau

海拔：750～2300 m

分布：城口县、奉节县、广元市、南江县、平利县、万源市、巫山县、巫溪县、竹溪县

引证标本：T. P. Wang 10614、巴山采集队 0009 0408 0784 0886、陈耀东等 2090 2167 2473 2532、川经绵 4035(SZ)、戴天伦 101525(SZ) 101633 101723 102872 105882 106983、方明渊 24192、李培元 1632 4406 5323 5343 6466 6706、李沛琼 6125、张泽荣 25137、周洪富 26128 26853、周洪富、粟

和毅 107841(SZ) 108089(SZ) 108467(SZ) 109821 110358、赵子恩 91-163(HIB)

假灯心草 Juncus setchuensis Buchenau var. **effusoides** Buchenau

海拔：740～1650 m

分布：南江县、平利县、通江县

引证标本：四川经济植物考察队 0163(CDBI)、王金敖 00012(CDBI)、邢秀芳 平 1-0025

地杨梅属 Luzula DC.

散序地杨梅 Luzula effusa Buchenau var. **effusa**

海拔：1900 m

分布：平利县

引证标本：陈彦生等 950(WUKI)

中国地杨梅 Luzula effusa Buchenau var. **chinensis** (N. E. Br.) K. F. Wu

海拔：1650 m

分布：南江县

引证标本：左宝玉 2837(SZ)

多花地杨梅 Luzula multiflora (Ehrh.) Lej.

海拔：1500～1860 m

分布：奉节县、巫山县

引证标本：T. P. Wang 10669、陈之端等 960875、三峡考察队 2860

华北地杨梅 Luzula oligantha Sam.

海拔：1800 m

分布：旺苍县

引证标本：巴山采集队 5095

羽毛地杨梅 Luzula plumosa E. Mey.

海拔：1250～2200 m

分布：南江县、巫山县、竹溪县

引证标本：T. P. Wang 10663、巴山采集队 5603、陈之端等 960909、郑重 934(HIB)

145.鸭跖草科 Commelinaceae*

鸭跖草属 Commelina L.

鸭跖草 Commelina communis L.

海拔：400～2000 m

分布：城口县、奉节县、南江县、通江县、万源市、巫山县、巫溪县、镇巴县、南郑县、镇坪县、平利县

引证标本：巴山采集队 1471 5987 6234、陈耀东、马欣堂、傅连中 2087 2496 2587、戴天伦 101125 101521 103922 105911 107061、方明渊 23962、李培元 4982 5316 5680 5884 6038 6707、四川经济植物考察队 0124(CDBI) 0204(CDBI)、杨光辉 59306、周洪富 26643、周洪富、粟和毅 108729 108973 109585 109791 110135 110293 110505 110835 110908 111386、陈彦生等 3769(WUK) 4086(WUK)

水竹叶属 Murdannia Royle

水竹叶 Murdannia triquetra (Wall. ex C. B. Clarke) Brückner

海拔：1000 m

分布：万源市

引证标本：K. L. Chu 2245

竹叶子属 Streptolirion Edgew.

竹叶子 Streptolirion volubile Edgew.

海拔：550～2000 m

分布：城口县、奉节县、巫溪县

引证标本：K. L. Chu 2080、巴山采集队 0532 0853、戴天伦 101885 101971 102960 103158 103351 103583 103775 103836 104074 107236、杨光辉 65236、赵良能 2797(SZ)、周洪富、粟和毅 111365

146.谷精草科 Eriocaulaceae

谷精草属 Eriocaulon L.

谷精草 Eriocaulon buergerianum Koern.

---

* 此部分由马欣堂编写。

海拔：1300 m

分布：奉节县

引证标本：周洪富、粟和毅 110961

147.禾本科 Poaceae**

芨芨草属 Achnatherum P. Beauvois

湖北芨芨草 Achnatherum henryi (Rendle) S. M. Phillips & Z. L. Wu

海拔：125～1300 m

分布：奉节县、巫山县、竹溪县

引证标本：T. P. Wang 10255、甘启良 2826 2901、周洪富、粟和毅 107875(SZ)

剪股颖属 Agrostis L.

大锥剪股颖 Agrostis brachiata Munro ex Hook. f.

海拔：995～2140 m

分布：城口县、开县、巫溪县、镇巴县、平利县

引证标本：巴山采集队 0023 1634 2324、江广渝 4189、刘玉红 61 66、陈彦生等 885(WUK)

华北剪股颖 Agrostis clavata Trin.

海拔：700～1875 m

分布：城口县、奉节县、万源市、云阳县、巫溪县、竹溪县

引证标本：巴山采集队 1739 3661、甘启良 2204 2247 2428 3111、刘玉红 7、张泽荣 25139、植物所三峡考察队 0965

歧序剪股颖 Agrostis divaricatissima Mez

海拔：1800 m

分布：巫溪县

引证标本：陈耀东、傅连中、马欣堂 2475

巨序剪股颖 Agrostis gigantea Roth

海拔：1378～2175 m

分布：城口县、万源市、巫山县、巫溪县、平利县

引证标本：巴山采集队 1042 1640 1641 1701 2065、陈耀东、马欣堂、傅连中 2502 2528 2540、刘玉红 62、刘玉红等 89088、周洪富、粟和毅 109902(SZ)、陈彦生等 966(WUK)

玉山剪股颖 Agrostis infirma Buse

海拔：1890～2298 m

分布：万源市

引证标本：江广渝 4048 4100 4128 4135、贾潇洒等 3944

昆明剪股颖 Agrostis kunmingensis B. S. Sun & Y. Cai Wang

海拔：700～2400 m

分布：竹溪县

引证标本：甘启良 2435 2495 3118

多花剪股颖 Agrostis micrantha Steud.

海拔：1100～2100 m

分布：城口县、奉节县、巫溪县、竹溪县、平利县、镇坪县

引证标本：戴天伦 105087、方明渊 24140、甘启良 2412 2421、李先源、王海洋 050204(SWCTU)、张泽荣 25436、周洪富、粟和毅 108516、应俊生 0867(WUK)、陈彦生等 2747(WUK)

泸水剪股颖 Agrostis nervosa Nees ex Trinius

海拔：2100 m

分布：平利县

引证标本：应俊生 0866(WUK)

西伯利亚剪股颖 Agrostis stolonifera L.

海拔：1450 m

分布：竹溪县

引证标本：甘启良 2229

台湾剪股颖 Agrostis sozanensis Hayata

海拔：1800 m

分布：巫溪县

引证标本：刘玉红 野试 5 号

看麦娘属 Alopecurus L.

看麦娘 Alopecurus aequalis Sobol.

海拔：500～2300 m

分布：城口县、奉节县、岚皋县、宁强县、平利县、

** 此部分由陈文俐编写。

巫溪县、云阳县

引证标本：T. P. Wang 10712、巴山采集队 1874、陈耀东 89029、陈耀东、马欣堂、傅连中 2509、戴天伦 100327、方明渊 24112、姜恕等 0171、刘玉红 1-30、乔英林 01127、植物所三峡考察队 1002、周洪富 26203(SZ)、周洪富、粟和毅 107633 108034(SZ) 109084

荩草属 **Arthraxon** Beauv.

光脊荩草 **Arthraxon epectinatus** B. S. Sun & H. Peng

海拔：854～941 m

分布：万源市

引证标本：巴山采集队 2885、江广渝、王壮 3201(SWCTU)

荩草 **Arthraxon hispidus** (Thunb.) Makino

海拔：800 m

分布：房县、广元市

引证标本：李培元 1023(HSNU)、刘克荣 0280

茅叶荩草 **Arthraxon prionodes** (Steud.) Dandy

海拔：1000 m

分布：奉节县

引证标本：周洪富、粟和毅 108855 109127(SZ)

洱源荩草 **Arthraxon typicus** (Büse) Koorders

海拔：1400 m

分布：城口县、奉节县

引证标本：戴天伦 102694 104427、四川大学川东植物调查队 11127、周洪富、粟和毅 111069 111278

青篱竹属 **Arundinaria** Michaux

巴山木竹 **Arundinaria fargesii** E. G. Camus

海拔：1700 m

分布：通江县、镇巴县

引证标本：乔士义 66、王金敖 0190(CDBI)

野古草属 **Arundinella** Raddi

毛秆野古草 **Arundinella hirta** (Thunb.) Tanaka

海拔：500～1830 m

分布：城口县、奉节县、广元市、开县、通江县、万源市、巫山县、巫溪县、竹溪县、宁强县、西乡县

引证标本：巴山采集队 2570、戴天伦 102718、方明渊 24958、甘啓良 1852 2444 2564 2573、何业琪 2090、刘玉红 131、周洪富 26796 26976 26978、周洪富、粟和毅 109859 110160 111403(SZ)、T. N. Liou 11948、T. N. Liou 等 4030、王金敖 0167(CDBI)

燕麦属 **Avena** L.

野燕麦 **Avena fatua** L.

海拔：950～1230 m

分布：城口县、奉节县、万源市

引证标本：李培元 5326 5340 5721、周洪富、粟和毅 107790

光稃野燕麦 **Avena fatua** L. var. **glabrata** Peterm.

海拔：1000～1800 m

分布：奉节县、巫溪县

引证标本：陈耀东、傅连中、马欣堂 2224、方明渊 24187 24294

裸燕麦 **Avena nuda** L.

海拔：1000 m

分布：奉节县

引证标本：周洪富、粟和毅 109098

簕竹属 **Bambusa** Schreber

慈竹 **Bambusa emeiensis** L. C. Chia & H. L. Fung

分布：广元市

引证标本：李培元 1025(SZ)

菵草属 **Beckmannia** Host

菵草 **Beckmannia syzigachne** (Steud.) Fernald

分布：广元市

引证标本：李继芬(广元县植保站)(条形码号：00034193)(SWCTU)

孔颖草属 **Bothriochloa** Kuntze

臭根子草 **Bothriochloa bladhii** (Retz.) S. T. Blake

海拔：550 m

分布：广元县

引证标本：何业琪 1530

孔颖臭根子草 **Bothriochloa bladhii** (Retz.) S. T. Blake var. **punctata** (Roxb.) R. R. Stewart

分布：广元市

引证标本：乔英林 00424(SZ)

白羊草 **Bothriochloa ischaemum** (L.) Keng

海拔：700 m

分布：万源市

引证标本：李培元 5543

臂形草属 **Brachiaria** Griseb.

毛臂形草 **Brachiaria villosa** (Lam.) A. Camus

海拔：1100 m

分布：巫山县

引证标本：周洪富、粟和毅 109581

短柄草属 **Brachypodium** Beauv.

羽状短柄草 **Brachypodium pinnatum** (L.) P. Beauv.

海拔：1890～1980 m

分布：万源市

引证标本：巴山采集队 3782、江广渝 4129、贾潇洒等 3942

短柄草 **Brachypodium sylvaticum** (Huds.) P. Beauv.

海拔：1090～2286 m

分布：城口县、开县、巫溪县

引证标本：巴山采集队 1121 1143 1700 1724 1994 2738、陈耀东、马欣堂、傅连中 2063 2094 2468 2482 2592、刘玉红 98080、植物所三峡考察队 0008

雀麦属 **Bromus** L.

毗邻雀麦 **Bromus confinis** Nees ex Steud.

海拔：2350 m

分布：城口县

引证标本：巴山采集队 1267

毛雀麦 **Bromus hordeaceus** L.

海拔：2390 m

分布：城口县

引证标本：巴山采集队 1283

无芒雀麦 **Bromus inermis** Leyss.

海拔：1400 m

分布：南江县

引证标本：谭红钢 81127(SWCTU)

雀麦 **Bromus japonicus** Thunb.

海拔：1100～1620 m

分布：城口县、通江县

引证标本：巴山采集队 0106、戴天伦 100496、王金敖 0005(CDBI)

大雀麦 **Bromus magnus** Keng

海拔：1201～1445 m

分布：城口县、巫溪县

引证标本：巴山采集队 1014、刘玉红 112

多节雀麦 **Bromus plurinodis** Keng

海拔：2140 m

分布：平利县

引证标本：陈彦生等 2984(WUK)

疏花雀麦 **Bromus remotiflorus** (Steud.) Ohwi

海拔：500～1900 m

分布：城口县、镇坪县、平利县

引证标本：巴山采集队 0118 0188 0830 0882、戴天伦 101415、李培元 5338、南水北调队 01683(SZ)、陈彦生等 1139(WUK)、陈彦生等 964(WUK)

华雀麦 **Bromus sinensis** Keng ex P. C. Keng

海拔：1700 m

分布：镇坪县

引证标本：应俊生 0478311(WUK)

拂子茅属 Calamagrostis Adans.

单蕊拂子茅 Calamagrostis emodensis Grisebach

海拔：1660 m

分布：平利县

引证标本：陈彦生等 4247(WUK)

拂子茅 Calamagrostis epigeios (L.) Roth

海拔：1100～2100 m

分布：城口县、奉节县、平利县、万源市、巫山县、巫溪县

引证标本：109977(条形码号：01854178)、陈耀东、马欣堂、傅连中 2091 2424 2461 2598、李培元 5455 6180 6542 6598、刘玉红 50、平利队 0423、周洪富 26484、周洪富、粟和毅 109534(SZ)

假苇拂子茅 Calamagrostis pseudophragmites (Haller f.) Koeler

海拔：700～1510 m

分布：城口县、万源市、镇巴县

引证标本：巴山采集队 1509 3256 3694 4326、戴天伦 105051(SZ)

细柄草属 Capillipedium Stapf

硬秆子草 Capillipedium assimile (Steudel) A. Camus

海拔：695～1150 m

分布：万源市、通江县

引证标本：巴山采集队 2980 3051、王金敖 0252(CDBI)

细柄草 Capillipedium parviflorum (R. Br.) Stapf

海拔：610～1260 m

分布：城口县、巫山县、南郑县

引证标本：巴山采集队 1764 6096、戴天伦 102772 103736、粟和毅 110307

虎尾草属 Chloris Swartz

虎尾草 Chloris virgata Sw.

海拔：360～600 m

分布：房县、镇巴县

引证标本：傅坤俊 11721(SZ)、刘克荣 0425

隐子草属 Cleistogenes Keng

朝阳隐子草(原变种) Cleistogenes hackelii (Honda) Honda var. **hackelii**

海拔：400 m

分布：平利县

引证标本：陈彦生等 3773(WUK)

薏苡属 Coix L.

薏苡 Coix lacryma-jobi L.

海拔：450～1700 m

分布：城口县、奉节县、万源市、巫溪县

引证标本：戴天伦 103429 107287、方明渊 23922 24961、杨光辉 59507 59628、周洪富 26993、周洪富、粟和毅 110491(SZ) 110852(SZ)

香茅属 Cymbopogon Spreng.

芸香草 Cymbopogon distans (Nees) Wats.

海拔：560～700 m

分布：广元市

引证标本：T. N. Liou & C. Wang 169、何业琪 1994

橘草 Cymbopogon goeringii (Steud.) A. Camus

分布：广元市

引证标本：李培元 1002(SZ)

狗牙根属 Cynodon Rich.

狗牙根 Cynodon dactylon (L.) Pers.

海拔：750 m

分布：城口县

引证标本：李培元 6534

鸭茅属 Dactylis L.

鸭茅 Dactylis glomerata L.

海拔：1300～2400 m

分布：城口县、奉节县、开县、岚皋县、平利县、万源市、巫山县、巫溪县、竹溪县

引证标本：巴山采集队 1271 1577 1632 1833 2161 2430 2514 3850、陈耀东、马欣堂、傅连中 2076 2093 2277 2299 2426、戴天伦 101182 101320 101688 104061、何荻平 44824(SZ) 46099(SZ)、江广渝 4005(SWCTU) 4105(SWCTU)、胡秀英 2097(SZ)、李培元 6157、李先源、王海洋 050111(SWCTU)、刘玉红等 89089、姚仲吾 2370(SZ)、张泽荣 25434、植物所三峡考察队 0466、周洪富、粟和毅 109906、陈彦生等 996(WUK)、郑重、王映明等 91-76(HIB)

发草属 **Deschampsia** Beauv.

发草 **Deschampsia caespitosa** (L.) Beauv.

海拔：2300～2600 m

分布：岚皋县、巫溪县

引证标本：巴山采集队 1870、杨光辉 58924

野青茅属 **Deyeuxia** Clarion

疏穗野青茅 **Deyeuxia effusiflora** Rendle

海拔：1800 m

分布：巫溪县

引证标本：陈耀东、马欣堂、傅连中 2145

野青茅 **Deyeuxia pyramidalis** (Host) Veldkamp

海拔：591～2180 m

分布：城口县、开县、岚皋县、万源市、巫溪县、竹溪县

引证标本：巴山采集队 1578 2069 2271 2364 3581、陈耀东、马欣堂、傅连中 2125 2142 2147 2435、戴天伦 103441(SZ) 104553(SZ) 104794(SZ) 106099(SZ) 106671 107202、甘启良 2462 2499 2503 2505 2519 2521 2560-1 2560-2 2634 3132、刘玉红 113、李先源、王海洋 050045(SWCTU) 050192(SWCTU)、植物所三峡考察队 0099 0204

糙野青茅 **Deyeuxia scabrescens** (Griseb.) Munro ex Duthie

海拔：1900～2457 m

分布：城口县、开县、巫溪县、镇坪县

引证标本：巴山采集队 1277 2160 2457、陈耀东、马欣堂、傅连中 2405 2447、应俊生等 0609(WUK)

华高野青茅 **Deyeuxia sinelatior** Keng

海拔：1200 m

分布：镇坪县

引证标本：应俊生等 0944(WUK)

双花草属 **Dichanthium** Willemet

双花草 **Dichanthium annulatum** (Forsk.) Stapf

海拔：570 m

分布：广元市、巫山县

引证标本：583、T. N. Liou 等 172

马唐属 **Digitaria** Haller

纤毛马唐 **Digitaria ciliaris** (Retz.) Koeler

海拔：534～1450 m

分布：城口县、奉节县、通江县、万源市、巫溪县、竹溪县

引证标本：K. L. Chu 2138、巴山采集队 3528、陈耀东、马欣堂、傅连中 2378、戴天伦 130447(SZ)、曲桂龄 2138、张泽荣 25676 25680、周洪富 26669、郑重、王映明等 91-451(HIB)

十字马唐 **Digitaria cruciata** (Nees ex Steud.) A. Camus

海拔：1400～1800 m

分布：城口县、巫溪县

引证标本：陈耀东、马欣堂、傅连中 2095 2268 2589、戴天伦 102701 104337 104554 106140 107016、刘玉红 56、杨光辉 59633

止血马唐 **Digitaria ischaemum** (Schreb.) Muhl.

海拔：500～1150 m

分布：竹溪县

引证标本：甘启良 1850 2515 3179

马唐 **Digitaria sanguinalis** (L.) Scop.

海拔：860～1800 m

分布：巫溪县、房县

引证标本：陈耀东、马欣堂、傅连中 2375、邢吉庆 16893(HIB)

华高野青茅 **Digitaria sinelatior** Keng

海拔：780 m

分布：平利县

引证标本：陈彦生等 2079(WUK)

紫马唐 Digitaria violascens Link

海拔：550 m

分布：通江县、竹溪县

引证标本：佚名 0210B(CDBI)、郑重 91-490(HIB)

稗属 Echinochloa Beauv.

稗 Echinochloa crusgalli (L.) P. Beauv.

海拔：494～1600 m

分布：城口县、镇巴县、万源市

引证标本：巴山采集队 3379 3513、戴天伦 104078

无芒稗 Echinochloa crusgalli (L.) P. Beauv. var. **mitis** (Pursh) Peterm.

海拔：620 m

分布：平利县、通江县

引证标本：李培元 4951、王 0208(CDBI)

细叶旱稗 Echinochloa crusgalli (L.) P. Beauv. var. **praticola** Ohwi

海拔：800～900 m

分布：城口县、万源市

引证标本：戴天伦 101670、李培元 6721

水田稗 Echinochloa oryzoides (Ard.) Fritsch

海拔：616～800 m

分布：万源市、镇巴县

引证标本：巴山采集队 3328、李培元 5990

䅟属 Eleusine Gaertn.

牛筋草 Eleusine indica (L.) Gaertn.

海拔：110～1000 m

分布：城口县、奉节县、广元市、万源市、巫山县、西乡县、竹溪县、房县

引证标本：H. W. Kung K.3416、K. L. Chu 2121、巴山采集队 3061 3495、戴天伦 101668 102005 103336、方明渊 24950、李培元 4245 5970 6416 6457 6704、李先源 06(SWCTU)、张泽荣 25683、周洪富、粟和毅 109467 109753、郑重 91-489(HIB)、刘克荣 424(HIB)

披碱草属 Elymus L.

高株鹅观草 Elymus altissimus (Keng) Á. Löve ex B. Rong Lu

海拔：1875 m

分布：巫溪县

引证标本：刘玉红 13 15

短柄披碱草 Elymus brevipes (Keng) S. L. Chen

海拔：910 m

分布：旺苍县

引证标本：巴山采集队 5152

钙生披碱草 Elymus calcicola (Keng) S. L. Chen

海拔：700～1300 m

分布：城口县、巫溪县、竹溪县

引证标本：甘啓良 3116、刘玉红 23

纤毛披碱草 Elymus ciliaris (Trin. ex Bunge) Tzvelev

海拔：620～1320 m

分布：奉节县、广元市、通江县

引证标本：姜恕等 083、王金敖 00003(CDBI)、张泽荣 25485、周洪富、粟和毅 109129(SZ)

日本纤毛草 Elymus ciliaris (Trin.) Tzvelev var. **hackelianus** (Honda) G. H. Zhu & S. L. Chen

海拔：620 m

分布：广元市

引证标本：姜恕等 0083

披碱草 Elymus dahuricus Turcz. ex Griseb.

海拔：1500～1940 m

分布：镇坪县、平利县

引证标本：陈彦生等 858(WUK) 1170(WUK)

柯孟披碱草 Elymus kamoji (Ohwi) S. L. Chen

海拔：960～1400 m

分布：城口县、奉节县、平利县

引证标本：K. M. Liou 8480、戴天伦 100436 101581 100436、方明渊 24108、24110 24183、张泽荣 25138、周洪富 26241(SZ)、周洪富、粟和毅

108518(SZ)

缘毛披碱草 Elymus pendulinus (Nevski) Tzvelev

海拔：380～1320 m

分布：通江县、城口县、竹溪县、南郑县

引证标本：戴天伦 105080、甘啓良 2389 2439、巴山采集队 5990 6024

微毛披碱草 Elymus puberulus (Keng) S. L. Chen

海拔：1800～1875 m

分布：巫溪县

引证标本：刘玉红 15 26

老芒麦 Elymus sibiricus L.

海拔：1123～2175 m

分布：城口县、巫溪县、平利县

引证标本：巴山采集队 0759 0829 2066、陈彦生等 4400(WUK)

秋披碱草 Elymus serotinus (Keng) Á. Löve ex B. Rong Lu

海拔：1900 m

分布：平利县

引证标本：陈彦生等 944(WUK)

肃草 Elymus strictus (Keng) S. L. Chen

海拔：1800 m

分布：巫溪县

引证标本：陈耀东、马欣堂、傅连中 2470

麦宾草 Elymus tangutorum (Nevski) Hand.-Mazz.

海拔：1800～2376 m

分布：城口县、开县、岚皋县、巫溪县、万源市

引证标本：巴山采集队 1297 1573 1649a 2067 2508 2608、陈耀东、马欣堂、傅连中 2267 2365 2425、0171(条形码号：CDBI0154705)

山东披碱草 Elymus shandongensis B. Salomon

海拔：700～850 m

分布：万源市

引证标本：李培元 5541 5869

画眉草属 Eragrostis Wolf

知风草 Eragrostis ferruginea (Thunb.) P. Beauv.

海拔：580～2000 m

分布：城口县、房县、奉节县、通江县、万源市、巫山县、巫溪县、竹溪县

引证标本：戴天伦 102310 104014 104300 104507 106315 107069、方明渊 24953、李洪钧 0332、马作祥 2246、王 0180、杨光辉 59315、周洪富 26854、周洪富、粟和毅 109609 111057、左宝玉 0471、郑重、王映明等 91-448(HIB)

乱草 Eragrostis japonica (Thunb.) Trin.

海拔：500～800 m

分布：奉节县

引证标本：方明渊 23925、周洪富、粟和毅 25966

多秆画眉草 Eragrostis multicaulis Steud.

海拔：600～1450 m

分布：巫山县、竹溪县

引证标本：甘啓良 2367 2675、周洪富、粟和毅 11024

黑穗画眉草 Eragrostis nigra Nees ex Steud.

海拔：710～1840 m

分布：巫溪县

引证标本：陈耀东、马欣堂、傅连中 2521、刘玉红 59、陈彦生等 2214(WUK)

画眉草 Eragrostis pilosa (L.) P. Beauv.

海拔：800～1300 m

分布：城口县、奉节县、万源市、巫山县、镇巴县、竹山县、房县

引证标本：陈 82-264、方明渊 24896 24944、李培元 4569 5342 5551 5665 5896 6628 6717、王金敖 0117、周洪富、粟和毅 109133 109787 110241 111129、邢吉庆 17682(HIB)

野黍属 Eriochloa Kunth

野黍 Eriochloa villosa (Thunb.) Kunth

海拔：554～1700 m

分布：城口县、奉节县、万源市、通江县、镇巴县、

房县

引证标本：巴山采集队 0616 3664 6230、戴天伦 104143 105802、方明渊 24812 24918、李培元 5287 5318 5621 6472 6607 6714、王金敖 0086(CDBI)、张泽荣 25824、周洪富 26692、周洪富、粟和毅 111092(SZ)、邢吉庆 17890(HIB)

拟金茅属 Eulaliopsis Honda

拟金茅 Eulaliopsis binata (Retz.) C. E. Hubb.

海拔：570 m

分布：广元市、通江县

引证标本：T. N. Liou & C. Wang 158、王金敖 00017(CDBI) 0013(CDBI)

箭竹属 Fargesia Franch.

箭竹 Fargesia spathacea Franch.

海拔：1300～1600 m

分布：城口县

引证标本：戴天伦 104069(SZ) 105099(SZ)

羊茅属 Festuca L.

苇状羊茅 Festuca arundinacea Schreb.

海拔：1800 m

分布：巫溪县

引证标本：刘玉红 89086

蛊羊茅 Festuca fascinata Keng ex S. L. Lu

海拔：1900～2185 m

分布：城口县、平利县

引证标本：巴山采集队 1736、陈彦生等 959(WUK)

大羊茅 Festuca gigantea (L.) Vill.

海拔：1800～2050 m

分布：城口县、平利县

引证标本：巴山采集队 1649 1692、戴天伦 101699、陈彦生等 4394(WUK)

日本羊茅 Festuca japonica Makino

海拔：1500～1800 m

分布：镇坪县、平利县

引证标本：陈彦生等 1000(WUK) 1139(WUK)

素羊茅 Festuca modesta Nees ex Steud.

海拔：1500～1800 m

分布：巫溪县、镇坪县

引证标本：陈耀东、马欣堂、傅连中 2278、刘玉红 19、陈彦生等 1166(WUK)

羊茅 Festuca ovina L.

海拔：2200～2300 m

分布：岚皋县、南江县、万源市

引证标本：巴山采集队 1828 5673、吴至康 2353

小颖羊茅 Festuca parvigluma Steud.

海拔：700 m

分布：城口县、奉节县、平利县

引证标本：戴天伦 100021、许鸿鹓 103、张泽荣 25303、周洪富、粟和毅 107870 108127、陈彦生等 1000(WUK)

草甸羊茅 Festuca pratensis Huds.

海拔：2300 m

分布：岚皋县

引证标本：巴山采集队 1834

紫羊茅 Festuca rubra L.

分布：城口县

引证标本：佚名 7

中华羊茅 Festuca sinensis Keng ex E. B. Alexeev

海拔：2550 m

分布：镇坪县

引证标本：应俊生 0646(WUK)

细芒羊茅 Festuca stapfii E. B. Alexeev

海拔：1927 m

分布：城口县

引证标本：巴山采集队 1686

藏滇羊茅 Festuca vierhapperi Hand.-Mazz.

海拔：1800～1900 m

分布：巫溪县

引证标本：陈耀东 89041、陈耀东、马欣堂、傅连中 2364

牛鞭草属 **Hemarthria** R. Br.

大牛鞭草 Hemarthria altissima (Poir.) Stapf & C. E. Hubb.

海拔：850 m

分布：房县

引证标本：K. M. Liou 9158

扁穗牛鞭草 Hemarthria compressa (L. f.) R. Br.

海拔：200 m

分布：城口县

引证标本：胡俊思 042(SWCTU)、李峰 028(SWCTU)、徐杰 004(SWCTU) 032(SWCTU)

黄茅属 **Heteropogon** Pers.

黄茅 Heteropogon contortus (L.) P. Beauv. ex Roem. & Schult.

海拔：360～600 m

分布：城口县、房县、广元市、巫溪县、竹山县、竹溪县

引证标本：chen 82-260(CCNU)、何业琪 1954、李培元 993(WUK)、刘克荣 408、马兴中 012(SZ)、杨光辉 69629(SZ)、钟绍云 10051(SZ)、郑重、王映明等 91-461(HIB)

猬草属 **Hystrix** Moench

猬草 Hystrix duthiei (Stapf ex Hook.) Bor

海拔：1730～2600 m

分布：旺苍县、巫溪县、平利县

引证标本：巴山采集队 5018 5220、杨光辉 58925、陈彦生等 3076(WUK)

白茅属 **Imperata** Cirillo

白茅 Imperata cylindrica (L.) P. Beauv.

海拔：550～1349 m

分布：城口县、奉节县、广元市、万源市、旺苍县、西乡县

引证标本：H. W. Kung 3408、巴山采集队 1763 3666 5320、王庆瑞、张爱民 5345(WNU)

大白茅 Imperata cylindrica var. **major** (Nees) C. E. Hubb.

海拔：800～1400 m

分布：奉节县、广元市、南江县、通江县、万源市、巫山县、巫溪县

引证标本：T. P. Wang 10514、方明渊 24174、何业琪 1958、李本良 2120(SZ)、罗上柱 0126(CDBI)、王金敖 00001(CDBI)、王纫秋 2922(SZ)、张泽荣 25047 25484、周洪富 109168 26462、周洪富、粟和毅 108466 109168

落草属 **Koeleria** Pers.

落草 Koeleria macrantha (Ledeb.) Schult.

海拔：750 m

分布：平利县

引证标本：0347、平利队

千金子属 **Leptochloa** Beauv.

虮子草 Leptochloa panicea (Retz.) Ohwi

分布：广元市、巫山县

引证标本：584、乔英林 00457(SZ)

黑麦草属 **Lolium** L.

多花黑麦草 Lolium multiflorum Lam.

海拔：1800 m

分布：巫溪县

引证标本：陈耀东、马欣堂、傅连中 2223

黑麦草 Lolium perenne L.

海拔：1620～1830 m

分布：城口县、巫溪县

引证标本：巴山采集队 0461、陈耀东、马欣堂、傅连中 2480

淡竹叶属 **Lophatherum** Brongn.

淡竹叶 Lophatherum gracile Brongn.

海拔：850～1450 m

分布：奉节县

引证标本：佚名 5858(条形码号：00120595)(SZ)、周洪富 26897

臭草属 **Melica** L.

广序臭草 **Melica onoei** Franch. & Sav.

海拔：750～1800 m

分布：房县、巫山县、巫溪县、平利县、竹溪县

引证标本：K. M. Liou 8964 9030、陈耀东、马欣堂、傅连中 2230、陈彦生等 4346(WUK)、郑重、王映明等 91-583(HIB)

甘肃臭草 **Melica przewalskyi** Roshev.

海拔：1200～2383 m

分布：城口县、开县、巫山县

引证标本：巴山采集队 2032 2190 2400、周洪富、粟和毅 110204

细叶臭草 **Melica radula** Franch.

海拔：800～1550 m

分布：平利县

引证标本：乔英林 1052 1156

臭草 **Melica scabrosa** Trin.

海拔：550～1120 m

分布：城口县、平利县、镇坪县、万源市、巫溪县

引证标本：3549、李培元 4249 4499 5364 5934、乔英林 1105、陈彦生等 2820(WUK)

青甘臭草 **Melica tangutorum** Tzvelev

海拔：494～1201 m

分布：万源市、镇巴县

引证标本：巴山采集队 3042 3296 3509

莠竹属 **Microstegium** Nees

竹叶茅 **Microstegium nudum** (Trinius) A. Camus

海拔：1680 m

分布：竹溪县

引证标本：郑重 91-197(HIB)

柔枝莠竹 **Microstegium vimineum** (Trin.) A. Camus

海拔：900～1900 m

分布：奉节县、巫溪县

引证标本：陈耀东、马欣堂、傅连中 2098 2178 2180 2261 2492、刘玉红 102、周洪富、粟和毅 111076 111078(SZ) 111456

粟草属 **Milium** L.

粟草 **Milium effusum** L.

海拔：1400～2180 m

分布：岚皋县、平利县、巫山县、竹溪县

引证标本：T. P. Wang 10687、巴山采集队 1545、甘啓良 2357 2875、佚名 82-91(CCNN)、陈彦生等 1077(WUK)

芒属 **Miscanthus** Anderss.

五节芒 **Miscanthus floridulus** (Labill.) Warb. ex K. Schum. & Lauterb.

海拔：850～1500 m

分布：巫山县、竹溪县

引证标本：川黔植被调查队 1179(SZ)、南水北调队 258625(SZ)、周洪富、粟和毅 109530(SZ)、郑重 91-26(HIB)

芒 **Miscanthus sinensis** Andersson

海拔：1000～1850 m

分布：城口县、房县、奉节县、广元市、开县、通江县、巫山县、巫溪县、西乡县、镇坪县

引证标本：K. M. Liou 9175、T. N. Liou 等 4015 4025 4028、陈耀东、马欣堂、傅连中 2092 2367 2500、戴天伦 101778 102715 104333 104489、何业琪 1790、李培元 00982、刘玉红 53、王 0166(CDBI)、曾安国 0297(SZ)、周洪富、粟和毅 110263、应俊生 0699(WUK)

乱子草属 **Muhlenbergia** Schreb.

乱子草 **Muhlenbergia huegelii** Trin.

海拔：915～2177 m

分布：城口县、房县、奉节县、开县、镇巴县、竹溪县

引证标本：巴山采集队 0528 1047 2374 3453、戴天伦 107072、方明渊 24898、甘啓良 2514 3194、刘克荣 346

日本乱子草 **Muhlenbergia japonica** Steud.

海拔：650～1900 m

分布：城口县、巫溪县

引证标本：陈耀东、马欣堂、傅连中 2097 2263 2434 2465、戴天伦 103242 103515 103752 103926

多枝乱子草 **Muhlenbergia ramosa** (Hack. ex Matsum.) Makino

海拔：1290～1800 m

分布：巫山县、巫溪县、竹山县

引证标本：刘玉红 90、chen 82-268(CCNU)、周洪富、粟和毅 110382(SZ)

类芦属 **Neyraudia** Hook. f.

山类芦 **Neyraudia montana** Keng

分布：巫溪县

引证标本：耿以礼 4482

求米草属 **Oplismenus** Beauv.

竹叶草 **Oplismenus compositus** (L.) P. Beauv.

海拔：1446 m

分布：开县

引证标本：巴山采集队 2798

中间型竹叶草 **Oplismenus compositus** (L.) Beauv. var. **intermedius** (Honda) Ohwi

海拔：900 m

分布：奉节县

引证标本：张泽荣 25723

求米草 **Oplismenus undulatifolius** (Ard.) Roemer et Schuit.

海拔：550～3800 m

分布：城口县、房县、奉节县、通江县、万源市、巫山县、巫溪县、竹溪县、宁强县、镇坪县、平利县

引证标本：C. L. Chow 7031(SZ)、K. M. Liou 8965、巴山采集队 3641 5930、戴天伦 102329 104260 105800 105959、方文培 17692(SZ)、胡琳贞 51091(SZ)、李国凤 52395(SZ) 52396(SZ) 52651(SZ)、李培元 115(WUK) 4372 5057、曲桂龄 6406(SZ)、四川大学川东植物调查队 109985、宋滋圃 39343(SZ)、孙祥麟 972(SZ)、陶玉辉 51334(SZ) 51410(SZ) 52023(SZ) 52306(SZ)、王金敖 0224(CDBI)、邢吉庆 13167(WUK)、杨光辉 58857 59602、佚名 6625(条形码号：00121572)(SZ)、植物所三峡考察队 0026 0275 0310 0553、周洪富、粟和毅 109209 110489 111000 11354(SZ)、应俊生 0380(WUK)、陈彦生等 2153(WUK)

日本求米草 **Oplismenus undulatifolius** var. **japonicus** (Steud.) G. Koidzumi

海拔：1100～1620 m

分布：城口县、巫溪县

引证标本：戴天伦 101890 104772、杨光辉 65168

稻属 **Oryza** L.

稻 **Oryza sativa** L.

海拔：760～800 m

分布：奉节县、宁强县

引证标本：T. N. Liou & C. Wang 125、方明渊 24929

黍属 **Panicum** L.

糠稷 **Panicum bisulcatum** Thunb.

分布：通江县

引证标本：佚名 0209(条形码号：CDBI0156052)

稷 **Panicum miliaceum** L.

海拔：850～860 m

分布：奉节县

引证标本：方明渊 24908(SZ)、周洪福 26899(SZ)

雀稗属 **Paspalum** L.

雀稗 **Paspalum thunbergii** Kunth ex Steud.

海拔：534～1800 m

分布：城口县、奉节县、宁强县、通江县、万源市、巫溪县、房县

引证标本：T. N. Liou 等 62、巴山采集队 0615 0782 1180 3538、陈耀东、马欣堂、傅连中 2287 2466、戴天伦 101527 102243 102471 102731、王 0211(CDBI)、周洪富、粟和毅 111056(SZ)、邢吉庆 16957(HIB)

狼尾草属 **Pennisetum** Rich.

狼尾草 **Pennisetum alopecuroides** (L.) Spreng.

海拔：145～1700 m

分布：城口县、奉节县、通江县、巫山县、巫溪县、平利县、竹溪县、房县

引证标本：戴天伦 102425 102706 103249、王 0178(CDBI)、杨光辉 59509 59955 65173、周洪富、粟和毅 110393(SZ) 110402 111058、陈彦生等 2113(WUK)、郑重、王映明等 91-375(HIB)、刘克荣 333(HIB)

白草 **Pennisetum flaccidum** Griseb

海拔：550～695 m

分布：广元市、万源市、平利县、竹溪县

引证标本：巴山采集队 3049、乔英林 50437(WNU)、陈彦生等 2179(WUK)、郑重、王映明等 91-529(HIB)

长序狼尾草 **Pennisetum longissimum** S. L. Chen & Y. X. Jin

海拔：630 m

分布：城口县、房县

引证标本：戴天伦 103050、刘克荣 0456

象草 **Pennisetum purpureum** Schumach.

海拔：260 m

分布：奉节县

引证标本：李先源 3801(SWCTU)

显子草属 **Phaenosperma** Munro

显子草 **Phaenosperma globosa** Munro ex Benth.

海拔：602～2000 m

分布：城口县、房县、奉节县、万源市、巫溪县、云阳县、镇巴县、镇坪县、竹山县

引证标本：chen 82-243(CCNU)、K. M. Liou 9047、巴山采集队 0177 0270 2828 3360、戴天伦 101159、江广渝、王壮 3243、金常元 0784、李培元 6508、李先源 3941(SWCTU)、李先源、王海洋 050035(SWCTU)、王金敖 0110、张泽荣 25414 25722、周洪富 26409、植物所三峡考察队 0007 0189、应俊生 0254(WUK)

梯牧草属 **Phleum** L.

高山梯牧草 **Phleum alpinum** L.

海拔：1800～3050 m

分布：城口县、奉节县、巫溪县、平利县

引证标本：陈耀东 89034、杨光辉 58790、张泽荣 25235、赵振鏮、赵清盛 120409(SZ)、陈彦生等 927(WUK)

鬼蜡烛 **Phleum paniculatum** Huds.

海拔：1100～1700 m

分布：城口县、巫溪县

引证标本：戴天伦 100461 100491 105182、马榨祥 1680(SZ)

假梯牧草 **Phleum phleoides** (L.) Karst.

海拔：950～1250 m

分布：平利县、镇坪县

引证标本：乔英林 1210 1244

梯牧草 **Phleum pratens** L.

海拔：1800～2312 m

分布：城口县、开县

引证标本：巴山采集队 2144、戴天伦 105659

刚竹属 **Phyllostachys** Siebold & Zucc.

水竹 **Phyllostachys heteroclada** Oliv.

海拔：400 m

分布：竹山县

引证标本：卢炯林 78131 78137

毛金竹 **Phyllostachys nigra** (Lodd. ex Lindl.) Munro var. **henonis** (Mitford) Stapf ex Rendle

海拔：700 m

分布：广元市

引证标本：魏志平 04016(WNU)

桂竹 **Phyllostachys reticulata** (Ruprecht) K. Koch

分布：广元市

引证标本：李培元 961(SZ)

落芒草属 Piptatherum P. Beauv.

钝颖落芒草 Piptatherum kuoi S. M. Phillips & Z. L. Wu

海拔：750～1200 m

分布：城口县、奉节县、巫山县、巫溪县、镇坪县、竹溪县

引证标本：K. M. Liou 8515、戴天伦 100528、李先源、王海洋 050193(SWCTU)、植物所三峡考察队 1285 1367、周洪富 26411、陈彦生等 2868(WUK)

藏落芒草 Piptatherum tibeticum Roshevitz

海拔：960 m

分布：云阳县

引证标本：植物所三峡考察队 1049

早熟禾属 Poa L.

早熟禾 Poa annua L.

海拔：1000～1800 m

分布：奉节县、巫溪县

引证标本：陈耀东、傅连中、马欣堂 2089 2240 2374、周洪富、粟和毅 107635

白顶早熟禾 Poa acroleuca Steud.

海拔：1000 m

分布：巫山县

引证标本：T. P. Wang 10580

法氏早熟禾 Poa faberi Rendle

海拔：400～1500 m

分布：城口县、奉节县、巫山县、竹溪县

引证标本：T. P. Wang 10581、戴天伦 100252 100273 100401 100722、甘啓良 2017 2411 2413 2449 2823 2892 2911 2928 3119 3120、张泽荣 25140、周洪富、粟和毅 107791 111127

喀斯早熟禾 Poa khasiana Stapf

海拔：1800 m

分布：巫溪县

引证标本：刘玉红等 89015

日本早熟禾 Poa nepalensis (Wall. ex Griseb.) Duthie var. **nipponica** (Koidz.) Soreng & G. H. Zhu

海拔：500～1450 m

分布：竹溪县

引证标本：甘啓良 19952366 2440 2831 3196

草地早熟禾 Poa pratensis L.

海拔：1700 m

分布：城口县

引证标本：戴天伦 105184

细叶早熟禾 Poa pratensis subsp. **angustifolia** (L.) Lejeun

海拔：1180 m

分布：镇坪县

引证标本：陈彦生等 2867(WUK)

锡金早熟禾 Poa sikkimensis (Stapf) Bor

海拔：1800 m

分布：巫溪县

引证标本：陈耀东等 89008 89016

硬质早熟禾 Poa sphondylodes Trin.

海拔：1400～2300 m

分布：城口县、奉节县、岚皋县

引证标本：巴山采集队 1848、戴天伦 100676 100762、方明渊 24106

仰卧早熟禾 Poa supina Schrader

海拔：2350 m

分布：城口县

引证标本：巴山采集队 1262

山地早熟禾 Poa versicolor Besser subsp. **orinosa** (Keng) Olonova & G. Zhu

海拔：1800 m

分布：巫溪县

引证标本：陈耀东等 89028

金发草属 Pogonatherum Beauv.

金丝草 Pogonatherum crinitum (Thunb.) Kunth

海拔：520～1100 m

分布：奉节县、万源市

引证标本：巴山采集队 3651、川经植 108589、张泽荣 25921、周洪富 26719、周洪富、粟和毅 108937

109425 110657

金发草 Pogonatherum paniccum (Lamorck) Hackel

海拔：400～570 m

分布：广元市、巫山县

引证标本：T. P. Wang 10319、姜恕等 00072

棒头草属 Polypogon Desf.

棒头草 Polypogon fugax Nees ex Steud.

海拔：800～1420 m

分布：城口县、奉节县、平利县、万源市、云阳县、旺苍县、竹溪县

引证标本：巴山采集队 5300、戴天伦 105051、甘启良 2416 2422、李培元 1547 4138 4507 5354 5561 5657 5975 6481 6483、平利队平 0013 平 0485 镇 261、植物所三峡考察队 1039、周洪富、粟和毅 108288 108850 109131

甘蔗属 Saccharum L.

斑茅 Saccharum arundinaceum Retzius

海拔：400～550 m

分布：广元市、巫溪县、竹溪县

引证标本：K. S. Hao (332)、T. N. Liou 11777、甘启良 3256、何业琪 01609

长齿蔗茅 Saccharum longesetosum (Andersson) V. Naray.

海拔：1200 m

分布：竹溪县

引证标本：甘启良 2580

蔗茅 Saccharum rufipilum Steud.

海拔：1050～1780 m

分布：城口县、奉节县、开县、岚皋县

引证标本：2-0359 3-0287、巴山采集队 2589、戴天伦 102175 107239、所立民 0287、张泽荣 25859

甜根子草 Saccharum spontaneum L.

海拔：380～500 m

分布：竹溪县

引证标本：甘启良 2568 2752

狗尾草属 Setaria Beauv.

莩草 Setarla chondrachne (Steud.) Honda

海拔：685～857 m

分布：城口县、万源市

引证标本：巴山采集队 2846、戴天伦 103538

大狗尾草 Setaria faberi R. A. W. Herrmann

海拔：1800 m

分布：巫溪县、通江县

引证标本：陈耀东、马欣堂、傅连中 2276、王金敖 0212(CDBI)

西南莩草 Setaria forbesiana (Nees ex Steud.) Hook. f.

海拔：616～1600 m

分布：城口县、奉节县、万源市、镇巴县

引证标本：巴山采集队 0626 3336、戴天伦 102337(SZ)、方明渊 24663(SZ) 24703(SZ) 24814(SZ)、李培元 5569、王金敖 0106(CDBI)、2091(条形码号：00085776)(SWCTU)、张泽荣 25881(SZ)、周洪富 26798(SZ)

短刺西南莩草 Setaria forbesiana (Nees ex Steud.) Hook. f. var. **breviseta** S. L. Chen & G. Y. Sheng

分布：巫溪县

引证标本：杨光辉 65165(SZ)

梁 Setaria italica (L.) P. Beauv.

海拔：800～1100 m

分布：奉节县、巫山县

引证标本：624(条形码号：00621883)(PE)、方明渊 23926(SZ)、周洪富、粟和毅 109815(SZ)

棕叶狗尾草 Setaria palmifolia (J. König) Stapf

海拔：550 m

分布：城口县

引证标本：赵良能 2794(SZ)

皱叶狗尾草 Setaria plicata (Lam.) T. Cooke

海拔：565～620 m

分布：城口县、平利县、巫山县

引证标本：戴天伦 103338 103431、李培元 4994、

周洪富、粟和毅 109827

金色狗尾草 **Setaria pumila** (Poir.) Roem. & Schult.

海拔：350～1830 m

分布：城口县、奉节县、巫山县、巫溪县、万源市、竹溪县

引证标本：巴山采集队 3062 3690、陈耀东、马欣堂、傅连中 2260 2432 2499、戴天伦 104533 107019、甘启良 2395 2470、周洪富、粟和毅 109832 110956

狗尾草 **Setaria viridis** (L.) P. Beauv.

海拔：200～1850 m

分布：城口县、房县、奉节县、平利县、万源市、通江县、巫山县、巫溪县、竹溪县

引证标本：K. M. Liou 9034、巴山采集队 0142 0808 2886 5936、戴天伦 101242 101587(SZ) 101673 102118 102697 103594 104335 104496 105715 105804 106222、方明渊 24614(SZ) 24968、甘启良 2461、李培元 4139 4170 4192 4579 4963 5311 5353 5540 5619 5918 5924 6005 6208 6411 6606 6723、杨光辉 65110(SZ)、周洪富 26695 26488、周洪富、粟和毅 108606(SZ) 109099 109557(SZ) 110242(SZ) 110747(SZ) 111376(SZ)

大油芒属 **Spodiopogon** Trin.

油芒 **Spodiopogon cotulifer** (Thunb.) Hack.

海拔：685～850 m

分布：城口县、竹溪县

引证标本：戴天伦 103571、郑重、王映明等 91-410(HIB)

大油芒 **Spodiopogon sibiricus** Trin.

海拔：400～1400 m

分布：房县、镇巴县、平利县、竹山县、房县

引证标本：Chen 82-247(CCNU)、K. M. Liou 9050 9176、巴山采集队 3468 4265、陈彦生等 3771(WUK)、刘克荣 347(HIB)

台南大油芒 **Spodiopogon tainanensis** Hayata

海拔：1650 m

分布：南江县

引证标本：佚名 2837(条形码号：62054768)(WNU)

鼠尾粟属 **Sporobolus** R. Br.

鼠尾粟 **Sporobolus fertilis** (Steud.) Clayton

海拔：500～1000 m

分布：城口县、房县、奉节县、宁强县、西乡县、竹溪县

引证标本：T. N. Liou et al. 109 4127、戴天伦 102268、方明渊 24895 24962、甘启良 2390、周洪富 26898

菅属 **Themeda** Forsk.

黄背草 **Themeda triandra** Forsk.

海拔：550～1650 m

分布：城口县、房县、奉节县、万源市、巫溪县、镇巴县、竹山县、竹溪县、宁强县

引证标本：K. M. Liou 9177、戴天伦 102208、李培元 167(WUK) 208(SZ) 267(WUK) 847(SZ)、王金敖 0112(CDBI)、魏志平 1952(SZ)、杨光辉 69627(SZ)、钟绍云 210044(SZ)、周洪富、粟和毅 110672(SZ)、周鸿彬 3242(SZ)、王映明 3057(HIB)、郑重 91-477(HIB)

菅 **Themeda villosa** (Poir.) A. Camus

海拔：400～600 m

分布：广元市、竹溪县

引证标本：甘启良 3255、何业琪 1649、魏志平 3648(WUK)

草沙蚕属 **Tripogon** Roem. & Schult.

小草沙蚕 **Tripogon filiformis** Nees ex Steud.

海拔：1800 m

分布：奉节县

引证标本：南水北调队 9845(SZ)、曲桂龄 3663

三毛草属 **Trisetum** Pers.

三毛草 **Trisetum bifidum** (Thunb.) Ohwi

海拔：380～2050 m

分布：奉节县、巫山县、镇坪县、平利县、竹溪县

引证标本：K. M. Liou 8679、T. P. Wang 10567、

甘啓良 2898、刘心源 5558(SZ)、张泽荣 25432、陈彦生等 2734(WUK) 3105(WUK)

西伯利亚三毛草 Trisetum sibiricum Rupr.

海拔：1811～2312 m

分布：城口县、开县、万源市

引证标本：巴山采集队 1684 2159 3186 3726

玉山竹属 **Yushania** Keng f.

鄂西玉山竹 Yushania confusa (McClure) Z. P. Wang & G. H. Ye

海拔：1500 m

分布：奉节县

引证标本：周洪富、粟和毅 108335(SZ)

148.棕榈科 Arecaceae*

棕榈属 **Trachycarpus** H. Wendl.

棕榈 Trachycarpus fortunei (Hook.) H. Wendl.

海拔：850～1500 m

分布：城口县、奉节县

引证标本：戴天伦 102300 102903、方明渊 24180(SZ)、杨光辉 24691、周洪富 26187(SZ)

149.菖蒲科 Acoraceae

菖蒲属 **Acorus** L.

菖蒲 Acorus calamus L.

海拔：1800 m

分布：奉节县、巫溪县

引证标本：陈耀东、马欣堂、傅连中 2151 2458、周洪富、粟和毅 108438(SZ)

金钱蒲 Acorus gramineus Sol. ex Aiton

海拔：500～1700 m

分布：城口县、奉节县、南江县、通江县、旺苍县、巫山县、巫溪县、镇坪县、竹溪县

引证标本：K. M. Liou 8669 8878、T. P. Wang 10448、巴山采集队 1319 1431、4806、川经万 0710(SZ)、戴天伦 105284 106010、方明渊 24589、万绍滨 2593、王金敖 00030(CDBI)、周洪富 26221(SZ)、周洪富、粟和毅 107774 107891、左宝玉 2778(SZ)、陈彦生等 2887(WUK)

150.天南星科 Araceae

魔芋属 **Amorphophallus** Blume

魔芋 Amorphophallus rivieri Durieu

海拔：1200 m

分布：竹溪县

引证标本：K. M. Liou 8886

天南星属 **Arisaema** Mart.

灯台莲 Arisaema bockii Engl.

海拔：1700 m

分布：南江县

引证标本：巴山采集队 5591

棒头南星 Arisaema clavatum Buchet

海拔：950 m

分布：奉节县

引证标本：川经万 0750(SZ)

长行天南星 Arisaema consanguineum Schott.

海拔：825～1500 m

分布：通江县、奉节县、平利县、竹溪县

引证标本：K. M. Liou 8843、四川大学川东植物调查队 108212、西北大学生物系 30097、巴山采集队 6068

象南星 Arisaema elephas Buchet

海拔：2520 m

分布：城口县

引证标本：戴天伦 101102

一把伞南星 Arisaema erubescens (Wall.) Schott

海拔：1010～1700 m

分布：城口县、奉节县、旺苍县、巫溪县、镇坪县

* 此部分由马欣堂编写。

引证标本：巴山采集队 4978、戴天伦 105747、王兴忠 1057(CDBI)、周洪富、粟和毅 108212、陈彦生等 2896(WUK)

螃蟹七 Arisaema fargesii Buchet

海拔：1600 m

分布：云阳县

引证标本：金常沅 1632(SZ)

象头花 Arisaema franchetianum Engl.

海拔：800～910 m

分布：旺苍县

引证标本：巴山采集队 5176 5241

湘南星 Arisaema hunanense Hand.-Mazt.

海拔：1100 m

分布：城口县

引证标本：戴天伦 100669

花南星 Arisaema lobatum Engl.

海拔：1200～2000 m

分布：城口县、奉节县、南江县、通江县、旺苍县、巫山县、巫溪县、镇坪县、平利县、竹溪县

引证标本：K. M. Liou 8842、巴山采集队 4953、陈之端等 960920、大金工作组 1734、戴天伦 105876、罗达尚 2752(SZ)、吴至康 1069(SZ)、西农、重师调查队 0029、杨光辉 58563、张泽荣 25106、陈彦生等 1069(WUK) 2791(WUK)

芋属 Colocasia Schott

芋 Colocasia esculenta (L.) Schott

海拔：580 m

分布：广元市

引证标本：宋之刚等 0009(LZU)

半夏属 Pinellia Tenore

虎掌 Pinellia pedatisecta Schott

海拔：550～875 m

分布：奉节县、广元市

引证标本：T. N. Liou & C. Wang 242、佚名 00041 (条形码号：00047335)(SZ)

半夏 Pinellia ternata (Thunb.) Breit.

分布：奉节县

引证标本：周洪富、粟和毅 111063

151.香蒲科 Typhaceae*

香蒲属 Typha L.

香蒲 Typha orientalis C. Presl

海拔：800 m

分布：城口县

引证标本：韩兵 002(CDCM)

普香蒲 Typha przewalskii Skvortsov

海拔：1850 m

分布：城口县

引证标本：戴天伦 106176

152.莎草科 Cyperaceae

球柱草属 Bulbostylis C. B. Clarke

丝叶球柱草 Bulbostylis densa (Wall.) Hand.-Mazz.

海拔：1527～1850 m

分布：城口县、开县

引证标本：巴山采集队 2716 2720、戴天伦 102306 106256

薹草属 Carex L.

团穗苔草 Carex agglomerata C. B. Clarke

海拔：1860～1900 m

分布：巫山县、平利县

引证标本：陈之端等 960873、陈彦生等 962(WUK)

葱状苔草 Carex alliformis C. B. Clarke

海拔：820 m

分布：巫山县

引证标本：T. P. Wang 10601

芒鳞薹草 Carex aristatisquamata T. Tang & F. T. Wang ex L. K. Dai

海拔：100～2000 m

* 此部分由马欣堂编写。

分布：城口县、奉节县

引证标本：戴天伦 102380(SZ)、方明渊 24164(SZ)

基花薹草 Carex basiflora

分布：开县、巫山县、奉节县

引证标本：戴天伦 100040(SZ)、周洪富、粟和毅 107680(PE)、T. P. Wang 10461(PE)(Jin and Zheng，2013)

卷柱头薹草 Carex bostrychostigma Maxim.

海拔：1780 m

分布：巫山县

引证标本：陈之端等 960933

短芒薹草 Carex breviaristata K. T. Fu

海拔：1007 m

分布：镇坪县

引证标本：陈彦生等 259(WUK)

青绿薹草 Carex breviculmis R. Br.

海拔：1800 m

分布：巫溪县

引证标本：刘玉红等 89013

褐果薹草 Carex brunnea Thunb.

海拔：280～1850 m

分布：城口县、奉节县、巫山县、巫溪县、平利县、竹溪县

引证标本：戴天伦 102327(SZ) 102498(SZ) 102753(SZ) 102945(SZ) 103519(SZ) 104551(SZ) 1071917(SZ)、三峡考察队 3441 3506、张泽荣 25925(SZ)、陈彦生等 2166(WUK)、赵子恩 91-108(HIB)

陈氏薹草 Carex cheniana T. Tang & F. T. Wang ex S. Y. Liang

海拔：1923 m

分布：巫山县

引证标本：植物所三峡考察队 1162

中华薹草 Carex chinensis Retz.

海拔：1300 m

分布：巫山县

引证标本：植物所三峡考察队 1232

仲氏薹草 Carex chungii C. P. Wang

海拔：1923 m

分布：巫山县

引证标本：植物所三峡考察队 1184

燕子薹草 Carex cremostachys Franch.

海拔：2200 m

分布：奉节县

引证标本：张泽荣 25237(SZ)

十字薹草 Carex cruciata Wahlenb.

海拔：520～2000 m

分布：城口县、奉节县

引证标本：戴天伦 100990(SZ)、李国凤 62142(SZ)、三峡考察队 3263、张泽荣 25703(SZ)、周洪富、粟和毅 108879

签草 Carex doniana Spreng.

海拔：960～2051 m

分布：城口县、南江县、旺苍县、巫山县、云阳县、镇坪县、竹溪县

引证标本：巴山采集队 1722 5212 5540、植物所三峡考察队 1028 1466 1499、陈彦生等 2925(WUK)、郑重 1028(HIB)

镰喙薹草 Carex drepanorhyncha Franch.

海拔：1400 m

分布：城口县、奉节县

引证标本：H. F. Chang 164、H. F. Chang 43、何铸、周子林 00828(SZ)、周洪富、粟和毅 108287(SZ)

川东薹草 Carex fargesii Franch.

海拔：1450 m

分布：城口县

引证标本：戴天伦 100898

丝杆苔草 Carex filamentosa K. T. Fu

海拔：1100 m

分布：宁强县

引证标本：姜恕等 00160

亮绿薹草 Carex finitima Boott

海拔：1600～2900 m

分布：城口县、奉节县

引证标本：姜恕、金存礼 01908(SZ)、周洪富、粟

和毅 108223(SZ)

溪生薹草 Carex fluviatilis Boott

海拔：1165～1830 m

分布：城口县

引证标本：巴山采集队 0452B 0463 0557 0558、刘玉红 89022

亲族薹草 Carex gentilis Franch.

海拔：1250～2312 m

分布：城口县、奉节县、开县、巫山县、巫溪县、镇坪县

引证标本：巴山采集队 1194、2056 2150 2747、三峡考察队 3012 3670、植物所三峡考察队 0527 0570、陈彦生等 4115(WUK)

宽叶亲族薹草 Carex gentilis Franch. var. **intermedia** T. Tang & F. T. Wang ex L. K. Dai

海拔：1180～2175 m

分布：城口县、西乡县、镇坪县

引证标本：T. N. Liou et al. 4036、巴山采集队 2068、戴天伦 104274、陈彦生等 2851(WUK)

大果亲族薹草 Carex gentilis Franch. var. **macrocarpa** T. Tang & F. T. Wang ex L. K. Dai

海拔：1400～1450 m

分布：城口县

引证标本：戴天伦 105939 107029(SZ)

穹隆薹草 Carex gibba Wahlenb.

海拔：800～1900 m

分布：城口县、奉节县、通江县、巫山县

引证标本：T. P. Wang 10589、戴天伦 105085、王金敖 0049、周洪富、粟和毅 108213(SZ) 109940

亨氏薹草 Carex henryi (C. B. Clarke) L. K. Dai

海拔：690～1950 m

分布：城口县、奉节县、巫山县、巫溪县、平利县

引证标本：戴天伦 101324(SZ) 101851(SZ) 102496(SZ) 102714(SZ) 102985(SZ) 103248(SZ) 103933(SZ) 104016(SZ) 104148(SZ) 104322(SZ) 104531(SZ) 104644(SZ) 106135(SZ) 106451(SZ) 107197(SZ)、李先源、王海洋 050017(SWCTU)、三峡考察队 3008 3598、粟和毅等 111458(SZ)、陈彦生等 2258(WUK)

长安薹草 Carex heudesii H. Lév. & Vaniot

分布：竹溪县

引证标本：郑重 832(HIB)(Jin and Zheng，2013)

日本苔草 Carex japonica Thunb.

海拔：1350～2140 m

分布：巫山县、镇坪县、平利县

引证标本：陈之端等 960865、陈彦生等 2712(WUK) 2946(WUK)

大披针薹草 Carex lanceolata Boott

海拔：850～1350 m

分布：奉节县、通江县

引证标本：粟和毅、周洪富 107940(SZ)、王金敖 00021(CDBI)

披针薹草 Carex lancifolia C. B. Clarke

海拔：1200 m

分布：竹溪县

引证标本：郑重 952(HIB)

弯喙薹草 Carex laticeps C. B. Clarke ex Franch.

海拔：800 m

分布：竹溪县

引证标本：郑重 832(HIB)

膨囊薹草 Carex lehmannii Drejer

分布：城口县

引证标本：戴天伦 100674(SZ)

舌叶薹草 Carex ligulata Nees

海拔：554～2100 m

分布：通江县、城口县、奉节县、巫溪县、平利县、镇坪县、竹溪县

引证标本：巴山采集队 0669 1120 6263、戴天伦 100651(SZ) 100737(SZ) 101019(SZ) 102746(SZ) 104080(SZ) 106198(SZ) 106514(SZ) 106808(SZ)、植物所三峡考察队 0014、周洪富、粟和毅 108821(SZ)、陈彦生等 3030(WUK) 2922(WUK)、赵子恩 91-315(HIB)

城口县薹草 Carex luctuosa Franch.

海拔：2000～2350 m

分布：城口县、岚皋县、镇坪县、平利县

引证标本：巴山采集队 1263 1563、陈彦生等 910(WUK) 2763(WUK)

套鞘薹草 Carex maubertiana Boott

海拔：1200 m

分布：奉节县

引证标本：周洪富 26410(SZ)

宝兴薹草 Carex moupinensis Franch.

海拔：900～1400 m

分布：奉节县、云阳县

引证标本：植物所三峡考察队 1004、周洪富、粟和毅 107761(SZ) 108090(SZ)

褐红脉苔草 Carex nubigena D. Don subsp. **albata** (Booth) T. Koyama

海拔：1830～2312 m

分布：开县、巫溪县

引证标本：巴山采集队 2143、陈耀东、傅连中、马欣堂 2497

峨眉薹草 Carex omeiensis T. Tang & F. T. Wang

海拔：1500～1760 m

分布：南江县、旺苍县、镇坪县、平利县

引证标本：巴山采集队 5209 5392、陈彦生等 965(WUK) 1168(WUK)

卵穗薹草 Carex ovatispiculata Y. L. Chang ex S. Yun Liang

海拔：1165～2200 m

分布：城口县、奉节县

引证标本：巴山采集队 0452A 0457 0559 0972、张泽荣 25244(SZ)

霹雳薹草 Carex perakensis C. B. Clarke

海拔：1600 m

分布：城口县

引证标本：戴天伦 104876(SZ)

松叶薹草 Carex rara Boott

海拔：1800 m

分布：奉节县

引证标本：周洪富、粟和毅 108409(SZ)

丝引薹草 Carex remotiuscula Wahlenb.

海拔：1350～1490 m

分布：城口县、镇坪县

引证标本：巴山采集队 0430A、陈彦生等 2703(WUK)

高山穗序薹草 Carex rochebruni Franch. & Sav. subsp. **remotispicula** (Hayata) T. Koyama

海拔：1860～2000 m

分布：巫山县

引证标本：陈之端等 960874、杨光辉 58515

点囊薹草 Carex rubrobrunnea C. B. Clarke

海拔：1800～2200 m

分布：奉节县

引证标本：粟和毅、周洪富 108382(SZ)、张泽荣 25245(SZ)

大理薹草 Carex rubrobrunnea var. **taliensis** (Franch.) Kükenthal

海拔：1007 m

分布：镇坪县

引证标本：陈彦生等 264(WUK)

糙喙薹草 Carex scabrirostris Kük.

海拔：1000～1900 m

分布：城口县

引证标本：戴天伦 100434(SZ) 100544(SZ)

硬果薹草 Carex sclerocarpa Franch.

海拔：1000～1300 m

分布：城口县、巫山县

引证标本：T. P. Wang 10564、戴天伦 105083

仙台薹草 Carex sendaica Franch.

海拔：1810 m

分布：巫溪县

引证标本：植物所三峡考察队 0017

相仿薹草 Carex simulans C. B. Clarke

海拔：1124 m

分布：巫山县

引证标本：植物所三峡考察队 1299

柄果薹草 Carex stipitinux C. B. Clarke ex Franch.

海拔：1800～1810 m

分布：巫溪县、竹溪县

引证标本：植物所三峡考察队 0002 0090 0106 0554、赵子恩 91-154(HIB)

近蕨薹草 Carex subfilicinoides Kük.

海拔：800 m

分布：奉节县

引证标本：粟和毅、周洪富 110865(SZ)

似横果苔草 Carex subtransversa C. B. Clarke

海拔：1800 m

分布：巫溪县

引证标本：刘玉红等 89024

藏薹草 Carex thibetica Franch.

海拔：1250～1750 m

分布：城口县、南江县、竹溪县(Jin and Zheng，2013)、南郑县(Jin and Zheng，2013)

引证标本：戴天伦 100168(SZ)、罗达尚 2542(SZ)、郑重 923(HIB)、X. X. Hou et al. 435(FJSI，WUK)

球结薹草 Carex thomsonii Franch.

海拔：2520 m

分布：城口县

引证标本：戴天伦 101088(SZ)

合鳞薹草 Carex tristachya Thunb. var. **pocilliformis** (Boott) Kükenth.

海拔：500～960 m

分布：云阳县

引证标本：植物所三峡考察队 0953 1031

莎草属 Cyperus L.

阿穆尔莎草 Cyperus amuricus Maxim.

海拔：1280～1300 m

分布：城口县、竹溪县、房县

引证标本：戴天伦 102713、赵子恩 91-571(HIB)、邢吉庆 17824(HIB)

穗状拉砖子苗 Cyperus cyperinus (Retz.) J. V. Suringar

海拔：1000 m

分布：巫溪县

引证标本：杨光辉 65171(SZ)

砖子苗 Cyperus cyperoides (L.) Kuntze

海拔：800～860 m

分布：城口县、奉节县、广元市

引证标本：巴山采集队 0595、方明渊 23924(SZ)、宋之刚等 0020(LZU)

异型莎草 Cyperus difformis L.

海拔：615～1650 m

分布：城口县、奉节县、广元市、平利县

引证标本：戴天伦 102931 103595 103689、平 0518、王庆瑞、张爱民 5348(WNU)、周洪富、粟和毅 109423

碎米莎草 Cyperus iria L.

海拔：340～1029 m

分布：城口县、奉节县、巫溪县、镇巴县、房县

引证标本：巴山采集队 3374、戴天伦 103699、李培元 6417、三峡考察队 3260、杨光辉 59547(SZ)、周洪富、粟和毅 108944、刘克荣 427(HIB)

茳芏 Cyperus malaccensis Lam. subsp. **monophyllus** (Vahl.) T. Koyama

海拔：800 m

分布：城口县

引证标本：戴天伦 101669(SZ)

具芒碎米莎草 Cyperus microiria Steud.

海拔：330～1700 m

分布：城口县、奉节县、平利县、通江县、万源市、巫山县、房县

引证标本：巴山采集队 3532、戴天伦 101669(SZ) 102015(SZ) 103425 104141、方明渊 23920(SZ)、李培元 6713、三峡考察队 3735、四川经济植物考察队 0205(CDBI)、周洪富 26596(SZ)、周洪富、粟和毅 109689、邢吉庆 17727(HIB)

三轮草 Cyperus orthostachyus Franch. & Savat.

海拔：1300 m

分布：奉节县

引证标本：周洪富、粟和毅 110964

毛轴莎草 **Cyperus pilosus** Vahl

海拔：1200 m

分布：城口县

引证标本：戴天伦 107350(SZ)

香附子 **Cyperus rotundus** L.

海拔：494～960 m

分布：城口县、万源市、竹溪县

引证标本：巴山采集队 3028 3508、李培元 6489 6686、竹溪 91-586(HIB)

荸荠属 **Eleocharis** R. Br.

具刚毛荸荠 **Eleocharis valleculosa** Ohwi var. **setosa** Ohwi

海拔：2300 m

分布：岚皋县

引证标本：巴山采集队 1876

羊胡子草属 **Eriophorum** L.

丛毛羊胡子草 **Eriophorum comosum** (Wall.) Nees

海拔：185～1870 m

分布：奉节县、广元市、巫山县、巫溪县、云阳县

引证标本：陈之端等 960467、陈耀东、马欣堂、傅连中 2288、李培元 987、李先源 KQ029(SWCTU)、三峡考察队 3076 3514 3748、杨光辉 59631、99(条形码号：00075101)(FUS)

飘拂草属 **Fimbristylis** Vahl

两歧飘拂草 **Fimbristylis dichotoma** (L.) Vahl

海拔：300 m

分布：竹山县

引证标本：赵子恩 5336(HIB)

宜昌飘拂草 **Fimbristylis henryi** C. B. Clarke

海拔：300～1250 m

分布：城口县、奉节县、竹山县、竹溪县、房县

引证标本：戴天伦 103334、周洪富、粟和毅 111068、赵子恩 5337(HIB)、王映明 3005(HIB)、邢吉庆 17686(HIB)

水虱草 **Fimbristylis littoralis** Gaudich.

海拔：330～1029 m

分布：城口县、奉节县、万源市、巫山县、巫溪县

引证标本：戴天伦 103593(SZ) 103692、李培元 6711、三峡考察队 3227 3738、杨光辉 59564(SZ)、张泽荣 25970(SZ)、周洪富 26770(SZ)、周洪富、方明渊、张泽荣 25970(SZ)

结壮飘拂草 **Fimbristylis rigidula** Nees

海拔：850 m

分布：通江县

引证标本：王金敖 0051(CDBI)

水蜈蚣属 **Kyllinga** Rottb.

短叶水蜈蚣 **Kyllinga brevifolia** Rottb. var. **brevifolia**

海拔：330～1850 m

分布：城口县、奉节县、开县、巫山县、平利县

引证标本：巴山采集队 0432 2717、戴天伦 102780(SZ) 103201(SZ) 103423(SZ) 105823(SZ)、方明渊 24865(SZ)、三峡考察队 3736、张泽荣 25751(SZ) 25857(SZ)、周洪富 26594(SZ)、周洪富、粟和毅 108839(SZ) 108931(SZ) 110760(SZ)、陈彦生等 3843(WUK)

无刺鳞水蜈蚣 **Kyllinga brevifolia** var. **leiolepis** (Franch. & Sav.) H. Hara

海拔：850 m

分布：竹溪县、房县

引证标本：赵子恩 91-545(HIB)、邢吉庆 16915(HIB)

扁莎属 **Pycreus** P. Beauv.

球穗扁莎 **Pycreus flavidus** (Retz.) T. Koyama

海拔：330～2000 m

分布：城口县、奉节县、巫山县、巫溪县、房县

引证标本：戴天伦 105880(SZ)、三峡考察队 3734、

杨光辉 59554(SZ)、张泽荣 25755(SZ)、周洪富 26772(SZ)、周洪富、粟和毅 108703 111216、邢吉庆 17693(HIB)

红鳞扁莎 Pycreus sanguinolentus (Vahl) Nees

海拔：615～1000 m

分布：城口县、奉节县

引证标本：戴天伦 103211(SZ)、周洪富、粟和毅 110425(SZ)

水葱属 Schoenoplectus Palla

水毛花 Schoenoplectus mucronatus (L.) Palla subsp. **robustus** (Miq.) T. Koyama

海拔：1800～2050 m

分布：城口县、巫溪县

引证标本：陈耀东、马欣堂、傅连中 2171 2373 2531、戴天伦 101725

萤蔺 Schoenoplectus juncoides (Roxb.) Palla

海拔：900～1200 m

分布：通江县、奉节县、广元市、巫溪县、竹溪县、房县

引证标本：K. L. Chu 1922、K. M. Liou 8812、T. N. Liou 等 239、周洪富 111268 26691、巴山采集队 5914、邢吉庆 17684(HIB)

藨草属 Scirpus L.

庐山藨草 Scirpus lushanensis Ohwi

海拔：1300～2050 m

分布：城口县、奉节县、宁强县、巫山县、巫溪县

引证标本：T. N. Liou 11911、陈耀东、马欣堂、傅连中 2157 2462 2535、戴天伦 101719 106163、杨光辉 59064、周洪富、粟和毅 110972

百球藨草 Scirpus rosthornii Diels

海拔：554～1300 m

分布：城口县、万源市、通江县

引证标本：K. L. Chu 2244、戴天伦 100247 100405 105024、巴山采集队 6260

153.姜科 Zingiberaceae

姜属 Zingiber Boehmer

襄荷 Zingiber mioga (Thunb.) Rosc.

海拔：880 m

分布：房县

引证标本：K. M. Lion 9216

154.兰科 Orchidaceae*

无柱兰属 Amitostigma Schlechter

无柱兰 Amitostigma gracile (Blume) Schlechter

海拔：1010～1070 m

分布：镇坪县、平利县

引证标本：陈彦生等 2936(WUK)、西北大学实习队 0913(NWU)(任毅, 1998)

白及属 Bletilla Rchb. f.

小白及 Bletilla formosana (Hayata) Schltr.

海拔：500 m

分布：广元市

引证标本：K. S. Hao 277 278

黄花白及 Bletilla ochracea Schltr.

海拔：1000～1500 m

分布：城口县、奉节县、巫山县、巫溪县、旺苍县

引证标本：戴天伦 105126、巴山采集队 5466、方明渊 24196、王作宾 10758、杨光辉 58389

白及 Bletilla striata (Thunb.) Rchb. f.

海拔：720～1500 m

分布：城口县、奉节县、竹山县

引证标本：方明渊 24023 24234、四川大学川东植物调查队 108289、张泽荣 25068、周洪富 26301(SZ)

* 此部分由金效华、赖阳均编写。

虾脊兰属 Calanthe R. Br.

流苏虾脊兰 **Calanthe alpina** Hook. f. ex Lindl.

海拔：1650～2300 m

分布：城口县、南江县、旺苍县

引证标本：巴山采集队 4970 5021 5142 5599、戴天伦 101041

弧距虾脊兰 **Calanthe arcuata** Rolfe

海拔：900～1786 m

分布：奉节县、南江县、旺苍县

引证标本：巴山采集队 5004 5063 5561、周洪富、粟和毅 110477

肾唇虾脊兰 **Calanthe brevicornu** Lindl.

海拔：1700～1786 m

分布：旺苍县

引证标本：巴山采集队 5004 5063

剑叶虾脊兰 **Calanthe davidii** Franch.

海拔：950～1200 m

分布：奉节县、万源市、镇坪县

引证标本：236 四川任务组 1203、方明渊 27013(SZ)、陈彦生等 2872(WUK)

三棱虾脊兰 **Calanthe tricarinata** Lindl.

海拔：1200～1700 m

分布：城口县、南江县、通江县、巫溪县

引证标本：戴天伦 100619、陈梦玲 0069(CDBI)、川经达 2968(SZ)、川经万 1073(SZ)、李忠秀 2797(SZ)

峨边虾脊兰 **Calanthe yuana** T. Tang & F. T. Wang

海拔：1800 m

分布：奉节县

引证标本：周洪富、粟和毅 107950

头蕊兰属 Cephalanthera Rich.

银兰 **Cephalanthera erecta** (Thunb.) Blume

海拔：1600 m

分布：奉节县

引证标本：周洪富、粟和毅 108158

头蕊兰 **Cephalanthera longifolia** (L.) Fritsch

海拔：1700～1750 m

分布：旺苍县

引证标本：巴山采集队 5087 5144

凹舌兰属 Coeloglossum Hartm.

凹舌兰 **Coeloglossum viride** (L.) R. M. Bateman, Dridgeon & M. W. Chase

海拔：2230 m

分布：巫溪县

引证标本：Lang Kaiyong 960768

杜鹃兰属 Cremastra Lindl.

杜鹃兰 **Cremastra appendiculata** (D. Don) Makino

海拔：930 m

分布：城口县

引证标本：巴山采集队 0316

兰属 Cymbidium Sw.

多花兰 **Cymbidium floribundum** Lindl.

海拔：950 m

分布：巫山县

引证标本：杨光辉 59095

春兰 **Cymbidium goeringii** (Rchb. f.) Rchb. f.

海拔：850 m

分布：房县

引证标本：刘继孟 9204

杓兰属 Cypripedium L.

黄花杓兰 **Cypripedium flavum** P. F. Hunt & Summerh.

海拔：2520 m

分布：城口县

引证标本：戴天伦 100764、方文培 10148

毛杓兰 **Cypripedium franchetii** E. H. Wilson

海拔：1500～2130 m

分布：城口县、广元市、巫山县

引证标本：陈之端等 960946、川经绵 4066(SZ)、

戴天伦 100579、杨光辉 58085

绿花杓兰 **Cypripedium henryi** Rolfe

海拔：850～1635 m

分布：通江县、城口县、房县、奉节县、开县、镇巴县

引证标本：巴山采集队 2764 3428 3442 5845、川经万 0438(SZ) 1732(SZ)、戴天伦 101910、刘克荣 367、周洪富、粟和毅 107773

扇脉杓兰 **Cypripedium japonicum** Thunb.

海拔：1400～1700 m

分布：奉节县、南江县

引证标本：周洪富、粟和毅 107951 108222、左宝玉 2818(SZ)

火烧兰属 **Epipactis** Zinn.

火烧兰 **Epipactis helleborine** (L.) Crantz

海拔：591～1902 m

分布：万源市

引证标本：巴山采集队 3607、江广渝 4031

大叶火烧兰 **Epipactis mairei** Schltr.

海拔：1000～2350 m

分布：通江县、城口县、奉节县、开县、岚皋县、镇坪县、万源市、巫溪县

引证标本：巴山采集队 0910 1313 1517 1575 1637 2058 2481 2700 6054、陈耀东、马欣堂、傅连中 2062 2377、戴天伦 100863 100964 101021 101325 101500 105276 101621 101809 104049 105033(SZ)、方明渊 24194 24216、李培元 4362、刘玉红 89069、杨光辉 59452、张泽荣 25321、周洪富 26052 26303、陈彦生等 1217(WUK)

天麻属 **Gastrodia** R. Br.

天麻 **Gastrodia elata** Blume

海拔：1186～1890 m

分布：城口县、奉节县、南江县、平利县、万源市、旺苍县、通江县、镇巴县

引证标本：巴山采集队 1186 3487 3827 5049、方明渊 23999、四川经济植物考察队 0262、李强平 1-0265

斑叶兰属 **Goodyera** R. Br.

小斑叶兰 **Goodyera repens** (L.) R. Br.

海拔：1200 m

分布：竹溪县

引证标本：刘继孟 8895

舌喙兰属 **Hemipilia** Lindl.

扇唇舌喙兰 **Hemipilia flabellata** Bureau & Franch.

海拔：700～938 m

分布：奉节县、万源市

引证标本：巴山采集队 2869、周洪富、粟和毅 108754

裂唇舌喙兰 **Hemipilia henryi** Rchb. f. ex Rolfe

海拔：880～1000 m

分布：房县、奉节县、巫溪县

引证标本：K. M. Liou 9054、杨光辉 58390、周洪富、粟和毅 108854

角盘兰属 **Herminium** Guett.

叉唇角盘兰 **Herminium lanceum** (Thunb. ex Sw.) Vuijk

海拔：1123～2383 m

分布：城口县、开县、镇坪县

引证标本：巴山采集队 0768 1761、2173、戴天伦 102303 105892 105962、陈彦生等 1223(WUK)

套叶兰属 **Oberonia** Lindl.

套叶兰 **Oberonia sinicum** (S. C. Chen & K. Y. Lang) Ormerod

海拔：1420 m

分布：镇坪县

引证标本：胡龙 1037

羊耳蒜属 **Liparis** L.

小羊耳蒜 **Liparis fargesii** Finet

海拔：620 m

分布：城口县

引证标本：戴天伦 103172(城口为模式标产地)

羊耳蒜 **Liparis Pauciflora** Rolfe

海拔：1200～1320 m

分布：通江县

引证标本：巴山采集队 6065

兜被兰属 Neottianthe Schltr.

二叶兜被兰 **Neottianthe cucullata** (L.) Schltr.

海拔：2000 m

分布：巫溪县

引证标本：陈耀东、马欣堂、傅连中 2541

鸟巢兰属 Neottia Guett.

短唇鸟巢兰 **Neottia brevilabris** T. Tang & F. T. Wang

海拔：1800 m

分布：城口县

引证标本：R. P. Farges 1500

圆唇对叶兰 **Neottia oblata** (S. C. Chen) Szlach.

分布：城口县

引证标本：P. Farges 930

花叶对叶兰 **Neottia puberula** var. **maculata** (Tang & F. T. Wang) S. C. Chen, S. W. Gale & P. J. Cribb

海拔：2200 m

分布：城口县

引证标本：R. P. Farges 927

山兰属 Oreorchis Lindl.

长叶山兰 **Oreorchis fargesii** Finet

海拔：1350 m

分布：城口县

引证标本：戴天伦 100215

阔蕊兰属 Peristylus Bl.

阔蕊兰 **Peristylus goodyeroides** Lindl.

海拔：500 m

分布：广元市

引证标本：T. N. Liou & C. Wang 232

舌唇兰属 Platanthera Rich.

舌唇兰 **Platanthera japonica** (Thunb.) Lindl.

海拔：1350～1800 m

分布：旺苍县、镇坪县

引证标本：巴山采集队 4954 5023 5147、陈彦生等 2767(WUK)

尾瓣舌唇兰 **Platanthera mandarinorum** H. G. Reichenbach

海拔：1200 m

分布：通江县

引证标本：巴山采集队 5910

小花舌唇兰 **Platanthera ussuriensis** (Regel & Maack) Maxim.

海拔：2200 m

分布：巫溪县

引证标本：陈耀东、马欣堂、傅连中 2342

独蒜兰属 Pleione D. Don

独蒜兰 **Pleione bulbocodioides** (Franch.) Rolfe

海拔：1200～1500 m

分布：城口县、万源市

引证标本：大巴山工作组 00650、236 四川任务组 1201、戴天伦 100334、方文培 10164

朱兰属 Pogonia Juss.

朱兰 **Pogonia japonica** Rchb. f.

海拔：1090～2000 m

分布：城口县、奉节县、巫溪县

引证标本：川经植 02745、戴天伦 105001、杨光辉 58483、张泽荣 25320

绶草属 Spiranthes Rich.

绶草 **Spiranthes sinensis** (Pers.) Ames

海拔：554～2520 m

分布：城口县、开县、通江县、万源市、旺苍县、镇巴县

引证标本：巴山采集队 2173 4329 5309 6256、戴天伦 101697 101806、江广渝 4118、王金敖 0052

参 考 文 献

贾渝，何思. 2013. 中国苔藓植物名录. 北京：科学出版社: 1-525.

任毅，1998. 陕西省被子植物分布新记录及新分类群(II). 西北大学学报(自然科学版), 28(4): 344–347.

任毅，温战强，李刚. 2008. 陕西米苍山自然保护区综合考察报告. 北京：科学出版社: 1–326.

吴之坤，张长芹，乔琴，等. 2009. 中国特有濒危种川东灯台报春（报春花科）的重新发现. 云南植物研究. 31(3): 265–268.

叶其刚，陈树森，许天全，等. 2001. 三峡库区淹没带 2 种濒危植物的新记录. 武汉植物学研究. 19(2): 171–172.

张宪春. 2012. 中国石松类和蕨类植物. 北京：北京大学出版社: 1–711.

Chen Y. S., Gan Q. L. 2011. New species and nomenclatural action in Saussurea DC (Asteraceae). J. Syst. Evol. , 49(2): 160.

Frey W. 2009. Bryophytes and seedless vascular plants. 3：I–IX, In Syl. Pl. Fam. ed. 13. Gebr. Borntraeger Verlagsbuchhandlung, Berlin, Stuttgart, Germany.

Jin X. F., Zheng C. Z. 2013. Taxonomy of Carex sect. Rhomboidales (Cyperaceae). Beijing：Science Press: 1–237.